成品油管道
运行与管理

主 编◎田中山
副主编◎戴福俊 帅 健 宫 敬

中国石化出版社
HTTP://WWW.SINOPEC-PRESS.COM

内 容 提 要

本书主要内容包括成品油管道的工艺设计与优化、投产、运行与调度管理、自动控制与通信系统管理、管线与站场完整性管理、腐蚀与防护、地质灾害防治、HSSE 管理、智能化建设、未来发展与展望等。系统总结了成品油管道运行与管理的经验。

本书可供从事成品油管道设计、施工、运行的技术与管理人员使用，也可供高校相关专业师生参考。

图书在版编目（CIP）数据

成品油管道运行与管理/田中山主编．—北京：
中国石化出版社，2019.7
ISBN 978－7－5114－5414－0

Ⅰ．①成⋯　Ⅱ．①田⋯　Ⅲ．①成品油管道-管道输油
Ⅳ．①TE832

中国版本图书馆 CIP 数据核字（2019）第 154678 号

中国石化出版社出版发行

地址：北京市东城区安定门外大街 58 号
邮编：100011　电话：(010)57512500
发行部电话：(010)57512575
http://www.sinopec-press.com
E-mail:press@sinopec.com
北京科信印刷有限公司印刷
全国各地新华书店经销

*

787×1092 毫米 16 开本 31.75 印张 778 千字
2019 年 7 月第 1 版　2019 年 7 月第 1 次印刷
定价:258.00 元

《成品油管道运行与管理》
编写委员会

主任委员：

田中山

副主任委员：

戴福俊　帅　健　宫　敬

委　员：（按姓氏笔画排序）

于　达　万　勇　王卫东　王现中

王　垚　牛道东　孔纪名　左志恒

仪　林　吕运容　刘　胜　刘维国

刘　静　严　格　李　伟　李　苗

李　明　杨大慎　杨　文　肖　霄

汪　涛　张　晨　陈小靖　陈少松

陈长风　周世骏　林武斌　林景丽

钟　龙　徐燕萍　席　罡　梁永图

董绍华　谢　成　赖少川　路民旭

廖兴万　廖远桓　熊道英　樊茂飞

前言

管道运输是国民经济五大运输方式之一，是现代综合交通运输体系和现代国民经济体系的重要组成部分，对国民经济、国家安全和人民生活具有重要意义。成品油管道运输与铁路和公路运输相比，具有经济、安全、环保、快捷等优势，已经成为当今世界成品油长距离运输的主要方式之一。近年来，我国成品油管道发展较快，目前已建成成品油管道 2 万多千米，约占全球成品油管道里程的十分之一。习近平总书记在党的十九大报告中明确提出"加强水利、铁路、公路、水运、航空、管道、电网、信息、物流等基础设施网络建设"。2019 年 3 月 19 日，中央全面深化改革委员会第七次会议决定组建国家油气管网公司，我国油气管道正迎来高质量发展的新时代。

我国油气储运工程专家梁翕章曾于 2010 年编著出版了《国外成品油管道运行与管理》，该书结合国外成品油管道发展的过程和当时的现状，全面介绍了国外成品油管道运行管理的模式和特点。我们认真拜读后，很受启发，一致认为，很有必要编撰一本具有中国特色且能够全面梳理和总结我国成品油管道运行管理经验与技术成果的专著。

中国石化销售华南分公司拥有 6282km 成品油管道，是国内最大的成品油管道企业，在成品油管道运行管理方面积累了丰富的实践经验。中国石油大学（北京）是一所石油特色鲜明的重点大学，在油气储运方面拥有丰硕的科研成果和一流的学科理论基础。2017 年初，双方决定共同组织团队编撰《成品油管道运行与管理》一书，以总结国内成品油管道的管理经验，系统梳理成品油管道相关知识，供国内成品油管道管理人员参考借鉴。

本书在编写过程中，编写组人员紧密协作，历经两年多的不懈努力，终于成书。期间得到了国内许多专家和同行的热心指导与帮助，在此对他们表示真诚的感谢。全书共分十二章，内容涵盖成品油管道的设计、投产、运行，自动控制与通信系统，管线、站场完整性管理，腐蚀与防护，地质灾害防治，HSSE 管理以及智能化管道建设。本书第一章由田中山、宫敬、杨文等编写；第二、三、四章由戴福俊、宫敬、于达、梁永图负责，王卫东、左志恒、杨大慎、林武斌、郑启超、刘静、熊道英、许少新、徐燕萍、林景丽、陈小靖、王垚、牛道东、李苗、钟龙、廖远桓、黄晨、李沅时、黄晓茵、肖茗月等编写；第五章由戴福俊、梁永图、刘维国负责，陈晓华、汪涛、李伟、张玉乾等编写；第六章由田中山、帅健负责，杨大慎、谢成、杨文、王垚、马昕昕等编写；第七章由田中山、董绍华、吕运容、刘维国、林武斌负责，谢成、严格、牛道东、钟龙、张晨等编写；第八章由田中山、路民旭负责，陈长风、杨大慎、王垚、张晨、陈少松等编写；第九章由孔纪名、杨大慎负责，肖霄、王垚等编写；第十章由帅健、万勇、廖兴万负责，樊茂飞、李蓉蓉、孙丽颖、古海平、经建芳、赵联祁等编写；第十一章由董绍华、谢成负责，席罡、张晨、周世骏等编写；第十二章由田中山、董绍华、杨文编写。

　　由于本书内容涵盖较广，加之经验不足，书中错误与不足之处在所难免，敬请读者批评指正。

田中山

2019 年 7 月

目录

第一章 成品油管道概述

　　成品油管道运输与铁路和公路等其他陆上运输方式相比，具有运量大、密闭性好、安全环保及远距离运输成本低等特点，可解决炼厂与用户之间的成品油运输瓶颈，已经成为世界范围内成品油运输的主要方式之一。

　　随着科技的发展与进步，成品油管道在硬件、软件及运营管理水平等方面得到了快速发展，自动化水平已相当成熟，目前已基本实现数字化管理，正在朝着智能化、智慧化方向发展。在成品油管道安全管理方面，基于风险管理的完整性管理体系已日趋完善，并在欧美国家、中国等得以广泛应用，且正在逐步扩展。

第一节 世界成品油管道发展及分布

1900 年，美国建成世界上第一条成品油管道。至 2018 年，全球成品油管道总里程已由当年的 14km 发展为 294213km。分区域看，北美、欧洲、亚太三个地区分列成品油管道总里程前三位。其中，世界上运输规模最大的成品油管道——科洛尼尔（Colonial）管道就在北美。

一 成品油管道发展与演变

成品油管道是在原油管道基础上发展而来的。1859 年 8 月 27 日，美国宾夕法尼亚州的泰特斯维尔（Titusville）诞生了美国第一个油田。不到半年时间，该油田已有 24 口生产井。1860 年产出原油 90000t，1862 年达到 270000t。油田产量迅猛增加，如何经济、安全、快捷地将所产原油运送出油田成为当时必须解决的难题。1863 年到 1865 年期间，人们主要采用啤酒木桶、马车和平底驳船进行运输。1865 年到 1868 年期间，则主要利用啤酒木桶和火车进行运输。直至 1868 年，一位名叫赛科尔（Seckor）的采油生产商在油区里铺设了第一条原油输送管道（8km），才真正开启了管道输送原油的时代。1900 年，世界第一条成品油（汽油）管道建成，随后的一个多世纪，成品油管道建设得到了快速发展。一般将世界成品油管道发展历史划分为三个阶段，即汽油管道阶段、持续完善阶段、大型化发展阶段。

第一条汽油管道总长为 14km，管径为 101.6mm，标志着汽油管道建设的开端。1910 年，美国菲利普石油公司（Phillips Petroleum Company）修建了连接东部和西部的汽油管道，管道全长为 1046km，管径为 203.2mm，是当时规模最大的汽油管道。该管道的建成从管道结构、管道规模、管道性质、管道承运油品等方面给汽油管道的建设和运行均带来了深刻的影响。随后 30 年间，汽油管道得到了迅猛发展，尤其是 1920 年至 1940 年，这 20 年常常被称作汽油管道时代。

从 1932 年开始，美国基斯通（Keystone）汽油管道公司就一直不断地开展多油品顺序输送试验和探索，并最终获得了成功。从此，原有的汽油管道均效仿改造为可顺序输送多种油品的管道，汽油管道的称呼也逐渐被成品油管道所替代。在汽油管道转型过渡为成品油管道期间，美国在总结经验的基础上，修建了世界上第一条真正意义上的成品油管道——普兰迪逊（Plantation）管道，该管道在二战期间为美国的陆路运油起到了非常重要的作用。美国在二战期间还修建了较普兰迪逊管道还大 1 倍的次大（Little Big Inch）管道，后被东德州管道公司收购，称为东德州成品油管道。二战后成品油市场迅速扩大，人们逐渐开始关注运行效率的提升，以及混油机理、界面跟踪、管道监测等方面的技术问题。随着战后 15 年间（1945—1960 年）大管径成品油管道（劳雷尔管道）、军民共用成品油管道（南太平洋管道）及印第安纳管网等管道的陆续建成投用，标志着成品油管道技术水平、自动化程度及管理水平日益完善。

20 世纪 60 年代以后，美国修建了多条大口径、长距离成品油管道，如普兰迪逊管道不断扩建、东德州成品油管道两次重新改造，同时建成了目前世界上规模最大的成品油管道——美国科洛尼尔管道。科洛尼尔管道是长距离、大口径、多分支的成品油输送管网，输送介质多达 100 多种，可满足不同用户的需求。随着市场不断扩大，成品油管道的作用越来越大，成为公共市场输送成品油的重要方式，且成品油管道技术已经达到相当成熟的阶段，推动着成品油管道不仅向商业化而且更向着公用化、大型化发展。

自 1987 年以来，无论是美国还是其他西方国家，成品油管道的建设速度都比以前有所加快，已远远超过原油管道。当前，成品油管道输送在整个成品油输送中所占比例日益提高，特别是内陆地区，成品油主要依靠管道完成远距离输送。据 2016 年 7 月统计数据，美国成品油管道输送比例约为 63%，欧洲约为 50%，中国约为 45%（其中华南区域约为 85%）。21 世纪以来，随着信息化、物联网，以及多媒体技术的不断发展，国内外众多成品油管道公司均致力于管道数字化、智能化方面的研究与应用，已取得了初步成效。同时，为有效防范管道事故的发生，逐步建立起了基于风险管理的完整性管理体系，有效改进和提升了世界成品油管道的整体管理水平。

二 成品油管道分布现状

1. 世界各地区成品油管道里程分布

截至 2018 年年底，全球成品油管道总里程达 294213km，约占全球油气管道总里程的 14.9%。按大陆架划分，全球可分为北美、欧洲、亚太、中东中亚及非洲、南美五大区域，五大区域成品油管道里程分布如表 1 – 1 所示。

表 1 – 1　2018 年全球五大区域成品油管道里程

所在区域	成品油管道里程/km	所占比例/%
北美	153358	52.1
欧洲	53015	18.0
亚太（包括印度）	43411	14.8
中东中亚及非洲	25742	8.7
南美	18687	6.4

北美是成品油管道发展最早的区域，也是目前拥有全球最长成品油管道里程的地区，里程合计为 153358km，占全球成品油总里程的 52.1%。截至 2018 年年底，北美区域中美

国、加拿大成品油管道分别约为 141281km 和 3125km。美国成品油管道输送比例高，具有管网布局密集、运输品种多等特点，成品油管网几乎遍布美国各州。

欧洲成品油管道里程合计为 53015km，占全球成品油管网的 18.0%。欧洲区域中俄罗斯成品油管道里程约为 19300km。按照俄罗斯战略发展规划，2020 年前除新建项目外还将扩建现有成品油管线，将成品油管线的输送能力提高 70%，使之在 2020 年达到 $5450 \times 10^4 t/a$ 的水平，即还需修建约 2280km 管道。西欧地区成品油管道里程约 17840km，连接法国、英国、意大利、德国、荷兰、比利时、西班牙和奥地利等国，呈现跨国、跨区域的格局。

亚太成品油管道里程合计为 43411km，占全球成品油管网的 14.8%。亚太地区中国成品油管道里程为 27000km。中国在 1977 年建成了国内第一条成品油长输管道，即青海格尔木—西藏拉萨管道（格拉管道），随后陆续建成了兰成渝管道、西南管道、乌兰管道、珠三角管道、兰郑长管道等一批规模较大、技术难度较高的成品油输送管道。

中东中亚及非洲地区成品油管道里程合计为 25742km，占全球成品油管网的 8.7%。中东地区成品油管道主要集中在伊朗、伊拉克和沙特等国家，其中伊朗成品油管道里程为 7937km，为中东地区成品油管道里程最长的国家；中亚地区成品油管道主要集中在哈萨克斯坦，其拥有成品油管道 1095km，是中亚地区成品油管道里程最长的国家；非洲地区成品油管道则主要集中在尼日利亚、苏丹、南非、肯尼亚、埃及、刚果等国家，尼日利亚是非洲地区成品油管道里程最长的国家，里程合计为 3940km。

南美成品油管道里程合计为 18687km，占全球成品油管网的 6.4%。南美地区成品油管道主要集中在巴西、阿根廷、哥伦比亚、委内瑞拉、玻利维亚和厄瓜多尔等国家，其中巴西是南美地区成品油管道里程最长的国家，里程合计为 5959km。

2. 世界主要成品油管道企业

根据统计，成品油管道里程全球排名前十的公司，合计里程占全球成品油管道总里程的 55.1%，如表 1-2 所示。

表 1-2 2018 年成品油管道里程全球排名前十公司

公司名称	成品油管道里程/km	所占比例/%
Enterprise Products Partners, L. P.（U. S.）	38440	13.1
Public Joint Stock Company Transneft（Russia）	19300	6.6
Phillips 66 Company（U. S.）	18600	6.3
Magellan Midstream Partners, L. P.（U. S.）	15360	5.2
Kinder Morgan Company（U. S.）	14484	4.9
Sinopec Corporation（China）	14477	4.9
ONEOK Inc（U. S.）	11426	3.9
CNPC（China）	11389	3.9
Buckeye Partners, L. P.（U. S.）	9656	3.3
Colonial Pipeline Company（U. S.）	8851	3.0

2018 年成品油管道里程排名世界第一的是美国 Enterprise Products Partners, L. P. 管道公

司。该公司成立于 1968 年，总部设在得克萨斯州休斯敦，公司经营业务包括天然气液体（NGL）管道和服务、陆上天然气管道和服务、陆上原油管道和服务、离岸管道和服务、石油及精细产品服务。公司成品油管道合计里程达 38440km，占世界成品油管道总里程的 13.1%。

排名世界第二的是俄罗斯 Transneft 公司。该公司成立于 1992 年，总部设在莫斯科，是俄罗斯国有公司，其石油运输管理机构可以代表国家决定石油发展的战略方向，并负责石油相关的其他经营活动。公司运营着包含成品油管道在内的共 70000km 干线管道，其中成品油管道里程 19300km，占世界成品油管道总里程的 6.6%。

排名世界第三的是美国 Phillips 66 公司。该公司是一家美国跨国能源公司，总部位于得克萨斯州休斯敦，从事 NGL 和石化产品的生产，主要业务包括炼油、化学品、加油站、油气管道及终端运输服务。公司成品油管道合计里程为 18600km，占世界成品油管道总里程的 6.3%。

排名世界第四的是美国 Magellan Midstream Partners 公司。该公司总部位于美国俄克拉荷马州，其成品油管道起始于墨西哥海湾，跨越美国中部地区，共覆盖美国 15 个州，里程为 15360km，占世界成品油管道总里程的 5.2%。

排名世界第五的是美国 Kinder Morgan 公司。该公司成立于 1997 年，其总部也位于得克萨斯州休斯敦，公司经营的成品油管道里程为 14484km，占世界成品油管道总里程的 4.9%。

排名第六至第十的公司依次是：中国石化，美国 ONEOK 公司，中国石油，美国 Buckeye Partners 公司和美国 Colonial 管道公司。总体来看，排名前十的公司中有 7 家是美国公司，这 7 家公司运营的成品油管道里程占全球成品油管道总里程的 39.7%。

三　国外典型成品油管道

1. 美国普兰迪逊管道

美国普兰迪逊管道建成于 1941 年，是美国第一条真正意义上的成品油管道。该管道投产初期干线及支线总长为 2017km，管径为 254.0mm 和 304.8mm，日输量为 9530m³，走向如图 1-1 所示。第二次世界大战及战后为适应战时需要和市场、社会需求，该管道经过多次改建，平行敷设多条复线。截至 2015 年年底，管道里程达 9732km，管径从 152.4mm 到 762.0mm，日输量已达 79400m³，是管道建设初期的 8 倍多。随着管道技术的不断发展，普兰迪逊管道最终形成了自动化程度很高的大型成品油输送管网，该管道的建设、运营也标志着世界成品油管道输送技术逐渐走向成熟。

2. 美国科洛尼尔管道

美国科洛尼尔管道是 1953 年由美国军方倡议修建的，该管道走向与普兰迪逊管道完全平行，并于 1964 年正式投产运营。科洛尼尔管道建成时管道里程总长 4681km，管道干线由管径 762.0mm、812.8mm 和 914.4mm 管道组成，日输量高达 158500m³，走向如图

1-2所示。为满足需求，科洛尼尔管道从 1965 年开始总共经历了 6 次扩建，扩建后合计里程达到 8851km，管道最大直径达到 1016.0mm，双线日输量为 333858m³，可输送 118 种成品油，一个顺序周期仅为 5 天，为目前世界上输送规模最大的特大型成品油输送管道。该管道号称美国生命线，美国六分之一的成品油通过这条管道输送。管道采用双线运行方式，且采用隔离液进行了隔离，基本不产生混油。该管线也是世界上首条进行水击分析的管道；管道的所有设计均采用标准化、模块化设计，所有同类站场工艺流程几乎一致。

图 1-1　普兰迪逊管道走向示意图

图 1-2　科洛尼尔管道走向示意图

3. 俄罗斯管道

俄罗斯成品油管道由俄罗斯 Transneft 公司的子公司 Transneftproduct 公司运营，走向如图 1-3 所示，年输量为 3220×10^4 t。目前，俄罗斯在建成品油管道主要包括南部项目和北部项目。南部项目为一条贯穿俄罗斯南部地区的柴油管道，旨在满足该地区的柴油内需，并通过新罗西斯克港（Novorossiysk）向欧洲出口。该项目分为两个阶段：第一阶段，在 2018 年前完成 Volgograd-Tikhoretsk-Novorossiysk（伏格-蒂霍列茨克-诺沃西斯克）管道的铺设，总长 586km，设计输油能力 600×10^4 t/a；第二阶段，在 2020 年前完成 Voskresenka-Samara-Volgograd（沃斯克雷森卡-萨马拉-伏尔加格勒）管道的铺设，总长 726km，设计输油能力 600×10^4 t/a，并将第一阶段管道扩能至 1100×10^4 t/a。北部项目是对通往普里摩尔斯克港（Primorsk Port）的柴油管道进行扩能，原设计输送能力 850×10^4 t/a，2016 年已完成一期工程的扩能目标（1500×10^4 t/a），二期工程于 2018 年完工，主要是新建 138km 成品油管道，使其输油能力达到 2500×10^4 t/a。

图 1-3　俄罗斯 Transneft 公司管道走向示意图

第二节　国内成品油管道发展概况

新中国成立初期，我国在成品油管道建设和运营方面处于起步阶段。近 40 年来，我国成品油管道得到了快速发展，到 2018 年管道里程已达 27000km，位居世界第二，分属于中国石化、中国石油等公司。

一　国内成品油管道发展历程

　　我国最早的成品油管道是抗日战争时期的中印输油管道。1941年太平洋战争爆发后，为了支援远东抗日战争，保证航空燃油的正常输送，中美联合修建了从印度加尔各答港经过缅甸到中国昆明的成品油管道，从而也造就了我国第一条跨国成品油管道。这条管道长3200km，采用装配式管道，钢管外径114.3mm，壁厚5.6mm，日输送能力为$763 \sim 795m^3$。抗日战争胜利后，中印输油管道停输，国内部分管道被拆除。新中国成立后，直到1977年才建成国内第一条长距离、顺序输送成品油长输管道，即格拉管道。20世纪90年代，我国才逐渐开展成品油管道的建设、运营，先后建设了抚顺至营口鲅鱼圈管道、克拉玛依至乌鲁木齐管道、镇海炼化至杭州康桥管道、兰成渝管道、西南管道、乌兰管道、珠三角管道、兰郑长管道等一批规模较大、技术难度较高的成品油管道。截至2018年年底，我国成品油管道里程合计约27000km，其中中国石化14477km，中国石油11389km，我国已建成成品油管道分布如图1-4所示。

图1-4　我国成品油管道分布图

　　2017年，为贯彻落实《中共中央国务院关于深化石油天然气体制改革的若干意见》和《能源生产和消费革命战略（2016—2030）》要求，国家发改委、国家能源局制定了《中长期油气管网规划》，对中国未来的油气管网建设提出了具体目标，到2020年我国成品油管道里程将达到33000km，2025年将达到40000km，网络覆盖进一步扩大，储运能力将大幅提升。全国省（区）市成品油主干管网全部互联互通，100万人口以上的城市成品油管道基本接入。基本形成"北油南运、沿海内送"的成品油运输通道布局。

1. 格拉管道

格拉管道是当今世界上海拔最高的成品油管道，1972 年经周恩来总理批准、由军队组织建设，1977 年 10 月基本建成，全长 1080km，北起青海省格尔木，南止西藏拉萨，全线纵断面如图 1-5 所示。格拉管道沿青藏公路铺设，穿越楚玛尔河和沱沱河等 108 条河流，翻越昆仑山和唐古拉山等 10 余座大山，900km 管道处在海拔 4000m 以上严寒地区（最高处海拔 5231m），560km 管道铺设在常年冻土地带。格拉管道干线管径 159.0mm，材质为 20 号钢，设计压力 6.27MPa，主要顺序输送汽油、柴油和喷气燃料。管道全线共设 12 座站场（11 座泵站和 1 座分输站），3 座油库，管道年输油量为 $23 \times 10^4 \sim 25 \times 10^4 t$。格拉管道是我国首条进行航煤顺序输送的管道，也是首次开展成品油管道添加减阻剂试验的管道。1997 年 10 月，格拉管道开展相关试验工作，在昆仑山泵站添加 FLO 减阻剂，可使油品成功翻越五道梁泵站和沱沱河泵站，直到冠石坪泵站，一站输油 346km。这条管道在设计、施工、运行管理等方面的成功经验为此后我国成品油管道的发展奠定了良好基础。

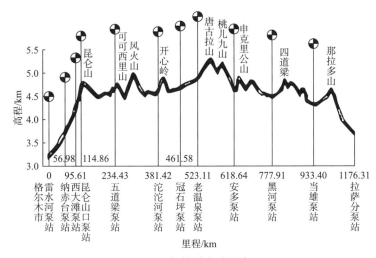

图 1-5　格拉管道全线纵断面图

2. 兰成渝管道

兰成渝管道由中国石油于 1998 年开始建设，2002 年 10 月建成投产，是当时我国第一条大口径、长距离、高压力、多分输点的成品油顺序输送管道。兰成渝管道途径甘肃、四川、重庆三省市，全长 1250km，其中兰州—成都（兰成）段 881km，成都—重庆（成渝）段 369km，全线最高设计压力 14.8MPa，管径为 508.0mm、457.0mm 和 294.0mm，材质为 X60 和 X52 钢。兰成渝管道落差大、沿线地形变化复杂（最大落差达 2255m），采用顺序输送和集中分输输送工艺，顺序输送汽油和柴油。管道全线共设有 16 座工艺站场，47 座线路阀室。管道输油量 $500 \times 10^4 t/a$，2005 年已达到设计输量，累计输油近亿吨。2006 年开始添加减阻剂运行。兰成渝管道是我国第一条考虑沿线市场的管道，沿线分输点多达 13 个。途经黄土高原、秦岭山区、四川盆地，特别是兰州—广元段多为高山峻岭，地形呈犬齿状，高低起伏非常大，是典型的多起伏大落差地形，大落差地段管道的压力控制和顺序输送工艺非常复杂。为确保管线运行安全，该管线采用变径管设计，并在陇西、成县、广元连续设置减压站。

3. 乌兰管道

乌兰管道全线采取成品油、原油两条管道同沟敷设，工艺站场和线路阀室合并建设的方案，由中国石油于 2004 年 9 月开工建设。成品油管道于 2006 年 7 月建成，并一次自动化投产成功；原油管道于 2007 年 6 月建成，一次投产成功。管道西起于新疆乌鲁木齐，东止于甘肃兰州，横穿新疆、甘肃两省（区）共 21 个市（县），干线全长 1858km，设计压力 8.0MPa（乌鲁木齐—鄯善段局部为 10.0MPa），管径为 559.0mm、508.0mm，材质为 X65 钢。全线设首、末站各 1 座，中间站 10 座（全部与原油管道站场合建）。管道采用常温密闭顺序输送工艺，设计输量 $1000 \times 10^4 t/a$，是我国首条采用部分管段充水的柴油顶水方式投油的成品油管道。

4. 西南管道

西南管道是国内首条由沿海地区向内陆输送成品油的长输管道，全长 4073km（包括在建湛北管道 246km），全线最高设计压力为 13.5MPa，最大管径为 508.0mm。全线共设 36 座输油站，是目前国内输送距离最长、工艺技术最复杂、海拔落差最大（最低点茂名站 16m，最高点楚雄站 2459m）、地质条件最恶劣、施工难度最大的成品油长输管道之一。该管道由北线和南线组成。北线管道从广东茂名经广西、贵州，分别到达昆明、重庆、成都。主干线 2003 年 9 月开工建设，2005 年 12 月实现全线一次中控投油成功。管道最初设计输量 $550 \times 10^4 t/a$，经改扩建后输油能力达到 $850 \times 10^4 t/a$。北线油品主要来自茂名、湛江等地，已累计输送油品 1.2 亿吨。南线管道自广西北海，经百色至云南大理，2016 年 6 月建成投油，其中北海—百色管道设计起始输量 $325 \times 10^4 t/a$，远景输量 $1000 \times 10^4 t/a$；百色—大理管道设计输量为 $750 \times 10^4 t/a$，起始输量为 $625 \times 10^4 t/a$，南线油品主要来自北海、湛江等地。

5. 珠三角管道

珠三角成品油管道分两期建成，是一条长距离、多集输点、多分输点、单管密闭顺序输送多品种成品油的管道，西起广东湛江，东至揭阳、梅州，途径人口稠密、水网交错的珠三角地区，全长 2094km，设计压力 10.0MPa，管径 219.0～406.0mm，设计输量 $1200 \times 10^4 t/a$。该管道设 22 座输油站，沿线多点进出、输油流向多变、输油模式非常灵活，主要负责广东省内的油品供应和调运。珠三角管道既可以作为一条管道进行顺序输送，也可以分成几条管道同时进行不同油品和不同输送方向的顺序输送，是真正意义上的城际间输送管网，输送方式灵活。该管道将广东省茂名、广州、湛江等地的炼油企业和广东省主要油库连接，并利用小虎岛、泽华、大鹏湾、黄埔、湛江等沿海油库码头的上岸油品作为补充。

第三节　成品油管道运行模式

由于国情不同，各国在成品油管道的运行模式上存在很大差异。目前主要存在三种模式，分别是以美国为代表的市场驱动型模式、以俄罗斯为代表的国家主导型模式，以及以中国为代表的企业自营型模式。随着一个世纪以来的运行经验积累，在满足输送功能的基础上，国内外成品油输送企业在成品油的运行管理方面均形成了自己的特色。

一　市场驱动型模式

市场驱动型模式是指将成品油管道运输与销售业务彻底分离，完全以满足市场需求为主导的一种管理模式，最典型代表是美国。在美国，提供成品油管道运输服务的，既有众多私人所有的独立管道运输服务公司，也有综合能源公司的专业子公司，各类公司均需取得许可证才有资格参与成品油运输。美国成品油管道公司由联邦和州两级政府监管，市场完全放开。

为防止这些管道公司滥用自然垄断地位操纵管输收费价格、阻止管网使用者公平进入，美国政府规定，一切需要管输服务的企业都有权进入管网；在运输能力有限而要求提供运输服务的企业过多时，则按比例分配运输能力。在保护管网用户和消费者利益不受侵害的同时，须确保管道经营者获得合理的投资回报，以便提供长期稳定的成品油运输和配送服务，在市场需求增加的情况下，具备提高运输量和扩大服务范围的经济实力。

该类管道服务于市场和社会，属于公共运输设施，油源和用户、品种、质量、数量要求不完全固定，会出现不同油源、不同用户的同牌号油品被要求分别储存和输送，在油品数量、质量交接和输油计划的编制、优化、调整等方面与炼油厂、销售企业等之间的沟通协调难度增加。这要求管道对市场用户的适应性很强，对油品储存和管道输送工艺要求较高。该类管道在设计时应充分考虑这些情况，以确保获得更多、长期的用户和良好经济效益、社会效益。如考虑增加顺序输送乙醇汽油组分油、航空煤油等油品，需提升管道对油品数量、品种随季节性变化的适应性，配套罐容、油罐数量要充足，便于按油品市场需求正常组织批次、批量输送，油品数量、质量交接界面也要划分清晰。

在美国，炼油厂、管道公司、经销商三方根据签订的协议，共同编制成品油管道运行计划。经三方协商都同意后，由经销商、炼油厂和管道公司签订委托运输合同。合同经签订后，改称为执行运行程序，程序经合同确定后则不可随意变更。在计划编制过程和后续监督执行运行程序中，经销商承担类似甲方的职责（经销商是三方的成员之一，在编制计划和执行过程中，负责组织和提供市场信息）。按运行程序的规定，炼油厂准时提供成品油，管道公司按运行程序进行生产调度，三方高度协作，才能执行程序使管道按顺序输送。运行程序确定后，通过批次计划的制定来具体明确油品的输送过程。

美国成品油管道起步早、运行经验丰富，运行管理已经很成熟。以世界运行规模最大的科洛尼尔管道为例，该管道已经形成了较好的管道运行管理模式。

（1）批次计划。批次计划采用管道运行图来表示，通过计算机绘制一段时间内的管道运行图，可实时明确各批次油品在管道内的位置，即各批次油品的界面与时间的关系。这种反映实际运行的图像，使人们易于理解成品油管道是如何随时跟踪各批次油品混油界面的，也是控制管道总体运行的关键，并在减少混油量和提高管道运行效率的原则下，能够按时、按质、按品种、按量输送到指定的分输站。在管道运行程序编制完成后，管道中心调度室可根据运行图实时跟踪成品油的界面位置，并经常与运行程序相校对。如果界面的运行位置超前或者滞后于运行程序，调度人员就必须加以修正，使界面恢复与程序同步。顺序输送通常采用在线压力检测、密度计检测等手段对输送介质进行界面跟踪。

（2）控制方式。科洛尼尔管道在生产运行上拥有先进、完整的控制方式，体现在全线实行 SCADA（Supervisory Control And Data Acquisition，数据采集与监视控制系统）和计算机等自动控制，实现高效细致的生产调度，且真正实现了站场无人值守。

二 国家主导型模式

国家主导型模式是指管道运营管理以体现国家意志为主导的一种管理模式，最典型代表是俄罗斯。受苏联计划经济的长期影响，俄罗斯成品油的销售及管网始终由政府统一管理，成品油管道系统全部归俄罗斯 Transneft 公司经营。

该公司已形成成熟的成品油输送管网，实现了运行参数、泄漏检测、混油浓度监测、界面跟踪和油品切割的自动控制。俄罗斯成品油管道运行管理遵循综合性标准文件《石油产品运输有限责任公司干线石油产品管道连续输送石油产品的规程》，该标准整合了数十项俄罗斯国家标准，包括石油产品物性、油品批次排序原则、输送过程油品检验混油切割以及混油控制措施等，重点是整合多项混油控制措施，例如混油体积计算、最低允许流速、停输位置选择原则、变管径混油体积计算、初始混油体积对混油的影响、不同型号油品掺混的容许极限浓度（汽-柴、柴-汽、汽-汽、柴-柴）等。该标准条款翔实细致，可操作性强。

在制定批次计划时，除根据需求制定输送计划外，还较为细致地考虑批次输送顺序，但顺序制定的依据与北美、国内均不相同。俄罗斯标准规定顺序输送不同牌号的汽油时，相邻油品应辛烷值偏差最小；顺序输送不同牌号的柴油时，相邻油品应闪点偏差最小，若闪点偏差相同，应硫含量偏差最小。针对混油情况，俄罗斯标准规定允许向混油界面区域注入工艺混油作为缓冲塞以减少混油的形成。

全线实行 SCADA 和计算机等自动控制，利用 SCADA 系统可远程控制进行分输等操作。另外，构建了泄漏监测系统对全线泄漏情况进行监测，实时分析判断管道泄漏情况。

三 企业自营型模式

企业自营型模式是指企业按照市场需求，建设服务于企业自身的成品油管道并进行集中统一运营的一种管理模式。我国汽柴油生产均按照国家统一标准进行质量控制，炼厂、管道企业、经销商之间交接均按此质量标准执行，不同企业之间所生产的成品油质量差异并不明显。在日常输送过程中，国内均按牌号作为批次依据进行输送，并未像美国那样，将不同炼厂、不同日期产出的成品油视为不同牌号品种进行分批输送。

目前国内成品油管道基本由中国石化、中国石油、中国海油及少数行业的用油企业建设和运营管理。主要输送企业自身生产和采购的油品，输送油源、品种和服务对象相对固定，油品品种和服务对象少，油品数量、质量交接和输油计划的编制、优化、调整等在企业内部容易沟通协调，油品数量、质量交接界面划分清晰。对储罐罐容、储罐数量要求相对较少。

目前，中国石化成品油输送计划的基本思路是：根据销售公司总部资源平衡和物流优化运行需求，合理确定每月管输流向，包括分炼厂、分客户、分品号的管输总量。各大区公司经营部门在此基础上，与区域炼厂、省市石油公司充分对接，结合产、运、销、存实际情况制定分批次、分油库、分品号管输需求，工艺部门按照分批次需求，编制详细的管道输油计划。在此过程中，大区公司、炼厂、省市石油公司三方必须充分沟通，确保管输计划与其他运输方式协同，满足市场需求，炼厂按照管输批次计划组织生产备油。运行过程中，如炼厂备油、油库出库、管道生产发生重大变化时，可及时调整管道运行计划，并通知上下游企业。这种运营模式能够快速响应市场需求，并且内部协调相对容易，运行调整较为灵活，有利于提高运营效率，管输效益较好。

目前，中国石化成品油一次物流业务由5个大区公司负责，同时大区公司负责成品油管道运营管理。中国石油运营模式与中国石化有所不同，其一次物流业务交由两家大区负责管理，即东北销售公司和西北销售公司。东北销售公司和西北销售公司分别负责东北、华北地区和西部地区炼化企业成品油资源的统一收购、调运等系列业务，但不负责具体的成品油管道运营。成品油管道统一交由区域内专业管道公司进行管理，而调度则统一由北京调控中心集中运行。

中国的企业自营型与美国的市场驱动型、俄罗斯的国家主导型三种管理模式各有千秋。目前我国成品油管道以服务企业内部为主，具有市场响应快、输送效率高、协调服务好等优势，但与美国的市场驱动型管理模式相比，管道没有对市场开放，存在互联互通难等不足；与俄罗斯的国家主导型管理模式相比，由多家企业分别建设与运营管理，容易造成重复投资等弊端。

第四节　成品油管道安全管理

随着成品油输送规模的日益扩大，成品油管道安全受到高度关注。如何确保成品油管道的安全、平稳运行，是摆在政府和运营企业面前的严峻课题。目前，包括美国、加拿大等在内的拥有较多长输成品油管道的国家都建立起了相对完善的管道安全监管体系、颁布了相关的法律法规，并施行了配套的技术标准体系，以此来保障管道的运行安全。通过不断吸收国外的先进经验，我国也初步建立起了成品油管道安全管理体系。

一　国外成品油管道安全管理

国外成品油管道的安全管理起步较早，在政府监管方面较为明确，配套法律法规及技术标准也比较完备。在国外，一般来说，政府是管道运行安全的监管者，各管道公司必须严格按照政府制定的法规执行，并及时向政府部门报备。欧美发达国家的政府与企业全力推动管道的本质安全管理，其安全管理模式具有较强的借鉴意义。

1. 安全监管体系

美国是世界上拥有油气管道最多的国家，也是油气管道行业最发达的国家，目前已将油气管道上升到国家经济与能源的战略高度进行管理。美国作为联邦制国家，油气管道的安全管理模式由联邦和各州共同合作展开。政府管理机构由能源部（DOE）、交通运输部（DOT）以及国土安全部（DHS）等在内的 7 个部门共同构成，在油气管道的"全生命周期"中，从管道规划、项目选址、路由许可、安全监管、日常运行维护、事故调查、应急处置、废弃等方面彼此分工明确，具体管理模式如图 1-6 所示。

能源部（DOE）是油气行业的战略主管部门，其下设的联邦能源监管委员会（FERC）主要负责审批和监管州际管道项目。交通运输部（DOT）是油气管道安全管理的联邦机构，负责管道安全管理、制定管道安全的联邦规章，为油气管道及其相关设施的设计、安装、建设、运行和维护等建立最低安全标准，其下设的管道与危险材料安全管理局（PHMSA）油气管道安全办公室（OPS）负责油气管道的安全监管，主要是跨州际管道的安全管理与检验，各州内部的管道由各州自行立法设立管理机构进行管理。"9·11"事件后，美国成立了国土安全部，其下设的信息分析与基础设施保护局负责协调包括油气管道在内的重要基础设施的安全保护工作，下设的运输安全管理局（TSA）管道保护处负责美国全境的危险液体管道的保护工作。美国交通运输安全委员会（NTSB）负责对造成人员死亡、对环境造成重大危害或严重财产损失的油气管道事故进行调查。内务部（DOI）负责管理海底的油气管道安全。环境保护局（EPA）负责管理油气泄漏的环境污染介质处理。司法部（DOJ）则负责对违反管道安全法的刑事和民事责任案件进行起诉。

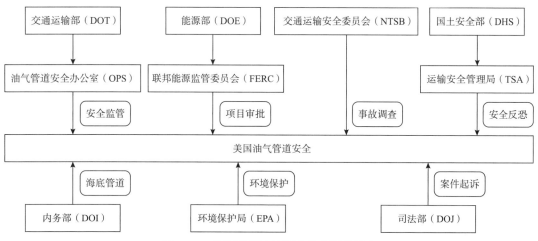

图1-6 美国联邦油气管道安全管理模式

此外，美国各州还成立了管道安全代表委员会，通过联邦政府与各州安全代表委员会的协作，使得美国从国家层面能够更好地管理管道安全工作，有效利用资源，提高工作效率，保障管道安全运行。

加拿大与美国一样同为联邦制国家，联邦政府能源主管部门和各省、地区能源主管部门分别负责对跨国与省际的油气管道、对辖区内的油气管道进行安全管理。加拿大自然资源部（NRC）下设的国家能源委员会（NEB）是加拿大油气管道行业的主管部门，负责对跨国与省际的油气管道进行监管，它的职责包括研究国家能源状况，提出有效利用能源的合理建议，审批油气管道设计、建设、运行、维护、废弃及事故调查等工作，规定管道企业必须达到其制定的安全运营目标等。环境部（EC）负责禁止油气管道在建设、运营中破坏关键栖息地，禁止有害物质流向候鸟成群的水域或候鸟经常出没的地区，对需要进行清淤工作海域的处置工作进行许可。职业安全健康中心（CCOHS）作为非营利性联邦机构，代表政府、企业和劳工三方，致力于解决油气管道建设、运营过程的职业安全健康问题。运输安全委员会（TSB）与国家能源委员会（NEB）共同承担事故调查职责，其中，国家能源委员会（NEB）负责调查事故企业遵循有关监管要求的情况；运输安全委员会（TSB）负责调查事故原因、辨识安全缺陷、提出安全对策、发布调查报告等。加拿大油气管道安全管理模式如图1-7所示。

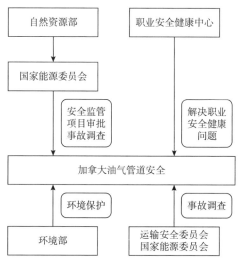

图1-7 加拿大油气管道安全管理模式

2. 法律法规

美国一直在加强制定管道领域的法律法规，1988年和1992年分别颁布了《管道安全再授权法》和《管道安全法》，提出了针对油气管道泄漏等重大事件的应急处置和消防力量协调机制。《管道安全法》是美国管道的基本法律，列入《美国法典》第49篇运输部分，其中第8部分是"管道"，第601章是"安全"，即常说的美国601法，对管道运营商提交年度报告、管道的最低技术要求、管道设施的安全技术法规、应急计划等方面均做出了要求。2002年颁布了《管道安全改进法》，要求管道运营商开展完整性管理相关工作，并授权交通运输部进行管道安全检查的权利，同时建立跨部门委员会协调管道紧急修复工作相关事宜。2006年颁布了《管道检验、保护、强制执行与安全法》，正式将防止第三方挖掘损坏提升至联邦一级水平，减少了管道人为意外损伤。2011年颁布了《管道安全、监管确定性和创造就业法》，要求提高管道安全标准，加大监管和处罚力度，强化员工培训工作和公众宣传教育，从法律角度提升了安全管理力度。2015年美国修订《管道安全法》中49 CFR 195《危险液体的管道运输安全》，对数据收集、高后果区识别、风险评估、完整性评价、压力测试、风险消减与维修维护等条款进行了部分修改，进一步推进美国管道的安全管理工作。

加拿大联邦政府制定了一系列的法律法规来规范油气管道管理，国家级法律和行业性法规有《国家能源委员会法案》《加拿大石油和天然气法》《加拿大石油资源法》《石油和天然气操作法》《加拿大石油天然气经营法案》《加拿大管道法》。《加拿大管道法》是加拿大管道系统的基本法规。国家能源委员会制定的规章有《陆上石油天然气管道条例》《管道仲裁委员会处事规则》《管道公司资料保护条例》等。加拿大各省（地区）通过立法，也制定了辖区内油气管道安全管理相关的法律法规，以阿尔伯塔省为例，制定的相关法律法规包括《管道法》《管道条例》等。

3. 技术标准

美国按照自愿性原则将技术标准体系基本划分为企业标准、协会标准和国家标准三个层次。企业标准是其按照市场需求和用户要求制定的内部标准。美国推行民间标准优先的政策，由标准协会（专业学会）组织、政府部门、生产者、用户、消费者和学者参与协商，共同制定标准。据文献统计，美国目前约有700个标准机构和9.3万项标准，其中4.9万项是由620个民间组织制定的协会标准。从各专业学会、协会团体中选择较成熟的、对全国普遍具有重要意义的标准，经审核后上升为国家标准，冠以ANSI标准符号。另外需要注意的是，美国有些技术规范虽称为"标准"，但是按立法程序制定，具备强制执行效力。美国所有民间机构标准都是自愿性，只有经法规指定后才具有强制性，或者这些标准如被美国联邦法规和各州法规引用也具有强制性作用。目前，美国油气管道标准体系主要是美国机械工程师协会（ASME）、美国石油学会（API）、美国腐蚀工程师学会（NACE）和美国材料与试验协会（ASTM）等非营利机构制定的推荐性标准。标准涵盖管道管材、管道设计施工、管道检验、管道焊接、管道无损检测、管道腐蚀防护以及管道操作和维护等专业技术领域，具有普遍意义。

美国管道标准主要包括以下几类。

（1）管道管材方面：API Spec 5L—2012《管线钢管规范》、API Spec 5LC—2015《耐腐蚀合金（CRA）管线钢管规范》等。

（2）管道设计与施工方面：API RP 2N—2015《北极条件下管道和构筑物规划、设计和施工推荐做法》、API RP 1172—2014《已建埋地管道并行敷设管道推荐规程》、ASME B31.4—2012《液态烃和其他液体管线运输系统》等。

（3）管道检验方面：API RP 5L8—1996（R2015）《新管线管现场检验》、API RP 1169—2013《新建管道工程基本检验要求推荐做法》、NACE SP0313—2013《导波技术在管道系统的应用》等。

（4）管道焊接方面：API Std 1104—2013《管道及相关设施的焊接》、API RP 582—2009《化学、石油和天然气工业焊接指南》、API RP 2009—2002（R2012）《石油和石油化工安全焊接、切削和动火作业》等。

（5）管材无损检测方面：API RP 5UE—2005（R2015）《管线缺陷超声评价推荐作法》、ASTM E213—2009《金属管道超声波检测规程》、ASTM E273—2015《钢制管道焊接区域超声波检测规程》、ASTM E1416—2009《焊缝射线检验的标准试验方法》、ASTM E1417—2013《液体渗透试验的标准规程》等。

（6）管道腐蚀与防护方面：API RP 5L9—2001（R2015）《管线管熔结环氧粉末外涂层推荐作法》、NACE SP0169—2013《地下或水下金属管道系统外腐蚀控制》、NACE SP0106—2006《钢质管道和管道系统的内腐蚀控制》等。

（7）管道操作和维护方面：API RP 1113—2007（R2012）《建立管道监测控制中心》、API RP 1130—2007（R2012）《液体管道的计算机监控》、API RP 1168—2015《管线控制室管理》、API RP 1174—2015《陆上危险液体管道应急响应推荐做法》等。

（8）管道完整性管理涉及的标准：API Std 1160—2013《危险液体管道的完整性管理规范》、NACE SP0113—2013《管道完整性适用方法选择》、ASME B31.G—2012《确定已腐蚀管道剩余强度的手册规范》、API 579‐1—2007《设备适用性评价》、NACE SP0502—2010《管道外腐蚀直接评价方法》、NACE SP0208—2008《液体原油管道内腐蚀直接评价方法》、NACE SP0206—2006《输送干天然气管道的内腐蚀直接评价方法（DG-ICDA）》、NACE SP0110—2010《湿天然气管道内腐蚀直接评价方法》、NACE SP0204—2015《应力腐蚀开裂（SCC）直接评估方法》、NACE SP0102—2010《管道内检测》、API 1163—2013《内检测系统产品认证规范》、API 1163—2013《内检测系统产品认证规范》、API RP 580—2009《基于风险的检验》、API Publ 581—2008《基于风险检测技术》、NACE Publ 35100—2012《管道内检测》、API 570—2009《管道检验规程：在役管道系统检验、维修、改造和重新评估》、API RP 2200—2015《危险液体管道维修》、ASME PCC‐2—2015《压力设备与管道维修》等。

加拿大国家标准体系以加拿大标准委员会（SCC）为核心，主要职责是批准发布国家标准，代表加拿大参加 ISO、IEC 国际标准化活动，致力于将加拿大国家标准提升为国际标准。加拿大国家标准的制定由政府指定相关机构负责，获得国家认可的标准机构有 5 个：加拿大标准协会（CSA）、加拿大气体协会（CGA）、加拿大通用标准局（CGSB）、加拿大保险商实验室（ULC）和魁北克省标准局（BNQ）。国家标准的制定原则是：①以制定基础性、通用性标准为主，制定强制性标准为辅；②具有广泛的社会代表性，标准化委员会应代表各方利益，使标准包含体现各方利益的责任条款；③明确说明标准的使用范围和限制条件，需求说明尽可能使用可量化的性能指标，阐明量化的依据和准则，同时避免阻碍技术创新；④重视采用国际标准，技术内容上强调与国际标准协调一致，采用国际标准时应注明与之相同或不同之处。加拿大油气管道标准主要有 CSA Z662《油气管道系统》、CSA B51《锅炉、压力容器与压力管道规范》等。CSA Z662《油气管道系统》是加拿大油气管道的核心标准，被誉为"油气管道的圣经"。该标准包括 17 章和 14 个附录，加拿大关于油气管道相关的标准全部包含在该标准之中，覆盖了设计、建设、运行、维修、废弃等油气管道全生命周期的各个阶段。20 世纪 80 年代起，加拿大管道企业也着手开展完整性管理和风险分析等方面的研究，通过持续研究和实践，在 CSA Z662《油气管道系统》中引入了完整性管理要求。完整性管理除执行该标准外，也参考美国的油气管道完整性管理标准，即 API 1160《危险液体管道系统的完整性管理》，加拿大针对危险液体管道系统的完整性管理过程和实施要求做出规定，CSA Z662《油气管道系统》也在个别条款中援引这个标准，但当其与这两个标准不一致时，则以 CSA Z662《油气管道系统》为准。联邦和各省能源监管机构通过援引标准的形式将其作为监管依据并要求管道企业强制执行。该标准每 4 年修订一次，管道企业会充分参与标准制定过程。

欧盟要求，欧盟成员国必须将欧洲标准（EN）完全等同地转化为国家标准，并撤销与其类似的国家标准，同时禁止制定相同内容的国家标准，这种政策被称为"停止政策（Standstill）"。目前欧盟执行的相关技术标准包括 EN 13480《工业管道》、ENV 1993《欧洲法典3》第 4-1、4-2、4-3 部分，ENV 1998《欧洲法典8》第 4 部分，EN 10208《易燃流体管道用钢管》、EN 13942《石油和天然气工业管道运输系统管道阀门》、EN 14163《石油和天然气工业管道运输系统管道焊接》等相关技术标准。欧盟于 2002 年正式颁布了其压力管道标准 EN 13480《工业管道》，欧盟成员国的内部章程规定了"该标准可原封不动地作为欧盟各国的压力管道国家标准"，该标准是欧盟十分重要的管道相关标准，分别从材料、设计和计算、制作与安装、检验与试验等几部分进行了阐述和规定。

二 国内成品油管道安全管理

我国的油气管道在近半个世纪的发展历程中，从无到有，并逐步发展壮大，已成为国民经济的能源大动脉。进入 21 世纪以来，国家对油气管道安全管理工作更加重视，随着《中华人民共和国石油天然气管道保护法》等法律法规的实施，成品油管道安全管理水平得到了有力提升。

1. 安全监管体系

从国家层面来说，国务院能源主管部门主管全国管道保护工作，负责组织编制并实施全国管道发展规划，统筹协调全国管道发展规划与其他专项规划的衔接，协调跨省（自治区、直辖市）管道保护的重大问题。国家应急管理部主要负责安全生产、石油矿业安全工作的监察等工作。针对石油化工行业，我国还专门成立了中国石油和化学工业联合会，负责加强政府与企业之间的沟通，探索符合我国经济体制要求的行业管理新机制。

从企业层面来说，中国石化与中国石油占据着国内成品油管道建设、运营的主要地位。

（1）中国石化

中国石化管道企业普遍建立了总部机关、二级单位和基层单位三级安全管理模式，以实现系统化、网络化管理。企业成立安全生产委员会，由企业领导班子成员、机关职能部门主要负责人组成。安全生产委员会下设生产、设备、外管道等专业安全分委会，分别由企业相应专业分管领导、专业职能部门主要负责人、相关专业人员组成。为形成有效的监督管理机制，企业、二级单位两个层面大都设立专职安全总监、安全监管部门，基层单位层面配备专（兼）职安全管理员，成立安全督查大队。

（2）中国石油

中国石油管道企业根据实际情况建立了保障油气管道安全生产运营的安全管理模式。企业机关和各二级单位成立安全生产委员会，由企业和各二级单位行政正职担任主任委员，其他成员由相关人员组成。企业及其所属管道施工、工程技术服务单位、运管单位设置独立的安全生产管理机构，配备专职安全管理人员。其他二级单位设置相对独立的安全管理机构或专职安全管理岗位。基层队（车间、站）配备专（兼）职安全管理人员。

2. 法律法规

近年来，我国逐步加强对油气管道的安全立法工作。2000年4月24日，国家经济贸易委员会颁布了《石油天然气管道安全监督与管理暂行规定》（国家经贸委令〔2000〕第17号），提出对石油管道的勘察、设计、制造、施工、运行、检测和报废等全过程实施安全监督与管理。2001年8月2日，国务院颁布了《石油天然气管道保护条例》（国务院令〔2001〕第313号），该条例主要规定了中华人民共和国境内输送石油、天然气的管道及附属设施的保护措施与方法。2002年颁布的《安全生产法》和2002年颁布的《危险化学品安全管理条例》（国务院令〔2002〕第344号），以及《危险化学品输送管道安全管理规定》（国家安监总局令〔2012〕第43号）等法律法规，明确了我国危险化学品输送管道的安全管理要求。2010年，《石油天然气管道保护条例》升级为《中华人民共和国石油天然气管道保护法》，这是我国油气管道行业的主要法律，确定国务院能源主管部门主管全国管道保护工作，同时发挥管道经过地区的地方人民政府对管道保护的职能，强调企业是维护管道安全的主要责任人。从而使我国的油气长输管道的生产、经营、使用、检验检测等安全工作均能接受政府全过程监督管理。

3. 技术标准

国家标准化管理委员会是统一管理全国标准化工作的主管机构，负责国家标准的制定、修订，协调和指导行业、地方标准化工作。我国管道相关标准分为国家标准、行业标准及企业标准，其中国家标准分为强制性标准和推荐性标准，冠以 GB 标准符号。行业标准则由各行业的国家主管部门进行发布，石油天然气行业标准冠以 SY 标准符号。企业标准则是各企业按照市场需求和用户要求制定的内部标准，并冠以相应的标准符号，例如，中国石油标准冠以 Q/SY 标准符号，中国石化标准冠以 Q/SH 标准符号。

我国管道标准主要包括以下几类。

（1）管道管材方面：GB/T 20801.2—2006《压力管道规范　工业管道　第 2 部分：材料》等。

（2）管道设计与施工方面：GB 50253—2014《输油管道工程设计规范》、GB 50423—2013《油气输送管道穿越工程设计规范》、GB 50424—2015《油气输送管道穿越工程施工规范》、GB/T 50459—2017《油气输送管道跨越工程设计规范》、GB 50460—2015《油气输送管道跨越工程施工规范》、GB 50183—2004《石油天然气工程设计防火规范》、GB 50235—2010《工业金属管道工程施工规范》、GB/T 20801—2006《压力管道规范　工业管道》、GB 50184—2011《工业金属管道工程施工质量验收规范》、GB 50369—2014《油气长输管道工程施工及验收规范》、SY/T 4124—2013《油气输送管道工程竣工验收规范》、SY/T 4208—2016《石油天然气建设工程施工质量验收规范长输管道线路工程》、SY 4207—2007《石油天然气建设工程施工质量验收规范管道穿越工程表格》等。

（3）管道检验方面：GB/T 20801.5—2006《压力管道规范　工业管道　第 5 部分：检验与试验》、TSG D5001—2009《压力管道使用登记管理规则》、TSG D7003—2010《压力管道定期检验规则——长输（油气）管道》、TSG D3001—2009《压力管道安装许可规则》、SY/T 6553—2003《管道检验规范在用管道系统检验、修理、改造和再定级》等。

（4）管道焊接方面：GB/T 31032—2014《钢质管道焊接及验收》、SY/T 4103—2006《钢质管道焊接及验收》、SY/T 4125—2013《钢制管道焊接规程》等。

（5）管材无损检测方面：GB/T 12605—2008《无损检测　金属管道熔化焊环向对接接头射线照相检测方法》、GB/T 15830—2008《无损检测　钢制管道环向焊缝对接接头超声检测方法》、SH/T 3545—2011《石油化工管道无损检测标准》、SY/T 4109—2013《石油天然气钢质管道无损检测》等。

（6）管道腐蚀与防护方面：GB/T 19285—2014《埋地钢质管道腐蚀防护工程检验》、GB/T 21447—2018《钢质管道外腐蚀控制规范》、GB/T 21448—2017《埋地钢质管道阴极保护技术规范》、GB/T 23257—2017《埋地钢质管道聚乙烯防腐层》、GB/T 23258—2009《钢质管道内腐蚀控制规范》、GB/T 34350《输油管道内腐蚀外检测方法》、GB/T 50698《埋地钢质管道交流干扰防护技术标准》、GB 50991《埋地钢质管道直流干扰防护技术标准》、SH/T 3517—2013《石油化工钢制管道工程施工技术规程》、SY/T 0017—2006《埋地钢制管道直流排流保护技术标准》。

（7）管道操作和维护方面：SY/T 6649—2006《原油、液化石油气及成品油管道维修推荐作法》、SY/T 6652—2013《成品油管道输送安全规程》、SY/T 6695—2014《成品油管道运行规范》、SY/T 6723—2014《输油管道系统经济运行规范》等。

（8）管道完整性管理涉及的标准：GB 32167—2015《油气输送管道完整性管理规范》、GB/T 27512—2011《埋地钢制管道风险评估方法》、SY/T 6648—2016《输油管道完整性管理规范》、SY/T 6477—2017《含缺陷油气管道剩余强度评价方法》、SY/T 6597—2014《油气管道内检测技术规范》、SY/T 6889—2012《管道内检测》、SY/T 0087.1—2006《钢制管道及储罐腐蚀评价标准　埋地钢质管道外腐蚀直接评价》、SY/T 0087.2—2012《钢制管道及储罐腐蚀评价标准 埋地钢质管道内腐蚀直接评价》、SY/T 0087.4—2016《钢质管道及储罐腐蚀评价标准 第 4 部分：埋地钢质管道应力腐蚀开裂直接评价》、SY/T

10048—2016《腐蚀管道评估推荐作法》等。

三 国内外安全管理新技术

管道安全评价与完整性管理技术始于20世纪70年代，当时欧美等工业发达国家在二战后兴建的大量油气长输管道已进入老龄期，由于焊接缺陷、腐蚀和第三方施工损坏导致的泄漏等事故频繁发生，造成了巨大的经济损失和人员伤亡，大大降低了各管道公司的盈利水平，同时也严重影响和制约了上游油（气）田的正常生产。为此，美国首先开始借鉴经济学和其他工业领域中的风险分析技术来评价油气管道的风险性，以最大限度减少油气管道的事故发生率和尽可能地延长重要干线管道的使用寿命，合理分配有限的管道维护费用。至20世纪90年代，美国的许多油气管道都已应用了风险管理技术与完整性管理技术来指导管道的维护工作，有效地避免了事故多发，降低了维护成本，减少了停工时间，提高了经济效益，提升了安全防护能力和水平，提供了安全管理技术手段，同时充分维护了企业声誉，履行了社会责任。根据美国交通运输部2013年发布的统计数据，实施管道完整性管理后，2003—2013年10年间油气长输管道事故率下降了近16%。

从国外管道完整性管理发展历程看，20世纪90年代以前，完整性管理局限于风险评价、管道检测与维修，尚未形成系统的管理体系。90年代中后期，管道完整性管理技术得到了进一步发展，很多大管道公司制订了改进的管道完整性管理计划。管道完整性管理主要包含四个方面内容：首先，确保管道在物理上和功能上都是完整的；其次，应确保管道始终处于安全可靠的工作状态；而后，确保影响管道安全的风险因素处于可控范围之内；最后，管道企业应不断采取措施防止管道事故的发生。通过监测、检测、检验等方式，获取与专业管理相结合的管道完整性信息，以便对管道运行中的风险因素进行识别和评价，制定相应的风险控制对策，从而将管道运行风险控制在合理的、可接受的范围内，最终达到减少和预防管道事故发生、经济合理地保证管道安全运行的目的。同时，一些欧美发达国家的政府和议会也积极参与进来，相继制定和出台了一系列法律法规，如2002年初美国交通运输部管道安全办公室确定了管道运营商的完整性管理职责，明确提出管道运营商的责任在于对管道和设备进行完整性评价，避免或减轻管道对周围环境的威胁，对管道外部、内部进行检测，出具准确的检测报告，进行泄漏监测，并采取更快、更好的管道修复方法，同时交通运输部管道安全办公室负责对管道运营商的完整性管理计划进行检查，确定其是否已对管道各管段进行了风险识别，是否已制定基线检测计划及完整性管理的综合计划，并检查计划的执行情况等。管道完整性管理已成为北美地区成品油管道企业的日常管理内容。

随着油气管道完整性管理理念及相关技术良好应用效果的凸显，完整性管理在我国得到了深入推广应用。中国石油于21世纪初从国外引入管道完整性管理模式，并于2009年编制了我国第一套管道完整性管理企业标准。中国石化在完整性管理方面虽然起步较晚，但进行了许多有益探索。以中国石化销售华南分公司为例，该公司于2014年建立了具有成品油管道特色的管道完整性管理体系，并在中国石化内部单位得到了广泛推广和应用；同时，于2015年成立了完整性管理中心，全面推动了所辖6282km成品油管道完整性管理工作，基于大数据、云平台等信息技术建立起了完整性管理信息平台，并在成品油管道线路完整性管理的基础上，全面建成站场完整性管理体系标准并进行了推广应用。

国内管道企业虽然进行了大量认真细致的工作，但是，因我国诸多油气管道途经地区人口稠密（图1-8），生态脆弱，导致国内管道事故后果较国外更为严重，因而国内完整性管理工作面临着更大的挑战。

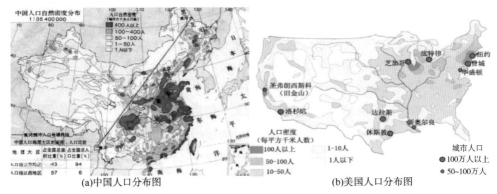

(a)中国人口分布图　　　　　　　　　(b)美国人口分布图

图1-8　中美人口分布对比

 参考文献

[1] 梁翕章. 国外成品油管道运行与管理 [M]. 北京：石油工业出版社，2010.

[2] 赵忠德，焦中良，田瑛，等. 国外成品油管道发展现状、发展趋势及启示 [J]. 石油设计规划，2016，27（4）：7-9.

[3] Wikipedia. List of countries by total length of pipelines [EB/OL]. https：org/wiki/List_of_countries_by_total_length_of_pipelines.

[4] CIA. CIA World Factbook [EB/OL]. https：//www. cia. gov/library/publications/the-world-factbook/fields/2117. html.

[5] Enterprise Products Partners. SYSTEM MAP [EB/OL]. https：//www. enterpriseproducts. com/about-us/system-map.

[6] Phillips 66. Our Businesses：midstream [EB/OL]. https：//www. phillips66midstream. com/EN/Pages/pipelines. aspx.

[7] Magellan Company. Brief introduction of Magellan Midstream Partners，L. P. [EB/OL]. https：//www. magellanlp. com/WhatWeDo/Default. aspx.

[8] Kinder Morgan Company. Kinder Morgan-products pipelines [EB/OL]. https：//www. kindermorgan. com/pages/business/products_pipelines.

[9] Oneok Partners Inc. INVESTOR STORY：ONEOK ASSET OVERVIEW [EB/OL]. http：//ir. oneok. com/investor-story.

[10] Buckeye Partners Inc. About us：Our Business [EB/OL]. http：//www. buckeye. com/AboutUs/tabid/54/Default. aspx.

[11] 中国石油. 业务中心 [EB/OL]. http：//www. cnpc. com. cn/cnpc/trqygd/ktysc_index_trqgd. shtml.

[12] Colonial Pipeline Company. Brief introduction of Colonial Pipeline Company [EB/OL]. http：//www. col-pipe. com/home/about-colonial/system-map.

［13］ NuStar Company. Our business：Pipelines ［EB/OL］. http：//nustarenergy. com/en-us/OurBusiness/Pipelines/Pages/PipelinesMain. aspx.

［14］ Kinder Morgan. Plantation Pipe Line Company ［EB/OL］. https：//www. kindermorgan. com/business/products_pipelines/plantation. aspx

［15］ 梁萌，柯翔，陈欢，等. 俄罗斯石油管道体系及出口现状 ［J］. 油气储运，2017，36（10）：1113 - 1121.

［16］ 国家发展改革委，国家能源局. 中长期油气管网规划，2017 - 05.

［17］ 郭常赞. 格拉管道的历史与未来发展规划 ［J］. 油气储运，2001，20（7）：5 - 9.

［18］ 曾多礼. 成品油管道水击保护 ［J］. 管道技术与设备，2005，（4）：26 - 29.

［19］ 关中原，税碧垣，朱峰. 兰成渝管道减阻剂工业应用试验研究 ［J］. 油气储运，2008，27（2）：31 - 35.

［20］ 朱坤锋，董旭. 兰成渝输油管道输送工艺的设计特点 ［J］. 科技交流，2006，（10）：77 - 79.

［21］ 霍连风. 顺序输送管道调度计划动态模拟研究 ［D］. 成都：西南交通大学，2006.

［22］ 帅健. 美国油气管道的安全管理体系研究 ［J］. 油气储运，2008，27（7）：6 - 10.

［23］ 姚伟. 油气管道安全管理的思考与探索 ［J］. 油气储运，2014，33（11）：145 - 151.

［24］ 冯晓东，张圣柱，王如君，等. 加拿大油气管道安全管理体系及其启示 ［J］. 中国安全生产科学技术，2016，12（6）：180 - 184.

［25］ 漆敏，路帅，赵东风. 国内外油气管道法律法规及标准体系现状对比分析 ［C］. //第二届 CCPS 中国过程安全会议，2018，中国青岛.

［26］ 马伟平，李云杰，张长青，等. 国外油气管道法规标准体系管理模式 ［J］. 油气储运，2012，31（1）：48 - 52.

［27］ 蔡婷，蔡亮，姚玢，等. 美国油气管道监管法律标准体系研究 ［J］. 全面腐蚀控制，2017，31（8）：4 - 9.

［28］ 黄维和，郑洪龙，吴忠良. 管道完整性管理在中国应用10年回顾与展望 ［J］. 天然气工业，2013，33（12）：1 - 5.

［29］ 冯庆善. 管道完整性管理实践与思考 ［J］. 油气储运，2014，33（3）：229 - 232.

［30］ 董绍华，杨祖佩. 全球油气管道完整性技术与管理的最新进展 ［J］. 油气储运，2007，26（2）：1 - 17.

第二章
成品油管道工艺设计与优化

　　成品油管道设计是管道工程建设、运行管理的重要基础，而其中的工艺设计尤为重要。近年来，随着国内多条长输成品油管道相继建设、运行，成品油管道工艺设计及技术已十分成熟，并积累了丰富的设计经验。本章主要介绍了成品油管道的组成及输油工艺、各设计阶段的主要设计内容、工艺计算分析及方案比选、输油站主要工艺流程、主要工艺设备计算及选型、工艺及设备控制原理、管道线路设计及优化、设计阶段需要统筹考虑的内容等，并在工艺设计优化方面做了有益的探索。

第一节　成品油管道的组成及主要输油工艺

由于成品油管道采用"从泵到泵"密闭、顺序输送工艺，其组成和输送工艺相对比较复杂。

一　成品油管道的组成

成品油管道主要由输油站、管道线路及其配套设施组成。

1. 输油站

根据输油站功能不同主要分为首站、中间站（包括中间泵站、注入站、分输站、减压站、清管站以及具有其中几种功能的中间站）及末站等。输油站主要设施包括输油工艺管道、工艺设备、仪表、自控及其配套的供配电、消防、环保、给排水、通信、视频监控、阴极保护、建构物等。

2. 管道线路

管道线路部分主要包括：管道本体及其配套的线路阀室、穿（跨）越构筑物、阴极保护设施、沿线通信自控设施和简易道路、水工保护、三桩一牌设施等。输油管道本体通常由钢管焊接而成，为防止土壤对钢管的腐蚀，钢管表面涂有防腐绝缘层，采用阴极保护措施对其加以保护。

3. 其他整体配套设施及主要生产机构

其他整体配套设施主要包括：监控与数据采集（SCADA）系统；外部通信系统、供电系统、消防系统、供排水及环保设施；控制中心、管理机构、抢维修中心、应急抢险设备设施等。

二　成品油管道主要输油工艺

成品油管道采用"从泵到泵"密闭顺序输送工艺，即在同一条管道内，按一定顺序连续输送多种油品。其主要工艺特点是：

（1）管道全线构成一个统一的水力系统，各站进出站压力、流量相互影响，如管道某处压力、流量发生变化（扰动）会波及管道全线，各站可充分利用上站余压，减少能量损失；

（2）管道中发生的水击易造成管道或相关设施的破坏，因此密闭输油管道必须进行水击防护设计；

（3）随着不同油品在管内运行长度和位置的变化，管道水力特性也随之发生改变，水力特性不稳定；沿线油品的分输、注入将造成管道系统压力、流量和流速的变化，需进行调节和控制；

（4）在顺序输送时，不同油品之间会产生混油，需要进行混油界面检测和混油控制、接收和处理等；

（5）管道运行必须编制严密的管道输送计划，并进行输送计划、顺序、批次、批量及罐容的优化；

（6）由于管道全线工艺操作、控制较为复杂，运行操作、生产运行管理需要由控制中心进行集中远程控制、操作和统一调度、指挥协调；

（7）密闭顺序输送可减少输送过程中油品蒸发损耗及混油增加，减小对环境的污染，降低能耗、成本。

综合上述工艺特点，要求管道的软硬件设施配置及管理控制水平很高。控制系统宜采用监控与数据采集（SCADA）系统进行集中监控、操作、调节、数据采集。同时，配备可靠的通信、监视系统。控制方式一般采用控制中心控制、站控系统控制、设备就地控制，通常应在各站设置可靠的自动调节和保护装置。另外，根据具体情况还可考虑配备管道水力仿真系统、混油界面跟踪软件、成品油管道调度计划软件、泄漏监测软件和管道泄漏量计算软件等来辅助管理、运行，以确保管道安全、可靠、稳定、高效运行。因此，在工艺设计阶段，必须对上述内容高度重视，系统解决。

第二节　各设计阶段的主要设计内容及管道设计原则

大型管道设计通常需要建设单位与多家设计单位、政府相关部门和评价机构在不同的阶段共同参与，设计过程一般要经过可行性研究、初步设计和施工图设计等阶段。成品油管道设计应遵循相应的原则。

一　不同设计阶段主要设计内容

1. 可行性研究

可行性研究主要从项目技术方案、安全、环保及经济评价等方面分析、论证项目建设的可行性、必要性，为项目决策提供依据。可行性研究主要包括：

（1）成品油管道的油源、市场研究分析，包括油源及油品供需市场现状、需求市场预测等；

（2）近远期管道沿线进出管道油品品种及数量，沿线注入点和分输点、沿线市场和潜在的用户等分析；

（3）管道与水运、铁路、公路等运输方式的比较，论证管道必要性和合理性；

（4）管道线路走向方案、管道敷设、管道穿（跨）越、线路附属设施、主要工程量等内容研究；

（5）调查沿线地形、气候、水文、地质情况等；

（6）开展工艺计算：选择不同输油工艺、输送方式、不同管径、管材及管道设计压力进行多种方案计算，并给出各方案的计算参数及结果，各方案计算内容包括：水力计算、输油泵工艺参数及功率计算，初步确定输油站数量、输油泵配泵方案、负荷等，批次、批量、混油量计算及油罐罐容计算，绘制沿线水力坡降线、布站图，确定控制方案及控制水平；

（7）对各种输油方案的技术和经济进行比较，确定最优输油工艺方案作为推荐输油方案，推荐工艺方案中要有方案选择原则、输送方式、设计压力、管径、管材、输油参数及批次、批量、混油量及处理方式、罐容等，确定输油站数量、输油站配泵方案、负荷；绘制水力坡降线、布站图，确定控制方案及控制水平等；进行经济合理的启输量、允许最小输量和最大输量及管道在各种输送情况下的适应性核算；

（8）根据推荐工艺方案研究、确定以下有关方案和内容：输油站、阀室方案和主要工艺设备选型、自控、仪表、通信、供配电，公用工程（给排水、建构物、维修、抢险、总图运输等）、防腐、消防、节能、环境保护、安全、职业卫生、组织机构及定员、投资估算及融资、项目进度、财务分析、经济效益分析等；

（9）对输油管道技术水平和主要技术指标的要求：可行性研究是管道建设方案设计的关键阶段，其研究成果是项目建设核准和初步设计的依据，可行性研究报告要按规定进行审批，还有安全、环境保护、地灾、职业卫生、消防等专项评价报告的评审，评审中提出的建议要在初步设计中落实。

2. 初步设计阶段

初步设计是在可行性研究的基础上结合现场实际条件所做的工程具体实施方案，建设项目安排和工程施工组织（如工程招标、土地征用、采购订货、施工图设计和施工准备等）的主要依据，具体要求可参照有关规定。初步设计需由规定的上级部门审批后才能实施。输油工艺初步设计的内容主要有：

（1）对可行性研究报告推荐的工艺方案进行详细的管道水力、强度等校核计算、分析，确定：输油管道的输送工艺、设计压力、管径、材质及壁厚，泵机组类型、数量及各类输油站场数量、位置、规模及功能，储油罐数量、罐容、混油量、能耗等；

（2）站场工艺流程、平（立）面布置设计等；

（3）泵、罐、阀等设备数量、规格型号，仪表自控系统、控制逻辑，绘制PFD（Process Flow Diagram 流程图）、PID（Piping & Instrumentation Diagram 管道与仪表流程图）；

（4）线路走向、线路工程及穿（跨）越工程、管道防腐设计等；

（5）编制工艺设备技术规格书、技术规格表、设备材料汇总表等；

（6）消防专篇、环境保护专篇、职业卫生专篇、安全设施设计等专篇的有关工艺设计内容。

3. 施工图设计阶段

施工图设计是在初步设计的基础上对更加具体的对象（设备、材料和施工现场等）进行全面、详细地设计，包括工艺流程的最终确定，平（立）面布置，各单体的安装设计与计算。该阶段的设计是工程建设施工作业的依据，其工艺部分内容主要有：

（1）线路平面图、纵断面图；

（2）PFD、PID 图、输油站工艺安装图、平（立）面布置图；

（3）设备、材料明细表、工艺操作原理、设计计算书和施工技术说明等。

施工图设计还要与工程建设相结合，在施工过程中经常会遇到各种变更，设计人员必须及时修改设计，将变更内容保留存档，当工程建成后形成竣工文档资料。该资料是管道运行维护、改建调整的重要依据。

二 主要设计原则

1. 技术可行性

输送技术和方案可行，满足生产运行、操作、管理、输送任务的要求，采用的新技术是经过应用验证的可靠、成熟技术。

2. 经济性

成品油管道在设计时应以降低物流成本为核心，以全生命周期运营成本最小化为目标，根据市场需求、分布确定管道的走向，选择油库、站场设置、管道管径和设备配置等。

3. 本质安全

本质安全是指通过设计等手段使生产设备或生产系统本身具有安全性，即使在误操作或发生故障的情况下也不会造成事故的功能。在管道运行中，很多因素都会影响管道的安全，如腐蚀、自然灾害、水击等，因此在管道设计时，应高度重视本质安全问题，按照成品油管道设计的相关规范，积极采取各项保护措施，预留一定的富裕量，防止腐蚀、自然灾害或水击等对管道产生不利影响，确保管道安全运行。

4. 全过程油品质量控制

成品油管道在运营过程中容易出现油品闪点或终馏点潜力下降、油品乳化、含水及杂质、颜色异常等油品质量问题，在设计时应采取有效措施控制油品在储存、输送、分输等过程中的质量，确保输送过程中油品不受污染和出现互窜，尤其在有混油接收的末站或中间站，要充分考虑混油接收、切割、处理等有效措施，以确保全过程油品质量可控。

5. 以人为本

坚持以人为本的原则就是要充分考虑站场员工的工作和生活需要，在满足工艺条件的基础上，输油站应尽量设置在交通便利、地势平缓及方便生活的区域。

6. 前瞻性

成品油管道设计在遵循行业设计标准的同时，应有一定的前瞻性，同时兼顾近、远期市场需求，避免出现管道投产后长期低负荷运行或投产后 1~2 年内甚至刚投产就达到设计输量（市场需求量）的情况。此外，应充分考虑新技术、新成果在管道上的应用，同时为后续新技术应用留有足够拓展空间。

第三节　成品油管道工艺计算分析及方案比选

成品油管道工艺计算的目的是为了安全、经济地完成输送任务，通过对多种方案拟定的不同管径、不同压力和设计输量等进行水力计算，得到全线所需压头，确定泵站数量，并对各方案进行输油站布置、工艺设备（泵、罐、流量计等）的选择以及线路管道管材、壁厚、管内径的选择，计算出投资和输油成本等费用，进行技术、安全、经济比较，并考虑将来管道沿线经济发展、市场变化和管道增输需求等因素，比选出最佳推荐工艺方案。对推荐工艺方案进行稳态水力模拟计算、压力校核和瞬态水力分析，提出管道在稳态和瞬态流动情况下的管道控制、调节、保护措施和控制参数。优化输送批次及罐容，制定运行方案，编制控制调节方案及控制原理等。此外，管道投产、水联运过程的水力计算分析及投产后管道的运行压力、运行温度和管道的调度运行控制也需由工艺计算确定。

一　管道水力计算分析及泵站布置

管道水力计算是成品油管道工艺设计的重要内容之一，其结果作为设计压力、沿线站场布置及主输油泵选择的重要依据。对于地形起伏剧烈、落差大、水力条件复杂的成品油管道，如果在设计阶段水力模拟计算分析、校核不全面，部分管段壁厚或设计压力没能考虑到特殊工况，会导致管道难以操作控制或某些特殊工况下容易发生超压，也为管道正常运行或提量增输带来"瓶颈"，因此管道设计阶段的水力模拟计算分析、校核工作非常关键。

1. 设计阶段管道稳态水力计算内容及结果

对于管道沿线地形起伏剧烈、落差大、运行操作和水力条件复杂的密闭输送成品油管道，在设计阶段的水力模拟计算内容可参照表2-1进行。

表2-1 设计阶段管道稳态水力工况模拟计算内容

设计阶段	管道稳态水力工况模拟计算内容
工程前期及可研阶段（比选工艺方案）	①收集齐全基本数据及原始资料； ②根据设计输量和经济流速范围初步选择3种以上相邻管径，对方案拟定的不同管径、不同压力和设计输量（多方案）按以下③~⑪分别计算； ③由初定的管道设计压力、选定的管材计算管道壁厚、管内径； ④计算设计输送流量下的水力坡降，判定翻越点，确定管道计算长度； ⑤选择泵机组型号及组合方式； ⑥计算全线所需压头，确定泵站数； ⑦在管道纵断面图上进行布站；参照地形图、地貌情况和现场调研，考虑多种因素，初步确认建站位置； ⑧管道典型工况模拟校核及压力校核；不同输量、不同油品的管道动水、静水压力校核，确认输油站进出站压力及线路是否超压，以便是否考虑采取调整输油站位置、增加壁厚或设置减压站等措施； ⑨进行初步水击工况模拟，初步判定局部管道是否会超压； ⑩如管道投产过程需进行输水联运，则要考虑输水情况下出站压力及沿线各点压力是否出现超压，站内工艺管道及设备是否超压； ⑪计算投资和输油成本等费用； ⑫进行技术、安全、经济比较，并考虑将来市场发展和管道增输需求，比选出最佳方案； ⑬根据比选得出的管线管径、壁厚、压力、输油站数量、位置、机泵型号及组合方式等，对管道设计寿命期内的逐年输油量对应的输送工况进行模拟计算，给出工作点参数（流量、扬程、水力坡降、压力等）； ⑭再次结合管道断面图、地形图、地貌情况对输油站进行调整； ⑮对泵站及管道系统各种工况进行水力校核
初步设计阶段	①对可行性研究报告的主要工艺参数和工艺方案进行不同季节、不同输量下的稳态计算及核算，动水、静水压力校核及出站压力及线路压力核算；计算最大、最小输油量的各站配泵方案、运行参数、越站情况；根据稳态水力模拟计算结果，初步编制控制原理及控制逻辑； ②投产过程需进行输水联运的管道，则要考虑输水联运情况。要进行输水典型工况的稳态水力和瞬态水力模拟校核，动水、静水压力校核，判定输水时出站压力及沿线各点压力、站内工艺管道及设备是否出现超压； ③进行瞬态模拟，初步制定水击保护措施及控制方案
施工图设计阶段	①对工艺参数和工艺方案进行不同季节、不同输量下的详细、全面的稳态计算及核算；动水、静水压力校核及出站压力及线路压力核算；计算最大、最小输油量下的各站配泵方案、运行参数越站情况；根据稳态水力模拟计算结果，详细编制控制原理及控制逻辑； ②进行详细的瞬态模拟，制定详细水击保护措施及控制方案、水击超前保护逻辑
管道投产阶段	①如管道投产时需先进行输水联运，则设计单位要配合生产准备部门进行详细的充水、排气过程分析计算；输水工况下的稳态水力和瞬态水力模拟校核，动水、静水压力校核，给出控制参数、控制调节措施及方案；对启停输过程进行模拟计算，给出最佳操作、控制方案； ②对油置换水的过程进行详细模拟计算； ③对输送介质为油品的正常顺序输送过程、启停输过程及事故工况进行模拟计算； ④非正常情况下瞬态流动模拟，制定调节、控制措施及方案

设计阶段	管道稳态水力工况模拟计算内容
计算结果	①对不同方案、工况，给出每个计算工况的计算结果，主要至少包括：沿线水力坡降线、沿线压力变化图，各站参数（配泵方案、进出站压力及流量、泵扬程、泵功率、出站调节阀前后压力、分输流量及压力等），泵站压力越站工况； ②针对不同工况的计算结果，需进行分析、总结出：管道是否满足设计输量要求，各站输油泵基本参数和配置情况，管道适应性（不同季节、不同油品条件下的最小、最大输送能力）

2. 成品油管道水力计算

（1）管道设计基础资料

①管道设计输量及年输送时间

在确定设计输量之前，要对成品油管道的油源、市场进行研究分析，包括油源及油品供需市场现状、需求市场预测等。该项工作可以由建设单位进行，也可以委托专业的咨询公司或设计单位进行。根据油源、市场研究分析及预测结果确定管道的设计输量，并得到建设单位的认可，设计单位据此进行水力计算。同时要考虑管道评价时间内起始输量、逐年输送量、最大输送量、最小输送量和沿线分输、注入管道主线的油品量。管道年输送时间要考虑停输检维修作业和输油量不均衡等因素，一般按 350 天考虑。

②分输与注入

分输或注入油品的总量及比例；分输及注入方式（集中式或均匀式）、位置。

③成品油输送比例

顺序输送油品的比例按市场和油源要求确定。在满足市场和油源要求时，可考虑按照管道最大化输送效益确定输送油品比例。

④成品油的物性数据

包括成品油的密度、黏度、闪点、蒸气压、初馏点、终馏点等。

⑤管道长度的确定

管道长度由管道首站、末站及线路走向确定。对于沿线地形起伏大的地区，需将断面图上里程的 1.01~1.03 倍作为设计的计算长度。

⑥管道内壁粗糙度

按照 GB 50253—2014《输油管道工程设计规范》选取。

⑦管道埋深和断面图

根据管道线路的位置、地形、地质、水文、农田耕作深度、地面负荷对管道稳定性和强度的影响、冻融循环区对防腐层的影响等因素确定埋深。按照管道长度和沿线高程绘制出管道纵断面图。

⑧气象资料

选取沿线地区年平均地温、最冷月和最热月平均地温；管道沿线环境温度和最大风速及风向。

（2）水力计算公式及计算软件

①沿程摩擦阻力计算基本公式

管道沿程摩阻计算按照 GB 50253—2014《输油管道工程设计规范》推荐使用达西公式：

$$h_1 = \lambda \frac{l}{d} \frac{v^2}{2g} \qquad\qquad (2-1)$$

$$v = \frac{4q}{\pi d^2} \qquad\qquad (2-2)$$

式中　h_1——计算管段的沿程摩阻损失，m；

　　　λ——水力摩阻系数，按表 2-2 计算；

　　　l——计算管段的长度，m；

　　　d——管道内直径，m；

　　　v——流体在管道内的平均流速，m/s；

　　　g——重力加速度，9.81m/s²；

　　　q——流体在平均温度下的体积流量，m³/s。

管道水力摩阻系数 λ 反映了在不同流动状态下各参数（介质流速、黏度、管内径及内壁粗糙度）与摩阻损失数值的关系。在不同流态下 λ 的计算方法不同，不同流态下的摩擦阻力系数应按表 2-2 中的雷诺数 Re 划分流态范围，选择对应公式计算。

表 2-2　雷诺数 Re 划分范围及水力摩阻系数 λ 计算

流　态		划分范围	$\lambda = f(Re, \frac{2e}{d})$
层　流		$Re < 2000$	$\lambda = \dfrac{64}{Re}$
紊　流	水力光滑区	$3000 < Re \le Re_1 = \dfrac{59.7}{(\frac{2e}{d})^{8/7}}$	$\dfrac{1}{\sqrt{\lambda}} = 1.8 \lg Re - 1.53$
			$Re < 10^5$ 时 $\lambda = 0.3164 Re^{-0.25}$
	混合摩擦区	$Re_1 < Re \le Re_2 = \dfrac{665 - 765 \lg(\frac{2e}{d})}{\frac{2e}{d}}$	$\dfrac{1}{\sqrt{\lambda}} = -2\lg\left(\dfrac{e}{3.7d} + \dfrac{2.51}{Re\sqrt{\lambda}}\right)$
			$\lambda = 0.11\left(\dfrac{e}{d} + \dfrac{68}{Re}\right)^{0.25}$
	粗糙区	$Re > Re_2$	$\lambda = \dfrac{1}{\left(1.74 - 2\lg\frac{2e}{d}\right)^2}$

注：a. Re——输油平均温度下管内流体的雷诺数；

$$Re = \frac{4q}{\pi d\mu}$$

式中　μ——介质平均温度下的运动黏度，m²/s。

b. 当 $2000 < Re < 3000$ 时，可按水力光滑区计算；

c. Re_1——由光滑区向混合区过度的临界雷诺数；

d. Re_2——由混合区向粗糙区过度的临界雷诺数；

e. e——管内壁绝对（当量）粗糙度，mm，按 GB 50253—2014 选取。

成品油一般黏度较低，在常温下输送，油品在进入管道后的温度很快接近于地温，所以成品油管道在一般情况下不进行热力计算，油品的流动特性按地温条件考虑。

②局部摩阻计算公式

局部摩阻包括线路管道局部摩阻和输油站内局部摩阻，主要是介质流经各种阀门、管件所产生的摩擦阻力损失。

a）线路管道的局部摩阻损失计算

输油站间线路部分管道的局部摩阻损失占总摩阻损失比例很小，在计算中一般不作详细的局部摩阻计算，以增加附加长度的方式代替局部摩阻损失的详细计算。平原地区管道附加长度一般取线路实际长度的 0.01 倍；山区管道附加长度一般取线路实际长度的 0.02 倍。

平原地区：
$$L_n = 0.01 L_r \qquad (2-3)$$

山区：
$$L_n = 0.02 L_r \qquad (2-4)$$

式中　L_n——附加长度，m；

　　　L_r——站间线路部分管道实际长度，m。

b）输油站内局部摩阻

站内阀门、设备、管件、仪表等通过管道相连接，站内摩阻损失包括站内管道摩阻损失和站内局部摩阻损失。站内管道的沿程摩阻可按式（2-1）计算，站内局部摩阻损失按式（2-5）计算。

$$h_\zeta = \zeta \frac{v^2}{2g} \text{ 或 } h_\zeta = \lambda \frac{L_d}{d} \frac{v^2}{2g} \qquad (2-5)$$

式中　ζ——局部阻力系数；

　　　v——介质流速，m/s，取管道局部阻力源后介质的平均流速；

　　　L_d——局部阻力当量长度，m。如果局部阻力源后的管径不同，应按局部阻力源后的管径作为当量长度管径。为紊流时，ζ 和 L_d 接近于常数，不受雷诺数影响；为层流时，ζ 和 L_d 将受到雷诺数影响。

③输油站内摩阻损失

成品油管道输油站相对于整个管道系统，也可以视为局部阻力源。站内管道连接众多的管件、阀件与设备等，站内摩阻损失 h_m 等于流体流经的管道、管件、阀件和设备等局部阻力源所产生的局部摩阻损失之和。管道中间站场的运行条件不同，站场的局部摩阻损失也会不同。由于长输管道输油站内的摩阻损失往往只占站间整个管道摩阻损失的很小部分，在管道的工艺设计计算时，输油站内的摩阻损失一般取为定值。

④全线管道总水头损失

全线管道总的压降包括沿程摩阻总损失 h、站内摩阻损失、管道起点与终点（或翻越点）高程差 ΔZ。对于管径一定和管长一定的管道，当输送一定量的油品时，油品从起点输送到终点（或翻越点）的总压头为：

$$H = h + \sum_{i=1}^{n} h_{mi} + (Z_Z - Z_Q) \qquad (2-6)$$

式中　$Z_Z - Z_Q$——管道终点到起点的高程差；

　　　$\sum_{i=1}^{n} h_{mi}$——各个站内摩阻损失之和；

　　　h 和 h_{mi} 按前述方法计算。

由于成品油管道在沿线可能设置了分输点，各个站间的设计管径、壁厚和流量可能不同，因此在计算总的沿程摩阻时，h 为分段计算的沿程摩阻的总和。

⑤水力坡降

单位长度管道上所产生的沿程水力摩阻损失即为水力坡降。其与管道长度无关，与流量、黏度、管径和流态有关，表示管道内压头随长度而变化的比值，可表示出管道水力特征，该值越大水力坡降线越陡。

a）无变径管和副管管道的水力坡降

水力坡降计算公式：

$$i = \frac{h}{L} \qquad (2-7)$$

式中　i——无变径管和副管管道水力坡降，m/m。

b）变径管的水力坡降

变径管与主管串联，且管径不同，当主管与变径管流态相同时，变径管与主管的水力坡降关系式如下：

$$i_c = i\left(\frac{d}{d_c}\right)^{5-m} = i\Omega \qquad (2-8)$$

$$\Omega = \left(\frac{d}{d_c}\right)^{5-m} \qquad (2-9)$$

式中　i_c——变径管水力坡降，m/m；

　　　d_c——变径管内径，m；

　　　d——主管内径，m；

　　　m——流态系数。

c）水力坡降线

水力坡降线是斜率为 i 的直线，是用作图的方法表示管道压头沿管道降低的图线，i 越大，水力坡降线越陡。

如成品油管道在沿线有流量分输或变径，则水力坡降线在分输或管径变化点处有突变；顺序输送管道，不同介质界面前后水力坡降线及水力坡降线有变化或突变。

⑥翻越点

地形起伏大的山区管道线路上，如果在一定输量下管道中的液体介质能够从线路上某一凸起高点处自流到达管道终点，则此凸起高点被称作翻越点。从管道起点到翻越点的长度被称作是管道的计算长度 L_f。一般通过绘制水力坡降线来判断是否存在翻越点，如图 2-1 所示。

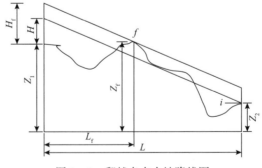

图 2-1　翻越点水力坡降线图

翻越点的管道总水头损失为：

$$H_f = iL_f + Z_f - Z_1 \qquad (2-10)$$

管道起点到终点总水头损失：

$$H = iL + Z_2 - Z_1 \qquad (2-11)$$

$$H_f > H \qquad\qquad (2-12)$$

式中　H_f——有翻越点管道总水头损失，m；

　　　H——管道起点到终点总水头损失，m；

　　　L——管道起点到终点长度，m；

　　　L_f——管道起点到翻越点的长度（计算长度），m；

　　　Z_f——翻越点高程，m；

　　　Z_1——管道起点高程，m；

　　　Z_2——管道终点高程，m。

　　管道翻越点与终点高程差（$Z_f - Z_2$）大于翻越点与终点管道的摩阻损失，说明管道有多余能量，需要消除该部分多余能量，否则翻越点之后管段会出现不满流。出现不满流情况会导致：在液流速度突然变化时可能增大水击压力，对管道造成危害；顺序输送时混油量大幅增加；出现油品的汽化。因此在设计和操作上要采取措施避免管道出现不满流，如控制进站压力或设置减压站等。

　　翻越点不一定出现在管道高程的最高点，常常出现在运行段管道的末段或后段。它不仅与地形有关，还取决于水力坡降 i 的大小，i 值越小，水力坡降线越平坦，越易出现翻越点。因此，在管道起始输量低的情况下，水力坡降线较平坦，可能出现翻越点，在接近满负荷时，翻越点会消失，这在设计时需要考虑。

　　（3）顺序输送成品油管道的稳态水力学计算方式

　　在批次输送过程中由于各品种油品的密度、黏度不同，管道的水力特性随油品批次变化。此外，油品在管道中处于运动状态，不同批次油品通过泵站时也会改变泵的工作特性，使管道的流量、各点的压力和水力坡降都实时处于变化中，所以有批输的成品油管道处在非稳定工作状态中。这个变化比较缓慢，为了计算方便，经常把它看作为准稳态。批输过程的水力计算有两种方式：一是定流量方式，认为管道在变换油品时流量不变，对于距离长、多批次（几十个批次）的管道，变换油品对管道水力特性的影响比较微小，并且按定流量计算也比较简单，国外的计算常用这种方式；二是自动平衡方式，离心泵与管道是自动平衡系统，油品变换后根据管道特性、泵特性计算管道系统新的平衡（工作）点，这种方式不需要考虑管道的调节，比较适用于批次少的管道。

　　在柴油替换汽油的过程中，柴油的密度大、黏度高使管道摩阻增加、流量减小，管道的工作点不断变化，替换完成后系统达到新的平衡。

　　单一油品管道如果油品的黏度不变，管道的水力坡降线是一条直线，在有批输的管道中其水力坡降线不仅与油品有关，还与地形相关。

　　在以液柱表示的有批输成品油管道水力坡降线中，混油界面处常表现为液柱高的突变。如图 2-2 所示，在水力坡降线上混油界面处变化的高度与管道的压力、油品密度差和地形起伏大小有关。管道的压力大、油品的密度差别大、地形高差大，用液柱表示的水力坡降线在混油界面处突变也大。在进行顺序输送水力分析时，地形高差应以连通管道高程的最低点为计算分析的基准点。

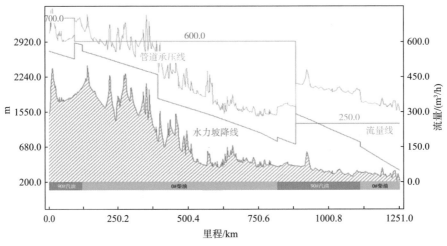

图 2 - 2 批输过程中管道的水力坡降线

（4）分输与注入工艺设计原则

由于成品油管道的注入点和分输点对管道系统的影响很大，因此如何控制注入和分输变得十分重要。管道的注入点和分输点越多，对管道系统的影响越复杂，同时增加了编制批次计划的难度；适当减少注入点和分输点，可使注入和分输计划的制订、注入量和分输量的分配及分输时间的确定更加简单合理，使分输和注入支线的设计更加合理。如条件允许，在大的注入点和分输点可考虑建设储罐，采用开式流程。在充分保证管道安全输送基础上，根据成品油输送的特点，结合管道全线水力特性、设备选型，将管道划分为几个水力系统，重新组织批次输送，并可分输混油。从输送工艺上可实现上一段管道、下一段管道独立输送。

顺序输送成品油管道分输和注入控制一般原则：

①油品分输

分输站分输油品可采取集中分输或均匀分输方式。分输油品时避开混油段，只分输纯净的成品油，要在混油界面到达该站前一段时间或者在混油界面通过该站后一段时间再进行分输作业。某些分输站控制相对比较复杂，一个批次的油品要多次分输才能完成，而且不同时段流量值不相同，建议总体上采用控制分输流量。对于距离较近的相邻分输点应尽量合并，采取二次转运方式，以减少分输点对管道系统的影响。

②混油接收

混油一般均在末站接收，但对于大型且复杂成品油管道，为减轻末站混油接收和处理压力，可考虑在分输油品量大的某些中间分输站接收部分混油。

③分输流量

尽量满足沿线的站场分输量要求；实在无法满足时，可以适当调整流量，但必须控制分输流量和注入流量，以确保干线和分输支线、注入支线输送安全。

④管道最小流量控制

若分输站分输流量比较大时，为了确保分输需求和下游管段的最小流量，在一些情况（如低输量情况）下，可以停输要分输油品站场的下游管段。

⑤油品注入

油品注入需确保管道运行平稳；必要时可考虑注入站在保证注入总量基础上，首站外输流量实行变流量运行，以满足混油界面过站时管道安全运行要求；若某个注入站仅有一种油品注入管道，为了让下游避开混油段和保证其他注入站注入量，在批次计划时间内要考虑各段流量总和满足输送计划总量要求。对一个管道系统的流量和注入进行控制时，要考虑多方面的因素，如注入油品的柴汽比差别比较大，由于受到站场泵的工作范围的限制，导致沿途注入量波动较大等。油品注入可考虑采取集中式全流量注入或均匀注入方式。

（5）水力计算软件

目前，多个商用软件和部分国内自主研发的软件，都可以进行液体管道的稳态和瞬态计算，能够实现管道的离线模拟计算和在线实时仿真。仿真系统是通过建立管道模型，在管道设计时利用离线仿真软件进行大量稳态和瞬态水力计算，确定管道敷设方案、检验管道安全性、提供操作依据以及制定联锁保护方案等，在管道投运后利用仿真系统对管道各种工况进行模拟计算，为操作人员后续操作提供参考。正确地使用软件和解读软件的输出结果必须对成品油管道的水力特性有深入的了解。

3. 泵站布置

根据前面计算确定输油泵站数进行泵站布置和选址。输油泵站一方面要满足水力条件要求，即在规定流量下泵站提供的能量要与站间管道消耗的能量相适应，另一方面需考虑工程上的许多要求及地方的规划、许可及政策。

水力计算的目的是选择合适的管径、合理地布置输油站场、安全可靠地运行管道。在设计计算中首先是管径比选，根据管道可能的最大输油量在经济流速范围内选择几种管径进行方案比较。最低流速应控制在 $1m/s$ 以上，流速过低管道的经济效益不高，混油量将增多。

（1）输油泵站布置

①输油泵站布置原则

a）泵站的数量需根据水力计算结果确定；

b）满足水力条件要求；

c）泵站数量、布置要充分考虑与管道设计压力的相互影响。管道设计压力越高，泵站数量可能会越少、站场投资低、少占地，管道设计压力高所需要的泵站数量少但管壁增厚致使耗钢量多，站场设备的承压能力及运行压力高，操作难度增大；

d）尽可能按照管道沿线泵站输油泵型号、参数配置相同的原则来考虑输油泵站位置和数量，同时，要根据沿线地形起伏状况进行泵站位置及数量的调整；

e）在考虑市场（用户）、交通、电力、城市发展规划等情况的同时，还要坚持以人为本的原则，要充分考虑员工的工作和生活需要，在结合管道线路走向、满足工艺条件的基础上，输油站应设置在交通便利、地势平缓、有较好的生活后勤保障及社会依托条件较好的地方。

②输油泵站设置方法

a）初步确定工艺参数；

b）进行管道水力计算及分析，根据水力计算、分析结果，初步确定管道沿线需要布置的泵站数量；

c）在管道断面图上进行布站；

d）参照地形图、地貌情况，在可能布置的位置初步确定泵站位置；

e）根据初选站址到现场调研，确认地址是否适于建站，从市场（用户）、地形地貌、工程地质、水文地质、交通、电力、生活后勤、周围环境、生产配套及依托条件等考虑，并了解当地的自然和人文状况、社会依托条件、城市发展规划等情况；

f）根据现场调研结果，进行优化调整位置，重新进行水力模拟计算校核；

g）确定完全符合建站条件后，征得当地有关部门同意后，作最终决定。

（2）泵站及管道工况校核

①管道典型工况模拟校核及压力校核

在泵站数量和位置初步确定后，还需对管道和输油泵站进行工况模拟校核。为了使泵站位置满足水力条件要求，要根据各站间距离及高程数据、管道数据，按最大输量下，冬季（按最低月平均地温度）输送柴油时和夏季（按最高月平均地温度）输送汽油时分别进行水力分析，校核各站进出站压力及沿线压力是否超压；在计算最小启输量下，冬、夏季输送汽、柴油时进行水力分析，计算分析出各站开泵方案，校核各站进出站压力和沿线压力是否超压或出现不满流、高点欠压。

通过顺序输送过程模拟分析以确定沿线各分输（注入）点的油品分输（注入）作业时干线、支线的水力工况，验证管道系统混油控制是否合理，是否存在局部超压或不满流、高点欠压等问题。

②成品油管道的动水、静水压力校核

动水压力是指在输油过程中管道沿线的压力，也就是某处的管道水力坡降线与管道高程线之差所对应的压力值，最大动水压力位于水力坡降线与管道高程线之差最大的位置处。静水压力是指管道停输时沿线各点的压力，也是连通管道的高程线之差所对应的压力值，最大静水压力位于连通管道的高程线之差最大的位置处。在管道沿线地形起伏很大、高差大的山区布置输油站时，必须核算管道的动水压力、静水压力及其对管道强度、壁厚的影响。

a）动水压力校核

在进行动水压力核算时，需要选取可能出现管道沿线动水压力超过管道强度的多种工况，计算并分析出动水压力超压发生位置及该处动水压力。当动水压力超过该处管道强度的允许值时，可采用增加该位置管道壁厚的方法，使管道强度满足最大动水压力要求。在高差很大、地形起伏剧烈的山区，也可采用设置减压站、开过山隧道等方案使最大动水压力满足管道强度要求。具体采用哪种措施，要从安全、可靠性、工艺、操作运行、管理、维护及经济技术比较后选择。

b）静水压力核算

分析计算出管道在停输时由连通管道的高程线之差所产生的静水压力值。在管道沿线地形起伏剧烈、落差大的山区，可能出现静水压力超过管道设计压力的情况，尤其是在翻越点之后。一般采取设置减压站、自动阀室等措施，以截断静水压力；也可采取增加壁厚的措施；还可以开过山隧道，以降低高差和静水压力。采用哪种措施，也要从安全、可靠性、工艺、操作运行、管理、维护及经济技术比较后选择。

③分输和注入工况的水力计算、分析

对于复杂的成品油管道（如西南成品油管道），地形复杂、落差大，有多个分输点和注入点，管道顺序输送的水力工况复杂、也多种多样。在管道沿线不同的地点分输油品或注入油品以及输送不同的油品时，各站进出站压力将发生变化，沿线各点压力也会动态变化，导致泵站所需要提供的扬程也变化较大。通过水力模拟分析以确定注入、油品分输作业时干线、支线的水力工况，验证管道工艺操作、控制是否合理。

a）当注入点和管道沿线分输点比较多、油品分输量比较大时，可按全线输送一种介质、各注入站和分输站按照平均注入量和分输量进行计算，需要计算各输量任务下平均分输量和注入量时各站间摩阻和进出站压力，如西南成品油管道就可以采取此种计算方法。

b）当注入点和管道沿线分输点比较少、油品分输量比较小时，可按管道注入点和沿线无分输点的情况进行计算，只需计算各输量下各站间摩阻和进出站压力，如兰成渝成品油管道、西部成品油管道就可以采取此种计算方法。

c）注入点和管道沿线分输点比较多、管道可能分成几个大的区间，每个区间的注入量和单站分输量比较大或总量比较大时，可按各管段的分输站集中分输进行组合计算。对于这种复杂的管道设计，会有多种组合方案，工艺计算工作量比较大，如兰郑长成品油管道、珠三角成品油管道的设计计算。

（3）设计阶段对管道投产过程的水力模拟、校核

对于成品油管道，无论采用哪种投产方式，均应在设计阶段进行投产过程水力模拟计算、工况分析、压力校核。尤其是采用输水联运和柴油置换水的地形起伏剧烈、落差大的山区管道，由于水的密度、黏度与设计介质不同，导致水力状况发生变化，可能导致局部地段的动水压力、静水压力超压，此外，某些水击现象产生的水击压力也会引起管道局部超压。通过对该过程进行稳态、水击模拟分析及动水压力、静水压力校核，如发现有超压情况或控制操作难度、风险很大，就需要采取前述的控制措施，这需要进行方案比选后确定。如国内某条大落差成品油管道，由于在设计阶段没有对投产时的输水联运和柴油置换水过程进行水力模拟计算分析，导致施工完成后，局部管道在设计介质下静水压力超高，以及输水联运和柴油置换水过程动水压力及静水压力超高，需要增设减压站或截断阀门。

此外，投产过程的操作、控制较为复杂，难度很大，运营单位还必须对该过程可能出现的各种工况进行详细的模拟计算分析，提出安全、稳定的输送工况及最佳操作、控制方案。

4. 工艺方案比选、优化

管道工艺系统方案比选、优化是成品油管道工程优化设计的最重要内容之一，主要任务是通过技术比选和经济比选确定最佳工艺方案，包括：管道管径、压力、壁厚的确定；输油站（含输油泵站）数量及布置、主输油泵选择、输油方案确定、线路走向确定等。

（1）拟定初步方案

a）先初步确定泵站的工作压力或设计压力等级。一般泵站及管道的工作压力或设计压力等级根据输油泵性能及制造水平、管材强度、阀门与管件的承压等级、操作维修的便利等因素综合考虑确定，提出拟比选的管型、管材和压力等级。成品管道站内设计压力等

级太高，会给设计、制造、安装、维修、操作运行及管理带来诸多问题，如某些成品油管道站内输油泵、阀门的压力等级达到25MPa，给运营单位带来不少检维修方面问题。

b）按照经济流速初选几种管径。一般经济流速是根据国际、国内成品油管道运行经验总结得出，国内一般成品油管道取1.0~2.0m/s，最高流速为2.5m/s，投产初期流速应保证在1.0m/s以上为好。在流速2m/s以下初步选定至少3种以上管径作为预选管径。

c）对每种管径进行水力及管道强度计算，确定各种管径的输油泵站数、管壁厚度、管材用量及费用、输油耗电量及费用；每种方案线路工程、站场工程基本构成及投资；计算出各个方案的投资及输油成本或运行费用；计算各方案费用现值等。

（2）输油管道技术经济比选

输油管道工艺方案比选可分为技术比选和经济比选。技术比选一般要考虑工艺方案的安全性和可靠性、技术上的成熟性和稳定性、操作运行及管理的操控性。经济比选一般要考虑方案的经济效益（如投资额、收益率、回收期等），分为静态和动态比较，通常用动态比较的费用现值法。最后根据各方案的技术性和经济性，比选出一个最优化的设计方案。

（3）在确定比选方案时还应考虑的方面

①选择合适的管道设计输量及最大输送能力

部分成品油管道在设计时，由于对管道沿线成品油市场和油源调查、预测、分析研究不充分，选择的管道设计输量、最小输量、最大输送能力不合理，导致管径和设备的选择影响管道经济效益或管道对市场的适应性。有的管道建成投产多年达不到设计输量，需要采用降低输送流量或间歇等方式输送，一方面导致因流量偏低或频繁停输等原因造成的混油量增加；另一方面输油泵等设备长期偏离工作点，效率低、能耗高。相反，有些成品油管道在管道投产后1~2年，需求即达到最大负荷输量，有的甚至刚投产就不能满足市场需求，需要投入大量资金进行增输改造，同时也影响管道的正常运行。

②注重管道管径和设备选择的经济性

管道管径和设备的选择对长距离输油管道十分关键，如管径选择大，需要泵站少和泵的功率小，泵站投资省，也能满足远期最大输送能力要求，但线路投资高，并且如果在近期输量下长期运行，流速低，混油量会增加；如管径选择过小，则需要较多的泵站和大功率的泵，引起站场投资和能耗的增加，也可能影响远期最大输送能力。

在确定合理的管道年输量和沿线分输量后，应兼顾管道年输量、分输量变化及设计启输量、设计输量、最大输送能力的灵活性和适应性，并结合组站、组泵方式及变频调速技术等，针对不同管段做出不同的方案进行比选，最终确定工程的设计方案。

二　水击分析及其防护措施

成品油管道普遍采用"从泵到泵"的密闭顺序输送工艺，管道全线构成统一的水力系统，管道某处发生变化（扰动）都会波及全线。严重的扰动能造成管道内压力的剧烈变化，有时也可能使管道遭到破坏，所以密闭输油管道必须进行水击防护设计。

1. 水击现象及其危害

成品油管道在输油过程中必然会出现运行参数的变化，例如开泵和停泵、机组转速变化或运行不稳、机组因动力故障（如停电）停机，调节输量、切换流程，管道泄漏、线路截断阀关闭等，这些工况使管道从原来某一个稳定的运行状态向另一个状态变化，这个变化过程被称为不稳定过程，因变化过程时间很短，所以也称其为瞬变过程。管道中的流体具有流动的惯性，在工况变化（事故）点将发生能量转换，例如，突然关阀使流动的动能转化为势能（压力）。能量转化的强度与管道流速变化量有关（以突然停电和关阀最为剧烈）。能量转化以水击波的形式自事故点向管道上、下游传播。管内压力波的传播速度取决于液体的可压缩性和管子的弹性，对于一般钢管，压力波在油品中的传播速度大约为 $1000 \sim 1200 \mathrm{m/s}$。

成品油管道在发生水击时存在一些特殊的现象，如：

（1）水击势涌和管道充装。假设成品油管道终点阀门突然关闭，液体的流动突然停止，引起动能转化为势能所产生的压力为直接水击——势涌水击。当终点阀门突然关闭产生的水击波到达上游泵站之前，泵站仍然正常输油，此时管道发生弹性膨胀来容纳超过正常容积的油，这个现象称之为充装。在充装时管壁不断膨胀、液体不断被压缩，因此产生充装压力，管道越长、流速越高，充装压力越大。在管道终点阀门处的水击压力为势涌水击与充装压力之和。

（2）瞬变压力的同步和叠加。在管道沿线某处发生水击会波及全线，管道终端阀门关闭后，其上游泵站的输量将急剧减少，进站压力迅速增高，其同步叠加在泵压上，使出站压力进一步提高；泵进一步向下游充装，管内液压则又会提高。这种情况称为叠加，同步和叠加对管道破坏的危害更大。

2. 水击工况的模拟

管道中剧烈的水击造成管道或相关设施的破坏，称之为水击事故。水击事故可能由意外的原因引起，例如停电、误操作等。前文提到过水击由管道系统中的扰动引起，在管道运行中因阀门调节、启停泵、切换流程、分输、油品变换等而经常发生，只有强烈的扰动才可能引发水击事故。所以，要筛选可能引发事故的重大水击工况（扰动），然后对水击工况进行模拟，预测事故后果。

（1）分析筛选重大水击工况。根据管道的设计成果，针对管道在不同运行情况下可能发生的扰动，比较筛选可能导致重大压力变化后果的工况。工况筛选需要一定的经验，同时也有基本的原则：对于多泵站密闭输送管道，能造成流速突然大幅度变化的工况都可能是重大水击工况，如泵站突然停电、线路截断阀误关闭、末站进站阀误关闭等。这样组合的工况有很多，还要根据泵站（阀室）位置，选择其中危险性大的进行模拟。管道在低输量下可能会有越站情况，所以管道投产初期和满负荷期的水击工况需要分别筛选。

（2）重大水击工况模拟。针对筛选出来的重大水击工况，运用管道瞬变过程模拟软件建立模型对各工况进行模拟，通过水击工况过程模拟给出：管道在瞬变过程中出现最大、最小压力值及其时刻和位置；判断是否存在发生超压、汽化的情况；在发生水击情况下管道沿线各站场进、出站压力、流量值。

（3）对可能引发超压、汽化的工况列入危险水击工况进行水击防护设计，其他工况则不需要专门的防护措施。

3. 水击压力计算基本公式

水击过程可以用时间 t、地点（距离）x、流速 v、压头 H 这 4 个变量来描述和确定。

在水击分析中，一般把仅由于流速变化产生的压力叫惯性（势涌）水击压力，以区别于水击过程中其他原因产生的压力。惯性水击压力 ΔH 与流速变化量 Δv 以及水击波传播速度 a 有关，计算公式如下：

$$\Delta H = a\frac{\Delta v}{g} \qquad (2-13)$$

式中　g——重力加速度，9.81m/s^2。

某处流速逐渐变化的惯性水击压力可以看成是一系列流速依次瞬间变化的惯性水击压力的代数和，即：

$$\Delta H = \sum_{i=1}^{N} a\frac{\Delta v_i}{g} \qquad (2-14)$$

与流速瞬时变化的不同之处是，流速逐渐变化的压力波是一个接一个发出的，管道沿线各截面处的压力逐渐变化。当扰动持续时间小于 $2L/a$，即扰动产生的压力波经距离 L 的边界处反射尚未回到扰动处，称之为直接水击，扰动处产生的惯性水击压力与瞬时变化时相同；如果扰动持续时间大于 $2L/a$，则称为间接水击，反射后的压力波将使扰动处产生的惯性水击压力增大或减小。

如果要计算一条管道上任何一个截面在任意时刻的惯性水击压力，并能包含摩阻的影响计算该处总压力，需要运用水击基本微分方程，即运动微分方程和连续性微分方程。但由于这两个基本方程无法用分析方法得到解析解，因此，只能使用数值解。V. L. Streeter 1962 年提出的特征线法是解决管内不稳定流问题最常用的一种方法，它物理概念清晰，边界描述方便，易于在计算机上实现编程求解，且求解效率高，计算精度可以满足工程要求。

4. 水击防护措施及比选

水击事故的防护主要是依靠管道的自动保护系统实现，目前常见的水击防护措施主要有：

（1）水击超前保护

由 SCADA 系统实时监测各站的进出站压力、关键设备运行状态等，由水击监控软件实时判断各参数是否正常，当系统监测到发生水击事件时，软件根据水击发生的地点、强度立即选择应对措施，迅速把操作指令发送给各个站场，在水击波到达之前调整运行参数使管道系统免遭破坏。此种保护属于主动防护措施，该措施在设备和硬件方面增加不多，水击监控软件技术也很成熟，关键是要求通信和执行单元动作必须可靠，这两个方面在目前容易满足。该措施投资低、防护效果好，是水击防护设计的首选。需要注意的是，对于接近事故站场的高点或低点，水击超前保护可能无法起到有效作用。

（2）提高承压能力保护

根据管道瞬变过程模拟软件对各种危险工况模拟的结果，得出发生水击时管道某处可能出现的最大压力，对该处管道按此最大压力设计壁厚、选择适当的设备以保证管道系统在水击事故中的安全。该种保护属于被动式防护手段，该措施是对可能的超压段管道增加壁厚和提高相关设施的承压能力，一旦发生水击不易被破坏。该措施需要增加部分管道、设施的投资，但没有需要动作的执行机构且流程简单不需要维护，很适宜与水击超前保护措施互补。

（3）泄压保护

在中间泵站的出口端（高压端）和入口端（低压端）设泄压阀，当泵站入口端或出口端压力超高时泄压阀自动开启使部分油品进入泄压罐，以保护泵站内、外管道和设备不发生超压。该种保护也属于被动式防护手段，该系统由进、出站泄压阀及泄压罐、自动压力控制装置、回注泵和相关的阀门、管线等组成。该系统比较复杂、需要经常维护、投资比较高、占地多、增加了站内管线和盲管，与前两种防护措施相比维护复杂、成本较高。

（4）保护方式比选

我国早期的输油管道以输送原油为主并且承压能力较低，普遍采用了站内泄压保护系统，我国多数成品油管道也沿用了原油管道早期的做法。目前管道的承压能力、SCADA系统可靠性大幅度提升，管道的设计理念也应与时俱进，如根据稳态和瞬态水力计算及模拟结果，在采取超前保护和提高承压能力保护措施后满足水击防护要求时，可不设水击泄压保护系统，若不能够满足水击防护要求时，须保留水击泄压保护系统。

三　输送批次和罐容的确定

1. 输送顺序排序原则

顺序输送成品油管道油品的排列顺序是减少混油损失的关键因素之一。相邻排列的两种油品的物理化学性质相差越大，混油量越大，处理的费用也越高，故应尽可能将密度相近、产生的混油易于处理的油品相邻排列。油品排序还应考虑输送周期和输送量。当管道输送油品种类较少时，应以混油界面和混油量少为原则，尽量降低混油损失和混油处理的费用。管道投产后，管道输送可以根据市场、输送品种和质量潜力具体优化输送顺序，如管道中相接触的两批次汽油、柴油，尽量安排质量潜力大的油品作为混油界面的前行或后行油品，如油品的批量小时，则需要油品的质量潜力更大一些。

2. 成品油输送批次及储存罐容确定

成品油顺序输送批次、批量与管道各站所设的油罐容量以及混油处理费用密切相关。输送批次多，各站需要的油罐容量将减小，但产生的混油多，使部分混油降级处理，造成经济损失；如果减少批次而增大批量，尽管混油相对减少了，但各站的储罐容量将增加，从而增加了一次性投资费用。因此，在成品油顺序输送管道设计时，应结合以下因素对输油批次和罐容进行优化设计计算：输送顺序；混油处理方式、处理设施（如蒸馏、掺混设施、运输车辆及运输费用）及运行费用；首末站及中间分输油库罐容一次性投资费用，如占地费用、材料费、施工费等；油罐折旧费；操作运行费用；油品降级等其他相关费用。

在批次和罐容优化设计计算中可采用不完全投资方法，只将对优化结果有影响的部分参与比较，在管道的设计寿命期内，进行方案的动态经济分析，并综合考虑上述各种因素，确定最优的循环次数和全线需要设置的储罐总容量。一般在设计输量下成品油管道输送批次为 30 次/年左右。

在进行批次和罐容的比选和优化时，还应考虑管道运行模式和消费市场的需求。

企业自营型和市场驱动型服务的对象不同，对油品储存和工艺要求也不同，在进行油品储存、罐容和工艺流程设计时，要充满考虑油品品种、罐容、工艺流程等方面的灵活性、适应性，并确保油品数量和质量交接界面清楚，在满足管道运营管理要求的同时，充分满足各类服务对象的各种需求。

（1）首站、注入站罐容计算

成品油管道顺序输送首站、注入站的油罐罐容量按照 GB 50253—2014《输油管道工程设计规范》中成品油管道罐容计算公式和上述批次优化确定的输送批次数进行计算，罐容应满足批次组织的输送要求。首站、注入站储罐容量宜按式（2-15）、式（2-16）计算：

$$V = \frac{K_{\mathrm{m}} m}{\rho \varepsilon N} \tag{2-15}$$

$$K_{\mathrm{m}} = \frac{Q_{\mathrm{m}}}{Q_{\mathrm{e}}} \tag{2-16}$$

式中 V——每批次、每种油品或每种牌号油品所需的储罐容量，m^3；

m——每种油品或每种牌号油品的年输送量，t；

ρ——储存温度下每种油品或每种牌号油品的密度，$\mathrm{t/m}^3$；

ε——油罐的装量系数，容量小于 $1000\mathrm{m}^3$ 的固定顶罐宜取 0.85，容量等于或大于 $1000\mathrm{m}^3$ 的固定顶罐（含内浮顶）、浮顶罐宜取 0.9；

N——年循环次数，次；

K_{m}——月最大不平均系数；

Q_{m}——最大月分输或输出量，t；

Q_{e}——年平均月分输或输出量，t。

（2）分输站、末站罐容计算

无论是由管道企业自身负责建设、管理的罐容还是由销售企业负责建设、管理的罐容，罐容均应满足该计算和储存、运转功能要求。

（3）每种油品或每种牌号油品储罐数量不应少于 2 座。

四 混油的计算

成品油管道混油量一般按照根据实验和生产数据分析整理得出的奥斯丁公式计算。

1. 混油黏度计算

$$\lg\lg(\mu \times 10^6 + 0.89) = 0.5\lg\lg(\mu_A \times 10^6 + 0.89) + 0.5\lg\lg(\mu_B \times 10^6 + 0.89) \quad (2-17)$$

式中　μ_A——前行油品在输送温度下的运动黏度，m^2/s；

　　　μ_B——后行油品在输送温度下的运动黏度，m^2/s；

　　　μ——各50%的混油在输送温度下的运动黏度，m^2/s。

2. 混油长度计算公式

雷诺数计算公式如下：

$$Re = \frac{4q_v}{\pi d\mu} \quad (2-18)$$

临界雷诺数计算公式如下：

$$Re_{ij} = 10000e^{2.72d^{0.5}} \quad (2-19)$$

当 $Re > Re_{ij}$ 时：

$$C = 11.75(dL)^{0.5} Re^{-0.1} \quad (2-20)$$

当 $Re \leqslant Re_{ij}$ 时：

$$C = 18385(dL)^{0.5} Re^{-0.9} e^{2.18d^{0.5}} \quad (2-21)$$

式中　C——混油段长度，m；

　　　d——管道内径，m；

　　　L——计算管段长度，m；

　　　q_v——输油平均温度下的体积流量，m^3/s；

　　　Re——雷诺数；

　　　Re_{ij}——临界雷诺数；

　　　e——自然对数的底，e = 2.718。

正常情况下，运行管道实际接收混油量比计算混油量要少，但是对于输油站数量多、地形起伏大的管道，实际接收混油量要大于计算混油量。

五　站内主要设备工艺选型计算

1. 主输泵

主输泵是泵站的核心设备，直接影响到管道的安全、经济运行。输油泵的轴功率 N 按式（2-22）进行计算：

$$P = \frac{q_v \rho H}{102\eta} \quad (2-22)$$

式中　P——输油泵的轴功率，kW；

　　　q_v——输油泵排量，m^3/s；

H——输油泵排量为 Q 时的扬程，m；

ρ——输送油品的密度，kg/m^3；

η——输油泵排量为 q_v 时的效率。

2. 混油罐罐容

接收混油的末站或中间分输站宜设置混油罐，顺序输送成品油管道输油站混油罐数量应按照混油切割和处理工艺确定，混油罐总容量至少满足 2 个输送批次混油切割量要求。除此之外，还应考虑油品质量潜力，近年来油品的质量潜力减小，给混油的接收和处理带来较大难度；对于输油站数量多、地形起伏大的管道，实际接收混油量远大于计算混油量；有的成品油管道末站设计蒸馏分离装置处理混油，装置需要稳定的原料组分才能平稳运行，混油组分控制需要更多的混油罐容量和数量；混油多段切割需要足够混油罐容和油罐数量。因此，应根据不同管道的混油情况考虑足够的混油罐容量，如混油罐容量、数量不足，将严重影响混油的接收和处理及油品的质量。

3. 泄压罐罐容

顺序输送成品油管道站场泄压罐的设置及容量应根据瞬态水力分析确定，泄压罐宜采用固定顶罐。对于大落差地区的输油站，无配套油库和混油罐时，建议考虑在满足泄压容量要求的同时，兼顾用作外管道事故泄漏时的紧急泄放容量。

第四节　输油站

输油站作为成品油管道的重要组成部分，可提供增压、注入、分输、清管等重要功能。按位置分为首站、中间站、末站，按功能又可将中间站分为中间分输泵站、中间泵站、分输站、注入站、分输阀室、减压站等。

一　输油站功能

各输油站功能如表 2-3 所示。

表 2-3　输油站功能一览表

功能 分类	增压	分输	收球	发球	计量	进站 泄压	出站 泄压	干线 减压	向干线 注入	泄压油品回注至 干线或分输线	全越站 功能
首站	●			●	●		●			★	

功能 分类	增压	分输	收球	发球	计量	进站泄压	出站泄压	干线减压	向干线注入	泄压油品回注至干线或分输线	全越站功能
中间分输泵站	●	●	●	●	●	●	●			★	●
中间泵站	●		●	●		●	●			●	●
分输站		●	★	★	●	★		★		★	
注入站	●	★	●	●	●	●	●		●	★	
分输阀室		●	★	★							
中间减压站	★	●	●	●	★	●		★		★	
末站		●	●		●	●				★	

注："●"表示站场具有此项功能，"★"表示可能具有此功能；有的中间站还设有干线管道事故时管道内油品快速泄放流程。

二 输油站的设置基本要求

输油泵站：设置基本要求见本节关于泵站设置的叙述。

分输站、注入站：成品油管道分输站、注入站设置可根据管道沿线用户（或市场）情况及资源供应情况分析后确定。

清管站：为了对成品油管道在投产初期、运行期间进行清管及管道内检测作业，每隔一定的距离须设置清管器收发筒（或站）。影响清管站设置间距的主要因素是管道对清管器的磨损。清管器运行距离越长、过盈量越大，管内杂质多、管内壁越粗糙，清管器磨损就越大；成品油管道对清管器的磨损一般要大于原油管道对清管器的磨损。目前国内管道最大清管站间距可达到352km，国外可达到580km。因此，清管站间距要根据输送油品及以上影响因素等实际情况进行确定。对于支线也应设置收发球设施，部分管道的支线在设计时没有考虑，以至于无法进行收发球、内检测作业，后期须进行改造。

减压站：在地形起伏剧烈的大落差管段，可能出现管道的动压或静压超高，需要通过设置减压站降低管道的动压或静压，以满足管道运行和安全要求。在落差大的地方，管道停输时可能造成的管道静压超高；在进站前存在翻越点或大落差，也可能导致进站压力过高。此外，对于在投产阶段采用水联运及油置换水方式投产的大落差管段，可能出现介质为水时动水压力或静水压力超高，因此需在设计方案论证阶段，对水联运及油置换水过程进行工艺模拟计算和核算。减压站主要根据管道沿线的地形、落差及运行压力进行设置。

三 输油站选址原则

输油站选址应贯彻节约用地的基本国策，合理利用土地，不占或少占良田、耕地，努力扩大土地利用率。并需按建设单位设计委托书，按照工程建设有关规定，并结合当地城乡建设规划进行。

输油站的地理位置应尽量靠近用户，并满足工程线路走向和路由的需要，满足工艺设计要求，应符合国家现行的安全防火、环境保护、工业卫生等法律的规定。应满足与居民点、工矿企业、铁路、公路车站等的安全距离要求。

站址应选定在地势平坦、开阔，避开人工填土和地震断裂带，具有良好的地形、地貌、工程和水文地质条件，并且交通连接便捷，供电、供水、排水及职工生活方便，有较好的后勤保障，社会依托条件较好的地方。如管道沿线有成品油库或炼厂等，站场可依托或紧靠其建设。

四 输油站工艺流程及工艺设备

成品油管道输油站的工艺及相关设施的设计需要充分考虑成品油管道多批次、多品种、多变化、多分输（注入）、多用户和质量控制严的特点，重点着眼于减少混油、保证质量，使成品油管道能充分满足广大用户的输油需求。

1. 首站

首站多与油库合建，首站主要流程包括：接收来油进罐、油品切换、增压外输、出站调节、清管器发送、压力泄放及油品回注、污油排放与处理等。

工艺设备包括：主输油泵机组、给油泵机组、油品储存罐、泄压罐、流量计组、油品界面检测系统（密度计）、清管器发送筒、泄压阀、出站调节阀门及其他工艺阀门等。

首站工艺在设计时须考虑以下几点：

（1）油品切换阀组下游的管道应尽可能简化，尽量消除盲管；

（2）如果能满足主输油泵的吸入条件则不设给油泵以简化泵区流程，主输油泵数量以少为宜，最好不设回流管线，优先考虑变频调速；

（3）在可能的情况下多建储罐以方便多油源、多品种油品管理；

（4）可考虑设计隔离液应用工艺，以应对管道市场化、燃油标准升级和航空煤油进管道等问题；

（5）站内工艺管道上操作频繁的阀门要选择密封性好、寿命长的阀门；对油品切换阀门要选择开关迅速的阀门，并配置行程时间短的执行机构；

（6）首站（油库）进站油源设置油品质量分析仪，检测入库油品指标。在出站端设界面检测仪，以确定初始混油长度和新批次出站时刻。在出站端要设油温、地温仪表，提供油温变化起点数据。

2. 中间泵站

主要流程包括：增压外输、出站调节、清管器接收与发送、全越站、压力泄放及油品回注、污油排放与处理。

主要工艺设备包括：主输油泵机组、清管器接收及发送筒、油品界面检测系统（密度计）、泄压罐、泄压阀、出站调节阀及其他工艺阀门等。

中间泵站设计时需考虑：

（1）主输油泵数量以少为宜，并可考虑变频调节；

（2）越站阀应靠近泵站入口端的主管线，在越站管线另一端设单向阀以减少盲管长度；

（3）利用 SCADA 系统进行超前保护，以调节和停泵为主；

（4）为了简化站场工艺不宜在中间站场设计过多的清管器收发装置，清管站的间距应该在保证清管器安全运行前提下尽量延长；

（5）在进站端设界面检测仪，以确定混油界面通过时刻、混油段变化和混油长度增长情况。设置油温、地温仪表，监测油温变化规律；

（6）北方地区冬季气温低对输送高凝点柴油不利，应考虑站内管道伴热保温。

3. 中间分输泵站

主要流程包括：增压外输、出站调节、分输调节、计量与标定、全越站、清管器接收与发送、压力泄放及泄压油品回注、污油排放与处理等。

主要工艺设备包括：主输油泵机组、流量计组、油品界面检测系统（密度计）、清管器接收及发送筒、泄压阀、分输调节阀、出站调节阀门及其他工艺阀门等。

中间分输泵站设计时需要考虑的工艺内容参见中间泵站和中间分输站。

4. 中间分输站

主要流程包括：分输调节、计量与标定、清管器接收和发送（可选）、越站（可选）、压力泄放以及油品回注、污油排放和处理等。

主要工艺设备包括：油品储存罐（可选）、流量计组、油品界面检测系统（密度计）、清管器接收及发送筒、泄压罐、泄压阀、分输调节阀及其他工艺阀门等。

中间分输站设计时需考虑：

（1）如果分输（支线）管道较长，分输站可考虑设置分输泵（相当于分输管道首站），如果分输压力要求不高，可利用干线压力进行分输；

（2）分输支线应设流量计、温度仪表、压力仪表；

（3）如果分输管道较短可优先考虑敷设分品种管道，分输管道较长宜考虑顺序输送，在分输管道终点设混油罐，设混油接收及处理功能。

5. 中间注入站

主要流程包括：接收来油进罐、油品计量与标定、油品切换、油品注入（有的需要调节后注入）、增压外输、倒罐、压力泄放及油品回注、清管器接收和发送、污油排放和处理等。

中间注入站主要工艺设备包括：主输油泵机组、注入泵机组、油品储存罐（可选）、泄压罐、混油罐、油品界面检测系统（密度计）、清管器接收及发送筒、泄压阀、注入调节阀、出站调节阀门及其他工艺阀门等。

中间注入站设计时需考虑：

（1）油源管道（支线）来油优先考虑设置进站分品种储油罐、注入泵，并设支线直接注入主线工艺，如果还有其他油源需分别设置收油设施；

（2）注入站应设油品质量检测功能（仪器或仪表），在油源端设流量计、油温仪表和地温仪表，如果油源管道采用顺序输送方式，进站端应设界面检测仪（在线密度计）；

（3）如油源管道较短（50km以内）优先考虑敷设分品种管道。油源管道较长宜考虑顺序输送，并在注入站设混油罐、混油回注泵，可将接收的混油注入干线的混油段中或采用其他处理混油的方式。

6. 减压站

主要流程包括：减压调节、压力泄放及油品回注、清管器接收和发送、污油排放和处理、进站过滤等。应设置备用减压阀。

主要工艺设备包括：减压阀、清管器接收及发送筒、泄压罐、泄压阀、过滤器及其他工艺阀门等。

减压站设计需考虑：

（1）减压系统应确保管道上游高点不出现管内油品汽化现象；

（2）应设置备用减压阀，减压阀应选择故障关闭型；

（3）减压阀上游和下游应设置远控截断阀门，确保在管道停输时完全隔断静压力；

（4）减压站不应设置越站线；减压阀上游应设置过滤器；

（5）减压站内进站、出站管线上应设置超压泄压保护系统；

（6）如泄压阀组需设置伴热保温，则每路减压阀组应单独设置伴热回路。

7. 末站

末站主要流程包括：清管器接收、分输调节及油品切换、油品计量与标定、接收来油进罐、压力泄放及油品回注、混油接收处理、倒罐、污油排放和处理等。必要时，末站还应设反输流程。成品油管道末站的重点是混油进站检测、接收和处理，是成品油管道外输油品质量控制的关键站场。

末站主要设备包括：油品储罐（可选）、混油罐、泄压罐、清管器接收筒、油品界面检测系统（密度计）、流量计组、混油处理设备、分输调节阀、泄压阀及其他工艺阀门等。

末站设计时需考虑：

（1）成品油管道系统应有自己的储油罐区并且储罐宜多不宜少，否则不便于以掺混方式处理混油；

（2）混油罐设置应符合混油接收处理的需要，如果航空煤油进入管道，汽柴混油与煤柴混油分储或多段切割需相应增加混油罐，混油罐多有利于灵活接收混油、处理混油；

（3）在进站前（1km或更远）、进站端分别设界面检测仪；

（4）优先考虑混油掺混处理工艺。如果采用连续掺混处理方法，需要精确控制回掺管线流量的设备。

此外，有的输油站还设有干线内油品快速泄放流程。当外线路管道出现泄漏或断裂情况时，可以通过此快速泄放流程将外线路管道内油品迅速泄放到站内油罐内，以减少泄漏点处压力及外泄漏量。有的管道在输油站的主线上设有超声波流量计，以便于管道的泄漏监测和批次跟踪。

1. 防止窜油

若管道的油品切换阀采用密封性较差的阀门，管道杂质及频繁切换阀操作容易造成密封面损伤后出现内漏，导致窜油事故的发生。因此油品切换阀或不同油品间需要隔断时，应采用密封性好的阀门，如双面密封球阀或双关断 DBB 阀。

2. 减少死油段

输油站中往往存在封闭流程，这种流程两端的阀门经常处于关闭状态，形成死油段。在气温升高时，死油段因温升压力迅速升高，引起压力超高，容易损坏设备、仪表、密封等，严重时会造成事故。工艺流程和配管、平面设计要考虑避免形成死油段，当不可避免时，死油段尽可能短并采取安装压力表或压力变送器及安全阀等措施。

3. 减少盲管和支管

在设计上应尽量减少多种油品共用的管线，减少管线上的支管、盲管，主要设备（输油泵）在满足需要的前提下也应以少为宜。有的站场越站管线长达百米以上，极易形成盲管，设计时应尽量缩短越站管线，同时越站线的阀门应靠近主线。

4. 防范收发球筒位置的清管器卡堵

收发球筒及收发球筒到绝缘接头段的管件、阀门压力等级选择较高，管壁较厚，导致该段管道内径变小且管内径大小不同，易出现清管器卡堵情况。建议在设计时，考虑使该位置的管道、管件、法兰、绝缘接头、阀门等内径尽量相同，且内径尺寸能确保清管器通过。

5. 缩短分输计量区管段长度

若分输站的分输计量区与油品切换阀间的管段距离太长，在分输油品时需对前次油品进行置换，以保证油品质量。这种设计增加了额外操作，且操作较为繁琐，同时存在很大的油品质量风险，建议分输计量区与油品切换阀尽可能靠近布置。

6. 改进泄压罐油品及污油罐存油处理流程

建议泄压罐油品的处理方式除装车外，增加注入主干线的流程；污油罐内存油处理增加回注至泄压罐的流程。

7. 尽量避免输油站管道埋地敷设

输油站埋地管道缺乏防腐保护措施，运行一段时间后，易出现腐蚀穿孔，造成油品泄漏。建议站内管道采用地面以上铺设管线的方式或采取可靠的防腐措施。

第五节 工艺及设备控制原理

设计单位要编制安全、可靠、可行的工艺及设备控制原理，并据此编制可靠的控制逻辑，以满足管道系统的安全保护、操作、调节和控制要求。在编制控制原理和控制逻辑前，设计单位要对管道进行全面的管道水力仿真模拟计算、分析。

一 主输油泵机组控制

1. 一般要求

主输油泵工艺系统主要包括输油泵机组、进出口截断阀。

（1）当主输油泵系统具备远控程序启动条件时，可实现站控系统和调度控制中心一键启动，当条件不具备时应给出提示信息；

（2）主输油泵系统控制和检测仪表的设置应满足就地手动、站控自动和调度控制中心远程控制操作要求。

2. 联锁保护要求

（1）主输油泵轴承温度设两级保护

①第一级为高报警，当主输油泵轴承温度达到高报警值时报警，经确认后由人工切换输油泵；

②第二级为高高报警，当轴承温度达到高高报警值时，应立即联锁停泵。

（2）主输油泵机械密封泄漏设两级保护

①第一级为高报警，当主输油泵机械密封泄漏达到高报警值时报警，经确认后由人工切换输油泵；

②第二级为高高报警，当机械密封泄漏达到高高报警值时，应立即联锁停泵。

（3）主输油泵机组振动设两级保护

①第一级为高报警，当主输油泵机组振动达到高报警值时报警，经确认后由人工切换输油泵；

②第二级为高高报警，当泵机组振动达到高高报警值时，应立即联锁停泵。

（4）主输油泵电动机轴承温度设有两级保护

①第一级为高报警，当主输油泵电动机轴承温度达到高报警值时报警，经确认后由人工切换输油泵；

②第二级为高高报警，当主输油泵电动机轴承温度达到高高报警值时，应立即联锁停泵。

（5）主输油泵电动机定子温度设有两级保护

①第一级为高报警，当主输油泵电动机定子温度达到高报警值时报警，经确认后由人工切换输油泵；

②第二级为高高报警，当主输油泵电动机定子温度达到高高报警值时，应立即联锁停泵。

（6）主输油泵泵壳温度设有两级保护

①第一级为高报警，当主输油泵泵壳温度达到高报警值时报警，经确认后由人工切换输油泵；

②第二级为高高报警，当泵壳温度达到高高报警值时，应立即联锁停泵。

（7）主输油泵进口压力超低保护

主输油泵进口汇管压力超低报警，并与主输油泵机组联锁。

①当并联运行的单台输油泵机组进口压力超低报警时，应联锁停该单台输油泵；

②当并联运行的输油泵机组进口汇管压力超低报警时，应联锁停所有的并联输油泵；

③当串联运行的单台输油泵机组进口压力超低报警时，应联锁顺序停该台泵；

④当串联运行的输油泵机组进口汇管压力超低报警时，应联锁顺序停泵；

⑤为防止输油泵进口压力瞬时异常变化引起输油泵停泵，压力超低报警后可适当延时再联锁停泵。

（8）主输油泵机组出口压力超高保护

主输油泵出口汇管压力设压力超高保护，并与主输油泵机组联锁。

①当并联运行的主输油泵机组出口汇管压力超高报警时，应联锁停所有并联输油泵；

②当串联运行的主输油泵机组出口汇管压力超高报警时，应联锁停一台泵，如压力继续超高，则继续顺序停泵，直至压力不超高。

（9）出站压力超高保护

在出站设有压力超高保护开关，并与主输油泵机组联锁。

①当主输油泵机组并联运行、出站压力超高并报警时，应联锁停所有并联输油泵；

②当主输油泵机组串联运行、出站压力超高并报警时，应联锁停一台泵，如压力继续超高，则继续顺序停泵，直至压力不超高。

3. 主输油泵启停控制要求

（1）主输油泵程序启动条件要求

程序启动主输油泵时应同时具备以下条件：

①主输油泵机组电源正常；

②进出口电动阀门处于远控状态；

③进口电动阀门为全开状态；

④出口电动阀门为全关状态；

⑤进出口电动阀门为非故障状态；

⑥泵进口压力正常；

⑦泵机组检测变量正常。

当上述条件之一不具备时，主输油泵不能启动，并显示故障。

（2）现场就地启动主输油泵应同时具备的条件

①主输油泵机组电源正常；

②出口电动阀门处于就地操作状态；

③进口电动阀门为全开状态；

④出口电动阀门为全关状态；

⑤进出口电动阀门为非故障状态；

⑥泵进口压力正常；

⑦泵机组检测变量正常。

（3）主输油泵机组程序启动操作

在第一次启动主输油泵前，应由人工打开主输油泵放空阀进行排气。远控程序启动主输油泵时的操作顺序：

①主输油泵启动条件符合要求；

②选定要启动的主输油泵；

③主输油泵出口阀门按设定开度（根据具体情况调整）打开到该开度位置；

④启动主输油泵；

⑤k秒（根据具体情况确定）后，自动逐渐打开出口阀门；

⑥主输油泵启动完成。

（4）主输油泵程序顺序停泵操作

①根据指令关泵出口阀至某一开度位置（根据具体情况调整）；

②k秒（根据具体情况调整）后，自动停泵；

③停泵k秒（根据具体情况调整）后，关闭泵出口阀。

（5）主输油泵机组紧急停泵操作

①按紧急停泵信号停泵；

②主输油泵停泵时关闭出口阀门。

4. 全线启停输控制要求

（1）全线启输操作

①线路所有截断阀门处于全开位置，单向阀处于正常状态；

②从上游向下游启输；

③启泵正常后逐渐开大出站调节阀开度；

④增压波传递到下游输油站后，按照"先分输，后启泵"原则依次向后启输；

⑤支线末站、干线末站进站压力开始上升前，打开进站阀开始分输。

（2）全线停输操作

①从上游向下游停输；

②逐渐关小首站出站调节阀开度，之后先停主输泵，再停给油泵；

③减压波传递到下游输油站后，按照"先停分输，后停泵"原则依次向下游停输；

④支线末站、干线末站进站压力开始下降后，逐渐关小分输减压阀开度。

二　油罐

成品油输油管道上的油罐主要有首站、分输库配套的成品油储罐及泄压罐、混油罐、污油罐等，均须设置液位检测仪表。

1. 首站油罐

油位低限报警时进行流程切换；高液位报警时切换油罐，当液位超高高限时，联锁关闭油罐进罐阀门或停泵，避免发生溢罐事故。

2. 分输库配套油罐、混油罐

设有低液位、高液位报警和低低液位、高高液位联锁。高液位报警或低液位报警时立即切换油罐；当液位超高高限时，联锁关闭油罐进罐阀门。

3. 泄压罐

应设高/低液位报警、高高/低低液位开关，并与回注泵联锁启停泵。

三　压力/流量调节系统

出站调节阀、减压阀、分输调节阀等调节型阀门一般均具有就地、站控、中控三级控制模式，调节阀相关的压力或流量调节回路具有手动、自动两种控制模式，在手动控制模式下，一般可由调控中心或站场开环手动控制，在自动控制模式下，通过设定好被控变量（压力、流量等），可实现调节阀的自动调节。

1. 出站调节阀控制要求

（1）出站调压阀宜设置为泵进口压力和出站压力的选择性调节，既能控制出站压力又能控制主输油泵进口压力及进站压力。

（2）出站调节阀控制应参与全线的水击超前保护系统。

（3）出站调压阀应为故障保持模式。

2. 减压阀控制要求

（1）减压阀上游的截断阀门应是密封无泄漏的，应能保证在管道停输时完全隔断静压。

（2）应控制上游背压；减压系统宜设置为选择性保护调节，既控制进站背压，同时对下游压力进行监控。

（3）减压阀的控制应参与全线的水击超前保护系统。

3. 分输调节阀控制要求

（1）分输调节阀宜采用流量调节。
（2）分输调节阀宜设置为选择性保护调节，既控制分输流量，同时对下游压力进行监控。

四　泄压系统

（1）泄压阀下游管线上设置流量开关，以判断泄压阀是否开启泄放。
（2）泄压罐应设高/低液位报警、高高/低低液位开关，并与回注泵联锁启停泵。

五　过滤器

（1）过滤器应设置差压报警检测仪表，并在上游管道上设置就地压力检测仪表。
（2）过滤器差压报警设定值设置要考虑工艺条件以及过滤器滤网的承压。
（3）过滤器发生故障或差压开关报警时，应立即切换到备用过滤器。
（4）备用过滤器切换不宜设置为逻辑自动切换。

六　水击保护

成品油管道运行中启停泵、开关阀、停电、泄漏、误操作等都会造成水击，会对管道造成不同程度的影响，要确保管道的安全运行，必须要设计和投用可靠的水击保护系统。一是利用仿真模拟软件，对管道可能出现的所有水击工况进行瞬态模拟，并制定出合理、可行的水击超前保护控制逻辑，在发生水击事件时提前采取一系列保护措施，如停泵、减量等，抑制水击影响，从而保护管道系统。二是经过操作安全性、可靠性及整体经济性的综合比较，可在各站进出口均设置水击泄压阀，以保护线路和站场不超压。泄压后的油品进入泄压罐，经分析其成分后回注至成品油罐或管线中。

七　紧急停车

紧急停车系统是保证管道及沿线站场安全的逻辑控制系统，系统命令优先于任何操作方式。为提高系统的安全可靠性，设计时紧急停车系统的现场仪表与 SCADA 系统的现场仪表独立运行。各站场紧急停车动作包括停运输油泵、关闭进出站阀门、关闭分输阀门、打开越站阀、关闭油罐进出口阀等。紧急停车动作的启动由中控或站控紧急停车按钮或可燃气体、火灾报警的反应处理按钮等控制。

第六节　输油站主要工艺设备、仪表、材料选型

一　主要工艺设备选型

1. 主输油泵

机泵是管道的"心脏"，是主要的输油动力设备，效率高、故障低、使用寿命长是选泵的主要考虑因素。为满足各种运行工况，主输油泵的选择一般遵循下列原则：

（1）主输油泵泵型应根据所输油品性质合理选择，成品油管道主输油泵宜选用离心泵。

（2）各泵站的泵机组不应少于2台，但不宜多于5台，并应至少备用1台，主输泵运行台数一般不大于3台。

（3）泵机组的运行方式有串联和并联两种方式，根据实际工艺要求选择具体的运行方式。由于串联泵机组运行易于调节、运行灵活，当站间高差不大，泵扬程主要用于克服管道沿程摩擦阻力损失时，多采用泵机组串联方式运行，该运行方式的泵配置一般采取全扬程泵和半扬程泵组合。对于高差比较大的管道，泵扬程主要用于克服高程差静压头损失时，更适宜选用并联泵（也有部分这种情形的管道采用了串联运行方式），并可考虑选用两种排量不同的泵机组进行组合以提高流量调节的灵活性；当输油量变化很大时，采取新增泵与原有泵并联运行方式，可实现管道增输需求。然而串联泵工艺流程比并联泵更加简单、调节更加灵活、节流损失少，因此目前国内成品油管道输油泵站大多采用泵机组串联方式。应用并联泵的一个常见例子是管道首站给油泵互为并联，为干线上的主输油泵提供初始入口压力（给油泵从储罐中抽油）。

在设计时，可以考虑应用变频调节技术，增加泵机组串联或并联运行的灵活性（注意：泵和电机在设计选型、采购时，需要向厂家提出满足变频操作的要求，同时泵机组在出厂前，要在工厂内进行设计工况范围内的变频操作测试）。

（4）主输油泵流量选择宜兼顾管道近、远期输量变化要求，扬程选择应满足所输各种油品的需要。

（5）选用高效的离心泵。泵的额定效率建议不低于82%。

（6）泵的设计使用寿命要达到30年，泵机组在额定工况下连续运行至少达到25000h，轴承系统额定运行寿命不低于16000h。

（7）所有暴露于外的运动部件应装配防护罩。所有密封的腔室应能有效防止外来有害

介质的喷溅，且安全防护罩在检修时应能方便地拆除。

（8）机泵的规格型号尽可能一致，便于互换及维护。

2. 调节阀

（1）出站调节阀

对于出站调节阀，一般选用缩径调节球阀，但目前缩径调节球阀仅适用于压力等级不大于 ANSI Class 900 的情形；对于压力等级大于 ANSI Class 900 的出站调节阀，一般选用直行程套筒阀。

（2）减压阀

减压阀，宜选用防堵直行程套筒阀，另综合考虑调节性能、后期维护检修等因素，套筒阀建议选用三层小孔式阀笼。调节阀的流量特性宜为近似等百分比或等百分比。

3. 泄压阀

泄压阀是保护管道安全运行的重要设备，应用较广的有两种形式，先导式泄压阀和氮气式泄压阀，其压力泄放效果都能满足要求，但两种类型泄压阀适用场合有所不同，目前原油等高黏度介质的管道系统一般采用氮气式泄压阀来泄放水击压力，成品油管道系统一般采用先导式泄压阀来泄放水击压力。先导式泄压阀是依靠阀体内部的导阀来开启的，结构简单，安装方便，不需要额外的辅助设施，但由于导管较细，较黏的油品易在导管内黏结，影响泄放效果。由于管输成品油黏度较小，油品中几乎不含固体杂质，因此成品油管道一般采用先导式泄压阀。水击时，要求先导式水击泄压阀快速响应，一般阀门动作时间小于 100ms。

4. 双关断旋塞阀

双关断旋塞阀一般用于首站外输油品切换阀、分输站分输油品切换阀，及在流程复杂的站场，用于同时输送或分输不同油品的流程之间隔断。双关断旋塞阀选型时，应重点考虑下列事项：

（1）应为快速开启、关闭、密封性能良好的阀门，其油品切换的时间不宜超过 10s，并应采取防止管道内漏、串油的措施；

（2）具有截止和检漏双功能，密封性好、无泄漏；

（3）阀门结构具有顶部和底部双向开启特性，阀门无须从管线上拆下即可实现对阀内件的快速维修和更换；

（4）阀门应具有热泄放系统；

（5）阀门阀杆应为提升轨道式设计。

5. 过滤器

（1）DN200 以上过滤器推荐采用快开盲板式立式过滤器，所配快开盲板应具备开闭灵活方便、密封可靠，且有安全自动联锁装置，DN200 及以下过滤器建议采用封头式过滤器。

（2）过滤网规格：选择适当过滤网目数，滤网选择目数时要参考输油泵耐磨环最小间隙的 1/2，应不低于 30 目。

（3）站内篮式过滤器的有效过滤面积要求不小于进出管道流通面积的 5.0 ~ 7.0 倍。

6. 电动机

电动机作为成品油管道中泵类的驱动设备和主要能耗设备，除了要满足现场使用要求，还应兼顾节能等要求。成品油管道中电动机的选型原则一般如下。

（1）电动机的功率应按照式（2 - 23）计算：

$$N = K \cdot (P/\eta) \tag{2 - 23}$$

式中　N——电动机额定功率，kW；

P——输油泵轴功率，kW；

η——传动系数，取值如下：直接传动，$\eta = 1.0$；齿轮传动，$\eta = 0.9 ~ 0.97$；液力耦合器，$\eta = 0.97 ~ 0.98$；

K——电动机额定功率安全系数，取值一般为：3kW $< P \leqslant$ 55kW，取 1.15；55kW $< P \leqslant$ 75kW，取 1.14；$P >$ 75kW，取 1.1。

（2）应选用防爆型三相异步电动机，主电动机本体防护等级不应低于 IP54，接线盒防护等级不低于 IP55，绝缘等级为 F 级，温升按 B 级考核。

（3）应选用高效节能型电动机，电动机应符合 GB 30254—2013《高压三相笼型异步电动机能效限定值及能效等级》的 2 级及以上能效限定值。电机功率大于 185kW 时，建议采用高压电机。

（4）对于电力充足地区采取直接启动，对于电网薄弱、供电容量不足的地区，应考虑配置调速装置或软启动装置。

（5）一般情况下二级电动机采用滑动轴承，四级电动机采用滚动轴承。若无特殊要求，一般情况下电机冷却方式均采用风冷。

（6）对于高压电动机应配套防潮空间加热器，加热时，其表面温度不超过 200℃。电动机电源、加热器电源和定子测温均需配单独接线盒。电动机应配置振动检测共一点；轴承温度检测共两点。要求采用振动变送器，24VDC 供电，二线制，4 ~ 20mA 输出，防爆等级为 Exd Ⅱ BT4，防护等级为 IP65。

（7）要求电动机在距设备表面 1m 处测得的最大声压水平不应超过 85dB。

（8）一般情况下定子绕组接成星型，如果没有差动保护，则星点可不接出。对于电动机功率大于 2000kW 时需配置差动保护，差动保护电流互感器应安装在星点接线箱内。

二　仪表选型

仪表是采集工艺过程数据、执行控制系统命令的关键环节，是整个系统安全可靠运行的重要因素。因此选择仪表必须能满足精确度、压力等级和温度等级及所处场所的防爆、防护等级要求，并具有高可靠性及稳定性。成品油管道仪表设备的选型原则如下。

（1）仪表选型应安全可靠、技术先进、经济合理。

（2）输油站内仪表设备选型力求统一，关键的仪表设备考虑采用冗余设置。

（3）检测和控制仪表优先选用电子式。

（4）处于爆炸性危险区域内的电子式仪表，应根据危险区域的划分，选择满足该危险区域的仪表。

（5）为跟踪管道内混油界面，一般在首站的出站、中间站场的进站管道上设置混油界面检测设施。目前，国内成品油管道中应用最为成熟和广泛的混油界面检测方法为密度型界面检测方法，密度计选型应注意以下事项：

a）应选用高精度液体密度计，其测量精度不低于 $0.1\mathrm{kg/m^3}$；

b）密度计及其采样系统选用撬装形式，配套的设备应合理、可靠，整套装置应满足所处区域的压力、温度、防爆等级要求，采样泵采用磁力离心泵；

c）采样系统应设置一备一用两组过滤器，每组过滤器分别设置一个篮式过滤器、磁性过滤器。

三 钢板、钢管选型

工程设计过程中，合理选用钢管、钢板，使其满足工艺、安全、经济的各项要求，这对于成品油管道的后期运营十分重要。

1. 站内钢板选型

在成品油管线系统中，钢板材料主要用于制作金属油罐的罐底板、罐壁和罐顶。

（1）基本要求

钢板选材要综合考虑油罐的设计温度、腐蚀特性、材料使用部位、材料的化学成分及力学性能、焊接性能，并应符合安全可靠和经济合理的原则。选用钢材的化学成分、力学性能和焊接性能应符合国家现行相关标准的规定。针对所选钢材有特殊要求的情况，应在图样或有关技术文件中注明。

目前国内油罐所用钢板都采用氧气转炉或电炉冶炼，对于标准屈服强度下限值大于390MPa的低合金钢钢板，以及设计温度低于－20℃的低温钢板，还应当采用炉外精炼工艺。

（2）常用钢板介绍

a）碳素结构钢板。此类材料价格便宜、来源广泛、质量稳定、应用广泛，属于非压力容器的专用钢板，常见的钢板有Q235A、Q235B、Q235C等。

b）碳素钢板。此类钢板常用于一般压力容器，在结构钢中加入少量合金元素（如Mn、Si、V、Ni等元素）能够显著改变钢材的综合力学性能，如16MnR钢板。

c）不锈钢板。不锈钢是指含铬量在12%～30%的铁铬合金。含铬量在12%～17%的不锈钢，它在大气中可以发生钝化，主要用于大气、水及其他腐蚀性不太强的介质中；含铬量在17%以上的不锈钢可以用于强腐蚀性介质中，这类不锈钢也成为"耐酸钢"。

（3）金属油罐钢板的标准及适用范围

出于对钢材的综合考量，目前金属油罐的常用钢板包括 Q235B、Q235C、Q245R、Q345R、Q370R、16MnDR、12MnNiVR 等，钢板的许用应力值选取应符合相关标准规范，具体的标准及适用范围如表 2 – 4 所示。

表 2 – 4　钢板使用范围

序号	钢号	钢板标准	适用范围	
			许用温度/℃	许用最大厚度/mm
1	Q235B	GB/T 3274—2017《碳素结构钢和低合金结构钢热轧钢板和钢带》	> –20	12
			>0	20
2	Q235C	GB/T 3274—2017《碳素结构钢和低合金结构钢热轧钢板和钢带》	> –20	16
			>0	24
3	Q245R	GB/T 713—2014《锅炉和压力容器用钢板》	≥ –20	36
4	Q345R	GB/T 713—2014《锅炉和压力容器用钢板》	≥ –20	36
5	Q370R	GB/T 713—2014《锅炉和压力容器用钢板》	≥ –20	36
6	16MnDR	GB/T 3531—2014《低温压力容器用钢板》	≥ –20	36
7	12MnNiVR	GB/T 19189—2011《压力容器用调制高强度钢板》	≥ –40	45

2. 站内钢管选型

输油站内工艺管道所用钢管的选材应根据设计压力、温度和介质的物理性质，经技术、经济比较后确定。采用的钢管在满足强度要求的前提下，应具有良好的韧性和可焊性。

输油站内的工艺管道应优先采用管线钢（详见本章第八节），也可采用符合现行标准 GB/T 8163—2018《输送流体用无缝钢管》规定的钢管，但技术指标需满足设计要求。

输油站内工艺管道采用管线钢时，钢管应符合现行标准 GB/T 9711—2017《石油天然气工业　管线输送系统用钢管》的有关规定，设计选用的一般原则是：先选择管型，再确定钢级。选用管型时要考虑的因素主要有管输介质、管径、设计压力和钢管价格等。

第七节　输油站内工艺管道、设备安装要求及注意事项

一　输油站平面布置

输油站的平面布置应符合现行标准 GB 50183—2004《石油天然气工程设计防火规范》、GB 50253—2014《输油管道工程设计规范》以及 SY/T 6671—2017《石油设施电气

设备场所Ⅰ级0区、1区和2区的分类推荐作法》、SY/T 0048—2016《石油天然气工程总图设计规范》的相关规定，输油站总平面和竖向布置应符合现行行业标准的相关规定，同时还应注意以下问题：

（1）输油站总平面布置，应根据地形情况合理布置、因地制宜，充分考虑各方面因素，尽可能按功能进行分区布置，站场布置应紧凑，合理节约用地，减少工程土石方量，减少工程投资；

（2）可能散发可燃气体的场所和设施，宜布置在人员分散场所及无明火或散发火花地点的全年最小频率风向的上风侧，成品油储罐宜布置在输油站地势较低处，当受条件限制或有特殊工艺要求时，可布置在地势较高处，但应采取有效的防止液体流散的措施；

（3）山区输油站应沿等高线布置，减少场地支护工程量，综合办公区尽可能位于高处，生产区位于低处，出入口朝有道路一侧布置；

（4）总平面图布置应从属于生产总工艺流程走向，满足环境保护及安全评价的要求；

（5）在符合安全要求的前提下，统筹考虑输油工艺管线、通信仪表线、消防给排水管线、电力线等的走向，使之走向合理、顺畅简洁。

二　工艺管道安装设计注意事项

工艺管道安装设计应符合现行标准 GB 50253—2014《输油管道工程设计规范》、GB 50183—2004《石油天然气工程设计防火规范》、GB 13348—2009《液体石油产品静电安全规程》、GB/T 8163—2018《输送流体用无缝钢管》及 GB 50540—2009《石油天然气站内工艺管道工程施工规范》等相关规定，同时还应注意以下问题：

（1）输油站内的管道应尽可能地上敷设以便于维检修，条件不允许时可采用埋地敷设，埋地管线应增加管墩并进行可靠防腐，埋地管线应在最低点设置腐蚀观察井或填沙处理等，以便定期进行管道检查，管线地上敷设时应考虑巡检及操作通道；

（2）输油站工艺流程应尽量简化，尽量减少多油品共用管线，减少管线上的支管、盲管，主要设备在满足需要的前提下应以少为宜；

（3）避免支管配管或安装不当引起的杂质沉积，输油站管道与主管连接处为水平或者斜下安装，管道内杂质积存严重，阀门开启后，杂质经常会造成阀门卡阻，无法复位，存在较大隐患，建议管道与主管连接方式采用在主管上部开孔、朝上安装方式；

（4）多条管线的管带，管线管底标高应一致，若管线需要变径时，应采用偏心异径大小头，以保持管底标高不变；

（5）取样系统的管线或设备与取样阀之间的管段应尽量短，取样点一般设置在低压部分，从管线侧面引出；

（6）泵的入口在水平管线上变径时，应选用偏心异径大小头，当管线从下向上水平进泵时，异径大小头应顶平偏心，当管线从上向下水平进泵时，异径大小头应底平偏心，成排布置的泵宜将泵端基础边线或泵端进出口对齐，并将泵的进出口阀门中心线对齐，双排布置的泵宜将两排泵的电机端对齐，在中间留有检查、操作及维修的通道，泵的进、出口管线应有足够的柔性，以减少管线作用在泵管嘴处的应力和力矩，应经应力分析校核进、出口管线的安装是否满足泵管嘴处的应力和力矩要求；

（7）清管器收、发筒的设置应根据所使用的清管器（包括内检测器）长度，留有足够的收发球作业空间；

（8）污油罐、泄压罐回注，应核实注入泵压力能否满足注入要求，避免由于注入泵压力不够导致回注作业无法实现；

（9）工艺设备及管线上所有需要操作、维护、检修的设施均应考虑操作平台，平台的设置方式、平台高度、距离维护、操作设备的间距等需充分考虑设备的实际操作方式和操作空间；

（10）管道进出站应设置切断阀，以便于进出站处高低压泄压系统、仪表等检修。

三 主要工艺设备安装设计基本要求

为确保输油生产过程中的安全性及设备稳定、可靠，在工艺设计中必须对设备的安装进行科学的设计。设备的安装应符合现行标准 GB 50231—2009《机械设备安装工程施工及验收通用规范》、GB 50461—2008《石油化工静设备安装工程施工验收通用规范》、GB 50093—2013《自动化仪表工程施工及质量验收规范》、SH/T 3538—2017《石油化工机器设备安装工程施工及验收通用规范》、SH/T 3542—2007《石油化工静设备安装工程施工技术规程》、SY/T 0403—2014《输油泵组安装技术规范》、SH/T 3104—2013《石油化工仪表安装设计规范》，同时应重点注意以下事项。

（1）要考虑设备整体布置。设备安装设计要符合经济、实用、安全、节约用地、环保、美观的原则，尽量按工艺流程布置，同一功能区域的设备适当集中布置。平面布置的防火间距应满足规范要求，符合安全生产和环境保护要求。

（2）要合理设计设备安装、检修和吊装位置。设备安装方向、高度在满足安装质量前提下，要便于接近观察，维修及操作，同时也要便于吊装机械的安装和运行。当设备重量、尺寸偏大时，则需要在接近运输主通道的位置上进行设备安装。

（3）工艺设备及管线上所有需要操作、维护、检修的设施均应考虑操作平台。平台的设置方式、平台高度、距离维护操作设备的间距等需充分考虑设备的实际操作方式和操作空间。重点注意储罐的泡沫发生器，应设置在盘梯附近，较大口径的过滤器设置固定吊装设施。

（4）设备安装支架设计。设备的支架对设备起到支撑和保护的作用，是设备安装的基础设施。在设计时，应考虑其外形、自重、应力要求等因素。一般建议 *DN*400 以上口径阀门加装支撑；储罐罐根阀考虑设计弹性支撑。

（5）设备的安装设计施工说明。在工艺设备安装设计时，必须考虑安装的顺序，吊装方案的选择等。因此，设备的安装设计施工说明是很必要的，为安装质量的控制提供依据。

（6）输油泵机组安装应注意：

①输油泵机组安装应符合设计规定及厂家技术要求；

②输油泵机组安装前基础应验收合格；

③输油泵机组安装施工中采用的检测设备和仪器，其精度等级应满足要求，并应在检定有效期内使用；

④输油泵机组安装过程中应对工程质量检验和记录，对于隐蔽工程，应在工程隐蔽前检验和记录，合格后方可继续安装。

（7）现场仪表安装应注意：

①现场仪表安装位置应便于观察，维修及操作，防爆和防护等级满足安装所处位置的防爆和防护要求；

②仪表过程连接的压力等级不应低于过程连接处的工艺管道或设备的压力等级；

③仪表导压管应尽量短，其材质和压力等级不应低于过程连接处的管道或设备的材质和压力等级；

④仪表支托架应固定在地面、构架或设备平台等牢固可靠之处，支托架应做防腐。

第八节　长输成品油管道线路设计及优化

长输成品油管道线路具有点多、线长、面广的特点，管道沿线环境复杂。管道线路设计应结合管道运输工艺要求，基于强度安全和距离安全的设计原则，最大限度节省能源、绕避自然风险、保护环境，为管道安全经济运行提供保障。

一　成品油管道选线原则

管道线路选择时，应充分考虑工程建设的目的、资源、市场分布，沿线城镇、交通、水利、矿产资源和环境敏感区的现状与规划，以及沿途地区的地形、地貌、地质、水文、气象、地震等自然条件，经过多因素综合分析、多方案技术、经济比较后，确定管道总体走向。

选线一般遵循以下原则：

（1）线路应力求顺直、平缓，尽可能使起点、终点或控制点间的距离为最短；

（2）线路应尽量减少与河流、湖泊、冲沟、山谷、沼泽等天然障碍和水库、铁路、公路、地下管道、电缆等人工障碍的交叉；

（3）线路选择应同穿跨越大中型河流、冲沟和中间站场位置的选择相结合，线路总走向确定以后，局部线路走向应服从中间站场和大中型穿跨越工程的位置；

（4）线路选择应考虑沿线动力、水源、材料供应等条件；

（5）线路选择应注意环境保护、生态平衡、节约土地，应考虑所经地区的城镇、工矿企业、农田基本建设、水利、交通等的现状和近期发展规划。

同时，选线不能与法律、法规相冲突。选线时应注意线路同居民点、地面建（构）筑物等要保持一定距离，根据现行标准 GB 50253—2014《输油管道工程设计规范》，成品油管道埋地管道同各种建（构）筑物的最小间距规定如下：

（1）与城镇居民点或重要公共建筑的距离不应小于 5m；

（2）与邻近飞机场、海（河）港码头、大中型水库和水工建（构）筑物敷设时，间距不宜小于 20m；

（3）与铁路并行敷设时，管道应敷设在铁路用地范围边线 3m 以外，且成品油管道距铁路线不应小于 25m，若受制于地形或其他条件限制不满足本条要求时，应征得铁路管理部门的同意；

（4）与公路并行敷设时，管道应敷设在公路用地范围边线以外，距用地边线不应小于 3m，若受制于地形或其他条件限制时，应征得公路管理部门的同意；

（5）与军工厂、军事设施、炸药库、国家重点文物保护设施的最小距离应同有关部门协商确定。

成品油管道选线还应考虑环境保护，按照《中华人民共和国环境保护法》及各单项环境保护专项法（水环境、海洋、森林、草原等）规定，避开各种具有代表性的自然生态系统区域、濒危野生动物分布区域、水源涵养区域、重要地质构造、自然人文遗迹等。管道选线也应遵守各省、市有关上述保护区域的法规、条例等相关规定。

二　阀室

为方便长输成品油管道的管理和抢维修，管道沿线间隔一段距离应设置线路截断阀室。阀室间距一般不超过 32km。对于高差变化大、山区地形复杂的地段，可根据实际情况酌情增加阀室数量。

阀室选址应符合国家现行法律、法规，结合沿线站场和敏感区域分布情况，本着"安全第一、环保优先"的原则合理设置。一般宜选在交通方便、地势平坦且较高的地方（符合防洪标准），避开不良地质区，如线路发生较大转弯或变坡的地点、湿陷性或湿陷量大的黄土地区、高地震烈度区等土体不稳定区。在水域大型工程穿跨越及饮用水水源保护区两端应设置线路截断阀室，在人口密集区管段或根据地形条件认为需要截断的，宜设置线路截断阀室。管道通过地震动峰值加速度大于或等于 0.40g 区段的大中城市、大型穿跨越工程两侧宜结合线路阀室分布情况设置截断阀室。阀室选址还应考虑安全距离的要求。阀室与架空电力线、通信线的距离应大于 1.5 倍杆高，与民房的距离不应小于 30m，若管道与铁路平行或交叉敷设，阀室与铁路间距应大于 200m。

线路阀室按照功能分为手动阀室、监控阀室、单向阀室。

1. 手动阀室

手动阀室需手动开关操作。一般设置在交通便利、地形简单、出现事故不致对沿线造成较大危害的地段。

2. 监控阀室

监控阀室采用自控设计，通过远程终端单元（RTU）实现阀门的远程控制及参数远传。大型穿跨越上游端、特殊地质灾害及危及管道安全的地震区和活动断裂带两端、通达性较差及危险影响大的事故易发地段应设置监控阀室。

3. 单向阀室

单向阀室只允许管道中介质正向流动，介质倒流时自动关闭。一般设置在河流大型穿越的管道下游和上坡处。

三　线路管材与焊接

管体设计步骤主要包括：管道选材、壁厚计算、强度设计与稳定性校核。工程设计过程中，合理选用钢管，使其满足工艺、安全、经济的各项要求，对成品油管道的后期运营十分重要。

1. 选材步骤

（1）钢管选择

成品油管道线路用钢应根据设计压力、温度和所输液体的物理、化学性质，经技术、经济比较后确定。钢管必须符合现场对管材强度、韧性和可焊性的基本要求。若管道内部输送介质和外部环境存在腐蚀性，还应考虑钢管的耐腐蚀性能。长输成品油管道均采用管线钢，材质为镇静钢，一般符合 GB/T 9711—2017《石油天然气工业　管线输送系统用钢管》或美国石油学会标准 API SPEC 5L—2018《管线钢管》的要求。

①管型。成品油管道一般可选用无缝钢管、直缝和螺旋缝焊钢管。小口径管道多采用无缝钢管或电弧焊、直缝焊钢管，大中口径管道多采用直缝焊、螺旋焊钢管。

②壁厚。钢管在服役时受设计输送压力（内力）P 的作用，输油管道壁厚由公式（2-24）决定：

$$\delta = \frac{PD}{2\Phi F \sigma_s} \tag{2-24}$$

式中　P——设计输送压力，MPa；

δ——钢管选用壁厚，m；

D——钢管外径，m；

Φ——焊缝系数，选用目前标准 GB/T 9711—2017《石油天然气工业　管线输送系统用钢管》的钢管，取 1.0；

F——设计系数，按 GB 50253—2014《输油管道工程设计规范》的规定选取，线路工程，*F* 值为 0.72；特殊地段，*F* 值为 0.6；穿跨越，*F* 值为 0.40~0.65；

σ_s——钢管屈服强度，MPa。

从公式中可以看出，在同一压力与直径下选用管材等级越高，管子壁厚越小，管道工程总的管材用量将减少。但对于穿跨越等管道，设计系数较低，若按最小壁厚要求来设计，可能无法找到匹配的高强度管材。因此设计时往往通过适当增加壁厚，以降低对强度的要求，从而选择合适的管材。

③管材。选用管材强度等级的决定性因素是设计压力、刚度及稳定性要求。如果输送压力低，选用高强度等级且管材刚度、稳定性符合要求的管材，管子壁厚势必会增加，经济性会降低，因此低压输送不宜采用高强度等级管材，高压输送不宜采用低强度管材。

④沿途自然条件。我国油气长输管道均通过管道的强度要求来保证管道自身及其周边安全，在人口和建筑物密集地段，应采用质量更有保证的钢管。

⑤经济因素。由于钢管投资比重受市场价格影响变化频繁，因此钢管选用时应注意价格问题。

整个管材的选择过程是一个择优的过程。管材除了满足管线的基本参数要求外，至少还应包括的约束条件有：所选择的壁厚在任何条件下，不得小于自由运输、装卸、安装等环节所需要的最小壁厚；通常钢管规格变化不超过 3 或 4 种，以免管理困难。

（2）管材强度和稳定性校核

对于选取的标准壁厚，还需要通过强度校核、稳定性校核等多种方式判断管道是否安全。强度校核不能通过时，应重新选取管道壁厚进行校核，通过后再进行稳定性校核。成品油管道的强度和稳定性校核计算应按照 GB 50253—2014《输油管道工程设计规范》、GB 50423—2015《油气输送管道穿越工程设计规范》的要求执行。

2. 钢管种类

我国在运营中或在建中的成品油输油管道多用碳素钢管，碳素钢管按其制造方法可分为无缝钢管和焊接钢管。

无缝钢管（SMLS）是通过冷拔（轧）或热轧制成的不带焊缝的钢管，成品油管道用无缝钢管都是热轧无缝钢管。焊接钢管是利用钢板经常温成型，然后在成型边缘进行焊接而制成的钢管。国内成品油长输管道，大部分采用焊接钢管，钢管类型主要有高频焊钢管（HFW）、螺旋缝焊钢管（SAWH）和直缝埋弧焊钢管（SAWL）等几种。各种钢管根据其制造工艺具体如表 2-5 所示。

表 2 −5 常用管道 HFW、SAWH、SAWL 对比

项 目		HFW	SAWH	SAWL
制管	原料形态	热轧钢卷	热轧钢卷	中厚板/热轧切板
	板宽	3.14D + 裕量	(0.8～3)D	3.14D + 裕量
	制管过程	连续	连续	非连续
	焊接方式	高频电阻焊/压焊	埋弧焊/熔焊	埋弧焊/熔焊
	焊接金属	无填充	填充	填充
	焊缝状态	热处理	焊态	焊态
	定径	全长定径	通常无定/扩径	全长扩径
	补焊	通常不允许	焊缝允许补焊	焊缝允许补焊
产品	化学成分	合金含量略高	合金含量略低	合金含量略低
	强度	真实反映承压能力	与环向应力呈一角度	真实反映承压能力
	韧性	良好	热影响区偏低	热影响区偏低
	尺寸精度	优	尚可	良好
	表面状态	优	良好	良好
	焊缝长度	L	1.047L～3.925L	L
	焊缝余高	0.5mm 以内	3mm 以内	3mm 以内
	残余应力	较小	较大	较小
使用	冷热弯管	可选	通常不用	优选
	涂层	便利	尚可	尚可
	环焊	便利	尚可	便利
	焊缝承压	实际环向应力	实际环向应力分量 + 切应力分量	实际环向应力
	流体力学	优	尚可	优
	外径范围	219.1～610mm	355.6～1219mm	508～1219mm
	常用最大壁厚	13.19mm	20.25mm	28.40mm
	最高钢级	L485	L555	L555
	供给能力	强	较弱	较强
	经济性	价格相当		略高

通常：长输管道选用何种形式的钢管，应根据钢管的特征、工作状况及使用环境而定；
弯管通常采用 SMLS、HFW 或 SAWL。

3. 钢材成分及性能要求

在钢材设计时，对钢管强度和成分提出限制条件，有利于控制管道环焊缝质量。不同钢级的钢管的力学性能符合表 2 − 6 的要求。环焊缝失效的主要是因为环焊接头的低强匹配、焊接热影响区软化和管道承受的外载荷。目前大多输油管道公司规定抗拉强度上限值

不超过140MPa，而一些国外公司为解决环焊接头的低强匹配问题，规定抗拉强度的上限值不应超过最小规定值100MPa或120MPa。焊缝热影响区软化的问题与成分控制有关。国外某管道公司在管道设计时，采用Yurioka的CEN碳当量计算公式，对碳与冶金元素之间相互作用影响及冷裂纹敏感性进行综合分析，规定了一个更小的钢管冶金成分范围，以此保证同一管道工程项目中钢管冶金成分保持一致性。

表2-6 钢管的力学性能要求

钢　级	管　体			焊接接头
	屈服强度（min~max）/MPa	抗拉强度（min~max）/MPa	最大屈强比	最小抗拉强度/MPa
L290	290~495	415~655	0.93	415
L360	360~530	460~760	0.93	460
L390	390~545	490~760	0.93	490
L415	415~565	520~760	0.93	520
L450	450~600	535~760	0.93	535
L485	485~635	570~760	0.93	570
L555	555~705	625~825	0.93	625

4. 现场焊接

线路设计时应对输油管道，管道附件的母材，焊接材料的规格、型号，焊缝及接头形式，焊接方法，焊接检验和验收合格标准提出明确要求。施工单位在开工前，应根据设计文件提出的钢管和管件材料等级、焊接工艺等进行评定，根据评定结果编制焊接工艺规程。世界上比较通行的长输线管道焊接标准是美国石油学会的API 1104—2013《管道及相关设施焊接标准》。国内焊接工艺规程和焊接工艺评定内容应符合现行标准GB/T 31032—2014《钢质管道焊接及验收》的相关规定，焊接材料应符合现行标准GB/T 5117—2012《非合金钢及细晶粒钢焊条》、GB/T 5118—2012《热强钢焊条》、GB/T 14957—1994《熔化焊用钢丝》、GB/T 8110—2008《气体保护电弧焊用碳钢、低合金钢焊丝》、GB/T 17493—2018《热强钢药芯焊丝》的有关规定。当选用未列入标准的焊接材料时，必须经焊接工艺试验评定合格后方可使用。

（1）焊接方法

①焊条电弧焊

焊条电弧焊是在高温条件下将焊条和工件融化，冷却后成为一体的焊接方法。根据焊接方向可分为向上焊和向下焊两种方式，按照选用的焊条类型，可分为低氢焊条向下焊、高纤维素焊条向下焊、低氢焊条向上焊、组合焊接四种方式。焊条电弧焊向上焊时管口组对间隙大，焊层厚度大，因此容易产生焊接缺陷；焊条电弧焊向下焊管口组对间隙小，焊接过程可采用大电流多层快速焊接，适用于流水作业，焊接效率高。

②半自动焊

半自动焊是利用半自动焊枪，按动开关将焊枪中的焊丝不断送出，与管道缝隙接触，在高温下融合的一种方法。由于在焊接过程中焊枪是连续送焊丝的，同时熔覆速度快，可减少焊接接头数量，提高了焊接效率和焊接合格率。

半自动焊接方法有纤维素型焊条手工向下根焊，自保护药芯焊丝半自动焊填充、盖面焊接。焊接熔覆效率高，全位置焊接成形好，环境适应能力强，因此被广泛采用。应用最普遍的是纤维素焊条打底，CO_2气体保护焊丝或自保护药芯进行填充和盖面。

③全自动焊

全自动焊是利用机械和电气的方法使整个焊接过程实现自动化的一种焊接方式。全自动焊接减少了人为因素对焊接质量的影响，减小了工人劳动强度，保证了焊接过程的安全。同时其具有焊接速度快、对焊工技术水平要求低、焊接材料成本较低等优点，但全自动气体保护焊设备造价高，维修困难。

自动焊技术主要有实芯焊丝气体保护焊和药芯焊丝自保护焊两种，应用于大口径、大壁厚管道的平原、微丘等地形较好的地段，不适用于成品油管道。

在现场实际中，也可采用多种焊接方式相组合。如采用气体保护半自动焊根焊或纤维素焊条电弧焊根焊，自动外焊机填充、盖面焊接。半自动焊是目前国内管道焊接最常用的方法，近几年自动焊技术不断发展，推广应用也越来越多。中俄主线基本采用自动焊。手工焊设备简单，操作方便，在小口径管道焊接中仍然被采用。

（2）焊接质量要求

焊缝坡口形式和尺寸的设计，应能保证焊接接头质量、填充金属少、焊件变形小、能顺利通过清管器和管道内检测仪等。对接焊缝接头可采用 V 形或其他合适形状的坡口。两个具有相等壁厚的管端，对接接头坡口尺寸应符合现行标准 GB 50369—2014《油气长输管道工程施工及验收规范》。设计文件中应对焊前预热、焊后热处理及焊接检验等提出明确要求。

焊件预热由材料性能、焊件厚度、焊接条件、气候和使用条件确定。当焊接两种具有不同预热要求的材料时，应以预热温度要求较高的材料为准。

不同材质之间的焊缝，当其中的一种材料要求消除应力时，该焊缝也应进行应力消除。相同材质焊缝，当壁厚超过 32mm 时，均应消除应力。当焊件为碳钢时，壁厚为 32 ~ 38mm，且焊缝所用最低预热温度为 95℃ 时，可不消除应力。若焊接接头所连接的两个部分厚度不同时，其焊缝残余应力的消除应根据较厚者确定；对于支管与汇管的连接或平焊法兰与钢管的连接，其应力的消除应分别根据汇管或钢管的壁厚确定。

设计时宜提出焊缝合理性的论证方法，严格要求焊缝质量检验步骤，即外观检验合格后，再进行无损检测。无损检测方式首选射线探伤和超声波探伤。无损检测应符合现行标准 GB/T 3323—2005《金属熔化焊焊接接头射线照相》和 SY/T 4109—2013《石油天然气钢质管道无损检测》的规定，Ⅱ级为合格；超声波探伤应符合现行标准 GB/T 11345—2013《焊缝无损检测　超声检测　技术、检测等级和评定》的规定，检验等级为 B 级，质量评定等级Ⅰ级为合格。

管道敷设方式可分为埋地敷设和架空敷设两种。埋地敷设可采用管沟敷设和土堤敷设。将管线裸露敷设于地面的方式只适用于临时管线。埋地敷设方式不影响农业耕作和地面人类活动，还可以保护管线，减少自然和人为的损坏，因此，长输管道应尽量采用埋地敷设方式。

1. 管沟敷设

（1）埋深要求

管道应埋设在农田正常耕作深度和冻土深度以下，且最小深度不应小于0.8m，管沟敷设如图2-3所示。随着机械化作业的普及，最小深度应适当加深。在岩石地段或在特殊情况下，在满足上述条件时，允许管顶覆土厚度适当减小，但应能防止管道受到机械损伤，保持管道稳定，必要时应采取相应的保护措施。

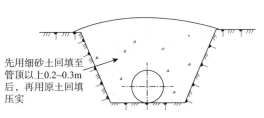

先用细砂土回填至管顶以上0.2~0.3m后，再用原土回填压实

图2-3　管沟敷设示意图

管道的最小埋深是根据地区级别、农田耕作深度、地面负荷对管道的强度和稳定性的影响等因素综合考虑决定。管道实际设计埋深根据地形、土质和管线弯头数量综合考虑确定。

当地形起伏较大，若采用统一埋深，必然增加弯头数量，增加管线焊口数量；而减少弯头数量，又会导致管线埋深增加，增加管沟开挖和回填土石方工程量。确定设计埋深就是在满足最小埋深的前提下，在弯头数量和土石方工程两者之间求得一个投资最小的工程量平衡。

（2）管沟

管沟截面形状和尺寸大小是根据地质条件、施工方法和管径大小决定。当管沟深度大于或等于5m时，应根据土壤类别及物理力学性质确定管沟宽度，当管沟深度小于5m时，管沟底宽按式（2-25）确定：

$$B = D_0 + b \tag{2-25}$$

式中　B——沟度宽度，m；

　　　D_0——管子外径，m；

　　　b——沟底加宽裕量，m（按表2-7确定）。

表 2-7 沟底加宽裕量

条件因素	沟上焊接				沟下焊条电弧焊焊接				沟下半自动焊接处管沟	沟下焊接弯管及碰口处管沟
	土质管沟		岩石、爆破管沟	热煨弯管、冷弯管处管沟	土质管沟		岩石			
	沟中有水	沟中无水			沟中有水	沟中无水				
沟深3m以下	0.7	0.5	0.9	1.5	1.0	0.8	0.9	1.6		2.0
沟深3~5m	0.9	0.7	1.1	1.5	1.2	1.0	1.1	1.6		2.0

管道的开挖深度应符合设计要求,管沟边坡坡度应根据土壤类别、物理力学性质(如黏聚力、内摩擦角、湿度、容重等)和管沟开挖深度确定。当无上述土壤的物理性质资料时,对土壤构造均匀、无地下水、水文地质条件良好、深度不大于 5m,且不加支撑的管沟,其边坡可按表 2-8 确定。深度超过 5m 的管沟,可将边坡放缓或采取支撑、阶梯式的开挖措施。

表 2-8 深度在5m以内的管沟允许边坡坡度

土壤名称	边坡坡度最陡边坡坡度		
	坡顶无载荷	沟下挖土坡顶有静载荷	坡顶有动载荷
中、粗砂、中密的砂土	1:1.00	1:1.25	1:1.50
亚砂土、含卵砾石土、中密的碎石类土(填充物为砂土)	1:0.75	1:1.00	1:1.25
粉土、硬塑的粉土	1:0.67	1:0.75	1:1.00
黏土、泥灰岩、白垩土及中密的碎石类土(填充物为黏性土)	1:0.50	1:0.67	1:0.75
硬塑的粉质黏土、黏土	1:0.33	1:0.50	1:0.67
老黄土	1:0.10	1:0.25	1:0.33
软土(经井点降水后)	1:1.00	—	—
硬质岩	1:0	1:0.1	1:0.2

注:静载荷系指堆土或料堆等;动荷载系指有机械挖土、吊管机和推土机作业。

(3) 管沟基础处理

一般土方地区,管沟底铲平夯实即可。在岩石地区,为了防止岩石棱角扎坏防腐层,需垫土或细砂 0.2m 厚。如遇管沟底为建筑垃圾等腐蚀性较强的填土地段,沟底基础需换土夯实。在自重湿陷性黄土地区的斜坡、陡坎地段,为了防止雨水渗入沟底造成沟底沉陷,需采用 2:8(体积比)灰土进行沟底基础处理。

(4) 管沟回填

管道下沟后,应保证与沟底相接触。管底至管顶以上 0.3m 范围内,回填土中不得有块石、碎石等,以免损伤防腐层。一般地段的管沟回填,应留有沉降余量,回填土高度宜高出地表为 0.3m,让其日后自然沉陷,避免沿管沟形成低畦地带而积水。输送管道出土端、进出站(阀室)和固定墩前后段,回填时应分层夯实,分层厚度不应大于 0.3m,夯实系数大于 0.9。当管沟纵坡较大时,应根据土壤性质,采取防止回填土下滑措施。在沼泽、水网（含水田）地区的管道，当覆土层不足以克服管子浮力时，应采取稳管措施。

2. 土堤敷设

土堤埋设的管道如图 2-4 所示，其管顶高于地面标高，而管底与地面标高相同或高于地面标高，也可以低于地面标高，在管道周围覆土，形成土堤。土堤埋设一般适用于地下水位较高，土壤很湿和沼泽地区。在岩石地区，如取土不受

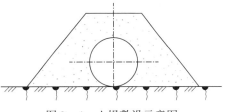

图 2-4　土堤敷设示意图

限制也可采用土堤埋设。因修筑土堤需要大量土方，如需从远处运土，或因取土会破坏地貌和天然排水系统，影响农业耕作和交通时，则不宜采用土堤埋设。

当长输管道采用土堤埋设时，土堤高度和顶部宽度，应根据地形、工程地质、水文地质、土壤类别及性质确定。管道在土堤中的径向覆土厚度不应小于 1.0m，土堤顶最小宽度不应小于 1.0m。土堤边坡坡度应根据当地自然条件、填土类别和土堤高度确定。对黏性土土堤，堤高小于 2.0m 时，土堤边坡坡度可采用 1:0.75~1:1；堤高为 2~5m 时，可采用 1:1.25~1:1.5。土堤受水浸淹部分的边坡，宜采用 1:2 的坡度。位于斜坡上的土堤，应进行稳定性计算。当自然地面坡度大于 20% 时，应采取防止填土沿坡面滑动的措施。当土堤阻碍地表水或地下水泄流时，应设置泄水设施。泄水能力根据地形和汇水量按防洪标准重现期为 25 年一遇的洪水量设计，并应采取防止水流对土堤冲刷的措施。土堤的回填土，其透水性能宜相近。沿土堤基底表面的植被应清除干净。

3. 架空敷设

架空敷设的管架高度应根据使用要求确定，一般以不妨碍交通，便于检修为原则，通常管底至地面净空高度应符合表 2-9 的规定。

表 2-9　管道架设高度

类　别	净空高度/m
人行道路	≥2.2
公路	≥5.5
铁路	≥6.0
电气化铁路	≥11.0
荒山	0.2~0.3

4. 管道特殊敷设方式

对于管道的稳定和应力可能产生不利影响的特殊地质条件地段，如软土和沼泽地区、湿陷性黄土地区、膨胀土地区、冻土地区、滑坡区、高烈度地震区、沙漠、强盐渍土以及采矿区等，在管道敷设设计时应根据其特性，采取相应的措施。

（1）在软土和沼泽地区敷设管道必须重视地基的变形和管道的稳定问题。若软土和沼

泽土的厚度不大，管道敷设于软土层以下的持力层为宜；若含水量很大且易液化的软土，敷设时应考虑加压重块或锚栓措施，防止管道上浮。

（2）在湿陷性黄土地区敷设管道一般采取下列措施：①在湿陷等级较高区，可采用夯实沟底表层土壤或采用土垫层，分层夯实，以增加土的密度；②做好地表排水；③位于沟边或地面坡度较陡地段的管沟应修筑保护坡工程；④根据湿陷等级和荷载大小，采取重锤或换填分层夯实并采取防水和结构措施。

（3）膨胀土地区的管道设计可采用地上低架敷设和埋地敷设。在中强或强膨胀土层出露较浅的地段，可采用非膨胀性的黏性土、砂、碎石等置换膨胀土，以减少管沟地基的膨胀变形量，满足管道敷设的承载要求。置换土层的厚度一般不应小于管道宽度1~1.2倍，且不应小于30cm。

（4）在冻土地段的埋地管道一般应敷设在冻层以下，并对管道采取保温措施，以减少输油管道的热量的损失。管道应尽量采用弹性敷设，以避免因管道位移而导致裂断。

（5）在滑坡地区敷设管道应采取两方面的措施：①滑坡治理，从外部环境上解除滑坡对管道的威胁；②提高管道的强度。

（6）在基本烈度七度及以上地震区敷设管道应进行管道抗震设计，满足以下基本要求：①选择对抗震有利的场地和地基；②全面规划，避免地震时发生次生灾害；③选择技术上先进，经济上合理的抗震方案和抗震措施。

（7）在风沙地区敷设管道面临的沙害主要是沙埋和风蚀，其敷设要求如下：①线路应尽量避开严重流沙地段，尽量敷设在固定、半固定的沙地；②线路宜顺应自然地形，尽可能从沙丘运动速度较小及沙丘起伏度不大的地段通过；③线路走向尽量与主导风向平行，减少地面设施被沙埋的可能性；④尽量靠近防风材料产地和水源；⑤管道宜采取埋地敷设，一般应将管子埋在沙丘间凹坑下1.5~2m。

（8）采矿区上部岩层失去支撑，易导致地表变形下沉。采矿区的管道敷设应考虑以下方面：①管道应尽可能绕避采空区；②敷设在采空区内的管道，应验算管道强度，必要时增加管道的壁厚；③尽量采用弹性敷设方式改变管道走向，减少热煨弯管使用，以增加管道柔性，不宜采用变径管，不宜设三通、阀门或固定墩等；④在采矿区边缘处或采矿区内的断层位置，应重点防护，采取增加管道柔性的综合措施，避免设置约束管道轴向应变的管件、附属设施等；⑤采用宽浅管沟敷设，松散土质回填，但埋深应大于1.0m，小回填采用50%泡沫碎屑和50%无黏性中粗砂混合回填，以减小土壤对管道的约束；⑥适量的水工保护设施，确保采矿区管段不产生大面积积水。

5. 穿跨越敷设

敷设长距离成品油管道遇到河流、冲沟、湖泊、沼泽、公路、铁路等自然和人为障碍且不可绕行或绕行方案在经济上不合理时，管道可采取地下敷设穿过的方式（挖沟法穿越、水平定向钻穿越、隧道法穿越），或从障碍物的上方架设通过的方式（桁架式跨越、拱桥跨越、悬索跨越和斜拉索跨越）。穿越工程的工程量小，施工容易，工期短，投资少，便于维护管理，特别是同公路、铁路、电缆、管道等构筑物交叉时，宜尽量采用穿越。

（1）穿越敷设

我国管道穿越施工技术发展至今已取得了一系列的技术突破。2017～2018 年，由华元机电工程有限公司建设的香港国际机场的三条航油管道定向钻穿越，管道水平穿越长达5200m、管径 508mm、最深处在海平面以下约 130m，是世界上最长、施工条件最苛刻、地质结构最复杂的海底管道穿越工程。2019 年 5 月由中国石化设计、建设的定向钻穿越湛江市通明海峡管道，穿越总长度 4071m，管径 508mm，创造了我国大陆海底成品油管道定向钻穿越长度之最。

当管道穿越公（铁）路时，管道轴线宜垂直于道路轴线。若需斜穿时，交角不应小于60°，受地形、地物限制的特殊地段，管道与铁路斜交角不宜小于 45°，与公路斜交角不应小于 30°。交叉位置应选择在道路区间路堤的支线段，尽量避开石方区、高填方区、路堑、道路两侧为同坡向的陡坡地段，不应在铁路编组站、大型客站、道路的隧道下、桥涵、道口等建筑物下穿越。在穿越电气化铁路时，穿越点不得选在道岔和辙叉下面，以及回流电缆与钢轨连接处。如遇特殊情况需要交叉时，对管道和道路及其设备采取防护措施。

当管道穿越水域时，穿越工程应获得设计所必需的水文资料。穿越水域上、下游建有对工程有影响的水库时，应取得通过水库防洪调度后的设防洪水及冲淤资料。位于库区的工程，还应取得库岸再造影响范围的资料。选择的穿越位置应符合线路总体走向，应避开水源保护区。对于大、中型穿越工程，线路局部走向应按所选穿越位置进行调整，并应符合下列要求：穿越位置宜选在岸坡稳定地段，若需在岸坡不稳定地段穿越，则应对岸坡作护岸、护坡整治加固工程；穿越位置不宜选择在全新世活动断裂带及影响范围内；穿越宜与水域轴线正交通过，若需斜交时，交角不宜小于 60°，采用定向钻穿越时，不宜小于30°。对于季节性河流或无资料的河流，水面宽度可按不含滩地的主河槽宽度选取；对于游荡性河流，水面宽度应按深泓线摆范围选取，若无资料，宜按两岸大堤间宽度选取；若采用挖沟法穿越，当施工期水流流速大于 2m/s 时，中小型工程等级可提高一级；有特殊要求的工程，可提高工程等级。

水域穿越管段与港口、码头、水下建筑物之间的距离，当采用挖沟法穿越时不宜小于200m，当采用定向钻穿越、隧道穿越时不宜小于 100m。当采用水平定向钻或隧道穿越河流堤坝时，应根据不同的地质条件采取措施控制堤坝和地面的沉陷，防止穿越管道处发生管涌，不应危及堤坝的安全。水平定向钻入土点、出土点及隧道竖井边缘距大堤坡脚的距离不宜小于 50m。穿越通航的水域，管段的埋深应避免船锚或疏浚机具对管道的损伤，两岸应按现行国家标准的有关规定设置标志。当穿越管段区域河道内对河床的形态及地质条件产生影响的挖砂、采矿活动时，管道的穿越长度、埋设深度应位于影响范围以外，并应采取必要的防护措施。通过饮用水源二级保护区的水域大型穿越工程，输油管道在两岸应设置截断阀室。截断阀室应设置在便于靠近、不被设计洪水淹没处。挖沟法穿越管段，不应在设计洪水位浸淹范围内设置锚固墩。地震时易发生土壤液化的开挖法穿越管段，不宜将穿越管段沟埋在液化层内。确需埋入液化地层内时，应采取换土、软体排、土工布袋压载措施，不宜采用混凝土马鞍型压重块稳管。穿越沼泽地区，应根据不同的沼泽类别采用支架法、换土法、砂桩加固法、填石法、顶压法或筑堤法敷设穿越管段。

山岭隧道与铁路隧道、公路隧道交叉时，竖向净间距不宜小于30m，与此同时，山岭隧道的高程应满足输送工艺要求。管道穿越泥石流沟时，管道应在泥石流堆积区稳定层内深埋，管顶埋深不应小于1.0m，并在管道上方设置排洪构筑物。选择冲沟穿越位置时，应避开可能发生滑坡、崩塌的地段。穿越湿陷性黄土冲沟，应综合设计沟顶的截水、排水、导水工程，坡面的防护工程，沟底的稳管及防冲蚀工程，导水沟宜将水导入天然泄水沟中。采用开挖斜巷方式穿越高陡边坡时，洞身应进行回填，洞口应做防水处理。开挖穿越深而陡的黄土冲沟，应结合边坡不可恢复原状的特点，对所形成的新断面做水工保护及水土保持工程设计。管道不宜从土层未固结稳定的淤土坝上游穿越，当确需穿越时，应对土层厚度、固结程度、地质条件作岩土评价，并应采取安全措施。符合工程条件的山岭、冲沟可采用定向钻法或顶管法隧道方式穿越。管道不宜在狭窄冲沟内顺沟敷设。如受条件限制难以避开时，应进行专项水文调查研究，查明设计冲刷深度及冲沟稳定性，作为穿越工程设计的依据。

不同的穿越类型，其设计时的强度系数是不同的，具体如表2－10所示。

表2－10　管道穿越强度设计系数

穿越管段类型	输油管道
Ⅲ、Ⅳ级公路有套管穿越	0.72
Ⅲ、Ⅳ级公路无套管穿越	0.60
Ⅰ、Ⅱ级公路、高速公路、铁路有套管或涵洞穿越	0.60
长、中长山岭隧道、多管敷设的短山岭隧道	0.60
水域小型穿越、短山岭隧道	0.72
水域大、中型穿越	0.50
冲沟穿越	0.60

成品油管道穿越的方法有开挖和非开挖两种，以及上述两种方法的混合敷设方法。不同方法都各有优缺点，每个工程应根据穿越水域场地的水文、工程地质、地形地貌、航道、堤防、施工场地条件和技术经济比较确定。穿越常用方法有：挖沟法穿越、水平定向钻穿越、隧道法穿越（基岩钻爆法隧道、顶管法隧道和盾构法隧道）。

①挖沟法穿越

挖沟法穿越如图2－5所示，是利用挖泥船、长臂挖掘机、拉铲、气举、导流或围堰方式开挖水下管沟，将管道置于河床冲淤变化稳定层下一定深度，是一种应用广泛和施工技术成熟的过江方式。在实际施工中，这几种施工方案常常结合采用。大型挖沟法穿越几乎适用于各种地层条件的穿越。

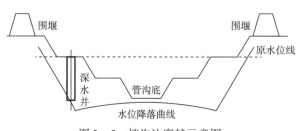

图2－5　挖沟法穿越示意图

挖沟法穿越水域的位置，除结合线路走向外，应选择岸坡稳定、水流冲淤变化幅度不大、不影响有关水域的规划实施、地震断裂活动影响较小且施工条件较好的地段。挖沟法穿越管段的最小埋深，应根据工程等级和相应设计洪水冲刷深度或疏浚要求确定。当河流深泓线反复摆动时，穿越管段在深泓线摆动范围内埋深均应满足设计冲刷深度或疏浚深度要求。

②水平定向钻穿越

水平定向钻作为非开挖的一种施工工法，已在管道穿越中得到了广泛应用。其施工示意图如图2-6所示。定向钻一般施工工艺为：根据设计提出的入土、出土点坐标和管线设计轨迹，用定向钻钻导向孔（特殊地层还需逐节加入套管）；钻杆在对岸出土后，连接扩孔器，扩孔器大小及扩孔级数根据穿越管段直径和地层确定。同时，管道在出土岸进行分段或整体组装，检验、试压和防腐合格后接上拖管头利用钻机拉动扩孔器和穿越管段回拖，直至穿越管道完全敷设于扩大的孔内，拖管头在钻杆入土处露出。

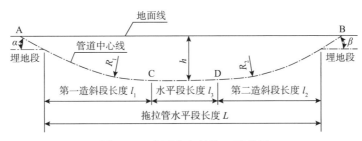

图2-6　水平定向钻施工示意图

穿越断面应选择在水域形态稳定的地段，两侧场地应满足布设钻机、泥浆池、材料堆放和管道组焊的要求。采用弹性敷设时，穿越管段曲率半径不宜小于1500倍钢管外径，且不应小于1200倍钢管外径。水平定向钻敷设穿越管段的入土角宜为6°～20°，出土角宜为4°～12°，应根据地质条件、穿越管径、穿越长度、管段埋深和弹性敷设条件确定。在水平定向钻穿越的管段上，除管端封头外不应有任何附件焊接或附加于管体上。若需在水域两侧设止水环，可在回拖完成后在穿越管段两端设置，并应保持防腐层的完整。定向钻不宜在卵石层、松散状砂土或粗砂层、砾石层与破碎岩石层穿越。当出入土管段穿过一定厚度的卵石、砾石层时，宜选择采取套管隔离、注浆固结、开挖换填措施处理。

③钻爆法隧道穿越

钻爆法隧道分为山岭钻爆法隧道和水域钻爆法隧道。对于水域和山体相连的地形条件需要采用隧道穿越时，宜连续穿越。穿越是采用人工钻眼爆破的方法，在水下的岩石层开凿出一条通过水域的隧道，然后在隧道中敷设管道。其优点为施工期间不影响通航，可一隧多用，工程费用较低，穿越长度不受限制，无须专门机械，可选择的施工队伍较多等；其缺点为施工周期较长，施工条件差，施工风险性较高等。

山岭钻爆法隧道的隧道平面设计宜采用直线型，根据管线路由、管道补偿要求和进洞、出洞口的位置，也可采用折线型，折线处转角、曲率半径应满足施工布管要求。隧道纵断面设计根据进洞口、出洞口高程差和工程质地条件，可采用单一坡、人字坡和折线坡，纵向坡度不宜大于15%，不应小于0.3%，折线段坡度不宜大于25%。隧道洞口工程的设计应符合下列要求：洞口宜与坡面正交，当采取斜交时，洞口覆盖层不宜小于5m，其边、仰坡宜采取喷锚加固、网锚加固或其他加固措施；当洞口处有坍方、落石、泥石流时，应采取清刷、延伸洞口、设置明洞或支挡构筑物措施；隧道洞口边坡、仰坡根据洞门结构形式设计，采取加固防护措施，宜采用绿化护坡；隧道洞口应设洞门封堵。

符合下列条件的水域穿越可采用钻爆法隧道设计方案：地表下岩层分布较浅；穿越岩石质量指标值不宜小于50；节理裂隙不发育、断层破碎带较少；水下段主体围岩级分为Ⅰ～Ⅳ级。根据两岸洞口处地形、地质条件，隧道纵断面设计可采用竖井与平巷结合、斜巷与平巷结合及单侧竖井、单侧斜巷与平巷相结合的不同型式；平巷段宜采用人字坡，坡比不宜小于0.5%，斜巷与平巷结合段应设马头门，马头门尺寸应满足管道施工要求。

随着地质勘察、地质超前预报、超前探水、预注浆防水、光面爆破等技术的不断发展，钻爆法在江河穿越中逐渐得到广泛应用。该方法适用于基岩层埋藏较浅、透水性较差、地质构造简单、完整性较好的河流穿越。水防治是钻爆法隧道穿越河流的工程难点，水防治措施的及时与否，直接影响施工安全和工程成败。常用的水防治措施有：留设隔水岩柱"隔水"、超前钻孔"探水"、水泥－水玻璃双液注液浆"堵水"、控制爆破作业"防水"、完善的排水系统"排水"等。

④顶管法隧道穿越

顶管穿越是借助主顶油缸的推力将工具管或顶管掘进机从工作坑内穿过土层一直顶进接受坑内，将套管埋于地下的过程。近几十年来随着液压技术的进展、大型千斤顶的采用以及社会发展需要而日益受到重视，并迅速得到推广。其优点为施工周期较短，机械化程度较高，不受季节影响，安全性较好等；缺点为施工投资较高，穿越长度较长时方向难以控制，对环境影响较大等。主要适应于长输油气管道高速公路穿越和国道穿越。

顶管施工主要原理是利用切削刀盘切割和破碎土体，同时通过泥浆循环平衡外面水压、润滑工作面以及排除切割和破碎后的土体，再利用工作井内的液压千斤顶将钢筋混凝土套管或钢管逐根顶入，使之在江底下一定深度形成稳定洞室。顶管工作面一般包括工作井（顶进设施位于该井内）、顶管平巷（部分工程还需加中继间）、接受井（回收刀头）。

顶管法隧道纵断面布置应符合下列要求：隧道的坡度根据顶管机的性能确定，且不应小于0.3%，宜从低端始发；隧道曲线顶进曲率半径不应小于1000倍油气管道外径，且不应小于300m；防洪堤脚下隧道埋深不宜小于3倍隧道外径，并应避开堤防基础及其他构筑物及其影响，按要求对大堤进行沉降观测并控制沉降量；隧道进、出洞应避开强透水层，当不能避开时，应作地层改良；隧道穿越地层宜避开软、硬频繁变化的地层交易层位；隧道不宜长距离在卵、砾石地层穿越，应避开岩溶发育地层。

⑤盾构法隧道穿越

盾构法是以盾构机械在地面以下暗挖隧道的一种施工方法。盾构法适用的地质条件较广，其盾构隧道穿越一般采用"始发井—隧道—接收井"的布置方式。始发井及接收井的井深较大，一般采用沉井维护结构。常用的盾构隧道穿越的直径有2440mm和3080mm两种。

盾构法隧道的基本原理是用一件有形的钢质组件沿隧道设计轴线开挖土体而向前推

进，并用环片拼装成洞室，这个钢质组件被称为盾构。首先，盾构机选型要正确（如泥水平衡式、土压平衡式等），要适合穿越场地的工程地质和水文地质条件；二是地层结构适宜。该方法适宜地层比顶管法和定向钻要宽。盾构法优点：盾构隧道适用于沙质、土质或岩石等多种地层穿越，适用地层范围广、施工技术先进、机械化程度高、施工不受季节影响，风险较低。一般适宜于长隧道施工。周围环境不受盾构施工干扰。对河道通航没有影响。盾构法缺点：盾构机械造价较昂贵，工程造价高，盾构法隧道单位造价在以上方案中最高；盾构机从制造、搬运、组装到工作井、接收井建造、开始掘进需要较长的周期，施工工期较长；对施工技术和管理水平要求较高。

盾构隧道纵断面布置应符合下列要求：隧道的坡度不宜超过 5%，且不应小于 0.3%；曲线顶进曲率半径不小于 1000 倍输送管道外径，且不应小于 1000m；防洪堤脚下部隧道埋深不宜小于 3 倍隧道外径，并应避开堤防基础及其他构筑物及其影响，按要求对大堤进行沉降观测并控制沉降量；盾构机进洞、出洞宜避开强透水层，当不能避开时，应做地层改良或其他防涌水措施；隧道穿越宜避开软、硬频繁变化的地层交界层位；隧道不宜长距离在卵石地层中穿越，并应避开岩溶发育地层。

（2）跨越敷设

跨越主体结构的设计安全等级不应低于现行标准 GB 50068—2018《建筑结构可靠度设计统一标准》规定的二级。管道跨越位置的选择应符合下述十项规定：一是应处理好与管道线路工程的衔接，以及与铁路、公路、河流、电力、城市及水利规划等的相互关系；二是应符合线路总体走向，线路局部走向可根据跨越位置进行调整；三是应避开地面或地下已有重要设施的地段；四是宜避开环境敏感区、文物保护区、机场净空区；五是宜避开冲沟沟头发育地段、活动地震断裂带、滑坡、泥石流、岩溶，以及其他不良地质发育的地段；六是宜避开河道经常疏浚加深、岸蚀严重或侵滩冲淤变化强烈地段；七是宜选择在河流较窄，两岸有山嘴或高地、侧向冲刷及侵蚀较小并有良好稳定地层的地段，当河流有弯曲时，宜选择在弯道的上游平直河段；八是宜选在闸坝上游或其他水工构筑物影响区之外；九是附近宜有一定的施工安装场地及较方便的交通运输条件；十是跨越位置和方案应满足管道工程的相关评估报告的要求。与此同时，跨越管段与埋地管道相连接时，应符合下述规定：一是跨越管段的管径应与埋地管道的管径匹配，所用弯管的曲率半径应符合清管设备通过的要求；二是大型管道跨越工程宜在两端设置截断阀；三是跨越管段与埋地管道在入土连接点处加绝缘接头时，应符合标准 SY/T 0086—2012《阴极保护管道的电绝缘标准》的有关规定；四是跨越管道与线路段管道连接点宜在跨越管道入土点的支墩或者锚固墩外 10m 处；五是应采取防止埋地管道和跨越管道间相互影响的措施。

管道跨越工程划分为甲类和乙类。甲类应为通航河流、电气化铁路和高速公路跨越；乙类应为非通航河流及其他障碍跨越，其工程等级如表 2-11 所示。

表 2 - 11　管道跨越工程等级

工程等级	总跨长度 L_1/m	主跨长度 L_2/m
大型	≥300	≥150
中型	100≤L_1≤300	50≤L_2≤150
小型	<100	<50

在基本地震动峰值小于等于 0.40g 地区，跨越管道强度设计系数应符合表 2 - 12 的要求；在基本地震动峰值加速度大于 0.40g 时，应进行专题设计。

管道跨越方式有桁架式、拱桥跨越、悬索跨越、斜拉索跨越四种，具体采用何种跨越形式与管道工艺、跨度大小、场地地形和两岸基础埋深、风速、航运、投资和维护管理水平等有关。跨越位置的选择根据河流形态、岸坡及河床的水文、地形、地质并结合水利、航运、交通和施工条件等情况进行综合分析和技术经济比较确定。

表 2 - 12　跨越工程的管道强度设计系数

工程分类	工程等级	输油管道
甲　类	大型	0.40
	中型	0.50
	小型	0.55
乙　类	大型	0.50
	中型	0.60
	小型	0.65

①桁架式管桥跨越

桁架式管桥是长输油气管道常用的跨越河流方式之一，如图 2 - 7 所示。通常采用三角形的空间钢结构跨越河流，然后将管道敷设在钢结构之上。其优点是整体钢度大、稳定性较好，技术比较成熟，在国内的设计、施工中得到了广泛运用。但该跨越方式耗钢量较大，需要在河床中布设支撑桁架的支墩，容易受到河水的冲击，影响河道的排洪。

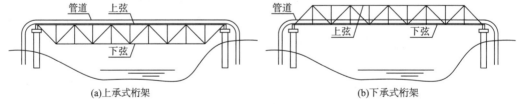

(a)上承式桁架　　　　　　　　　　　(b)下承式桁架

图 2 - 7　桁架式管桥示意图

桁架跨越方式一般适用于跨度较小的河流跨越，跨度一般小于 90m。国内典型管道桁架跨越工程为西气东输黄河跨越工程，位于宁夏回族自治区中卫市境内沙坡头附近，桁架结构高 6m，单跨长为 85m，采用连续跨越的方式通过黄河，总跨越长为 540m。

②拱桥跨越

拱桥跨越是将管道本身做成圆弧形或抛物线形拱，将两端放于受推力的基座上，管道从梁式跨越的受弯变成拱形的受压，使管材能得到较充分的利用。该方式具有受力合理、美观、节省材料、便于施工等优点，适用于 80～100m 之间的中等跨度的河流跨越，当多条管道需要同时敷设时，拱桥跨越方式的经济效果更为明显。中石化川气东送天然气管道后巴河流跨越工程采用了多条管道同时跨越的方式，跨越长度为 77m。

　　③悬索管桥跨越

　　悬索管桥是将作为主要承载结构的主缆索挂于塔架上，呈悬链线形，通过塔顶在两岸锚固，如图 2－8 所示。其优点是管道不承受轴向力和水平作用力，受力状态良好；但由于悬索管桥在水平方向刚度较小，当跨度较大时，需考虑设置抗风索、减震器等，以减小或防止管桥在风力作用下发生振动，悬索管桥适用于大口径管道跨越大型或特大型河流、深谷，该跨越方式对施工机械和施工队伍要求较高，投资较高，施工周期较长。

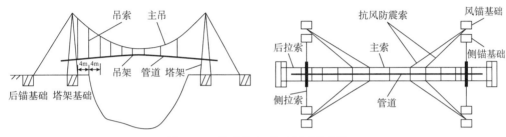

图 2－8　悬索跨立面、平面示意图

　　由于悬索管桥在水平方向刚度较小，当跨度较大时，需考虑设置抗风索、减震器等，以防止管桥在风力作用下发生震动。一般适用于跨度较大的河流跨越。国内中石油忠武线和中石化川气东送天然气管道在湖北省境内多次采用悬索跨越方式跨越河流，跨度最大的是中石化川气东送野三河悬索桥，全长 332m。

　　④斜拉索管桥跨越

　　斜拉索管桥是利用钢索通过桥塔支撑斜向拉着管桥的一种结构形式，如图 2－9 所示，一般对称布置，缆索作用产生的水平方面的压力由管子承担，不需要巨大的锚固基础，利用管道自重平衡拉索的拉力，因而不需要主索锚定，减少了基础混凝土用量，适用于各种管径的大型跨越工程。

　　中缅天然气管道在贵州省晴隆县与关岭县交界处采用斜拉索跨越方式通过北盘江，跨越

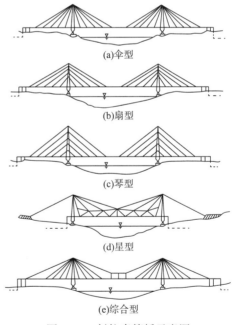

(a)伞型

(b)扇型

(c)琴型

(d)星型

(e)综合型

图 2－9　斜拉索管桥示意图

长度为 230m，桥梁建成后，直径 1016mm 的天然气管道、直径 610mm 的原油管道和直径 355.6mm 成品油管道同时从桥面并行通过。该工程已于 2013 年 3 月 8 日完工，是国内首座三管同桥的斜拉索跨越桥梁。

自 GB 32167—2015《油气输送管道完整性管理规范》颁布后，成品油管道开始实行从管道线路设计、施工、运营到报废过程的全生命周期管理模式。管道线路设计是完整性管理的初始阶段，在设计时融入完整性管理理念，是做好源头风险预防的基础。但设计往往侧重于对新建或改扩建管道的本体工程设计，欠缺对管道周边社会、地理环境变化以及管道后期运行维护管理的要求，可能导致建成管道监检测及防护设施缺项、漏项，甚至不符合国家规范和企业管理要求。

1. 管材选型方面

（1）管道强度设计系数选用

管道材料的选择是管道设计的基础，如何兼顾经济性和安全性，选取合适的强度设计系数，是值得设计者思考的问题。

国内 GB 50253—2014《输油管道工程设计规范》规定输油站外一般地段管道设计系数为 0.72，加拿大 CSA Z662—2015《油气管道系统》、ISO 13623—2008《石油、石化与天然气工业》的设计系数取值更高。在保证管道安全性的前提下，适当提高设计系数，可以减少管道壁厚和钢材用量，降低管道建设费用。但世界各国管道设计标准体系相差较大，无法配套使用和互换。而且长输管道线路长，途经地形地区情况复杂，穿过大量人口密集型高后果区，管道末端又距离消费地较近，若普遍采用高设计系数，对公共安全存在不利影响。如人口稠密地区设计系数一般取 0.6。

（2）基于应力/应变的设计选择

常规管道设计普遍基于应力设计，然而对于沿线地形地貌、气候条件多样的工艺复杂管道，应力设计无法衡量管道在持续承受内外部荷载变化时发生疲劳破坏的可能性。不能完全满足通过地震、滑坡、地面塌陷以及泥石流等地质灾害区域的管材选型。

研究表明，地震和地质灾害多发区，管道将承受较大的位移及应变，管道的失效不再由应力控制，而是由应变控制，管道从脆性断裂（宏观断口以结晶状为主）变为延性断裂（宏观断口以剪切状为主）。地震和地质灾害（内压）引起的塑性膨胀等非正常载荷引起的屈曲、伸长、挤毁等问题必须引起重视。

对于特殊地质地形的管道，设计时应当判断是否采用抗大变形的特殊管材。通过基于应变的管道设计方法，对管道通过活动断层、地震及活动断裂专项评估提供的相关参数进行计算分析，通过优化管道壁厚、与断层的夹角、埋地管道的土壤约束等参数，反复优化计算每处活动断层的管道可能发生的最大应变量，从而对抗大变形钢管、焊接等提出技术参数和要求。近年来，管线钢生产厂家也在开发抗大变形的管线钢，常见的有 HOP-HIPP-ER（贝氏体 + 马氏体）；TOUGH-ACE（铁素体 + 贝氏体）、NK-Hiper、TRIP 钢等。

2. 管道焊接方面

据文献报道，2008 年以来发生的 9 起油气管道典型环焊缝失效案例中，连头口和弯头连接口返修焊缝失效高达 78%，这些焊缝多从根焊缺陷处起裂，焊缝成形差，根焊超高、超宽现象较严重。检测合格的焊口也未必安全，典型案例中有 1 起 X52 环焊缝失效事故，焊口原始底片为 Ⅱ 级，但投产过程中仍然从焊缝根部焊趾处开裂。在变壁厚接头中，焊缝内表面成型不圆滑时，焊趾位置的应力集中现象更为严重。

根焊缺陷可通过设计安全的坡口或规定合理的焊接施工顺序来解决。在坡口设计方面，可以采用特殊的焊接坡口来实现变壁厚钢管的等壁厚或等内径对接焊。在施工顺序方面，可采用预制钢管短接的方法，并在钢管内部对焊趾位置增加补焊焊缝，保证焊缝内表面成型圆滑，再在工艺管道或线路管道上进行钢管短接与直管的等壁厚对接焊。同时，射线检测可以采用两次拍片法，第一次按厚壁侧钢管的壁厚设置曝光参数，第二次按薄壁侧钢管的壁厚设置曝光参数。

返修焊接时，应明确规定返修焊接工艺规程，由具备资质的焊工完成，返修全过程应有旁站监督、过程受控。其次，需要注意检查、确认焊接缺陷完全去除，预热温度和预热位置正确，返修长度不能过短或过长，焊接材料不能使用酸性焊条或自保护药芯焊丝，焊接方向和焊接电流正确。最后，返修完成的焊缝需采用原无损检测工艺确认。

连头焊接时，连头地点或连头位置应放在平直段、等壁厚焊口，两侧未回填管道长度必须足够。管工应保证连头焊口的组对质量。连头焊接应按照连头工艺规程进行，根焊一般采用向上焊，并且最好在环境温度下降前完成根焊缝的焊接。

3. 防腐层和阴极保护设计方面

（1）防腐层的材料和结构选择

多数情况下，线路管段多采用普通级防腐层保护，若防腐层的抗冲击强度、抗机械损伤等物理性能较差，会导致防腐层返修率高，影响管道整体防腐效果。并且，焊口处和防腐层损伤处的防腐材料因操作性能差，修复质量过分依赖现场操作人员的个人素质和责任心，焊口等重点部位的防腐质量得不到保障，容易形成腐蚀隐患。

为此，管道防腐层设计中要针对不同的埋设环境、腐蚀风险、土壤性质、敷设方式、输送介质等对防腐层进行针对性选型。当管道经过海洋、冻土等区域时，应优化防腐层选型，使用加强级防腐层。当被保护管道与其他管道交叉时，特别是焊缝距离较近时，GB/T 21447—2018《钢质管道外腐蚀控制规范》规定交叉两侧各 10m 范围内采用加强级防腐层显得防护不足，可适当增加使用加强级防腐层的距离。此外，国内成品油管道的站场、埋地管线及阀门防腐等级偏低，技术规范中未对阀室埋地管道防腐等级作明确要求，管道设计文件中最好予以明确。在选择防腐层时，也可考虑黏弹体、复合矿脂、喷涂聚脲弹性体材料、ATO 超陶（陶瓷金属）、聚合物涂层（PNC）等新型材料，防腐层选型可参见本书第八章。

（2）基于现场实际进行阴极保护系统设计

在管道线路设计中，对阴极保护系统的设计单一，一般都是将阴极保护站设置在输油站内，没有与线路环境相结合，结合现场实际设计控制电流、选取位置。为延缓管道的腐蚀损失，在管道设计初期就应该全面分析腐蚀原因，从管道施工到防腐整体考虑，选取科学合理的阴极保护方案。对于接近地铁、高铁、高压直流输电线路等区域的管道，也应考虑设计安装阴极保护智能桩等监检测装置，实时采集管道电位，确保阴极保护的有效性。

（3）管道内腐蚀问题

管道输送介质或水联运期间残留的氧化性和腐蚀性水质是造成管道内腐蚀的主要原因。在管道设计期，应该提出缓解管道内腐蚀的措施，如合理选材、减少管道空置时间等，对于管道内腐蚀特别严重的管段应当在管材选择时考虑一定的腐蚀裕量。

4. 线路设计方面

（1）选线

选线是遵循距离安全原则开展，结合不同标准规范，按照最优化的准则选择，若设计的前瞻性不足，未做好对周边社会环境变化预测，可能造成管道建成后在沿线形成大量人口密集型高后果区。在路由选择时应当与地方中长期发展规划充分对接，留出足够的安全控制间距。

在初步设计阶段，如果设计方案比选论证不充分，将导致施工图设计阶段形成大量变更，对工程造价、工期等产生非常大的影响，甚至会影响管道运营期的安全。如对管道周边地质灾害区域识别、判定不充分，导致通过滑坡或泥石流区域的管道只能被动进行地灾防治；管道通过山体或高原地段会出现翻越点，甚至增加泵站，提高运行成本；受路由限制，管道沿山地等高线平行敷设，但稳定性设计不够；穿跨越选择不合理，在山体或水体地质条件不明确时贸然采用隧道穿越；在喀斯特地貌地下溶洞较多的地质条件下不恰当的选用定向钻穿越等；在山区涉及土方量较大的陡坡敷设、施工便道、材料运输通道等缺乏有针对性的设计；大型定向钻穿越，技术方案比选不充分等问题都会对项目建设造成较大的伤害。需要设计单位在初步设计阶段切实落实节点工程施工工艺，主体工程量的核算要精确，技术方案要反复论证确保可行。

为使管道路由最优，在设计阶段要充分考虑各种影响因素，优化设计方案。

①线路优化总体应遵循：山区（冲沟）管道从汇水区优化到无水区；边坡破碎区优化到边坡稳定区。河流内管道从急流区优化到缓流区；从弯河道优化到直河道；不稳定地区（流动沙漠、沼泽、湿陷性黄土等）优化到稳定区；低洼地区优化到高台区；人口密集区优化到人口稀疏区；强腐蚀区优化到弱腐蚀区。

②数据采集与整合工作应从设计期开始，并在完整性管理全过程中持续进行；新建管道中心线测量应在管道施工阶段进行，并在回填之前完成。从设计阶段开始开展相关数据收集和数字化工作，尤其是在施工过程中，管道覆土前应做好管道本体及附属设施数据、周边环境信息、用地权属信息及政府部门相关规划信息等信息的采集工作，避免后期再进行数据恢复的工作，给后期管理运行带来诸多不便。

③在管道设计期应该开展高后果区识别工作，优化路由的选择，对于实在无法避绕的高后果区应采取安全防护措施。在实地勘察阶段，可利用高空间分辨率遥感影像（如SPOT-5空间分辨率2.5m的影像）生成预设管道周边的影像，采用目视解译法和人机交互解译法，以三维地理信息系统为平台，建立工作区三维地形模型，再在统一处理的数字影像上进行仿真解译，提供高精度的解译结果，提高勘察图的编制精度。在设计期，可利用多年卫星遥感资料和当地人文数据，评估周边社会环境变化，留有设计裕量，根据实际情况对路由尽量优化。这些措施都有利于设计人员全面了解管道沿线情况，避免管道从高后果区，尤其是人口密集型高后果区经过，从而降低管道后期运营风险。

④应在设计阶段进行危害识别和风险评价，根据风险评价结果进行设计、施工和投产优化，规避风险。设计单位通过前期风险评价，对管道主要危害因素进行针对性的设计优化，可以从源头规避风险。比如在设计阶段，加入对管道的监测、检测措施和风险评价设计。如利用卫星遥感与无人机遥感的相结合识别地质灾害，通过卫星遥感数据和地质资料划分管道沿线的地质灾害等级，实现对重点区域进行动态更新，同时利用无人机数据加密巡查地质灾害重点区域，最后将以上信息输入地质灾害预警系统，实现地质灾害的实时监测和预测、预报。

⑤管道周围环境复杂，难免发生地震、洪水、泥石流等自然灾害，以及非法施工、打孔盗油等人为破坏，通过数字化辅助设计，可为今后的管道智能化管理奠定基础。在设计中，应面向用户（运行管理单位）需求，开展基于典型管理及运行场景的定制化线路设计。比如基于 GIS 系统建立线路管理数据模型，建立三维数字管道和导航应用系统；开展无人机巡线，建立无人机遥感影像智能分析系统，动态分析管线周边重大异常变化等。

⑥将线路监/检测设施纳入线路设计范畴中，同步对管体阴极保护、腐蚀监测、土体状态监测、周边环境辨识、内外检测、气象及地灾监测等进行设计。例如对管道通过的湿陷性黄土地区，在高地震烈度作用下的边坡稳定进行分析设防。结合分布式光纤、地质灾害检测预警系统设计，实现长距离实时监测管道沿线状态，提前预警并精确定位，达到保护管道安全的目的。

（2）测量与勘察设计

①工程测量

在设计时若对节点工程测量要求不高，会影响测量准确性，特别是河道、湖泊等水体以及溶洞、地面塌陷等地形测量不准确，会导致工程量以及地面附着物统计不准确，对工程造价影响较大。设计单位在提出测量要求时，要结合地方坐标系统，对管道路由分段明确测量精度。测量单位提交成果后要对其测量成果进行专项验收，合格后才能开展设计。

②勘察设计

设计前期若对地震断裂带的调查分析不足，或忽略地震灾害评价结果的使用，会造成设计时对地震灾害评价结果运用不充分；对于山体穿越工程，在山体水文地质条件未勘察清楚的情况下，不合理的设计会导致施工时切断地下水源，破坏生态环境，甚至诱发溶洞塌陷影响作业安全，此外建成后管道周边的承压水对管道安全运行带来极大危害。设计前期若对河流（特别是山区季节性河流）勘察不细致，不重视河流冲刷深度计算及校核和管道稳定性的针对性分析，对于游荡性河流、管道穿越或平行河道的位置，地质条件差、旁切严重的边坡河道等形态在勘察时未明确技术要求，都会影响设计质量，为管道安全运行带来隐患。

设计及勘察时应提出采取工程地质测绘、钻探及工程物探相结合的综合勘察方法，要求前期充分收集历史遥感卫星资料、区域地质资料、河流水文资料，了解河床岸坡情况、河道变迁史、河床地形图、已有的上下游水利工程修建、穿越工程活动等，对每条河流、沟渠、穿跨越段进行地质勘探，根据各自不同的地质特点进行分析，为管道的强度和稳定性综合校核提供可靠依据。

（3）阀室间距

设计规范未按照不同环境对线路截断阀室间距进行区分。缺乏对阀室管理等级，事故状态下的关闭要求等相关要求。

设计时宜结合管道最大泄漏量、完整性管理要求，针对人口密集高后果区、高风险点等特殊位置，适当缩短上下游阀室间距。美国输油管道阀室选址标准，重视管道失效后果和危害性对社会公众环境的影响，规定在山区、穿越河流、人口密集区等特殊环境，只要能及时、方便接近截断阀室，阀室间距可做适当调整。

（4）管道分段设计

某些管道设计压力未按照成品油管道沿线实际压力进行分段设计。建设后期的山区管道，在用水试压时，受过大高程差的影响，管道沿线的静水压力会相差很大，若增加试压分段，又将形成大量死口管段，影响管道安全。因此，设计时应结合管道敷设的地形地貌，进行分段式设计，通过明确各分段压力要求，减少死口段，以便后期的分段管道试压操作。

（5）基线检测

管道投产前，未开展完整性评价，将会错失管体缺陷整改的最佳时期。在新建管道投产试运前开展内检测工作，及时发现并修复各类缺陷，可有效避免投油后产生危险。按照完整性管理要求，在设计时也可以加入基线检测内容，明确其概算费用。

第九节　设计阶段需统筹考虑的内容

进入 21 世纪以来，我国成品油管道得到了快速发展，在管道工艺设计方面已经积累了较为丰富的设计经验，但在以下方面需要重点考虑。

一　管道设计应切合管道运行模式

成品油管道运行模式主要有企业自营型和市场驱动型，目前国内绝大部分成品油管道都为企业自营型，服务于企业自身。随着油品市场和管输行业市场的逐渐开放，管道运行模式将由企业自营型逐渐转向市场驱动型，服务于市场和社会，这是将来成品油管道发展的主要方向。两者之间在输量、油品品种、管道运行管理和服务范围、服务对象方面都存在一定差异，导致管道功能、工艺、设施等方面有所不同，如企业自营型管道对市场的适应性、灵活性较差，部分管道无法满足顺序输送乙醇汽油调合组分油、航空煤油的要求；有的管道配套罐容、油罐数量偏小，影响正常的批次组织、批量输送；有些管道对油品数量、品种随季节性变化的适应性较差，不具备向多种需求用户提供服务的条件。

在管道设计前要明晰管道的运行模式、服务对象等，进行针对性设计。国内已有成品油管道基本按照企业自营型模式设计，新建设的管道将按照市场驱动型设计。随着我国石油天然气管道公司的组建，管道输送与销售业务将分离运行，市场驱动型管道的设计还应充分考虑与沿线相关单位储运设施的互联互通，最大限度地提高服务水平。

二 应注重流速、管径的经济性

影响成品油管道经济效益的因素有很多，如工程投资、地区发展状况、运行成本以及财税政策等，从工艺角度考虑主要是管道输送流速、管径的影响，合理选择流速、管径，是管道工艺设计的关键。选择流速、管径要合理选择设计输量，进行经济性、技术性综合比较，并考虑采取工艺措施解决好输量变化大及运行方面的问题。

1. 选择合适的设计输量

有些成品油管道因市场需求量预测过大，设计输量选择较大，导致设计管径偏大，以至投产十余年仍达不到设计输量，需要降低输送流量或采取间歇输送，一方面会因输送流量偏低或频繁停输等原因造成混油量增加，另一方面输油泵等设备的运行流量长期偏离工作点，运行效率低、单位能耗高，增加了企业的运行、维护、维修成本。相反，有些成品油管道在设计时市场需求预测过小，管道刚投产或投产后 1~2 年就达到设计输量并满负荷甚至超负荷运行。所以在确定成品油管道设计输量时应充分考虑油源及沿线油品需求市场现状、预测情况，考虑近远期管道沿线注入点、分输点进出管道的油品品种及数量，以避免出现设计输量过大或过小导致设计管径出现偏大或偏小的情况。因此，确定合适的设计输量对管道适应市场需求和经济运行影响很大。

2. 按照确定的设计输量，选择合适的流速和管径

为减少成品油管道产生的混油，流速一般比原油管道流速高，但流速过高可能会产生明显的摩擦生热，导致出现各种问题，如美国科洛尼尔成品油管道就曾因为流速过高而摩擦生热，导致了进站汽油大量蒸发冲罐致使浮顶翻船、地面管道受热膨胀、收发球筒发生位移等事件。对于国内管道如流速过高会使能耗增大，如流速过低，管径偏大，产生的混油量增大，有的管道可能会出现长时间间歇输送情况。

三 解决管道启输量与设计输量之间较大差异的技术措施

有的管道启输量与设计输量之间有较大差异，同时管道运行过程中的输量、油品品种也会因季节变换导致的油品市场需求变化而波动，在设计时应采取合适的工艺技术措施解决好这种输量差异和波动，使管道具有很好的适应性、灵活性和弹性。

1. 采用"组站""组泵"等方式

组站就是针对不同的输量任务，启用不同位置的泵站及不同泵数量，也可以根据输量递增情况适时新增中间泵站，这种方式适用于管输量变化较大的情况。组泵就是考虑泵站主输油泵的运行方式，可采用串联或并联运行，并增减运行泵台数或变换不同流量、扬程的泵。选择泵时可考虑选用流量、扬程不同的大小泵搭配，也可考虑采用更换叶轮、改变叶轮尺寸等方式。

2. 变频调速、添加减阻剂技术

近几年随着国内高压变频技术的发展，高压变频器的价格也较之前大幅降低，可考虑应用变频调速技术；减阻剂的价格降幅较大，也可考虑添加减阻剂措施。

3. 间歇输送方式

低输量时也可采用间歇输送方式，该种方式比采取连续运行方式时的混油量要小。

4. 更换主输油泵或泵机组

如果启输量与设计输量之间差异过大，上述措施无法解决时，经比较后可以采取更换主输油泵或泵机组措施。

以上措施需要经过技术、经济等综合比较后选择，在保证技术可行、经济效益最佳的情况下，使管道能够适应输量的变化，具有很好的输量弹性，同时也要为将来管道扩增输量留有余地。

四 设计应充分考虑混油控制、接收、处理技术措施

科学、合理地控制、跟踪、接收、处理顺序输送过程中的混油是成品油管道设计和管理的重要内容。在工艺设计时，应采取合理的工艺技术措施，减少混油总量及接收量，并在确保油品质量的前提下尽可能多的掺混混油。

1. 站场工艺流程应尽量简单适用、减少盲管和支管

成品油管道输油站数量多、长度长、沿线地形起伏大及站内流程复杂、盲管和支管多是影响混油量及混油尾长度增加的重要因素。根据美国普兰迪逊成品油管道资料，长689km、DN300、7座泵站及6个分输站的一条顺序输送成品油管道，经过输油站增加的混油量约占管道沿程混油量的6%。一般情况下，一个串联机组泵站所产生的混油量相当于10～15km长管道产生的混油量。在设计时应对站内管道、设备安装图进行充分优化，流程简单适用，尽量减少盲管和支管。应尽可能减少多种油品共用的管线，减少管线上的支管、盲管，主要设备（输油泵）在满足需要的前提下也应以少为宜；应尽量缩短越站管线，同时越站线的阀门应靠近主线，有的输油站越站管线长达100m以上，易形成盲管。有的输油站设有进出站泄压流程，如经过核算和经济性比较，并采取必要措施后，不需要

设泄压流程，可省去泄压流程、泄压罐、回注泵等。

2. 应用较精确的混油界面跟踪软件

成品油管道的混油界面跟踪借助于界面跟踪软件实现，现场调研发现国内很多成品油管道混油界面跟踪不准确，有的管道混油界面预测误差达 40～60min 甚至更多。混油界面跟踪误差会导致沿途油品分输、混油接收时机不合理，进而影响油品质量。界面跟踪软件开发应与 SCADA 系统设计同步进行，在 SCADA 系统中为界面跟踪软件提供界面检测数据，当混油界面通过输油站时能依据现场界面检测数据及时修正界面跟踪误差，从而保证界面跟踪精度。

3. 充分考虑混油接收、处理工艺措施

不同的管道可能出现不同的混油情况，在正常情况下，运行管道实际接收混油量比计算混油量要少，但是对于输油站数量多、地形起伏大的管道，由于产生较长的"混油尾油"段，致使实际接收混油量远大于计算混油量，如西南某成品油管道，理论计算混油量为 $470m^3$，实际接收混油量为 $570m^3$（前行油品浓度 99%～1%），另外还有 $1000m^3$ 左右不合格油品（浓度小于 1% 的尾油）需要进入成品油罐后，再用质量指标潜力较大的合格油品将其调合至合格。

对于管道长度短、输油站数量不多且混油量不大的管道，混油易于接收和处理，需要的混油罐容较少，甚至有的可采用两段切割混油方式，不需混油罐。对于输油站数量多、长度较长、地形起伏大的管道，可能产生较多的混油量，混油尾也可能拖得很长，在设计时应根据不同管道的混油量情况，考虑采用四段或更多段切割混油方式，并设计足够混油罐容和油罐数量，便于混油接收、掺混处理。有的成品油管道末站设计蒸馏分离装置处理混油，该装置需要稳定的原料组分才能平稳运行，所以在设计时还应考虑混油的组分控制问题，可能需要更多的混油罐容量和数量。顺序输送航空煤油时，煤油只能与柴油相邻，这样就形成了煤柴和汽柴两种混油界面，在管道末站至少需设置 4 座混油罐。

此外，可考虑利用现代技术对油品物性和油品质量指标进行动态监测，根据各批次油品的质量潜力确定混油切割方案，在保证油品质量的前提下尽量减少接收的混油量。

4. 顺序输送航煤的管道应考虑采用隔离液措施

随着航煤需求量增加，管道企业将逐渐采用成品油管道顺序输送航煤，现行国家标准 GB 6537—2018《3 号喷气燃料》规定航空煤油的总含硫量不大于 2000mg/kg，而推行的国Ⅵ车用柴油的质量标准规定硫含量不大于 10mg/kg，两者相差 200 倍。管道顺序输送航煤，在柴油与航煤混油界面处部分柴油中的含硫量将超标，柴油含硫量达不到质量指标要求，通过一般处理措施难于处理合格。如果在管道内航煤与柴油界面间采用低含硫航煤作为隔离液，就可能实现航煤与柴油混油界面的两段切割，各段分别进入航煤、柴油罐，使罐内航煤、柴油均合格，并不需接收混油，即使需要接收混油并采用多段切割方式，混油也容易处理。如果考虑使用隔离液还应在首站设计隔离液储罐和相应的工艺设施。

我国成品油管道在建设初期受国内技术不成熟的限制，高压输油泵、调节阀、DBB阀、电液执行机构、SCADA系统、通信系统等关键设备主要依赖进口，存在价格高、采购周期长、维修成本高等问题，一直困扰着各管道企业。一些设计单位和管道企业在管道设计时由于对新技术信息不够了解和对其可靠性的顾虑，仍沿用旧的设计思路，大量选用进口产品。近年，通过成品油管道企业和国内设备厂商的共同努力，大部分关键设备国产化已取得突破性进展，技术性能达到或超过了国外品牌，打破国外技术垄断的同时也大大降低了各管道企业的建设和运营成本，如国产DBB阀、电液执行机构、输油泵以及通信设备、SCADA系统等已在国内进行了大量应用，逐步替代了国外品牌。同时，随着国家对新能源和能源利用效率的重视，利用管道余压透平发电等技术也逐步兴起；低压无功补偿技术、线路无功电压智能磁控调节技术、线路无扰动快切技术在提高供电线路功率因数和输油站供电稳定性方面也带来了很大帮助；无人机巡线和机器人巡检技术在减少人力劳动、节约人工成本方面也取得了较大进步。

另外，地震和地质灾害多发区管道将承受较大的位移及应变，常规管线钢的屈强比达不到要求，因此在此类特殊区域，基于应变设计是预防这类失效的有效手段。同时，随着国家城市化进程的快速推进，地铁、高铁、高压直流输电线路等形成的杂散电流干扰问题也越来越突出，阴极保护电位智能检测设备和智能化排流装置，已经成为管道阴极保护的重要手段，在管道防腐和阴保设计过程中应该引起重视。分布式光纤、地质灾害检测预警系统，可实现管道沿线状态的实时监测，为应对地震、洪水、泥石流等自然灾害，以及非法施工、打孔盗油等人为破坏，提供了技术支持。

六　强化管道的智能化应用

智能化就是通过对自动控制、物联网、大数据、人工智能和专业技术的智能集合，并以管道安全经济高效运营为中心，以数据管理为基础，以智能控制、一体化运营管理、大数据分析决策和人工智能应用为重点，依托两化融合，最终实现全面数字化、全管网智慧运行、全面预测预警和风险可控。管道智能化经历了自动化、数字化、智能化三个阶段。长输管道点多、线长，地质灾害多发，受经济、社会环境影响较大，同时设备和人员等生产要素分散、集中管控难度大。实现管道智能化管理，可以有效提升管道生产、安全管理水平，实现设备和人员等生产要素分散的有效集中管控。

国外先进管道企业在管道智能化方面做了积极的探索，包括Enbridge管道公司、科洛尼尔管道公司、挪威国家石油公司等，国内中国石油天然气集团有限公司（中国石油）、中国石油化工集团有限公司（中国石化）、中国海洋石油集团有限公司（中国海油）等企业在管道智能化建设方面均开展了积极、有效探索，并已取得成效，伴随着石油天然气管道公司的组建运行，油气管道产业有望进入一个全新的时代——智能化时代。

七　融入管道完整性管理理念

2015 年颁布的 GB 32167—2015《油气输送管道完整性管理规范》要求管道完整性管理要贯穿管道全生命周期，包括管道建设（设计、采购、施工、验收）、投产、运营管理到报废过程等。青岛"11·22"管道漏油事故以后，国家对管道的安全越来越重视，要求管道在设计阶段就应融入管道完整性管理理念，遵循《油气输送管道完整性管理规范》。不仅如此，基于可靠性理念设计和基于风险理念的设计也成为管道设计发展的趋势。

八　融入以人为本理念

随着国民经济的发展，以人为本的发展理念逐渐渗透到各个领域，管道设计也应融入以人为本理念。目前成品油管道设计时大多仅从节省投资、管道水力优化等角度进行考虑，有的输油站设置在荒无人烟的地区，周边配套设施差，员工无法在工作地安居乐业，人员招聘困难和离职率高，给企业安全运行带来较大风险。管道线路阀多以手动为主，关阀门时间比自动阀室长，出现油品泄漏时人员不能及时赶到阀室现场迅速关断阀门，油品泄漏量会较多。

因此，在设计时要考虑员工的工作和生活需要，在结合管道线路走向、满足工艺条件和安全、地方规划、符合完整性管理要求的基础上，输油站应设置在交通便利、地势平缓、有较好的后勤保障及社会依托较方便的地方。建议在投资、条件允许情况下，尽可能多地设置自动阀室。

参考文献

[1]　梁翕章，唐智圆．世界著名管道工程［M］．北京：石油工业出版社，2006：177-323.

[2]　曾多礼，邓松圣，刘玲莉．成品管道输送技术［M］．北京：石油工业出版社，2002：021-642.

[3]　梁翕章．国外成品油管道运行与管理［M］．北京：石油工业出版社，2010：1-116.

[4]　杨筱蘅．输油管道设计与管理［M］．青岛：中国石油大学出版社，2006：285-286.

[5]　黄春芳．油气管道设计与施工［M］．北京：中国石化出版社，2008：3-88.

[6]　王宝群．我国成品油管道现状与展望［J］．石油规划设计，2010，21（5）：7-9.

[7]　郭祎等．西部成品油管道末站混油切割改进措施［J］．油气储运，2011，7（30）：520-522.

[8]　于达．对我国成品油管道建设的几点思考［J］．油气储运，2014，33（1）：1-4.

[9]　张文伟．长输油气管道工艺设计［M］．北京：石油工业出版社，2012：1-151.

[10]　李晓飞，姜广清，大庆油田采油一厂．国内油气长输管道的钢管选用［J］．油气田地面工程，2008，27（11）：36-37.

[11]　刘祥初．压力管道壁厚选择及相关应力的问题［J］．广州化工，2009，37（6）：163-164.

[12]　张振永．长输油气管道的钢管设计选用［J］．焊管，2006，29（2）.

[13]　张蕾．抗大变形管线钢焊接热影响区组织性能研究［D］．西安：西安石油大学，2011.

[14] 薛振奎,刘方明,隋永莉,等.我国油气管道和焊接技术 [J].焊接,2002 (11):11-14.

[15] 隋永莉.大应变钢管在管道建设中的应用及现场焊接技术 [J].焊管,2013,36 (6):32-36.

[16] 隋永莉,曹晓军,胡小坡.油气管道环焊缝焊接施工应关注的问题及建议 [J].焊管,2014 (5):62-65.

[17] 田西宁,孙百超,王金岩,等.穿、跨越技术在长输管道敷设中的应用与发展 [J].当代化工,2008,37 (4):419-423.

[18] 蒋华义.输油管道设计与管理 [M].北京:石油工业出版社,2010.

[19] 王引真,熊伟,王彦芳.油气管道选材 [M].北京:中国石化出版社,2010.

第三章

成品油管道投产

销售华南分公司通明海域穿越主管回拖成功

　　从管道工程建设完成到正式运行生产期间，管道需要经历一系列操作程序，这一过程被称为管道投产阶段。实际上，成品油管道工程投产准备工作应该从项目建设初期同步开展。管道投产准备是一项重要而又复杂的工作，需要管道公司、设计单位、建设单位共同参与。准备过程须严格按照相关法律、规范要求，做好各项条件确认及设备调试工作，编制各种试运方案和办理相关手续。管道投产阶段的操作程序根据不同的管输条件有所不同，但均以能够满足输送介质充装及设备安全运行为目的。本章仅从投产工艺运行方面进行介绍。

第一节 管道投产方式

管道的投产方式多种多样，根据所输介质和管道条件的不同可采取相应的投产方式。随着管道建设质量的逐步提升，再加上投产成本和环境保护的制约，管道的投产也逐渐向安全、节约、简单、高效的目标发展。因此，管道投产中的各步操作有所简化并趋于同步性。输油管道的投产方式根据管道长度、线路铺设地形条件、环保要求等各有不同。

一 投产方式分类

典型投产方式主要有三种：全线充水联运后注油置换方式、水隔离段后注油方式和氮气隔离段后注油方式。

1. 全线充水联运后注油置换方式

充水联运投产就是在管道正式投油前，进行管道充水、排气、清管、测径、全线水联运、内检测；在管道清管、全线水联运、内检测完成并确认符合要求后再投油，油品进入管道置换出管内存水。

全线充水联运的优点：清除管内杂质；检测发现管道施工质量问题、缺陷及变形情况；各种设备、仪表、电气经过试运可充分暴露存在的问题，并得到及时处理；操作人员进一步熟悉管道系统及操作。该方式存在的问题：需要有充足的满足水质要求的水源，如水源不足，则无法提供管道充水、清管、全线水联运、内检测所需水量；如需新建较大容量储水设施或铺设很长供水管线，将导致临时设施投入费用高；如果在寒冷地区冬季投油，可能会出现管道、设备、仪表等冻结问题，防护不当会导致管道、设备、仪表等损坏；产生的污水需经接收、处理达到当地的环保要求后排放，或排入附近污水系统经处理达标后排放；如采用升级后的油品投油，易出现油品乳化现象，导致大量油品不合格，处理难度很大。

全线充水联运投油需进行各种输水运行工况的模拟，事先分析可能出现问题的各种工况及相应解决方案的可行性，以确保投油前各种设备和系统进入良好的工作状态。在水联运期间可以调试设备和控制系统的技术性能，亦可使部分关键设备，如泵、减压阀、调节阀等在水联运期间充分磨合，为投油做好准备。而且，由于联运过程中输送介质为水，一旦出现事故，影响较小。

2. 水隔离段后注油方式

部分管段充水后注油方式是指管道注油前先向管道内注入部分水，即部分管线充水，使油品和空气之间形成水隔离段，同时亦可在输水期间对部分关键设备如泵、减压阀、调节阀等进行试运和调试，处理存在问题。对比全线充水联运投产，管线部分充水投产具有用水量少、试运时间短等优点。但是，输水可能产生的问题与全线水联运基本相同。

3. 氮气隔离段后注油方式

氮气隔离段后注油方式是指全部管段处于空管状态，进油前先向管道内注入部分氮气等惰性气体。此方式将管道的设备调试、排气和进油一次性完成，大幅度地节省了资源和时间。对比全线水联运投油，氮气隔离后注油方式不仅可以节省大量的水资源，而且不产生污水及油水混合物。但是，该方法对设备可靠性、管道内清洁度、管道施工质量等要求较高。

二 投产方式的选择

由于受投产成本和环境保护的限制，加上管道工程质量有保证，早在 20 世纪 60 年代末西方先进国家便开始采用氮气隔离注油方式，如加拿大的穿山管道、欧洲原油管道、全美原油管道一期工程、科洛尼尔成品油管道部分管段等均采用氮气隔离注油方式。由于管道内清洁度和施工质量无法达到氮气隔离注油的要求，目前我国大部分成品油管道普遍采用全线充水联运后注油置换方式或水隔离段后注油方式。

根据管道沿线地形不同，其投产方式可以进行优化。在水源充足的情况下一般采用全线充水联运后注油置换方式，如西南成品油管道、珠三角成品油管道等；在管道距离较长、水源条件差的情况下可采用水隔离段后注油方式，如西部成品油管道、兰—郑—长成品油管道等。投产过程均采用常温密闭输送工艺，管道全部或部分充水，以油置换水的方式进行。试运用水的水质应符合工业新鲜用水的水质标准，并要有水质分析报告。

三 投产过程工艺分析需求

全线充水联运、部分管线充水试运均需要提前对各种输水运行工况进行模拟，事先分析可能出现问题的各种工况及相应解决方案的可行性，以确保投产前各设备和系统处于良好的工作状态。在充水扫线和水联运阶段会对管道进行清管，一般清管的顺序是皮碗清管器、直板清管器、钢刷清管器、磁力钢刷清管器，在使用皮碗清管器和直板清管器时可安装测径铝板，对管道进行简单的检查，查看管道是否存在变形等情况。一般清管器的发送顺序，根据管道实际情况可连续发送多个清管器或发送单个清管器。在清管过程中如条件允许尽量将流速控制在 1m/s 左右。

1. 油置换水输送分析

成品油管道投油阶段应进行油置换水过程的顺序输送运行模拟分析，预估油水混合段的运移、排水、分输等情况。长距离成品油管道油置换水的过程，就是一个批次输送过程，投油前应进行全过程分析，利用水力模拟软件进行动态模拟，给出在其整个过程中管道运行控制参数，如流量、压力、设备运行配置等。

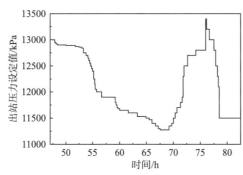

图 3-1　某站出站的压力设定值

以某大落差管道为例，不考虑投油过程中气体的存在，利用模拟软件对油水置换过程进行模拟。由于油水密度差的存在，在大落差管道中的油水置换过程会造成管道系统内压力的波动。为防止高点欠压和低点超压，需要实时调整各站出站压力。图 3-1 是软件模拟计算中为保证管道各低点压力不超限、高点不汽化条件下，某站出站压力设定值随时间的变化，说明了大落差管道投油过程中的复杂性，并具有压力、流量波动大的特点。

虽然利用软件能够模拟分析这一过程，但在投油过程中，管道内可能会存有气体；站场压力设定值不能频繁调整；全时间段的全线压力、流量变化预测困难。所以，这些分析与现场实际有一定差异，但对指导投油依然具有非常重要的意义。因此在成品油管道工程投产方案中应开展油品置换水过程计算分析，且通过分析确定管道投产过程中的工艺参数。有条件的管道企业，在投产过程中可以安排技术人员根据现场实际，利用已建立的模型不断进行分析计算，以确定工艺控制参数并进行方案调整。

2. 不满流和水（液）头跟踪的分析

对于一些特殊管段的泵站水头到站时间，管道内的气体占去管段中的一些空间，所以在高差起伏大的管道，水头到达时间可能会比预计的要提前，不能简单地采用站间管容除以流量的方法来计算。所以，在长距离成品油管道投产中应充分考虑和分析这些高差起伏因素的影响。以国内比较典型的成品油管道为例来说明。如下在某成品油管道投产中，在考虑到上述因素的条件下，计算出的一些关键点的见水时间、界面到站时间及水和油品的界面运移估计，对投产中判断水头的位置起到参考作用。图 3-2 为管道沿线地形示意图。

（1）一些关键控制点的见水时间

对于长距离输油管道，需要对沿线站场和阀室的操作进行预估，提早做好准备。为此，西部成品油管道在投产前，进行了关键控制点的见水时间分析。一些关键控制点的见水时间如表 3-1 所示。

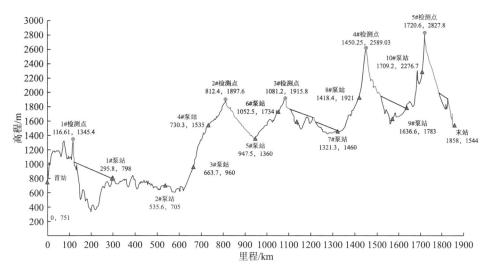

图 3 - 2　某成品油管道地形示意图

表 3 - 1　一些关键控制点的水头达到时间

参数 \ 关键控制点	里程/km	高程/m	内管径/m	管容/m³	不满流长度/m	含气量/m³	水头达到时间/h
1#检测点	116.61	1345.4	0.544				0
1#泵站水头到站时满管地点	132.5	979.4	0.544	3691.402	15.89	939.5	
1#泵站	295.8	798	0.544	41627.59			47.9
2#泵站水头到站时满管地点	118.4	1164.6	0.544	415.8345	1.8	106.4	
2#泵站	535.6	705	0.544	97335.47			114.4
2#检测点	812.43	1897.6	0.544				0
5#泵站水头到站时满管地点	937.58	1371.3	0.544	29073.57	125.15	1486.4	
5#泵站	947.5	1360	0.544	31378.08			35.2
3#检测点	1081.2	1915.8	0.544				0
7#泵站前高点满管地点	1092.65	1793.2	0.544	2659.947	11.45	361.6	
7#泵站前高点	1212.06	1656.3	0.544	30400.06			35.3
7#泵站水头到站满管地点	1224.3	1569.7	0.544	33243.53	12.24	145.4	
7#泵站	1321.3	1460	0.544	55777.57			65.0
4#检测点	1450.25	2589.03	0.544				0
9#泵站见水时满管地点	1519.14	1927.76	0.544	16003.82	68.89	2365.9	18.8
9#泵站	1636.6	1783	0.544	43290.92			48.1
5#检测点	1720.6	2827.8	0.493				0
末站前高点满管地点	1794.32	1949.84	0.493	14065.29	73.72	1680.3	
末站前高点	1831.3	1910.75	0.493	21120.84			29.9
末站水头到站满管地点	1852.18	1551.77	0.493	25104.6	20.88	475.9	
末站	1858	1544	0.493	26215.02			37.7

注：上表中各点的水头到达时间是以该点前检测点水头（此时时间设为 0）后开始累计计算的。

（2）界面到站时间表

水头和油头界面到达各关键点的时间如表 3 - 2 所示。

表 3 - 2　界面到站时间表

站　名	里程/km	清水到达时间/h	0#柴油到达时间/h
1#检测点	116.61	—	31.96
1#泵站	295.8	—	81.4
2#泵站	535.6	—	146.8
3#泵站	663.74	—	182
4#泵站	730.29	16.4	199.6
2#检测点	812.43	39	224.7
1#分输站	823	43.2	225.4
5#泵站	947.5	76.5	260
6#泵站	1052.54	104.6	287
3#检测点	1081.2	114.8	296.89
2#分输站	1139.71	129.6	312.3
7#泵站	1321.32	178.5	362.4
8#泵站	1418.45	205.7	389.9
4#检测点	1450.25	215.8	397.8
3#分输站	1574.69	247.9	430.5
9#泵站	1636.63	267.5	448.7
10#泵站	1709.17	290	469
5#检测点	1720.59	295.4	472.3
末站	1858	330.6	502

（3）界面运移图

图 3 - 3 为管道内界面运移图。

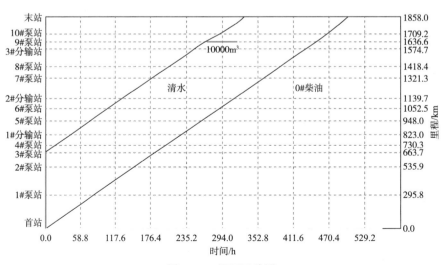

图 3 - 3　界面运移图

由于投产过程中的流量实时发生变化，界面运移和见水时间的计算值与实际存在一定差异。即便如此，这些计算结果对投产过程中的水头和油头的跟踪和运行参数调整还是非常有参考意义的。

第二节　管道充水及水联运

无论采取全线充水联运后投产，还是水隔段后注油充水投产，都存在一个液-气置换的过程。对于平坦地区管道，液-气置换过程比较简单，随着液体的运移，在气液界面处会形成部分分层流和气泡流。一般情况下，多相流段不长，对系统运行压力影响不大。然而，长距离、大管径和大落差管道在这一过程中，水力工况会十分复杂，管内出现的流型会更加多样，而且会出现各种各样的问题。

一般情况下，在管道充水的同时发送清管器，对管道进行清扫。通常将此阶段称为管道充水扫线，即管道进行充水、通球清扫、排气、排水的过程。在管道完成通球扫线，管道内部清洁程度达到内检测要求后，部分企业会进行管道测径和内检测工作，检测管道变形及管道内部初始情况。

在制定充水排气方案时，需根据管容、管道沿线地形情况、扫线情况等确定水量、上水点、排水点、排气点等。对于平原地区管道，只要确定好水量、上水、排水方案即可；但对于地形起伏大的管道，其过程要复杂得多。如果不能够很好地排气，可能会给投产、试运行及生产运行带来很多问题。

一　起伏较大管道气液流动状态

起伏较大管道的投产过程，实际上是气液两相流不稳定流动的过程。而对于气液两相流问题分析处理，常采用基于流型的方法，即首先判断气液两相流的流型，然后根据各种流型的特点，分析其流动特性并建立关系式。

尽管大部分管道投产时采用加隔离球等措施来避免和减少管内存气，但在实际管道充水过程中充水管段存气是不可避免的。在向管内充水（液）的过程中，管内的气体会因液体重力等因素影响滞留在管道内，形成气液两相流。尤其是地形起伏较大的管道，水头翻越高点后会以非满管流的形态自流至管段低洼处形成积液。此时，下坡段中的气体会被低洼处产生的积液密封在高点处，形成大段的气-液共存区。而随着充水时间的推移，起伏地段管内流体的气液状态不断变化。图3-4是起伏管道充水过程中某一时刻的管内气液分布状态示意图。管内的这些气体就是充水阶段所遗留的积气，需要通过各种方法加以排出。

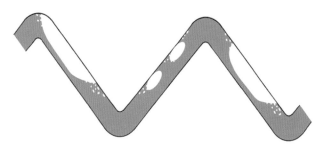

图 3 - 4　大落差管道投产过程中某一时刻形成的积气段示意图

下坡管道中，在重力作用下，下坡管的下游压力和上游压力一般会随着气体状态不同而不断变化，使得下坡管内两相流流动与水平管或上坡管有所不同。被密封在管内的空气会根据不同的管路倾角、液相流动速度和压力的不同在管内表现出不同的流动形态。大体可将该区域的气液两相流分为三种形态，如图 3 - 5 中所示。

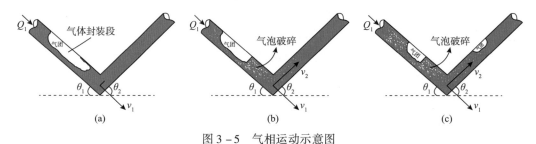

图 3 - 5　气相运动示意图

图 (a)：当空气封入管路后，由于管内压力的提高，管中气体会形成一个长气泡状的气囊。在输量较小、流速较慢的情况下，该长气囊轴向各点受力达到平衡，此时该长气泡将停滞在管段的某一处，在气体浮力和相间摩擦力的作用下，气团能够保持静止。

图 (b)：随着液相流速的增加，长气泡在相间摩擦力的带动下克服压差和管壁摩擦力以一定的速度向前运动。气团在相间摩擦力和液相湍流冲击力下不能继续保持完整，开始出现分裂破碎现象，流动形态向泡状流转变。当液相流量比较大时，气体可能无法停滞于相对较高点，而是被液体携带向下游运动。

图 (c)：当液相和气相流速达到一定的速度时，被带走的液体，或散成液滴，或与气体一起形成泡沫。而在泡状流动中，气（或汽）是以分离的气泡散布在连续的液相中，气泡趋向于沿管道上半部流动。当它们通过坡度较陡的上坡段时，在上坡段由于浮力的影响气体运动加快，逐渐合并成大的气泡，重新形成气团。同时，由于上坡段气团的浮力作用方向与液体流动方向相同，气团将会向下游运移。当遇到坡度较大的下坡段时，气团的浮力作用方向与液体流动方向相反，进而又停留在下坡段气体封装段。

在连续起伏管道中，无论是管道内的上坡段还是下坡段都有较大可能存在气体，而气体的存在也极大地影响液体的流动。

二 下坡含气段流体的运动

当液体首次翻越高点进入下坡管段时，下游管段出口（一般为站场）一般是开口（即：不进行压力控制），液体是以自流的形式向管段底部运动，此时的运动状态类似于明渠流动。此种流动分析已有研究者进行了详细的研究，并给出了计算方法。

本节通过虚拟的两条起伏管道在等流量条件下的液气置换过程的模拟计算结果分析，说明投产过程计算分析的重要性。图 3 - 6 为虚拟管道地形。

各相参数和模拟条件如表 3 - 3 所示。

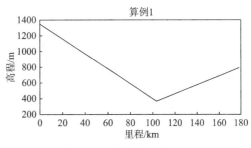

图 3 - 6　算例管道地形图

表 3 - 3　算例管道参数和模拟条件表

介　质	空气、水	长度/km	180
管径/mm	545	计算间隔/s	10
$Q/$（m^3/h）	800	入口压力/Pa	101000
里程/km		高程/m	
0		1345	
103		339	
180		798	

管道内初始介质为静止的常压空气，管道起始端以 $800m^3/h$ 的流量向管内充水，并在整个模拟过程中保持流量不变。管道末端在模拟过程中始终处于开放状态，模拟结束条件为水头到达管道末端。计算间隔时间为 10s。从模拟开始到水头到达管道末端需用时 59.2h，期间气段压力 P_g，下游上坡段液高 h_1、下坡段液塞高 h_2，液塞速度 u，气段长度 L，管段平均持液率 H_g，6 个参数随时间的变化如图 3 - 7 所示。

从图 3 - 7 中 P_g、h_1、h_2、u、L、H_g 随时间的变化可以看出：随着水头的向前推移，初期 h_1、h_2 均呈现线性的上升趋势。此时，管内充入的水一方面推动水头向下游运动，另一方面起着压缩上游管内空气的作用。随着含气段长度 L 的减小，管内存气逐渐被压缩，其压力 P_g 的增大使得含气段的压缩越发困难，因此，h_2 的增长随时间趋于平缓，尤其在模拟后期管内气体压力达到 1.0MPa 以上时，h_2 增长减缓的现象更加明显。但是，随着空气压力 P_g 的急速增大和 h_2 增长的减缓，管内新充入的水逐渐向着推动水头运动的方向偏移，因此，h_1 的增长开始加剧，水头速度 u 也逐渐提高。最终，当水头到达管道末端时，管内含气段长度被压缩到 4.63km，并且压力为 2.6MPa。

当然，在实际操作中如果排气压力为 2.6MPa，对于操作人员是十分危险的，因此操作人员应在管内存气压力没有被压升至很高前排气。

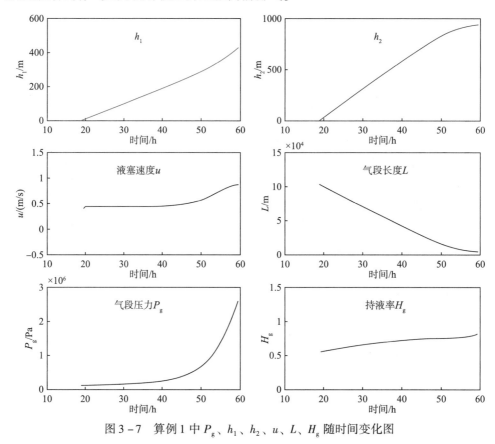

图 3-7 算例 1 中 P_g、h_1、h_2、u、L、H_g 随时间变化图

三 充水期间运行控制

管道充水期间流态的不稳定造成管道运行难以平稳控制，必须根据管道管径、长度、沿线设备参数提前通过计算确定管道流量、站场进出站压力和充水各阶段泵站配泵情况等，作为管道运行控制的依据。

1. 充水期间摩阻的计算

充水阶段是管道试运投产阶段的难点，管道充水排气过程是复杂的气液两相流动过程，可能会出现泡状流、团状流、分层流、波状流、段塞流、环状流等多种流型，其物理特性及数学描述比单相流复杂得多，无法使用常见的水力模拟软件进行准确模拟。实际管道的充水过程因放置了清管器，其流动规律不完全遵循直接充水时气液两相的流动规律。充水扫线期间清管器在管道中运行示意图如图 3-8 所示。

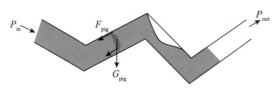

图 3-8 清管器运动示意图

清管器在管道内运动时，根据文献有如下关系：

$$\frac{P_{\text{in}}}{\rho g} + Z_{\text{in}} = \frac{P_{\text{out}}}{\rho g} + Z_{\text{out}} + \beta \frac{Q^{2-m} \nu^m}{d^{5-m}} L + G_{\text{pig}} \sin\theta + F_{\text{pig}} + h_{\text{air}} \qquad (3-1)$$

式中　P_{in}——管道入口的充水压力，Pa；

$\quad\quad Z_{\text{in}}$——管道入口高程，m；

$\quad\quad P_{\text{out}}$——管道出口处的压力，现场一般在临时排水坑内排水，取 $101.325 \times 10^3 \text{Pa}$；

$\quad\quad Z_{\text{out}}$——管道出口或不满流起始点高程，m；

$\quad\quad \beta$——水力光滑区取值为 0.0246；

$\quad\quad Q$——充水流量，m^3/s；

$\quad\quad \nu$——水的运动黏度，m^2/s；

$\quad\quad d$——管道内径，m；

$\quad\quad L$——管道计算长度，若沿线无不满流段，取管道总长；若存在不满流段，取不满流起始点里程，m；

$\quad\quad G_{\text{pig}}$——清管器重力对应的液柱高度，m；

$\quad\quad F_{\text{pig}}$——清管器与管道内壁之间摩擦力对应的液柱高度，m；

$\quad\quad h_{\text{air}}$——水头前端空气产生的摩阻，m。

清管器所受的重力、与管壁的摩擦力、水头前空气的摩阻远小于充水过程中清水产生的摩阻，故在工程实际中，可近似使用列宾宗公式试算沿程管段起点至各高点的摩阻，得到工况变化关键点，作为运行过程中参数调整的参考和对比。随着水头在下游管道中逐渐推进，根据工程经验，实际工况调整点会早于计算值。

2. 充水期间配泵的计算

管道在进行充水扫线之前，需提前确定详细的配泵方案。管道在充水扫线阶段一般采用顺序启泵的方式来避免出站流量过大对站场设备的损害和快速启泵带来的水击问题。

基于水头到达管道各关键点时上游站场所需的压力测算结果，确定上游站场启泵方案。计算启泵方案的步骤如下：

（1）根据管道实际情况，划分网格，确定网格节点里程和高程坐标，沿线高点是充水扫线过程中工况发生变化的关键点，应尽量将高点设为网格节点；

（2）基于清管器运行过程中的能量平衡方程，计算水头到达位置 L_i 时上游站需提供的出站压力 P_i；

（3）计算上游站启 1 台给油泵或主输泵时提供的出站压力，若小于水头到达 L_i 时所需的压力 P_i，则启外输主泵或增启主输泵，并计算出泵压力 H_i，直到首站出站压力大于 P_i；

（4）记录水头达到 L_i 时上游站的启泵方案；

（5）重复（2）和（3）直到水头达到下游站；

（6）整理整个充水排气阶段启泵方案，对关键点位置启泵方案进行校核调整。

在每个泵站进行启泵计算时，需按照从小泵到大泵的顺序依次计算该站可提供的压力。

3. 站场进出站压力控制方案

在向下游的充水过程中，应尽量保持上游站场出站流量的稳定，随水头前行，沿程摩阻逐渐增大，首站需提供的压力逐渐增大，需逐渐调大出站压力。

（1）首站出站压力控制。首站在管道充水过程中，为避免出站流量过大，导致电机过载，一般采用逐步充水启泵的方式：启输时先启动给油泵，向下游充水，同时使用出站调节阀对压力进行调节，逐渐调大开度，直到给油泵提供的压力低于需求值时再启动主输泵。

（2）中间站出站压力控制。中间站向下游充水时，上游管段已充满水，气体基本排净，如果不控制出站流量，会导致上游高点瞬间拉空，引发管道水击。对于中间未设调压设备的站场，可考虑利用站内闸阀暂时调节，保持进站压力不变，控制向下游的充水流量。随着水头前行，阀门开度应逐渐增大，直至下游建立背压，阀门达到全开状态。

（3）站场临时排水期间进站压力控制。在稳定水头到达前，管道排出的是气体以及气水混合物，进站压力无法控制。在排水流量逐渐稳定的过程中，可通过临时排水阀将进站压力逐渐控制在计划流量相对应的压力值附近，以达到管道稳定运行状态。

四　充水期间的排气

高差起伏的管道投产过程中管道内含气不可避免，一旦气体未及时排出管道，在充水扫线期间时常会发生气阻现象。气阻现象是指液体输送管路中由于气体的存在，形成"气袋"，造成液体断流或流速下降的现象。气阻会导致管道压力不断升高，流量不断下降，为了确保管道充水扫线的顺利进行，应采取严密有效的排气措施防止和消除气阻现象。

1. 管道排气措施

（1）合理发送清管器，通过清管器将空气尽量推出管道。清管器发送的时机需考虑清管器前的水量，既要使清管器始终保持在水中运行，又要考虑清管器能避免大量空气进入水中。

（2）管道沿线站场（或阀室）排气。沿线站场一般通过临时排水管线、收球筒排气阀或过滤器等处排出气体。

（3）管道高点开孔排气。在管道高点排气是应对多重起伏管道气阻的最有效措施。如图 3-9（a）、（b）所示。假定排气后仍有部分气体残留在管道内，在排气时高点的压力下降，有部分液体翻越高点流入 U 形段，提高了 U 形段上游的液位使管段内液位差缩小，最终导致泵出口阻力下降，其阻力包括沿程摩阻和翻越高点的静压力，见公式（3-2）和公式（3-3）。因为现场的管道可能存在很多的小高差起伏，所以不能保证完全排除管道中的气体。后期还需要通过液体携带将气体排出。

排气前：

$$h_f = \lambda \frac{L_g}{d} \frac{V^2}{2g} + \Delta Z_1 + \Delta Z_2 + \Delta Z_3 \tag{3-2}$$

排气后：

$$h'_f = \lambda \frac{L_g}{d} \frac{V^2}{2g} + \Delta Z_1 + \Delta Z'_2 + \Delta Z'_3 \tag{3-3}$$

因为 $\Delta Z_2 > \Delta Z_2'$，$\Delta Z_3 > \Delta Z_3'$，所以 $h_f' < h_f$。

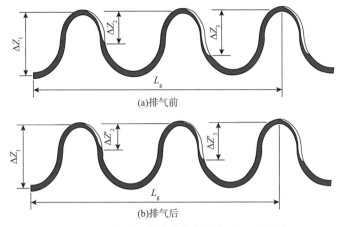

图 3 – 9　多重起伏管道高点排气对比示意图

　　管道中集气一般都在最高点向两侧扩展，上游注入液体将气体排挤到高点，下游形成不满流段。因此，开孔排气点应选择在高点或偏下游的位置，"宁可偏后，不可超前"。如果无法确定高点位置或高点不便作业，则向下游段选择作业点。

　　实际工程中，经常是上述两种或三种方法同时采用。

2. 管内气体聚集分析

　　投产中管内残存的气体，由于密度和压力差异，一般会向高处移动，最终聚集在各个高点。气体虽然较易聚集在高程大的高点，但具体位置是由管段地形、压力等因素决定。对于连续高差起伏多的管道，很难判断聚集点的位置，但在停输一段时间后，运用计算静压同实际静压相比较的方法大体可以判断位置和存气量，方法如下：

　　如图 3 – 10 所示，设总高差为 H，管道中液柱高度为 H_0，顶部气体压力为 P_a，液体的密度为 ρ_d。P_s 是指假设管道充满液体时的静压，即：

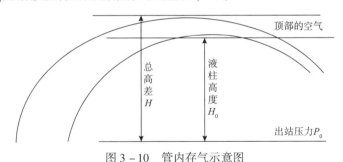

图 3 – 10　管内存气示意图

$$P_s = \rho_d g H \qquad (3-4)$$

根据连通器原理，出站压力为：

$$P_0 = \rho_d g H_0 + P_a \qquad (3-5)$$

则上游站场出站压力与管线充满液体时的静压的差为：

$$\Delta P = P_0 - P_s = \rho_d g H_0 + P_a - \rho_d g H \qquad (3-6)$$

$$H - H_0 = \frac{-\Delta P + P_a}{\rho_d g} \tag{3-7}$$

如果管道中的气体没有全部在管道顶部，而是夹杂在液体里，则气体体积将比估算值大。

五　充水期间的排水

随着社会对环境保护的要求越来越高，充水扫线期间管道的排水问题也变得越来越突出。管道排水点的选取、污水如何排放，都是充水扫线阶段的关键，也直接影响后续水联运的进行。管道充水扫线期间排水点的选取需要考虑是否允许污水沉降后外排、污水外排的路线及排放终点等因素。对于输油泵站及末站，为了防止水中杂质对泵机组的损坏，必须设置临时排水坑。沿线站场要定时检测水质情况，如发现水中杂质较多，可调整排水方案。对于管道投产污水，达不到排放要求的需处理后排放。

管道投产的排水方案应经过相关环保部门审批；排放的污水应经过检测，达到国家污水排放标准；进行污水排放过程中，要设专人在现场随时检测污水的含油情况，发现排水含油时，立即停止排放。充水扫线水头到达站场初期，排出的水处于不连续状态，水流中夹杂大量气体，在存在大落差地带的管段，这一过程将变得非常剧烈。因此所有的排水管线必须采取固定措施，特别是在管线出口，以避免管线摆动破坏，发生安全事故；同时，应避免排水口垂直向下，以防反冲力破坏排水管线的稳定；不允许将最初到达站场的水头排放到储罐等相对封闭的空间，防止管线末端瞬间膨胀的气体损坏罐体。

六　管道水联运

在管道充水扫线结束后会进行管道水联运工作，从而检验管道全系统设计、施工质量，检验管道整体运行的可靠性，检验输油设备、仪表、自控系统的技术性能和可靠性；选择不同运行状况进行全线联运，使操作人员进一步熟悉管道整个系统及站内工艺流程操作；充分暴露问题并加以解决，把试运期间可能存在的爆管、跑油的风险降低，为安全平稳地投产做好准备。

对于部分充水投产过程，站场流程和单体试运可以在水段经过本站时进行自动化控制系统和安全保护系统的现场在线调试，但无法进行全线调试；对于空管投产过程，站场流程和单体试运要在油头通过本站后进行调试，全线调试要在油头到达末站时进行。

管道水联运过程，水充满站间管道，应密切关注高点压力变化，确定管道内部气体是否完全排出。全线调试过程中，要考虑压力波和 PID 参数的影响，避免高点被再次拉空。

对于水联运管道，可以进行站外管道稳压试验，检验站外管道是否存在泄漏。试验时须确保管道高点不拉空，同时需考虑温度对压力的影响。试验至少持续 24h，期间要安排人员进行全线轮巡，以检查管道是否存在泄漏。

第三节　管道投油试运行

将管道首站进入油品到末站接收到合格油品这段时间称为管道投油试运行阶段。目前我国成品油管道主要采用全线充水联运后注油置换方式或水隔离段后注油方式进行投油，大多数成品油管道采用了全线充水联运后注油置换方式。下面主要介绍全线充水联运后注油置换投油方式或水隔离段后注油投油方式。投油试运行必须高标准、严要求，按照批准的试运行方案和程序进行，在管道投油试运行前，严格检查，确认管道达到投油试运行的条件。

一　应具备的条件

（1）由生产单位制定投油试运行方案。投油试运行方案应包括：试运行的目标、组织机构、具备的条件、进度；输送流量、油头运移时间和位置、油水混合物长度、油水乳化可能性、末站接收混油的罐容、设备操作顺序、设备控制参数（给油泵技术参数、输油主泵机组技术参数和保护控制参数、压力调节阀或调速电机技术参数和保护控制参数、压力开关设定值、罐位保护控制参数等）；混油切割判定参数、沿线是否分输油品、是否加清管器隔离、意外事故处理方案等。

（2）工程完工并交接。充水扫线和水联运已完成，通信、供电等辅助系统已平稳运行，人员已全部到位并上岗，备品、备件已到位，生产管理制度已落实，环保工作达到"三同时"，各项安全、消防、急救系统已完善；质量控制措施已落实，保运工作已落实。

（3）油源已准备到位，投油试运行计划已落实，油水混合物和纯油接收油罐已落实到位。

（4）投油试运人员准备完毕，并各自就位。

二　油水界面跟踪检测和油水混合物的接收处理

（1）油水界面跟踪检测。调控中心人员实时计算、跟踪油水界面的位置，并及时修正；及时投用各站站外和站内界面检测系统；进站处设置人工采样点，在油水界面到站前轮流进行人工采样，对油水混合物进行检测记录，计算油水混合物长度和油水混合物量。油水界面在到达末站前，应适当提前一定时间切换至油水接收油罐。油头到达末站后要进行连续检测，计算油水混合物长度和油水混合物量，并结合油品色度、机械杂质和水等化验指标，确认检测油品质量达到所输油品的质量控制指标。

（2）油水混合物的接收和处理。在进行油水混合物接收时，在经过密度计检测和色度、机械杂质及水分等项目化验，确认成品油质量符合要求后，通知调控中心下达油品切割指令，将已符合质量要求的油品切入指定的储罐。投油所产生的油水混合物及杂质切入油水混合物接收罐，经一定时间的沉降、分离后（或加破乳剂），在排污口进行脱水操作，并对油水混合物进行化验，化验的结果作为贸易结算的依据。混油根据管道设计和实际情况进行处理。

三　质量控制

油品在投油输送过程中，应尽量减少油水混合物。可采取以下控制措施减少油品损失：

（1）投油时宜采用单一油品输送，但在对于管容量较大的长输管道也可以采取多油品顺序输送；

（2）投油期间尽量少停输；顺序输送时，要将密度大的油品或水停输在低洼段；

（3）故障检修时回收油品要回注到管线中，尽量减少污油损失；

（4）投油期间，进行油品质量跟踪检测，分析油水混合物中的含水、含杂质的量，预测油水混合物量及到达末站的时间，提前做好接收油水混合物的准备。顺序输送时，批次切换流程操作要迅速；

（5）油置换水的顺序输送过程，尽量提高管道流速，对于高差起伏较大的管道应再适当提高管道流速。

第四节　管道投油常见问题及对策

管道在水联运和投油过程中经常会遇到影响管道运行的情况，甚至会造成投油工作受阻。下面就投油期间常见问题进行分析。

一　大落差地段对油置换水的影响

投油是从成品油进入管道至终点的阶段。在这个阶段中，通常比较重视的是油水混合物的问题（对于完全空管投油不存在此问题）。整个油置换水过程中产生的油水混合物量直接关系到成品油管道混油接收设施能否顺利接收及处理等问题。因此，油置换水过程中能够影响油水混合物量的各种因素，在投油之前应充分考虑。

（1）投油中不满流对油水混合物的影响。对于大落差的管道，对油水混合物有较大影响的是不满流的下游。由于在该段中流体由中段的加速变成减速，这一动能的消耗过程就是液流翻滚的过程，类似于一个搅拌的过程。当油水混合物经过这一过程时，相当于对其进行了进一步的搅拌，油水混合物会有所增加。因此在投油试运行过程中，需要控制各站压力确保不出现不满流的情况。

（2）停输对油水混合物的影响。在油置换水的过程中，应尽量避免管线停输。但由于一些不可预知的因素出于安全考虑，在投油中会遇到意外停输的情况。在管线停输时，管内液体的紊流脉动将会消失，被输送液体之间的密度差成为产生混油的主要因素。在密度差的作用下，混油段横截面上的油品会在垂直方向上产生运移。较轻的成品油向上移动，较重的水向下移动。故为减少混油，在管道投油油置换水的过程中应尽可能避免停输。

（3）油水乳化问题。油水混合物经过泵、减压阀等设备会加剧油水乳化。而在管道沿线高差起伏地段，处于低洼处的积水难以一次带出，不但会使油水乳化严重，而且还会使油水混合物有一定程度的增加。特别是含亲水基添加剂处理的油品，更易乳化。

二　管道存气对投产的影响

1. 气体对设备的影响

如果管道中的气体不能及时排出，残留在管道中的气体对管道系统中的设备会带来很大的危害。

（1）当液流速度突然变化时，若发生液柱的分离和撞击，可能会增加水击压力，气泡的反复产生和溃灭引起管段振荡，冲击与管道连接的设备或可能造成管道局部超压；

（2）高点处气体的存在还会降低下游的压力，有可能使泵站的进站压力低于其最小汽蚀余量从而造成泵的汽蚀；

（3）由于管内气体的存在，在投油过程中管内有可能出现两相流。两相流的出现不仅会对输油泵带来类似汽蚀的危害，还对水联运过程中各种仪表的调试带来干扰。

2. 气体对油水混合物的影响

管道存气在随后油置换水的过程中，会明显增加混油量。在成品油管道投油过程中，能够对混油量产生明显影响的因素主要有以下两个。

（1）在地势起伏地区的管段实际上可以理解为是由多个 U 形管组成的波形管段。在地形起伏管线内油水在低洼的 U 形段形成分层。在输量相对稳定时，管线低洼 U 形管内油水的扩散达到一个相对稳定的状态，只要这个状态不被破坏，U 形管段的"水兜"就会长期存在。在这种情况下，往往出现混油量略有增加，但是混油的尾部会被拖得非常长的现象。这种现象在克洛尼尔管道投油、兰成渝成品油管道投油和大西南成品油管道投油中都发生过。

（2）管道存气在爬坡管段，对混油量影响严重。在此列举某管道在投油中遇到的一个较典型的例子进行说明。该管道在柴油置换水投油过程中，产生了大量的油水混合物，如表 3 - 4 所示。

表 3 - 4　某管道柴油置换水累计混油量表

站　场	柴油置换水			
	混油经过时间		流量/（m³/h）	混油量/m³
	开始时间	结束时间		实际值
A 站	9 日 01：55	9 日 02：09	595	118
B 站	9 日 20：21	10 日 11：11	550	8158
C 站	10 日 17：45	11 日 11：46	545	9819
D 站	11 日 23：35			10065.2
E 站				11115.8

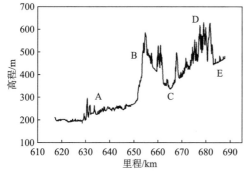

图 3 - 11　A ~ E 段地形断面图

从表中可以看出该管道在 A 站到 B 站间短短的 70km 范围内油水混合物体积增加了 8040m³，其余各段总共增加了 2957m³。这一反常现象经过分析是由于投油过程中排气不当，导致管段内存有气体，又遇上 A ~ B 段为一个爬坡，如图 3 - 11 所示。最终导致混油量在该管段剧增。

理论上讲，如果是流体完全充满管道的单相流，流体处于紊流状态，不会形成大量的混油。然而，如果排气不当，管道中存在一些气体，那么管道中不是单纯的单相流，而是柴油 - 水 - 气体的三相流动。当柴油与水的界面运动到爬坡段时，由于气体的作用，使得管道中在大落差段出现重力分层，水在重力的作用下下滑和沉降到管道低洼处，使得油中含水不均匀，进而使混油量在爬坡段剧增。

3. 水联运阶段临时排水管线振动现象

管道在站间冲水扫线和水联运期间因管内气体、高差起伏等原因导致管内流态多变，排水过程中可能出现排水管线大幅振动，甚至摆动等问题，如 2005 年某管道水联运期间，排水时临时排水管线左右摆动幅度达到 20m；2010 年某管道水联运期间，排水时管道垂直摆动角度达到 50°。发生管线振动和摆动的原因是由于两相流中的压缩气体在排水管线内急剧膨胀引起的管内流速间歇性变化，从而导致反作用力出现忽大忽小变化。此刻，如果排水管线固定不牢或不合理，就会出现排水管线受力不平衡，发生管线振动和摆动。一般采取以下解决措施：一是合理布设排水管线，选择合适的管径；二是对排水管线进行加固；三是在排水管线出口合适位置设置排水阀，以控制排水量和进站压力。

4. 产生气阻

在充水扫线时，高差起伏大的管道经常会
遇到管道实际压力超出理论计算压力的情况
（前面叙述的多相流的影响），造成管道流量过
低，严重时导致水联运无法正常进行。发生以
上情况的主要原因是管内形成气阻。气阻的形
成是由于管道高差起伏大形成两相流，其中气
相部分因为空气密度远低于水，相比纯水输送
缺失了部分势能，导致管道起点需要提供更高
的压力才能克服气阻的影响。如图 3 – 12 所示管
道在 A 点和 B 点之间形成气阻，由于 A 点和 B 点
间为空气，空气密度远小于水的密度，其产生势

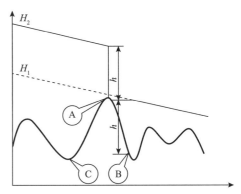

图 3 – 12　管道气阻示意图

能相比水可以忽略不计，为了保持管道终点的压力和流量不变，需要通过提高气阻段的压力
来弥补空气和水的势能差 h，即将压力由 H_1 提高至 H_2 输送才能将水输送到管道终点。

管道输送过程中防止发生气阻的方案有以下几种：a）通过在水气界面中间加清管器。
一般为了防止清管器干磨，会适当在清管器前垫少量水，尽可能减少下坡段自流到低洼处
的水量，控制气阻的严重程度；b）气阻形成后可考虑在高点安装排气阀，将气阻段的气
排净；c）气阻发生后假如不严重，在确保管道不超压、设备仍能运行的前提下可通过提
高上游的出站压力的方式来解决；d）水联运期间多次发送清管器逐步扫除管内气体。充
水扫线初期大部分高点处都会存在气阻，但随着气体不断被水流或者清管器带出管道，气
阻的影响会逐渐减少直至消失，管道流量和压力逐步恢复正常。

三　主输油泵常见问题及对策

1. 水联运阶段主输油泵机械密封泄漏问题

主输油泵是管道输送的动力设备，在水联运初期时有发生主输油泵机械密封泄漏导致
水联运暂停的问题，水联运初期造成主输油泵机械密封损坏泄漏的主要原因有：主输油泵
对中不达标、水中机械杂质多、主输油泵排空不彻底、机械密封冲洗管堵塞等。一般水联
运前需要备好充足的开机备件，以免影响到水联运的整体进度。主输油泵机械密封损坏的
原因和解决方法如表 3 –5 所示。

表 3 –5　主输油泵机械密封损坏原因和解决方法

序　号	泄漏原因	推荐解决方法
1	主输油泵对中不达标	水联运前严格按照规程要求进行对中检查
2	水中机械杂质多	严格控制水联运用水的杂质，在上水点和每台泵的进口加装临时过滤器过滤杂质

序 号	泄漏原因	推荐解决方法
3	主输油泵排空不彻底	严格控制排气速度，避免过快，同时边排气，可边缓慢盘车，在排净气体的同时使机械密封动静环之间形成液膜
4	机械密封冲洗管堵塞	加密巡检，巡检时观察测量机械密封节流孔板是否堵塞，一般可采取测量节流孔板上下两侧管道的温度方式判断，如有明显的温差说明机械密封冲洗管堵塞；通过听声音，如机械密封冲洗管发出口哨声，说明机械密封冲洗管有可能堵塞

2. 水联运期间主输油泵启动时电机过电流现象

水联运期间，主输油泵在首次启动时经常出现启动失败的情况，常见的主要原因和解决方案如表 3 – 6 所示。

表 3 – 6　主输油泵启动问题的原因和解决方法

序 号	原 因	推荐解决方案
1	泵出口阀开度过大，导致启动负荷过大	启动前合理设置泵出口阀的开度，一般为阀门开启死区以上 3% ~ 5%
2	泵逻辑启动的开始开阀时间小于电机启动保护时间，导致启动负荷过大	修改启泵逻辑或者电气保护时间，确保电机达到额定转速以后泵出口阀才开始打开
3	电气保护定值设置偏小，启动动力不足，导致启动超时	核定电气保护定值，在允许范围内提高保护定值
4	启动前出站调节阀开度过大或者启动后调节阀开启速度过快，导致流量过大电机过载保护	合理设置初始的出站调节阀开度，避免启动过程中电机过载保护；启动以后根据泵流量合理调节出站调节阀的开启速度，对于经验较少的操作员推荐小幅度、高频率的调节方式
5	工艺联锁设置错误或者联锁逻辑组态错误	投油前要完成联锁逻辑调校和工艺联锁值核对工作
6	输油泵或者电机故障，如泵卡阻、振动、温度仪表故障、润滑不好等	输油泵启动前要做好泵和电机的检查，如盘车、排气，检查润滑情况、附件情况等，确认泵具备启动条件

四　过滤器堵塞问题

管道在投油前都必须清扫干净管内杂质，保证管道的清洁度，但在投油过程中仍易发生过滤器堵塞的情况。主要原因有：一方面管内杂质未全部清除；另一方面投油用的油品携带杂质能力强。主要解决措施有：一方面加强施工阶段管理，减少管内杂质，投油前进行清管的管道，要合理安排方案，尽可能扫除管内杂质；另一方面要加强投油阶段的保运工作，发生堵塞后要及时清理，同时要备有足够的备件。

五　清管器卡堵问题

管道水联运期间，一般会通过发送很多的清管器扫除管内杂质，可能会出现下游收不到清管器的情况。这种情况发生的原因以及解决措施详见表3-7。

表3-7　清管器卡堵原因、现象及解决方法

序　号	原　因	现　象	解决措施
1	清管器严重破损	管道可正常输送，无明显压差增大情况	发送一个新的清管器将破损的球推出管道
2	杂质过多	管道上游压力急剧上升无法正常输送	定位、开挖管道，通过换管清出卡阻段杂质和清管球，后续建议发送变形能力较强的清管器，逐步清除杂质
3	管线有大的变形	管道可正常输送，有固定压差或者无明显压差	定位、开挖管道，通过换管清出卡阻段杂质和清管球，重新发送清管器
4	线路截断阀或者站内阀门卡阻	管道可正常输送，有固定压差或者无明显压差	通过调整阀门的阀位开度看清管球是否能正常通过，如仍不能通过则需通过拆卸阀门、取球或者新发清管器将球推出的方式解决

六　油品质量问题

1. 投油初期管道油品乳化浑浊现象

管道采用油置换水的方式投油，由于油水界面交替不可避免会产生油水混合物。受低洼处存水的影响，有可能会出现长期油品带水的情况，高差起伏的管道尤为严重。解决办法一般采取加大投油流量，通过流体本身的携带能力加快管内存水的带出，也可采用在油水界面中间加隔离球的方式辅助扫除管内存水。在实际投油过程中，严重的还会出现油品乳化浑浊的情况。

随着油品的不断升级，油品中加入的添加剂（抗磨剂、十六烷值改进剂等）可能是潜在的乳化剂或助乳化剂，在管道油置换水投油过程中，使油水混合物容易形成乳状物。同时，在投油过程中管道内水的活性物质、机械杂质等，也会加剧油品乳化。对于大落差山地管道，油品乳化情况更为严重，而且通过提高投油时油品流速也无法彻底解决油品乳化问题。因此，在投油时要严格控制进入管道油品的含水率，油品的含水率越低越好；如已出现油品乳化问题，在控制油品含水率的同时，可以通过站间加密发送清管器的方式扫除管内存水。

乳化油品的处理一般可采用自然沉降、调合、过滤、破乳沉降等措施。以上措施可以

单独使用也可几种措施同时使用。自然沉降成本最低但周期长；调合需要有大量外来合格油品；过滤方法效果好、速度快但成本较高（主要是滤芯成本）；破乳沉降的方式需要采取一些特殊工艺，效果需要有合适的破乳剂和一定的沉降时间。

2. 界面跟踪不到位

无论采取哪种投油方式，管道运营单位都需对油头界面进行跟踪，避免出现油流至管道外，造成环境污染。在投油过程中可通过一定的措施跟踪油头界面：一是及时投用各站站外和站内界面检测系统；二是进站处设置人工采样点，在油头界面到站前轮流进行人工采样；三是提前切换至油水接收油罐。

七　密度差大对大落差管道输送的影响

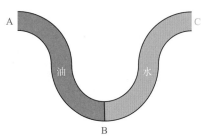

图 3 - 13　U 形管油置换水示意图

对于如图 3 - 13 所示的 U 形管，当 A - B 段为油、B - C 段为水时，由于密度差的原因使得油推水过程必须克服这样的势能差。加之投油过程中，大落差管道中的气体很难排净，因此会同时出现图 3 - 13 的情况，导致压力需求超大，管道因压力高而停运。

例如：某输油管道，A 点至 B 点距离 18km，B 点至 C 点距离 19km；A 点与 B 点的高程差是 1470m，C 与 B 点的高程差是 1410m。投产过程中可能出现的最为严重的工况为 A 高点至 B 低点全为油，而 B 低点至 C 高点全为水，在这种情况下要克服油水重力差，需要 A 高点至少有 1.55MPa 压力。加之，在投产过程中 BC 段管子中的 C 点附近含有压缩气体，所需的压力可能更大。

管道投产过程中需注意 U 形管地形，防止超压出现。具体方案有以下几种：a）在确保管道不超压、设备仍能运行的前提下可通过提高上游的出站压力的方式来解决；b）在条件允许的情况下，可在 B 点上游阀室排水（保证不是油水混合物）；c）如果气体比较多，采取各种排气方法，减少阻力。

参考文献

[1] 杨筱蘅. 输油管道设计与管理 [M]. 青岛：中国石油大学出版社，2006. 5.

[2] 王卫东. 成品油管道输油工 [M]. 北京：中国石化出版社，2013，11.

[3] 严大凡. 输油管道设计与管理 [M]. 北京：石油工业出版社，1986.

[4] 中华人民共和国国家标准. 输油管道工程设计规范：GB 50252—2003. 中国计划出版社，2003.

[5] 高发连，刘双双，付强. 西部成品油管道空管投油的技术分析 [J]. 油气储运，2006，25（11）：58 - 60.

[6] 张楠. 起伏管道液气置换过程两相流流动规律研究 [D]. 北京：中国石油大学（北京），2009.

第四章 长输成品油管道运行与调度管理

长输成品油管道的密闭顺序输送工艺特点决定了其运行与管理的复杂性，近年来,长输成品油管道建设进一步向大型化、网络化发展，导致运行与管理越来越复杂，对运行计划的高效性、准确性及调度管理的安全性要求也越来越高。运行计划编制的科学性、执行的准确性及运行操作的规范化，对于成品油管道的高效、安全、经济运行和调度管理起着重要作用。本章主要介绍目前成品油管道运行计划编制、调度管理以及新技术发展等方面的内容。

第一节　长输成品油管道运行计划

管道运行必须按管道运行计划执行。运行计划是一组相互关联的管道运行程序表，是按照油品供应方的供应量、需求方的需求量和输送方的输送量编制的。虽然所有管道的功能看上去相同，但是运行计划的优劣却能体现管道运行管理水平以及设备充分利用程度，并极大程度上影响了管道运行的经济性与安全性。

一　运行计划编制

管道输油任务的完成必须依靠周密的运行计划。油品供应方或需求方委托管道运营单位输送油品，三方需共同制定运行计划，保证准时、准确地将各批油品输送到指定的分输站并保证输送油品数量和质量。三方共同制定的运行计划，既要符合顺序输送原则又要满足市场需求。在运行计划制定后，要求三方共同严格执行。

成品油管道系统能否经济、高效地运行，运营单位编制与执行运行计划的水平是关键因素。所以，实现运行计划优化对管道运营商来说有着深远的意义。随着成品油市场的不断发展，油品种类不断增加，不同季节内用户对油品品种和用量的需求也发生变化，成品油管道运行计划编制、运行调度面临的困难越来越大。目前，我国的成品油管道运行计划编制是基于企业自营型模式。但开放的成品油市场正在逐渐形成，因此应该逐渐改变过去的管道计划编制、调度模式，形成基于市场驱动型的成品油管道运行计划编制、调度模式。

虽然近年来使用计算机辅助成品油管道管理使得原来的工作量大大减少，但核心的方法仍未改变，运行计划编制仍是一个费时费力的工作，需要编制人员依次确定每个批次的详细运行计划，即为油品的批次计划。

油品批次计划常用批次运移图和管输任务图来表示。

二　批次运移图

批次运移图是国内外常用的批次计划的直观表达形式，可以全面清晰地表示整条管道每个阶段管道内油品运移以及各站分输或注入情况，可将整个计划按时间顺序清晰地表达出来，如图4-1所示。

以某成品油管网为例，图4-1中，纵轴表示沿线站场，横轴表示时间。图中斜线表示各个油品混油界面在管线内的运移过程，其斜率表示混油界面的流量。红色、绿色、蓝色等彩色矩形块分别代表着不同品种的油品，矩形块的宽度代表着分输或注入的流量值，其长度代表着分输或注入的持续时间，矩形块的首尾位置对应的横坐标值分别代表分输或注入的开始时间和结束时间。

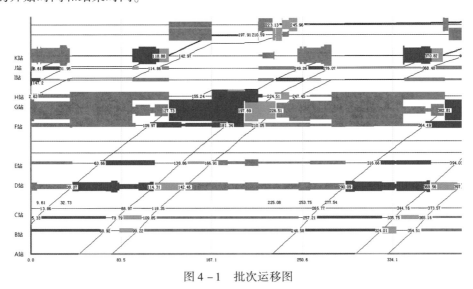

图 4-1　批次运移图

批次运移图的优点是无论计划多复杂，用一张图即可完整地表示；缺点是不能直观地看出每个站场分输油品的体积，往往还需要配以分输计划表。分输计划表如表 4-1 所示。

三　管输任务图

管输任务图也是表示批次计划的一种直观展示方法。管输任务图纵轴表示时间间隔，横轴表示管线的体积坐标以及每个站的位置。每个矩形表示一个操作阶段以及在该阶段中所进行的注入和分输情况，如图 4-2 所示。不同的颜色代表不同种类的油品，B1 ~ B8 代表不同的批次。彩色矩形中的数字表示该种油品在管道内的体积，箭头中的颜色和数字分别表示分输油品的种类和体积。

从图中可以看出，该条管道包含 4 个分输站（D1、D2、D3、D4）、1 个末站（D5）。σ 代表 5 个站的体积坐标，分别是 $400 \times 10^2 \mathrm{m}^3$、$650 \times 10^2 \mathrm{m}^3$、$900 \times 10^2 \mathrm{m}^3$、$1500 \times 10^2 \mathrm{m}^3$、$1635 \times 10^2 \mathrm{m}^3$。第一阶段表示管道的初始状态。第二阶段：0 ~ 55h，首站注入 $425 \times 10^2 \mathrm{m}^3$ 蓝色油品，D2 分输 $90 \times 10^2 \mathrm{m}^3$ 橙色油品，D3 分输 $60 \times 10^2 \mathrm{m}^3$ 橙色油品，D4 分输 $10 \times 10^2 \mathrm{m}^3$ 黄色油品以及 $80 \times 10^2 \mathrm{m}^3$ 橙色油品，D5 分输 $50 \times 10^2 \mathrm{m}^3$ 橙色油品以及 $135 \times 10^2 \mathrm{m}^3$ 紫色油品。第三阶段：55 ~ 168h，首站注入 $1356 \times 10^2 \mathrm{m}^3$ 紫色油品，D3 分输 $136 \times 10^2 \mathrm{m}^3$ 紫色油品，D4 先后分输 $120 \times 10^2 \mathrm{m}^3$ 黄色油品、$60 \times 10^2 \mathrm{m}^3$ 橙色油品、$152 \times 10^2 \mathrm{m}^3$ 紫色油品以及 $10 \times 10^2 \mathrm{m}^3$ 蓝色油品。D5 先后分输 $70 \times 10^2 \mathrm{m}^3$ 橙色油品，$70 \times 10^2 \mathrm{m}^3$ 黄色油品，$140 \times 10^2 \mathrm{m}^3$ 橙色油品以及 $248 \times 10^2 \mathrm{m}^3$ 紫色油品。第四阶段：首站注入 $120 \times 10^2 \mathrm{m}^3$ 蓝色油品，D5 站分输 $120 \times 10^2 \mathrm{m}^3$ 蓝色油品。

表4-1 分输计划表

A站	B站	C站	D站	E站	F站	G站	H站	J站	K站	L站	M站	N站	O站	001A	001B	001C	002A	002B	002C	003A	003B
1275	50	50	0	125	50	100	450	0	80	0	100	0	280								
1275	50	50	0	125	50	100	450	0	80	0	100	0	280							5月31日06:00	
1275	50	50	0	125	50	100	450	0	80	0	100	0	280								
1275	50	50	0	125	50	100	450	0	80	0	100	0	280	O站							
1275	50	50	0	125	50	100	450	0	0	0	170	280	0								
1275	50	50	0	125	50	100	450	0	0	0	170	280	0						L站95#到量		
1275	50	50	0	125	50	100	450	0	50	0	170	280	0								
1275	0	55	0	125	50	100	450	0	50	0	170	280	0					L站			
1275	60	0	0	165	50	100	470	0	50	0	170	280	0							B站	
1275	60	0	0	165	50	100	470	0	0	0	170	280	0								
1275	60	0	0	165	50	100	470	0	0	0	150	280	0			N站95#到量					
1275	60	0	0	165	50	100	470	0	0	0	150	0	280								
1275	60	0	0	165	50	100	470	0	0	0	150	0	280								
1275	60	100	0	130	75	80	400	0	0	0	150	0	280							C站	
1275	60	100	0	130	75	80	400	0	0	0	150	0	280			O站					
1275	60	100	0	130	75	80	400	0	0	0	150	0	280								

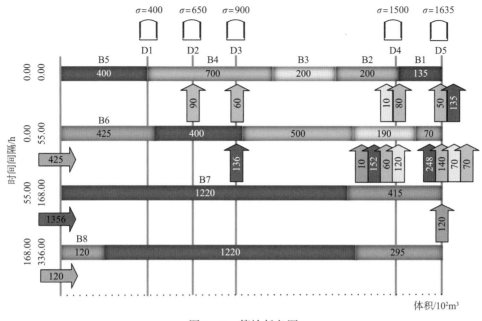

图 4 - 2　管输任务图

管输任务图是国外常用的表达形式，优点是可以直观地查看每个阶段管道中油品的管存以及每个站场分输油品的体积；缺点是如果输送计划阶段数过多，导致管输任务图过于冗长，表达过于复杂。

第二节　运行与调度管理

规模较大的成品油管道或管网一般设有专门的调控中心，对管道运行进行统一调度、指挥和操作。对于规模较小的管道可不单独设置调控中心，由其中的某一输油站代替调控中心行使统一调度、指挥和操作职能。成品油管道调度运行管理由调控中心和输油站的相关人员负责。为了确保管道的安全运行，长输成品油管道一般采用三级控制方式，控制级别分为中心控制、站控控制和就地控制三级。

鉴于运行计划和水力特性的复杂性，管道运行控制应遵循"统一指挥，集中调度"的原则。调控中心是成品油管道运行操作和指挥的中枢，对管道实行集中控制。调控中心计划编制人员根据用户或炼厂的委托需求编制并执行管道运行计划，中控调度根据输油计划分解输油任务、发布操作指令、执行中控操作和监控、混油跟踪和切割、组织管道异常工况的分析和处置。输油站在中控调度的指挥下对现场设备和设施进行操作、监护和巡检，负责各类运行参数的监控、异常信息的上报以及与油库、炼厂的数质量交接等工作。

1. 管道运行操作

管道在进行操作时，必须要保证管道安全平稳运行，管道低点不超压、管道高点不发生汽化、不发生质量事故、设备不超温、超压运行等。通常需遵守以下原则：

（1）"先开后关"原则：过滤器切换、流量计切换、下载流程切换、油品输入和注入切换等操作须遵循"先开后关"原则，以防管道超压；

（2）"先启后停"原则：输油泵切换时，一般采用先启后停的原则，减少管道水力扰动，特殊情况也可先停后启；

（3）"缓开缓关"原则：正常开关阀门时，应"缓开缓关"，以防发生"水击"现象，损坏管道或设备，向无压或从未升过压的管段升压时，应缓开阀门，至压力平衡后方可正常开启阀门；

（4）"压力平稳"原则：正常情况下，管道启、停输时应缓启缓停，工况调整应遵循管道系统压力平稳的原则，宜限制不同工况下调节阀的最大调节幅度值和最小调节频率，避免管道系统压力突然升高或降低，影响管线的安全平稳运行；

（5）"先低压后高压"原则：在导通具有高低压衔接的流程时，如下载进库流程、水击泄压流程的投用导通、排气流程、排污流程等，要先导通低压流程，后导通高压流程，切断流程则相反，防止高压区的压力窜入低压区，导致低压区超压，从而损坏设备和管道；

（6）"源头控制"原则：在管道运行过程中，出现异常时，操作控制人员应及时进行工艺操作处理，控制异常状态扩大，并防止次生事故的发生，如管道发生泄漏时，应立即停输，再关闭泄漏点上下游阀门，最后对泄漏点进行处理；

（7）管道启输时，应遵循先启给油泵再启主输泵的原则，停输时，应遵循先停主输泵再停给油泵的原则，防止主输泵吸入压力过低而发生气蚀或联锁停泵等情况。

2. 管道的控制与调节

对于成品油管道来说，控制与调节的主要目的是保证管道安全运行，防止设备超温、超压、超负荷运行；对于起伏管道，防止管道高点发生汽化，低点超压；并按照运行计划完成管输目标，控制调节主要指标是压力和流量。通常需遵守以下基本要求。

（1）压力控制方面：输油站进站压力应控制在最低允许进站压力以上防止泵机组入口压力过低和管道高点汽化；进站压力控制在最高进站压力以下，防止上游管道出现超压运行情况；特殊情况下进站压力可短时间低于最低允许进站压力，但严禁高于最大进站压力；出站压力应控制在最高出站压力以下，防止管道超压运行。

（2）流量控制方面：油罐进油操作时，为了防止流速超高而导致静电大量积聚，必须要控制油品的进罐流速；管道运行流速必须高于顺序输送的混油临界雷诺数对应流速，通常要求流速大于 1m/s；输油泵过泵流量不能低于最小连续稳定流量；最大过泵流量不能造成电机过载或超过泵的额定流量。各站的下载流量必须控制在流量计的标定范围之内。另外，操作过程中，合理调节阀门的幅度和调节频率，确保管线流量平稳提高或者降低，防止流量、压力剧烈波动。

3. 管道运行监控

管道在运行过程中，管道操作人员应对管道的设备和输送介质的压力、流量、温度、密度、液位、振动等参数进行有效监控，防止管道或设备出现超温、超压、超负荷状况，及时发现管道泄漏、设备故障等异常情况，确保管道输油计划高效、保质、保量地完成。管道运行监控分为远程监控、现场监控两种，监控内容具体分为以下五种。

（1）管道泄漏（含打孔盗油）监控

一般采取查看压力/流量趋势、对比压力/流量变化、泄漏监测系统报警、巡线等方式，监控管道是否发生泄漏（含打孔盗油）。无论采用哪种方式，在发现异常后，值班人员都应立即启动应急预案，将相关情况向管理人员汇报，组织分析异常原因，安排人员上线排查。一旦确认为外管道发生泄漏，立即停输，关闭泄漏点前后阀门，同时对泄漏管段进行泄压，减少油品泄漏量，回收泄漏油品，防止事故扩大。

（2）混油界面监控

混油界面监控是做好顺序输送管道混油切割的前提，也是确保油品质量的关键。在混油界面到达前，必须确认界面检测系统正常运行，实时对界面进行监控，如界面检测系统故障，必须采取人工采样的方式进行界面检测，防止因界面跟踪不到位出现油品质量事故。

（3）泵机组、油罐等设备运行参数监控

管道日常运行中应对泵机组、油罐等设备主要参数进行监控，确保泵机组、油罐等处于安全运行状态。除了对泵机组进、出口压力，流量进行监控外，还需监控轴承温度、泵壳温度、泵轴（电机）振动值、润滑油泄漏等参数，一旦发现泵机组相关参数异常，应立即停止泵机组运行并进行分析处理，防止机组发生超温、超压、超负荷等情况。油罐监控参数主要是液位，一旦发现油罐液位异常，对于动态油罐应立即停止油罐收发油作业，防止冒罐或抽瘪；对于静态油罐应立即检查油罐、油罐阀门等是否出现漏油，并进行处理。

除对泵机组、油罐主要参数进行监控外，还需监控全线设备、仪表状态等是否发生改变，确保管道安全平稳运行。在进行设备或流程切换操作时，必须对设备远控及就地状态进行确认，一旦发现异常，立即进行应急处置，防止发生管道超压、泄漏、窜油等事件。

（4）工艺操作过程监控

在进行管道运行操作、检维修过程中，需要对管道相关参数进行监控，同时需要专人在现场进行监护，若发现不安全的行为或设备出现异常状况，监护人员要立即进行制止并进行应急处置。

（5）报警信息动态监控

报警信息是发现和处置异常情况的一种重要手段。报警信息分为 SCADA 系统报警信息和泄漏监测系统报警信息。发现报警后要及时查看、分析，对于影响生产运行安全的报警要及时进行处理。

成品油管道顺序输送过程中，不可避免地会产生混油，必须对混油进行跟踪、处理及控制。

1. 顺序输送混油

（1）初始混油的产生

在首站开始两种油品切换时，首先开启后行油品切换作业阀门，逐渐关闭前行油品切换作业阀门，实现输油品种的切换。在油品切换的短暂时间内，由于两种油品的切换作业阀门存在短时同时开启（部分开启）的情况，使前后两种油品同时进入首站泵的吸入管道，同时，后行油品经过流程中的分支管时，分支管内遗留的前行油品会在局部扰动作用下，不断掺入后行油品中，形成所谓的初始混油。初始混油量的大小取决于切换过程的快慢、站场管道的布置、首站输送流量、油罐液位差等。

在管道首站产生的初始混油，对输送距离短的管道影响较大，当管道增加到 300km 时，初始混油的影响已不明显。

（2）输送过程对混油的影响

①中间站对混油的影响

在顺序输送油品的过程中，当经过每个中间泵站时，混油段首尾受到泵内叶轮的强烈搅拌剪切，强化油品混合，使混油量有所增加。一般情况下，一个串联机组泵站所产生的混油量相当于 10~15km 的线路混油量。

中间站的旁通管、三通、汇管、副管、过滤器、支管段、管道阀门等会随着顺序输送的周期循环而不断轮流充满不同种类油品，引起局部混油。盲管内的油品置换是通过分子扩散和盲管内油品扰动出现的涡流进行的，盲管越长则盲管内残存的前行油品越多，置换残存油品所需的时间就越长。若盲管太长，则盲管中残存的前行油品不能被后行油品置换干净。随着输送距离的增长，经过的中间站场增多，各中间站盲管、设备对尾油的影响逐渐叠加增大，严重影响输送油品的质量。这也是末站混油尾过长，混油尾质量不合格的主要原因，如某管道接完混油十几个小时之后，油品采样分析质量仍不合格。要研究中间站场对混油尾的影响，中间站有必要对油品界面过站后进行采样分析，总结混油界面过站后油品合格的时间，以便采取应对措施。

②起伏管段对混油的影响

在某些起伏地段，密度差对混油量的影响大于黏度差的影响，如柴油顶汽油界面，在管道下坡顺序输送时，密度大的油品所处的地势高于密度小的油品，密度大的后行油品的重力势能较大，会很容易地楔入前行油品中，混油界面也会全体向前移动，因此管道下坡时，前行油品密度小的相较前行油密度大的会产生较长的混油段。因此，在运行起伏较大管道时必须重视地形和密度差对混油量的影响。

③管道长度对混油的影响

图4-3是从某成品油管道的现场混油数据库中，随机抽取A（93#→0#）、B（0#→93#）混油两个界面进行对比，得到混油量随输送距离的变化曲线。

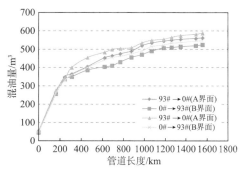

图4-3　混油量变化曲线图

从图可以看出，对比A（93#→0#）、B（0#→93#）混油界面变化曲线，差别并不大。在0～250km之间，混油量增长较快，在250～1000km之间，混油量增长速度变缓，在1000km之后，混油量基本稳定在500～600m³之间，变化很小。可见，长输管道混油量随输送距离的发展存在大致三个阶段：快速发展阶段，缓慢增长阶段及稳定阶段。需要注意的是，图4-3中的混油数值是1%～99%体积浓度范围混油量，并不表示后行油品质量已经合格。在实际运行中，混油尾痕（浓度大于99%）的长度远大于混油（浓度1%～99%）长度，这也是混油段经过后往往需要较长的时间油品质量才合格的原因。

2. 混油切割

混油切割可以采取按体积量切割和油品浓度切割两种方式，两种方式均是通过对管道的混油规律进行分析，根据所输油品的质量潜力、油品批次量、混油罐罐容以及混油处理方式等确定的混油切割经验值。

（1）按体积量切割

按体积量切割是在混油界面到达末站时，根据运行经验，直接按照给定的混油量进行定量切割。

（2）按油品浓度切割

按油品浓度切割是按照给定的切割浓度及外输油品密度值计算出切割密度值，混油到达末站时，按照计算的切割密度值进行切割。切割可以采用两段切割、三段切割、四段切割或多段切割等，切割的原则是有利于混油的回掺处理。

（3）现场混油切割

在相同的温度下，两种油品的密度差值是一定的，但实际运行中却发现首站油品密度差值与末站油品密度差值并不完全一样，造成这种现象的主要原因是不同仪器间的测量差异；混油过站期间密度计过滤器堵塞造成密度值的延后，即使是轻微的堵塞也可能对界面曲线造成很大的影响；确定密度差值时未考虑首站站场内外油品密度不同，油罐管存油品与油罐内油品密度不同，以及油罐油品分层等影响。出现该情况时，操作人员则不能完全按照界面密度差值确定切割密度值，需综合考虑确定切割时机。一般在两种密度相差较大的油品界面中，其曲线都会表现出一定的特征，如在混油段向后行纯油过渡时，其曲线都会出现较为明显的拐点，此时可结合经验值在拐点后进行切割。顺序输送管道在设计规定的输量下运行且无异常操作时，混油量一般相差不大，若曲线中并未出现拐点，同时又不存在因首站阀门故障等明显可能增加管线运行混油量的前提下，可直接结合经验值进行切割。

在进行混油切割时，所依据的是进站界面检测仪的界面曲线，而从进站界面检测仪到油品下载切换作业阀间还有一定距离。混油切割时可适当延迟切割点，也可以有效地提高混油切割精度，减少混油量。

在混油密度切割值的计算和切割方案决策过程中还应充分考虑混油切割时混油罐的最大进油量、流速限制、油品的批量、进油罐的底油质量指标潜力、混油段混油量的大小。如底油质量指标潜力较高、油品的批量较大时，则可考虑在切割时适度减少混油接收量。

3. 混油控制措施

针对不同的管道，根据实际情况，可以采取以下几点控制混油的措施。

（1）优化运行控制混油

合理组织批次计划。加快用户库区出库量，增大油库空罐容；组织好油源供应，尽可能提高油品单批次输送量，减少界面混油量。

合理安排输送顺序。根据油品质量指标和密度安排外输油品顺序，如不同油品界面（如汽-柴界面），宜安排质量潜力大的油品作为界面后行油品；如同种油品不同牌号界面（如汽-汽界面），安排密度差大的油品作为界面前行或后行油品，以易于区分油品界面。

（2）首站初始混油控制

在进行油品切换时，要尽量缩短两种油品切换作业阀门同时开启的时间。

（3）中间站混油控制

在混油经过中间站期间，减少设备、流程切换操作，如泵切换、过滤器切换、主输流程与越站流程切换等；尽量提高过站流速；尽量保持管道运行压力、流量平稳。

（4）停输混油控制

在油品顺序输送时尽量避免停输，不可避免停输时应尽可能选择混油段处于地形平坦的地区或使大密度的油品处于斜坡段的低段。

4. 混油尾油处理

目前，国内成品油管道混油界面的跟踪与检测应用最广、最稳定的方法是密度型界面检测系统，即通过在线密度计对混油进行跟踪检测并为混油切割制定依据。但混油尾油（纯油浓度大于99%）位置难于检测，常用的界面检测仪大多是分辨率万分之一的高精度在线密度计，汽柴油的密度差大约为 $100kg/m^3$，由此推断到1%的浓度范围。但油品的密度是不确定的，在市场管理模式下油品密度变化更大，尽管有精密的在线密度计也难以准确地判断混油段头尾的位置，无法在运行过程中将尾油单独分离切割。另外，根据对国内目前炼厂生产油品的质量潜力研究，一般汽柴油之间允许掺混浓度大约在0.2%左右，这个浓度点在线密度计根本检测不到。即使能在99%浓度点切割，从99%～99.8%浓度点之间的油品仍不合格，而且混油尾油很长。因尾油量较大，受混油罐容限制及后续处理难度较大等原因，现实条件不允许将大量的混油尾段（简称油尾）当作混油进行单独切割和处理。鉴于此，可以采取以下几种措施对油尾进行处理。

（1）采取"沿途分输"措施，减少油尾到达末站总量

针对长距离顺序输送的尾油过长，末站调合处理压力较大的问题，采取"沿途分输"措施，即沿途各分输站场在混油界面（1%~99%）过站后立即下载一部分油尾，并按照单批次油品下载总量和油品指标，在确保油品质量合格的前提下，合理确定油尾下载量。

（2）提高管输首站外输首罐油质量潜力

在确保管输油品质量满足国标及企业内控指标的前提下，提高管输首罐油的油品质量潜力，使相邻不同油品界面的质量潜力最高，缩短油尾指标不合格的时间，有效减少管道末端油尾量。

（3）末端多罐分散下载油尾及调合

末端尾油调合遵循"少量多罐、逐步增加"的原则，即尽可能下载至多个油罐，且下载量逐渐增加，用最大量的油来调合最前端质量最差的尾油。

（4）坚持"最小批次量"

末站下载纯油的最小批次量应确保能将当批次油尾调合合格，不造成堵库和影响管道正常输送。

5. 混油处理方式

顺序输送产生的混油量大多数输送到末站，切割进混油罐储存后进行处理。目前处理混油的方式主要有回掺调合处理、运至炼油厂回炼、降级或末站蒸馏装置蒸馏处理等。

三　管道清管

长输成品油管道常有铁锈颗粒和各种污物附着沉积在管壁上，加速管道腐蚀，影响油品质量。因此需定期进行清管，一是能有效地除去管壁上的附着物，减少管内壁腐蚀，降低粗糙度，从而减少摩阻损失，保证管道安全经济运行；二是清除管道杂质和残留水分，保证成品油的质量；三是满足管道内检测要求。

对成品油管道的清管周期根据规定，新投用的成品油管道应在半年内进行首次清管，在用管道应视情况每年进行3~6次清管。

1. 清管器选型

常见的清管器主要有软体清管器、皮碗清管器、直碟混合清管器、直板清管器、钢刷清管器、磁力钢刷清管器等，清管器的选型主要考虑以下因素：

（1）清管器要满足沿线管道内径、设备内径、弯头尺寸、曲率半径等通过要求，避免出现清管器卡阻情况；

（2）清管器的工作压力、运行距离满足管道运行要求；

（3）清管器的发送顺序应遵循"循序渐进"的原则；

（4）根据管道情况选择适宜的清管器过盈量；

（5）清管器选择应考虑经济成本，尽量重复使用。

2. 清管作业注意事项

清管作业时应按清管方案认真做好准备工作，按操作规程实施清管作业。同时还需注意以下问题：

（1）管道若长时间未进行清管作业，清管前应检查管线沿途是否存在可能引起管道变形的违章占压；

（2）成品油管道清管时间应避开不同油品交替的时间，避免增加混油；

（3）在运行的成品油管道首次清管时宜先发送软体清管器，收球筒中应放置收球鼠笼，避免清管器的头部倾斜卡堵在收球筒出口三通处，导致管道憋压。首次采用机械清管器时，应确认管道的变形程度、管件情况等，以确保清管器顺利通过；

（4）清管前需对截断阀门开关状态进行一次检测，确保阀门全开状态，防止阀门"卡球"及清管器撞击阀板或机械清管器（如钢刷）对阀门密封面造成损坏，造成阀门内漏；

（5）清管过程中应保持运行参数稳定，及时分析清管器运行情况，对异常情况及时采取措施，沿线进行清管器跟踪，在特殊地段应加密跟踪，以便随时了解清管器所到位置并及时发现是否发生了"卡阻"情况；

（6）为了减少清管对后续油品造成污染，在确保管道无异常的前提下，可采取发送几组清管器的方式，每组连续发2~4个清管器，尽量一次性将杂质和污油清出。

3. 清管过程中可能出现的问题及处理措施

清管过程应密切注意运行压力的变化，及时分析清管器的运行情况；当发现管道出现压力缓慢升高、流量缓慢下降的情况时要及时停输，找出清管器所在的位置，并立即进行抢修。

（1）清管器未发出

如果清管器未能发出，应立即组织查找原因，根据具体情况重新发送清管器。

（2）清管器破损滞留管中

清管器由于破损而滞留在管线内，远远超出预定时间而未到达站场，但管道压力没有明显变化，可发送新的清管器，推动已停顿的清管器，将破损的清管器顶出。

（3）清管器出现卡堵

清管器发生卡堵一般是由于管道内存在较大的异物、杂质太多或管道变形导致。如预测清管器应该在某一时间到达某点处，而实际上超过较长时间（如1~2h）仍未到达；或清管器下游管道压力持续下降，上游管道压力持续上升，可判断为清管器在管道内发生了卡堵。

对于清管器卡堵，出现憋压现象，可在允许压力范围内提高压力，尝试利用清管器自身的变形能力通过停球点；在允许压力范围内进一步提高压力，尝试击碎清管器；若管线压力到达极限，清管器还不能正常运行或被击碎，应立即进行管道停输或分段停输，按清管器卡堵处理方案进行处理。

（4）清管后续油品不合格

清管作业时，除了清管器所处位置油品污染外，后行油品冲刷残留的杂质，也会出现污染情况，尤其是后行油品为汽油时。因此，后行油品质量跟踪及应急处置也要纳入清管作业内容中。

4. 清管污油处理

成品油管道清管作业时，清管器前后会有一段含铁锈、泥沙的污油段，污油段无法作为合格的成品油进行销售，因此需进行专门的处理，成品油管道清管污油的处理一般采取过滤和调合相结合的方式。处理方法主要有：自然沉降法、比例调合法、过滤法、外运回炼法、降级处理法，应根据管道污油的实际情况，选择适宜的处理方法。

四　节能管理

提高运营管理水平，降低管道运行能耗，是降低企业输油成本、提高经济效益的重要手段。成品油管道在输送油品过程中通过输油泵来克服管道摩阻和高差，管道能耗主要体现在输油泵产生的电耗。成品油管道的能耗分析主要有公式计算和统计分析两种方法，目前国内外先进的管道公司结合管道仿真系统开发了能耗分析辅助系统，通过不同输送量的运行方案拟合，选出最优的节能运行方案。

1. 成品油管道能耗组成

成品油管道能耗组成主要包括运行能耗和辅助能耗两方面。

（1）运行能耗

管道运行能耗主要有克服摩阻的能耗、克服高差的能耗、节流能耗等为输送油品所需的能耗，即直接生产能耗。由于成品油管道大多为常温输送，因此运行能耗即输油泵机组的耗电量。

（2）辅助能耗

辅助能耗是指除直接生产能耗外，其他生产设备能耗。它虽然不直接为油品在管道中流动提供能量，但也是维持安全、稳定管道运行所必需的能耗量。辅助能耗主要由辅助生产能耗和辅助非生产能耗组成。

2. 节能的控制措施

针对长输成品油管道节能分析，国内研究主要集中在对各条管道进行能耗评估与分析。对设计中的管道，进行设计方案能耗评价；对已建管道，进行耗能分析以找出能耗高的设备、能耗变化趋势和能耗高的原因，并提出节能方案，测算出管道的节能潜力。其中，在役管道系统常用的节能措施从以下方面考虑。

（1）降低沿程摩阻损失

①改变流体流态：主要通过加注减阻剂的形式来改变流体流态，达到降低沿程摩阻损失的目的。

②减小管壁粗糙度：根据实际适时安排清管，清除管壁上附着的杂质、减小管壁粗糙度是降低沿程摩阻能量损失的有效方法。

（2）降低局部摩阻损失

①减少出站调节阀节流损失。为确保管道不超压运行、不出现翻越点拉空，各站均设有最低进站压力和最大出站压力要求，在满足这两个关键压力要求的前提下，应将各站出站调节阀节流损失降至最低，即保持出站调节阀在100%开度。对于设有变频调速泵的泵站，可以通过调整泵的转速到需要的压力，出站调节阀保持100%开度。对于未安装变频调速泵的输油站，则需要通过调整局部上下游站场的下载流量来消除。

②降低进站压力以减少下载减压阀节流损失。各下载站下载管道一般连接于进站处，因此进站压力即为下载减压阀阀前压力；下载减压阀后为低压区，阀后压力主要考虑质量流量计的背压要求，同时也取决于下载管线的长度及油库油罐液位高度等，当压力值较低，且调整余地较小时，一般视为定值。因此要减少下载减压阀节流损失，主要措施是降低下载站进站压力。

（3）合理编制管道运行计划以及输油泵运行方案的组合优化。编制合理的输油计划，选择运行流量处于泵的高效运行区，提高泵效率，同时避免流量大幅波动，保持平稳运行；基于管道运行计划，综合考虑电价差异等因素，采用相应的算法优化管道运行配泵方案同样可以在一定程度上降低管道运行能耗。

（4）定期测算泵机组效率，对于效率过低的泵机组应更换叶轮或泵机组。

五　油品数质量管理

成品油管道数质量管理的核心任务是把好油源质量关，保证输送过程中油品不受污染和减少油品间的窜、混，减少油品损耗及丢失。

1. 油品质量影响因素及对策

管道在投油、运营过程中，油品容易出现闪点或终馏点潜力下降、油品乳化、颜色异常、胶质含量超标、含水分及杂质等问题。对于管道覆盖地域广、管输量进货占比高的区域，出现油品质量问题时，影响范围广、数量多，油品调合处理难度高、耗时长，而在"低库存"运作模式下，对小库容而言，严重时可能会导致市场脱销。

（1）油源质量控制

为优化全局物流、提高管输量、满足市场消费、节约配送成本，管道所输送的油品来源往往较复杂，不同油品进入同一管道进行连续顺序输送后很难辨识所下载油品的来源，因此质量管理的首要环节在于对进入管道的油品进行充分识别。

在质量指标制定时，应制定合理的油源质量内控指标，进管道的油源除满足国家标准的质量指标要求外，还需考虑管输后易发生变化的指标，对柴油的闭口闪点、汽油的终馏点指标留有 4~5℃ 的潜力，且须考虑前行油品拖尾对后行油品质量的影响，每批次要确保顺序输送界面后首罐油的质量潜力更高。

油品进入管输首站时，站场应再次取样分析关键的闪点、终馏点、密度及外观，确保油品满足内控指标，油品无窜、混油，且重点检测油品含水情况，可采用在线含水分析仪或按批次开展人工检测油品含水率，当水含量超标时应进行 4h 以上的充分沉降、脱水后方能将油品输送至管道。

（2）管输过程中影响油品质量的因素及对策

在管输过程中，油品质量易受水、固体杂质、油品表面活性剂、减阻剂、微生物、油品窜混等因素的影响发生变化。

①水的影响及对策。管输过程中，油品可能受来油油罐及管道低洼处积存的水影响，当水量较多时可能导致油品乳化及外观浑浊不合格；而管道水联运及投油过程中管存的水，也可导致油品乳化，影响油品质量。因此应采取措施防水，对来油储油罐每次收油后均须沉降和脱水，水位要限制，当超过规定水位时要采取清罐、抽污等方式；在营管道要定期清管；新投用管道要加大清管力度早日清除管中的水，必要时应对油水界面采取物理隔离措施。

②固体杂质的影响及对策。炼油、管道施工、管道腐蚀及油品氧化等可能将固体杂质引入管输，这些固体杂质将会导致油品的机械杂质（总污染物含量）、堵塞性等质量指标不合格。应定期开展清管、检测管道内壁腐蚀情况并进行必要的修复，加密对首站库油罐的清理也能更好地保护管道和保证油品质量。

③表面活性剂遇水的影响及对策。由于原油中含有磺酸盐或萘等表面活性物质，以及炼油过程中添加的抗静电、缓蚀剂、抗磨剂、十六烷值改进剂等的影响，将引入表面活性剂，使油水界面张力降低，水分离指数下降，油、水间的分离变得困难。因此应检测油品添加剂的影响，通过加热油品及检测油品的堵塞性、分水性、酸度、HLB 值（亲水亲油平衡值）等辅助判断油品的表面活性剂是否超标，同时定期开展清管，防止添加剂在管道中积存。

④微生物的影响及对策。微生物是生长在油、水界面的细菌，它们从水中吸取氧气，从燃油中吸取养分而得以存活和繁殖，且能产生表面活性剂，如乙酸、甲酸等，能引起系统腐蚀，从而导致设备出现故障，影响水从油中的分离。部分厌氧菌不需要空气，代谢产生硫化氢，会导致油品的腐蚀指标不合格。微生物代谢产生物质较多时将导致管道过滤芯堵塞、在油罐底部沉降和产生大量油泥影响油品质量。通过油罐实时脱水、定期清罐、管道定期清管等，可减少微生物对油品质量的影响，必要时也可适当添加缓蚀杀菌液。

⑤混油的影响及对策。随着经济的发展，大部分管道的设计输量逐渐趋于饱和，为加大管输量，输送批次将越来越多，批量越来越小，混油数量也越来越庞大，且随着新品号油品如乙醇汽油调合组分油、航空煤油、更高标号或满足地方标准的新品号油品的增加，混油界面不断增多，混油及尾油对油品质量影响大。单界面的混油量与工艺流程长短、阀

门是否内漏、油品切换时间、输送流速、过程分输混油扰动、油品密度及黏度差等密切相关。因此，优化输送顺序、减少输送批次、保证最小输送批量及不断排查流程质量风险、阀门内漏情况，及时进行改进将能减少混油对质量的影响，同时要做好末站下载点首罐油的跟踪，必要时应开展分罐装储及调合。

2. 油品计量内容及要求

成品油管道油品计量存在计量点多、交接方式不同、计量器具不统一的情况，需要按环节对外签订计量协议，对内规范计量操作规程和账务处理方式，出现计量纠纷时应及时复测和办理赔付或理赔手续。油品在采购、管输前应与生产企业、下载点公司以及相关运输单位签订计量交接协议，明确运输方式、发货和收货计量方式、交接计量地点、计量器具及准确度等级、计量人员要求、交接允差、计量操作和油量计算执行的标准或规程、交接差量和索赔程序等，并严格按照协议进行计量交接、管理损耗。

（1）计量器具

管输所用计量器具包括油罐、温度计、密度计、量油尺、流量计、液位计，以及配套的温度、压力、流量、密度等传感器、流量计算机等，和可能使用的体积管、水标系统等流量计检定装置。计量器具应按国家计量法相关要求进行检定、校准，确保计量交接及贸易结算的准确性，当用体积管等作为企业的最高计量器具用于检定质量流量计时，应按照规定进行建标。管道计量交接器具首选使用动态计量器具，如质量流量计。

质量流量计应当按生产厂家说明书的要求进行安装和调试。如因工艺需要安装仪表旁路的，输油时仪表旁路应当安装盲板，并经交接双方共同确认后方可投用。质量流量计检定时的流量和压力范围应当与实际工作工况相近，输油压力范围与检定压力范围之间相差较大时，应当进行压力补偿。质量流量计应定期消除零点漂移，在检定周期以内，质量流量计出现异常时，应当进行跟踪比对，确认为流量计问题后及时安排检定。

（2）油品注入管道计量

油品从生产企业的油罐直接注入管道时，首选以质量流量计进行计量交接，应对质量流量计进行空气浮力系数修正；油品从首站库自有油罐注入管道时，首选以质量流量计进行计量，流量计算机的切换应当与油品的切换同步。

收发油过程中应结合油罐液位计做好验收及损耗分析，出现超耗及时办理复测及索赔。

账务进货验收（ERP）应当尽量与实物验收同步，管输首站和结算人员应当定期核对入库通知单、入库验收单、实物验收计量凭证，分析台账差异原因。

（3）油品分输计量

管道首次下载成品油时，应以收油罐计量加管存计量的方式进行计量交接，并考虑油品填充管道情况；油品从管道下载至油罐时，宜以质量流量计交接量为准，应当对质量流量计进行空气浮力系数修正，管道站场应当均衡使用所配备的质量流量计计量，以减少设备误差引起的计量纠纷。下载过程中应监测质量流量计的运行状态，并记录运行数据，质量流量计出现故障不能正常工作时，输油量采用合法有效的收油罐，通过交接双方共同检尺计量交接。

交接双方以油罐验收或交接时，可以协议约定以油罐自动计量系统进行计量。手工检尺计量时执行相应国家标准的最新版本。计量交接量应当考虑交接前后管道空、实情况。每次计量油罐以前，交接双方计量员应当检查输油管道、副线和支线的相关阀门已经关闭。

管输下载过程中，下载油罐不得有其他动转作业，同品号非下载油罐不得有异常液位波动。

管输成品油下载出现超差时，以下载质量流量计确定的量先行交接。交接双方共同排查下载质量流量计原因及做连续比对和查阅有关账务，当能证明超差原因为质量流量计引起时，管输方应当赔付或退赔相应的差量。

（4）管道油品盘点

管输油品损耗盘点是保证进出实物与账务相匹配的主要方式。管存油品盘点时应做好管存量计算，按照不同管道分别计算即盘点，计算方式可参照油罐计量方式（区间管线存量 = 区间管线容积 × 体积修正系数 VCF × 标准密度；标准密度、温度的计算方法分别取相邻两站标准密度和计量温度的算术平均值作为区间管线的计算参数；体积修正系数 VCF 根据计算出的平均标准密度和计量温度计算）。管线内油品的总存量为各区间管线油品存量总和。

管段内存在混油时，应首先确定混油界面位置，分别计算各品号油品段管容。上游输油站至混油界面之间管段的相关参数以上游输油站数据为准，计算存油数量；混油界面至下游输油站间管段的相关参数以下游输油站数据为准，计算区间管线存油数量；存在三段油品的，中间段油品的密度按照油品经过上游输油站时的标准密度计算。

（5）油品回收及移库

计量管理还应考虑清罐、清管、改线、维修、管道泄漏、混油移库等的油品回收及损耗管理，主要做法是制定控制指标，及时掌握作业动态，跟踪油品回收，选择合适的计量器具，做好收、发前后的数据记录和交接手续，并监督整个过程，确保油品运输前后没有超耗、油品全部得到回收。

六　辅助管理软件

成品油管道的高效、经济、安全运行离不开相关辅助软件，目前我国管道上广泛应用的软件包括水力仿真软件、批次调度软件和泄漏监测软件。

1. 成品油管道水力仿真系统应用

管道仿真技术是为了满足现代管道设计和管理要求而发展起来的。管道仿真是利用计算机模拟技术对各种工况下的管道水力状态及设备运行状态进行模拟，能比较真实地再现管内流体的流动规律，压力、流量分布情况及其随时间变化的趋势，从而预测管道在预期工况下实际的操作情况，为管道系统的设计、调度、操作及管理决策提供科学的参数和依据。

2. 成品油管道调度计划软件应用

近年来国内成品油管道快速发展，管道输送工艺也越来越复杂，新建管道的投产方案制定、已建成管道的调度、水力计算等工作量越来越繁重。成品油管道调度计划软件能够基于所建立的成品油管道调度优化模型，在注入站注入量以及分输站需求量已知的情况下，快速、准确地求得满足管道运行工艺要求的最优管道运行计划，从而大大节省了管道运行管理方的人力、物力，确保管道安全、稳定地运行。

目前国内应用较多的调度计划软件有中国石油大学（北京）开发的分输调度及运行模拟软件、中国石油天然气集团有限公司开发的成品油管道调度计划编制与运行模拟软件及西南石油大学开发的成品油管道运行调度软件等。中国石油大学（北京）率先针对国内多条成品油管道开发出了分输调度及运行模拟软件，软件主要由原始数据的输入、分输计划制定和输出三个独立模块构成，可实现管道初始状态设置、管道分输计划制定与修改、油品运移图绘制与分析、混油界面到站时间查询、下载计划输出等。中国石油大学（北京）在原有软件的基础上开发出成品油管道调度计划自动编制软件，在考虑水力工况约束、站场操作约束和混油约束等基础上，采用连续时间表达法，以各个下载站对各批次需求体积与实际下载体积的偏差最小为目标函数，建立数学规划模型，并利用多线程求解器对模型进行求解，从而自动编制出高度符合现场操作习惯的管道运行计划。中国石油天然气集团有限公司所开发的成品油管道调度计划编制与运行模拟软件能够检验调度计划的合理性，同时给出按调度计划运行后的管道压力、油品温度及混油参数等的变化情况，为管道运行管理人员提供参考。西南石油大学所开发的成品油管道运行调度软件通过对管道不同工况下的模拟，得出了各个泵站初步的启泵方案和各站的进、出站压力值以及不同年输量、不同流量、不同出站压力、有注入、有下载情况下全线压力的变化，能够为全线各泵站输油泵的配置提供科学依据并确保管道的顺利投产。

3. 混油界面跟踪软件

国内成品油需求量持续增长，促使管道向大型化方向发展。我国成品油管输技术也不断提升，多油源、多分支、大输量的管道设计与建设加快，运行与管理难度日益加大。混油界面跟踪是成品油管道运行管理的关键环节，其准确程度直接影响管道沿线各站场的注入、分输及混油切割操作。根据人工经验计算，难以实现对混油界面到站时间精确预测与其位置的实时修正。因此，开发和使用顺序输送混油界面跟踪软件具有十分重要的实际意义，能够为企业带来巨大的经济效益。

4. 泄漏监测软件应用

成品油属易燃危险品，一旦发生泄漏事故，就会造成巨大的财产损失和环境污染，甚至是爆炸、人员伤亡等严重后果。管道泄漏事故主要是基础设施老化、机械损伤、腐蚀、环向焊缝的开裂、第三方破坏等原因造成的，且存在不法分子打孔盗油的现象。

成品油管道常见泄漏方式有两种，一是小孔泄漏，即较小孔洞长时间持续泄漏，按照流速大小又可以分为大、中、小型泄漏（如打孔盗油等）；二是大面积泄漏，即较大孔洞在短时间内泄漏出大量物料（如整条管道折断等）。与原油管道相比，成品油管道泄漏监测难度较大，以负压波法为例，其难点主要体现在以下三个方面。

（1）多批次、多油品顺序输送

多批次顺序输送时产生混油段，形成多段多密度油品区，使得信号传输速度波动范围较大，若用单一油品区的信号传输速度来进行定位计算，必然会增大定位误差。

（2）分输点多

成品油管道沿线建设有多条分输支线，分输时形成的工况与泄漏相似，干扰了泄漏工况的准确识别，容易造成误报警。

（3）调控频繁

因生产需要，成品油管道需要进行大量操作，如启输、停输、泵阀不定期操作等。这些正常操作工况下产生的信号将会对泄漏监测系统产生干扰，引起误报。因此，成品油管道泄漏监测系统需要针对成品油管输特点进行技术攻关，使其满足在线泄漏监测技术要求，其特性总结为"定位准确、定位迅速、误报率低、漏报率低"。

目前，国内外管道泄漏相关研究主要集中在提高管道泄漏灵敏度、泄漏定位精度、泄漏瞬时流量计算、减少误报和漏报、泄漏扩散分析和事故评价等方面，针对成品油管道泄漏量测算的成果很少。基于此现状，中国石油大学（北京）将泄漏报警系统与泄漏测算模块进行集成，基于水热力耦合瞬变流动模型，开发了具有在线预测不同时段管道泄漏总量功能的软件。目前，该软件模块已经集成到中国石化销售公司智能化管线系统中，在中石化销售公司华南、北京、华东、浙江分公司等多家公司所管辖的成品油管道现场投入使用。实际应用表明，模拟结果与实际结果的误差在15%内，软件测算结果可信，具有工程实际应用价值。

七 典型压力异常工况

管道在运行过程中，受减阻剂界面、油品界面、清管器、管道泄漏、管道高点液柱分离、管道油品温降、管内有气、电网电压波动、站内作业等因素影响，运行压力将出现不同的变化趋势。下面主要介绍几种典型的压力变化案例。

1. 管道泄漏

图4-4为管道发生泄漏时管道入口压力的变化趋势图。根据发生泄漏时管道不同的运行状态，漏点发生流量损失，管道压力下降，向上、下游传递减压波，管道入口压力主要有以下三种变化曲线：

（1）图4-4（a）：管道在压力平稳发生泄漏，泄漏点上游站场出站压力和下游站场进站压力会出现突降，随着泄漏时间的延长，在水力自平衡的影响下，压力下降速率会逐渐变缓。

（2）图4-4（b）：管道在降压过程中发生泄漏，泄漏点上游站场出站压力和下游站场进站压力会出现突降，从压力曲线上看仅是瞬间出现压力下降速率陡升的情况。

（3）图4-4（c）：管道在升压过程中发生泄漏，泄漏点上游站场出站压力和下游站场进站压力上升速率会突然降低，泄漏量大时有可能出现压力突降的情况。

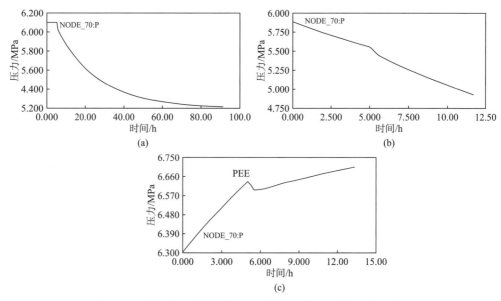

图4-4　运行状态下管道漏油时管道进口压力变化趋势示意图

如图4-5所示，停输状态下管道发生泄漏时，管道发生油品体积损失，管段上游出站压力和下游站场进站压力可能会出现以下两种压力变化。

（1）图4-5（a）：管段停输后如果管段上游站场出站压力或者下游站场进站压力出现突然下降，且管道压力会出现持续下降；一般泄漏时管段两端压力均会下降，如仅有一端下降要分析管道阀室是否关闭或者线路高点出现不满流等因素。

（2）图4-5（b）：管段停输后假设受停输温降影响，管段上游站场出站压力或者下游站场进站压力一直存在下降，如出现泄漏，泄漏管段两端压力下降速率会突然增大。

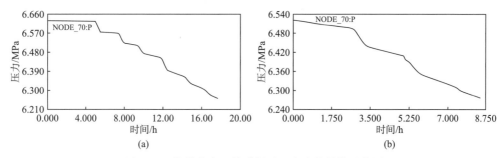

图4-5　停输状态下管道漏油压力变化趋势示意图

2. 打孔盗油

如图4-6所示，运行状态下管道发生打孔盗油时，管道入口压力主要有以下四种压力变化曲线。

（1）图4-6（a）、图4-6（b）：运行状态管道压力稳定时发生打孔盗油，盗油点处出现流量损失，管道压力发生突降，盗油点上游站场出站压力和下游站场进站压力降低，盗油结束后，随着盗油阀关闭，盗油点上游站场出站压力和下游站场进站压力开始上升，并恢复至盗油前的状态。

（2）图4-6（c）：运行状态管道降压过程中发生打孔盗油，盗油点处出现流量损失，管道压力发生突降，盗油点上游站场出站压力和下游站场进站压力下降速率加大，盗油结束后，随着盗油阀关闭，盗油点上游站场出站压力和下游站场进站压力开始上升，压力下降速率恢复正常水平。

（3）图4-6（d）：运行状态管道升压过程中发生打孔盗油，盗油点处出现流量损失，管道压力发生突降，盗油点上游站场出站压力和下游站场进站压力上升速率变缓，盗油结束后，随着盗油阀关闭，盗油点上游站场出站压力和下游站场进站压力开始上升，压力上升速率恢复正常水平。

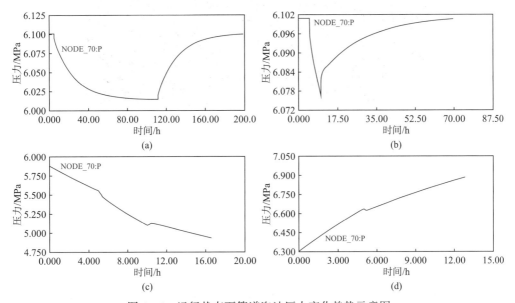

图4-6　运行状态下管道盗油压力变化趋势示意图

如图4-7所示，停输状态下管道发生打孔盗油时，管道入口压力主要有以下两种压力变化曲线。

（1）图4-7（a）：停输状态压力稳定时管道发生打孔盗油，盗油点发生油品体积损失，管道压力发生突降，盗油结束后，压力停止下降。

（2）图4-7（b）：管段停输后假设受停输温降影响，管段上游站场出站压力或者下游站场进站压力一直存在下降，如出现打孔盗油，盗油点发生油品体积损失泄漏，泄漏管段两端压力下降速率会突然增大，盗油结束后，管道压力下降速率恢复正常。

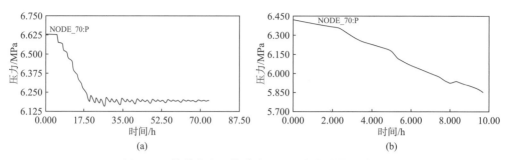

图 4 – 7　停输状态下管道盗油压力变化趋势示意图

3. 管道破裂

管道因各种原因导致断裂或破裂时，压力将急剧下降。某站场进站 8km 处因地质灾害引起管道断裂造成压力突降曲线，如图 4 – 8 所示。

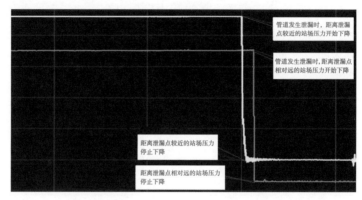

图 4 – 8　管道破裂压力变化趋势图

4. 高点液柱分离与汽柴界面经过高点

（1）管道高点液柱分离引起的压力变化

当成品油管道存在高点时，管道停输后，由于油品温度下降、体积收缩，造成压力下降，当压力低于油品饱和蒸气压时，液柱分离瞬间会向上下游传递压力波，造成上游出站压力和下游进站压力波动，站场距离高点越近压力波动频率越快，如图 4 – 9 所示。

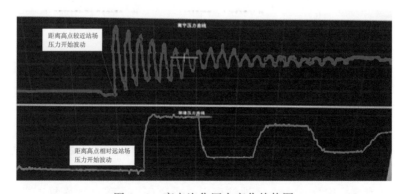

图 4 – 9　高点汽化压力变化趋势图

（2）汽柴界面通过高点引起的压力变化

汽油顶柴油混油界面，汽油不断向前推进的过程中，由于汽油的黏度比柴油低，沿程摩阻不断减小。输量一定时，沿程摩阻降低，压差减小，在上游站场出站压力不变的情况下，下游站场进站压力上升。当汽油顶柴油界面爬坡时，受前后液体密度差的作用，上游站场压力会下降，下游站场压力会上升。下坡压力变化与爬坡时相反。某管道汽柴界面引起的压力变化，如图4-10所示。

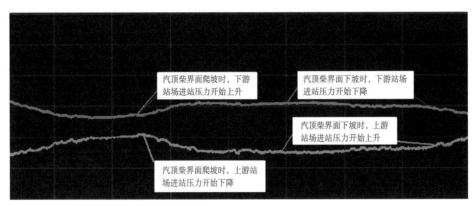

图4-10　汽柴界面过高点压力变化趋势图

第三节　工艺运行与优化

成品油管道运行过程中，要充分考虑管道输送能力、下载油库的接卸能力、油源的供油能力以及泵的运行效率，优化安排、合理调配资源，同时根据生产安全性、可行性等对生产情况进行评价校核，使得管道运行情况达到最优。

一　顺序输送批次优化

运行计划编制是成品油管道正常运行的先决条件，为保障成品油的顺利输送，计划人员需要根据市场需求制定符合管道顺序输送要求的运行计划。运行计划设定的沿线卸油站的下载体积、下载流量和下载时间窗等要素均会直接引起管段内油品流量和压力的变化，从而对管道的安全、高效输送产生影响。成品油管道调度是一个复杂的问题，市场需求变化快，管道朝着网络化发展给这项课题带来了更大的挑战。如何建立简单而全面的数学模型，并通过有效的求解方法来制定运行计划是批次优化的主要内容。

1. 批次优化时间表达

时间的描述对调度问题建模非常重要，这一问题已经在调度领域中得到了广泛的关注。现存的所有模型主要分两类：离散时间模型和连续时间模型。

离散时间表达法是将整个时间段分为若干等长或指定长度的时间窗，将分割每个时间窗的时间节点作为运行计划的事件点，并基于此分析每个事件点各变量之间的逻辑关系，建立模型并求解。利用离散时间表达法可简化各个变量间的非线性耦合关系，减小模型构建及求解难度。当利用离散时间表达时，原本连续的时间被离散化，造成了模型的不准确性；若选定的时步长度较长，可能导致模型求解最优性差，求解的结果不具有实用性。若选定的时步长度较短，由于计算时间段较长，则可能导致模型规模过大而引入维数灾难问题。

因为离散时间表达的局限性，现在的研究热点转向了连续时间表达法。连续时间表达法是以模型中各个事件的发生和结束时间划分时间窗，其中事件的起止时间可以是已知参数，也可以是未知变量，即时间窗的长度和时间位置具有不确定性。分析各个事件的发生和结束条件以及各个事件之间的内在关系，从而确立模型进行优化求解，是连续时间表达法的关键所在。利用连续时间表达法虽然会导致模型结构趋于复杂，变量耦合关系增强，但可以最大限度地缩小模型规模，提高模型求解效率。

2. 批次调度优化模型求解算法

在最近的 20 年中，针对成品油管道调度优化数学模型所采用的求解方法主要是数学规划方法、改进智能算法以及启发式方法等。

数学规划方法是指采用传统搜索办法求解的规划方法，如利用单纯形法、分支定界法、割平面法、动态规划等求解成品油管道调度的混合整数线性规划（MILP）模型。数学规划方法的优点是任务分配和排序的全局性比较好，所有的选择同时进行，因此可以保证求解问题的全局优化。虽然单纯形法、分支定界法、割平面法具有稳定，且解的全局最优性好等优点，但对于调度问题的非线性项的处理只能进行线性化或不考虑，使得求解效果不理想。模型中整型变量的存在会导致规模庞大的调度模型出现维数灾难问题。为解决这些问题，学者们提出了一些措施，如重新表述约束条件，增加能够排除不可行方案的约束，采用分解策略，引入启发式规则等。

所谓智能优化算法，即按照某规则或思想进行的搜索过程，以得到满足要求的问题的解，主要包括遗传算法、模拟退火算法、蚁群算法、人工神经网络等。这些算法可以求出NP 完全的组合优化问题的较优解，解决了大量的实际应用问题，在理论和实际应用方面得到了较大的发展。由于单种智能算法总存在固有的缺点，目前学者多将两种或多种单一智能算法按照某种规则融合在一起或在单种智能算法中引入其他智能优化思想，形成混合智能优化算法，从而可以有效地扬长避短，发挥智能算法的优点，大大提高算法的全局和局部收敛性能。常见的混合智能算法有模拟退火遗传算法、蚁群遗传算法、蚁群粒子群算法、基于退火算法和粒子群算法的混合算法等。

启发式算法是指在可接受的计算时间、占用空间等的前提下，给出待解决的组合优化问题的一个可行解。启发式算法比较灵活简单，能节约计算时间，但并不能保证所得到的解是最优解。

3. 国外成品油批次调度优化

国外成品油批次调度优化在数学模型的建立与求解方面相对比较成熟，考虑因素较为全面，能够将压力约束、时域电价、管段停输以及混油损失等子问题进行耦合。针对单条成品油管道、枝状管网、交错式管网以及结合上游炼厂与下游市场的管网都做了大量研究。

4. 国内成品油批次调度优化

国内针对成品油管道调度优化所做的努力主要集中在以下几个方面。一是提高模型表达的准确性，尽可能与实际情况相符。早期的成品油管道调度优化模型都做了很多简化，这些简化已经不能满足实际调度的需要，例如流量恒定，管径统一等假设就使模型失去了灵活性，不能代表大多数成品油管道。现在已经逐渐出现了一些针对具体问题的研究，如考虑分时电价的影响等。将来在这方面还有很多问题需要解决。二是寻找更紧凑的建模方法和更高效的求解途径。因为模型越大，产生的变量越多，求解耗费的时间越多。采用多种方法相结合，相互取长补短也是未来的发展趋势之一。另外，由于管道正朝着网络化发展，有必要做一些针对管网，而不只是针对单根管道的批次调度优化。

近年来，国内相关学者基于 Zhang H R 的理论模型所开发出的成品油批次调度计划自动编制软件展现出了良好的适用性。软件中的调度优化模块以批次到站时间、批次下载起始时间、批次下载终止时间、首站输入变批次时间、计划起终时间作为时间节点，采用连续时间表达法，考虑时间节点约束、下载计划约束、管道流量约束、混油切割、混油越站约束等，以各个站对各批次需求体积与实际下载体积的偏差最小为目标函数，建立数学规划模型，并利用多线程求解器对模型进行求解。软件模型把管道初始状态、首站注入计划和各分输站需求信息作为已知条件，同时也作为判断模型是否达到目标的依据。把整个计划运行周期划分成若干阶段，通过模型求解得到每个阶段具体的时间点及每个阶段每个站场都进行了何种操作。同时，软件能够快速输出批次运移图、运行计划总表、输油时刻表和调度令，缩短计划编制周期、增强计划安全性和可行性、降低运行成本，从而对提高经济效益起到了非常重要的作用，目前已经成功应用于中石化销售浙江甬绍金衢管道、华北石太管道、华中长郴管道以及华南北海—大理管道等多条国内大型成品油管道。

成功应用于中石油兰成渝管道的成品油管道分输调度软件由原始数据的输入、分输计划制定以及管道优化运行模拟三个独立模块构成。可实现管道初始状态的设置、管道分输计划的制定与修改、油品运移图的绘制与分析、混油界面到站的时间查询、下载计划的输出等功能。对于分输计划制定模块，系统提供了自动编制和手工编制两种方案，以满足不同用户的要求。管道优化运行模拟的主要作用是检验调度计划的合理性，同时给出按调度计划运行后的管道压力、油品温度及混油参数等的变化情况，为管道运行管理人员提供参考。乌兰线成品油运行调度软件能以年输量、流量、压力不同的方式进行模拟。通过对乌鲁木齐—兰州成品油管道不同工况下的模拟，得出了乌兰线各个泵站初步的启泵方案和各站的进、出站压力值以及不同年输量、不同流量、不同出站压力、有注入、有下载情况下全线压力的变化。软件运行后得到的计算结果为乌兰线全线各泵站输油泵的配置提供了科学依据，同时根据模拟结果提出了一些有利于管线安全运行的改进措施，确保乌鲁木齐—兰州成品油管道的安全运行。

二　顺序输送水力系统优化

成品油管道水力系统优化的目标就是在满足输油量的基础上提供整个输油周期内全线所有泵站的最优启泵方案。整套最优启泵方案包含各个泵的开启和关闭时间，对于可调速泵还要提供具体的转速值，以保证方案满足压力、流量等约束条件并且在此方案下运行能耗最低。

1. 水力系统优化求解算法

目前国内成品油管道水力系统优化的求解算法基本是以动态规划算法为主，动态规划算法适用领域广、结果准确，特别是对于离散性问题。但其只能适用于全线泵站均为固定转速泵的情况，求解相对庞大的优化模型时可能出现维数灾难的问题。对于调速泵，为了应用动态规划法，可以将其转速离散化，视为一系列不同转速的固定转速泵。

国外除了利用动态规划算法进行水力系统优化之外，还使用其他数学规划方法，如分支定界法、单纯形法和割平面法。

总之，动态规划法求解成品油管道最优启泵方案比较有效、实用，但是求解速度较慢，尤其是对于管线较长、泵站数较多的管道。未来国内应该学习、借鉴国外的成果和经验，在现有算法的基础上探索更高效的数学规划算法。

2. 水力系统优化数学模型类型

成品油水力系统优化中，根据实际的输送工艺建立的混合整数非线性规划（MINLP）数学模型包含二元变量和某些非线性项。二元变量用来标识泵的开启状态等，非线性项一般来自流量与压力的关系式中。目前求解 MINLP 模型的算法比较少而且也不够准确、高效，需要进行适当的简化处理，将非线性的模型转化为线性模型，这也是国内外学者比较常用的方法。国外除了采用简化之后的 MILP 模型外，还有很多学者直接建立 MINLP 模型。这些模型通过非线性项跟踪混油界面在管道中的位置严格计算管道各部分能量的消耗，并且区分不同油品的密度和黏度而不是以均值代替。

可以看出，要想使得所建立的数学模型更加符合实际，必须将非线性项加入，这对求解模型的算法要求比较高。所以是否建立非线性模型还需要根据实际情况，结合管道的具体数据、优化程度的要求以及是否有合适的算法求解等因素。

目前，国内在成品油水力系统优化问题上建立的模型基本上都是线性的，将泵的流量扬程关系、摩阻的计算公式以及泵的功率计算全部线性化表示。所建立模型的规模随着管道的长度、泵站和分输站的数目变化，如果模型的规模较大，采用智能算法求解；如果模型规模小，则可以利用动态规划求解。

目前，国内相关学者基于梁永图等提出的成品油管道运行优化方法，开发了适用性较强的成品油管道开泵方案优化软件。该软件基于已知批次调度计划，考虑管道沿线压力约束、过泵流量约束、启停泵时长约束等，以管道运行能耗最低为目标建立优化模型并进行求解，确保所求得的开泵方案为符合现场运行工艺条件下最经济的方案，一定程度上降低了管道的运行成本，保证了管道运行的稳定性。

参考文献

[1] 冯耀荣，陈浩，张劲军，等.中国石油油气管道技术发展展望［J］.油气储运，2008，27（3）：1－8.

[2] 梁永图.成品油管道调度优化研究［D］.北京：中国石油大学，2009.

[3] Zhang H R, Liang Y T, Xiao Q, et al. Supply-based optimal scheduling of oil product pipelines［J］. Petroleum Science，2016，13（2）：355－367.

[4] 梁永图，刘增哲.成品油管网运行优化［J］.中国石油大学学报：自然科学版，2011，35（3）：115－118.

[5] 温馨.长输成品油管道能耗预测方法研究［D］.成都：西南石油大学，2016.

[6] 纪荣亮.西南成品油管道能耗分析与节能措施［J］.科技创新导报，2011，（25）：114－114.

[7] 戴福俊，鲍旭晨，张志恒，等.成品油管道应用减阻剂研究［J］.油气储运，2009，28（1）：19－23＋84.

[8] 蒲家宁.成品油管道应用减阻增输剂效果分析［J］.油气储运，2001，20（11）：5－9＋3.

[9] 陶亮亮，胡瑞，马雄，等.油气管输中减阻剂的应用现状及发展趋势［J］.石油化工应用，2011，30（4）：8－12.

[10] 关中原，税碧垣，李春漫，等.PIPEWAY-S成品油减阻剂的研制与应用［J］.油气储运，2004，23（12）：29－32.

[11] 林猛，牛迎战，张玲.EP减阻剂在抚顺－鲅鱼圈成品油管道的应用［J］.油气储运，2011，30（5）：350－351＋315.

[12] 安家荣，贾琳.成品油管道增输技术研究［J］.管道技术与设备，2012，（2）：6－8.

[13] 綦晓东.兰郑长成品油管道仿真系统的设计与应用［D］.青岛：中国石油大学（华东），2011.

[14] 李颖栋，许晖，刘春杨，等.在线仿真和离线仿真的建模机理［J］.油气储运，2011，30（3）：170－172＋3.

[15] 梁永图，宫敬，王永红，等.兰成渝成品油管道分输调度软件的开发与应用［J］.油气储运，2004，23（12）：51－54.

[16] 梁永图.西南成品油管道输送模拟软件［J］.油气储运，2006，25（6）：11－14＋64.

[17] 马晶，廖绮，周星远，等.甬绍金衢成品油管道调度计划自动编制软件研制与应用［J］.石油化工高等学校学报，2016，29（6）：86－91＋96.

[18] 刘学志，吴明，王维强，等.抚顺－鲅鱼圈成品油管道调度运行管理系统［J］.油气储运，2010，29（12）：954－956＋880.

［19］霍连风．顺序输送管道调度计划动态模拟研究［D］．成都：西南交通大学，2006．

［20］付英．成品油长输管道顺序输送离线模拟［J］．油气田地面工程，1999，19（1）：53－57．

［21］储祥萍，于达，宫敬．成品油顺序输送过程模拟［J］．油气储运，1999，18（4）：6－9．

［22］诸葛晶昌．基于电子云导体模型的成品油油品在线检测系统研究［D］．天津：天津大学，2009．

［23］郭祎．提高成品油管道混油界面跟踪精度的新方法［J］．油气储运，2010，29（12）：908－909．

［24］于涛，于瑶，魏亮．成品油管道界面检测及混油量控制研究［J］．天然气与石油，2013，31（5）：5－8．

［25］何为．珠三角成品油管道湛江～茂名段在温度和压力影响下的油品批次量变化［J］．科技创新导报，2015，（18）：253－254．

［26］杨光，王剑．苏北东线、苏北北线混油头到站时间偏差的分析［J］．石油库与加油站，2017，26（5）：4－8．

［27］宋斌．负压波法泄漏监测系统的应用［J］．化工管理，2015，（29）：62－63．

［28］余东亮，张士军，张成芝，等．成品油管道泄漏监测系统及工程实施［J］．计算机测量与控制，2011，19（12）：2922－2924．

［29］吴梦雨，梁永图，何国玺，等．成品油管道泄漏量测算软件［J］．石油化工高等学校学报，2017，30（2）：71－76．

　　成品油管道应用自动化控制技术对全线运行参数进行远程数据采集与监控，是实现管道安全、平稳、优化运行的必要手段。自动控制系统和通信系统作为成品油管道的"中枢神经"，经过几代的发展，相关技术已经相当成熟，为成品油管道由自动化到数字化乃至智能化的发展提供了有力的支撑。管道通信系统是基于管道远程调度和控制的需要，结合管道自动化系统的建设和数据传输的需求逐步建设的，是成品油管道安全生产运行的重要基础设施，光通信网络的关键技术如光传输网络（OTN）、同步数字传输体系（SDH）、光纤环路等已日趋成熟并得到广泛应用。本章第一节主要介绍了成品油管道控制系统，包括SCADA系统的架构及组成、安全仪表系统及网络安全管理等，第二节主要介绍了通信系统的发展、运行管理及维护等内容。

第一节　自动控制系统

目前，成品油管道普遍采用 SCADA（Supervisory Control and Data Acquisition，数据采集与监视控制）系统进行监控，SCADA 系统是一种基于计算机及通信网络技术发展而来的分布式控制系统，用来控制和管理地理位置分散的设备，其广泛应用于石油、化工、电力、交通等行业。

20 世纪 80 年代之前，我国长输成品油管道基本上采用常规仪表检测，就地控制。随着管道向着大型化、长距离发展，生产管理难度增加，尤其是采用了密闭顺序输送工艺后，管道全线构成了统一的水力系统，传统的就地控制模式很难满足运行要求，因此需要借助现代化的自动控制系统实现对管道的监控。

20 世纪 90 年代以来，我国管道企业通过引进、消化、吸收和自主开发，全面掌握了 SCADA 系统的应用。目前，国内企业自主研发且具有自有知识产权的 SCADA 系统软硬件已经成功在珠三角成品油管道上全面应用。

一　SCADA 系统典型架构

成品油管道 SCADA 系统经历多年的发展，虽然功能越来越强大，但其体系架构变化不大。SCADA 系统主要由硬件和软件组成，硬件和软件协同工作实现 SCADA 系统的完整功能。

成品油管道 SCADA 系统典型架构图如图 5 - 1 所示，主要由现场仪表层、过程控制层、输油站监控层、调控中心监控层、区域化调度监控层等组成。

1. 硬件组成

（1）现场仪表层

现场仪表层主要包括检测、控制和分析仪表等，现场仪表经历了从早期基地仪表到 DDZ-Ⅲ 电动单元组合仪表再到智能仪表的发展历程，现场远控仪表接受 SCADA 系统的指令，实现设备的启停。

（2）过程控制层

过程控制层主要包括站控 PLC 控制系统、远程终端单元 RTU 及辅助设备等。

①PLC 控制系统。PLC 即可编程逻辑控制器（Programmable Logic Controller），是专门为工业环境下应用而设计的数字运行操作电子系统，它采用一种可编程的存储器，在其内

部存储执行逻辑运算、顺序控制、定时、计数和算术运算等操作指令，通过数字式或模拟式的输入输出来控制各种类型的机械设备或生产过程。成品油管道目前普遍采用市场上成熟的 PLC 产品，如罗克韦尔公司的 Control logix 系列，施耐德公司的 Quantum 系列及西门子公司的 S7—200/300/400 等。但也有采用 DCS 产品的案例，如西南成品油管道采用霍尼韦尔公司的 PKS 系统（底层硬件采用 C200/300 控制器），通过 PKS 系统的 DSA 分布式数据库架构构成分布式系统，实现对整条管线的监控。为确保 PLC 系统工作的可靠性，一般需要 PLC 关键部件，如控制器、网络通信模块等冗余配置。近年来，具有自主知识产权的国产 PLC 控制系统也已经研制成功，如浙江中控技术股份有限公司自主研

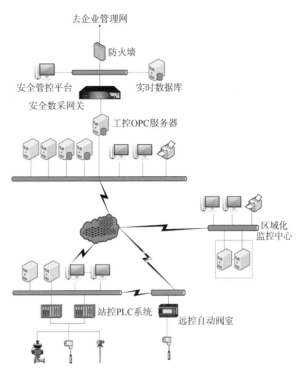

图 5 - 1　SCADA 系统架构图

发的 GCS 控制器产品，性能已经达到国外同等水平，在珠三角成品油管道上成功应用，实现了国内成品油管道 SCADA 系统软硬件首次国产化。

②远程终端单元。远程终端单元（Remote Terminal Unit，即 RTU），是以计算机为核心的数据采集和控制装置，具有通信能力强、可适应恶劣环境、可靠性高等特点。成品油管道远控阀室普遍采用 RTU 实现对阀室管道压力、温度、可燃气体检测报警等参数的监控。RTU 和 SCADA 系统主站一般采用标准的通信协议，如 Modbus、DNP3.0、IEC60870 -5 -104等。

（3）输油生产监控层

输油生产监控层包括输油站监控层、调控中心监控层及区域化调度监控层等。监控层主要由 SCADA 系统服务器、操作员工作站、工程师站、网络交换设备及网络存储设备等构成。

①SCADA 系统服务器。SCADA 服务器主要负责对实时数据、事件及报警进行查询、存储及归档，是输油生产监控层的关键设备。早期的 SCADA 系统服务器采用专用的工控机，随着商用计算机的发展及可靠性的增加，目前普遍采用商用的服务器产品。为提高服务器的可靠性，一般要求服务器电源、磁盘、散热风扇等采用冗余设计，且支持在线更换。早期 SCADA 系统服务器多采用 Unix 和 Linux 系统，随着 Windows 在服务器领域的快速发展，且 Windows 具有易于操作等优点，目前多采用 Windows 系统。

②操作员工作站和工程师站。操作员工作站主要供操作员对输油生产进行监控，操作员通过 HMI 人机界面实现对工艺过程的监控和设备的控制；工程师站主要用于 SCADA 系统维护工程师对系统进行组态、维护等操作。操作员工作站和工程师站早期也采用专用的

工控机，由于专用的工控机成本偏高、设备兼容性差、备品备件难以购买等问题突出，目前均采用商用工作站产品。商用工作站产品具有市场上货源充足、兼容性高、成本低廉等特点。操作员工作站和工程师站操作系统目前普遍采用 Windows 系统。

③网络交换设备。网络交换设备主要负责 PLC 控制系统、服务器、工作站之间的数据交换并提供到广域网路由器的接口。目前主要采用商用或工业级的交换机产品。在阀室等环境恶劣场所，一般采用能胜任恶劣环境的工业级交换机产品。为提高网络的可靠性，交换机一般需要冗余配置。

④网络存储设备。网络存储设备用于存储 SCADA 系统的关键数据，一般采用大容量的磁盘阵列实现对数据的存储。

根据成品油管道运行管理的需要，部分企业逐步在探索施行输油站区域化改革，并设立了区域化监控中心，实现对区域内输油站的集中监控。区域化监控中心可作为 SCADA 系统的一个网络节点，相关的实时数据、事件报警等信息均可从调控中心 SCADA 系统上获取。

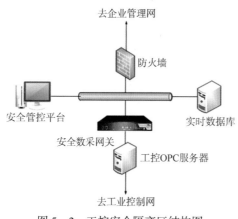

图 5-2　工控安全隔离区结构图

（4）工控安全隔离区

早期 SCADA 系统为一个独立的网络，系统和外界物理隔离，随着工业化和信息化"两化"融合的推进，企业管理信息系统和 SCADA 系统之间逐步实现了互联互通，完成经营管理层与生产执行层的信息交互。然而，信息化与工业化的深度融合，使得信息安全威胁正在向工业控制系统扩散，工业控制系统信息安全问题日益突出。因此，为确保 SCADA 系统的安全，需要在工控系统和信息系统之间搭建安全隔离区，网络结构图如图 5-2 所示。

2. 软件架构

（1）SCADA 系统的软件模型

目前市场上绝大部分 SCADA 系统的架构均为 Client/Server 架构（C/S 架构），在该架构中，应用程序分为客户端和服务器端。客户端为每个用户所专有，一般为 HMI 人机界面软件，而服务器端则由多个用户共享其信息与功能。客户端通常负责执行前台功能，如管理用户接口、数据处理和报表请求等；而服务器端执行后台服务，如管理共享外设、控制对共享数据库的操作等。这种体系结构由多台计算机构成，它们有机地结合在一起，协同完成整个 SCADA 系统的功能。

（2）SCADA 系统的数据库架构

①集中式数据库架构。集中式数据库架构如图 5-3 所示，该种架构中所有的站控系统数据库、中控系统数据库均为独立的数据库系统，调控中心数据库中需要实时采集并存储整条管道中所有的数据。该种架构的优点为中控和站控数据库均独立运行，站控数据库的故障不会影响中控数据的采集。由于所有数据均需要在中控数据库中存储，势必造成中控服务器负荷非常高。另外集中式数据处理导致系统的规模和配置都不够灵活，系统的可

扩展性差。但该种架构比较典型,且适应长输管道的运行特点,目前国内外大部分 SCA-DA 系统均采用该种架构。

②分布式数据库架构。分布式数据库是数据库技术与网络技术相结合的产物,它的研究始于 20 世纪 70 年代中期。世界上第一个分布式数据库系统 SDD - 1 是由美国计算机公司(CCA)于 1979 年在 DEC 计算机上实现。20 世纪 90 年代以来,分布式数据库系统进入商品化应用阶段。传统的关系数据库早已发展成以计算机网络及多任务操作系统为核心的分布式数据库,同时,分布式数据库逐步向客户机/服务器模式发展。

SCADA 系统的分布式数据库架构如图 5 - 4 所示,在该种架构中,站控数据均在本站直接存储,通过分布式架构在中控数据库中形成全局的数据库缓存,中控客户端对某个站点数据的请求提交给中控数据库,该数据库再去请求远端的站控数据库,并将结果反馈至客户端。该种架构的优点为所有数据的存储、归档等均在站控系统本地执行,中控系统服务器负荷低,且中控和站控系统经过压缩数据再传输,数据采集效率较高。目前,国内外知名的 SCADA 系统均支持该架构。

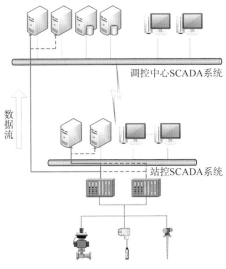
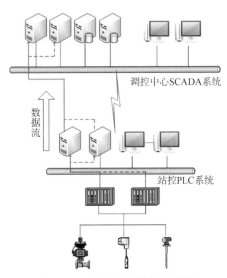

图 5 - 3   集中式数据库架构图   图 5 - 4   分布式数据库架构图

二 SCADA 系统网络安全管理

SCADA 系统作为成品油管道的核心系统,其网络安全问题已经成为工业控制系统安全管理的重要内容,随着近几年国内外工业控制系统面临的安全形势越来越严重,SCADA 系统的网络安全问题正引起政府机构、学术界及工程界等的广泛关注和重视。

1. SCADA 系统风险分析

基于 SCADA 系统的发展历史和本身的特点,SCADA 系统主要存在以下几个方面的风险。

（1）标准协议和通用技术的风险。SCADA 系统目前大部分使用标准的通信协议，为降低成本和提高性能，SCADA 系统厂商尽可能地使用标准技术（如 Microsoft Windows 和 Linux 操作系统）、通用网络协议（如 TCP/IP 等）。SCADA 系统开放的同时，也增加了安全风险。

（2）SCADA 系统和企业信息网联通性的风险。由于工业化和信息化"两化"融合的推进及"智能化管线"建设的需求，传统上封闭的 SCADA 系统正逐步和企业信息网之间互联互通，虽然对网络边界进行了加固，但风险依然存在。

（3）与第三方公司网络的连接风险。由于 SCADA 系统地理上分布广泛，设备众多，为满足管理上的需求，早期系统在设计时，与第三方公司的系统存在互联的情况，如成品油管道公司和用户油库之间。第三方公司的监控系统遭受攻击时，极有可能对 SCADA 系统的安全造成威胁。

2. SCADA 系统网络安全防护现状及建设

目前国内成品油管道 SCADA 系统在安全防护建设中主要存在以下问题。

（1）安全设计的缺失。工控系统厂商在设计时主要考虑的是 SCADA 系统的可靠性与可用性，容易忽略控制系统本身的安全性，系统没有有效的安全防护策略或方法。系统的应用平台如 Windows 操作系统、控制器的固有程序、通用的通信协议及人机界面 HMI 都存在漏洞或缺陷，使得系统的安全防护严重不足，容易感染网络病毒、木马等，甚至被利用和攻击。

（2）网络安全规范尚未完善。企业在应用工业控制系统时缺乏明确的安全设计、测试和验收标准，而且工业控制系统的安全评估体系也不够健全。缺乏专门的工业控制系统网络安全监测机构，对不同行业、不同应用、不同软件固件版本等的工业控制系统缺乏有效的检测和评测依据。当前，国家已加紧制定相关标准，结合国际标准体系，如 IEC 62443 《工业过程测量、控制和自动化网络与系统信息安全》和 ISO/IEC 27000 《信息安全管理系统》等，制定了 GB/T 30976—2014 《工控系统信息安全》等标准规范。

（3）安全管理意识不够。对工业控制系统网络安全的意识薄弱，没有建立全生命周期安全管理理念，特别是在建设、运行和维护过程中缺乏安全管理意识，没有制定合理的工业控制系统安全防护方案，缺乏对设计、维护和操作人员在网络安全方面的培训，容易出现违规操作问题，给工业控制系统埋下安全隐患。

SCADA 系统的网络安全防护建设是一个综合性、系统性的工程，需要从安全评估、技术及管理等多方面开展建设。首先需要对整个 SCADA 系统进行安全风险评估，发现系统的安全风险，并制定整改措施；其次对系统进行安全防护加固，如对 SCADA 系统和第三方公司的接口加装防火墙，对输油站 SCADA 系统到广域网的网络出口加装防火墙等。另外，应加强对 SCADA 系统安全管理，如采取物理和环境的安全防护，对重要工程师站、数据库、服务器等核心工业控制软硬件所在区域采取访问控制、视频监控等物理安全防护措施，拆除或封闭工业主机上不必要的 USB、光驱、无线设备等接口。

SCADA 系统安全可靠运行是成品油管道安全平稳运行的基础。随着 SCADA 系统规模的不断扩大、新技术及产品的陆续投入使用，潜在的安全隐患对生产造成的影响会越来越大。为确保 SCADA 系统在整个生命周期内均安全可靠运行，需要从 SCADA 系统的规划设计、选型、购置、安装、投用、维护检修、技术改造、更新及报废等过程加强管理。

1. SCADA 系统的规划选型

目前，国内外 SCADA 系统品牌繁多，其体系结构基本一致，但各具特点。在 SCADA 系统规划选型时应根据工艺过程的控制需求选择适用和高性价比的 SCADA 系统，确保选用的 SCADA 系统在全生命周期内安全可靠运行。SCADA 系统规划选型中，应重点把握以下几个原则。

（1）根据现场工艺设计的需求，核实相应 SCADA 系统的负荷。在工艺复杂、控制回路多的输油站，过程控制层的 PLC 系统应选用相适应的 PLC 产品，确保 PLC 的性能满足过程控制的要求。上位机的软件系统如实时数据库、历史数据库等的性能均应能够满足实际需求。

（2）SCADA 系统的可扩展性。SCADA 系统的可扩展性是指在已有的基础上是否能够方便地进行扩容，SCADA 系统的可扩展性可为后期系统扩容提供极大的便利。

（3）SCADA 系统的兼容性。由于目前成品油管道 SCADA 系统大部分采用标准的工业通信协议进行数据采集，在 SCADA 系统选型中要注重系统是否支持一些通用的通信接口，如 Modbus、DNP3.0、IEC 60870 – 5 – 104 协议等，以便做好不同系统之间的集成。

（4）SCADA 系统的全生命周期成本。SCADA 系统选型不但要考虑前期采购成本，还需要考虑后期维护及升级等成本，综合选择性价比最优的产品，确保全生命周期成本最低。

2. SCADA 系统的维护管理

SCADA 系统的维护管理阶段是整个系统全生命周期中时间最长也是最重要阶段。应建立完善的 SCADA 维护管理制度，变事后维修为预防维修，确保 SCADA 系统的安全可靠运行。

（1）开展 SCADA 系统预防性维护维修

成品油管道 SCADA 系统作为一个整体，不但站内控制逻辑关系紧密，而且站和站之间、站场和调控中心之间也有联系。在正常生产过程中，由于部分设备故障及隐患无法处理、设备的技术性能和精度因长时间连续运行而发生变化、部分功能由于长期未使用无法确定其可靠性、部分维护工作无法在线进行等，需要定期对整个系统进行综合检修，以消除存在的安全隐患。综合检修主要包括清扫设备、机柜内部接线检查整理、输入输出通道校验、联锁保护及控制逻辑校验等。通过综合预防性检修，以确保 SCADA 系统长期安全稳定运行。

（2）做好 SCADA 系统的周期性维护工作

周期性维护工作主要包括定期对冗余服务器、控制器、交换机等进行切换及重启测试；定期对 SCADA 系统计算机防病毒软件进行病毒库更新和防病毒安全检查；定期对 SCADA 系统关键数据进行备份；对 SCADA 系统时钟同步进行检查；定期对系统接地电阻进行测试等。

（3）提升关键设备故障应急处置水平

由于服务器、控制器等关键设备故障对生产影响较大，为提高设备故障后的应急处置水平，需要编制相应的应急预案并定期开展演练。通过演练可以提高操作及维护人员的应急处置水平，最大限度降低由于设备故障对生产造成的影响。

3. SCADA 系统的报警管理

为了满足输油生产需要，SCADA 系统中设置了大量的报警，如工艺报警、设备报警等，而报警点的增多导致 SCADA 系统中存在大量无效报警，这些无效报警容易对调度控制中心的操作员造成困扰，使监控效率降低，甚至引发事故。

（1）报警管理的国内外规范

国外对报警管理的研究较早，相关的标准规范比较完善。比较知名的有：英国工程设备及材料用户协会 1998 年发布的 EEMUA 191《报警系统的设计、管理和采购》、美国仪表协会 2009 年发布的 ISA 18.2《过程工业的报警管理》、美国石油学会 2010 年发布的 API 1167《管道 SCADA 系统报警管理》以及国际电工委员会 2015 年发布的 IEC 62682《过程工业的报警管理》等标准规范。国内的报警管理规范目前尚不健全，各企业大都参照国外的规范制定适合企业的管理规定。

（2）报警管理全生命周期活动

ISA18.2 等规范中提出了报警管理全生命周期的概念，如图 5-5 所示。

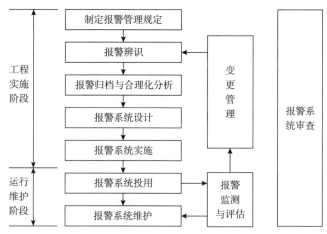

图 5-5　报警管理全生命周期活动图

①制定报警管理规定。报警管理规定明确报警管理的基本定义、原则、设计、实施、投用、维护、监测、审查等内容，是开展报警管理全生命周期各阶段活动的依据。成品油管道企业应根据企业实际情况制定适合本企业的报警管理规定。

②报警辨识。报警辨识是对可能的报警或报警变更进行定义的阶段。报警辨识可在不同阶段通过多种方法开展，如：过程危险分析（PHA）、危险与可操作性分析（HAZOP）、保护层分析（LOPA）、工程经验等。通过报警辨识确定的报警设置作为报警归档和合理化分析的输入信息，报警辨识过程中须按照报警管理规定的要求定义和设置报警。

③报警归档与合理化分析。报警归档的内容通常包括报警的定义、设置目的和其他报警合理化分析所需要的信息。报警合理化分析是指根据报警管理规定的要求，对报警设置的合理性和报警参数进行分析和审查，并将审查结果归档记录的工作过程。报警合理化分析工作包括以下内容：分析各种报警是否应设置及设置是否合理、分析报警产生的各种原因、分析发生报警后操作员应采取的正确响应动作、根据后果严重程度和最大允许响应时间确定报警优先级。

④报警系统设计。在完成报警归档和合理化分析的基础上，完善报警系统的设计，如报警类型、报警设定值、报警参数、报警死区、正/负延时设置等，以便在基本过程控制系统和报警系统中实施。

⑤报警系统实施。报警系统实施主要包括系统组态、调试及培训等内容。

⑥报警系统投用及维护。报警系统在经过前期的合理化分析、设计及实施的基础上投入使用，报警系统投用后，须持续开展维护工作，如定期测试、设备维修等。

⑦报警系统监测与评估。报警系统监测是指对报警系统的性能进行持续测量与监视，并以量化指标进行汇总。报警系统评估是指将报警系统的监测指标与报警管理规定中制定的关键性能指标（KPI）进行定期对比，发现问题要及时进行处理和优化。

⑧变更管理。为保证报警系统的完整性和有效性，须建立变更管理工作流程，系统有效地管理报警系统的变更。

⑨审查。报警系统审查是指在日常监测与评估的基础上，定期综合评价报警系统的性能及管理活动的有效性，需要定期对报警系统进行审查。

（3）报警系统关键性能指标

报警系统 KPI 指标一般根据工程经验得出，可参考相关标准规范并结合企业的实际情况确定。KPI 指标主要包括平均每天报警数量、每小时报警数量及报警泛滥的时间百分比等。

（4）报警分级

报警的分级一般按照后果严重程度和最大允许响应时间两个指标确定。成品油管道报警一般分为三级，即紧急报警（一级报警）、高级报警（二级报警）、低级报警（三级报警）。各企业须根据企业实际情况制定合理的报警等级。

四　SCADA 系统在华南成品油管网上的应用

华南成品油管网茂昆段，全线设 19 个站场，8 个远控自动阀室及 2 个调度控制中心。该管道采用霍尼韦尔公司的 Experion PKS 系统实现对全线的集中监控、统一调度。

（1）系统架构

华南成品油管网茂昆段采用 Experion PKS 系统专有的 DSA 分布式数据库架构实现对全局数据的共享和调用。系统架构如图 5 - 6 所示。

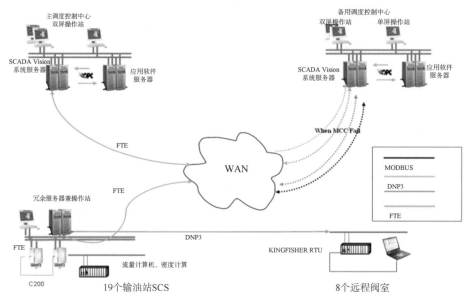

图 5 - 6　华南成品油管网茂昆段 SCADA 系统架构图

（2）主调度控制中心基本设计

①主调度控制中心建立中心 SCADA 系统，具备混油界面跟踪、管道仿真、泄漏监测等功能。

②主调度控制中心实现对全线的集中监控、统一调度。

③工艺设备操作等级分为就地、站控、中控三个级别，正常情况下，由中控对全线进行操作控制，当主调度控制中心和站场通信中断或是发现其他紧急情况时，站场可以进行权限的抢夺操作。

④对于全线启输逻辑控制、全线停输操作、水击保护逻辑等程序需要综合各个站场的过程数据，进行逻辑运算后发出指令到相应的站场执行，因此需要在水击系统上进行数据综合运算，并自动执行相应的指令。

（3）备用调度控制中心基本设计

①备用调度控制中心的架构及设备组成和主调度控制中心基本一致，可执行同样的功能。

②当主调度控制中心出现故障时，备用调度控制中心担任起全线监控和调度任务。

③为了规范权限的划分，调度控制中心设置了权限切换机制。

（4）站控系统基本设计

站控系统主要完成工艺过程的数据采集及数据处理，监控生产运行参数、主要设备状态，控制阀门等设备的开、关，主要参数的调节及安全联锁保护，水击超前保护等功能，作为调度控制中心调度、管理与控制命令的远方执行单元，站控系统是保证 SCADA 系统正常运行的基础，是 SCADA 系统中最重要的监控级。站控系统不但能独立完成对所在工艺站场的数据采集和自动控制功能，还能将有关信息与中心控制系统进行数据交换，并能执行控制中心发送的控制命令。

站控系统采用 Experion PS 系统，控制层硬件采用 C200 控制器，第三方设备（如流量计算机、密度计标准表等）信号通过 Modbus RTU 协议进行采集。

（5）泄漏监测系统

泄漏监测系统采用负压波法并辅以流量平衡法对管道进行泄漏监测及漏点定位。泄漏监测系统所需要的辅助数据通过 OPC 协议从 SCADA 系统上获取，为了获取高精度及高采样频率的压力信号，一般使用独立的数据采集装置实现对压力信号的采集，为确保数据的时间标签精确，还需要设置时钟同步系统。泄漏监测系统架构图如图 5 – 7 所示。

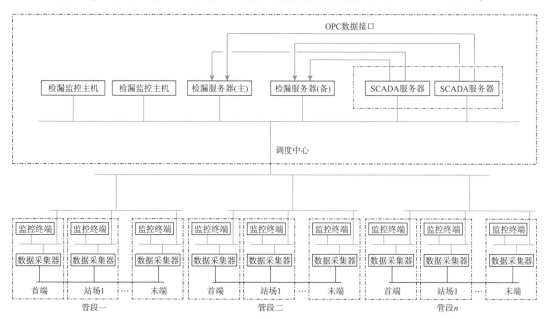

图 5 – 7　泄漏监测系统图

（6）混油界面跟踪系统

混油界面（批次界面）跟踪系统完成批次和混油界面跟踪，显示混油界面位置、混油段长度以及预测批次到达各站时间；跟踪管道内油品批次量和清管球的移动，并预测它们到达各站的时间。

五　安全仪表系统

1. 安全仪表系统概述

在工艺生产过程中，存在各种各样的工艺参数和工艺设备状态，生产中当这些参数控制在规定的范围内时，说明生产过程处于正常状态；超出这个范围，说明出现异常，要求以声光形式提醒操作者采取调节措施或者通过预定的程序使其恢复到正常值范围，这个声光表现形式称为报警，根据预定程序的操作就是联锁。如果异常进一步扩大，为防止事故发生而采取的局部或整体装置停产的系统，称为安全仪表系统，即 Safety Instrumented System，简称 SIS，它是生产过程中的一种自动安全保护系统，能对生产过程中可能发生的危险（超出安全限定）及不采取措施而继续恶化的状态进行及时的响应和保护，使其进入预定的安全停车状态，从而保证人员、设备、生产和装置的安全。

安全仪表系统包括传感器、逻辑运算器和最终执行元件，即检测单元、控制单元和执行单元。SIS 系统与 SCADA 系统区别如表 5 – 1 所示。

表 5 – 1 SIS 系统与 SCADA 的区别

SCADA 系统	SIS 系统
用于生产过程的连续测量、常规控制、操作控制管理，保证生产的平稳运行	用于监视生产装置的运行情况，对出现异常工况迅速进行处理，使故障发生的可能性降到最低，使人员和生产设备处于安全状态
SCADA 系统是"动态"系统，它始终对过程变量连续进行检测、运算和控制，对生产过程进行动态控制	SIS 系统是"静态"系统，正常工况时，它始终监视生产装置运行，系统输出不变，对生产过程不产生影响；非正常工况下时，它将按照预先的设计进行逻辑运算，使生产装置安全联锁或停车
SCADA 可进行故障自动显示	SIS 必须测试潜在故障
SCADA 对维修时间长短要求不算苛刻	SIS 维修时间非常关键
SCADA 可进行自动/手动切换	SIS 永远不允许离线运行，否则生产装置将失去安全保护屏障
SCADA 系统中做一般联锁/泵的开停/顺序等控制，安全级别要求不像 SIS 那么高	SIS 与 SCADA 相比，在可靠性、可用性上要求更严格，IEC 61508, ISA. S84.01 强烈推荐 SIS 与 DCS 硬件独立设置
故障检测率 50% 左右即可	故障检测率需要 90% 以上
不需要安全认证，实际一般 SIL1 即可	必须有安全认证，至少 SIL2 以上

2. 国内外的主要标准

在过程工业功能安全领域，具有里程碑意义的标准是德国的 DIN V 19250《控制技术测量和控制设备应考虑的基本安全原则》、DIN V VDE0801《安全相关系统中的计算机原理》和美国的 ANSI/ISA – 84.01—1996《安全仪表系统在过程工业中的应用》，以及现今广为熟知的 IEC 61508 和 IEC 61511 标准。IEC 61508 和 IEC 61511 标准颁布实施后，国际上对于安全仪表系统可靠性研究有了很大的发展。其中，IEC 61508 是针对安全仪表系统的标准，涵盖了众多工业领域和各阶段功能安全相关活动，是目前关于电气、电子、可编程电子（E/E/PES）安全相关系统最权威的功能安全相关标准。IEC 61511 是 IEC 发布的第一个基于 IEC 61508 的针对过程工业的功能安全标准，它适用于过程工业广泛的行业领域应用，如化工、石油炼制、油气开采及储运、石油化工、造纸、电力等。

近年来，随着国家对安全生产的重视，对成品油管道，包括危险化学品罐区的安全仪表系统设计提出了越来越高的要求，特别是国家安全监管总局 2014 年下发的《国家安全监管总局关于加强化工安全仪表系统管理的指导意见》（安监总管三〔2014〕116 号）中，要求"从 2018 年 1 月 1 日起，所有新建涉及'两重点一重大'的化工装置和危险化学品储存设施要设计符合要求的安全仪表系统。其他新建化工装置、危险化学品储存设施安全仪表系统，从 2020 年 1 月 1 日起，应执行功能安全相关标准要求，设计符合要求的安全仪表系统。"对安全仪表系统的设计、维护等提出了更高的要求，推动了整个行业对安全仪表系统的研究、规范制定及执行。目前国内成品油管道也在逐步推广安全仪表系统的设计和使用，主要执行的标准和规范有 GB/T 50770—2013《石油化工安全仪表系统设计规范》、SY/T 6966—2013《输油气管道工程安全仪表系统设计规范》等。

3. 国内外安全仪表系统发展

（1）国外工业发达国家已经广泛地采用功能安全标准，并结合实际出台了相应的指南，甚至对标准进行改进，而我国刚刚将功能安全标准作为国家标准引进。

（2）国外对功能安全理论研究比较深入，国内刚刚起步，需要进一步深入探讨工作系统定量风险分析的方法，尤其是确定事件发生的频率。目前，对于安全仪表系统的评估侧重于随机硬件失效，对系统失效定量不够，因此需要研究更完善的针对安全仪表系统本身的定量评估方法。

（3）国外的功能安全评估和认证已被广泛接受，我国的功能安全评估和认证机构正在快速发展中。

目前国外的安全仪表系统的产品主要有黑马的 H41Q、H51Q、HIMAX，霍尼韦尔的 SafeManager，ABB 的 800xA，艾默生的 DeltaV SIS，西门子的 S7 – 300F/400FH，施耐德 Triconex 的 Tricon、TriconCX、Trident，横河的 ProSafe-RS 和罗克韦尔的 1756 GuardLogix、Trusted、AADance。

目前国内的安全仪表系统产品主要有和利时的 HiaGuard、浙江中控的 TCS – 900、北京康吉森的 TsxPlus、安控的 RockE50，部分产品参数如表 5 – 2 所示。

表 5 – 2　国内的安全仪表系统产品参数

生产厂家	和利时	浙江中控	康吉森	安控
系统型号	HiaGuard	TCS – 900	TsxPlus	RockE50
上市时间	2012 年	2015 年	2017 年 7 月	2018 年 2 月
构架	2oo3D 型	2oo3D × 2 型	2oo3D 型	1oo2 型
SIL 等级	SIL3	SIL3	SIL3	SIL2
降级模式	3 – 2 – 0	3 – 2 – 0/3 – 3 – 2 – 2 – 0	3 – 2 – 0	2 – 1 – 0
最大支持点数	1184	2048	4096	112
处理器/MHz	330	800	800	220
响应周期/ms	30	20	—	45

目前，我国安全仪表系统及其相关安全保护措施在设计、安装、操作和维护管理等生命周期各阶段，还存在危险与风险分析不足及预防性维护策略针对性不强等问题，规范安全仪表系统管理工作亟待加强。随着我国化工装置、危险化学品储存设施规模大型化，生产过程自动化水平逐步提高，同步加强和规范安全仪表系统管理变得十分紧迫和必要。

4. 安全仪表系统安全生命周期管理

安全仪表系统安全生命周期（Safety Lifecycle, SLC）在概念、设计、实施、操作、维护及系统改造等实践活动方面，为 SIS 工程提供了全生命周期的行动指南，从而保证 SIS 功能安全，实现降低过程风险的目标要求。安全仪表系统安全生命周期管理主要工作流程如图 5-8 所示。

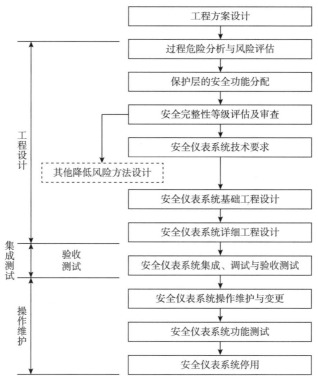

图 5-8　安全仪表系统安全生命周期管理主要工作流程

SIS 的整个安全生命周期中重点为过程危险分析与风险评估、安全完整性等级评估及审查、工程设计及操作维护与变更四个阶段。

（1）过程危险分析与风险评估。过程危险分析与风险评估，通常称为 PHA（Process Hazard Analysis），通过 PHA 辨识出工艺过程及其相关设备的危险和危险事件，是为了确定并设计出正确无误的安全保护或抑制减灾功能。在成品油管道工程项目中，危险和风险的初步评估应在基本工艺流程设计的早期进行。在此阶段，要优先考虑采用"固有安全或称本质安全（Inherently Safety）"设计原则和工程实践经验，合理地消除或降低过程风险。危险和风险的初步评估是判别是否采用 SIS 的重要依据。

（2）安全完整性等级评估及审查。安全完整性等级评估方法应根据工艺过程复杂程度、国家现行标准、风险特性和降低风险的方法、人员经验等确定。主要方法应包括保护层分析法、风险矩阵法、校正的风险图法、经验法及其他方法。安全完整性等级评估宜采用审查会方式，审查的主要文件宜包括工艺管道与仪表流程图、工艺说明书、装置及设备布置图、危险区域划分图、安全联锁因果表及其他有关文件。参加评估的主要人员宜包括工艺、过程控制（仪表）、安全、设备、生产操作及管理等人员。典型的安全仪表系统安全完整性等级评估流程如图5-9所示。

（3）在成品油管道工程设计阶段，设计院、SIS的供货商、安装公司和最终用户是主体，其中SIS的供货商要依据安全要求规格书（Safety Requirement Specification，SRS）的要求提供SIS系统，完成安全逻辑控制器的硬件配置、系统集成、安装调试、人员培训以及SIS的安全验证。在此阶段，重点是SRS的编制及设备选型。

（4）SIS的操作和维护。SIS的操作和维护是整个安全仪表系统安全生命周期中周期最长，也是最重要的一部分，SIS系统正式投入使用前，应制定必要的SIS操作规程并对操作人员进行严格培训。SIS维护的首要责任是保持SIS的功能和安全完整性处于设计期望的状态，按照维护的类型分为预防性维护及故障后维护。预防性维护要求按照固定的时间对系统进行检验、测试和维修，例如定期巡检和保养等。在SIS的维护阶段，应结合现场设备的特点及SIF的不同等级制定SIS维护规程。

5. 输油管道安全仪表系统设计

（1）主要安全仪表回路的SIL等级

给油泵入口管线压力超低、输油泵入口汇管压力超低、输油泵出口汇管压力超高、出站压力超高、液位超限联锁等安全仪表回路为SIL2。

泵机组停车等安全仪表回路为SIL1，安全仪表系统与过程控制系统合用，共用设备满足SIL1要求。

（2）检测仪表设置

压力检测仪表：给油泵入口管线、输油泵入口汇管、输油泵出口汇管、出站压力设置压力变送器。

ESD按钮：站控室操作台、站场工艺设备区设置ESD按钮。

对于SIL1安全仪表功能回路，其检测元件可与基本过程控制回路共用；对于SIL2安全仪表功能回路，其检测元件独立设置。

对于SIL2及以上安全仪表功能回路，采用冗余的检测元件。当系统的安全性和可用性要求较高时，检测元件宜采用2oo3（三选二设置）。

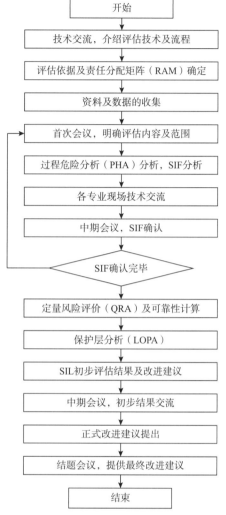

图5-9　典型的安全仪表系统安全完整性等级评估流程

（3）执行元件设置

输油管道进、出站管线应设置紧急切断阀；输油管道储油罐区进、出汇管宜设置紧急切断阀。

对于 SIL1 安全仪表功能回路，阀门可与基本过程控制回路共用；对于 SIL2 安全仪表功能回路，阀门宜与基本过程控制系统分开。当阀门与基本过程控制系统共用时，配套电磁阀应分开设置。

（4）控制单元

安全仪表系统的 PLC/输入、输出模块，其 SIL 等级应与设计的 SIL 等级一致或更高。

对于 SIL2 安全仪表功能回路，宜采用冗余的逻辑控制单元，其中，中央处理单元、电源模块、通信网络接口等冗余配置，输入、输出模块宜冗余配置。

6. 行业现状

安全仪表系统是成品油管道输送最为关键的一道保护措施，它的有效性及可靠性直接关系到管道的安全、稳定和长周期运行。近年来随着成品油管道向长距离、高强度输送的趋势发展以及运行周期的延长，对安全仪表系统的有效性、可靠性提出了更为苛刻的要求。

第二节　通信系统的运行及管理

成品油长输管道通信系统主要以光纤通信为基础，为沿线各输油站点、区域控制中心与调度控制中心之间的业务（如 SCADA、OA、视频监控、会议电视、语音电话等）提供通信保障。

一　通信系统的构成与特点

1. 通信系统简介

简单来说，通信是指各种"消息"的传递和交换，即互通信息。

广义的通信指信息的交流。最初通信的主体是人，人与人之间的信息交流，比如古时烽火传信，人们的谈话，信件来往，电话沟通以及平时通过表情、肢体动作、口哨等传达信息，都属于通信的范畴。在电气时代和信息化社会里，通信通过各种通信网络和通信设备发生。此种情况下，通信的主体是机器，比如计算机之间、芯片之间、设备之间的信息交流，也属于通信的范畴。通信主体的不同，延伸出来不同的通信技术，比如人与人之间可以采用固定电话、移动电话等通信技术进行沟通，计算机主板上 CPU 与内存、硬盘、鼠标、键盘等所有周边设备也需要使用一定的"通信技术"来确保计算机的正常运行。

狭义的通信指电通信。从 1844 年莫尔斯开办电报业务开始，到后来 1876 年贝尔发明电话，1895 年马可尼首创无线电通信，以及无线电广播诞生、脉冲编码调制、电视广播、晶体管、集成电路和大规模集成电路、数字传输理论、微处理器等技术的发展，通信都是围绕电信号进行的，故而我们现在所称的通信指的是狭义的通信，即电通信。

传递信息所需要的一切技术设备的总和称为通信系统，通信最基本形式是点对点之间建立通信系统。通信系统一般模型如图 5 - 10 所示。

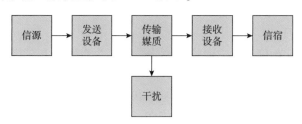

图 5 - 10　通信系统一般模型

2. 油气管道通信系统发展历程

众多的通信系统通过交换系统按照一定的拓扑结构进行组合，组成一个基础通信网。最早的通信网是公用电报网，随后建立了公用电话网，后来又建立了用户电报网，近年来，综合业务数字网发展迅猛。

世界管道通信技术约每 10 年更新换代一次。从 20 世纪 50 年代末、60 年代初，美国、加拿大、苏联等管道工业发达国家开始逐渐采用微波通信作为管道干线远程主用通信；到 60～70 年代，管道企业开始采用通信电缆与管道同沟敷设技术，如 1967 年投产的意大利里亚斯特至德国因戈尔施塔特输油管道，与管道同沟敷设了一条 7 组 4 芯电缆，用于传输管道的监控、遥测和语音通信信号；从 70 年代开始，数字通信技术、程控交换技术、信息传输技术、通信网络技术、数据通信与数据网、ISDN（综合业务数字网）与 ATM 技术、宽带 IP 技术、接入网与接入技术等新技术不断涌现。世界油气管道建设进入了高速发展时期，管道通信系统在油气管道系统调度管理和自动化控制中的作用日益凸显；至 80～90 年代，国内外油气管道通信开始采用光纤通信，如鄯善至乌鲁木齐输气管道。在此之后，原油、天然气和成品油管道开始大量采用光纤通信系统，光纤通信技术成为当前油气管道通信系统的主流技术。

目前在运行的油气管道常规通信传输方式有三种。

（1）微波通信。其传输速率高，频带宽，通信容量大，性能稳定。微波通信属地面无线通信系统，由于建设费用高，管理费用逐年增加，传输路径受地形条件限制等不利因素，近年来已较少被成品油管道通信系统采用。

（2）卫星通信。卫星通信属空中无线通信，具有覆盖面积广、通信质量高、不受地形因素制约、设备体积小、投资少、建设周期短、建设费用与通信距离无关等优点，但传输带宽有限，难实现全业务的覆盖，一般作为辅助应急通信手段。

（3）光纤通信。光纤通信具有传输频带宽、通信容量大、传输速率高、衰耗小、不受外界电磁场干扰、抗化学腐蚀性强、重量轻、扩容改造方便、保密性好等优点，有广阔的发展前景。

至 2017 年，国内光纤与输油气管道同沟敷设已有丰富的工程应用实践，据不完全统计，国内近 6×10^4 km 光缆与油气管道同沟敷设，为油气管道生产运营传输实时数据、图像和语音等信号。

3. 光纤通信系统

成品油管道光纤通信技术就是利用光纤和传输设备进行业务通信，是以光信号为信息载体、以光纤为传输介质的通信技术。

（1）光的基本知识

光信号分类：按照光在光纤中的传播模式，可分为单模光和多模光。

功率：瓦（W）是使用光功率计测试时度量光功率大小的绝对值表示单位，dBm 是光功率的对数显示单位的测量单位，1mW 对应 0dBm，类似电灯，功率越大越亮。

波长：光度量的单位为纳米（nm），从 350nm（蓝色光）到 700nm（红色光）为人眼可以识别的光。不同的颜色（波长）有不同的特征，如日落时的橘红色阳光，雾灯的黄色光。

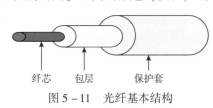

图 5-11　光纤基本结构

纤芯　包层　保护套

（2）光纤的结构

通信用光纤主要是由纤芯和包层构成，包层外是涂覆层，整根光纤呈圆柱形。纤芯的粗细、纤芯材料和包层材料的折射率，对光纤的特性起着决定性的影响。基本结构如图 5-11 所示。

①纤芯。主体材料为 SiO_2（石英），掺杂微量的掺杂剂，如二氧化锗（GeO_2），用以提高纤芯的折射率（n_1）。纤芯的直径通常在 5 ~ 50μm 之间。

②包层。一般采用纯 SiO_2，外径为 125μm。包层的折射率低于纤芯的折射率。

③涂覆。涂覆采用环氧树脂、硅橡胶等高分子材料，外径约 250μm。通过增加涂覆，增强光纤的柔韧性、机械强度和耐老化特性。

（3）光纤类型

按照光在光纤中传输模式的不同，分为单模光纤和多模光纤。单模光纤的纤芯直径极细，一般不到 10μm；多模光纤的纤芯直径较粗，通常在 50μm 左右。但从光纤的外观上来看，两种光纤区别不大。ITU-T（国际电信联盟远程通信标准化组织）首先在 G.651中定义了多模光纤。ITU-T 而后又在 G.652（1310nm 性能最佳的单模光纤）、G.653（色散位移光纤）、G.654（1550nm 性能最佳光纤）和 G.655（非零色色散位移单模光纤）建议中分别定义了四种单模光纤。由于单模光纤具有低损耗、带宽大、易于扩容和成本低等特点，目前国际上已一致认同光传输系统使用单模光纤作为传输媒质，长输成品油管道通常选用 G.652 型单模光纤。

G.652 光纤即指零色散点在 1310nm 波长附近的常规单模光纤，又称色散未移位光纤，这也是到目前为止应用最广泛的单模光纤。可以应用在 1310nm 和 1550nm 两个波长区域，但在 1310nm 波长区域具有零色散点，低达 3.5ps/（nm·km）以下。在 1310nm 波长区，规范值为 0.3 ~ 0.4dB/km，在 1550nm 波长区，规范值为 0.17 ~ 0.25dB/km，因在 1550nm 波长区下衰减系数较低，故广泛应用于成品油管道通信系统建设。

（4）光纤的损耗特性

光纤具有独特的损耗特性，影响光纤传输的主要指标有光纤衰减系数、色散系数、模场直径、截止波长、零色散波长和零色散斜率，以下简单介绍光纤衰减系数和色散系数的变化对光纤的影响。

①衰减系数。光纤的损耗主要包括吸收损耗、散射损耗、弯曲损耗三种。吸收损耗是制造光纤的材料本身造成的，是光纤中过量金属杂质和氢氧根离子（OH⁻）吸收光而产生的光功率损耗。散射损耗通常是由于光纤材料密度的微观变化及光纤制造工艺差异引起。在弯曲半径较大的情况下，弯曲损耗对光纤衰减系数的影响不大，决定光纤衰减系数的损耗主要是吸收损耗和散射损耗。

综合以上几个方面的损耗，单模光纤的衰减系数一般分别为 0.3 ~ 0.4dB/km（1310nm 区域）和 0.17 ~ 0.25dB/km（1550nm 区域）。ITU-T G.652 规定光纤在 1310nm 和 1550nm 的衰减系数应分别小于 0.5dB/km 和 0.4dB/km。超过以上区间值，将对光纤性能影响较大，光纤衰减图如图 5 - 12 所示。

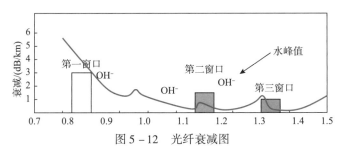

图 5 - 12　光纤衰减图

②色散系数。光纤的色散指光纤中携带信号能量的各种模式成分或信号自身的不同频率成分因为传播群速度不同，在传播过程中互相散开，从而引起信号失真的物理现象。一般光纤存在三种色散，一是模式色散，光纤中携带同一个频率信号能量的各种模式成分，在传输过程中由于不同模式的时间延迟不同而引起的色散。二是材料色散，主要由于光纤纤芯材料的折射率随频率变化，使得光纤中不同频率的信号分量具有不同的传播速度而引起的色散。三是波导色散，光纤中具有同一个模式但携带不同频率的信号，因为不同的传播群速度而引起的色散。

（5）光纤通信的优点和缺点。光纤通信中要使光波成为携带信息的载体，必须先在发射端对其进行调制，而在接收端把信息从光波中检测出来（解调）。依目前技术水平，大部分采用强度调制与直接检测方式。典型的数字光纤通信系统如图 5 - 13 所示。

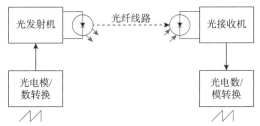

图 5 - 13　数字光纤通信系统

与电缆或微波等电通信方式相比，光纤通信具有以下几方面优点：

①不受电磁干扰，因为光纤完全可以由非金属的介质材料制成，因此它既不受电磁干扰，也无串音干扰，并且保密性强；

②光纤线径细、重量轻，便于施工和运输，光纤制成光缆后，与电缆相比，体积较小，而且重量也较轻，这既便于制造多芯光纤，也便于施工和运输；

③制造材料资源丰富、生产成本低，以 10^4km 的四管中同轴电缆计算，需耗铜 5000t，如采用光纤，只需几十公斤的石英，且石英资源丰富；

④信号损耗低、中继距离长。

光纤通信的缺点如下：

①光纤弯曲半径不宜过小；

②光纤的切断和连接操作技术复杂；

③分路、耦合麻烦。

二 长输成品油管道通信系统

1. 系统架构

成品油管道通信系统（见图 5 - 14）一般由调度控制中心、输油管理处/区域中心和输油站三级架构组成。部分短距离和节点较少的成品油管道通信系统采用调度控制中心和输油站组成的二级架构。

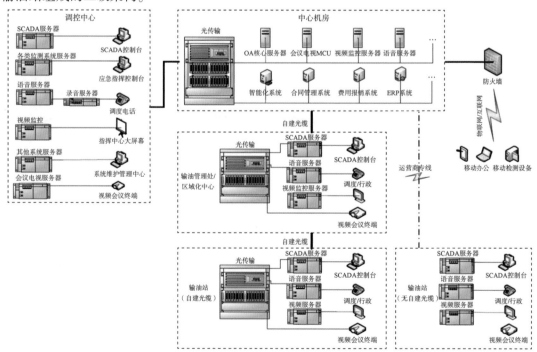

图 5 - 14　成品油管道通信系统架构图

一个完整的成品油管道通信系统需至少设置两处调度控制中心作为通信系统的中枢控制中心，中枢控制中心负责通信系统间、通信系统和互联网间的接出与接入，同时还承担各子系统的核心管理。调控中心是系统的最高管理节点，它除了具备各系统的浏览、控制、存储等业务功能外，还具备用户管理、设备管理、控制管理、存储管理、调度管理、告警管理等系统管理功能，可对管道的应用系统集中、统一管理。

输油管理处/区域中心是成品油通信系统二级管理节点，承担着区域内通信系统的集中监控与管理维护职能。输油管理处/区域中心的主要负责所辖区域内的输油站通信子系统、自控阀室通信子系统与通信光缆的运行维护及应急抢险。

输油站作为通信系统的末端管理节点，安装了大量的应用设备终端，从而保障通信系统中 SCADA 网络（工业自控网络）、OA（办公自动化）、语音调度、语音行政、视频监控、视频会议等业务在输油生产方面落地应用。输油站主要负责输油站和自控阀室通信子系统的设备进行日常巡检，对通信线路进行日常检查，以确保通信光缆不被第三方破坏。

长输管道中的通信系统主要由通信站点和传输线路两大部分组成。通信站点多与输油站合并建设，常见通信设备主要分为三大部分：终端设备（电话机、传真机、计算机）、传输链路（有线、无线）、交换设备（电话交换机、计算机网络交换机、路由器）。

传输线路有自建的通信光缆、租用运营商有线电路和移动通信三种，自建通信光缆是成品油管道通信运行的主要通道，但因与管道是伴行敷设都属于线性，网络连接上不易形成环网，常租用运营商有线电路作为辅助通信方式，弥补自建光缆的缺点，保障在自建光缆故障及检修时的数据传输。在无自建光缆和租用电路困难的地区，以及设备使用位置不固定的情况下，采用移动通信 4G 技术提供传输信道。

2. 系统主要功能

长输成品油管道通信系统就是一个具有电话、传真、会议电视、视频监控、计算机网络等业务的综合业务数字网，主要具备以下功能：

①为管道生产数据提供可靠的通信传输保障；
②为管道生产调度提供安全保障；
③为管道行政管理和日常生活提供音视频业务；
④为管道例行巡检、故障排除、救灾抢险提供通信技术保障；
⑤为管道数字化、智能化系统提供硬件支撑和传输通道。

3. 承载主要业务

（1）SCADA 网络业务

SCADA 系统即数据采集与监视控制系统，在光传输系统中利用 SDH（同步数字体系）技术与 MSTP（多生成树协议平台）技术为 SCADA 系统建立一条独立的汇聚通道，保障 SCADA 系统传输速率的稳定性和传输过程的安全性。为保证生产 SCADA 业务数据的不间断传输，通用的保护方式为站点设置回路保护、光纤连接保护和设备复用段保护。SCADA 系统网络架构如图 5 – 15 所示。

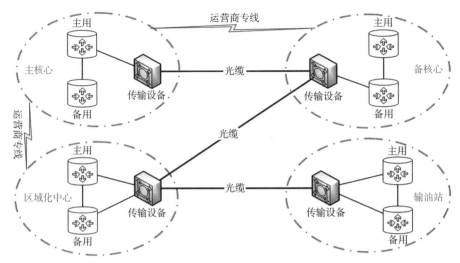

图 5 - 15　SCADA 系统网络架构图

①站点设置回路保护。成品油管道通信架构除主干链路外仍有许多支路，在网络架构中一般设置两个调控中心作为最高核心节点。各站点间采用专线形式构建数据交换通道，同时在系统中设置统一时钟，以保证各站点间数据传输的同步性。

主干网络中各站点在网络配置中分别就关键生产业务配置指向各中心，并建立备用生产中心，同时，在主干网络中设置多处关键站点。该关键站点同时采取透传 MSTP 或是 SDH 传输专线形式连接至中心。其余站点依照地理条件与传输距离等因素依次将业务传输配置中指向关键节点，这样就为传输业务安全保护提供了安全保障。

②光纤连接保护。成品油管网与输油站、输油站与输油管理处之间的网络传输链路采用光纤的线性复用段保护。光纤的线性复用段保护一般有 1 个工作通道和 1 个保护通道。业务在发射端双发到工作通道和保护通道，在接收端工作通道业务被选收。当工作通道存在故障时，在接收端保护通道业务被选收。

③设备复用段保护。设备保护倒换是最简单的自愈网形式，其基本原理是当主用设备出现故障时，相关业务由主用设备无缝倒换到备用设备上，使业务得以继续传送。

（2）电气 SCADA 业务

E - SCADA 系统（电气 SCADA 系统）即电气数据采集与监视控制系统，是 SCADA 系统的一种应用，在光传输系统中利用 MSTP 技术为 E - SCADA 系统建立一条独立的汇聚通道，保障 E - SCADA 系统的传输速率的稳定性和传输过程的安全性；同样以通信设备和通信线路为 E - SCADA 系统建立 1 + 1 和 1：1 备份技术、路由交换技术，提高其数据传输的安全性和可靠性。

（3）工业电视业务

工业电视系统（见图 5 - 16）又称视频监控系统，属于安防系统的一种，按照监控方式分为本地监控和远程监控，按照传输方式可分为有线传输和无线传输。目前主流使用的摄像机基本是数字高清摄像机，实时浏览监控图像占用带宽资源大，利用光传输系统为工业电视系统建立三级星形网络架构，分配大带宽通道，实现快速实时浏览及回放。

图 5-16　工业电视系统架构图

（4）会议电视业务

会议电视系统（见图 5-17）可实现由主会场组织全线所有分会场召开点对多点电视会议，也可以由分会场组织召开点对点电视会议，一般主会场只有一个，输油管理处和输油站同属于分会场，在传输通信网络中建立二级星形网络架构，建立一条独立的汇聚通道，就可实现双向和点对多点电视电话会议。

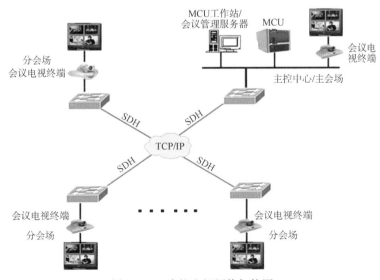

图 5-17　会议电视网络架构图

（5）办公自动化业务

油气管道办公自动化系统基于现代信息管理学的理念，是企业内部人员方便快捷地共享信息、高效地协同工作的重要系统，在传输通信网络中建立二级星形网络架构，建立独立汇聚通道，实现中心、输油管理处和输油站各类办公系统的互联互通。

（6）语音业务

成品油管道语音系统主要为生产调度和日常办公提供语音服务，经过多年技术更新与迭代，现主要使用以下三种系统：语音 PCM 系统（语音脉码调制录音系统）、程控交换系统、软交换系统。以光传输系统为依托，合理配置三套系统，保障成品油管网生产和办公需求。

①语音 PCM 系统。语音 PCM 系统具有交叉连接功能，不仅能保证调控中心交换机的语音电话通过光传输系统延伸至各个站点，实现专网内语音通信，也能确保各输油站完成调度语音及其他数据业务的接入、疏导和汇集。但 PCM 系统存在连接接口类型单一、承载业务容量小、网络配置架构局限性等缺点。

②程控交换系统。主要用于调度生产，程控交换系统处理速度快，体积小，灵活性强，通过程控交换系统，沿线站（处）的调度电话及行政电话能够进行三方通话、电话会议、缩位拨号等。但由于其承载业务较单一、且容量有限的原因，近年来逐步被软交换语音系统所替代。

③软交换系统。软交换系统主要用于管道沿线 RTU 阀室、输油站及输油管理处的行政电话业务。一般情况下，调控中心安装交换机主机系统，调控中心、输油管理处及输油站配置接入网关，从而确保模拟分机用户的接入，或根据需要接入更多 IP 话机用户。当网关下用户与软交换主机失去联系时，网关下用户利用软交换系统，可完成自交换。软交换调度系统具有以下技术优势：承载通道灵活多样；多级组网，双网双归属；支持视频调度；支持多系统融合；支持无线调度；统一网管，集中维护。因此软交换技术已成为成品油管道调度语音技术的主流技术。

4. 应急通信系统

为了快速应对事故状态下的抢险，成品油管道应急通信系统主要有以下三点功能：一是能够融合多种有线、无线通信手段和通信网络；二是要具备基本的语音通信功能、调度功能和多媒体综合指挥调度功能；三是能够有机整合各类视频业务系统、数据信息系统等多种应急通信资源，形成综合统一的多媒体应急指挥通信系统。

成品油管道事故多属于突发性事故，为了最大程度降低事故带来的损失，保证生产运营，节省人力沟通成本，应急通信系统必须具有能及时查找事故点、获得现场实时的视频图像功能，以便与现场救援人员沟通实时信息、启动应急预案。该系统可以实现各级管理部门对管道事故现场的监控，有效解决常规通信中断、事故现场指挥混乱等情况，为指挥决策提供依据和支持，从而最大限度降低事故损失，降低突发事故对管道企业造成的不良影响。

成品油管道应急通信系统以指挥一体化平台为核心，以通信服务子系统、视频服务子系统为基础，以移动多媒体通信、IP 应急广播、短信/传真、GIS 地图等为辅助手段，接入周界防范、火灾告警、SCADA 等数据信息系统提供的决策依据，能够实现语音、视频、数据等各类信息系统的综合接入，能够完成对各接入子系统业务资源的统一指挥和调度的多媒体、多业务的指挥通信系统。满足处置突发事件的需要，实现信息采集、风险隐患监测防控、预测预警、智能方案、指挥调度、应急资源信息管理、综合业务管理和模拟演练等功能。系统的整体架构图如图5-18所示。

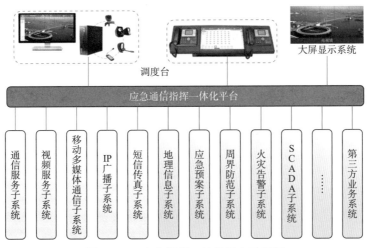

图5-18　应急指挥一体化平台示意图

三　长输成品油管道通信系统的运维管理

1. 运维的目标及原则

通信运维的基本目标：以生产安全运行为目标，保证各种数据通信网及设备全程全网优质、高效、安全可靠运行。

通信运维的基本原则：

（1）强化网络、系统、电路和设备的运行维护管理，保证各项技术性能和质量指标符合标准规定；

（2）故障修复及时，迅速准确地排除各种故障，提高全网网络接通率、利用率；

（3）加强软件、各级网管中心数据、用户数据的管理，强化网络安全运行；

（4）加强固定资产的管理，保证资产的合理调配。

2. 通信设备运维

长输成品油管道企业一般设有专职通信管理人员与通信维修工。通信设备作为业务核心设备，一般维护都由通信技术人员进行，操作遵循规章制度及使用规程，所有操作都需办理票证。对可能造成通信中断的设备操作，需提前通知相关部门做好数据备份和应急准备工作。对影响正常生产的通信设备进行停机检修时，需由检修单位负责编写详细的检修方案，审核同意后实施。

通信各网管系统必须由专门授权的专业人员，使用有效的用户名及管理密码登录进行系统管理维护操作，通信系统操作终端只能安装专业应用软件，无关的软件一律禁止安装。应定期对备用通信信道、设备进行性能测试，并按要求做好测试记录。

通信设备维护过程中，为保证系统安全维护人员禁止擅自修改通信各系统的配置。禁止擅自挪用通信机房内的各种设备以及线缆。禁止擅自对通信系统在用纤芯、线缆及语音配线架等进行任何操作。禁止擅自在通信机房内安装任何设备和架设线路。禁止擅自将各通信专用网络之间进行互联及连接到互联网。禁止擅自将终端设备接入机房内的任何接口。禁止擅自修改各系统的账号和口令。禁止利用通信终端或网络做与生产无关的事项。

3. 光缆线路运维

长输成品油管道的光缆通常与管道伴行敷设，管理要求与外管道管理基本相同，如光缆线路两侧各5m内不准使用机械施工，施工作业需做好安全监护，设置施工安全区域，标清线路的位置。监护外力施工时必须做到：先于施工队到达工地，迟于施工队离开工地。

光缆施工前，方案报主管部门审批，并办理好相关手续后才能动工。施工时要有管理人员现场指挥、监督。落实安全措施，断光缆前必须检查备用信道是否正常投用，在确认生产数据传输正常后才能进行光缆检修。光缆线路的迁移、割接、变更等项目，应有通信主管部门或通信专业人员在现场指挥。

光缆线路的维护项目与测试周期：每月定期对辖区内通信光缆的备用纤芯测试、记录和分析（包括缆长、损耗超标情况、超标原因以及与上月测试数据对比等）。每月定期采用光功率计测试主备光路中的收光功率，有条件的单位可上光缆监测系统实现自动监测。

光缆故障完全修复可参照以下时限：一般故障时限为12h以内（光缆被挖断），地质沉降等光缆故障时限为36h以内，环境特殊（如穿越河流、铁路等）可适当考虑时限延长48h内完成。

4. 信息安全管理

信息安全是指在信息化项目建设和信息系统运行过程中对信息系统的物理环境、硬件、软件、数据等进行保护，保护信息系统不因偶然的或者恶意的原因而遭到破坏、更改、泄露，保障系统连续可靠运行。信息系统安全管理实行全生命周期管理，分别为立项阶段安全管理、建设实施阶段安全管理、上线验收阶段安全管理、运维阶段安全管理。

主管部门应确定信息系统的安全等级保护级别，组织制定业务应急预案、开展业务应急预案演练，负责用户、权限、业务操作等应用安全管理，制定信息系统安全方案，并做好安全检查、等级测评、风险评估、安全事件处置等工作。

5. 通信应急保障

通信系统的通畅是保证成品油管道运输生产的必要条件。为了做好通信应急保障工作，应遵循以下原则。

（1）通信网络管理部门应建立日常通信维护工作汇报制度，确保发生故障时，能够立即响应。

（2）应组织维护人员定期进行故障分析和业务学习，提高维护人员的技术水平和预判能力。

（3）建立通信应急预案，定期组织进行修订，定期开展应急演练。

（4）数据通信系统维护人员应及时处理故障，并将故障情况逐级向上报告。故障处理的基本原则是：先输油站后输油管理处/区域中心再到调度控制中心，先本端后对端，先交换后传输，先重点后一般，先群路后分路，先调通后修理，故障消除后立即复原。

以通信设备故障为例：输油站发现设备故障应立即向调控中心报告；同时输油站需要向输油管理处/区域化中心专业人员报告，输油管理处/区域化中心在接到报告后向企业通信管理部门通报，通信管理部门负责跟踪问题处置过程及时给予指导。随着通信技术的发展，应用统一信息管理平台将告警信息第一时间分级分类发送给相关负责人员，实时跟踪处理过程与结果，达到提升处置能力的目的。

参考文献

［1］ 王常力，罗安. 分布式控制系统（DCS）设计与应用实例. 北京：电子工业出版社，2010.

［2］ 吴明，孙万富，周诗崇. 油气储运自动化. 北京：化学工业出版社，2006.

［3］ 张建国，安全仪表系统在过程工业中的应用. 北京：中国电力出版社，2010.

［4］ 王振明，SCADA（监控与数据采集）软件系统设计与开发. 北京：机械工业出版社，2009.

［5］ 青岛安全工程研究院. 石化装置定量风险评估指南. 北京：中国石化出版社，2007.

［6］ GB/T 20438—2006，电气、电子、可编程电子安全相关系统的功能安全［S］.

［7］ GB/T 21109—2007，过程工业领域安全仪表系统的功能安全［S］.

［8］ 王焕光. 长输管道通信网络建设分析［J］. 石油化工建设，2008，30（2）：69－73.

［9］ 赵子岩，李文. 电力通信光缆典型故障分析及应对措施研究［J］. 电力信息与通信技术，2016（5）：107－111.

［10］ 刘强. 通信光缆线路工程与维护［M］. 西安电子科技大学出版社，2003.

［11］ 邹昱. 成品油管道通信光缆线路维护工作分析［J］. 工业B，2015（6）：00220－00221.

［12］ 吴琇瑛. 光缆与油气管道同沟敷设应用实践［J］. 油气储运，2011，30（7）：547－549.

第六章 成品油管道完整性管理

管道完整性管理是在事故发生前进行危害因素识别与风险评价，主动实施风险消减措施，持续循环，不断改进的过程。实施管道完整性管理，对于企业保障管道长期安稳运行具有重要意义。本章将概述成品油管道完整性管理的概念、起源、发展等内容，详细介绍成品油管道线路完整性管理体系的构建和完整性管理的六项基本内容，这六项内容包括数据采集、高后果区识别、风险评价、完整性评价、维修维护和效能评价，它们相互依存，顺序推进，持续改进，持续循环。成品油管道站场完整性管理将在本书第七章介绍。

第一节　完整性管理概述

完整性管理有别于传统的安全管理模式，欧美等国家最早将此管理理念应用于管道行业，我国在 2001 年将其引入国内。目前国内外管道完整性管理已经逐步成熟，国内外大型油气管道公司均已开展了完整性管理工作，且取得了较好的管理成效。

一　管道完整性管理概念

管道完整性（Pipeline Integrity）是指管道始终处于安全可靠的服役状态。所谓完整，主要包括以下内涵：管道在物理和功能上是完整的；在役管道始终处于受控状态；管道企业已经并仍将不断采取行动防止管道事故的发生。管道完整性与管道的设计、施工、运行、维护、检修和管理的各个过程密切相关。管道完整性管理（Pipeline Integrity Management，PIM）是指在全生命周期内用整体优化的方式对管道进行维护，其实质是管道企业针对不断变化的管道系统本身缺陷和周边环境影响因素，进行危害识别和风险评价，并通过监测、检测、测试等各种方式，获取管道安全状态的信息，实施合理的风险管控措施，从而将管道运行的风险水平控制在合理的、可接受的范围内，最终达到持续改进、减少和预防管道事故发生、经济合理地保证管道安全性的目的。完整性管理一般可理解为对可能使管道失效的主要威胁因素进行检测，据此对管道的适用性进行评估。

总而言之，就是以风险识别防控为核心，借助信息技术、检测技术、监测技术等，对管道实施以可靠性为中心的、综合的、一体化的管理。

二　完整性管理的起源及发展

管道完整性管理和风险管理是管道安全管理的两个发展阶段，管道完整性管理也是基于风险的一种管理模式。风险管理理念最早起源于 20 世纪 30 年代，是保险业为衡量所保风险的大小进行风险评价的过程，完整性管理模式就是从该风险管理模式上发展演变而来的。

1. 国外完整性管理发展

20 世纪 70 年代，欧美等工业发达国家在二战以后兴建的大量油气长输管道已进入老龄期，管道泄漏等各种事故频繁发生，严重影响和制约了上游油气田的正常生产。为此，美国首先开始借鉴经济学和其他技术领域中的风险分析技术来评价油气管道的风险性，以期最大限度地减少油气管道的事故发生率和尽可能地延长重要干线管道的使用寿命，做到合理地分配有限的管道维护费用。到了 20 世纪 80 年代，一些欧洲管道工业发达国家的管道公司开始制定并完善了管道风险评价的技术标准，建立了油气管道风险评价的信息数据库，研发出了实用的评价软件程序，使得管道的风险评价技术向着半定量化、定量化和智能化的方向发展。

进入 20 世纪 90 年代后，一些重大的管道事故促使人们进一步认识到管道完整性管理的重要性。如：1989 年 6 月，苏联乌拉尔山隧道附近由于天然气管道泄漏引起大爆炸，烧毁了两列火车，死伤 800 多人，成为震惊世界的灾难性事故；1996 年 6 月 26 日，美国科洛尼尔管道公司的一条直径 914.4mm 的成品油管道破裂，百万加仑的柴油一下子倾泻到南卡罗来纳州的里德河中，对环境产生了极为严重的破坏；2000 年 3 月 9 日，美国开拓者管道公司的一条直径 711.2mm 的输油管道在达拉斯东北 45km 的格林维尔破裂，导致约 56 万加仑的汽油泄漏，也造成了较为严重的后果。众多的管道事故使得一些大型油气管道公司开始寻求一种科学有序的管道管理模式，并率先制订和改进了管道管理计划，逐渐形成了一套较为完整的油气管道完整性管理体系，也及时制定管道完整性管理目标和管理程序，实施分为 4 个步骤：制定计划、执行计划、实施总结、监控改进。完整性管理系统形成了一个动态循环过程，确保完整性技术方法在实施过程中不断完善。

同时，美国政府和议会，以及欧洲一些国家积极参与管道完整性管理工作，制定和出台了一系列的法律法规。石油公司、政府和科研机构通力合作，共同促进了管道完整性管理技术的发展。以美国为例，2001 年 5 月，将《危险液体管道在高后果区开展完整性管理》的要求纳入联邦法规 49 CFR 195；2002 年 8 月，将天然气管线高后果区完整性管理要求纳入联邦法规 49 CFR 192；2002 年 12 月，通过了《2002 管道安全改进法》并经总统签字批准实施，明确规定管道运营商必须要在高后果区实施管道完整性管理计划，这是美国法律对开展管道完整性管理的强制性要求。以此为标志，形成以 IT 技术和相关管道评价技术为支撑的管道完整性管理体系，实现了管道管理方式的重大变革。包括后续 2006 年《管道检验、保护、强制执行与安全法》、2011 年《管道安全、监管确定性和创造就业法》、2016 年《保护管道基础设施和加强管道安全法案》的修订，都进一步促进了管道完整性管理工作的发展。

从 20 世纪 90 年代初期开始，美国的许多油气管道都已应用了基于风险管理的完整性管理技术来指导管道的维护工作。以美国科洛尼尔管道公司为例，该公司采用风险指标评价模型（即专家打分法）对其所运营管理的成品油管道系统进行风险分析，有效地提高了系统的完整性。该公司开发的 RAM 风险评价模型将评价指标分为腐蚀、第三方破坏、操作不当和设计因素等 4 个方面，该模型可以帮助操作人员确认管道的高风险区和管道事故对环境及公众安全造成的风险，明确降低风险工作的重点，根据风险降低的程度与成本效益对比，制订经济有效的管道系统维护方案，使系统的安全性得以不断提高。另外，如英国油气管网公司，在 90 年代初期开始开展油气管道完整性管理工作，制定了一整套的管理办法和工程框架文件，帮助管道维护人员了解风险的属性，及时处理突发事件。并在 1996 年把基于风险的管道完整性管理方法写入法规，全面推广使用。

2. 国内完整性管理发展

国内完整性管理起步较晚，21 世纪初期才开始探索油气管道的完整性管理工作。有学者认为 2001～2004 年为国内完整性管理的"摸索阶段"；2004～2009 年为"体系理论研究阶段"；2009～2015 年为"实践与专项技术完备提升阶段"；2015 年持续到现在为"标准提升阶段"。

2001 年，陕京天然气管道在国内率先开展完整性管理，将管道完整性管理程序文件、作业文件纳入 HSE（健康、安全、环境管理）体系中，按照管道本体、防腐有效性、管道地质灾害和周边环境、站场及设施、库场及设施 5 个部分逐步推行完整性管理，取得显著成效。2002～2003 年中油管道局检测公司（原中油管道技术公司）联合英国 Advantica 公司对油管道检测器进行改造，使其适用于天然气管道，完成了陕京一线 1000km 高压大口径天然气管道的内检测，开始了基于内检测数据的管道完整性数据管理研究探索。

2004 年，中国石油管道公司成立管道技术中心，专门探索、从事管道完整性管理研究工作，最终在国外研究及应用的基础上，将完整性管理总结为数据收集与管理、高后果区识别、风险评价、完整性评价、维修与维护、效能评价等六步循环过程。2006 年中国石油启动"西气东输管道完整性管理体系建设"研究项目，在分析研究西气东输管道沿线地质灾害环境条件等基础上，制定了现场灾害识别、风险评估技术指南及相关软件。2007 年，中国石油建立了审核机制和标准，每年邀请挪威船级社对其 5 家地区公司开展外部审核工作，持续改进其完整性管理水平。在一系列工作基础上，2009 年，中国石油管道公司编制了标准 Q/SY 1180《完整性管理规范》，我国第一套自主研发、编制的管道完整性管理企业标准由此诞生。2011 年，中国石油管道完整性管理系统（PIS）在中国石油天然气与管道分公司正式上线，进一步促进了国内完整性管理工作的开展。

2015 年中国石油牵头制定国家标准 GB 32167—2015《油气输送管道完整性管理规范》，管道完整性管理从此上升为国家强制性管理要求。随着《关于贯彻落实国务院安委会工作要求全面推进油气输送管道完整性管理的通知》等文件的相继出台，我国管道完整性管理进入一个新阶段。

中国石化从 2005 年开始，才逐渐推行完整性管理模式。2007～2010 年"川气东送"项目开展了完整性管理体系建设，完成了数字化管道建设。2008～2010 年，管道储运分公司完成鲁宁管道的内检测任务，推动了管道完整性智能化管理。2012 年，中国石化成立长输油气管道检测有限公司。直到 2014 年，借助智能化管线管理系统的开发和内检测业务的推进，完整性管理工作和管道完整性管理模块得以在中国石化内部全面推动。2018 年，中国石化销售有限公司华南分公司提出了全生命周期、全覆盖、全管网的"三全"管理模式，中国石化完整性管理水平再上台阶。

中国海油福建 LNG、大鹏 LNG 等公司于 2009 年前后相继开展数字化管道系统建设，为深化完整性管理工作打下了基础。2012 年起，中国海油气电集团开始全面建立完整性管理文件体系，并在广东大鹏液化天然气有限公司开展完整性管理试点工作。

三　完整性管理的内容及特点

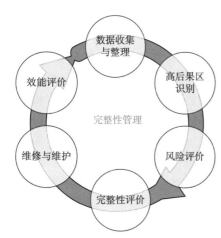

图 6 - 1　管道完整性管理流程图

国内在 2015 年发布了首部完整性管理国家标准，即 GB 32167—2015《油气输送管道完整性管理规范》，该标准中对管道完整性管理做出了规范性表述：管道完整性管理是对管道面临的风险因素不断进行识别和评价，持续消除识别到的不利影响因素，采取各种风险消减措施，将风险控制在合理、可接受的范围内，最终实现安全、可靠、经济地运行管道的目的。同时，对完整性的内容做出了规定，也是包括数据收集与管理、高后果区识别、风险评价、完整性评价、维修与维护、效能评价等六步循环过程，具体管道完整性管理流程如图 6 - 1 所示。

管道完整性管理同传统安全管理相比，最大的特点是主动维护和事前预控。传统安全管理常常基于事故发生后被动地进行补救，是一种"亡羊补牢"的管理模式；而现代安全管理强调以预防为主，变"亡羊补牢"为"关口前移"，防患于未然。提早入手、识别风险、排查隐患，及时采取有效措施进行防控或消除，以此保障管道的安全受控运行。主要包括：

（1）拟定工作计划，工作流程和工作程序文件；

（2）进行风险分析和安全评价，了解事故发生的可能性和将导致的后果，制定预防和应急措施；

（3）定期进行管道完整性检测与评价，了解管道可能发生的事故的原因和部位；

（4）采取修复或减轻失效威胁的措施；

（5）培训人员，不断提高人员素质等。

管道企业在进行完整性管理时，要遵循一定原则，比如在设计、建设和运行新管道系统时，应融入管道完整性管理的理念和做法；结合管道的特点，进行动态的完整性管理；建立管道完整性管理机构、管理流程、配备必要手段；对所有与管道完整性管理相关的信息进行分析、整合；不断在管道完整性管理过程中采用各种新技术。由此可以看出，管道完整性管理具有如下特点。

（1）流程化的管理方法

管道完整性管理是建立在过程方法论基础上的管理方法，它将每一个过程划分为过程的输入、过程活动本身、过程的输出以及对过程活动的检查等环节，每一环节都需进行管理控制。通常，一个过程的输出应该是下一过程的输入。运用该管理模式就是要对管道完整性管理活动的内容从过程方法的角度进行分析、管理和控制。

（2）文件化的控制机制

实现管道完整性管理的目标，就需要制订体系文件来表达明确的要求和信息，使工作人员目标一致、行动统一。并通过管理体系文件来传递所需信息，利用这些信息，实现完整性管理活动的目标和持续改善，评价体系的有效性和执行的效率，为完整性管理活动提供指南，同时使完整性管理活动具有可追溯性、重复性及为活动结果提供客观证据等。完整性管理体系文件应当覆盖完整性管理的各项关键技术以及具体做法，并符合法规的要求。

（3）闭环系统管理

完整性管理的各个阶段不是孤立的，它必须形成各阶段的环状闭合，而且是一环接一环的循环进行过程。所以在进行完整性管理工作时，应当注意管理的闭合及系统管理。在上一个闭合循环完成后，转入下一个循环。

（4）持续改进

管道完整性管理是一个不断变化发展的动态体系，这是因为腐蚀、老化、疲劳、自然灾害、机械损伤等能够引起管道失效的多种失效过程呈时间依赖模式。随时间推移，必须不断设计和改进体系构架及其要素，持续不断地对管道进行风险分析、检测、完整性评价、维修等，使管道达到最佳运行状态，实现良性循环。

第二节　管理体系构建

完整性管理体系是有效开展完整性管理工作的基础，可为管道安全和完整性管理提供一套系统、综合的方法。构建管理体系的目的还在于提出一套适用于管道运营公司自己的技术文件，这些体系文件将保障管道安全，并为管道运营公司建立最有效的管道安全经济效益战略发展服务，有利于发现和识别管道的危险区域，对各种事故实现事前防控。成品油管道完整性管理体系，应包含体系框架、管理目标及方针、体系要素等核心内容。

一　体系框架

作为成品油管道企业内部全面生产管理体系的组成部分，完整性管理体系是保持管道完整性所需的组织机构、活动规划、人员职责、例行做法、程序、过程和资源，还包括管道企业的完整性管理方针、目标和指标等管理方面的内容。管道完整性管理体系还可以描述为：管道企业有计划，而且协调动作的管理活动，其中有规范的作业程序，文件化的控制机制，它通过有明确职责、义务的组织结构来贯彻落实，目的在于预防管道事故的发生，而不是事故后的被动响应。

管道企业应结合自身特点，建立各自的完整性管理体系框架，当前国内管道完整性管理体系的基本框架如图6-2所示。完整性管理应该贯穿于管道规划、设计、采购、施工、运行及报废的各个环节，是全生命周期的管理。

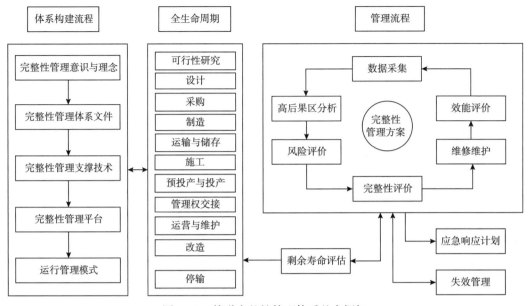

图 6 - 2　管道完整性管理体系基本框架

二　管理目标

完整性管理的目标应符合成品油管道企业的总体发展目标。实施管道全生命周期的完整性管理，应根据其组织结构和完整性管理的要求，在成品油管道企业的各个层次分别设立相应的完整性管理目标，以指导管道系统完整性管理活动和绩效评估，保证管道系统安全、可靠、受控，避免重大安全、环境责任事故。

设定目标时应本着动态管理、风险可控、持续改进的原则，目标应明确、量化、可接受、可达到，具体体现在以下几个方面：

（1）建立职责清晰、内容全面、可操作性强的管道完整性管理体系并持续改进；

（2）不断识别和控制管道风险，使其保持在可接受的范围内；

（3）不断采用科学技术手段维护管道，延长管道服役年限；

（4）避免或减少各类管道事故；

（5）持续改进管道系统运行的安全性、可靠性。

三　体系要素

完整性管理体系的主要构成要素包括承诺与方针、管理流程、组织机构、文件体系、信息沟通、质量控制以及培训。

1. 承诺与方针

完整性管理体系的核心是承诺与方针，即制定完整性管理的方针并确保对实现完整性管理目标的承诺。成品油管道企业管理层对完整性管理体系建立和实施的认可和承诺，是构建完整性管理体系最基本的要求。方针是成品油管道企业对其管道完整性管理的目标、意向和原则的声明。实施管道完整性管理体系的全过程都是在该方针的指导下进行的，方针由成品油管道企业的最高管理层制定，是指导思想和行为准则。良好的方针，能指导成品油管道企业有效地实施和改进他的管理体系，同时，所制订的方针也在此过程中得到必要的修正。

2. 管理流程

成品油管道完整性管理总体流程如图6-3所示，包括数据收集与管理、高后果区识别与管理、风险评价与管理、完整性检测与评价、风险消减与维修维护、体系审核与效能评价等基本环节，以及各个环节的控制要求。

3. 组织机构

完整性管理工作实施成功与否的关键在于组织机构保障和有效的资源投入。为了保障管道企业完整性管理工作的推动力，管道企业可结合实际情况，成立完整性管理专属职能部门，设置完整性管理技术支持机构，成立完整性管理领导小组，并设立完整性管理牵头专业部门，全面负责推动完整性管理工作，以及完整性管理技术的研发和支持。同时，为保证各业务衔接，可设置专职完整性管理岗位，岗位应包括但不限于：完整性数据管理岗、高后果区与危害识别岗、风险评价岗、完整性检测岗（内、外检测）、完整性评价岗、设备检验/维护/测试岗、防腐及阴极保护岗、应急抢维修岗、效能评价岗、完整性信息化管理岗等岗位。总之，完整性管理工作应形成科学的完整性管理运行机制，以便按照目标要求和管理流程进行有效管理。

完整性管理组织机构的任务和职责主要包括：

①负责完整性管理的组织、协调与推进完整性管理的建设工作；

②负责制定完整性管理总体目标、方针，编制完整性管理中长期发展规划、完整性管理计划、标准与规范等；

③组织、指导、监督和检查完整性管理工作，负责完整性管理的考核工作；

④负责管道完整性新技术、新方法的研究、引入、消化、开发及推广应用；

⑤负责管道完整性数据管理、危害识别、风险评估、内外检测、维修计划、效能评估和体系审核等工作的技术支持和成果审查；

⑥负责国内外管道完整性管理相关法律法规、完整性管理相关标准、技术方法等信息的收集和整理；

⑦负责完整性管理信息平台的建设和维护工作。

成品油管道企业一般实行管道完整性管理领导小组、专业部门和输油管理处（项目部）三个层次完整性管理模式。在专业部门中明确完整性管理牵头部门，实施垂直化、专业化管理，明晰各部门职责分工，厘清管理流程，使完整性管理工作系统推进。完整性管理领导小组从战略层面指导管道完整性管理工作的部署与实施，专业部门组织开展各项工作，其中完整性管理牵头部门负责制定完整性管理工作目标和实施方案，输油管理处（项目部）具体组织实施。输油管理处（项目部）设置完整性管理小组，负责落实本输油管理处（项目部）日常完整性管理工作，组织机构如图6-4所示。

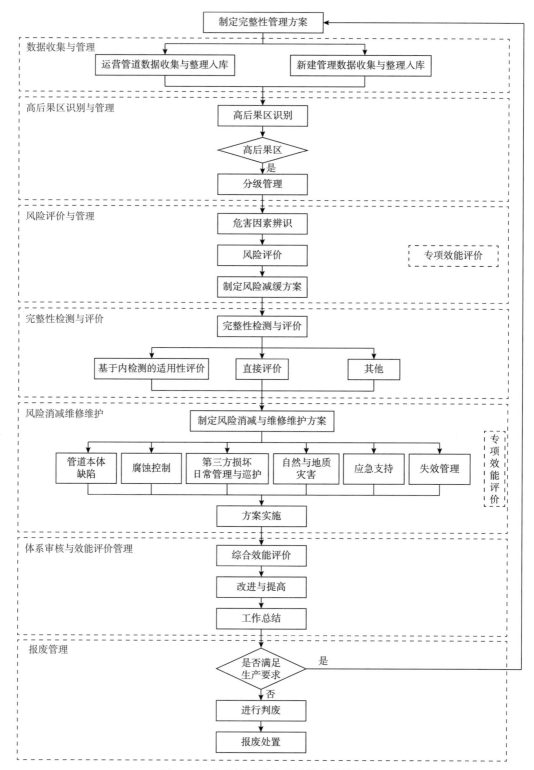

图 6 – 3　成品油管道完整性管理总体流程

4. 文件体系

完整性管理文件体系是针对完整性管理的计划、实施、评审、人员培训、持续改进等内容，建立一套具有规范性的、可操作的管理文件。完整性管理的文件体系应当覆盖管理要素、关键技术、关键节点和具体要求，并遵循国家的法令与法规。在完整性管理体系文件中，一般设立三级文件：完整性管理总则、程序文件、作业文件，其相互关系如图6-5所示。

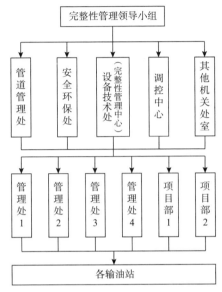

图6-4 某成品油管道企业完整性管理的组织机构

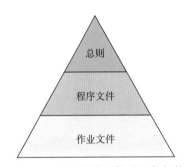

图6-5 完整性管理体系文件架构

一级文件：完整性管理总则，提出管道企业完整性管理总体要求，是向企业内部或外部传达关于完整性管理的总要求和目标的纲领性文件，应强调宣传性，明确完整性管理的承诺与方针。

二级文件：完整性管理程序文件，是完整性管理要素的执行程序，覆盖了完整性管理的各业务环节、关键技术、管道企业的具体工作要求以及法规的要求，规定企业内部对完整性管理的具体管理程序和控制要求，阐述程序文件的使用部门及职责，提供相关业务的内容指导、整体执行流程及相关说明等。

三级文件：完整性管理作业文件，是程序文件的补充和支持，是管理和操作者行为的指南，是围绕管理手册和程序文件的要求，描述具体的工作岗位和工作现场如何完成某项工作任务的具体做法，主要供直接操作人员或班组使用。

某成品油管道企业的完整性管理文件体系如图6-6所示。同时依据完整性管理实施成果和经验，形成了配套的技术支撑体系，如数据管理、高后果区识别、风险评价、完整性评价等系列技术标准。

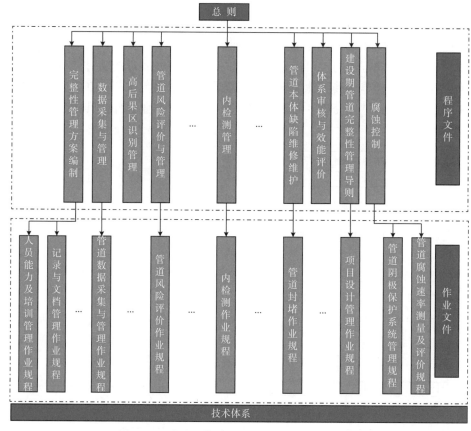

图 6-6 成品油管道企业完整性管理文件体系

5. 信息沟通

管道完整性管理需要采取一系列活动，每一活动都涉及方案的制定、组织、执行及检查等多个环节，需要有良好的沟通机制，以保证每一项完整性管理活动能达到预期目标，完整性管理的信息沟通机制如图 6-7 所示。同时，完整性管理活动产生的信息应能很好地保存，以备后续风险评价、完整性评价时采用，否则，可能由于信息的缺失或错误，导致评价工作困难，甚至得出错误结论。

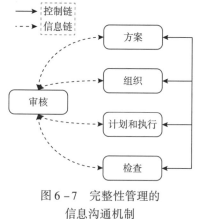

图 6-7 完整性管理的
信息沟通机制

6. 实施控制

按照制定的完整性管理计划和目标，结合管道完整性管理的具体要求要素，实施完整性管理方案。通过作业许可、过程控制、质量管理，及时有效地控制实施过程中关键活动和任务的风险因素和影响，保证完整性管理的质量。通过变更管理，保证完整性活动的时效性。通过设定有特色的运行过程和要求，实现完整性管理各项工作的有效展开和落实。

7. 员工培训

管道完整性管理不同于传统的管道管理，是一项涉及多门学科的系统工程，对相关人员的技术水平要求较高，要求相关人员应该具备一定的安全、材料、力学等方面的基础知识，熟悉管道工艺和日常管理。在完整性管理员工上岗之前，应考核其相关知识的掌握程度，这些知识包括：数据采集、高后果区识别准则、风险评价方法、完整性评价手段以及风险防控措施等，以及实际的管道完整性管理的能力。

第三节　数据采集

数据采集是完整性管理工作进行的第一步。收集、整理和分析管道运行状态下的基础数据和信息，使其及时反映管道系统状况和可能存在的危险，是管道完整性管理工作的前提和保障。不完整、不真实的数据可能导致高后果区识别、风险评价、完整性评价结果的不准确，从而误导管道企业对重大风险的理解，甚至产生不良或错误的结果。

一　采集流程与要求

数据采集的流程如图 6-8 所示，包括建设期、运营期的任务实施、数据审核、验收以及移交等。数据采集的要求如下：

（1）应按照源头采集原则进行数据采集，采集的数据应进行对齐并统一编码，便于追溯和分析；

（2）数据采集与管理应符合《中华人民共和国测绘成果管理条例》（国务院第 469 号令）、《测绘管理工作国家秘密范围的规定》（国测办字〔2003〕17 号）的管理要求，涉及坐标等相关数据在入库前应进行脱密处理。应每年组织 1 次数据脱密入库；

（3）建设期管道数据采集应从初步设计审查通过后开始至竣工验收结束，贯穿于管道全生命周期，在基础设计和施工图设计完成后各提交 1 次数据，施工阶段每季度提交 1 次；

（4）每年应开展年度数据采集、复核和更新工作，更新数据应提交专业处室审核；

（5）管道改线、管道大修等管道大型施工项目应在施工完成后 1 个月内提交数据，管线周边环境发生重大变化应在 1 个月内更新并提交数据；

（6）数据入库前应进行专业审核及入库审核。

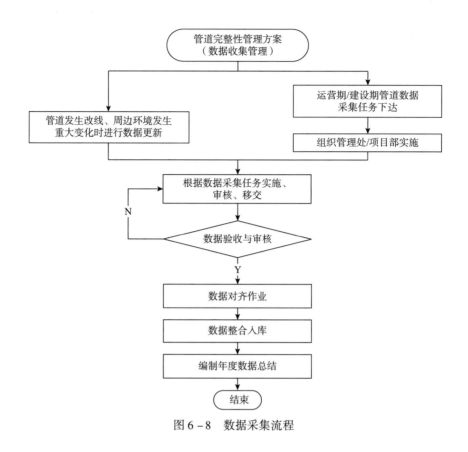

图 6 - 8 数据采集流程

二 数据采集内容

成品油管道在其全生命周期的各个环节中，涉及或产生大量的各类数据，其中，运营期的管道数据主要包括以下内容。

（1）管道本体及附属设施数据

包括中线成果点（管道中心线）、埋深、站场、阀室、站场边界、钢管、焊缝、弯头、套管、三通、防腐层、焊缝补口、阀、桩、穿跨越、隧道、水工保护、埋地标识、封堵物、光缆中线测点等。

（2）外管道管理类数据

包括管道内检测、管道外检测、改线管理、阴极保护测试、易打孔盗油点、第三方施工、管道泄漏、管道占压、设备设施损坏、高后果区、地质灾害、防腐层大修、管道清管、管道试压、管道维修、三桩移位、管道巡线、运行监控等。

（3）管道周边环境类数据

包括单户居民、政府单位、重大危险源、环境监测单位、自然保护区、密集居民区、敏感目标、水体、第三方管道、消防单位、医院、公安单位、环境敏感信息、管道沿线气候、管道沿线土壤、林区火灾易发点等。

（4）管道沿线应急资源类数据

包括维抢修队伍、社会专业应急救援队伍、沿线抢险资源、应急道路等。

（5）管道运行类数据

包括调度生产班报等生产运行台账。

建设期的管道数据主要包括管道本体数据，周边环境数据，管线基础设施施工建设期间数据，管道施工期间对管道施工的详细记录数据，设计图纸、报批、报建、征租地赔偿协议等工程管理资料，设计图纸文件与有关强度计算书，管道元件产品质量证明资料，安装监督检验证明文件，安装及竣工验收资料，管道使用登记证等。如果建设期开展航拍选线，需采集 0.5~1m 分辨率航拍影像数据。

三　数据采集方法

（1）运营期管道本体及附属设施、周边环境和应急物资类数据应根据管理要求和规定维护、更新测绘数据。宜通过卫星定位系统和埋地管道探测确定管道坐标，也可采用管道内检测技术结合惯性测绘获得管道中心线坐标。对采用管线探测仪或探地雷达不能确定位置的管段，应采用开挖确认、走访调查、资料分析或其他有效方法确定其中心线位置。

（2）运营期和建设期管道周边环境和沿线应急物资属性信息采用现场调研或地理信息系统查询等方法收集。

（3）运营期管道本体数据应通过资料数字化方式进行采集。

（4）运营期管道运行类数据应结合日常生产管理所产生的生产台账、报表等数据进行提炼、采集并整合。

（5）建设期管道本体及附属设施数据应与管道中心线数据一同采集，并与设计资料、采购资料、施工记录和评估报告中数据匹配。

（6）建设期管道中心线及管道本体类数据坐标测量应在管道施工阶段进行，并在回填之前完成。测量的管道中心线数据应包括地理坐标、高程、埋深。测量数据应与桩、环焊缝、拐点等信息对应。与公路、铁路、电网、管道、河流、建筑物等交叉点的坐标数据应标注。管道中心线测量时平面坐标系可采用"CGCS2000 坐标系"（WGS84），高程系可采用 1985 国家高程基准。

四　数据管理

1. 数据移交

（1）移交数据须与管道中心线及定位系统对齐，并符合完整性管理数据标准和格式要求。

（2）管道试运行之前，设计资料、中心线数据、施工记录、评价报告、相关协议等管道数据应由施工单位提交。改线段管道应按照新建管道要求提交数据及资料。

（3）管道检测、评价等数据应由项目组织单位提交。

（4）移交数据形式应为电子数据或纸质数据。管道工程资料数据可按工程竣工资料要求格式和内容提交。

（5）移交数据应作为原始数据及时存档。

2. 验收与审核

数据经验收合格后方可收集入库，该部分内容可参见本书第十一章第三节内容。

3. 数据对齐

（1）建立基于环焊缝的定位系统，若无环焊缝信息，可基于其他拥有唯一地理空间坐标的实体信息等测绘数据建立定位系统。

（2）管道附属设施、管道内外检测、直接评价、开挖验证与修复和周边环境数据应与管道中心线对齐。

（3）数据对齐结果上报后应进行审核，确保数据真实有效、格式规范。

4. 数据整合入库

（1）应将收集到的各种资料和数据转化为电子版格式，包括设计、采购、施工、投产、运行等过程中的设计资料、采购资料、施工记录、投产记录、运行维护记录和评估报告等。

（2）综合分析多种数据间的相互关系，并与管道中心线对齐，保证数据的相关性、准确性和有效性。

（3）管道数据库建立与管理应符合相关规范或管理规定的要求。

5. 数据更新

（1）管道本体、附属设施及周边环境一旦发生变化，输油管理处应及时发起数据更新，完整性管理中心根据实际需求制定数据采集计划，确保数据现势性。

（2）结合年度检查开展数据现势性复审，确保定位系统、管道中心线、企业信息、高后果区、高风险段、应急资源等信息的有效性。

（3）数据更新应进行变更管理，具体可参照 QHSE 质量管理体系中变更要求进行，保证数据安全性和时效性，并保留历史数据。

（4）各业务处室应组织开展数据时效性与现势性检查，确保定位系统、中心线、高后果区、高风险段、应急资源等信息的有效性。

（5）输油管理处应每季度应用无人机对辖区管线 II 级以上高后果区影像数据进行采集，并与上一版本数据进行影像比对，标注周边环境变化情况。

第四节　高后果区识别

高后果区指如果管道发生泄漏会危及公众安全，对财产、环境造成较大破坏的区域。对于输油管道而言，油品泄漏对外界造成的重大危害体现在以下三个方面：一是油气火灾或爆炸事故造成的重大人员伤亡，这类事故多发生于人口相对密集的区域，如城市中心及近郊、城镇、村庄等地，以及学校、医院等有大量人口聚集的地段；二是油气火灾或爆炸事故造成的重大设施毁坏，造成对社会生产和生活活动的严重影响，并可能同时造成人员伤亡的区域，如有重要工业设施的工厂、加油站、车站、码头、公路、铁路、水工建筑等，以及地下管道、隧道、暗涵等地下构筑物等；三是油品泄漏事故造成的严重污染或生态破坏，这类事故多发生于自然环境对外部干扰十分敏感的区域，如饮用水源、河流、湖泊、水库、海洋等有大型水体的区域，以及森林、湿地、生态区等自然保护区等。

高后果区识别作为完整性管理的重要步骤，是预测、防范事故的重要手段，可以让管道管理者清楚地认识由于管道可能泄漏而产生严重后果的区域。完整性管理要求运用分类方法，及时、全面、准确地分析各种情况，识别管道泄漏可能对公众安全、财产、环境造成较大破坏的区域，并详细记录区域信息，评价其受影响的程度，提出可实施的削减措施和控制对策，从而实现高后果区的科学管理。

一 高后果区分类

考虑人口密集程度、聚散程度、周边设施、环境保护以及发生灾害的严重程度等因素，将高后果区划分为人口密集区、重要设施区和环境敏感区三类。

（1）人口密集区：一是指管道周边有居住类建筑；二是在管道潜在影响区内存在医院、学校、机场等人口密度较大的特定场所。

（2）重要基础设施区：指输油管道潜在影响区域内有工厂、加油站、军事设施、机场、码头、仓库、文物保护单位、水工构筑物等关系到社会公众的各类设施；穿跨越输油管道经过密闭空间如隧道、暗涵等；输油管道与高速公路、国道、省道、铁路、高压线等设施交叉，或在两侧一定范围内与这些设施并行；输油管道与地下管道、污水管、暗河、暗渠等设施交叉，或在输油管道两侧一定范围内与这些设施并行。

（3）环境敏感区：管道经过《中华人民共和国环境保护法》规定的自然保护区和重要水域，自然保护区分为国家级自然保护区和地方级自然保护区，水域分为饮用水和非饮用水。

根据 GB 32167—2015《油气输送管道完整性管理规范》，成品油输送管道的高后果区及其分级的标准规定如表 6-1 所示。对已确定的高后果区，需定期复核，复核的时间间隔最长不超过 18 个月。当周边人类活动和环境发生变化时，应及时进行高后果区的重新识别。

表 6-1　成品油管道高后果区识别及分级标准

序　号	识别项	分　级
1	管道中心线两侧各 200m 范围内，任意划分成长度为 2km 并能包括最大集居户数的若干地段四层及四层以上楼房（不计地下室层数）普遍集中、交通频繁、地下设施多的区段	Ⅲ级
2	管道中心线两侧 200m 范围内，任意划分 2km 长度并能包括最大集居户数的若干地段，户数在 100 户或以上的区段，包括市郊居住区、商业区、工业区、发展区以及不够四级地区条件的人口稠密区	Ⅱ级

序 号	识别项	分 级
3	管道两侧各 200m 内集居户数在 50 户或以上的村庄、乡镇等	Ⅱ 级
4	管道两侧各 50m 内有高速公路、国道、省道、铁路及易燃易爆场所等	Ⅰ 级
5	管道两侧各 200m 内有湿地、森林、河口等国家自然保护地区	Ⅱ 级
6	管道两侧各 200m 内有水源、河流、大中型水库	Ⅲ 级

二　高后果区管理

对高后果区的管理，包括编制高后果区分析报告，提出管理对策和实施方案，同时跟踪高后果区的变化情况，及时更新相关信息，主要步骤如下。

1. 资料收集

采集管道两侧各 200m 范围内的居住类建筑物、特定场所、重要设施、水体、自然环境等信息。

2. 边界划定

根据识别对象所在的地理位置，确定高后果区的起始和终止边界。当识别出的高后果区段相互重叠或相隔小于 200m 时，可作为一个高后果区段进行管理；对于长度超过 2km 的高后果区段，应以明显特征物（如里程桩等）断开，避免出现高后果区区段过长的问题。

3. 信息填报

由指定人员根据现场情况，填报危害受体的类型、数量及描述信息，进行高后果区登记，为了便于现场识别并规范填报信息，编制高后果区登记卡，逐一对识别出的高后果区进行登记注册。表 6-2 是国内某成品油管道企业的高后果区登记卡，包括区域位置、高后果区评分、区域影像图等相关信息。

三　重点关注问题

高后果区不是一成不变的，它会随着管道两侧的社会和环境的变化而变化。因而管道企业在以下情况应对高后果区进行重新识别或更新：

（1）某段管道操作压力发生变化；
（2）在管道用地作业带的常规巡检期间发生的新变化（如新增建筑物）；
（3）在管道用地作业带的常规巡检期间建筑物的使用情况发生变化（如平房改成楼房）；
（4）某段管道被淘汰使用或新增管道；
（5）某段管道发生改线；
（6）新管线投产前完成高后果区的首次识别与评价工作。

高后果区识别工作应由熟悉管道沿线情况的人员进行，识别人员应进行有关培训，通过培训，使管道管理者和管道巡护人员清晰理解高后果区的定义和分析方法，理解高后果区管理的重要性，针对高后果区应设立警示标牌和采取宣传措施，保证联系上的畅通，特殊地区应有专门的联系人。

表6-2　国内某成品油管道企业高后果区登记卡

HCAs 编号	NHGD-NS-201506-006	起始位置	NH015	所属站场	××站
HCAs 等级	Ⅲ级	长度/m	200	负责人员	×××
管道规格（$D \times t$）	323×6.4	设计/运行压力/MPa	9.5	联系电话	×××××
高后果区描述			后果分析		
①NH015+000 桩号至 NH015+200 桩号段管道长达200m，经过南沙区东涌镇官坦村，房屋最近距离管道10m，管道中心线50~200m 范围内有1~3层住宅48栋，无4~9层住宅；②NH015+000 桩号至 NH015+200 桩号段，距离沙湾水道河流防洪堤边20m、距离官坦涌80m、距离京珠高速100m、距离地铁4号线20m，距离官坦阀室较近；③NH015+000 桩号至 NH015+200 桩号段管道长达200m，在油流方向左侧与大鹏 LNG 及管道定向钻并行穿越厂房，输送介质为天然气，管道埋深8~12m			①易燃油气及地面油品遇火源易发生火灾爆炸等灾害；②危及公路的车辆、村庄及居民的安全；③泄漏油品导致环境污染		
GIS 图片			现场照片		

高后果区类型			☑人口密集区☑重要设施区☑环境敏感区		

第五节　风险评价

风险评价是管道完整性管理决策基础，它能够预测不同类型事故发生的可能性和潜在后果，根据风险评价的结果对管道进行风险排序，从而有效配置资源，做出合理的风险控制决策。GB 32167—2015《油气管道完整性管理规范》提出，可采取一种或多种管道风险评价方法来实现评价目标。

风险描述为失效可能性及其后果的综合度量，一般表示为事故（失效）发生的可能性与其后果的乘积，用公式表示如下：

$$R = R_{of} \times C_{of} \qquad (6-1)$$

式中，R——管段的风险；

$\quad R_{of}$——失效可能性；

$\quad C_{of}$——失效后果。

管道的风险评价模型分为相对指标模型、概率模型等。由于缺少完整和可靠的数据积累，以及概率模型所要求的数据的复杂性和精确性，概率模型的评价方法尚未得到广泛应用。目前基于可用的管道数据，常采用各种相对指标评估模型，在这方面，比较完整的方法还属美国的肯特法。肯特法利用指数和来表征失效可能性，利用泄漏影响系数的倒数来表征失效后果，风险大小与指数和、泄漏影响系数的倒数成反比。与其他方法相比，该方法是到目前为止最为完整和最为系统的一种方法，容易掌握，便于推广，可由工程技术人员、管理人员和操作人员共同参与完成。

销售华南分公司借鉴肯特法以及 SY/T 6891.1—2012《油气管道风险评价方法》、GB/T 27515—2012《埋地钢质管道风险评估方法》等标准中的评价方法与指标体系，进行失效可能性和失效后果的计算。在失效可能性的计算过程中，根据对国内外管道失效实际的调研，将危害因素种类从第三方损伤、腐蚀、设计和误操作等 4 类因素扩充至挖掘破坏、腐蚀、设计与施工、运营与维护、自然与地质灾害、蓄意破坏等 6 类因素；在失效后果的计算过程中，不仅考虑泄漏对人口的影响，还考虑到对建筑物、土壤、河流等的影响，进一步完善危害受体范围。此外，简化了风险评分的计算过程，便于现场操作。

一　失效可能性

失效可能性是反映管道发生失效的可能性大小的一个指标，按下式计算：

$$R_{of} = 1 - \frac{\sum_{i=1}^{6} \alpha_i P_i}{100} \qquad (6-2)$$

式中　P_i——危害因素的评分值；

$\quad \alpha_i$——危害因素的权重值。

危害因素是指可能造成人员伤亡、财产损失、环境破坏的不良状态。根据国内外油气管道事故的分类统计与分析，将造成管道事故的危害因素划分为 6 类：①腐蚀；②挖掘损伤；③设计与施工；④运行与维护；⑤自然和地质灾害；⑥蓄意破坏和其他。这 6 类危害因素为一级指标，每一类危害因素还包含一些二级指标，各项二级指标对管段风险的影响不一样，其分值也不相同。表 6-3 为失效可能性评价的指标体系，每一类危害因素的总分值为 100，各项二级指标对应的最高分值也列入其中。实施风险评价时，需详细调查管段的实际情况，依据评分标准，对每项二级指标逐一进行评分，从而得到每一类危害因素（即一级指标）的总分值。

权重值表示某一类危害因素的相对重要性。依据该类危害因素在风险增加或减少方面所起的作用确定该类因素的权重值。权重值需满足 $\sum_{i=1}^{6} \alpha_i = 1$ 的条件。开展管道失效可能性评价时应充分考虑以上 6 大类危害因素对管道风险的影响，并需结合管道运行管理的实际情况，合理设置各类危害因素的权重。

表 6 - 3　失效可能性评价的指标体系

一级指标	二级指标	三级指标	最高分值
腐蚀	管道公共属性	管道公共属性	10
	内腐蚀	介质腐蚀性	15
		内保护层及其他措施	10
	埋地腐蚀	埋地环境	20
		阴极保护	20
		管道外涂层	25
	地上腐蚀	管道暴露情况	20
		空气类型	20
		管道外涂层	25
挖掘损伤	—	管道地上设备因素	5
	—	公众教育	10
	—	巡线频率	15
	—	管道埋深	20
	—	活动水平	20
	—	线路标示状况	10
	—	监测预警系统	15
	—	响应与处置	5
设计与施工	管线状态与评估实验	管道安全裕量	25
		完整性验证	18
		疲劳因素	10
		水击可能性	7
	设计	危害识别	2
		达到 MAOP 可能性	7
		安全系统	7
		材料选择	2
		检查	2
	施工	施工检查	10
		回填	2
		连接	4
		搬运	2
		防腐涂层补口	2

一级指标	二级指标	三级指标	最高分值
运营与维护	运营误操作	规程	18
		SCADA 通信	6
		HSE 体系状况	4
		安全计划	4
		检查/图纸/记录	6
		培训	20
		机械失误预防措施	12
	维护误操作	文件检查	4
		计划检查	6
		规程检查	10
		相关规定执行情况	5
		相关规定培训情况	5
自然与地质灾害	—	地质灾害	80
		极端天气	20
蓄意破坏和其他	—	非法打孔	40
		违章占压	30
		恐怖活动	10
		其他形式的破坏	20

注：输油管道要么埋地，要么位于地上，所以二级指标"埋地腐蚀"和"地上腐蚀"不同能同时选取，两者只能选其一。

二 失效后果

失效后果反映管道失效泄漏的危害性，是输送产品危害、泄漏影响范围、人口环境等危害受体因素的综合度量，按式（6－3）计算：

$$C_{of} = PH \times LV \times DS \times RT \tag{6-3}$$

式中，PH 为介质危害性评分；LV 为泄漏量评分；DS 为扩散情况评分；RT 为危害受体评分。

（1）介质危害性评分

确定危害性质的主要因素是管道运输产品自身，根据输送的油品类型分别为原油 10 分、航空煤油 10 分、汽油 10 分、柴油 8 分、燃料油 8 分等。

（2）泄漏量评分

泄漏量的评分如表 6－4 所示。泄漏量与泄漏速率、反应时间、装置容量等多个因素相关。泄漏量是指最大泄漏孔径下的 1h 的泄漏量。此外，管道的泄漏监测与紧急关断系统能够显著的缩短管道泄漏的时间，按照监测系统与紧急关断系统的时间确定泄漏量的调整如表6-5～表6-7所示。

（3）扩散情况评分

管道输送的产品泄漏扩散可能影响周围的区域，影响的严重程度取决于管道本身与泄漏的具体位置，如表6-8所示。

表6-4　输油管道泄漏量评分

泄漏量/kg	评　分
≤450	1
450～4500	2
4500～45000	3
45000～450000	4
≥450000	5

表6-5　监测系统等级

监测系统	等　级
监测关键参数的变化从而间接监测介质流失的专用设备	A
直接监测介质实际流失的灵敏的探测器	B
目测、摄像头等	C

表6-6　紧急关断系统的等级

紧急关断系统	等　级
由监测设备或探测器激活的自动切断装置	A
由操作室或其他远离泄漏点的位置人为切断装置	B
人工操作的截断阀	C

表6-7　按照监测与紧急关断系统调整泄漏量

监测系统等级	紧急关断系统等级	泄漏量的调整
A	A	减小25%
A	B	减小20%
A 或 B	C	减小15%
B	C	减小10%
C	C	不调整

表6-8　输油管道扩散环境影响评分

环境性质	分　值
附近有流动的水系	5
500m 内有流动的水系	4.5
沙砾、沙子和高度破碎的岩石	4
细沙、粉沙或中度碎石	3.5

环境性质	分 值
泥沙、淤泥、黄土或黏泥	3
500m 内有静止的水系	2.5
泥土、密集的硬黏土或无缝的岩石	2
密封的隔离层	1.5

（4）危害受体

危害受体是指由于管道泄漏造成危害的"接受方"，包括人口、建筑物、耕地等。本项评估的主要内容是评估不同的接受体遭受危害时造成后果的严重程度。对危害受体的评估可以基于高后果区等级和修复难易程度两者的评分之和考虑。

①高后果区，将被评估管道的高后果区按照评估等级，分别赋予相应的分数，如表6-9所示。

表6-9 高后果区评分

高后果区等级	评 分
非高后果区	1
Ⅰ级	3
Ⅱ级	6
Ⅲ级	9

②修复难易程度，油气管道在河流穿跨越的管段、穿山及穿河隧道管段、沼泽等地段，一旦发生泄漏失效，管道的修复、恢复运行极难进行，需要花费巨大的成本；另一方面，在一些山区的管道发生事故，大型机械难以进入，同样面临难以修复的问题。根据管道修复的难易程度，评分如表6-10所示。

表6-10 修复难易程度评分

修复难易程度	评 分
极难修复	1
难以修复	0.5
容易修复	0

三 风险分级

上述评价方法中，危害因素的总分值实际反映了失效可能性；而泄漏影响的综合度量反映了泄漏后果，分别根据失效可能性和泄漏后果进行分级，为了便于计算，可以将失效可能性、泄漏后果规则化处理，例如规则化为5分制，进行分级。将危险发生的可能性划分为五级：基本不可能发生、较不可能发生、可能发生、很可能发生、极有可能发生，分别用 1~5 这 5 个数字表示；根据泄漏后果分值由小到大，将管道泄漏事故后果影响划分为五级：影响很小、影响一般、影响较大、影响重大、影响特别重大，也分别用 1~5 这 5 个数字表示，根据风险矩阵，如表 6 – 11 所示，可以得到管道的风险等级，也分为五个等级：极高风险（大于等于 20）、高风险（大于等于 12，小于 20）、中风险（大于等于 8，小于 12）、低风险（大于等于 4，小于 8）、极低风险（小于 4）。

表 6 – 11　风险等级表

风险等级		后　果				
		影响特别重大	影响重大	影响较大	影响一般	影响很小
可能性	极有可能发生	25	20	15	10	5
	很可能发生	20	16	12	8	4
	可能发生	15	12	9	6	3
	较不可能发生	10	8	6	4	2
	基本不可能发生	5	4	3	2	1

根据风险评价结果，便于实行风险的分级管控：风险值大于等于 20 时属于极高风险，应该在限定时段内完成整改；风险值大于等于 12 小于 20 时属于高风险，应在规定的时段内整改；风险值大于等于 8 小于 12 时属于中风险，其他属于低风险。风险等级如表 6 – 12 所示。

表 6 – 12　风险防控措施

风险值	等　级	是否接受	应采取的行动/控制措施
20～25	极高风险	不可接受	采取紧急措施降低风险，建立运行控制程序，定期检查、测量及评价，停止作业、对改进措施进行评价，必须采取措施降低风险至最低合理可接受范围；定期向政府主管部门备案
12～20	高风险	不可接受	由企业单位采取措施降低风险，建立运行控制程序，定期检查、测量及评价，停止作业、对改进措施进行评价。需要采取有效的措施降低风险至最低合理可接受范围
8～12	中风险	最低合理可接受	可考虑建立操作规程，加强培训及沟通。采取措施降低风险，直到当降低风险不可行或者降低风险所需成本远远大于收益时方可接收
4～8	低风险	可接受	无须采取控制措施，但需要保存记录
1～4	极低风险		

第六节　完整性评价

完整性评价指对可能使管道失效的缺陷或损伤进行系统检测，据此，对管道的适用性进行评估的过程，评价的方法包括压力试验、内检测和直接评估方法三种。三种评价方法中，内检测具备定量检测管体缺陷的优势，但不能应用于条件不具备的管道，或需要花费较大代价改造才能具备内检测条件的管道；压力试验是较为可靠的管道完整性评价方法，但一般需要管道停产，某些情况下，不合适的试验压力可能造成管道承压能力的逆转而损伤管道；直接评价方法通过历史数据的分析，借助一些常规检测手段从地面或管道外面对管道进行检测，判断管道完整性状况，因而易于实行，并且不影响管道的运行。只限于评价与时间有关的因素。三种评价方法各自具有不同的优点和缺点，并不能彼此取代，而是相互补充，从而达到有效评价管道完整性的目的。

一　管道内检测

由于危害管道的因素复杂，所导致的缺陷的形式或形态各异，如腐蚀、划痕、凹陷、皱褶、裂纹等，并且各类缺陷的失效机理和评价方法完全不同，这就要求内检测能够区分不同形式的管道缺陷或变形，满足缺陷评价的要求。因此，根据功能，管道内检测器通常可分为四种，即几何变形、金属损失、裂纹和测绘检测，每种检测功能需要采用不同类型的检测器来完成。

1. 几何变形检测

对管道进行金属损失检测前，必须采用带测径盘的双向清管器对管道进行几何检测。几何变形检测器可以确定管道较为严重的几何缺陷（凹陷、变形、椭圆程度等），最常用于检测与管道穿越段变形有关的缺陷，包括施工损伤、管道敷设于石方段硌压造成的凹陷、第三方活动损伤以及管道由于地面占压载荷或不均匀沉降形成的弯曲或褶皱等。某成品油管道企业的几何变形检测的技术要求如表6-13所示。

表6-13　几何变形检测技术要求

特征	$POD=90\%$ 时检测阈值/（%OD）	置信度$=85\%$时精度/（%OD）	报告阈值/（%OD）
凹陷	0.6%	$ID_{减小}<10\%$：±0.5%	2%
		$ID_{减小}>10\%$：±0.7%	
椭圆度	0.6%	$ID_{减小}<5\%$：±0.5%	5%
		$ID_{减小}=5\%\sim10\%$：±1.0%	
		$ID_{减小}>10\%$：±1.4%	

POD—检测概率

ID—内径

OD—外径

椭圆度：（最大ID－最小ID）/公称OD

定位精度	轴向距最近参考环焊缝：±0.2m
	轴向距最近地面参考点（AGM）：±1%
	环向：±15°

2. 金属损失检测

金属损失指管壁的质量损失，一般是由腐蚀造成，既能发生于管道外部，也可能产生于管道的内部。对于金属损失类缺陷，选用下列检测器进行检测，检测效果取决于检测器所采用的技术，某管道企业对金属损失检测的精度要求如表6-14所示。

（1）漏磁检测

较适合于金属损失的检测。确定缺陷尺寸的精度受传感器尺寸限制。对于特定金属缺陷如蚀坑、大面积减薄等，检测灵敏度较高，但对其他形式的缺陷，这种检测方法也不一定可靠，特别不适用于轴向、狭窄缺陷，高的运行速度会降低对缺陷尺寸的检测的灵敏度和精度。

（2）超声纵波检测器

通常要求有液体耦合剂，如果反馈信号丢失，就无法检测到缺陷及其大小。通常在地形起伏较大和弯头缺陷处，以及缺陷被遮盖的情况下，容易丢失信号。这类检测器对管道内壁堆积物或沉积物较敏感。高的检测速度会降低对轴向缺陷的分辨率。

表6-14 管道漏磁检测精度要求

类　型	均匀金属损失		点蚀		轴向凹槽		环向沟槽	
	无缝钢管	直（螺旋）焊缝钢管	无缝钢管	直（螺旋）焊缝钢管	无缝钢管	直（螺旋）焊缝钢管	无缝钢管	直（螺旋）焊缝钢管
$POD = 90\%$ 时的检测阈值	$9\% t$	$5\% t$	$13\% t$	$8\% t$	$13\% t$	$8\% t$	$9\% t$	$5\% t$
置信度 = 90% 时的深度精度	$\pm 10\% t$	$\pm 10\% t$	$\pm 10\% t$	$\pm 10\% t$	$(-15\% \sim +10\%) t$	$(-15\% \sim +10\%) t$	$\pm 10\% t$	$\pm 10\% t$
置信度 = 90% 时的宽度精度	± 15mm	± 15mm	± 15mm	± 15mm	± 15mm	± 15mm	± 15mm	± 15mm
置信度 = 90% 时的长度精度	± 10mm	± 10mm	± 10mm	± 5mm	± 10mm	± 10mm	± 10mm	± 10mm
轴向定位精度	特征与参考环焊缝之间距离误差 ± 0.1m							
	参考环焊缝与参考点之间的距离误差小于 $\pm 1\%$							
环向定位精度	$\pm 5°$							
备注：t 为管道壁厚								

3. 裂纹类缺陷检测

裂纹类缺陷，即平面缺陷，是管道典型的低应力破坏原因，对油气管道的危害极大。裂纹类缺陷在管道上有多种表现形式，如管道外表面的应力腐蚀开裂、表面尖锐划痕以及焊缝中的未焊透、咬边等。

对于裂纹类缺陷，可选用下列检测工具，检测效果取决于检测器所采用的技术。

（1）超声横波检测器

要求有液体耦合剂或轮式耦合系统。对缺陷尺寸的检测精度取决于传感器数目的多少和裂纹簇的复杂程度。管内壁有夹杂物时，缺陷大小的检测精度会降低。高检测速度将降低缺陷尺寸的检测精度和分辨率。

（2）横向磁通检测器

能够检测除应力腐蚀开裂之外的轴向裂纹，但不能确定裂纹大小。高的检测速度将降低缺陷的检测精度。

尽管多年来国际上一直开展管道裂纹的检测研究，但技术上并不成熟。这主要有两方面的原因：①对不同裂纹类型管道的检测需要不同的检测技术；②许多检测技术存在灵敏度低和数据难以处理的问题。

4. 测绘检测

测绘是检测管道的位置，获得精确的管道中心线坐标数据。通过利用获得的高精度中心线坐标参数，可以有效识别出由环境因素诱发的管道变形，并评估整个管道的曲率以及与曲率变化相关的弯曲应变。结合遥感影像数据，可以进行高后果区识别、风险评价以及缺陷的高精度定位。在漏磁检测时增加惯性测量单元（IMU），将 IMU 测绘获得的位置参数与变形、漏磁、超声等数据结合起来，结合管道所有参考环焊缝的 GPS 坐标，从而极大方便管道维修方案的制定与开挖定位。通常管道企业要求 IMU 测量的性能规格应满足：

（1）当两个地面标记点之间间距小于 1km 时，定位精度 ±1m；

（2）检测识别的弯曲变形曲率 > 1/400D（D 为管径）。

地面测绘精度根据 GB 50026—2016《工程测量规范》中 7.2 节，地下管线调查，隐蔽管线点探测精度应满足表 6 – 15 中指标。

表 6 – 15　隐蔽管线点探测精度要求

水平位置偏差/cm	埋深较差/cm
±0.1H	±0.15H

注：表中 H 为地下管道的中心埋深（cm），当 H < 100cm 时，按 100cm 计。

管线点的测量精度要求根据 GB 50026—2016《工程测量规范》中 7.3 节，管线点测量相对于临近控制点的测量点位和高程中误差（按照一般建构筑物考虑）应满足表 6 – 16 中指标。

表 6 – 16　管线点测量精度要求

平面位置中误差 （相对邻近平面控制点）	高程中误差 （相对邻近高程控制点）
±5cm	±3cm

二　适用性评价

管道适用性评价是确定管道在规定的安全极限范围内是否有足够的结构强度来承载运行

过程中受到的各种载荷。进行管道适用性评价时，应确定评价的等级和复杂程度，可使用不同等级的管道适用性评价方法，从最简单的"筛选法"到非常复杂的三维弹塑性有限元应力分析方法，其中具有代表性的评价标准或方法主要有 ASME B31G、DNV RP-F101、PCORRC 方法等，这些标准或方法形成于不同时期，并且所针对的管道强度等级也不尽相同。

（1）ASME B31G 标准

1984 年，美国机械工程师协会（ASME）发布了管道腐蚀评估准则，即 ASME B31G—1984 标准，该标准以下列假设为前提：①假设最大环向应力＝管材的屈服强度；②假设流变应力为 1.1SMYS；③利用投影面积 A 来表达腐蚀区金属损失：对于较短的缺陷，投影面积近似为抛物线围成的面积，即 $2/3dL$；对于较长的缺陷，投影面积近似为矩形即 dL。长、短缺陷取不同的投影面积，导致了失效压力预测方程的不连续性。

该标准规定：缺陷最大许可深度为壁厚的 80%。深度小于壁厚的 10% 的缺陷可以忽略不计。在实际应用中，人们逐渐发现 ASME B31G—1984 过分保守，它所预测的失效压力远远低于实际爆破压力，这样的预测结果尽管在使用上比较安全，但却造成了对管道不必要的维修或更换。

针对 ASME B31G—1984 保守性，美国燃气协会（AGA）选取 86 个含有不同形状缺陷的管道进行了试验，发展为 ASME B31G—1991 准则。其中的失效压力预测公式形式上与 ASME B31G—1984 基本相同，而主要修正了流变应力、Folias 鼓胀系数和金属损失面积的计算公式。

2009 年对该标准又进行了一次修改，新版 ASME B31G—2009 标准延续并完善了原始的 ASME B31G 评价方法，其最大的变化是采用分级评价的理念，由保守到精确，评价共分为 4 个等级，各个等级之间不是孤立存在的，而是有机结合，操作过程由简到繁，考虑的评价条件越来越详细，评价结果也是由保守到精确。

（2）DNV RP-F101 标准

DNV-RP-F101 标准由英国燃气公司（BG）和挪威船级社（DNV）共同完成，BG 进行了 70 余项全尺寸缺陷管道的爆破试验，这些试验包括单个的、存在相互作用的多缺陷和复杂缺陷，在标准的开发和验证过程中采用大量的三维、非线性、弹塑性有限元分析结果。

DNV 标准的开发数据库新，适用范围广，保守程度低。对于单个缺陷的评价，采用的失效压力方程的形式和 ASME B31G 方程一样，但系数 M 通过数值分析结果修正为 Q。流变应力的定义不是根据屈服强度，而是根据拉伸强度，采用实际面积来表述缺陷形状，此标准针对中高强度等级管道，考虑了腐蚀缺陷尺寸测量的不确定性，使用可靠性方法确定分项安全系数，其适用范围可以达到 X80，更适合于现代高强度大口径输气管道的安全评价。

（3）PCORRC 方法

PCORRC 方法（Pipeline CORRosion Criterion）是美国 Battlle 实验室开发的用于评价含钝口腐蚀缺陷的中高强度等级管道由塑性失稳导致失效的剩余强度计算方法。虽然该方法开发的时间较短，但在改善评价方法的保守性方面表现出了优越性，也主要用于高强度输气管道。

此方法认为管道的失效由拉伸强度决定，而不是屈服强度或流变应力。这一公式是由有限元计算结果拟合得到的，在诸多参数中，缺陷的长度和深度是最主要的影响因素，而忽略管材的应变硬化和缺陷的宽度的影响。

PCORRC 方法适用于下列缺陷：

①局部宽度大于局部深度钝口缺陷；

②缺陷的长度小于管径的 2 倍；

③管道的运行温度高于韧 – 脆转变温度。

该标准通过对低强度和高强度管道研究发现：低强度管道的失效机理与高强度管道是不同的。含腐蚀缺陷的中高强度管道的失效机理是塑性失稳，类似于拉伸试件发生局部颈缩以后的塑性破坏，缺陷的失效主要是由拉伸强度控制。而含腐蚀缺陷的低强度管道的失效主要是基于断裂机理，它是由材料的断裂韧性控制的。当几何形状相当时，由韧性控制的含缺陷管道的失效压力要低于由拉伸强度控制的含缺陷管道的失效压力。

三　直接评估法

直接评价只限于评价三种与时间有关的因素，即外腐蚀、内腐蚀和应力腐蚀。这三种直接评价方法都属于结构化的评价方法，即依靠采用相同的评价步骤，每一步骤中的要求也基本相同，来达到评价的目的。其中，内腐蚀直接评估方法主要是针对输气管道的内腐蚀，针对输油管道的内腐蚀研究得还不多，而应力腐蚀直接评估方法在国内尚未开展，所以，对成品油管道，目前重点开展的是外腐蚀直接评估法。

1. 外腐蚀直接评价（ECDA）

管道外腐蚀直接评价（ECDA）由预评价、间接检查、直接检测、后评价四个步骤组成。

（1）预评价

预评价阶段收集资料、确定 ECDA 是否可行、选择间接检查方法和划分 ECDA 评价区段；数据搜集以容易得到的类型为主，如管体数据、管道施工数据、管道沿线土壤或环境数据、管道腐蚀数据、管道运行数据等历史数据和当前数据。当某管段缺乏基本必需的数据，并且收集困难，则不能用 ECDA 方法评价，应改用水压试验、内检测等其他方法。

表 6 – 17 给出了几种典型的基本间接检查工具及其使用能力。特殊情况下，也可采用多种间接检查工具相互配合。

管道分区段是根据管道物理特征、腐蚀历史状态、土壤类型及含水量、阴极保护历史、使用的地面无损检测工具等将管道分成若干个类似的区段，这些区段可以是连续的，也可以不是连续的，如图 6 – 9 所示。

（2）间接检查

间接检查是为了确定防腐层破损的严重程度、其他异常以及确定腐蚀已经发生或可能发生的位置，当前应用的主要方法介绍如表 6 – 18 所示。

（3）直接检查

直接检查在开挖管道后进行。现场工作主要有检测防腐层类型、状况、厚度、黏结性、搜集腐蚀产物数据等。通过分析现场数据，确定防腐层损伤原因、管体腐蚀原因，并对间接检测结果的准确性进行评判。依据国家技术规范要求，对开挖的焊缝一般要进行射线或无损探伤检测。对于开挖的管体，也可结合检测要求使用导波、漏磁、C扫及低频电磁等管体腐蚀检测仪器对管体进行更详细检测。

表6-17　ECDA间接检测工具及适用能力

环　境	测试方法			
	密间距电位测量法（CIS）	电流电位梯度法（ACVG，DCVG）	地面音频检漏法或皮尔逊法	交流电流衰减法（PCM）
带防腐层漏点的管段	2	1，2	1，2	1，2
裸管的阳极区管段	2	3	3	3
接近河流或水下穿越管段	2	3	3	2
无套管穿越的管段	2	1，2	2	1，2
带套管穿越的管段	3	3	3	3
短套管	2	2	2	2
铺砌路面下的管段	3	3	3	1，2
冻土区的管段	3	3	3	1，2
相邻金属构筑物的管段	2	1，2	3	1，2
相邻平行管段	2	1，2	2	1，2
杂散电流区的管段	2	1，2	2	1，2
高压交流输电线下管段	2	1，2	2	3
管道深埋区的管段	2	2	2	2
湿地区（有限的）管段	2	1，2	2	1，2
岩石带/岩礁/岩石回填区的管段	3	3	3	

注：①1—可适用于小的防腐层漏点（孤立的，一般面积小于600mm²）和在正常运行条件下不会引起阴极保护电位波动的环境；

②2—可适用于大面积的防腐层漏点（孤立或连续）和在正常运行条件下引起阴极保护电位波动的环境；

③3—不能应用此方法，或在无可行措施时不能实施此方法。

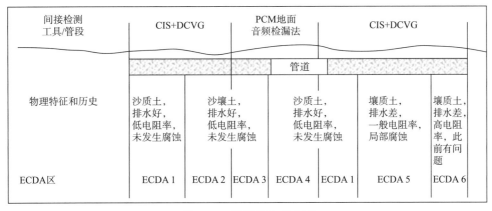

图6-9　管道划分示意图

表 6 - 18　间接检测方法及评价等级

检测方法	轻	中	严重	备　注
直流电位梯度法（DCVG）	电位梯度 IR% 较小，CP 在通/断电时均处于阴极状态	电位梯度 IR% 中等，CP 在断电时处于中性状态	电位梯度 IR% 较大，CP 在通/断电时均处于阳极状态	DCVG 相对 ACVG 操作上更麻烦，国外对 DCVG 比较推崇，国内对于防腐层破损检测一般采用 ACVG
音频信号检漏法或交流电位梯度法（ACVG）	低电压降	中等电压降	高电压降	本方法是当前防腐保温层局部破损检测的主要方法
密间隔电位法（CIS）	通/断电电位轻微负于阴极保护电位准则	通/断电电位中等偏离并正于阴极保护电位准则	通/断电电位大幅度偏离并正于阴极保护电位准则	最常用的准确检测阴保电位的方法
交流电流衰减法（PCM）	单位长度衰减量小	单位长度衰减量中等	单位长度衰减量较大	由于 C - SCAN 测量防腐层破损只能用密间隔 CIS 法，效率和精度相对较低

（4）后评价

后评价主要是计算剩余寿命［见公式（6 - 4）］、确定下一次评价的间隔时间及分析 ECDA 方法的有效性。

$$R = C \times S \times \frac{\delta}{G} \tag{6 - 4}$$

式中　R——剩余寿命，a；

　　　C——标定参数，取 0.85；

　　　S——安全裕度，S = 失效压力比率/最大允许操作压力比值，失效压力比率 = 计算失效压力/屈服压力，最大允许操作压力比值 = 最大允许操作压力/屈服压力；

　　　δ——正常壁厚，mm；

　　　G——腐蚀增长率，mm/a。

这种方法是基于腐蚀持续发生并且缺陷为典型形状的假设，所估计的剩余寿命是偏于保守的。未发现腐蚀缺陷的管道，不需要进行剩余寿命计算。

直接检查中如发现腐蚀缺陷，每个 ECDA 区的最大再评价时间间隔应取计算剩余寿命的一半，计划维修的任何缺陷都应在下一次再评价开始前进行处理。ECDA 的有效性可通过长期跟踪来评价。

外腐蚀直接评价可以得到管道外腐蚀的基本信息，包括阴极保护效果、涂层状况等。应定期开展外腐蚀直接评价工作，一般建议新建管线在投产 5 年内实施外腐蚀直接评价，后续评估的时间应参考上一次评价结果，在 5 年内实施。

ECDA 应用的优点如下：

①它可用于许多由于管道结构或运行要求，内检测和压力试验无法应用的管线；

②它比内检测和压力试验在费用上要更经济；

③它不仅可以被动地确定哪里已经发生了腐蚀，而且可以确定正在发生和将要发生腐蚀的位置。

然而，ECDA 的应用也存在一定的局限性，比如需求的数据较多，资料收集难；在电流屏蔽产生的管段、岩石回填的区域、钢筋混凝土路面及冻土地面等位置无法进行地面检测的管段等；检测方法较多，分析过程相对也较复杂等。

2. 内腐蚀直接评价（ICDA）

根据输送介质不同，内腐蚀直接评估方法分为液体石油管道内腐蚀直接评估（LP-IC-DA）、干气管道内腐蚀直接评估（DG-ICDA）和湿气管道内腐蚀直接评估（WG-ICDA）。相较于内检测和压力试验方法，其优势在于不依赖内检测工具，可应用于不能进行清管或压力试验的管道，并且可评价整个生产运营期间管道的内腐蚀情况。目前，对成品油管道进行内腐蚀直接评估主要采用 LP-ICDA 方法（LP-ICDA 适用于管道内部所含底部沉积物和水量比例少于总输量 5% 的石油管道）。评估过程包括预评估、间接检测、详细检查和后评价四个步骤。

预评估是 LP-ICDA 的第一步，主要包括数据收集、LP-ICDA 可行性评价和 LP-ICDA 分区。收集的数据主要包括设计建设资料、运行维护历史、测量数据、腐蚀记录、液体分析报告和完整性评价或维护活动前的检测报告等。通过预评估所收集的数据来确定 LP-ICDA 分区。

LP-ICDA 间接检测不借助任何检测工具，而是通过分析流体模型和管道高程剖面图，评价内腐蚀评估区间内腐蚀发生的可能性沿管道里程的分布。该步骤需要将临界速率、水分或固体积聚的临界倾角与管道高程比较分析，在最长周期内腐蚀性介质积聚可能性最大的位置发生内腐蚀的可能性最大，通过该项分析可确定详细检查的位置。当内腐蚀情况较为复杂时，应综合考虑管段工况条件、倾角、积液概率、沙沉积概率、最长可能积液时间、影响范围值设定等因素，进行腐蚀概率计算，由此判断内腐蚀风险次序，明确需要重点关注的位置。

详细检查即开挖管道进行检测，鉴定并描述内腐蚀特征，确定所选定位置的内腐蚀情况。参考 NACE SP0208—2008《液体石油管道的内部腐蚀直接评价方法》对于开挖点选择的推荐作法，在每个 LP-ICDA 区间内应对前两处最大优先级别的位置进行详细检查。开挖后，使用超声波测厚仪对管道进行壁厚检测，计算腐蚀速率。

后评估即评价 LP-ICDA 的有效性和确定再次评价的时间间隔。根据 API 1160《有害液体管道系统的完整性》和 ASME B31.8S《输气管道系统完整性管理》的规定，若管道不存在严重的内腐蚀及顶部腐蚀问题，在管道输量不发生显著变化时，完整性检测工作的最大再评估时间间隔为 5 年。

3. 应力腐蚀直接评价（SCCDA）

目前国内成品油管道上未发生应力腐蚀开裂，但北美油气高强钢管道曾发生过多次应力腐蚀开裂，在近中性 pH 土壤环境中，较低 X52 钢也存在应力腐蚀风险。应力腐蚀直接评估（SCCDA）可确定未来可能出现应力腐蚀开裂或已存在的部位和重点管段。

SCCDA 是一种提高管道安全性的方法，其主要目的是通过对外部管道应力腐蚀开裂状况进行监测、减缓、记录和报告等手段，减小它们的风险。SCCDA 法与其他评价方法如内检测、压力试验、内腐蚀直接评价法、外腐蚀直接评价法等是互补的，不可完全取代后者。

研究表明，符合下列全部要素的管道部位被认为是易出现高 pH 应力腐蚀开裂的管段：

①工作压力超过规定的最小屈服强度（SMYS）60%；

②工作温度超过 38℃；

③管段与下游压力站的距离小于 32km；

④管龄超过 10 年；

⑤不属于熔结型环氧类型管道防腐蚀涂层。

应力腐蚀直接评价（SCCDA）主要是针对潜在易出现 SCC 的管段，确定风险次序、研究潜在易出现开裂管段内的挖掘部位的选择、管道开挖地点的勘察、开挖地点的数据收集、开挖地点的确认以及后续数据分析等，提出管道应力腐蚀开裂完整性管理方案。

四 压力试验

压力试验是评价管道结构完整性的方法，该试验以液体或气体为介质，对管道逐步进行加压，达到规定的压力，以检验容器或管道强度和严密性。目前，国内外压力试验主要用于新建管道的强度与气密性验证，技术与相关工艺研究与应用已非常成熟。而在役管道因需停输、排空介质、试压介质获取与处理等影响，目前工程上应用较少。压力试验适用于直接验证管道当前状态的承压能力，评价结果不宜用于判定试压后长期运行的管道的承压能力。

压力试验一般在管道处于如下状况时选用：

（1）在役管道改变输送介质类型或提高运行压力前；

（2）停输超过一年以上管道再启动或封存管道再启用前；

（3）在役管道输送工艺条件发生重大改变的；

（4）在役管道的更换管段；

（5）经过分析需要开展压力试验的。

管道试压介质应按照地区等级、高后果区、管道当前运行压力与计划运行压力、管道服役年限、管道腐蚀状况等因素选择，一般应采用水试压。

压力试验的压力需根据拟计划运行的压力情况确定，一般不允许超过管道设计压力，且不超过 90% SMYS，推荐的压力试验的压力如表 6 – 19 所示。

试压前应进行风险识别，内容包括但不限于：

（1）工艺参数变化的风险；

（2）注水与排水对管道腐蚀的风险；

（3）管道泄漏风险及其引起的人员伤亡风险；

（4）试压过程中对整个系统扰动的风险；

（5）压力试验后管材屈服应力变化、材料退化、缺陷增长的风险。

表 6-19　输油管道试压压力、稳压时间和合格标准

分　类		试压压力及稳压时间
一般地段	压力/MPa	拟运行压力 1.1 倍
	稳压时间/h	24
高后果区	压力/MPa	拟运行压力 1.25 倍
	稳压时间/h	24
合格标准		压降≤1% 试压压力，且≤0.1MPa

注：服役年限大于 30 年小于 40 年的管道建议至少按照 1.25 倍运行压力试压，对于超过 40 年以上的管道宜按照拟运行压力的 1.1 倍试压。

第七节　风险消减与维修维护

根据管道风险评价及完整性评价的结果，采取一系列的风险消减措施，将管道风险控制在可接受的范围内，风险消减措施通常包括常规管理措施、管体腐蚀防护、地质灾害风险消减和管体缺陷维修维护。

一　管道常规管理

管道企业在常规管理中通过加强公共安全管理、日常巡护线管理、第三方施工监督、附属设施管理等来控制和消减管道风险。

管道企业成立反恐及公共安全管理机构，并与各级政府部门建立治安联防体制，通过开展管道保护宣传、联合巡查、反恐及反打孔盗油应急演练等活动，提高沿线群众的管道保护意识及企业的反恐及反打孔盗油能力。管道企业应建立管道沿线公共安全风险重点部位台账，编制公共安全风险自评估与管控报告，采取措施加强安全防范。

管道日常巡护线管理是指管道企业安排人员按照一定频次对管道沿线进行巡查，及时发现管道周边的不安全因素，进而及时采取措施控制和消减风险。巡查频次可根据管道沿线实际情况确定，通常全线每天不少于 1 人次，重点部位重要时期可加密巡查。巡查内容包括管道附属设施受损、地质灾害风险、打孔盗油、管道泄漏等异常情况，威胁管道安全的第三方施工、违章占压、工农关系等问题。

对于威胁管道安全的第三方施工，管道企业应及时对其行为进行监督，委托具备长输高压管道设计资质的单位制定第三方施工管道保护设计方案并组织专家评审，施工方案应严格按照设计方案编制，施工前报县级以上地方人民政府主管管道保护工作的部门备案。

施工期间安排监护人做好监护，重大第三方施工点可委托专业监理进行监护。

管道附属设施包括三桩一牌、航标、阀室、水保设施、穿跨越设施、户外固定摄像头等，管道附属设施应保持完好。

二 管体腐蚀防护

腐蚀是管道失效的最主要原因之一，管道腐蚀防护的方法主要包括防腐层和阴极保护。

防腐层对金属基体的防护作用以屏蔽作用为主，阻止腐蚀性介质与管道接触发生腐蚀。目前埋地长输管道常用外防腐层包括：熔结环氧粉末（FBE）和三层聚乙烯防腐层（3PE）等。

阴极保护通过向管道表面提供阴极电流，使管地电位向负极化，以达到控制管道腐蚀的目的。阴极保护方法包括强制电流法和牺牲阳极法，两种方法原理相同，只是阴极保护电流来源不同：牺牲阳极法阴极保护电流来源于锌、镁、铝等牺牲阳极；强制电流法阴极保护电流来源于直流电源。长输管道通常采取以强制电流为主、牺牲阳极为辅的保护方式。成品油管道腐蚀与防护的相关内容详见第八章。

三 地质灾害风险消减

地质灾害极易导致管道发生结构性破坏，造成严重的安全事故和巨大的经济损失，对地质灾害引起的管道安全隐患进行识别和控制，并制定相应的灾害防治对策，消减地质灾害风险，对于保障管道安全运行有着重要意义。

常见的成品油管道地质灾害类型主要有滑坡、崩塌、泥石流、地面塌陷、水毁等灾害。成品油管道地质灾害的发生往往伴随严重的次生地质灾害，如地质灾害造成成品油管道断裂引起油品泄露污染环境，油品燃烧爆炸危害公共安全等。成品油管道地质灾害的识别主要以野外识别为主，有野外调查、勘察、物探等传统方式和无人机巡查等新方法，对管道沿线潜在的各类地质灾害进行调查判识，掌握灾害活动迹象及活动特征、灾害发生历史及灾害后果等基本信息，确定受影响范围内管道的准确位置以及成品油管道与灾害体的空间位置关系、成品油管道敷设方式和埋深、管沟土体性质、水工保护措施等因素，初步判断灾害发生后影响到成品油管道的可能性及影响程度，从而为后续的地质灾害风险评价和工程治理工作提供基础依据。根据识别结果对管道沿线地质灾害进行评价，结合地质灾害易发性、危险性和后果严重程度对成品油管道地质灾害进行分级，从而确定防治对策。

成品油管道地质灾害的防治应体现以防为主和以管道保护为核心的原则，分为主动防治和被动防治两个类型。成品油管道地质灾害防治的相关内容详见第九章。

根据风险评价或完整性评价结果，判断管体缺陷的风险等级，制定管体维修维护计划是完整性评价工作的一项重要工作内容。维修维护计划相当于含缺陷管道的风险消减措施，应综合考虑多种因素制定，包括：

（1）管道结构参数，包括管径、壁厚、待修复部位附件及焊缝情况；

（2）管体材质、涂层类型；

（3）管道运行参数，如运行温度、压力等；

（4）管道所处地理位置（高后果区级别）；

（5）待修复部位失效、缺陷或修复历史记录；

（6）缺陷产生机理及严重程度；

（7）修复的安全风险及成本；

（8）修复作业对下游用户的影响；

（9）修复可靠性；

（10）维修方法适用性。

缺陷管道的风险等级不同，响应维修维护计划的方式不同。

立即响应——管道存在缺陷隐患且已严重影响管道安全运行，缺陷处于失效临界边缘，应立即采取应对措施进行处理。

计划响应——管道存在一定风险，但不处于失效临界边缘，在一定时间内处于安全状态，该情况下需制定计划响应，按计划进行修补。

监控响应——管道未有明显缺陷，风险程度较轻，在进行计划响应之前，缺陷不会发展到临界尺寸，可继续正常运行。

成品油管道的缺陷维修方法主要有打磨、补板、焊接套筒和换管，各类修复方法的适用性如表6-20所示，目前成品油管道除补板、换管外，常用的套筒修复技术如图6-10所示。

表6-20　不同类型缺陷修复方法表

缺陷类型[a]	打磨	A型套筒	压缩套筒	B型套筒	复合材料套筒	沉积焊接金属	螺栓紧固夹具	阻止泄漏夹具	补丁、缀片	带压开孔封堵[b]
1. 泄漏（任何原因引起）或缺陷>0.8WT	否	否	否	永久	否	否	永久	临时[c]	否	永久
2. 外腐蚀										
2a. 浅至中度深坑<0.8WT	否	永久	永久	永久	永久	永久	永久	否	临时	永久
2b. 深坑>0.8WT	否	否	否	永久	否	否	永久	否	否	永久
2c. 焊缝选择性缺陷	否	否	永久	永久[d]	否	否	永久[d]	否	临时	否

缺陷类型ᵃ	打磨	A型套筒	压缩套筒	B型套筒	复合材料套筒	沉积焊接金属	螺栓紧固夹具	阻止泄漏夹具	补丁、缀片	带压开孔封堵ᵇ
3. 内部缺陷或腐蚀	否	永久ᵉ	永久ᵉ	永久	永久ᵉ	否	永久ᵉ	否	否	否
4. 划痕或其他管体金属损失	永久ᶠ	永久ᵍ	永久ᵍ	永久ʰ	永久ᵍ	永久ᵍ	永久ʰ	否	否	永久
5. 电弧灼伤、内含物或叠层	永久ᶠ	永久	永久	永久	永久ᵍ	永久ᵍ	否	否	否	永久
6. 硬点	否	永久	永久	永久	否	否	永久	否	否	永久
7. 凹陷										
7a. 平滑凹陷	否	永久ⁱ	永久ⁱ	永久	永久ʲ	否	否	否	否	否
7b. 焊缝或管壁应力集中的凹陷	永久ᵏ	永久ᵍ·ⁱ·ʲ	永久ᵍ·ⁱ·ʲ	永久	永久ᵍ·ⁱ·ʲ	否	否	否	否	永久
7c. 环焊缝应力集中的凹陷	永久ᵏ	否	永久ᵍ·ⁱ·ʲ	永久	否	否	永久ˡ	否	否	否
8. 裂纹										
8a. 浅裂纹 <0.4WT	永久ᶠ	永久ᵍ	永久	永久ᵈ	永久ᵍ	永久ᵍ	永久ᵈ	否	临时	永久
8b. 深裂纹 >0.4WT	否	永久ᵍ	永久	永久ᵈ	永久ᵈ	否	永久ᵈ	否	否	永久
9. 焊缝缺陷										
9a. 体缺陷	永久ᶠ	永久ᵍ	永久	永久	永久ᵍ	否	永久	否	否	永久
9b. 线缺陷	永久ᶠ	永久ᵍ	永久	永久ᵈ	永久	永久ᵍ	永久ᵈ	否	否	永久
9c. 电阻焊缝上或附近缺陷	否	否	永久	永久ᵈ	否	否	永久ᵈ	否	否	否
10. 环焊缝缺陷	永久ᶠ	否	否	永久	否	永久ᵐ	永久ˡ	否	否	永久
11. 褶皱、扭曲或屈服	否	否	否	永久ⁿ	否	否	否	否	否	否
12. 鼓泡，HIC	否	永久	永久	永久	否	否	永久	否	否	否

注：a　任何缺陷都可以通过换管方式进行修复；

b　带压开孔只能用于通过开孔可以去除的小尺寸缺陷；

c　阻止泄漏夹具只能用于能被夹具封堵的小泄漏处；

d　确保缺陷长度短于压缩套筒的长度；

e　确保内部缺陷或腐蚀缺陷没有继续向外部生长，需要对缺陷进行监控或将来进行修复；

f　如缺陷金属可以去除或者局部金属损失不多，可以进行不超过 0.4WT 的打磨；

g　如损伤的材料已经打磨去除并且通过检验，则可以使用不超过 0.8 WT 的打磨；

h　推荐在去除损伤材料后对输送管道进行检验；

i　推荐使用填充材料和工程疲劳强度评定；

j　需要遵守操作规程上对最大凹陷尺寸的限制；

k　需要满足操作规程对最大允许打磨量的限制；

l　开口套筒夹具应能传递轴向载荷且保证结构完整性；

m　对打磨去除的缺陷在焊前和焊后要进行检查；

n　对凹陷、扭曲等变形缺陷在解除约束应力后尺寸减小的缺陷，宜按照原尺寸评价结论修复。

管道修复方法相互补充，基本能满足各类缺陷的维修要求，对于同一类型缺陷也可以选择多种方式进行维修，因而含缺陷管道的维修维护作业是一个综合分析的过程，可根据缺陷的实际情况、管道运营要求、维修费用等选择科学合理的维修方法。缺陷维修作业详细流程如图6-11所示。

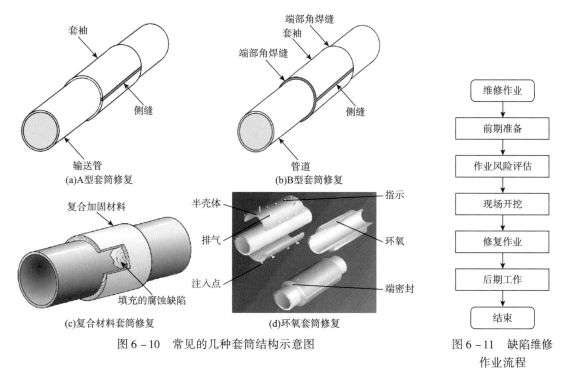

图6-10　常见的几种套筒结构示意图

图6-11　缺陷维修
作业流程

（1）前期准备

搜集资料信息，确定修复方法及必要的应急措施；评估安全状况，包括是否会泄漏、对环境产生影响等，确定是否应按照政府或其他规定提交报告；制定修复计划，并与有关方面取得联系，做好相关保障工作。

（2）作业风险评估

现场设置警戒，作业区域安全检测与监测，包括气体浓度、毒性及火源等；确认作业区域是否存在其他地下设施，若存在，确定其具体位置或走向，并评估潜在危险，制定防范措施；识别开挖作业风险，采取必要的防范措施。

（3）开挖

场地处理与平整，做好排水处理，清理施工作业带；开挖作业规范性与安全性，包括人工开挖和机械开挖操作；根据修复方式要求，确定作业坑开挖尺寸，必要时采取一定的开挖防护措施，开挖作业时应对各类地下管线进行有效防护。

（4）修复作业

修复前应对缺陷进行现场测量与验证，如果缺陷参数与检测结果不符，应重新进行适用性评价并确定修复响应方案；修复工作应实施有效监督，保证修复质量；修复作业须严格遵守相关技术要求；封堵作业参照 GB/T 28055《钢质管道带压封堵技术规范》；焊接作业参照 GB/T 31032《钢质管道焊接及验收》；环氧套筒修复作业参照《管道钢制环氧套筒修复技术指导意见》。

（5）后期工作

应按照相关标准规范及作业文件进行防腐层修复、土方回填、资料归档等工作；应及时对修复段管道数据信息进行更新，保证完整性管理系统等的数据真实有效。

第八节　效能评价

成品油管道企业应重视完整性管理效能评价，定期组织开展，及时发现管理过程中存在的问题，发挥效能评价的导向、反馈、控制、改进功能，明确下一个循环的工作重点，避免发生重过程轻结果或重结果轻过程的局面。

一　评价概念及原则

管道完整性管理效能是管道完整性管理系统满足一组特定任务的程度的度量，是系统的综合性能的反映，是系统的整体属性，体现了系统本身的完备性和应用性。

管道完整性管理效能评价是指对完整性管理系统进行综合分析，把系统的各项性能与任务要求综合比较，最终得到表示系统优劣程度的结果。

效能评价的目的是通过分析管道完整性管理现状，发现管道完整性管理过程中的不足，明确改进方向，不断提高管道完整性系统的有效性和时效性。

实施效能评价的意义在于检查完整性管理工作是否有实践指导意义且有利于企业提高生产效率，并促进管理体系不断完善，管理水平不断提高。

（1）效能评价有助于管道管理者回答以下两个问题：

①完整性管理程序的所有目标是否达到？

②通过完整性管理计划，管道的完整性和安全性是否有效地得到了提高？

（2）在实施效能评价时，应遵循以下原则：

①完整性效能评价应科学、公正地开展，效能评价对象是完整性管理体系以及完整性管理体系中的各个环节，评价标准应具有一致性，评价过程应具有可重复性；

②效能评价可以是某一单项的评价，也可以是系统的评价，系统的效能不是系统各个部分效能的简单总和而是有机综合；

③完整性管理系统是一个复杂的系统，严格意义上的系统最优概念是不存在的，只能获得满意度、可行度和可靠度，完整性管理系统的优劣是相对于目标和准则而言的；

④应根据管道完整性管理系统现状开展效能评价，并且根据评估结果制定系统的效能改进计划、持续效能评价内容和效能评价周期。

二　评价流程

管道完整性管理效能评价是一个循环和渐进的过程，是一个完善和改进管道完整性管理，保证管道安全运行的循环。效能评价的工作程序如图6-12所示。

三　评价指标体系

通过建立科学的、能够充分反映系统效能的效能评价指标体系，综合分析管道完整性管理投入产出情况，评估其完整性管理效率，找出薄弱点，及时给出合理的改进建议。

对完整性管理方案编制、数据收集与管理、高后果区识别管理、风险评价与管理、完整性检测评价、维修维护等业务分别开展单项效能评价。重点评估业务开展的合规性及执行度。

以中国石化某公司完整性管理体系文件为例，具体评价内容和评分标准参见附录A。按照综合效能分值将完整性管理效能分为优、良、中、差等4级，标准如表6-21所示。

图6-12　效能评价程序

表6-21　完整性管理效能分级

效能等级	效能分值范围
优	[700，800]
良	[550，700)
中	[400，550)
差	[0，400)

管道企业的完整性管理涉及的用户、业务、信息多，随着智能管道和智慧管网的发展，基于互联网和物联网的完整性管理系统已成为智能化管理、寿命周期检测、风险分析、改进运营效率的有效手段。完整性管理系统是在遵循ASME B31.8《输气和配气管道系统》及相关完整性管理规范的前提下，归纳总结企业的完整性管理实际工作，充分利用计算机、地理信息系统、虚拟现实及数字通信等技术，对管道设施、运行、维护、检测、沿线环境、事故和危害后果等数据统一采集、处理和整合，集成管道内检测、外防腐、线路管理、高后果区管理、风险评价及应急管理等功能为一体的业务工作平台。完整性管理系统面向管道运营机构不同部门和岗位，具有与外部系统"沟通"的接口，可为管道安全受控提供全面的信息和决策支持服务。

第九节　完整性管理实践与成效

自开展完整性管理以来，国内油气管道企业事故数量明显下降，管道完整性管理实施成效显著。不同企业的完整性管理体系各具特色，这其中有一批佼佼者，其完整性管理实践获得了行业的广泛认可，并在行业范围内起到了示范推广作用。下面将以中国石化销售有限公司华南分公司为例，简要介绍管道完整性管理的实践以及取得的成效。

自建立管道完整性管理体系以来，中国石化销售有限公司华南分公司提出并推行了"全生命周期、全覆盖、全管网"的"三全"管理和"建管一体化"管理模式。提出以风险管控为中心的在用管道完整性管理、以风险防控为中心的建设期管道完整性管理、以设备为核心的站场完整性管理以及科技创新等方面的做法，建立了全生命周期管道智能化管理系统，集成了风险评价、完整性评价技术模型与方法。

一　管道线路完整性管理实践

1. 建立健全文件体系

制定全面覆盖管道建设期、运营期和报废阶段的全生命周期文件体系。按照国家发改委等原五部委《关于贯彻落实国务院安委会工作要求全面推行油气输送管道完整性管理的通知》、原八部委《关于加强油气输送管道途经人员密集场所高后果区安全管理工作的通知》精神及 GB32167—2015《油气输送管道完整性管理规范》等相关国家标准规范，通过研究、消化、吸收国际上的先进经验和做法，借助国家能源局组织的完整性管理推先活动，参考国内先进管道企业的成熟做法，结合运营管理和项目建设实际，中国石化销售有限公司华南分公司坚持 PDCA 持续改进，总共制定并下发了 4 版体系文件，包含了 1 个总则，16 个程序文件，23 个作业文件，涵盖日常巡护、检测评价、维修维护、事件管理各环节工作程序和业务环节的具体操作。在执行过程中，紧密结合基层实践不断完善，保证了成品油管道三级架构体系文件的科学性、规范性和可操作性。

2. 以全面收集管道数据为基础实现管道数字化

利用管线探测、周边环境调查、资料数字化、内检测及竣工资料拼接大数据等技术手段，整合建设期和运行期的管道本体、附属设施、周边环境、站场设备设施，建立数据全面的企业基础数据库和数据中心，经校验、脱密后入库数据为近 200 万笔。建立严于国家标准的企业数据验收标准（精度要求厘米级，严于国标的亚米级），实施全线每隔 2km 开挖验证，95％的管道中心线数据平面误差控制在 30cm 以内，100％ 控制在国标要求的 1m 范围以内。同时每年结合年度检查，组织基层单位对管道数据进行全面复核和补充采集。2017、2018 年共计更新三桩一牌数据 16540 笔，埋深数据 18720 笔，周边环境数据 461 笔。建立了失效数据库，对管道运行过程中发生的事故事件及时记录和收集，并详细调查分析失效原因，提出整改建议。数据采集、验收过程见图 6－13。

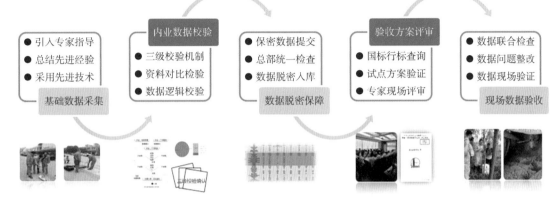

图 6－13　数据采集、验收过程

3. 全面开展高后果区识别和风险评价，实现风险量化分级管理

（1）制定严于国标的高后果区识别准则，并且在全线开展了高后果区识别。Ⅰ、Ⅱ 级高后果区分别由输油站、输油管理处进行审核，Ⅲ 级高后果区经输油站、输油管理处审核后由公司机关专业处室（管道管理处、安全环保处、完整性管理中心）层层审核，对识别出的高后果区段除应建立档案，强化管道本体缺陷修复和周边物权人宣传，明确应急处置方案、周边资源分布、抢维修路径并加强应急推演，利用技术手段提升安全预警能力外，还要根据高后果区识别报告对不同类型和级别的高后果区采取相应的管理方案，针对 Ⅰ、Ⅱ 级高后果区制定了针对性巡护线计划、实施无人机定期巡查、加密警示桩牌等管理措施；对于 Ⅲ 级高后果区，还采取了设立高清摄像头（图 6－14）、加密巡线、定期更新 720 度全景影像（图 6－15）、无人机专项巡查、制定"一区一案"（应急方案）等系列举措，实现 24 小时无缝监管及预防措施。

图 6－14　北盘江大桥高清视频

图 6－15　龙里县龙山镇新厂村水库 720° 全景影像

（2）制定以定量为主、定性与定量相结合的风险评价方法。提出了基于失效因素集成权重的风险评价模型和评分指标体系（6 个一级指标归纳划分管道、23 个二级指标、261 个评分项），制定了针对高后果区的定量风险评价方法，建立了管道失效概率计算模型和危害半径计算模型。不仅针对高后果区开展定量风险评价，而且从挖掘破坏、腐蚀、设计与施工、运行与维护、自然与地质灾害、蓄意破坏等六方面危害因素，以及失效后果在整个管网范围内开展风险评价，有针对性地开展风险评价敏感性分析，进一步明确所辖管道主要危害因素，并针对主要危害因素认真制定针对性的风险防控、消减措施。以广东省境内某管段成品油管道为例，通过风险评价敏感性分析，进一步明确该段管道主要危害因素为第三方施工活动（非法打孔、违章占压），因此在风险消减中需重点关注此类危害因素（图 6 - 16）。

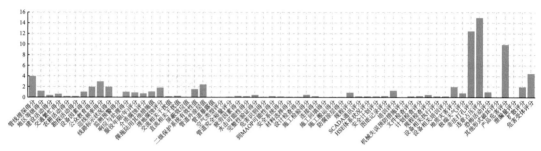

图 6 - 16　敏感性分析结果

4. 定期开展检测和完整性评价，科学制定维修维护标准，提高缺陷修复能力和水平

（1）制定定期、标准规范的内检测制度，并建立内检测管理数据库，进行常态化管理。每年按制定的管道内检测计划开展工作，确保全面掌握管道本体情况。结合中国石化集团公司级科技项目"管道完整性智能分析决策技术研究"，开发了基于内检测的含缺陷管道适用性评价方法（包括缺陷数据统计与致因分析，剩余强度评价和剩余寿命预测，管道安全运行及维修决策标准）、基于缺陷尺寸与失效压力关系曲线图的管道承压能力快速

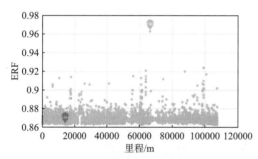

图 6 - 17　完整性评价结果（金属损失）

评定方法和缺陷维修响应评定准则。同时，还结合国内外缺陷评价方法，针对金属损失、凹陷、制造缺陷、焊缝缺陷等开发了完整性评价软件，并对某管段内检测排查出的缺陷进行评价（某段管道金属损失评价结果见图 6 - 17 所示）。另外结合高后果区识别结果、风险评价结果制定缺陷维修维护响应级别（立即维修、计划维修、监测），有效消除潜在风险，推行预防性检维修。

（2）开展全管网检测和本体针对性修复。依据内检测和缺陷评价结果，发布开挖验证计划，开挖验证后立即制定详细修复计划。对于需修复的缺陷点采取 B 型套筒/环氧套筒/补块等方式进行快速修复，已完成所有管道内检测，共开挖验证 520 处，修复 435 处。同时，根据《压力管道定期检验规则》要求，每年 11 月份开展年度检查，重点开展管道外

检测，2017 年共查出问题 4603 项并整改，2019 年排查并整改问题 2735 项，形成了严密的问题发现和治理工作机制，管道状况持续向好。

5. 采取各类风险消减措施

（1）开展精准宣传，建立完善保护机制。建立了物权人微信公众号，系统后台可实现物权人信息的实时更新管理、管道保护信息等功能，实现管道保护宣传精准化和信息化；联合当地政府部门，加大管道沿线群众管道保护宣传力度，开展"进村入户到校"宣传活动，提高了物权人管道保护意识；建立和完善"省市县乡村"五级管道安全保护工作联席会议机制，共同开展管道安全保护工作。

（2）加强巡护和第三方施工管理。使用 GPS 巡线管理系统监管所有巡线承揽人、外管道管理人员巡线履职情况，推进全覆盖徒步巡查，详细记录并及时处置异常事件。全力推行无人机巡线（图 6-18），提高巡线效率，减少巡线人员在艰难险阻管段的巡查风险，构建了丰富的管道周边地表环境无人机飞行数据库；针对飞行数据量庞大、传输速度低、处理难度大等特点，开展了无人机典型目标的智能识别技术的研究工作，现已能够实现管道周边工程车辆、违建（构）筑物等的自动识别，提升了管道巡护线和问题查找的效率。对难、险、陡和河流穿跨越段进行巡线小道修建，保障巡线员安全；在易于发生第三方施工破坏的重点地域，如清淤、疏浚的沟渠、河道、池塘等部位加密安装加密桩、警示牌。安排专职监护人，对现场施工全方位进行监护；不断修订完善了《第三方施工管理办法》，规定了第三方施工管理职责、施工"前中后"管理流程及物理隔离措施。为每个施工点配置移动摄像头，实现施工现场全程监控，推行异常情况"双汇报"制度。

图 6-18　无人机巡查

（3）加强地质灾害识别与管控，每年组织开展地质灾害普查。层层发动管理处、输油站逐段排查地质灾害点，开发涵盖斜坡类地质灾害、水毁、地面变形、极端天气等典型地质灾害类型的识别和评价方法，建立包含地质灾害易发性和管道易损性的评价指标体系，并应用于管道地质灾害隐患排查，全面规范地质灾害识别与评价。同时，邀请专业机构或地质灾害专家组定期对全线地质灾害点现场勘察评估，制定整治措施。日常对地质灾害点进行循环排查分级管理，按照高、中、低三级风险科学制定管控对策，列入日常定期监测监控范围，防范地质灾害及衍生灾害。

（4）强化高后果区管控，每年定期开展管道全线高后果区复核及再识别工作。针对每一个高后果区制定有针对性的管控措施并严格落实，对于人口密集型高后果区，以避免和减少人身伤亡为目标，强化预防性管理，如加强管道保护宣传，增加安全警示，加强巡检频次，运用检测、监测技术全面掌握管道安全状况；对于重要设施型高后果区，以避免和降低设施破坏和连锁事故为目标，制定管理对策；对于环境敏感性高后果区，以避免环境污染和生态保护为目标，制定管理对策。同时，大力推行人口密集型高后果区区长制，公司分管领导担任公司总区长，管理处负责人担任管理处辖区内人口密集型高后果区区长，输油站站长担任输油站辖区内人口密集型高后果区区长。区长对辖区内的人口密集型高后果区管道保护和安全管理负责，层层压实责任，严格考核问责，确保高后果区风险受控。

（5）全面开展管道环焊缝底片复评工作。对建设期施工记录、无损检测资料等数据进行对齐，核查不同信息之间的逻辑关系，查找无施工记录的"疑似黑口"。对比审查施工记录、监理记录、检测报告，按照无损检测相关标准，全面排查和复评管道建设期 X 射线底片，查找底片存疑焊口。同时开展内检测信号复核及开挖验证、环焊缝完整性评价等工作，通过复核内检测信号及开挖验证对漏磁内检测信号进行复核和焊口异常分级，筛选出严重和较严重的异常焊口，结合底片排查结果进行开挖验证。抽样开展环焊缝理化性能试验，对于不可接受焊口采取了缺陷修复或者载荷消减措施，对高后果区、高风险段弯头连接口、存有危害性缺陷口、底片排查质量关注口等重点焊口进行开挖验证，根据复评情况，确定处置措施。

（6）加强清管，提升输送效率。对全部成品油管道进行定期清管，清除管道中的杂质，延缓管道内壁腐蚀，延长了管道使用寿命，有效降低管道能耗。目前，销售华南公司每季度开展一次清管操作，消除了管道内杂质，提升了输送效率。某管段清管后摩阻损失均比清管前摩阻损失小，即在相同流量下清管后比清管前管道能耗有所减少，约减少了2% ~9%。具体见图 6 - 19。

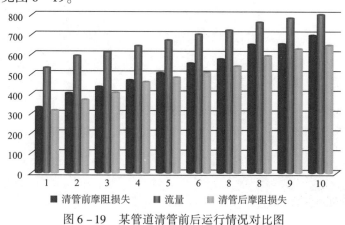

图 6 - 19　某管道清管前后运行情况对比图

6. 引入新技术、新方法提升风险预警与防控能力

（1）无人机巡查功能。对高风险地区和重点部位进行巡查，通过分析比对影像，及时发现异常情况，如图6-20所示。参与事故抢险，为决策分析提供全方位视频支持；参与外管道泄漏及油罐着火应急演练，提升演练效果；每半年进行一次高后果区航拍和影像对比分析，根据结果调整高后果区识别结果和应对措施；对地质灾害点进行定期观测，并组织专家进行危害分析。

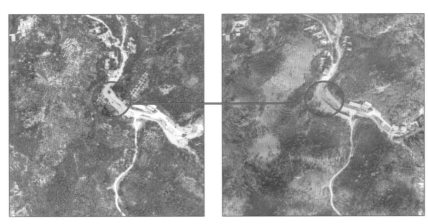

图6-20　无人机拍摄图像对比示意图

（2）实时移动视频监控平台。自主研发了重点部位移动监控系统和监控设备（图6-21），具有视频实时监视和入侵报警功能，并已批量生产，可对重点部位、高风险区域内出现的可能增加风险发生概率的事件和第三方施工活动，进行全程视频监控，提升了风险防范能力。

图6-21　移动监控系统和监控设备示意图

（3）光缆衰耗监测系统。通过在线监测光信号衰耗情况，能够准确定位受到挤压、拉伸和发生断裂光缆的位置，可对管道周边地质环境的变化起到预警作用，如图6-22所示。如2016年10月3日准确监测到南丹站—独山站25.2km处因地质灾害造成的光缆中断，通过及时处置，避免了灾害扩大，保护了管道安全。

（4）泄漏量快速测算工具。实现了事故发生后快速估算油品泄漏量，为测算泄漏油品的影响范围和开展后续事故处理、环境影响评估、危险区域划分、经济损失估量等提供依据，通过现场反复测试，计算误差小于15%，最小误差3%。

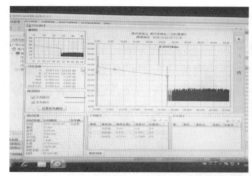

图 6 – 22　光缆衰耗监测系统报警示意图

二　建设期管道完整性管理实践

从可研、设计到施工，整个建设期管道完整性管理工作包括三个重点，分别是数据的收集与整合（建设期管道即开始数字化，为后续管道智能化打下基础）、风险防控与消减、以及完整性评价。下面详细介绍建设期管道完整性管理的主要做法。

在新建管道可研、设计和施工阶段即成立以公司完整性管理中心技术骨干担任组长、项目部人员为成员的完整性管理小组，全面介入建设期管道的数据收集与整合，以及根据高后果区识别、风险评价结果的路由优化，投产前由有资质的单位开展管道内检测及适用性评价等工作。

1. 数据的收集与整合

根据管道建设需要，考虑管道下沟回填后焊缝、钢管等管道本体数据无法恢复的困难，要求各施工单位对于管道焊缝、钢管等管道本体数据在下沟回填前完成采集。华南管网湛江—北海段建设期管道严格按照此标准执行数据采集工作，采集完成全线本体数据，与管道下沟回填数据一致，并同步开展数据验收，确保数据准确。为解决数据点多且顺序混乱的问题，制定了每一类数据的编码规则，并按规则和顺序给每一道焊缝数据提供独立数据编码确保每个点位正确，并将所有数据基于站列进行整合，建立逻辑关系。

同时，使用信息化手段和大数据、云计算技术，优化并规范了事件管理、管道检测、维修维护、巡线管理等 4 大类 16 项业务活动，开发了管道数字化、完整性管理、隐患治理、运行管理、应急响应和综合管理等 7 个模块 35 项管理功能，实现了完整性管理工作的流程规范化、过程标准化。集中集成 SCADA、泄漏报警、智能阴保、无人机监控、视频监控、光纤监测等 13 套系统，结合地理信息平台、三维可视化平台、高清卫星影像和专业分析软件，实现了快速、可视化查看、实时运行信息和运行状态异常报警功能。协同做好风险管控，提升了预测、预警能力。打造出了一套数据全面、互联互通、安全可靠、真实可视的综合一体化管理平台（图 6 – 23）。详细内容见第十一章。

2. 风险削减

坚持全生命周期风险识别与防控原则，从管道可行性研究阶段开展高后果区识别，根

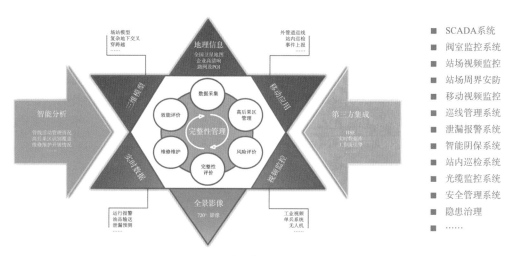

图 6-23 综合一体化管理平台框架图

据高后果区识别结果开展路由优化，如湛北成品油管道实现高后果区总数降低 50%，保证管道沿线不存在人口密集型Ⅲ级高后果区，同时尽量避绕大中型河流、水库等环境敏感目标，从源头降低管道失效后果。对无法避绕的高后果区，采用指标体系法开展风险评价，对高后果区段除采取增加壁厚、加大埋深、加强防腐等级、提高试验压力等通用措施外，还结合运营期管道危害因素识别结果，在人口密集型高后果区采取增加固定视频监控、敷设警示带、加密标志桩、建立五级治安联防机制等防控措施；在管道穿越铁路等可能产生杂散电流干扰的高后果区段增加智能阴保监测装置等防控措施，通过在管道建设阶段综合采取人防、物防、技防措施，有效降低管道失效可能性。

3. 内检测

对于新建管道，在管道投产试运前开展内检测工作，修复发现的各类缺陷，避免投油后产生危险，公司 2014 年以来建成投运的 2440km 管线在投产试运前全部开展了内检测。以华南成品油管网贵渝管道（总里程 497.3km）为例，通过竣工验收时内检测，发现贵阳至重庆段各类缺陷 13 处，及时进行换管，其中 1 处管道褶皱距离穿越长江较近，若不通过内检测及时发现，投油后管道极有可能泄漏。

三 完整性管理工作实施成效

2014 年以来，中国石化销售有限公司华南分公司在检测与评价（内检测、高后果区识别与风险评价、合理使用评价）、风险消减与维修维护（管道巡护和第三方施工监护、管道及附属设施维修维护、地质灾害风险点专项治理、管道保护宣传与沟通）、信息管理平台建设（数据采集、智能化管线管理平台建设）、新技术研发应用（完整性智能分析决策、站场完整性管理、在用特种设备使用管理等技术标准研究，无人机和巡检机器人等新装备研制）、人员培训等五方面进行了有益的探索，完整性管理工作取得了显著成效。

1. 事故事件明显下降

自 2014 年下半年以来，连续 61 个月未发生因第三方施工、人为破坏、腐蚀破坏等因素导致的漏油事件，事故事件率由实施前的 1.04 次/（10^3km·a）降低至 0.50 次/（10^3km·a）（图 6-24）。宣传、巡线、监护、督察、安全大检查的有效实施，连续 4 年被评为中国石化销售板块 HSSE 管理能力测评 A 级企业，实现了零占压、零打孔盗油、零安全事故，连续 8 年获得中国石化集团公司安全生产先进单位。

2. 用工效率快速提升

伴随着完整性管理体系及相关新型技术的运用，人员素质结构的优化和配套区域化改革的推广实施，无人值守站场基本到位，有效提高了劳动生产率，公司用工数由 2015 年的 0.38 人/km 降低至 2019 年的 0.23 人/km（图 6-25），已接近欧美国家先进水平。

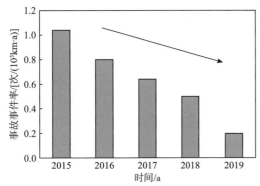
图 6-24　事故事件率随时间的变化图

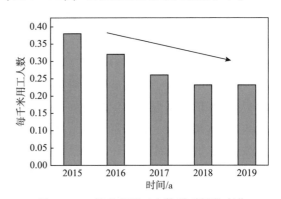
图 6-25　每千米用工人数随时间的变化

3. 降本增效显著

完整性管理体系的建立，已实现全管网满负荷运行，有效地减少了非计划停输次数，变被动应对为主动预防，提高了管输效率和管输量，降低了物流成本费用。依靠管输增量减少远距离、高成本运输量，使 250 元/t 以上运费降幅达 66%，吨油运杂费由 2015 年 57.13 元/t 下降到 2016 年 48.02 元/t、2017 年 37.74 元/t 和 2018 年 32.57 元/t，目前已降到 27 元/t 以下，管输量由 2015 年 1756×10^4t 上升到 2016 年 1943×10^4t、2017 年 2200×10^4t、2018 年 2290×10^4t，2019 年预计 2380×10^4t（图 6-26）。

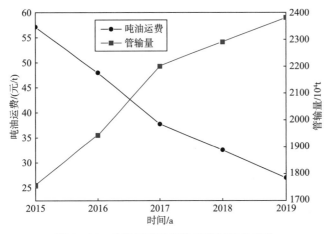
图 6-26　吨油运费和管输量随时间的变化

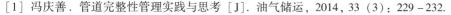

参考文献

［1］ 冯庆善. 管道完整性管理实践与思考［J］. 油气储运，2014，33（3）：229－232.

［2］ 董绍华. 管道完整性管理体系与实践［M］. 北京：石油工业出版社，2009.

［3］ 中国石油管道公司. 油气管道完整性管理技术［M］. 北京：石油工业出版社，2010.

［4］ Winter V L, Covan J M, Dalton L J. Passive Safety in High-Consequence Systems［M］//Passive Safety in High-Consequence Systems，1998.

［5］ Bhugwant C, Hélène Cachier, Bessafi M, et al. Research and Suggestion on the Development of Oil and Gas Pipeline Integrity Management Technology in China［J］. Oil & Gas Storage and Transportation，2006，34（20）：3463－3473.

［6］ 董绍华，王联伟，费凡，等. 油气管道完整性管理体系［J］. 油气储运，2010，29（9）：641－647.

［7］ 王晓霖，帅健，左尚志. 长输管道完整性数据管理及数据库的建立［J］. 油气田地面工程，2008，27（11）：45－47.

［8］ 帅义，帅健，苏丹丹. 企业级管道完整性管理体系构建模式［J］. 中国安全科学学报，2016，26（7）：147－151.

［9］ 杨静，王勇，谢成，等.《油气输送管道完整性管理规范》解读与分析［J］. 安全、健康和环境，2016，16（6）.

［10］ Chen L, Peng Z, Ma J. The management database platform construction for high consequence areas（HCAs）of oil/gas pipelines［C］//International Conference on Information Science & Engineering，2011.

［11］ 张华兵，周利剑，杨祖佩，等. 中石油管道完整性管理标准体系建设与应用［J］. 石油管材与仪器，2017，3（6）：1－4.

［12］ Belay E D, Monroe S S. Low-Incidence, High-Consequence Pathogens［J］. Emerging Infectious Diseases，2014，20（2）：319－321.

［13］ 郑洪龙，张华兵，杜艳平，等. 兰成渝管道风险评价实践［J］. 油气储运，2008，27（12）：4－6.

［14］ 李福田. 油气管道安全风险考量及对策措施［J］. 中国石油企业，2013（5）.

［15］ Soszynska J. Reliability and risk evaluation of a port oil pipeline transportation system in variable operation conditions［J］. International Journal of Pressure Vessels & Piping，2010，87（2）：81－87.

［16］ 王晓霖，帅健，宋红波，等. 输油管道高后果区识别与分级管理［J］. 中国安全科学学报，2015，25（6）：149－154.

［17］ 吴志平，蒋宏业，李又绿，等. 油气管道完整性管理效能评价技术研究［J］. 天然气工业，2013，33（12）：131－137.

［18］ 田中山. 成品油管道完整性管理体系建设与实践［J］. 石油科学通报，2016（3）.

　　成品油管道站场完整性管理是管理者为保证站场设备设施完整性而进行的一系列管理活动，其实质是对设备设施面临的风险因素不断进行识别和评价，持续消除识别到的不利影响因素，并采取各种风险削减措施，将风险控制在可接受的范围内，最终实现安全、可靠、经济地运行设备设施的目的。

　　本章介绍输油站场完整性管理体系，然后介绍站场完整性管理方案，重点对主要风险评价技术及应用、典型监检测诊断技术等内容进行详细论述。

第一节 站场完整性管理体系

目前，国内成品油管道中推行站场完整性管理尚处于起步阶段。为了把完整性管理理念用于站场管理中，探索风险识别和控制方法，推进预防性、预知性维修，有效降低站场管理风险，提高设备设施的可靠性，把有限资源投入到最需要的地方，使管理决策更科学、全面、系统，不断提升管理水平，并最终形成覆盖站内外的"三全"（全管网、全覆盖、全生命周期）完整性管理模式，中国石化销售华南分公司自 2017 年以来，在站场完整性管理方面开展了有益的探索。本节主要介绍中国石化销售华南分公司的站场完整性管理体系。

一 站场完整性管理目标

通过建立"全生命周期、全过程覆盖、全管网设备设施"的完整性管理体系，不断夯实本质安全的基础，强化风险过程管理，促进资源优化，实现全生命周期管理成本与效能的最佳平衡，确保"安稳长满优"运行，努力实现"零泄漏、零伤害、零事故"，使成品油管道站场完整性管理达到国内先进水平。

二 站场完整性管理方针

（1）坚信"所有事故都是可以预防"的安全理念，全面识别资产运行面临的风险，监测、检测、检验各种威胁因素，评估适用性，制定基于风险的设备使用、维护、检修和技术改造策略，不断改善识别到的不利影响因素，将设备运行风险水平控制在合理可接受的范围内。

（2）坚持全生命周期管理理念，将完整性管理贯穿设备设施管理的全生命周期，保证必要的资金、人力资源投入，实现不断完善、循环提升的闭环管理。

（3）促进完整性管理与质量管理体系、安全生产责任制、日常安全管理活动等深度融合，不断追求安全效益和经济效益的科学匹配，有效降低维修维护成本和劳动强度。

（4）明晰公司完整性管理领导小组、机关专业部门、输油管理处（项目部）三级职责，强化完整性管理过程考核，确保完整性管理要求得到有效贯彻落实。

（5）注重新技术研究，坚持"科技研发＋管理创新"双轮驱动发展战略，加强先进技术、行业先进管理理念和经验的应用，为智慧站场建设提供支撑。

三　站场完整性管理原则

（1）坚持"依法治企"。结合法律法规、标准规范以及上级规章制度，不断完善企业现有制度，并不断赋予实施，不断走向依法治企。

（2）坚持"以风险管控为核心"。以风险分析为决策依据，实现风险分级管理，针对性地引用先进技术、设备，不断提升风险管理水平。

（3）坚持"管、干分离"。"管"侧重于计划制定、费用管理、技术把关、工作质量评估、人员资质和能力评定；"干"侧重于计划实施、问题处置、实施过程和质量控制。

（4）坚持"四化"管理。管理标准化、标准程序化、程序表单化、表单信息化，逐步走向智能化管理。

（5）坚持"五结合"原则。设计、制造与使用相结合，维护与检修相结合，修理、改造与更新相结合，专业管理与全员参与相结合，技术管理与经济管理相结合。

四　站场完整性管理体系架构

站场完整性管理体系是一个完整的系统，包含文件体系、标准体系、数据库、管理平台、支持技术等部分，体系架构如图7-1所示。其中文件体系主要规定站场完整性管理的基本内容、工作流程及职责划分；标准体系描述完整性管理中涉及的风险评价、完整性评价、维修维护等专业性技术标准，包括点检标准、润滑标准、保养标准、检定标准、企业内外部工作标准；数据库包含开展完整性管理所需的各类数据，基于专门的数据模型建立，可实现关联数据库之间的数据交换；各核心功能模块在管理平台上进行管理，通过风险评价和完整性评价，制定检测与维护计划，为设备维修提供执行依据。

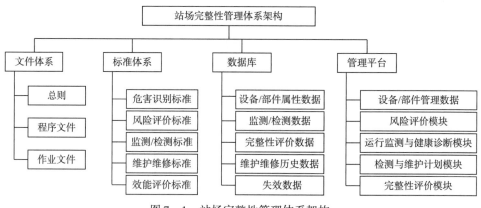

图7-1　站场完整性管理体系架构

成品油管道站场完整性管理体系应基于"策划－实施－检查－改进"（PDCA）的模式运行，基于领导承诺、方针目标，建立、实施并保持其完整性管理方针。站场完整性管理流程从管理方案的制定开始，明确主要任务和完成指标；建立基础管理的标准和工作流程；对设备设施从设计选型、计划采购、监造、安装、调试、试运到验收的前期管理过程进行规范化；明确设备设施操作、运行、维护和更新改造的管理流程；利用各种风险评价技术对站场设备设施的风险进行识别，制定合理的维修维护策略，开展检测、检验及预防性维修；对无法满足生产需要的设备设施进行报废处理；最后通过体系审核和效能评价，对体系运行效果进行评价，实现体系循环提升。站场完整性管理流程如图7－2所示，各环节具体内容在第二节介绍。

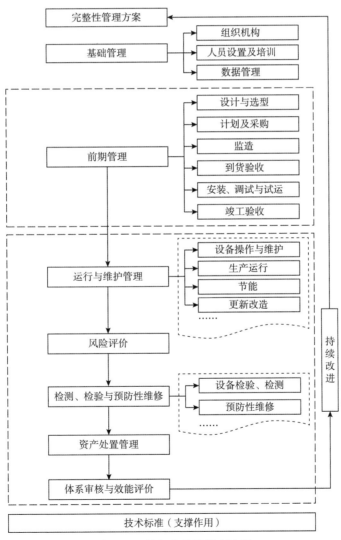

图7－2　站场完整性管理流程

站场完整性管理体系文件由总则、程序文件、作业文件三级构成（见图7-3），为站场完整性管理业务开展提供文件支持和实施指导。总则为完整性管理的纲领性文件，规定总体目标、内容及相关部门的职责；程序文件是完整性管理的工作指南，规定主要业务活动的流程及要求；作业文件是程序文件的支持和补充，是基层单位开展各项工作的指导性作业规程和强制性技术标准。成品油管道站场完整性管理所依据的法律法规、标准规范等技术文件为体系文件提供技术支撑。

图7-3　完整性管理体系文件层次

1. 一级文件

完整性管理总则，提出成品油管道站场完整性管理总体要求。

2. 二级文件

完整性管理程序文件，普遍适用于成品油管道站场的完整性管理要素的执行程序，覆盖了关键技术、具体要求，主要包括：

（1）站场完整性管理方案编制程序；

（2）基础管理程序；

（3）前期管理程序；

（4）运行与维护管理程序；

（5）节能管理程序；

（6）更新改造管理程序；

（7）风险评价管理程序；

（8）检测、检验与预防性维修管理程序；

（9）资产处置管理程序；

（10）体系审核与效能评价程序。

3. 三级文件

完整性管理作业文件，规定某项工作任务的具体做法和技术标准，主要包括：

（1）记录与文档管理作业规程；

（2）数据管理作业规程；

（3）生产物资计划采购规程；

（4）生产物资验收及出入库管理规程；

（5）机电仪自控设备操作维护规程；

（6）设备润滑作业规程；

（7）更新改造作业规程；

（8）工艺管道风险评价规程；

（9）常压储罐风险评价规程；

（10）机电仪自控设备检维修规程。

七 体系特色

成品油管道站场完整性管理通过建立一套专门适用于成品油管道站场设备设施管理需求的体系文件，指导管理者正确识别并及时发现设备设施危害因素和安全隐患，科学合理制定并实施风险消减措施，真正做到事前预控。其主要特点包括：

（1）以风险管理为主导，通过多种风险评价及完整性评价技术的运用，发现站场设备设施管理中存在的风险并制定针对性的控制措施，将检查、维护、检修资源从低风险设备转移到高风险设备上，确保站场设备设施的完整性和可靠性；

（2）实现全生命周期管理，通过管理流程和体系文件的建立，实现设备设施从设计到报废全生命周期的管理，简化管理流程、减轻管理难度；

（3）利用信息化技术，通过管理平台的建设和大数据技术的应用，实现数据结构化和关联查询，充分运用监检测手段，结合物联网技术，提升对设备健康状况的动态分析能力，为风险评价、智能诊断和决策提供支撑，数据库及管理平台相关内容详见第十一章；

（4）该体系与现有的 HSSE、ISO 等管理体系相融合，进一步完善了企业的管理体系，全面提高了企业的管理水平。

第二节　站场完整性管理方案

制定成品油管道站场完整性管理方案是对完整性管理活动做出针对性计划和安排，系统地指导基础管理、前期管理、运行维护、风险评价、检测检验与预防性维修、资产管理、体系审核及效能评价等完整性管理工作。具体内容主要有以下方面。

一 基础管理

基础管理是站场完整性管理工作的起点，包括组织机构建立、人员设置及技能培训，同时要建立与体系相配套的数据管理标准和工作方法，为体系正常运行打下基础。

1. 组织机构

完整性管理组织机构应贯穿企业各级管理机构，实行公司、机关专业部门和输油管理处（项目部）三级完整性管理模式，确保各部门职责明确、分工合理。

企业应设置站场完整性管理领导小组，组长由公司领导担任，作为站场完整性管理的最高机构，主要负责公司完整性管理的统筹规划、战略部署及重大决策；领导小组下设办公室，为站场完整性管理部门，牵头开展站场完整性管理工作，主要负责制定和下达年度完整性管理方案，开展完整性管理体系审核及效能评价，组织确定风险评价技术及故障诊断方法，为站场完整性管理提供技术支持；机关专业部门根据体系要求及年度完整性管理方案明确各项具体业务工作标准和计划，并组织实施；输油管理（项目部）负责站场完整性管理具体执行，组织、指导、监督基层单位将工作标准和计划落实到位。

2. 人员设置及培训

推行站场完整性管理应合理设置专业人员，提高工作效率；组织开展技能培训，提升员工综合素质；引进先进技术或方法，降低员工劳动强度。

站场人员在上岗前，必须接受安全技能及相关专业知识培训，使其具备基本的专业素养，做到"四懂三会"（懂结构、懂原理、懂性能、懂用途；会使用、会维护、会排除故障），可以开展日常维护保养，同时掌握常用的风险评价及故障诊断方法，独立分析判断常见故障。

公司设置技术管理岗位，实现专业负责人制度，负责建立和维护各专业技术标准和工作方法，确保与相关法律、规范一致；专业人员参与风险评价及故障诊断方法的研究，对各类方法的应用效果进行跟踪与评价，不断完善和提高技术方法。

公司设置专家组，成员包括相关专业技术专家及经验丰富的一线骨干，为站场完整性专业技术把关。专家组参与风险评价及故障诊断方法的研究和制定，对风险评价、故障诊断结果以及维修维护策略进行审核，参与失效事件的处置与分析，指导开展故障问题的处理。

站场完整性管理相关的各级人员除具备专业技术技能外，还应掌握完整性管理知识，负责对完整性管理体系运行情况进行监督和指导，评价体系运行效果，及时发现体系中存在问题和不足。

3. 数据管理

数据管理应贯穿于设备设施全生命周期，以保证设备设施性能参数、安装、运行、维护、维修等信息的完整；应坚持源头采集，以确保数据的及时准确和有效适用；应坚持数据同源策略，以确保数据来源统一、标准规范，提高数据的可靠性与安全性。

企业应根据设备设施运行维护管理要求建立数据采集模板，统一数据格式和标准。可根据需要，以图片、数字、文档、表格等形式进行数据采集，可借助各类仪器仪表自动采集。应建立数据分级审查制度，对采集数据进行定期审查，确保数据的可靠性。数据移交时应注意保密，移交方应保证移交数据的准确性。

企业可建立完整性管理系统平台，实现数据的集中存储、查询和管理，并且集成地理信息、数字化等技术，实现站场设备设施关键数据和业务信息的可视化，为业务活动和决策管理提供辅助手段，提高管理成效，并且通过利用信息安全技术，保证站场数据和功能模块的安全可靠。

前期管理是对设备设施从规划论证至资产正式投入使用之前的过程管理，以确保新增资产符合企业需求。设备设施前期管理是设备设施全寿命周期管理中的重要环节，与企业经济效益密切相关，同时对提高设备技术水平和设备后期使用运行效果也具有重要意义。其主要管理内容包括：设计与选型、计划与采购、监造、安装调试与试运、验收等。

1. 设计与选型

设备设施设计、选型由企业项目主管部门组织，专业管理部门、设计单位参与，制造和使用单位共同参加，并最终签订技术协议。设计、选型管理遵循以下主要原则：

（1）坚持适用性原则，设备选型应符合使用工况和生产要求；

（2）坚持"三化"原则，即遵循标准化、系列化、通用化的原则；

（3）坚持安全可靠性原则，设备选型应具有较高的可靠性、维修性、安全环保性；

（4）坚持技术先进、经济合理原则，禁止选用国家明令淘汰的设备；

（5）坚持国产化优先原则，在国产技术可行可靠、经济合理时，优先选用国产设备。

2. 计划及采购

设备的计划及采购要坚持质量第一、性能价格比最优、综合成本最低的原则，依法依规组织采购。物资计划管理主要遵循以下原则：

（1）及时性：确保物资供应及时，保证生产和建设需要；

（2）准确性：准确描述所需物资的名称、规格型号、技术参数和质量要求、需求数量和需求日期；

（3）完整性：全面反映生产、建设物资的需求情况，不得出现少报、漏报的情况；

（4）规范性：提报内容的审核必须严格按照内控制度权限的要求执行。

企业应建立采购合同起草、审核、会签与审批程序；根据需要组织合同谈判，依据内控权限分级审批合同。建立物资供应质量保证体系，把好供应商选择、合同签订、过程监造、出厂检验等质量关键环节，加强物资供应质量跟踪和考核。

3. 监造

成品油管道企业关键设备设施制造过程要安排监造，如主输泵机组、阀门、管线钢管等。企业对设备设施监造和监理的应明确以下管理要求：

（1）设备设施监造和监理的范围及其相应的设备制造质量监督方式；

（2）监造人员权责及资质要求；

（3）设备监造的业务流程和管理要求；

（4）监造合同（协议）要点；

（5）驻厂监造工作要点；

（6）第三方监理的管理要求。

4. 到货验收

企业应根据设备设施采购文件对到货设备设施组织实施验收，验货后应形成验货记录。主要验收内容包括：

（1）设备外包装的完好，无破损；

（2）设备外观完好，开箱后设备无刮伤、碰撞、变形、污渍、锈蚀等；

（3）按合同和装箱单清点所到物品齐全、一致，如设备名称、型号、数量等；

大型机组设备及重要物资到货后，采购部门要组织专业部门、设计、质监等部门（单位）进行联检和验收。

5. 安装、调试与试运

在设备设施安装前，企业应明确如下要求：

（1）安装施工单位、安装时间、调试周期；

（2）安装施工单位安全交底；

（3）必要时在安装前，可与外协或设备厂商签订安装安全协议；

（4）基础施工管理要求；

（5）提供设备安装调试所必需的必要条件；

（6）安装验收要求；

（7）设备调试要求。

根据安装前的要求，实施设备设施安装；安装后，由企业指定的单位按要求进行调试及试运，并形成调试试运记录。

6. 竣工验收

设备设施的竣工验收主要根据设备采购文件中的验收要求进行验收。设备设施验收内容主要包括：

（1）设备运行调试记录、作业培训及验证记录（可包括：操作、维修、点检、润滑、保养、安全、应急处置、重要工艺参数控制及调整等）；

（2）安全、环境影响评价资料；

（3）主要产品质量检验记录；

（4）配套设备附件；

（5）随机的备品备件；

（6）随机工具；

（7）设备所附技术资料（含图纸）及说明书（含资料名称和数量），如维护用图、设计图、立体装配图（爆炸图）、零部件清单、检查部位的明细图、配置图、流程图、配电图、参数表及常见问题处理对策一览表等；

（8）实际测试技术指标是否达到要求，并形成记录（按合同和说明书明确规定的技术指标验收）；

（9）所附软件、技术资料及说明书完备情况；

（10）设备配套的监控软件系统验收，如 DCS 或 PLC 模块，以及中控系统、在线监测系统、点巡检管理系统等系统的软件运行稳定性。

验收符合要求后，应形成设备验收记录，移交给设备使用单位。对符合企业固定资产管理的设备，应按企业固定资产进行管理。设备验收后，根据需要建立设备操作规程、保养标准、点检标准、润滑标准及记录，并根据需要对与新设备相关的人员做好培训。

三　运行维护管理

企业应通过现场巡检以及对运行技术参数进行监控等方式，按计划或技术要求组织的技术管理措施，以实现延缓设备能力降低的速率，保障运行设备设施安全、可靠、经济运行。

1. 设备操作与维护

为防止设备性能劣化或降低设备失效概率，企业应按计划或技术要求组织的技术管理措施。内容包括明确设备维护人员的责任，对设备维护人员进行相关技能识别和培训，建立设备维护计划并按计划实施。

设备管理部门要建立设备使用、维护管理制度，制定设备的操作、维护规程，建立设备隐患的发现、分析、报告、处理等闭环管理机制。

设备操作和维护人员上岗前必须经过系统的理论和实践培训，严格遵守持证上岗。设备管理部门要监督检查使用单位对关键设备、重点岗位操作人员的培训情况。特种设备操作人员须经具有培训资质的单位进行培训，经考核合格后取得相应资质的操作证。

岗位操作人员是设备运行和日常维护保养的责任者，必须遵循设备操作、维护制度和规程，做到"四懂三会"，认真控制操作指标，严禁设备在超温、超压、超速、超负荷等超指标情况下运行。严格按照设备点检、巡回检查等管理规定和标准，进行设备维护和保养，确保设备处于完好状态。

设备使用及设备管理的人员，应对设备保养的执行进行监督检查与考核，以确保设备保养管理的有效性。

2. 生产运行

为保障运行设备设施安全、可靠、经济运行，企业应通过现场巡检以及运行设备技术参数监控，建立点检管理制度，明确点检管理要求及标准。明确设备设施运行过程中状态监测的职责、工作流程及监测标准。分析状态监测数据，对设备设施状态、精度等进行诊断评价，形成诊断、评价记录。

设备操作人员应执行好相关岗位制度（包括：交接班制度、安全操作规程、巡回检查制度、岗位责任制等），掌握输油操作规程和各类单体设备操作方法，熟知操作与监控内容、现场监护要求及现场应急处置措施，具备发现异常问题能立即有效应用的能力。针对多班运行的设备，企业应建立交接班制度，交接班时，设备操作人员要与设备日常检查相结合，进行交接班检查。

生产调度人员须做好站场设备运行参数监控，严禁设备设施超温、超压、超负荷、超速运行，发现参数、流程、设备异常要立即通知站场人员现场确认，并进行紧急处理。

设备管理人员要重点关注设备运行参数，如设备的温度、电压、电流、振动、功率、设备压力等级等，应具备设备运行参数监测分析能力，并定期分析评价。

3. 节能

为有效地利用能源，提高用能设备或工艺的能量利用效率，企业要应用技术上现实可靠、经济上可行合理、环境和社会都可以接受的方法，要明确能源管理的单位及岗位职责，建立控制指标，监控重点设备的能源消耗及利用效率，实施相关节能措施，高效利用能源、合理降低消耗。

企业应采取以下措施实现设备节能降耗：

（1）按照绿色、低碳、环保的要求，制定设备节能、减排和降耗等措施，指导现场工作；

（2）探索设备低耗、高效运行的有效途径与方法，通过设备全寿命周期的精细化管理以及持续改善活动，促进设备节能；

（3）及时淘汰高耗、低效的旧设备；

（4）推广应用节能技术，对设备进行技术更新和改造，追求设备和工艺的最佳匹配，促进设备和系统经济优化运行；

（5）积极开展报废设备、在役设备的绿色维修工作。

4. 更新改造

成品油管道企业应围绕提高管输量、降低能耗、提高 HSSE 管理水平为目标定期制定更新改造计划。更新改造计划应进行技术经济论证，科学决策，选择最优方案，着重采用技术更新的方式。满足下列条件之一应进行更新改造：

（1）国家明令淘汰的设备；

（2）达到使用年限，继续使用不能满足安全、环保、节能和可靠性要求的设备；

（3）因生产条件改变，不再具有使用价值的设备；

（4）因事故或自然灾害，遭受严重损坏无修复价值的设备；

（5）设备技术落后，不能满足安全、环保、节能要求；

（6）设备结构陈旧、主要部件或结构损坏，通过改造或大修理，技术性能仍不能满足要求的设备，以及现阶段能满足要求，但更新后更加经济合理的设备。

四　风险评价

风险评价工作流程包括风险评价方法确定、危害因素识别、评价数据采集、风险评价、制定风险消减措施、上报风险评价结果、风险评价结果审核、实施风险消减措施和风险减缓效果评估几个步骤，如风险评价结果审核不通过，则要重新开展风险评价直到审核通过。

风险评价贯穿于站场生产运行全过程，企业应每年开展风险评价，对站场设备设施的运行风险进行全面评估，风险评价完成后编制风险评价报告，明确风险评价结论，合理制定风险消减措施，风险消减措施实施过程中或运行方式发生重大变化时，应进行风险再评价。建立并存储风险评价资料。

1. 危害因素识别

设备管理部门组织开展设备设施危害因素识别，针对典型设备设施的危害因素详见表7-1，但不限于表7-1内容。

表7-1　站场典型设备设施危害因素汇总表

设备设施种类	危害因素
工艺管道	大气腐蚀、埋地土壤腐蚀、内腐蚀、冲蚀、地基沉降、外力损伤、超压、震动、残余应力、焊缝缺陷等
常压储罐	大气腐蚀、内腐蚀、地基沉降、焊缝缺陷、呼吸阀损坏、密封失效、机械故障、静电、雷击等
输油泵	联轴器不对中、基座不牢、原动机振动、润滑油变质、密封圈失效、动静部件摩擦等
阀门	安装不当、腐蚀、冲蚀、管道中有异物、驱动设备故障、地基沉降、预紧力降低、控制系统故障、阀体刚性不足等
计量设备	计量系统异常、安装不规范、大气腐蚀、内腐蚀、冲蚀等
清管器收发球筒	大气腐蚀、内腐蚀、地基沉降、超压、安全联动装置损坏、铰接轴变形等
仪表设备	性能退化、设计缺陷、应力集中、误操作等

2. 评价数据采集

站场根据风险评价方法的要求采集数据，包括但不限于表7-2中内容，设计竣工资料、专项评价资料要求查阅相关档案和正式报告获取。日常风险评价采集数据包括运行、监测、检测及测试数据。

表7-2　风险评价采集的数据类型表

序号	数据类型	数据项
1	基本数据	站场位置、周边环境、性能指标、运行模式等
2	失效数据	失效记录标示、失效日期、失效部件、失效影响、失效模式、失效原因、发现的方法等
3	维修数据	相关失效记录、维修日期、维修部件、实际维修时间、停机时间等
4	专项数据	设计施工资料、运行参数、监测检测数据等

3. 风险评价

企业应按选择的风险评价方法开展风险评价。运行中发现运行、监测、检测及测试数据异常，应组织专业人员对失效的可能性及后果进行风险分析。风险可以用数值或风险矩阵图表示，站场典型设备风险评价的推荐方法见表7-3。主要的风险评价方法及应用见本章的第三节。评价方法选择原则如下：

（1）通过日常风险排查进行初评，对于日常风险排查无法确定的设备或部位，采用半定量的指标评分法；

（2）当指标评分法评价等级高或者工况复杂时，可选择开展定量风险评价。

表 7-3　站场典型设备风险评价的方法对照表

设备种类	相关标准	建议采用的方法
工艺管道	API 581《基于风险的检测技术》 GB/T 26610《承压设备系统基于风险的检验实施导则》 SY/T 6830《输油站场管道和储罐泄漏的风险管理》 SY/T 6714《基于风险检验的基础方法》	指标评分法 RBI
常压储罐	API 581《基于风险的检测技术》 GB/T 26610《承压设备系统基于风险的检验实施导则》 GB/T 30578《常压储罐基于风险的检验及评价》 SY/T 6830《输油站场管道和储罐泄漏的风险管理》 SY/T 6714《基于风险检验的基础方法》	指标评分法 RBI
输油泵	GJB 1378A《装备以可靠性为中心的维修分析》	指标评分法 RBI
阀门	API 581《基于风险的检测技术》	指标评分法 RBI DPCZ 评价法
计量设备	API 581《基于风险的检测技术》	指标评分法 RBI
清管器 收发球筒	API 581《基于风险的检测技术》	指标评分法 RBI
仪表设备	GB/T 21109《过程工业领域安全仪表系统的功能安全》 GB/T 20438《电气/电子/可编程电子安全相关系统的功能安全》	指标评分法 SIL 指标评分法

风险等级与可接受性准则见表 7-4。风险分为 Ⅳ（高）、Ⅲ（较高）、Ⅱ（中）、Ⅰ（低）四级。

表 7-4　风险分级与可接受准则对照表

风险等级	风险可接受准则
Ⅰ级（低）	风险可接受，当前应对措施有效，可不采取额外技术、管理方面的预防措施
Ⅱ级（中）	风险可接受，但应保持关注
Ⅲ级（较高）	风险不可接受，应在限定时间内采取有效应对措施降低风险
Ⅳ级（高）	风险不可接受，应尽快采取有效应对措施降低风险

4. 制定风险消减措施

风险消减措施包括降低失效可能性的措施和降低失效后果的措施，因此各设备的风险削减措施应结合失效可能性和失效后果的分析结果。站场典型设备的风险削减措施见表 7-5。

表 7-5 站场典型设备的风险削减措施对照表

设备种类	风险削减措施
工艺管道	①对工艺管道进行工艺操作、日常检查、年度检查、全面检验等工作；②避免由于阀门开闭以及泵的运行引起的振动；③增强员工对管道的保护意识，减少在工作过程中对管道的意外损伤；④对于Ⅲ级或Ⅳ级风险管段，可提高巡检率；⑤对于Ⅳ级风险管段应立即开展完整性检测，对于Ⅲ级风险管段检测周期可缩短到 3 年内；⑥对风险较高的管段定期分析监测数据，增加临时监测措施
常压储罐	①对储罐进行日常检查、定期清罐、周期检查等工作；②对于Ⅲ级或Ⅳ级风险罐，可提高巡检频率；③对于Ⅳ级风险罐应立即开展完整性检测，对于Ⅲ级风险罐检测周期可缩短；④对风险较高的储罐定期分析监测数据，可增加临时监测措施
输油泵	①对输油泵开展使用、巡检、维护等工作；②保证泵处于良好润滑状态；③对于Ⅲ级风险设备，可提高巡检频率，风险较高的输油泵的状态检测应缩短，制定计划开展检修；④对于Ⅳ级风险设备应立即停止使用，组织检修
阀门	①对风险较高的阀门应增加临时监测措施，定期分析监测数据；②对于Ⅲ级风险处，可提高巡检频率；③对于Ⅳ级风险设备应立即开展完整性检测
计量设备	①对于Ⅲ级风险设备，可提高巡检频率；②对于Ⅳ级风险设备应立即开展检定与校验
清管器收发球筒	①当处于Ⅲ级风险时，可提高巡检频率；②当为Ⅳ级风险时，应立即开展完整性检测，当为Ⅲ级风险时，检测周期应缩短
仪表设备	①对仪表设备进行周期检定、校验、标定及测试工作；②对于Ⅲ级或Ⅳ级风险设备，可提高巡检频率

5. 评价结果上报

风险评价时，根据风险评价结果编写评价报告，报告内容包括评价概述、系统概述、评价方法、评价的假设和局限性、危害因素识别结果、失效可能性分析结果、失效后果分析结果、风险判定结果及风险消减措施建议、风险因素敏感性和不确定性分析、问题讨论、结论和建议等内容。

6. 风险评价结果审核

风险评价时，设备管理部门组织检维修、调度运行、安全等部门对风险评价报告进行审核，审核通过后应组织专家评审，确保风险分级合理、风险消减措施有效。

7. 实施风险消减

基层单位按照批准的风险评价报告落实风险消减措施。专业管理部门对机电仪自控专业的风险消减进行技术指导。生产运行部门对涉及工艺及操作的风险消减进行指导。检维修部门对设备缺陷修复等检修作业进行指导。安全环保部门对风险消减措施实施中的安全工作进行指导。

8. 风险消减结果评估

设备管理部门每年组织对风险消减结果进行评估，包括风险消减措施的落实情况、有效性等，确保风险得到有效控制。

设备管理要求实现全寿命周期管理，即以提高设备可靠性为目标，以设备台账管理为基础，通过设备检验、检测、预防性维修管理等为核心，强化检维修和技改管理的计划性，以设备风险和隐患管理为抓手，定期对设备可靠性、安全性评级等为补充，建立一个系统化、立体化、动态化的设备管理体系。

1. 设备检测、检验

设备检测、检验是全面掌握站场设备设施完好度的重要手段。针对不同类型的设备设施合理选择检测评价技术方法，确定或预估缺陷类型及劣化趋势，准确评估其安全性和适用性，科学制定维修维护计划。

基层单位应建立规范的设备设施定期检测台账，在设备检定到期前及时向二级单位专业科室反馈，保证设备设施按时检测及合法运行。

（1）选择检测单位，由企业专业主管部门根据检测工作的法律法规要求、检测单位相关作业的从业资格选择检测单位。

（2）实施检测，基层单位根据检测需要提出工况申请，由生产运行部门进行审批。企业或外部检测单位严格按照作业许可管理程序及管理要求开展设备的检测工作，检测工作主要包括日常巡检、年度检查和全面检验等。

机械设备、仪表设备、电气设备、登高安全工具、自控设备等的检测内容和检测周期见附录 B。

（3）形成报告，检测工作完成后，应形成报告，报告内容需要包括但不限于检测的时间、内容、标准、分析结果等内容，并附有检测单位的资质资料。

（4）对检测不合格设备的控制，对任何不合格测量设备都应停止使用，隔离存放，并张贴标识。不合格的测量设备应在不合格原因已排除并经再次检定合格后才能重新投入使用。对不合格测量设备影响产品质量、能源计量、贸易计量等重要测量设备在其不合格期间出具的数据进行追溯，并视其影响程度采取相应的措施。同时，应对不合格测量设备出现的频率进行统计，重新调整检定周期。

对于外委的检测项目，承包设备检测的作业单位，应具有相关作业的从业资格、良好业绩和先进的技术水平。

2. 预防性维修

预防性维修方式一般分两种：状态维修和定期维修。状态维修是根据设备日常点检、定期检查、状态监测和故障诊断所提供的信息，经过统计分析和数据处理，来判断设备劣化程度，并在故障发生前有计划地进行适当的维修，可有效避免"维修不足"或"维修过剩"的情况。定期维修是根据设备的磨损规律，事先确定修理类别、修理周期及修理工作量，预计所需的备件和材料，可作较长时间的安排，难免会造成"过度维修"，因此定期维修方式适用于能掌握磨损规律和平时难以停机进行维修的关键设备。

设备维修应将日常维护与计划检修相结合、定期检测和状态监测相结合，推行基于风险的检测技术和以可靠性为中心的维修策略，坚持预防性维修方针，既要防止设备失修，又要避免过度维修。

中国石化华南成品油管网经过多年运行，形成了其成品油管道设备预防性维修管理指导性意见如下，仅供参考。

（1）机械设备

机械设备预防性维修指导意见如表7-6所示。

表7-6 华南成品油管网机械设备预防性维修指导性意见参考表

序号	设备类别	预防性维修方式	维修内容
1	主输油泵	定期维修+状态维修	大部分主输油泵采用定期维修方式，每运行3年或运行30000h进行一次大修。同时，积极开展状态维修试点，积累经验，逐步推广
2	阀门	定期维修	每2年进行一次深度保养
3	储罐	定期维修	每年进行一次在线检查；一般每3~6年进行一次全面检验，全面检验周期最长不超过9年
4	站内工艺管道	定期维修	每年开展压力管道检测、评估

（2）电气设备

电气设备预防性维修指导意见如表7-7所示。

表7-7 华南成品油管网机械设备预防性维修指导性意见表

序号	设备类别	预防性维修方式	维修内容
1	不间断电源系统	定期维修	投用5年后开展一次离线式全面清扫
2	给油泵电动机（国产）	定期维修	投用超过5年或运行时间超过30000h后，对电机开盖检查维修
3	主输泵电动机（进口）	定期维修	投用超过10年或运行时间超过70000h后，对电机开盖检查维修
4	变频器	定期维修	投用5年后开展一次全面的部件性能检测
5	直流屏系统	定期维修	投用5年后重点检测蓄电池性能，10年后对整流器等部件开展性能检测
6	高压软启动装置	定期维修	投用10年后进行整体拆检，开展交流接触器、IGBT等重要部件的性能检测
7	外供电线路	定期维修	投用超过10年后全面停电检查，更换锈蚀严重或断股的导线和拉线，对横担等部件进行除锈刷漆或更换
8	变压器	定期维修	投用超过5年后，进行开盖检查，重点吊出铁芯检查绕组情况

（3）仪表设备

仪表设备预防性维修指导意见如表7-8所示。

表7-8 华南成品油管网仪表设备预防性维修指导性意见

序号	设备类别	预防性维修方式	工作内容
1	仪表及接线箱（盒）、电缆桥架	定期维修	每年对三防（"防雷"、"防水"、"防风"）维护，更换干燥剂、禁锢接线等
2	仪表及引压管阀件	定期维修	每月对引压系统上的引压阀及静密封点是否存在渗漏，保养处理
3		定期维修	每年冬季对停用工艺区压力仪表、流量计等设备、管线内工艺介质应排放干净，定时将凝结水排出，其他非停用引压管件进行引流排出杂质，防止结冻。
4	温度仪表	定期维修	每年周期性检定
5	压力仪表	定期维修	每半年对压力表检定，每年对压力变送器校验
6	超声波流量计	定期维修	每3个月对信号强度检查，信号强度低于55，将传感器清理干净，表面重新涂上耦合剂。对比分析两个通道的流量数据，偏差计算分析能否达到设计精度
7	质量流量计	定期维修	每年对交接质量流量计进行检定
8	液位仪表	定期维修	每年进行检尺比对调校
9	振动仪表	定期维修	每2年周期性校验
10	电动执行机构	定期维修	定期维修执行机构电池电量是否低告警
11		定期维修	每年对阀门阀杆、传动箱抽检一次，根据情况更换，24月更换。 每半年检查执行机构壳内润滑油位，油位应距满油口20mm，必要时及时处理漏油和补充油位。
12	电液执行机构	定期维修	每3个月检查油位及油质

六 资产处置管理

资产处置管理是指对资产处置行为进行规范管理。资产处置应遵循国家和企业对资产处置的有关规定，根据规定的审批权限和程序办理，确保处置行为的合法性和规范性。主要管理环节包括：资产的清点盘查、内部调拨、闲置、封存启用、租赁、出售（转让）、报废等。

七 体系审核与效能评价

定期开展体系审核与效能评价是站场完整性管理体系持续改进的重要环节，通过对完整性管理体系实施过程及实施效果的综合评价，提升管理体系的科学性和实用性。企业可将内部审核与外部评价相结合，实现体系轮换提升。

1. 管理要求

（1）应依据真实、有效的数据和资料记录，公开、公正、公平地开展评价，保证评价过程的科学性、客观性和可重复性。

（2）参与评价工作的人员应具备较高的专业知识和业务水平，掌握所要评价的完整性管理要素以及所应用的技术。

（3）相关信息收集应贯穿于完整性管理全过程，评价过程及结论等资料应及时存档。

（4）开展评价之前，基层单位应首先按照管理体系审核指标完成自评。

（5）综合评价前，专业部门应组织完成机械、电气、仪表等专业以及维修管理方面的专项效能评价。

（6）体系审核与效能评价应作为编制下一年度完整性管理方案的依据。

（7）体系审核与效能评价指标应根据完整性管理的推进情况和实际需求不断更新完善。

（8）企业可根据需要，委托第三方机构对标国内外管道先进企业开展外部评价。

2. 管理流程

（1）明确评价目标

通常包括：掌握完整性管理工作进程及预定目标的实现程度；掌握完整性管理工作与预定方案的符合度及执行度；找出完整性管理过程存在的问题和不足。

（2）开展前期准备工作

①制定实施方案

评价实施方案包括体系审核和效能评价两项工作。其中体系审核用以分析体系有效性和时效性，并针对完整性管理过程中的不足或漏洞，给出改进措施，促进管理体系完善提升。效能评价用以反映完整性管理的综合效果，包括完整性管理过程中各项业务活动的实施效果及失效事故率。评价实施方案需明确体系审核和效能评价计划、形式、信息资源等，至少包含以下内容：

a）评价目的及预期目标；

b）评价范围与指标；

c）评价人员及职责；

d）评价时间安排；

e）评价所需资源；

f）明确沟通渠道；

g）评价实施方式；

h）评价报告编制要求。

②宣贯方案与数据收集

a）通过会议、讲座等方式宣贯，说明调查对象、评价目标、工作范围、评价方法和注意事项；

b）根据评价指标确定数据信息收集渠道，包括现场观察、问卷调查、访谈交流、查阅记录等。体系审核主要以提问形式进行，由审核员提问，被评审方提供相关材料或证明，评审方依据相关材料对评审问题予以判断和记录；

c）检查数据质量、分析存在问题，确保收集数据信息的准确性和时效性，并做好记录。

（3）评价与分析

①体系审核

对承诺与方针、组织机构及职能、体系文件、支撑技术、实施与运行、管理评审等6大要素进行审核，根据各要素对于完整性管理体系的重要程度设置各要素权重，依次为承诺与方针10%、组织机构及职能10%、体系文件20%、支撑技术20%、实施与运行30%、管理评审10%。审核总得分由各个管理要素的符合率乘以相应权重值累加而成。

$$E = \sum_{i=1}^{6} E_i \alpha_i (i = 1, 2 \cdots 6) \tag{7-1}$$

E_i，α_i分别为第i个管理要素的符合率和权重值。

要素评分E_i是由所有提问项所得到的总分除以所有提问项可能得到的最高分数的总值，结果以百分数表示。如果一个管理体系的所有相关问题评分均为1分，那么符合率E_i得分为100%。

每个管理要素的符合率计算为：

$$E_i = \frac{\text{所有提问项所得到的总分}}{\text{所有提问项可能得到的最高分数的总值}} \times 100\% \tag{7-2}$$

根据得分情况对完整性管理体系审核结果进行分级，一般分为符合、基本符合、有条件符合和不符合等4个等级。

②效能评价

在完整性管理方案相关的各类业务分别开展效能评价的基础上，对一个周期内完整性管理整体流程、实施效果进行综合评判，重点评估业务开展的合规性及执行度。

a）通过比较效能指标值与预设目标值，进行执行效果分析；

b）通过比较同一评价对象不同时期的效能指标值，进行效能趋势分析；

c）通过比较同一管道系统不同管段的效能指标值，进行管理效能考评。

企业应建立站场完整性管理效能评分细则，作为效能评价的依据。若年度内发生过站场事故或事件，根据严重程度对效能评价分值进行相应比例的扣减调整。按照综合效能评价分值将完整性管理效能分为优、良、中、差等4个等级，评价结果可用图形化展示，更加直观分析问题原因。

（4）制定整改措施

根据体系审核和效能评价结果，组织相关部门针对存在的问题制定整改措施，同时通过本年度效能值与上一年度效能值比较，分析本年度内完整性管理工作有待改进之处，明确下一年度改进方向和工作重点。

（5）形成评价报告

企业应组织对评价结果进行评审，总结并汇总评价结果和整改措施。编制体系审核与效能评价报告，对工作过程、评价内容、评价结论进行汇总分析。评价报告至少包含以下内容：

①评价对象及范围；

②完整性管理开展情况；

③评价方法及过程；

④体系审核及效能评价结论；

⑤存在主要问题及改进完善建议。

（6）评价后续活动

根据体系审核与效能评价报告优化、完善、改进站场完整性管理体系；针对不符合项和存在问题，及时制定整改计划，全面落实整改措施；根据本年度效能目标完成情况，结合企业下一年度管理重点和主要工作目标，制定下一年度效能管理指标。

第三节　主要风险评价技术及应用

基于风险的检验（RBI）、以可靠性为中心的维修（RCM）、安全完整性等级（SIL）等技术是目前站场完整性管理风险评价的主要方法，为检验、维修及安全仪表功能设计及选型提供决策支撑。

一　基于风险的检验（RBI）

1. 概念

基于风险的检验（Risk Based Inspection，以下简称 RBI）是以风险分析为基础，通过对系统中固有的或潜在的危险及其后果进行定性或定量评估，结合失效可能性分析和后果分析，制定有针对性的检验计划对设备进行检测和维护。

2. 起源

RBI 技术是在设备检验技术、材料失效机理研究、失效分析技术、风险管理技术和计算机等技术的基础上发展产生的。美国机械工程师协会（ASME）是全球范围内较早研究 RBI 技术，并最先出版 RBI 指导文件的专业机构。1991—1998 年，ASME 陆续出版了 RBI 指导文件，包括通用文件及执行文件，对 RBI 技术在电力领域的应用进行规范。

在 ASME 推出 RBI 指导文件的同时，1993 年 5 月，英国石油公司（BP）、壳牌公司（Shell）和埃克森美孚（ExxonMobil）等 23 家欧美石油化工企业共同发起资助美国石油学会（API）开展 RBI 技术在石油化工领域的应用研究。2000 年 5 月，API 公布了 RBI 基础资源文件，即第一版 API 581，详细阐述定性分析、失效可能性计算、失效后果计算等。2002 年 5 月，API 公布了 RBI 推荐性标准，即第一版 API RP 580，给出石化行业进行 RBI 评估的详细技术方案。之后，API 还陆续公布了 API 510《压力容器检验规范》、API 570《管道检验规范》、API RP 572《压力容器检验细则》、API 579《合于使用评价》、API 653《储罐检验、维修、改造和重建》等规范，来完善和支撑 RBI 技术。

此外，加拿大石油生产商协会（CAPP）、挪威船级社（DNV）、法国船级社（BV）等机构也在20世纪90年代开始进行RBI技术的研究与应用推广。1993年5月，CAPP发布了管道系统风险评价技术标准CECJ 2793，将风险评价和风险管理技术应用于加拿大管道工业。DNV最早将RBI技术应用于海洋平台上，并开发了Orbit Onshore软件。BV开发了设备资产完整性管理方法和RB-eye软件。2001年3月，BV和DNV等欧洲16家企业和研究机构联合成立了欧洲工业用的风险检验和维修程序（RIMAP）项目组来开发欧洲工业用基于风险的检验和维修程序，并形成适合欧洲法律和企业实际状况的风险评价标准。

我国在20世纪90年代就已经开始了RBI的研究与试点，并一直跟踪国际上最先进的RBI研究结果。如2002年天津石化公司与中石化上海失效分析与预防研究中心合作引进DNV的RBI技术并在芳烃加氢装置上进行了试点；茂名乙烯引进BV的RBI技术在合肥通用机械研究所的配合下进行试点；青岛安全工程研究院引进英国TISCHUK公司的RBI技术在齐鲁炼厂进行试点等。2006年4月，国家质检总局下文在国内主要炼化企业推广使用RBI，促进了RBI技术的发展。目前管道企业中，中石油陕京线最先做了有益的尝试，随后兰成渝管道兰州首站、西气东输靖边首站、大港储气库也相继开展RBI技术应用。

3. 适用范围

RBI过程强调维护承压设备的机械完整性和减少由于机械性能退化引起的内容物损失的风险。在RBI技术中包括以下压力设备和相关部件：
（1）压力容器——全部的压力部件；
（2）工艺管道——管道和管道部件；
（3）储罐——常压储罐和压力储罐；
（4）动设备——承受内压的部件；
（5）锅炉和加热炉——压力部件；
（6）换热器——壳、封头、管板和管束；
（7）泄压装置——安全阀等。

4. 主要特点

（1）RBI是一种综合评价方法，将危险因素融合进检测计划并具有一定的决策功能。将失效的可能性和失效的后果系统地综合，根据风险程度确定承压设备的优先检测排序，从而使用户可以把更多的资源集中到高风险设备，既提高了高风险设备的安全等级，又没有显著降低中、低风险设备的安全等级，从而提高了整个系统的可靠性。

（2）RBI可用于经济性分析。通过经济性分析让用户将风险转换到与之相关的总成本中，包括与伤亡、维护、替换、所损失的产量相关的成本，便于管理层决策，降低继续运行高风险设备需要的资源、维护或替换的费用。

（3）由于RBI检测计划要做大量的前期准备工作和后期检测结果的分析，因此一般会建立大型数据库，这有利于用户之间相互学习和交流，从而使检测计划更加细致、科学。

（4）RBI技术有很强的灵活性。由于基于风险，在确定了设备的风险等级后，可以修正检测的频率，而且可以改变检测的方法和工具，甚至检测的范围、质量和程度以及数据采集都可以修正，这在传统的检测方法中是难以做到的。

（5）RBI的分析和计算机技术结合紧密。无论是数据采集、评估或者自我学习过程等都可以通过相应的软件来实现的，节省了人力物力资源，并能很好地保证一致性和连贯性。

5. 工作程序

RBI 工作程序如图 7-4 所示。主要步骤描述如下。

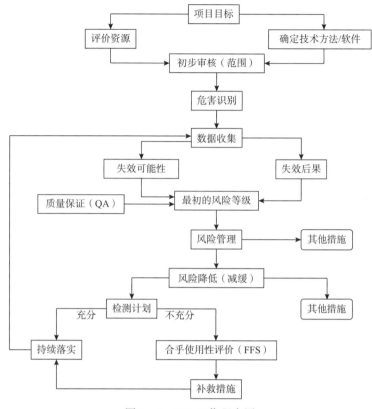

图 7-4　RBI 工作程序图

（1）RBI 实施的准备，确定评价的目标和范围、采用的方法和所需要的资源。实施 RBI 应有明确的目标，这个目标应被 RBI 实施人员和企业管理人员理解。评价应建立在一定的物理边界和运行边界上，通过装置、工艺单元和系统的筛选建立物理边界，为了识别那些影响装置退化的关键工艺参数需要考虑正常运行和异常情况，以及开工和停车。

（2）识别设备的失效机理和失效模式。识别设备在所处的环境中会产生的退化机理、敏感性和失效模式。

（3）评价数据的采集。采集风险评价设备的数据，包括设计数据、工艺数据、检验数据、维护和改造、设备失效等数据。

（4）评估失效可能性。评估设备在工艺环境下每一种失效机理的失效概率，失效概率评价的最小单元是按失效机理不同划分出的设备部件。失效概率评估包括确定材料退化的敏感性、速率和失效模式，量化过去检验程序的有效性，计算出失效的概率。

（5）评估失效后果。评估设备发生失效后对经济、生产、安全和环境造成的影响。

（6）风险评价。根据上面评估的失效概率和后果，计算出设备失效的风险，并进行排序。根据指定的风险接受准则（如 ALARP 原则），将风险划分为可接受、不可接受和合理施加控制三个部分。

（7）风险管理。制定有效的检验计划，控制失效发生的概率，将风险降低到可接受的程度，促进检验资源的合理分配，降低检验的时间和费用。对通过检验无法降低的风险，采取其他的风险减缓措施。

（8）风险再评价和 RBI 评价的更新。RBI 是个动态的工具，可以对设备现在和将来的风险进行评估。然而，这些评估是基于当时的数据和认识，随着时间的推移，不可避免会有改变。比如有些失效机理随时间发生变化，RBI 评价的前提可能发生变化，减缓策略的应用、工艺条件和设备的改变也可能改变风险，所以必须进行 RBI 再评价，对这些变化进行有效的管理。

6. 案例

以下介绍某成品油罐区 31 台常压储罐的 RBI 实施过程。

（1）项目背景

某成品油罐区有 31 台地面常压储罐，盛装介质分别为：92#汽油、95#汽油、柴油。储罐结构形式包括拱顶储罐和内浮顶罐，公称容积从 1000m³ 到 20000m³ 不等。储罐投用时间较早，罐体主体材料主要为 A3、A3F、20#和 Q235。储罐的设计建造依据当时的相关建造规范、国家和行业标准。

（2）项目流程

项目实施流程如图 7 - 5 所示，其中原始数据的收集、确认，风险计算，检验策略与降险措施的制定是本项目的技术关键点，需要重点控制质量。

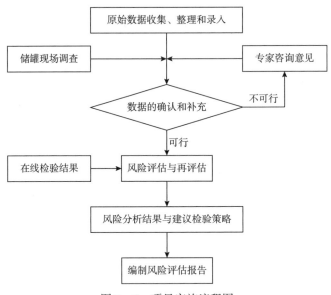

图 7 - 5　项目实施流程图

（3）储罐失效机理分析

常压储罐主要的失效模式包括内外腐蚀、外部损伤、脆性断裂和环境引起的开裂。根据储罐的建造条件、主体材料、环境气候条件、盛装介质组分和应力状态分析，可确定评估的 31 台储罐在正常操作下不存在壁板脆性断裂和开裂的失效模式，其主要损伤模式为内外腐蚀和外部损伤。

储罐壁板外部腐蚀主要为大气腐蚀和保温层下腐蚀（CUI）。大气腐蚀一般为均匀腐蚀，保温层下腐蚀为局部腐蚀。壁板内部腐蚀主要发生在物料注入部位（主要源于流体冲刷）、液面波动部位的垢下腐蚀（因干湿状况交替导致沉积物的积聚）、罐内积水造成的下部壁板腐蚀、储罐上部空间因有氧或其他污染物造成的有机酸腐蚀，由低硫或其他细菌引起的内部微生物腐蚀等。腐蚀速率还受罐顶形式、灌装或空罐的速率、涂层状况等多方面因素影响。

底板外部腐蚀，即土壤侧腐蚀，以局部坑状腐蚀为主，腐蚀状况与地基建造形式有很大关系，并受土壤电阻率、阴极保护和罐区排水设施等多方面的影响。底板上表面产品腐蚀一般为均匀腐蚀 + 轻度局部腐蚀。

（4）初始条件的确定或假设

为保证评价工作的合理和顺利进行，根据现场实际情况提出以下假设：

①壁板腐蚀假定为均匀腐蚀；

②底板腐蚀假定为非均匀腐蚀；

③储罐所在地的土壤电阻率采用缺省值，或根据基础建设相关信息做出相应调整；

④外涂层状况、保温层状况根据现场检查结果设定。

（5）风险计算

对储罐进行风险计算，需要分别确定储罐底板和壁板的失效可能性（LOF）与失效后果（COF），计算过程如图 7 – 6 所示。

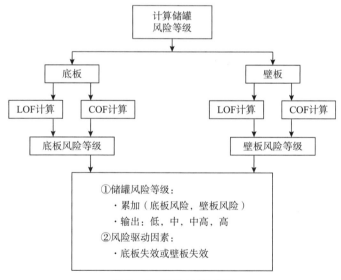

图 7 – 6　风险计算过程

根据 GB/T 30578 规定，失效可能性等级划分为 5 级；失效后果按经济损失、健康与安全和环境影响进行综合评价，等级划分为 5 级。

（6）风险分析结果

①储罐当前面临的风险

31 台储罐壁板和底板当前风险分布情况见图 7 – 7 和图 7 – 8。

失效概率等级	A	B	C	D	E
5	0	0	0	0	0
4	0	19	0	0	0
3	0	12	0	0	0
2	0	10	0	0	0
1	0	0	0	0	0
	0	31	0	0	0

失效后果等级

风险等级	总计	百分比
低	12	39%
中	19	61%
中高	0	0%
高	0	0%
未计算	0	0%
总计	31	100%

图 7 - 7　储罐壁板 2017 年风险分布图

失效概率等级	A	B	C	D	E
5	0	0	0	0	0
4	0	0	0	31	0
3	0	0	0	0	0
2	0	0	0	0	0
1	0	0	0	0	0
	0	0	0	31	0

失效后果等级

风险等级	总计	百分比
低	0	0%
中	0	0%
中高	31	100%
高	0	0%
未计算	0	0%
总计	31	100%

图 7 - 8　储罐底板 2017 年风险分布图

较高风险的设备项主要分布在底板，较低风险的设备项主要分布在壁板。

②储罐继续使用至 2027 年时的风险

31 台储罐壁板和底板 2027 年风险分布情况见图 7 - 9 和图 7 - 10。

失效概率等级	A	B	C	D	E
5	0	0	0	0	0
4	0	31	0	0	0
3	0	0	0	0	0
2	0	0	0	0	0
1	0	0	0	0	0
	0	31	0	0	0

失效后果等级

风险等级	总计	百分比
低	0	0%
中	31	100%
中高	0	0%
高	0	0%
未计算	0	0%
总计	31	100%

图 7 - 9　储罐壁板 2027 年预测风险分布图

失效概率等级	A	B	C	D	E
5	0	0	0	0	0
4	0	0	0	31	0
3	0	0	0	0	0
2	0	0	0	0	0
1	0	0	0	0	0
	0	0	0	31	0

失效后果等级

风险等级	总计	百分比
低	0	0%
中	0	0%
中高	31	100%
高	0	0%
未计算	0	0%
总计	31	100%

图 7 - 10　储罐底板 2027 年预测风险分布图

③实施检验后的风险变化趋势

风险评估的主要目的之一就是制定检验策略，实施基于风险的检验。根据计算结果，按照建议的检验策略实施检验前后，储罐的风险变化如图 7 – 11 所示。

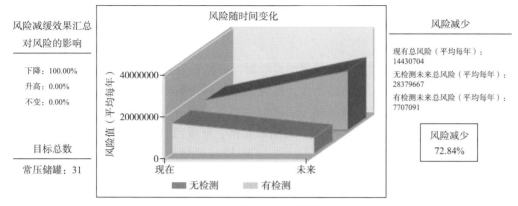

图 7 – 11　储罐检验前后风险变化图

图 7 – 11 中蓝色楔块表示在不实施检验的情况下风险随时间的变化趋势，黄色楔块表示实施检验后风险随时间变化的趋势。检验前后风险变化较为显著，实施有效检验后风险可降低 72.84%。

④风险发展趋势分析

损伤因子（失效可能性系数）是决定设备项风险值的关键因素之一，也是制定检验策略的重要参考依据，其中包括根据内、外部腐蚀机理区分的壁板和底板的损伤因子随时间的发展趋势。图 7 – 12 为其中一台罐的损伤因子随时间发展趋势的示例。

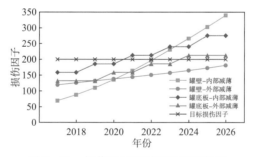

图 7 – 12　损伤因子随时间发展趋势图

（7）检验策略

①检验时间

根据风险分析结果，各储罐基于失效可能性的壁板和底板检验时间建议分布如图 7 – 9 和图 7 – 10 所示，评估计算出的检验时间超出 2027 年的储罐不计入统计。

②检验方法

本实例根据储罐的腐蚀减薄机理确定检验方法和检验部位，检验方法要考虑针对损伤机理的检验有效性，检验部位应选择损伤可能发生的最严重区域。

根据 API 581《基于风险的检测技术》和 GB/T 30578《常压储罐基于风险的检验及评价》将检验有效性分为五级：高度有效（Highly）、中高度有效（Usually）、一般有效

（Fairly）、差（Poorly）和无效（Ineffectively）。对于高风险的储罐，采用的检验方法其检验有效性级别不应低于中高度有效；对于中高风险和中风险的储罐，采用的检验方法其检验有效性级别不应低于中度有效；对于低风险的储罐，采用的检验方法其检验有效性级别不应低于低度有效。表7-9给出了常压储罐底板和壁板的腐蚀减薄类损伤针对不同检验有效性的推荐性检验方法。

③检验策略建议

根据上述分析结果，明确各台储罐的检验时间、检验方法建议（表7-9），其中检验方法的有效性为最低要求。若具备条件，建议实施不低于策略中检验有效性的检验，优先选择开罐检验并做底板漏磁、高频导报或超声C扫等更高有效性的检验。

本案例中，采用RBI评价方法，根据储罐底板、壁板当前面临的不同风险及其失效机理提出具有针对性的检验策略，为实施下一步的检验提供依据。通过检验策略的有效实施，可以降低储罐运行的风险。

表7-9　常压储罐基于风险的检验策略（部分）

设备位号	壁板检验日期	壁板检验有效性	底板检验日期	底板检验有效性	开罐检验	在线检验
A-104	2022年2月28日	中高度有效	2023年9月9日	低度有效	底板：超声波测厚抽检，不超过50%的宏观检验。壁板：a）隔热层100%外部宏观检验；b）拆除20%以上的可疑区域隔热层进行宏观检验，必要时进行超声波测厚或对50%全部可疑区域隔热层测厚	底板：声发射检测。壁板：a）隔热层100%外部宏观检验；b）拆除20%以上的可疑区域隔热层进行宏观检验，必要时进行超声波测厚或对50%全部可疑区域隔热层测厚
A-105	2021年1月14日	中高度有效	2021年6月22日	低度有效	底板：超声波测厚抽检，不超过50%的宏观检验。壁板：a）隔热层100%外部宏观检验；b）拆除20%以上的可疑区域隔热层进行宏观检验，必要时进行超声波测厚或对50%全部可疑区域隔热层测厚	底板：声发射检测。壁板：a）隔热层100%外部宏观检验；b）拆除20%以上的可疑区域隔热层进行宏观检验，必要时进行超声波测厚或对50%全部可疑区域隔热层测厚
B-101	2023年9月4日	低度有效	2024年6月15日	低度有效	底板：超声波测厚抽检，不超过50%的宏观检验。壁板：不少于50%宏观检验，必要时进行超声波测厚	底板：声发射检测。壁板：不少于50%宏观检验，必要时进行超声波测厚
B-103	2024年3月26日	低度有效	2021年9月15日	低度有效	底板：超声波测厚抽检，不超过50%的宏观检验。壁板：不少于50%宏观检验，必要时进行超声波测厚	底板：声发射检测。壁板：不少于50%宏观检验，必要时进行超声波测厚

二　以可靠性为中心的维护（RCM）

1. 概念

以可靠性为中心的维修（Reliability Centered Maintenance，以下简称 RCM），是目前国际上通用的、用以确定资产预防性维修需求、优化维修制度的一种系统工程方法。1991 年，英国 Aladon 维修咨询有限公司的创始人莫布雷（John Moubray）出版了系统阐述 RCM 的专著《以可靠性为中心的维修》，书中给出了 RCM 的定义：一种用于确保任一设施在现行使用环境下保持实现其设计功能的状态所必须的活动的方法。按国家军用标准 GJB 1378A—2007《装备以可靠性为中心的维修分析》的要求，RCM 可定义为：按照以最少的维修资源消耗保持设备固有可靠性水平和安全性的原则，应用逻辑决断的方法确定设备预防性维修要求的过程或方法。

2. 起源

RCM 方法 20 世纪 60 年代起源于国际民用航空业，始终在不断地稳步发展。1968 年，美国空运协会维修指导小组（MSG）结合波音 747 飞机起草了 MSG – 1《手册：维修的鉴定与大纲的制订》，是 RCM 的最初版本。1970 年，MSG – 1 进一步完善，增加了对隐蔽功能故障的判断等分析，升级为 MSG – 2，并应用到洛克希德 1011 和 DC10 等飞机的维修上，收效十分显著。1978 年，美国航空业的诺兰（Nowlan. F. S.）与希普（Heap. H. F）在 MSG – 1 和 MSG – 2 的基础上，合著了名为 Reliability – centered Maintenance（RCM）的报告，正式推出了一种新的逻辑决断法——RCM 分析法，指明了具体的预防性维修工作类型，为 RCM 的产生奠定了基础。

1991 年，莫布雷阐述 RCM 方法的专著《以可靠性为中心的维修》出版。由于这本专著与以往的 RCM 标准、文件有较大区别，这本书又被称为《RCM Ⅱ》。1997 年，该书第二版发行，更加精确地定义了 RCM 的适用对象与范围，指明 RCM 不仅仅适用于传统的大型复杂系统或设备，也适用于有形资产。

随着 RCM 的流行，很多行业和研究者都采用了声称为 RCM 的方法，但这些方法之间存在很大的差别，在理论界与工业界都引发了巨大的争论，甚至影响了军用装备的订购。在这种背景下，美国军方委托汽车工程师协会（SAE）制订了一份界定 RCM 方法的标准。这就是 1999 年 SAE 颁布的 SAE JA1011《以可靠性为中心的维修过程的评审准则》，按照该标准第五章的规定，只有保证按顺序回答了标准中所规定的 7 个问题的过程，才能称之为 RCM 过程。在此之后颁布的各种 RCM 标准、规范、手册、指南等基本上都遵循了 SAE JA1011 的规定。典型的如：美国船舶局《RCM 指南》，美国航空航天局（NASA）《设施及相关设备 RCM 指南》，国际电工技术委员会（international electrotechnical commission，IEC）标准 IEC60300 – 33 – 11，英国国防部标准 DefStan 02 – 45，美国国防部标准 MIL – STD – 3034A 等。

随着 SAE JA1011 的颁布，RCM 方法的争论逐渐平息，但是并没有影响新方法的出现。这些 RCM 方法没有严格执行 SAE JA1011 规定的 RCM 分析过程的 7 个环节，而是通过简化和删减某些环节，达到简化分析过程的目的，通常称之为"RCM 方法的变种"，其中典型的包括简化的 RCM（streamlined reliability centered maintenance，SRCM）与反向 RCM（backfit RCM）。

我国最早对 RCM 方法进行研究与实践的是军用航空领域。20 世纪 80 年代，RCM 方法在"歼六"飞机的维修中进行了应用，在保证作战性能的前提下延长了维修期限。2003 年以后，RCM 方法开始大规模应用于陆军装备、海军舰艇等武器装备，该方法在军用装备维修领域取得了较为广泛的采用。

自 1999 年大亚湾核电站最早将 RCM 引入核电维修工作，将凝结水抽取系统（CEX 系统）作为试点进行 RCM 分析并获得了成功以来，秦山三核、海阳核电站、田湾核电站等多家核电站在维修策略制定的过程中均引入了 RCM 方法。目前，我国的核电技术已经处于世界先进水平，这也从侧面说明了 RCM 方法在维修领域的优越性。

目前，中国石化行业已经成功运用 RCM 方法实践的项目包括：茂名石化乙烯裂解装置、兰州石化公司 $300 \times 10^4 \text{t/a}$ 重油催化装置、广州石化加氢裂化、加氢处理装置等。天津大港油田天然气公司运用 RCM 技术对天然气处理站的压缩机进行了风险分析，有针对性地制定了压缩机的维护策略，减少维护成本，避免过度维护，提升了压缩机的运行管理水平。

3. 适用范围

RCM 可以实现在保证安全性和完好性的前提下，以维修停机损失最小为目标，优化系统的维修策略，因此在很多行业和领域得到应用。除了 RCM 诞生的航空领域外，军事、核电、铁路系统、石油化工、生产制造甚至房产领域也得到广泛应用。RCM 方法主要适用于动设备如主输泵、电动机、压缩机等的维修策略制定，除此之外，RCM 在建筑物、测控系统、通信系统等其他设备设施维修维护方面也得到应用。

4. 主要特点

RCM 是对传统维修观念的发展（RCM 观念与传统维修观念的对比如表 7 – 10 所示），基本思路是：通过系统的功能与故障分析，明确可能发生的故障、故障原因及其后果；用规范化的逻辑决断方法，确定出针对各故障后果的预防性对策；通过现场故障数据统计、专家评估、定量化建模等手段在保证安全性和完好性的前提下，以维修停机损失最小为目标优化系统的维修策略。RCM 主要特点如下。

（1）RCM 是一项复杂的系统工程。在设备的设计阶段，要以 RCM 理论为基础进行维修分析，制定维修大纲。设备安装、使用过程中要注意采集相关可靠性数据，为设备维修策略的制定奠定基础。

（2）RCM 以维修制度的优化为目的。RCM 技术应用的直接结果是得出设备预防性维修策略，指导企业开展技术性维护维修，是总体性的、制度性的文件。维修策略的落实，需要决策部门的参与，使用、管理和维修人员的积极配合，优化维修保障的各个要素。

（3）RCM 具有广泛的应用范围。RCM 可定义为确定有形资产在其使用背景下维修需求的一种过程。可以看出，RCM 的适用对象为有形资产，而不仅仅是传统 RCM 规定的大型复杂系统或设备。这样的定义使 RCM 的适用范围大大扩展，目前的 RCM 应用领域已涵盖了航空、武器系统、核设施、铁路、石油化工、生产制造、甚至大众房产等各行各业。

（4）RCM 实施受一定条件限制。RCM 的应用对于设备的使用以及维修制度产生直接的影响，但其实施效果好坏受到技术人才水平、数据完整性和组织、经费等条件的限制。为充分发挥 RCM 的效果，需要建立完善的 RCM 分析程序，明确进行工程和技术分析的人员，保证采集数据可靠完整，做好相关工作的协调配合。

（5）成功实施 RCM 可以带来效益。RCM 的有效实施将提高设备完好性、节省维修费用产生经济效益和社会效益，具有较好的应用价值。随着企业对于设备安全性和成本控制的需求日益提高，RCM 技术应用也得到更多关注。

表 7-10 RCM 新观念与传统维修观念对比一览表

序号	传统维修观念	RCM 的新观念	备 注
1	设备故障的发生和发展与使用时间有直接关系，定时计划拆修普遍采用	设备故障与使用时间一般没有直接关系，定时计划维修不一定好	复杂与简单设备有很大的选择性
2	没有潜在故障的概念	许多故障具有一定潜伏期，可通过现代各种手段检测到，从而安全、经济的决策维修	潜在故障概念适用于部分机件
3	无隐蔽故障和多重故障的概念	从可靠性原理及实践寻找或消除隐蔽故障，可以预防多重故障的严重后果	可靠性理论是这一新观念的基础
4	预防性维修能提高固有可靠度	预防性维修不能提高固有可靠度	可靠度是设计所赋予的
5	预防性维修能避免故障的发生，能改变故障的后果	预防性维修难以避免故障的发生，不能改变故障的后果	设计与故障后果有关
6	能做预防性维修的都尽量做预防性维修	采用不同的维修策略和方式，可以大大减少维修费用	根据故障的分布规律
7	完善的预防性维修计划由维修部门的维修人员制定	完善的预防性维修计划由使用人员与维修人员共同加以完善	重视使用人员的作用
8	通过更新改造来提高设备的性能	通过改进使用和维修方式，也能得到一些良好的效果	多从经济性后果考虑
9	维修是维持有形资产	维修是维持有形资产的功能（质量、售后服务、运行效益、操作控制、安全性等）	资产能做什么比财产保护更重要
10	希望找到一个快速、有效的解决所有维修效率问题的方法	首先改变人们的思维方式，以新观念不断渗透，其次再解决技术和方法问题	没有一药治百病的"神丹妙药"
11	维修的目标是以最低费用优化设备可靠度	维修不仅影响可靠度和费用，还有环境保护、能源效率、质量和售后服务等风险	现代维修功能有了更广泛的目标

5. 工作程序

RCM 工作程序如图 7-13 所示。一次合理的 RCM 分析过程，需要明确下面 7 个方面的内容：

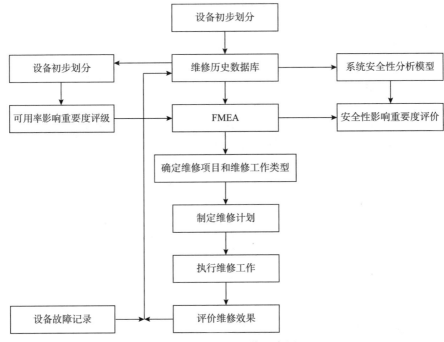

图 7-13　RCM 工作程序图

（1）设备功能标准，即在现行的情况下，设施的功能及相关的性能标准；

（2）功能性故障，即何种情况下设施无法实现其功能；

（3）故障原因，即引起各功能故障的原因；

（4）故障影响，即各故障发生时，会出现什么情况；

（5）故障后果，即故障部件造成的财产损失和人员伤亡情况；

（6）主动性维修，即预防各故障的方法；

（7）暂定措施，即找不到适当预防性工作的应对措施。

在 1999 年国际（美国）汽车工程师协会（SAE）颁布的 RCM 标准《以可靠性为中心的维修过程的评审准则》（SAE JA1011）中规定，只有保证按顺序明确上述 7 个方面内容的过程，才能称之为 RCM 过程。更加详细的步骤可参考美国 Amoco 石油公司在气体处理装置的旋转设备上采用的 RCM 方法，具体实现可分为 9 个步骤：

（1）定义要分析的系统；

（2）定义要分析的系统的功能；

（3）定义系统的组成部件；

（4）定义每个部件的失效模式；

（5）定义每种失效模式的后果；

（6）定义每个部件失效是否关键，是否需要采取措施去预防和阻止；

（7）定义每种失效模式的失效原因；

（8）识别需要做的任务，来阻止或减小基于识别出来的原因的每种失效模式下，关键部件的失效；

（9）定义旋转设备部件备件的要求。

需要说明的是，RCM 是一个循环改进的过程，一个阶段的工作完成后，根据制定的维修方案实施维修工作，但这也是另一个阶段工作的开始，通过不断的循环改进，使企业的维修工作越来越完善。

从以上比较可以看出，各 RCM 过程虽有不同，但大体过程相似，RCM 的一般步骤如下：

（1）筛选出重要功能产品；

（2）进行故障模式及影响分析（FMEA）；

（3）应用逻辑决断图确定预防性维修工作类型；

（4）系统综合，形成维修计划。

6. 案例

以下介绍某成品油油库输油泵系统（双泵，一开一备）的 RCM 实施过程。

（1）项目背景

某成品油油库按图 7-14 所示的流程进行油品的输送。输油泵由一个浮动开关来控制。当 Y 罐液位下降到 120000L 时，浮动开关启动油泵；当 Y 箱液位上升到 240000L 时，另一个浮动开关使泵停止运行；Y 罐低液位警报时，备用泵被启动。如果由于输油泵故障，Y 罐油的油品不能及时补充，液位过低或被抽空，则下道工序不得不停顿，停工损失按每小时损失 5 万元计算。

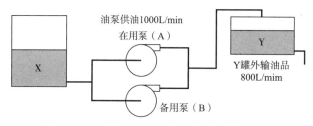

图 7-14　双泵（一开一备）输油系统示意图

（2）项目流程

RCM 分析的一般步骤如图 7-15 所示，包括：

①确定重要功能产品（FSI）；

②进行故障模式影响分析（FMEA）；

③应用逻辑决断图确定预防性维修工作类型；

④确定预防性维修工作的间隔期；

⑤提出维修级别的建议；

⑥进行维修间隔期探索。

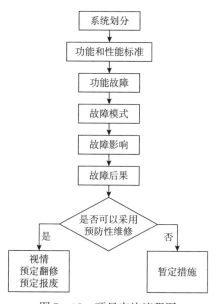

图 7-15　项目实施流程图

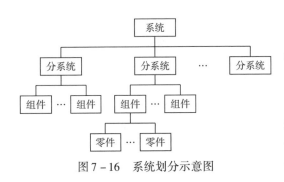

图 7 - 16　系统划分示意图

（3）系统划分

①将功能系统分解为分系统、组件、部件等直至零件，如图 7 - 16 所示。

②沿着系统、分系统、组件等次序，自上而下按产品的故障对装备使用的后果进行分析确定重要功能部件（FSI），直至部件的故障后果不再是严重时为止，低于该部件层次的都是非重要功能部件（NFSI）。FSI 的确定主要是靠工程技术人员的经验和判断力，按表 7 - 11 的提问进行。为了简化叙述过程，本案例将互为备用的双泵划分为一个系统进行分析。

表 7 - 11　确定重要功能部件的提问

问　题	回　答	重　要	非重要
故障影响安全吗？	是	√	
	否		？
有功能余度吗？	是		？
	否	？	
故障影响任务吗？	是	√	
	否		？
故障导致很高的修理费用吗？	是	√	
	否		？

注："√"表示可以确定，"？"表示可以考虑。在表中任一问题如能将产品确定为 FSI，则不必再问其他的问题。

（4）功能和性能标准

本系统的功能和功能标准主要包括：

①主要功能，保证泵连续运转，输送流量达到 1000L/min。

②次要功能，为输送的油品提供密闭通道。

（5）功能故障

功能故障是指设备不能满足期望的性能标准。例如，本系统主要功能是保证泵的连续运转，且输送流量达到 1000L/min，一旦发生影响泵连续运转的机械故障，即定义为功能故障。

（6）故障模式

故障模式影响分析（Failure Mode and Effects Analysis，简称 FMEA）是分析系统中每一产品或部件所有可能产生的故障模式及其对系统造成的所有可能影响，并按每一个故障模式的严重程度、检测难易程度以及发生频度予以分类的一种归纳分析方法。

故障模式是故障的表现形式，是引起各种故障的原因，是安排维修的依据。表 7 - 12 是常见的故障模式。在分析时，可对分析产品（或部件）进行逐一对照判断所存在的故障模式。表 7 - 13 是输油泵系统的故障模式。

表 7 – 12　常见的故障模式

序号	故障模式	序号	故障模式	序号	故障模式
1	结构故障（破损）	12	超出允差（下限）	23	滞后运行
2	捆结或卡死	13	意外运行	24	错误输入（过大）
3	振动	14	间歇性工作	25	错误输入（过小）
4	不能保持正常位置	15	漂移性工作	26	错误输出（过大）
5	打不开	16	错误指示	27	错误输出（过小）
6	关不上	17	流动不畅	28	无输入
7	误开	18	错误动作	29	无输出
8	误关	19	不能关机	30	（电的）短路
9	内部泄漏	20	不能开机	31	（电的）开路
10	外部泄漏	21	不能切换	32	（电的）泄漏
11	超出允差（上限）	22	提前运行	33	其他

表 7 – 13　故障模式分析

功　能	功能故障（功能丧失）	故障模式（故障原因）
保证输送流量达到 1000L/min	根本不能输油	①轴承失效卡死；②叶轮从轴上脱落；③叶轮被异物打碎；④联轴器切断；⑤吸入管完全堵塞等等……
	输送流量低于 1000L/min	①叶轮磨损；②口环磨损；③吸入管部分堵塞等等……

（7）故障影响

故障影响是指故障发生时系统所出现的情况，故障影响应分析与记录的内容：故障发生的迹象；在什么情况下，故障会危及安全和破坏环境；在什么情况下，故障会影响生产和使用；故障造成的有形损耗；排除故障必须要做的工作。

表 7 – 14 为输油泵轴承失效卡死的故障影响。在分析有备用泵的输油系统时，需对故障的属性进行分析。泵在运行状况下发生轴承失效，为显性故障；但在备用状态下轴承失效（例如轴承卡死）为隐蔽性故障。备用泵存在故障（隐蔽性故障），此时如果在用泵也发生了故障，则为多重故障。隐蔽性故障本身没有直接后果，只有间接后果，即增加了多重故障的风险。付出多大努力来预防隐蔽性故障取决于多重故障的后果。

表 7 – 14　故障影响分析

故障模式	故障影响
轴承失效卡死	①电动机过载跳闸。 ②Y 罐中液位降到 120000L 时，低液位警报器鸣叫，备用泵自动启动。 ③更换轴承造成停机时间为 4h，这种故障模式出现的平均间隔时间大约 3 年

随着风险分析评价技术的发展，目前也有采用风险分析的方法，对故障影响进行分析评价，根据风险的大小确定故障影响的级别。其中风险是失效可能性与失效后果的乘积，

失效可能性与失效后果可参照表7-15~表7-17进行评价。

表7-15 故障失效概率级别

频率等级	定量定义失效（概率）	量化补充定义
5	预计（>0.8）	0.1~1（10年一次至1年一次）
4	很可能（0.8~0.1）	0.01~0.1（100年一次至10年一次）
3	可能（0.1~0.01）	0.001~0.01（1000年一次至100年一次）
2	不大可能（0.01~0.001）	0.0001~0.001（10000年一次至1000年一次）
1	完全不可能（<0.001）	0.00001~0.0001（100000年一次至10000年一次）

表7-16 故障后果等级（生产损失时间）

后果等级	定义
轻微影响	≤2h的生产损失的金钱
较轻影响	2~4h的生产损失的金钱
局部影响	4~8h的生产损失的金钱
较大影响	8~24h的生产损失的金钱
重大影响	≥24h的生产损失的金钱

表7-17 故障后果等级（经济性）

后果等级	定义
轻微影响	人民币≤10000
较轻影响	人民币10000~100000
局部影响	人民币100000~250000
较大影响	人民币250000~500000
重大影响	人民币≥500000

（8）维修策略

RCM分析中，对于非重要产品（部件）直接采用简单的预防性维修工作（如一般目视检查等），但不应显著地增加总的维修费用；对于重要产品（部件）需进行详细维修分析，确定适当的预防性维修工作要求。维修策略的决定采用图7-17所示的逻辑决断图进行决策。

RCM维修工作类型可分为主动预防性维修和非主动维修策略。主动预防性维修包括保养操作人员监控、使用检查、功能检测、定时（期）拆修、定时（期）报废、综合工作等；非主动维修包括无预定维修（事后维修）与重新改造设计。

①主动预防性维修

保养是指表面清洗、擦拭、通风、添加油液和润滑剂、充气等作业，但不包括定期检查、拆修工作。

操作人员监控是指操作人员在正常使用装备时，对装备所含产品的技术状况进行监控，其目的是发现产品的潜在故障。包括装备使用前的检查；对装备仪表的监控；通过感官发现异常或潜在故障。如通过气味、声音、振动、温度等感觉辨认异常现象或潜在故障。

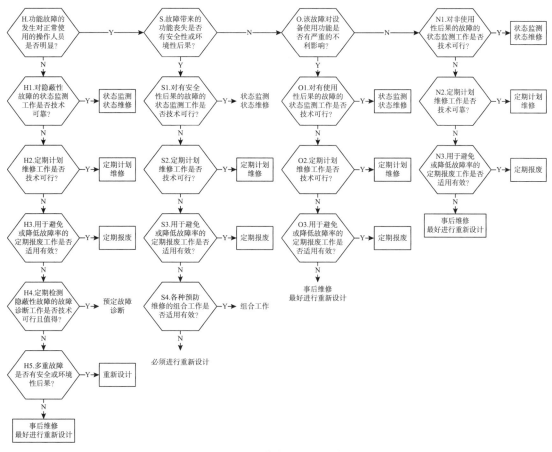

图7-17 维修策略逻辑决断图

使用检查是指按计划进行的定性检查，如采用观察、演示、操作手感等方法检查，以确定产品能否执行其规定的功能。目的是及时发现隐蔽功能故障。

功能检测是指按计划进行的定量检查，以便确定产品的功能参数指标是否在规定的限度内。目的是发现潜在故障，预防功能故障发生。

定时拆修是指产品使用到规定的时间予以拆修，使其恢复到规定的状态。拆修的工作范围可以从分解后清洗直到翻修。

定时报废是指产品使用到规定的时间予以报废。

综合工作是指实施上述两种或多种类型的预防性维修工作。

②非主动维修

无预定维修（事后维修）是在设备故障后才维修，适用于没有安全性和环境性影响明显故障，或隐蔽故障的多重故障并不影响安全和环境的情况。

重新设计是对产品的技术规格进行更改，或改变影响装备质量的工艺或规程等。

应用上述逻辑决断的方法，对输油泵系统进行维修决策。当运行泵（A泵）发生轴承故障时（显性故障），备用泵（B泵）就投入使用，因此Y罐不会干涸，该故障无安全性和环境性后果，对系统使用功能无严重不利影响，因而与故障有关的唯一费用是更换轴承的费用 0.5 万元，可实行无预定维修（事后维修）。若该故障三年发生一次，即三年的非使用性损失为 0.5 万元。

若实行预防性维修，可每周检查一次轴承噪声，如果发现轴承有噪声，首先切换到备用泵使用，然后停故障泵检修更换轴承。若每次检查耗费人工费用 100 元，三年内做 150 次检查，合计费用 150 元 × 100 = 1.5 万元，加上轴承更换费用 0.5 万元，合计 2 万元，见表 7 – 18。

表 7 – 18　MTBF（平均故障间隔时间）3 年内轴承失效非使用性后果损失及预防性维修成本比较

无预定维修损失 （即具有非使用性后果的故障损失）	0.5 万元
定期工作成本费用 （预防性维修范畴）	2 万元

本案例中，定期工作（预防性维修）成本费用与故障的非使用性后果所造成的维修经济损失相比，很明显是不值得做的。但是如果考虑备用泵发生了隐蔽性故障，而此时在用泵也发生故障的多重故障后果特别严重时，预防性工作就值得做了。也可采用在线监测的方法对泵的运行状态进行有效的监测和诊断，如应用旋转机械故障无量纲免疫诊断技术，实现故障的早期预警，避免突发事故。

三　安全完整性等级（SIL）

1. 概念

安全完整性等级（Safety Integrity Level，以下简称 SIL），国内又翻译为安全完善度等级、安全度等级等，是衡量安全仪表系统的定量指标，表示在规定的时间周期内的所有规定条件下，安全仪表系统（Safety Instrumented System，以下简称 SIS）成功地完成所需安全功能的概率。作为衡量 SIS 执行其安全性能的可靠性的主要指标，SIL 是 SIS 的使用者和操作者对 SIS 的制造商提出的定量要求，最后的 SIS 必须达到规定的 SIL。SIL 是一种离散的等级，表明安全仪表系统控制危险失效率的目标量值。IEC61508 规定了 4 个 SIL 等级，其中 SIL1 最低，SIL4 最高。SIL 评估包含 SIL 确定和 SIL 验证，通过 SIL 确定选择合适的安全仪表系统，在系统投用后通过 SIL 验证对其可靠性进行检验，以确保系统的安全性。

2. 起源

1998 年，国际电工委员会（IEC）在各种功能安全标准的基础上颁布了 IEC61508 第 1、3、4、5 部分，于 2000 年颁布了 IEC 61508 第 2、6、7 部分，形成了完整的标准 IEC 61508《电气/电子/可编程电子安全相关系统的功能安全》，解决了对系统执行的功能进行安全保障的理论和实践问题，其中首次提出的 SIL 将会成为安全控制领域内合同的必备条款。2003 年，IEC 又颁布了针对过程工业安全仪表系统进行定量评估的标准 IEC 61511—2003《过程工业领域安全仪表系统的功能安全》。至此，过程工业的功能安全标准体系基本形成。

IEC 61511 推荐了五种方法：一种结合事故树和保护层的半定量方法、两种定性方法（安全层矩阵法、风险图法）、一种半定性方法（校正的风险图法）和一种定量方法（保护层分析法）。在工程实践中，定量的保护层分析法（LOPA）是应用最为广泛的。1998年，美国 Triconex 公司在标准 ANSI/ISA S84.01—1996 颁布后，总结了确定 SIL 的六种方法：改良的 HAZOP、后果分析、风险矩阵、风险图、定量评估、企业授权的 SIL。2006年，欧洲过程安全研究中心对保护层分析法（LOPA）的原理进行了充分的解释，同时将 LOPA 融入欧洲的工业意外风险评估方法（ARAMIS）。

1998年，美国宾夕法尼亚州立大学的 William M. Goble 编著了《Safety assessment and reliability of control system》一书，详细介绍了可靠性框图模型（RBD, Reliability Block Diagram）、故障树模型（FTA, Fault Tree Analysis）、失效模式与影响分析（FMEA, Failure Mode and Effect Analysis）和马尔可夫模型在 SIL 验证方面的应用，这几种方法也是至今 SIL 验证常用的方法。2000年，IEC 发布的标准 IEC 61508 采用了 RBD 计算 SIS 的 PFD（Probability of Failure on Demand，要求时的失效概率）值，进而验证 SIL，该方法因此成了全球验证的通用方法。随后，各国研究机构和企业对 IEC 61508 提供的方法和模型进行完善和扩展，主要包括半定量的 FTA 分析法、马尔可夫模型计算方法等。

目前，国外很多安全 PLC、智能安全仪表等产品已通过功能安全产品第三方认证或者通过使用中验证，达到 IEC 61508 或 IEC 61511 标准规定的 SIL 等级要求。近年来，又出现智能传感器或带有自诊断的智能型电动执行机构，其安全完整性等级可达到 SIL2 等级。国内最早应用 SIL 技术的是镇海炼化 100 万 t/a 加氢裂化装置，随后又在茂名石化、天津石化、兰州石化等 10 多套装置上进行了应用。

3. 适用范围

安全完整性等级（SIL）主要用于过程工业领域，涉及石油、化工、冶金、电力、机械制造、电梯、家电等多个领域，通过 SIL 的确定和验证，对安全仪表系统（SIS）的安全性能进行检验，提高 SIS 在各种应用场合的可靠性和安全性。

4. 主要特点

（1）SIL 评估可用于完善现有安全仪表系统。通过开展 SIL 评估，确定安全仪表系统（包括检测单元、控制单元和执行单元）中可能存在的缺陷，并进行针对性改造，消除系统安全隐患。

（2）SIL 评估贯穿于安全仪表系统的全生命周期。在基础设计和工程设计阶段均需要开展 SIL 定级和验证，作为采购和安装安全仪表系统的依据。在系统试运行或投用后开展 SIL 评估，确保安全仪表系统符合设计的 SIL 要求。

（3）安全完整性等级（SIL）是功能安全技术的体现。系统通过风险评估，明确了需要降低的风险值，以及为了提高安全性仍需要增加的安全仪表功能，接下来就需要为每个安全仪表功能 SIF 选择安全完整性等级 SIL。安全仪表系统设计完成后或安装完成试运行后或已运行多年后，要对其进行功能安全评估，以明确其安全功能所能达到的安全完整性等级。

5. 工作程序

SIL 的工作程序体现在安全生命周期中，包括安全仪表系统（SIS）从概念设计到停运全过程的活动。整个安全生命周期的活动流程如图 7-18 所示。

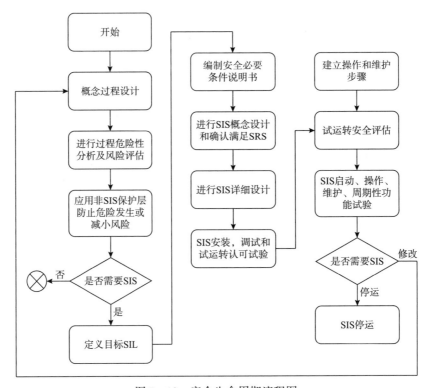

图 7-18　安全生命周期流程图

（1）安全生命周期的第一步是进行过程概念设计。

（2）第二步是确定过程的危险事件及评估风险级别。

（3）在一旦确定了危险及风险，采用适当的技术（包括修改过程或设备）来减小危险、减轻危害结果或减小危险发生的可能性。第三步包括将非 SIS 保护层应用到过程系统。

（4）下一步评估是确定是否提供了足够数量的非 SIS 保护层。

如果提供了足够数量的非 SIS 保护层，则可以不用 SIS 保护层。因而，在考虑加上 SIS 保护层以前，宜先考虑应用非 SIS 保护技术改变过程和（或）设备。

（5）如果确定用 SIS，先定义目标安全完整性等级（SIL），建立 SIS 要求。SIL 定义为达到用户的过程安全目标所需的性能级别。SIL 级别越高，SIL 的安全可靠性越高。增加冗余、增加实验次数、采用诊断故障检测、采用不同传感器及终端控制元件可以改进 SIS 性能。通过更好地控制设计、操作及维护程序也可以改进 SIS 性能。SIL 与平均故障率有关。SIL 的概念将一直出现在安全生命周期的几个步骤中。

（6）编制安全要求规格书。安全要求规格书列出了 SIS 功能和完整性要求。

（7）进行 SIS 概念设计。满足安全要求规格书的要求（SRS）。

（8）完成 SIS 概念设计后，进行详细设计。

（9）安装 SIS。

（10）安装完毕后，应进行 SIS 调试和预启动认可试验（PSAT）。

（11）在安全生命周期的任意一步都可以编制操作程序和维修程序，但应在启动前完成。

（12）在启动 SIS 前，应进行预启动安全检查（PSSR）。PSSR 应包括下列 SIS 的活动：

①确认 SIS 的建造、安装、试验符合安全要求规格书的要求；

②与 SIS 有关的安全、操作、维修、变更管理（MOC）、应急步骤在适当的位置且足够；

③用于 SIS 的 PHA 的建议已被采纳和处理；

④包括 SIS 内容在内的员工培训已完成。

（13）完成 PSSR 后，SIS 可以运转。此步骤包括启动、正常操作、维修、周期性的功能试验。

（14）如果提出修改，应按照变更管理（MOC）程序进行。安全生命周期中的有关步骤应重复，以反映变更对安全的影响。

（15）有些时候，需要停运 SIS。例如，由于工厂关闭、拆迁或变更生产流程而停止 SIS。应有计划停运 SIS，宜采取适当的步骤保证以不降低安全性的方式实现停运。

6. 案例

以下介绍成品油管道站场安全仪表系统安全完整性等级评估方法应用实例，其中包括安全仪表功能辨识、SIL 分配和验证，并提出改善安全仪表系统安全可靠性的建议措施。

（1）项目背景

某输油站场是某成品油管道管网的重要枢纽站场，同时具备首站、末站及中间分输泵站的多种功能，配备给油泵及主输泵，油源来自依托炼厂或自建罐区，同时设置混油蒸馏处理装置。站场通过 SCADA 系统实现工艺和设备联锁保护，未单独配置安全仪表系统。

（2）安全控制系统可靠性评估

①储运装置风险分析与安全仪表功能辨识

IEC 61508/61511 标准要求进行功能安全评估的第一步是清晰地了解与过程相联系的危险和风险。危险分析包括识别过程的危险和危险事件。本案例采用 HAZOP 分析方法对现有储运装置进行危险与风险评估，通过对 HAZOP 报告的分析辨识出的安全仪表功能如表 7-19 所示。

表 7-19　安全仪表功能分析表（部分）

SIF. No.	SIF 描述	传感单元	执行元件
SIF-01	给油泵 P-001 电机轴承驱动端温度超高停泵	TI354A	停泵
SIF-02	给油泵 P-001 电机轴承非驱动端温度超高停泵	TI355A	停泵
SIF-03	给油泵 P-001 泵体轴承驱动端温度超高停泵	TI353A	停泵

SIF. No.	SIF 描述	传感单元	执行元件
SIF - 04	给油泵 P - 001 泵体轴承非驱动端温度超高停泵	TI351A	停泵
SIF - 05	给油泵 P - 001 泵体温度超高停泵	TI351A	停泵
SIF - 11	给油泵 P - 001 入口压力超低联锁停泵	PI301	停泵
SIF - 12	主输泵 P - 003 入口压力超低联锁停泵	PI401	停泵
SIF - 13	主输泵 P - 003 电机定子温度超高	TI455A	停泵
SIF - 14	主输泵 P - 003/004/005 汇管压力超高停泵	PI - 006A/B/C（2oo3）	停泵
SIF - 15	某站场出站压力超高停泵	PI - 009A/B/C（2oo3）	停泵
SIF - 16	某罐区 2302TK - 001 液位超高停进罐阀	LS - 509	关闭入口切断阀
SIF - 17	某罐区 2302TK - 001 液位超低关出罐阀	LS - 510	关闭出口切断阀
SIF - 18	加热炉入口循环油流量超低停燃料油切断阀	FT - 1107	关闭 XV - 1104 XV - 1105
SIF - 19	鼓风机故障打开快开风门	鼓风机电气故障信号	打开 HV - 1107
SIF - 20	F - 101 火嘴灭火关闭燃料油	BT - 1101/1102（1oo2）	关闭 XV - 1104 XV - 1105
SIF - 21	线路截断阀关闭停上游各站场	阀门关反馈 阀前后差压 > 0.5MPa（2oo2）	依次关闭上游站场输油泵
SIF - 22	站场停运后开启越站程序	本站输油泵全停 本站进口阀关闭 本站进出站差压 < 0.5MPa（3oo3）	依次关闭上游站场输油泵
SIF - 23	进站压力高关闭上游站场输油泵	本站输油泵全停 本站进口阀关闭 本站进出站差压 < 0.5MPa（3oo3）	依次关闭上游站场输油泵

②安全仪表功能 SIL 分配

SIL 分配方法主要有：风险矩阵、风险图、保护层分析（LOPA），本案例运用 LOPA 分析方法对储运装置安全仪表功能进行目标 SIL 分配。

保护层分析方法（LOPA）从危险和可操作性分析导出的数据着手，通过文档化引发原因和预防或减轻危险的保护层计算每个识别的危险，从而确定风险降低的总量以及是否需要进一步降低所分析的风险。如需附加的风险降低并且如果是以一个仪表安全功能（SIF）的形式提供这种降低，LOPA 方法允许确定合适的 SIF 的安全完整性等级（SIL）。通过对站场安全仪表系统进行 LOPA 分析，确定了各安全仪表功能的目标 SIL 等级如表 7 - 20 所示。

表 7 - 20 安全仪表功能定级一览表（部分）

SIF. No.	SIF 描述	传感单元	执行元件	SIL 等级
SIF - 01	给油泵 P - 001 电机轴承驱动端温度超高停泵	TI354A	停泵	SIL1
SIF - 02	给油泵 P - 001 电机轴承非驱动端温度超高停泵	TI355A	停泵	SIL1
SIF - 03	给油泵 P - 001 泵体轴承驱动端温度超高停泵	TI353A	停泵	N/A
SIF - 04	给油泵 P - 001 泵体轴承非驱动端温度超高停泵	TI351A	停泵	N/A
SIF - 05	给油泵 P - 001 泵体温度超高停泵	TI351A	停泵	N/A
SIF - 11	给油泵 P - 001 入口压力超低联锁停泵	PI301	停泵	SIL0
SIF - 12	主输泵 P - 003 入口压力超低联锁停泵	PI401	停泵	SIL0
SIF - 13	主输泵 P - 003 电机定子温度超高	TI455A	停泵	N/A
SIF - 14	主输泵 P - 003/004/005 汇管压力超高停泵	PI - 006A/B/C（2oo3）	停泵	SIL0
SIF - 15	某站场出站压力超高停泵	PI - 009A/B/C（2oo3）	停泵	N/A
SIF - 16	某罐区 2302TK - 001 液位超高停进罐阀	LS - 509	关闭入口切断阀	SIL2
SIF - 17	某罐区 2302TK - 001 液位超低关出罐阀	LS - 510	关闭出口切断阀	SIL0
SIF - 18	加热炉入口循环油流量超低停燃料油切断阀	FT - 1107	关闭 XV - 1104 XV - 1105	SIL2
SIF - 19	鼓风机故障打开快开风门	鼓风机电气故障信号	打开 HV - 1107	SIL1
SIF - 20	F - 101 火嘴灭火关闭燃料油	BT - 1101/1102（1oo2）	关闭 XV - 1104 XV - 1105	SIL2
SIF - 21	线路截断阀关闭停上游各站场	阀门关反馈 阀前后差压 >0.5MPa（2oo2）	依次关闭上游站场输油泵	SIL2
SIF - 22	站场停运后开启越站程序	本站输油泵全停 本站进口阀关闭 本站进出站差压 <0.5MPa（3oo3）	依次关闭上游站场输油泵	SIL1
SIF - 23	进站压力高关闭上游站场输油泵	本站输油泵全停 本站进口阀关闭 本站进出站差压 <0.5MPa（3oo3）	依次关闭上游站场输油泵	SIL1

注：N/A 表示不需要进行 SIL 评定，SIL0 表示原有控制系统已满足 SIL 要求，下同。

③安全仪表功能 SIL 验证计算

本案例采用故障树可靠性建模技术方法，基于 IEC - 61508/61511 推荐使用的 PFD 计算方法，结合专业计算软件 RiskSpectrum，计算了各 SIS 系统 SIF 回路的需求平均失效概率（包括随机硬件失效和系统失效），最终计算结果及复合型评价见表 7 - 21。

表 7-21 复合型评价（部分）

SIF No.	SIF 描述	目标 SIL 等级	总体 PFD 计算结果	是否满足 SIL 等级	硬件结构约束是否满足要求
SIF-01	给油泵 P-001 电机轴承驱动端温度超高停泵	SIL1	3.785E-02	满足	满足
SIF-02	给油泵 P-001 电机轴承非驱动端温度超高停泵	SIL1	3.785E-02	满足	满足
SIF-03	给油泵 P-001 泵体轴承驱动端温度超高停泵	N/A	—	满足	满足
SIF-04	给油泵 P-001 泵体轴承非驱动端温度超高停泵	N/A	—	满足	满足
SIF-05	给油泵 P-001 泵体温度超高停泵	N/A	—	满足	满足
SIF-11	给油泵 P-001 入口压力超低联锁停泵	SIL0	—	满足	满足
SIF-12	主输泵 P-003 入口压力超低联锁停泵	SIL0	—	满足	满足
SIF-13	主输泵 P-003 电机定子温度超高	N/A	—	满足	满足
SIF-14	主输泵 P-003/004/005 汇管压力超高停泵	SIL0	—	满足	满足
SIF-15	某站场出站压力超高停泵	N/A	—	满足	满足
SIF-16	某罐区 2302TK-001 液位超高停进罐阀	SIL2	5.365E-02	不满足	不满足
SIF-17	某罐区 2302TK-001 液位超低关出口阀	SIL0	—	满足	满足
SIF-18	加热炉入口循环油流量超低停燃料油切断阀	SIL2	9.477E-02	不满足	不满足
SIF-19	鼓风机故障打开快开风门	SIL1	5.467E-02	满足	满足
SIF-20	F-101 火嘴灭火关闭燃料油	SIL2	8.63E-02	不满足	不满足
SIF-21	线路截断阀关闭停上游各站场	SIL2	6.274E-02	不满足	不满足
SIF-22	站场停运后开启越站程序	SIL1	6.274E-02	满足	满足
SIF-23	进站压力高关闭上游站场输油泵	SIL1	6.274E-02	满足	满足

（3）成品油储运装置安全控制系统改造方案

根据 SIL 分级结果以及验证计算，基于功能安全标准 GB/T 20438 和 GB/T 21109，结合 GB/T 5770—2013《石油化工安全仪表系统设计规范》以及国外著名石化企业良好工程实践，对不符合 SIL 等级要求的回路提出相关建议措施。

①成品油储罐收油过程中液位超高时如不采取有效措施切断进料阀，易造成储罐冒顶，形成可燃气蒸汽云，遇点火源发生火灾爆炸，定级结果为 SIL2，风险等级较高。目前液位超高联锁是通过 SCADA 系统进行逻辑控制，不满足风险降低要求，建议设置独立于 SCADA 系统的安全仪表系统（SIS 系统），实现储罐液位超高/超低安全仪表保护功能，具体内容包括：

a）在储油罐区机柜间设置 1 套 SIS 系统硬件，完成储罐超高/超低安全仪表保护功能；

b）实现 SIS 系统与 SCADA 系统的系统互通；

c）将储罐现有的液位超高传感器更换为 SIL2 认证液位传感器，并利用现有信号电缆将液位超高信号传输至机柜间 SIS 系统，实现液位超高停进料安全仪表功能；

d）将储罐现有的液位超低传感器信号传输至 SIS 系统，实现液位超低停出料安全仪表功能，当液位超低时，关闭出料阀；

e）罐区如发生火灾等异常工况时，操作人员无法靠近储罐手动关闭罐根阀（目前为手动阀），建议将罐根手动阀改造为远控电动阀，增设控制室操作台紧急关阀硬按钮，实现紧急关阀功能。并将罐根阀的开、关、停控制和全开、全关、就地/远控、故障状态全部进 SIS 系统。

②蒸馏装置加热炉入口循环油流量超低时易引起炉管烧穿，引发炉膛内火灾事故，流量超低停炉联锁回路应满足 SIL2 等级要求，但目前安全仪表设置不能满足要求，建议进行改造。

a）目前加热炉循环油管线采用一台流量计，不能满足 SIL2 要求，建议增设一台流量计构成 1oo2 机构提高传感单元可靠性；

b）燃烧器灭火易引起可燃气体在炉膛内聚集，浓度达到爆炸极限时引起炉膛闪爆事故，燃烧器灭火停炉联锁应满足 SIL2 风险降低要求，建议重点监控火焰检测器日常运行状态；

c）建议应单独设置 SIS 系统，实现安全停炉联锁功能。

本案例中，通过对输油站场开展 HAZOP 分析辨别安全仪表功能，通过 SIL 分配、验证计算，给出了安全控制系统改造方案。该站场按方案要求落实各项改造内容，设置独立安全仪表系统，联锁回路的安全完整性等级满足 SIL2 的安全功能要求，从而提高了油罐、蒸馏装置生产过程的可靠性，降低了系统风险。

第四节　典型监检测诊断技术

随着物联网、云计算、人工智能等新技术的发展和应用，管理者可以通过状态监检测和故障诊断技术更全面的把握站场内设备设施的健康状况，保证设备设施安全、稳定、高效运行。状态监检测和故障诊断技术是站场完整性管理重要技术之一，包括振动监测诊断、噪声监测诊断、声发射监测诊断、漏磁检测诊断等等，通过该技术，可实现设备设施的预知维修，达到需要维修时才进行维修的目的，有效提升站场本质安全和全生命周期成本最优化。

一　状态监检测与故障诊断的意义

一切工业部门都有各种各样的机器和设备，它们运行是否完好直接影响企业的可靠运行和经济效益，一些关键设备甚至可以决定企业命运，一旦发生事故，损失将不可估量。

因此，如何避免设备发生故障，尤其是灾难性事故，一直是人们极为重视的问题。长期以来，由于人们无法预知故障的发生，不得不采用两种对策：一是等设备故障后再进行维修。该办法经济损失很大，往往需要昂贵的维修费用，还可能造成人员伤亡；二是定期检修设备。这种方法有一定计划性和预防性，但其缺点是检修过程如未发现设备故障，则经济上有一定损失，此外，定期检修的时间周期较难确定。因此，合理的维修应是在设备故障出现的早期就检测到隐患，提前预报，以便适时、合理的采取维修措施，由此，设备状态监检测与故障诊断技术应运而生。

设备状态监检测与故障诊断一般应具备以下功能：

（1）在不拆卸设备的条件下，能够定量地检测和评价设备各部分的运动、受力、缺陷、性能恶化和故障状态，以便随时掌握设备的实际运行状况；

（2）能够及时发现设备故障的早期征兆，以便采取相应的措施，减缓、减少、避免重大故障的发生；

（3）能够确定故障的类型、程度、部位及发展趋势，评估设备的可靠性程度，以便合理地确定运行时间及维修项目；

（4）一旦发生故障，能自动记录下故障过程的完整信息，以便事后进行故障原因分析，避免同类故障再次发生；

（5）能够确定故障来源，提出整改措施，提高设备的工作性能以及安全可靠性。

应用状态监检测诊断技术对设备进行监检测和诊断，可以减缓、减少、避免重大故障，降低设备严重损坏造成的重大经济损失；减少停机次数及停机时间，降低累计停产造成的高额经济损失；缩短维修时间，增加生产时间与经济效益；减少备件消耗和备件库存，降低备件购置费；掌握设备状况，保证生产计划不落空，确保经济效益。

此外，状态监检测诊断技术是设备设施预知维修的基础，预知维修的目标是：需要维修时才停机维修；需要维修什么项目才维修什么项目；需要更换备件时才更换备件。这种维修方式可有效避免维修的盲目性，是防止设备故障和计划外停机的重要手段，维修成本相对最低，是设备维修方式发展的必然方向。

二　典型监检测诊断技术

输油站场内包含输油泵、阀门、储罐、工业管道等大量关键设备设施，对它们开展状态监检测与故障诊断可全面掌握设备的运行情况、设备零部件的损坏程度、缺陷的产生与发展等信息，从而降低设备设施运行风险，提升经济效益。

1. 振动监测诊断

机械振动是工程中普遍存在的现象，机械设备的零部件、整机都有不同程度的振动。机械设备的振动往往会影响其工作精度，加剧机器的磨损，加速疲劳破坏；而随着磨损的增加和疲劳损伤的产生，机械设备的振动将更加剧烈，如此恶性循环，直至设备发生故障、破坏。由此可见，振动加剧往往是伴随着机器部件工作状态不正常乃至失效而发生的一种物理现象。振动分析法是对设备的振动进行信号采集、处理、分析后，根据获得的振幅、频率、相位及其他相关图谱，对设备所进行的状态及故障分析。

振动监测诊断法是旋转机械状态监测与故障诊断中运用最广泛、最有效的方法，是当前各种监测技术中的主要方法，其原因如下：

①在旋转机械中，发生振动故障的概率最高，振动故障引起的设备损坏率最高，振动故障造成的设备损坏程度最严重；

②振动信号含有的状态信息量最大，它既含有转子、轴承、联轴器、齿轮、壳体、基础、管线等机械部件自身状态的信息，又含有转速、流量、压力、温度、介质组分、油温等运行参数影响运行状态的信息；

③振动信号易于拾取，不会影响设备运行，又易于转换为电信号，处理成多种能够反映故障状态的信息图谱。

所谓振动诊断，就是对正在运行的机械设备进行振动测量，对得到的各种数据进行分析处理，然后将结果与事先制订的判别标准进行比较，进而判断系统内部结构的破坏、裂纹、开焊、磨损、松脱及老化等各种影响系统正常运行的故障，依此采取相应的对策来消除故障，保证系统安全运行。

振动监测诊断法能够对旋转机械的各种故障进行准确的诊断。例如，转子不平衡、轴弯曲、轴系不对中、轴承工作不稳定、摩擦、松动、轴横向裂纹、支承刚性差、旋转失速及喘振、油膜涡动及油膜振荡、流体压力脉动、气隙激振、电磁力激振、齿轮故障、滚动轴承故障、皮带轮偏心等等。

2. 噪声监测诊断

机器内部的机械零部件工作时会发出噪声，发生故障时噪声的强弱和声调都会变化。噪声诊断就是通过监测噪声信号的强弱和声调，来寻找噪声的主要声源和识别故障。主要方法有三种。

（1）声音监听法：用听棒或听诊器监听机器内部噪声的强弱和声调，判断机器运转是否正常，零部件是否损坏，流体有无脉动或泄漏。监听效果主要取决于经验。

（2）频谱分析法：与振动分析法相类似，监测仪表也可以对噪声信号进行采集，并分解转换成由各种纯音声调（即频率）及其强弱（即峰值，用声压级、声强级、声功率级表示）组成的噪声频谱。通过频谱图，找出与机械零部件工作特性有关的纯音频率，例如，齿轮的啮合噪声、滚动轴承的间隔噪声、电机的电磁噪声等，来寻找噪声源和故障原因。

（3）声强法：声强是单位时间内通过垂直于传播方向单位面积上的声能。与声压不同，声强具有明显指向性，不仅可以测定噪声的大小，而且可以测定哪个方向上的噪声大，又不受环境影响，便于在现场找到噪声源。

噪声监测诊断能够对旋转机械（如输油泵）的故障进行诊断，这种非接触式的监测诊断方法尤其适用于不便安装振动传感器的场合，是一种常用而有效的故障诊断方法。

3. 声发射监测诊断

物体内部发生变形、裂纹时，将有部分能量以声、光、热的形式释放出来，通过分析辐射出的声能便可知道裂纹的情况，是一种无损检测方法。物体在状态改变时自动发出声音的现象为声发射，其实质是物体受到外力或内力作用产生变形或断裂时，以弹性波形式释放能量的一种现象。由于声发射提供了材料状态变化的有关信息，所以可用于设备的状态监测和故障诊断，声发射在线监测示意图见图7-19。

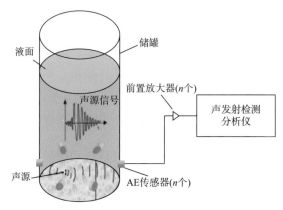

图 7-19　声发射在线监测示意图

由于声发射方法能连续监视结构内部损伤的全过程，因此得到了广泛应用。声发射技术首先在航空工业部门成功应用，随后推广到其他行业。储油罐及工业管道属于站场内安全风险较高的设备设施，其结构中潜在的缺陷（或裂纹）是诱发故障的主要因素之一。声发射技术可以用来寻找设备设施结构中的潜在缺陷并评定缺陷的有害程度；该技术还可预测结构的寿命，以便在突发故障到来之前，提前作出决断，避免事故的发生。利用声发射提供的信息，还可找出设备部件的初始损伤以及监视损伤的发展，从而确定维修或更换的时间。此外，在焊接工艺中，还可用声发射技术来监测焊接过程中裂纹的产生及扩展。

声发射监测具体有以下特点。

（1）声发射监测可以获得有关缺陷的动态信息。结构或部件在受力情况下，利用声发射进行监测，可以知道缺陷的产生、运动及发展状态，并根据缺陷的严重程度进行实时报告。而超声波探伤，只能检测过去的状态，属静态情况下的探伤。

（2）声发射监测不受材料位置的限制。材料的任何部位只要有声发射，就可以进行检测并确定声源的位置。

（3）声发射监测只接收由材料本身所发射的超声波，而超声波监测须把超声波发射到材料中，并接收从缺陷反射回来的超声波。

（4）灵敏度高。结构缺陷在萌生之初就有声发射现象，而超声波、X射线等方法必须在缺陷发展到一定程度之后才能检测到。

（5）不受材料限制，声发射现象普遍存在于金属、塑料、陶瓷、木材、混凝土及复合材料等等物体中，因此得到广泛应用。

4. 温度监测诊断

对于旋转机械来说，在装配不当、润滑不良、负载过大、工作介质温度过高以及部件有缺陷等情况下，都会引起设备某些部分的温度升高。也就是说，监视温度的变化可以判断设备是否存在某些故障。温度监测可分为直接测量和热红外分析两种。

温度的直接测量，是用膨胀式温度计以及热电阻、热电偶等接触式测温传感器或其他非接触式传感器来直接测量温度。例如，机器进出口处工作介质温度、润滑油油温、轴承温度、电机定子绕组温度等。对于旋转机械的轴承，尤其是高速滑动轴承，轴承温度监测非常必要，因此温度的直接测量法广泛应用于输油泵等旋转机械的监测诊断。美国石油学会 API 标准规定，滑动轴承进出口润滑油的正常温升应小于28℃，轴承出口处的最高油温应小于76℃。另外，用铂电阻在距轴承合金约 1 mm 处测量瓦块温度时，一般不应超过110~115℃。

热红外分析一般采用红外测温仪、红外热像仪和红外热电视等设备，主要用于对设备温度进行非接触测量。红外测温仪是测量物体表面某一点的温度，测温简单、快捷，尤其适用于人工不便到达的部位，近来已得到广泛应用。红外热像仪和红外热电视可以实时地、大范围地显示物体的二维、三维热图像，把看不见的物体热分布状态转变为可见光图像，通过将异常状态下的设备热图像与正常状态时的热图像相比较，就可以做出设备是否发生故障以及故障具体部位的判断。热红外分析更适用于大型、特大型设备的故障监测诊断。

5. 超声波检测诊断

超声波在均匀连续弹性介质中传播时，将产生极少能量损失；但当材料中存在着晶界、缺陷等不连续阻隔时，将产生反射、折射、散射、绕射和衰减等现象，从而损失比较多的能量，使接收到的超声波信号的声时、振幅、波形或频率发生了相应的变化，测定这些变化就可以判定材料的某些方面性质，达到测试的目的，超声检测过程的基本原理见图 7－20。目前，超声波检测已广泛应用在工业上对各种材料的检测诊断，通过该技术可以探测出金属等工业材料中有没有气泡、伤痕、裂缝等缺陷。超声检测方法通常有穿透法、脉冲反射法、串列法等。

图 7－20　超声检测过程的基本原理

超声波用于无损检测主要具备以下优点：①检测范围广，能够进行金属、非金属和复合材料检测；②波长短、方向性好、穿透能力强、缺陷定位准确、检测深度大；③对人体和周围环境不构成危害；④施加给工件的超声作用应力远低于弹性极限，对工件不会造成损害。

利用超声波检测诊断技术可以对输油站场内的储罐、管道开展无损检测，可以检测或监测输油泵轴承的磨损情况，也可以开展阀门的泄漏检测，已广泛应用于输油站内设备设施的状态监测与故障诊断。

6. 漏磁检测诊断

利用励磁源对被检工件进行局部磁化，若被测工件表面光滑，内部没有缺陷，磁通将

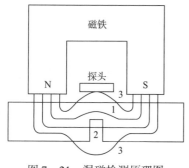

图 7-21 漏磁检测原理图

全部通过被测工件；当材料表面或近表面存在缺陷时，会导致缺陷处及其附近区域磁导率降低，磁阻增加，从而使缺陷附近的磁场发生畸变，如图 7-21 所示，此时磁通的形式分为三部分，即①大部分磁通在工件内部绕过缺陷；②少部分磁通穿过缺陷；③还有部分磁通离开工件的上、下表面经空气绕过缺陷。第 3 部分即为漏磁通，可通过传感器检测到。对检测到的漏磁信号进行去噪、分析和显示，就可以建立漏磁场和缺陷的量化关系，达到无损检测和评价的目的。

由于漏磁检测是用磁传感器检测缺陷，有以下优点：

（1）易于实现自动化，漏磁检测方法是由传感器获取信号，然后由软件判断有无缺陷，因此非常适合于组成自动检测系统。实际工业生产中，漏磁检测被大量应用于钢坯、钢棒、管道、罐底板的自动化检测；

（2）较高的检测可靠性，漏磁检测一般采用计算机自动进行缺陷的判断和报警，减少了人为因素的影响；

（3）可实现缺陷的初步定量，缺陷的漏磁信号与缺陷形状尺寸具有一定的对应关系，从而可实现对缺陷的初步量化，这个量化不仅可实现缺陷的有无判断，还可对缺陷的危害程度进行初步评价；

（4）高效能、无污染，采用传感器获取信号，检测速度快且无任何污染。

漏磁检测的缺点包括：

（1）检测传感器无法紧贴被检测表面，不可避免地存在一定的提离值，从而降低了检测灵敏度；

（2）由于采用传感器检测漏磁场，不适合检测形状复杂的试件。对形状复杂的工件，需要有与其形状匹配的检测器件；

（3）漏磁检测后，设备设施内部的磁场并没有完全消失，存在一定的剩磁，会对仪表的测量精度、设备设施的使用寿命、设备设施的维修质量等产生影响，因此往往需要配合使用退磁技术。

漏磁检测的应用场景很多，输油站内储罐底板的检测是其主要的应用方向之一，通过漏磁检测诊断技术，可以发现和量化罐底板的缺陷，确定罐底板的腐蚀减薄程度，为维修计划的制定提供决策依据。

7. 金属磁记忆检测诊断

金属磁记忆检测技术是一种利用金属磁记忆效应来检测部件应力集中部位的快速无损检测方法。它克服了传统无损检测的缺点，能够对铁磁性金属构件内部的应力集中区，即微观缺陷和早期失效等进行诊断，防止突发性的疲劳损伤，是无损检测领域的一种新的检测手段。

磁记忆检测原理如图 7-22 所示。当处于地磁场环境中的铁磁性构件受到外部载荷作用时，在应力集中区域会产生具有磁致伸缩性质的磁畴组织定向和不可逆的重新取向，该部位会出现磁畴的固定节点，产生磁极，形成退磁场，从而使此处铁磁金属的磁导率最小，在金属表面形成漏磁场。该漏磁场强度的切向分量 H_P^x 具有最大值，而法向分量 H_P^y 改变符号并具有零值。这种磁状态的不可逆变化在工作载荷消除后依然保留"记忆"着应力集中的位置。基于金属磁记忆效应的基本原理制作的检测仪器，通过记录垂直于金属构件表面的磁场强度分量沿某一方

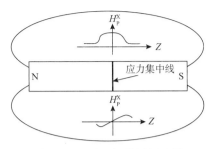

图 7 – 22　磁记忆检测原理图

向的分布情况，可以对构件的应力集中程度以及是否存在微观缺陷进行评价。

金属磁记忆检测实质上是从金属表面拾取地磁场作用条件下的金属构件漏磁场信息，这和漏磁检测方法有相似之处。漏磁检测采用的是人工磁化，其增强了缺陷处的漏磁场强度，在检测宏观缺陷时更具优势；而金属磁记忆检测方法获取的是在微弱磁场作用下构件本身具有的"天然"磁化信息，获取的是应力变化较为剧烈部位的微观信息，通过评价应力集中程度来发现缺陷，因此更适用于早期检测诊断肉眼难以发现的微缺陷。该技术目前已广泛用于输油站内储罐的应力集中检测。

8. 铁谱分析

铁谱分析是一种借助磁力将油液中的金属颗粒分离出来，并对这些颗粒进行分析的技术，主要是借助高倍显微镜来观察磨损颗粒的材料（颜色不同）、尺寸、特征和数量，从而分析零件的磨损状态。根据磨损机理，磨粒分析的基本思路为：①磨粒的大小和大磨粒的浓度，反映了磨损的程度；②磨粒的形貌，反映了磨损的原因；③磨粒的成分，反映了磨损的零部件。

铁谱分析能够对金属磨粒的元素进行定性，并能显示磨粒的尺寸和形貌，能对磨粒计数，即显示大、小磨粒各自所占的浓度，测定有效范围为 $1 \sim 100\mu m$，正是磨损过程中产生磨粒的范围。铁谱分析技术的具体方法包括：①定量分析，可采用铁谱仪进行颗粒计数；②定性分析，可结合铁谱显微镜和加热分析法区分金属与化合物；③形貌分析，可使用铁谱显微镜对磨粒的形状、表面及周边、尺寸大小进行观察与分析，从而查找磨损原因。利用铁谱分析能够获取输油泵轴承的磨损程度、原因等信息，已广泛用于输油泵的状态监测与故障诊断。

9. 计算机监测诊断

当有大量设备需要监测和诊断时，频繁地进行数据采集、分析和比较是十分繁重的工作。随着计算机的发展，计算机设备监测系统的开发日益受到重视，建立智能监测与诊断系统是目前的发展趋势。采用计算机进行自动监测和诊断可节省大量的人力和物力，并能保证诊断结果的客观性和准确性。

计算机监测诊断系统有多种类型，根据监测的范围可分为：整个工厂、关键设备、关

键设备的重要部件等不同水平的系统。计算机监测与诊断系统按其所采用的技术可分为：简易自动诊断、精密自动诊断、专家诊断系统。

简易自动诊断通常采用某些简单的特征参数，如信号的均方根值、峰值或峭度系数等，与标准参考状态的值进行比较，能判断故障的有无，但不能判断是何种故障。因所用监测技术和设备简单，操作容易掌握，价格便宜，因而得到广泛应用。

精密自动诊断要综合采用各种诊断技术，对简易诊断认为有异常的设备做进一步的诊断，以确定故障的类型和部位，并预测故障的发展，要求有专门技术人员操作，在给出诊断结果、解释、处理对策等方面，通常仍需要有丰富经验的人员参与。

专家诊断系统与一般的精密自动诊断不同，它是一种基于人工智能的计算机诊断系统。它能模拟故障诊断专家的思维方式，运用已有的故障诊断技术知识和专家经验，对收集到的设备信息进行推理，作出判断，并能不断修改、补充知识以完善专家系统的性能，这对于复杂设备系统的诊断十分有效，是设备故障诊断的发展方向。

参考文献

[1] VINNEM J E. Offshore risk assessment: principles, modelling, and applications of QRA studies [M]. Dordrecht: Boston: Kluwer Academic Publishers, 1999.

[2] RAUSAND M. 风险评估：理论、方法与应用 [M]. 刘一骝，译. 清华大学出版社，2013.

[3] 奚占东，朱红卫，郑贤斌，等. 油气储运设施 HSE 风险管控模式初探 [J]. 石油规划设计，2014 (02)：24 – 27 + 50.

[4] 王立群. 新的设备质量保证途径完整性大纲 [J]. 中国机械工程，2002 (12)：29 – 31 + 4.

[5] 涂善东，轩福贞. 高温承压设备结构完整性技术 [J]. 压力容器，2005 (11)：39 – 47.

[6] 陈学东，艾志斌，杨铁成，等. 基于风险的检测（RBI）中以剩余寿命为基准的失效概率评价方法 [J]. 压力容器，2006 (05)：1 – 5.

[7] 杨祖佩，王维斌. 长输管道资产完整性管理系统研究 [J]. 油气储运，2006 (07)：1 – 3 + 63 + 12.

[8] 税碧垣，艾慕阳，冯庆善. 油气站场完整性管理技术思路 [J]. 油气储运，2009 (07)：11 – 14 + 79 + 83 – 84.

[9] 陈炜，陈学东，顾望平，等. 石化装置设备操作完整性平台（IOW）技术及应用 [J]. 压力容器，2010 (12)：53 – 58.

[10] 陈健峰，税碧垣，沈煜欣，等. 储罐与工艺管道的完整性管理 [J]. 油气储运，2011 (04)：259 – 262 + 234.

[11] 付子航，单彤文. 大型 LNG 储罐完整性管理初探 [J]. 天然气工业，2012 (03)：86 – 93 + 132.

[12] 文世鹏. 机械完整性技术在海上采油平台延期服役决策中的应用 [J]. 机械设计，2012 (07)：7 – 9 + 15.

[13] 董绍华，韩忠晨，费凡，等. 输油气站场完整性管理与关键技术应用研究 [J]. 天然气工业，2013 (12)：117 – 123.

[14] 何仁洋，徐广贵，王玮，等. 压力管道安全完整性监控、检测和评价技术 [J]. 腐蚀科学与防护技术，2013 (04)：350 – 352.

[15] 王喆，周大林. 振动检测在海洋平台完整性管理中的应用 [J]. 制造业自动化，2013 (11)：173 – 174 + 177.

［16］庄力健，朱建新，方向荣，等．旋转机械联锁系统安全完整性等级（SIL）评估［J］．流体机械，2013（05）：38 – 43.

［17］王刚强，陈江．石油化工企业静设备完整性管理技术研究［J］．现代化工，2014（06）：10 – 12.

［18］钱成文，牛国赞，侯铜瑞．基于风险分析的管道检测（RBI）与评价［J］．油气储运，2000（08）：5 – 10 + 3.

［19］王弢，帅健．基于风险的管道检测规范体系［J］．天然气工业，2006（11）：130 – 132 + 185.

［20］姚安林，黄亮亮，蒋宏业，等．输油气站场综合风险评价技术研究［J］．中国安全生产科学技术，2015，11（01）：138 – 144.

［21］崔凯燕，王晓霖，刘明亮，等．基于定量RBI技术的输气站场设备风险评价［J］．中国安全科学学报，2016，26（02）：152 – 157.

［22］J. 莫布雷．以可靠性为中心的维修［M］．机械工业出版社，1995.

［23］何钟武．浅谈国内外RCM技术的研究与应用［J］．航空标准化与质量，2006（03）：38 – 40.

［24］钟云峰，谭树彬．以可靠性为中心的维修［J］．机械工程师，2006（03）：80 – 81.

［25］黄勇，王凯全．基于RCM和RBI的设备寿命周期管理与应用［J］．工业安全与环保，2008（10）：31 – 33.

［26］祖宇樑，李远朋，周喜民，等．RCM研究现状以及在输气站场的应用［J］．广州化工，2013（22）：41 – 42.

［27］李翔，李伟峰，路笃辉，等．RCM与风险分析技术的研究和应用［J］．工业工程与管理，2014（05）：94 – 98.

［28］孙伟峰，宣征南，张兴芳，等．关于落实石化装备RCM决策突出问题的探讨［J］．现代化工，2015（02）：1 – 4 + 6.

［29］武禹陶，贾希胜，温亮，等．以可靠性为中心的维修（RCM）发展与应用综述［J］．军械工程学院学报，2016（04）：13 – 21.

［30］路笃辉，钟军平，赵盈国，等．转动设备完整性管理在石化装置的应用研究［J］．中国特种设备安全，2017（07）：33 – 37 + 45.

［31］孙鹤旭，张志伟，董砚，等．基于RCM理论的电气设备故障诊断专家系统［J］．电工技术杂志，2002（02）：11 – 13 + 16.

［32］GB/T 21109—2007，过程工业领域安全仪表系统的功能安全［S］.

［33］靳江红，吴宗之，赵寿堂，等．安全仪表系统的功能安全国内外发展综述［J］．化工自动化及仪表，2010，37（05）：1 – 6.

［34］陈好，贾媛，许晓丽，等．安全完整性等级分析方法的应用研究［J］．石油化工自动化，2011，47（01）：23 – 25 + 56.

［35］李荣强．安全仪表系统安全完整性等级评估技术研究［D］．青岛：中国石油大学（华东），2011.

［36］余涛．石化装置风险评估与仪表安全功能评估技术研究［D］．北京：北京化工大学，2012.

［37］陈存银．石化装置安全仪表系统完整性等级设计方法及应用［D］．北京：北京化工大学，2013.

［38］SY/T 6966—2013，输油气管道工程安全仪表系统设计规范［S］.

［39］AQ/T 3054—2015，保护层分析（LOPA）方法应用导则［S］.

［40］刘轶冬，王珊珊．保护层分析（LOPA）在安全仪表系统SIL定级过程中的应用［J］．当代化工研究，2017（04）：37 – 38.

［41］GB/T 20438—2017，电气/电子/可编程电子安全相关系统的功能安全［S］.

［42］冯文兴，贾光明，谷雨雷，等．HAZOP分析技术在输油管道站场的应用［J］．油气储运，2012，31

（12）：903－905＋967.

［43］赵文祥，刘国海，吉敬华，等．基于DSP的全数字矢量控制SVPWM变频调速系统［J］．电机与控制学报，2004，（02）：175－178＋203.

［44］傅来福．高压电动机损坏原因浅析及防范措施［J］．华北电力技术，1991，（01）：32－35.

［45］张宝俊，张杰．浅谈石油炼化企业高压电动机的故障及处理方法［A］．第二届全国炼油化工工程技术与装备发展研讨会论文集［C］．2013.

［46］王卫东．成品油管道输油工［M］．中国石化出版社，2014.

［47］乐嘉谦．仪表工手册［M］．化学工业出版社，2004.

［48］曹湘洪，朱理琛．石油化工设备维护检修规程：第一册通用设备［M］．中国石化出版社，2004.

［49］魏龙，泵维修手册［M］．化学工业出版社，2012.

［50］竺柏康，油品储运［M］．中国石化出版社，1999.

［51］中华人民共和国特种设备安全法，2013.

［52］中华人民共和国特种设备安全监察条例，2012.

第八章
成品油管道腐蚀与防护

　　腐蚀是成品油管道失效的最主要原因之一。2010—2015年美国共发生432起输油管道事故，其中由腐蚀失效引起的事故占比约25%。国内格尔木—拉萨成品油管道运行以来，因腐蚀引发的失效事故占比约30%。我国成品油管道均直接位于土壤腐蚀环境中，同时还可能受到周围高压输电线路、电气化轨道、通信设施、其他管道等干扰，存在一定腐蚀风险。为保障成品油管道安、稳、长、满、优运行，了解成品油管道腐蚀的成因与特点，掌握成品油管道的监测和防护方法成为管道管理人员必备的专业素养。本章将从成品油管道的腐蚀机理与典型腐蚀类型、腐蚀控制技术、腐蚀检测技术、腐蚀评估技术等方面展开论述，并列举了各种典型的腐蚀失效案例供同业借鉴。

第一节 腐蚀机理与典型腐蚀类型

成品油管道的腐蚀是一个自发的过程，若不对管道的腐蚀过程加以干涉，则必然会导致管道的腐蚀破坏。而在对成品油管道施加防腐措施之前，以及日常对防腐工程的管理维护过程中，了解成品油管道的腐蚀机理和典型腐蚀类型，才能有的放矢，有效开展成品油管道的腐蚀防护管理工作。

一 电化学腐蚀概述

金属材料与电解质溶液相互接触时，在金属/电解质的相界面上会发生自由电子得失的氧化和还原反应，导致金属失去电子变为金属离子、络合离子而溶解，并可能生成氢氧化物和氧化物等化合物，从而导致金属质量损失，这个过程一般称为电化学腐蚀。

1. 腐蚀电池原理

（1）腐蚀电池。电化学腐蚀形成的前提是金属与环境构成腐蚀电池。一个腐蚀电池必须包括阳极、阴极、电解质溶液和电流通路，四者缺一不可。腐蚀电池工作的三个必要环节包括：

①阳极过程：金属阳极溶解，金属以离子或水化离子形式进入电解质溶液，同时将等量的电子留在金属上，实现氧化反应；

②阴极过程：从阳极流过来的电子，被来自电解质溶液且吸附于阴极表面的氧化性物质所吸收，实现还原反应；

③电流通路：电流在阳极和阴极间流动是通过电子导体和离子导体来实现的，在金属中电子从阳极迁移到阴极，在电解质溶液中，阳离子从阳极区移向阴极区，阴离子从阴极区移向阳极区。

（2）电极。一个完整的腐蚀电池由两个电极构成，即阳极和阴极。电极既包括电极材料本身，也包括电解质溶液。因此电极可定义为：电子导体（金属等）与离子导体（电解质）相互接触，并有电子在两相间迁移而发生氧化或还原反应的体系。

（3）电极电位。金属与电解质界面上进行的反应称为电极反应。电极反应导致金属/电解质间产生电位差，这就是所谓的电极电位，也称绝对电极电位。这一数值无法测得，但可以通过测量电池电动势的方法测出其相对电极电位。当电极反应的阳极过程与阴极过程以相等的速率进行时，金属与电解质的界面上就会建立起一个不变的电位差值，这个电位差值就是金属的平衡电极电位。

2. 电化学腐蚀热力学

对于电化学腐蚀过程，电子倾向于从电位负的部位移向电位正的部位，这种倾向性的大小，属于热力学问题。

金属在电解质中能否自发地进行电化学腐蚀，从热力学观点来看，可以用三种方法进行判定。

（1）系统自由能变化值 ΔG，可由吉布斯自由能方程求得：

$$\Delta G = -nFE \tag{8-1}$$

式中　F——法拉第常数；

　　　E——可逆电池的电动势；

　　　n——得失电子数。

$\Delta G < 0$ 时，腐蚀反应可能发生；$\Delta G = 0$ 时，反应处于平衡状态；$\Delta G > 0$ 时，腐蚀不可能发生。

（2）金属在电解质溶液中的标准电极电位，该方法其实是以第一种方法为基础，通过能斯特公式求解：

$$E = E^{\ominus} - \frac{RT}{nF}\ln Q_a \tag{8-2}$$

式中　$E^{\ominus}$——标准状况下的电极电位；

　　　R——气体常数；

　　　T——温度；

　　　Q_a——由产物和反应物的离子活度求得。

电位更负的金属，更容易发生腐蚀。

（3）电位–pH图。这种方法根据标准电极电位和 pH 值之间的电化学平衡关系而来，又称布拜（Pourbaix）图，如图 8–1 所示。环境 pH 和电位组合的区域可以分为免蚀区、腐蚀区和钝化区。

因此，对于埋地管道而言，只要其电连通的某两个部位间存在电位差，从热力学上分析，电位更负的部位就可能发生腐蚀。那么，影响这一电位差的因素，相应地就会对埋地管道的腐蚀情况产生影响。例如，管道某些部位存在缺陷，或防腐层出现破损，那

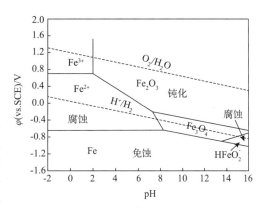

图 8–1　Fe–H_2O 体系的电位–pH 图

么这些部位的电位可能会更负，从而发生腐蚀；氧浓差电池的形成，也会使得处于贫氧区的管道电位更负，腐蚀倾向性更大。

3. 电化学腐蚀动力学

腐蚀未发生时，可以通过热力学的知识对腐蚀的倾向进行判断。当腐蚀发生时，往往关心的则是腐蚀过程、腐蚀速率及腐蚀的发展规律，这些都属于动力学研究的范畴。电化

学腐蚀动力学的几个重要概念如下。

（1）极化。当结构上阴、阳极间有电流流过时，阴、阳极的电位就会发生偏移，一般把由于电流的流动而导致金属电极电位的偏移称为极化。电极电位负向移动称为阴极极化，正向移动称为阳极极化。以 Cu – Zn 原电池为例（图 8 – 2），当外电路未接通时，Cu 和 Zn 电极均处于平衡状态，此时的电极电位为平衡电极电位。当外电路用导线接通后，Zn 电极会失去电子，电子通过导线流向 Cu 电极，同时产生的 Zn^{2+} 不断转入溶液中；由于 Zn^{2+} 转入溶液的速度落后于电子流出的速度，使 Zn 电极上积累过剩的正电荷，导致阳极电位正向移动，发生阳极极化。同理，Cu 电极上 Cu^{2+} 来不及与流入的电子结合，使电子在 Cu 电极上积累，导致 Cu 电极的电位负向移动，发生阴极极化。从这个例子可以看出，极化现象产生的本质在于电子迁移的速度比电极反应及其相关步骤完成的速度快。

（2）极化曲线。表示电极电位与极化电流或极化电流密度之间关系的曲线称为极化曲线。Cu – Zn 原电池中两个电极的极化曲线如图 8 – 3 所示。当外电路未接通时，Cu、Zn 电极均处于平衡电极电位 $E_{Cu}^{\ominus}$ 和 $E_{Zn}^{\ominus}$。电路导通后，随着电流密度的增加，阳极电位沿曲线 $E_{Zn}^{\ominus}A$ 正向移动，阴极电位则沿曲线 $E_{Cu}^{\ominus}K$ 负向移动。曲线 $E_{Zn}^{\ominus}A$ 和 $E_{Cu}^{\ominus}K$ 分别称为阳极极化曲线和阴极极化曲线。极化曲线的测定有助于探索电极反应机理和影响电极反应过程的各种因素，是一种重要的研究手段。

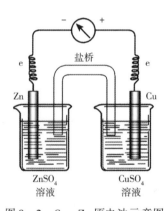

图 8 – 2　Cu – Zn 原电池示意图

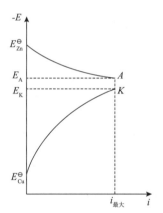

图 8 – 3　极化曲线示意图

（3）去极化。消除或抑制原电池阳极或阴极极化的过程称为去极化，能起到去极化作用的物质称为去极化剂。典型的去极化过程为氢去极化和氧去极化，即所谓的析氢反应和吸氧反应。

许多因素都会影响电化学腐蚀的动力学过程，包括腐蚀产物、含水量、含氧量、温度、盐度、酸碱度、微生物等，这些因素之间往往还存在相互影响。

4. 电化学腐蚀的分类

由于电化学腐蚀的现象和机理比较复杂，并无统一的分类方法。结合成品油管道的特点，电化学腐蚀可以按如下方式进行分类：按腐蚀部位分为外腐蚀和内腐蚀；按氧化还原反应电极的尺寸分为宏观腐蚀电池和微观腐蚀电池；按成品油管道失效的外形特征分为均匀腐蚀和局部腐蚀。这是一种交叉分类法，即根据腐蚀类型的相同点，将其分成若干类。

后文详细介绍了成品油管道常见的四种腐蚀类型，即土壤腐蚀、杂散电流干扰腐蚀、管道内腐蚀、氢致开裂。由于成品油管道常直接位于土壤腐蚀环境中，因此绝大多数成品油管道外腐蚀指的就是土壤腐蚀；成品油管道杂散电流干扰腐蚀和氢致开裂一般发生在土壤和管道外壁的交界处，因此它们均可归类于土壤腐蚀。值得强调的是，少数情况下，成品油管道内部会存在沉积沙和局部酸性环境，这时也可能在管道内产生类似的土壤腐蚀和氢致开裂现象。

二　土壤腐蚀

土壤腐蚀为成品油管道外腐蚀的主要类型之一。土壤腐蚀的阴极反应主要为吸氧反应，当土壤酸性较强时，也可能会发生析氢反应。此外，硫酸盐还原菌的活动过程，也可促进土壤腐蚀的阴极过程。土壤腐蚀的阳极反应主要为金属铁的溶解，产生的二价铁离子会与土壤中的其他阴离子结合，形成各种类型的腐蚀产物，如 Fe_3O_4、$FeOOH$、FeS、$FeCO_3$ 等。常见的土壤腐蚀类型有腐蚀宏电池引起的土壤腐蚀、杂散电流引起的土壤腐蚀和微生物引起的土壤腐蚀。

1. 土壤腐蚀的主要影响因素

（1）管体材料。管道材料主要以碳钢为主，碳钢成分对土壤腐蚀的影响不大，但材料本身的相结构和组织变化，如焊缝及热影响区对土壤腐蚀则比较敏感。

（2）水与空气含量。当土壤的含水量较大时，往往较密实而缺乏孔隙，氧的扩散渗透变得困难，土壤腐蚀性较小；当水含量降低时，氧更容易到达金属表面，去极化过程变得相对容易，从而提高了土壤的腐蚀性；但当含水量降至很低时，土壤电阻增加，限制了离子的移动，土壤腐蚀性又迅速降低。氧来源于空气，土壤中的水与空气此升彼降，同时影响着土壤的腐蚀性，当两者达到某一合适的比例时，土壤腐蚀性达到最大值。

（3）土壤中含盐量。一般来说，土壤电解质中的含盐量越大，作为电介质的土壤导电性增强，从而提高土壤腐蚀性。但是，土壤中不同种类的盐对腐蚀的作用不尽相同，土壤电解质中的阳离子有钾、钠、镁、钙离子，阴离子有碳酸根、氯离子和硫酸根离子，其中以氯离子对钢质管道腐蚀的促进作用最大，因此，沿海环境、盐场、盐矿、潮湿环境下的成品油管道，腐蚀现象会更为严重。

（4）土壤电阻率。土壤的电阻率反映了土壤介质的导电能力，与土壤含水量、含盐量、环境温度等因素相关。一般来讲，电阻率较低的土壤腐蚀性较强，反之腐蚀性较弱，因此，土壤电阻率是评估土壤腐蚀性的一个重要参数。表 8 - 1 为钢铁腐蚀程度与土壤电阻率的关系。

应当指出，电阻率并不是影响土壤腐蚀性的唯一因素，通常当土壤腐蚀以宏腐蚀电池为主时，尤其当阴极和阳极相距较远时，电阻率因素对土壤腐蚀起主导作用；而当土壤腐蚀以微腐蚀电池为主时，电阻率对土壤腐蚀的影响可以忽略不计。

（5）土壤酸碱度。土壤酸碱度的影响因素十分复杂，包括土壤中的酸性矿物质、生物和微生物代谢过程中的有机酸、工业污水等。通常来说，随着土壤 pH 值的降低，土壤的腐蚀性增强。当土壤中含有大量有机酸时，虽然其酸碱性接近中性，但其腐蚀性仍然较强。

表 8－1　钢铁腐蚀程度与土壤电阻率的关系

土壤电阻率/($\Omega \cdot cm$)	钢铁腐蚀程度
0～1000	非常剧烈
1001～2300	剧烈
2301～5000	中强
5001～10000	缓慢
10000 以上	非常缓慢

2. 腐蚀宏电池引起的土壤腐蚀类型

土壤介质的宏观不均一性、管道的埋设深度不同等均可造成腐蚀宏电池引起的土壤腐蚀，根据不同的影响因素，常见的几种腐蚀类型如下。

（1）长距离腐蚀宏电池。管道通过结构及组成不同的土壤时，便可形成长距离腐蚀宏电池。如图 8－4 所示，由于两种土壤的结构不同造成氧的渗透性不同，从而形成氧浓差电池，埋在密实、潮湿土壤（黏土）中的管段就倾向于作为阳极而受到腐蚀。如果土壤的组成发生变化（如其中一种土壤含有硫化物、有机酸或工业污水），也能形成宏观腐蚀电池，图 8－5 为因土壤含盐量不同（即土壤组成不同）所造成的腐蚀宏电池。长距离腐蚀宏电池可产生相当可观的腐蚀电流，通常土壤的电阻率越低，腐蚀电流越大。

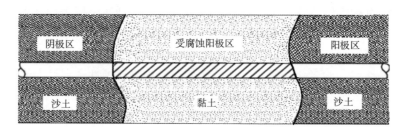

图 8－4　不同的土壤结构引起的腐蚀宏电池

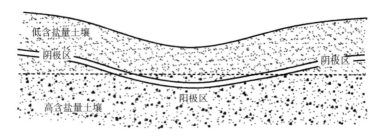

图 8－5　土壤中不同含盐量引起的腐蚀宏电池

（2）土壤的局部不均匀性引起的腐蚀宏电池。土壤中通常会存在石块等夹杂物，如果夹杂物的透气性比土壤本体差，则夹杂物下面区域内的金属管道就成为腐蚀宏电池的阳极，而土壤本体区域内的管道则成为阴极。当局部管段上有水泥路面等覆盖物时（图8-6），由于氧渗透性的差异，也会引起腐蚀宏电池，覆盖物下方的管道处于缺氧区而成为阳极。

（3）管道埋设深度不同引起的腐蚀宏电池。即使管道被埋在均匀的土壤中，由于埋设深度不同，同样会造成氧浓差腐蚀电池，离地面较远的管道部分处于缺氧区，往往腐蚀更为严重。甚至对于某些直径较大的水平管道（图8-7），也能发现管道的下部比上部腐蚀更为严重。

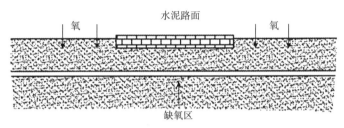

图8-6　土壤的不均匀性所引起的腐蚀宏电池

（4）管材状态存在差异引起的腐蚀宏电池。土壤中异种金属的接触、温差、应力以及金属表面状态的不同，都会形成腐蚀宏观电池，造成局部腐蚀。如改线管道（图8-8），新旧管道相互连接时，新接管道的电位更负，可能成为阳极而受到严重腐蚀。

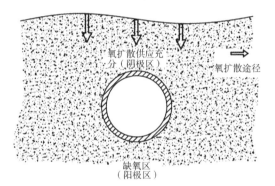

图8-7　埋设深度不同所引起的腐蚀宏电池

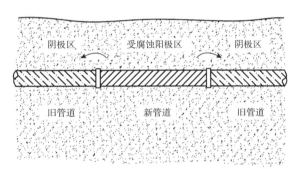

图8-8　新旧管道相互连接形成的腐蚀宏电池

三　杂散电流干扰腐蚀

杂散电流是指存在于预期路径之外的电流。通常在成品油管道埋设地附近，管网、电网、轨道交通网、通信基站等分布复杂，这使得土壤中存在很多杂散电流。由于埋地金属管道的导电性，杂散电流在管道中流动时形成电位差，从而建立了腐蚀电池：流入电流的金属部分成为电池的阴极区，流出电流的金属部分成为腐蚀电池的阳极区，由此造成的腐蚀即为杂散电流干扰腐蚀。杂散电流干扰腐蚀具有腐蚀剧烈、集中在局部位置、当有防护层时通常发生在防护层的漏点处等特点。此外，杂散电流干扰源通常较为复杂、影响因素众多且难以寻找，大大增加了杂散电流干扰腐蚀防护的难度。特别是近年来，随着电力设备使用量增多，地铁、高铁等交通线路增多，杂散电流干扰和腐蚀问题越发突出。杂散电流对成品油管道的干扰主要为直流杂散电流干扰和交流杂散电流干扰。

1. 直流杂散电流干扰

直流杂散电流的腐蚀原理属于电化学腐蚀范畴。如图 8 – 9 所示，在 A 点附近电流从土壤流入管道，此处管道为阴极，发生得到电子的还原反应；而在 B 点附近电流从管道流向土壤，此处管道为阳极，发生失去电子的氧化反应。直流杂散电流主要来源于直流电气化铁路、直流电解系统、直流电焊系统、高压直流输电线路、其他管道外加的阴极保护系统等。

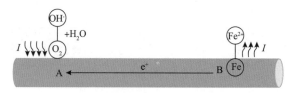

图 8 – 9　杂散电流腐蚀原理图

（1）牵引供电系统杂散电流。图 8 – 10 所示的是以铁轨为电流回路的电车轨道系统中直流杂散电流的形成，如地铁、有轨电车、轻轨。城市轨道交通大部分采用直流牵引供电系统，由于铁轨对地不能完全绝缘，所以会有部分电流从铁轨泄漏到大地中，并沿低阻抗途径（如埋地供水管道、油气管道等）行进。此时，A 处管道由于受到阴极保护的作用，腐蚀速率很低；与之相反的 B 处由于电流的流出，导致腐蚀速率较大。

（2）邻近管道阳极床的干扰。在阴极保护系统中，电流从系统的阳极地床流向大地，电流总是沿着电阻最小的途径流动，因此若在阳极地床附近存在埋地管道时，电流会进入管道流动并从其他部位流出，如图 8 – 11 所示。

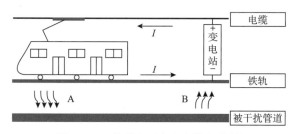

图 8 – 10　轨道交通产生杂散电流图

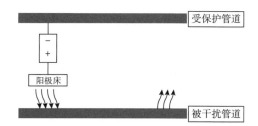

图 8 – 11　阴极保护系统产生杂散电流

（3）高压直流输电线路接地极强直流干扰。特高压直流输电系统在定期检维修或发生故障时，会处于单极大地运行方式，入地大电流对接地极附近一定范围内的埋地管道造成严重干扰。接地极阴极放电时，电流从远离接地极的管道流入，从靠近接地极的管道部位流出；相反，若接地极为阳极放电时，电流从远离接地极的管道流出，从靠近接地极的管道部位流入。图 8 – 12 所示为接地极单极大地回路运行情况。由于我国远距离、大容量输电、联网和节省线路走廊、解决短路电流等需求，采用输电电压为 1000 kV、1100 kV 或 1200 kV 的特高压输电是一种趋势。这将对油气管道造成更强的电流扰动。

2. 交流杂散电流干扰

交流杂散电流主要来源于交流电气化铁路及高压交流输电线路系统，它们通过容性、阻性及感性耦合对临近的埋地管道产生干扰，使管道产生流进、流出的交流杂散电流而导致腐蚀。根据交流干扰作用的时间，交流杂散电流干扰可分为瞬间干扰、间歇干扰和持续干扰。

瞬间干扰持续时间较短，一般不会超过几秒钟，大都在强电线故障时产生；间歇干扰表现为干扰电压随干扰源、负荷或时间变化，如列车（负荷）处于某一区段时，对附近管道产生短时干扰，列车未到或远离时，干扰减弱或消失；持续干扰表现为干扰的持续性，如高压交流输电线路运行时，只要输电线路上有电流，管道上就有感应电压。

如图 8－13 所示，交流高压输电线周围会产生交变的磁场。正常情况下，管道与三相架空输电线路的间距不同，各相电流在管道上产生的感应电动势不能相互抵消，管道上将产生感应电压，可能引起交流杂散电流干扰腐蚀。管道与输电线路平行接近的长度越长，管道上的感应电压越大。

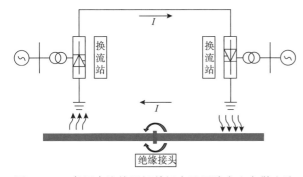 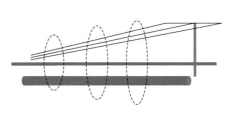

图 8－12　高压直流接地极单极大地回路产生杂散电流　　图 8－13　高压交流输电线路杂散电流干扰

同等条件下，交流杂散电流干扰腐蚀的影响较直流杂散电流干扰要小得多，通常只有其1%，但在某些情况下，交流杂散电流对管道的影响不容忽视，特别是在电力线单相接地故障期间，管道上的感应电压达最高值，产生的瞬间感应电压可以击穿管道的绝缘层、绝缘法兰，击毁阴极保护设备，造成管道的腐蚀防护系统效率下降或失效，此外还会对生产操作人员的人身安全构成威胁。

四 管道内腐蚀

成品油的腐蚀性并不强，但由于管道投产初期水联运后，对管道中的水清扫不净以及清管不及时等，均会导致较严重的管道内腐蚀。成品油管道的内腐蚀可能造成腐蚀产物堵塞管道设备、输油管道内壁粗糙度增加、管壁减薄、腐蚀穿孔等现象。引起管道内腐蚀的因素很多，如氧、水、沙沉积、微生物等，常见内腐蚀及其成因介绍如下。

1. 沉积水引起的内腐蚀

在成品油管道中，内腐蚀主要是由滞留在管道底部的沉积水引起的。新建管道在投产前进行水压试验时，在管道的低洼处会形成积水，很难完全清理干净。另外，成品油中的游离水因密度较大也会在管道低洼处聚集，形成较高含水区域。随着时间的推移，沉积水积少成多，因此管道低洼处会成为管道内腐蚀较为严重的部位。

沉积水对管道内壁的腐蚀受水中溶解氧、Cl^-含量、硫酸盐还原菌及温度的影响。其中氧来自成品油在生产、储存、运输过程中溶解的O_2。沉积水中存在的Cl^-极易诱发缝隙腐蚀和孔蚀等局部腐蚀，氯离子浓度升高，则会加速腐蚀。

2. 固体颗粒沉积引起的内腐蚀

成品油管道内部的固体颗粒沉积主要包括腐蚀产物［Fe_2O_3、$Fe(OH)_3$等］、砂子、淤泥、硫化物等。固体颗粒沉积通常发生在流体流动速率较低及清管不充分的条件下，并与固体颗粒尺寸及形状、流体的流速及流态有着重要的关系。固体颗粒沉积后往往导致局部产生较为严重的沉积物下腐蚀（俗称垢下腐蚀），此外，固体颗粒沉积可能会促进细菌生长，增大细菌腐蚀的可能性。

固体颗粒沉积导致垢下局部腐蚀的原因主要是局部腐蚀环境的改变，固体颗粒沉积处易产生闭塞腐蚀电池作用、局部环境酸化，还有可能导致与其他部位存在电位差，在大阴极小阳极的作用下加速颗粒沉积处的局部垢下腐蚀。

固体颗粒沉积下的垢下腐蚀通常发生在低流速、清管频率较低的管道中，在低流速下的水平管道（或小于临界倾角的上升管道），流体中的砂粒在管道底部停留。当砂粒产生时，可形成砂床，足够大的流速又将上游的颗粒带到下游形成砂床，从而增大砂床的距离。一方面，砂粒的沉积可能促使垢下腐蚀和微生物腐蚀；另一方面，如果砂床形成保护膜，也可能降低腐蚀速率。

在成品油管道运行过程中，对于固体颗粒沉积导致的垢下腐蚀，有效的控制措施：一是定期清管，避免固体颗粒长期沉积在管道内壁，使沉积物沉积在内壁的时间不超过点蚀的孕育期；二是对于不同的沉积物类型，采取相应的措施，预防沉积颗粒的形成。

3. 微生物腐蚀

微生物腐蚀是指由微生物直接导致或间接参与的腐蚀现象。据报道，近 1/5 的管道腐蚀失效案例和将近 40% 的管道内腐蚀与微生物腐蚀有关。造成腐蚀的微生物种类很多，包括硫酸盐还原菌、古细菌、产酸菌、铁细菌等。图 8 - 14 为硫酸盐还原菌的微观形貌照片，这类细菌可以将环境中的高价硫（SO_4^{2-}）还原为低价硫（S^{2-}），为管道腐蚀的发生提供了条件。

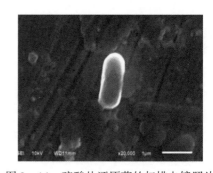

图 8 - 14　硫酸盐还原菌的扫描电镜照片

管道内微生物的来源十分广泛。在成品油运

输、装载、管道清管、水联运等过程中都会引入水，而采用的水资源往往就近取自江河湖泊，这些水资源将微生物及其生长所需的营养物质带入到管道系统中，为微生物提供了良好的生长条件。

五　氢致开裂

环境中的氢扩散至钢中应力集中处经过一段孕育期后，在金属内部，特别是在三向拉应力区形成裂纹，裂纹逐步扩展，最后突然产生延滞断裂，即氢致开裂。氢致开裂产生和发展的机理模型如下。

（1）第一阶段：氢进入钢表面后，滞留在晶格的界面处，特别是一些受热压轧制时拉伸成扁长条状的 MnS 夹杂界面处。由于溶解氢变成氢分子，体积膨胀，于是在该处产生了内应力，其数值等于所产生的氢分压。

（2）第二阶段：由于氢分压不断增加，造成晶格塑性变形。在变形处，晶格中的位错、空穴等缺陷增多，有利于氢在该处的进一步聚集，最终导致局部氢的浓度增大。

（3）第三阶段：当聚集处的氢浓度所产生的压力超过了聚集处界面的弹性变形能力时，便产生永久性变形，形成沿夹杂方向分布的氢损伤裂纹，这就是氢致开裂的开始。这种永久性氢损伤进一步为溶解氢提供了集聚的场所，又开始一个新的循环。这种循环不断重复，就使得裂纹得以不断扩展。

根据裂纹形成的位置和形状，氢致裂纹可分为以下三种：氢鼓泡、阶梯状氢致开裂和应力导向的氢致开裂。当氢致裂纹在接近材料表面形成时，往往会在表面产生氢鼓泡；氢使钢中夹杂物分层时产生开裂，多个剪切裂缝扩展将各层连接起来形成阶梯状氢致裂纹；由强拉应力产生的定向氢致开裂，为应力导向的氢致开裂。

成品油管道在阴极保护条件下，外涂层破损处土壤中的水会与电子结合产生 H_2 和 OH^-，当阴保电位过负时，大量的氢会在涂层破损处聚集；杂散电流干扰也可造成流入端管段的阴极保护电位过负，同样会导致大量氢的产生。这些环境中的氢均有可能扩散至金属中，在金属内部形成裂纹，最终导致氢致开裂现象。此外，管道在进行焊接或遭到雷击后，部分位置的材料性质会发生变化，这些地方往往更容易发生氢致开裂现象。

第二节　腐蚀控制技术

根据成品油管道的腐蚀机理与典型腐蚀类型，成品油管道的腐蚀控制思路通常有两种：一是隔离腐蚀源，阻止腐蚀性介质与管道接触；二是阻碍电化学腐蚀进程，对管体金属实施电化学保护。对于杂散电流干扰和内腐蚀等，应采取更有针对性的腐蚀控制技术。本节将从防腐层保护、阴极保护、杂散电流干扰腐蚀控制、内腐蚀控制等方面详细介绍成品油管道的几种腐蚀控制技术。

一 防腐层保护

防腐层是成品油管道腐蚀控制的第一道防线，它对金属基体的防护作用以屏蔽作用为主，即阻止腐蚀性介质与管道接触发生腐蚀。防腐层的性能直接关系到受保护基体的腐蚀程度，影响到金属构件的服役寿命。选择和使用合理的防腐层，对管道的安全运行、延长使用寿命及降低全生命周期运营成本都具有十分重要的意义。

1. 防腐层选择原则

管道的防腐层设计对防腐层是否能长久平稳服役至关重要，主要考虑以下几点因素。

（1）土壤对防腐层的影响。土壤的腐蚀环境可能导致防腐层过早失效，应按照土壤腐蚀性强弱选择不同性能防腐层。

（2）管道运行条件。管道输送的介质和温度对防腐层影响很大，可根据防腐层使用标准和厂家推荐的标准选用。

（3）与阴极保护的匹配性。选择防腐层要与阴极保护匹配，根据腐蚀环境选择，使防腐层对阴极保护措施不产生屏蔽作用，以免造成防腐措施失效。

（4）管道施工条件。考虑到施工工况下对防腐层可能造成损伤，在防腐层选用时要注意引起防腐层破坏的情况，选用有较强抵御能力的防腐层。

（5）环境保护。环境保护是选取防腐层比较看重的一个关键因素，主要考虑施工和今后维护时减少对环境的污染，对环境保护要求较高的地区，要选用污染小、易维护的防腐层。

具体防腐层选择时，还应综合考虑经济性等方面的因素。

2. 管体防腐层

目前国内成品油管道外防腐层以三层聚乙烯（3PE）、单层和双层熔结环氧粉末（FBE）为主，其性能对比和执行标准见表 8-2，部分地区采用三层聚丙烯、HPCC 防腐层（环氧粉末+胶黏剂+聚烯烃粉末）、石油沥青、煤焦油磁漆等。我国于 1995 年引进第一条 3PE 涂覆作业线，自 2002 年以后新建成品油管道中 3PE 的应用占绝对优势，而 FBE 的应用规模则在缓慢萎缩。国外，北美地区管道偏向使用 FBE，欧洲偏向使用 3PE，中东和非洲应用沥青和煤焦油磁漆较多。

表 8-2 3PE 和 FBE 防腐层性能参数和执行标准

防腐层	剥离强度/（N/cm）	阴极剥离/mm	冲击强度/（J/mm）	抗 2.5°弯曲	执行标准
3PE	$(20\pm5)℃，\geq60$；$(50\pm5)℃，\geq40$	$(65℃，48h)$ ≤10	≥5	聚乙烯无开裂	GB/T 23257—2017《埋地钢质管道聚乙烯防腐层》 DIN 30670—2012《钢管和管件的聚乙烯涂层技术标准》 CAN/CSA - Z245.21—2014《钢管外壁聚乙烯防腐涂层技术标准》

防腐层	剥离强度/（N/cm）	阴极剥离/mm	冲击强度/（J/mm）	抗2.5°弯曲	执行标准
FBE	65～100	24h或48h耐阴极剥离≤6.5	11	无裂纹	SY/T 0315—2013《钢质管道熔结环氧粉末外涂层技术标准》 Q/CNPC 38—2002《埋地钢质管道双层熔结环氧粉末外涂层技术标准》 CAN/CAS－Z245.20—2006《钢管外壁熔结环氧粉末涂层技术标准》

（1）三层聚乙烯（3PE）

3PE是目前最常用的复合防腐层，由环氧粉末层、黏结剂中间层和聚烯烃外保护层组成。

①优点

a）3PE防腐管道密封性强，长期运行可节约大量能源，降低能源成本，保护环境。

b）具有很强的防水和耐腐蚀能力，施工简便迅速。

c）在低温条件下也具有良好的耐腐蚀和耐冲击性，PE吸水率低（低于0.01%）。

d）使用寿命可达30～50年，正确的安装和使用可使管网维修费用极低。

e）同时具备环氧强度高，PE吸水性低和热熔胶柔软性好等，有很高的防腐可行性。

②缺点

a. 施工工艺较复杂。

b. 由于中间胶黏剂和外层聚乙烯均采用挤出工艺，焊缝处易形成空鼓。防腐层一旦失去粘接，防腐层将出现层间分离，高度绝缘的聚乙烯外护层将屏蔽阴极保护电流，产生膜下腐蚀。

c. 3PE最高使用温度为70℃，不适用于高温管线，也不能在强紫外线下使用。

（2）熔结环氧粉末（FBE）

环氧粉末防腐层是20世纪60年代开始出现的防腐层。此类防腐层是通过静电喷涂的方法，将防腐层粉末喷涂到已预处理并已预热的管体表面，防腐层在管体表面发生固化反应从而形成一层致密的防腐层。

①优点

a）耐腐蚀性好，对环境污染小，适用于大多数土壤环境。

b）使用温度范围为－60～100℃。

c）与管体附着力大，抗阴极剥离性好。

d）防水性和电绝缘性好。

e）失效损伤后易发现，易修补。

②缺点

a）环氧粉末防腐层主要缺点是防腐层耐紫外线性能差、厚度较薄，易受外伤，易出现砂眼，野外施工管理难度大。

b）不耐磕碰，在储存、搬运过程中极易损坏，且需要加热设备，对三通、弯头等异形件及接口处的加工十分困难，难以保证防腐蚀材料的一致性。

c）吸水率较高。防腐层的施工工艺改善和性能提升是防腐层技术发展的主要方向。纳米改性技术是近年来运用在防腐层上的新兴技术，通过纳米改性可有效提升有机和无机防腐层的综合性能。目前，国际市场上还涌现出一些新型防腐层，如聚脲防腐层、液态聚氨酯、环氧/改性聚乙烯粉末、无机非金属防腐层、复合材料防腐层等，这些材料在国内应用案例较少。

3. 补口及异形件防腐层

（1）补口防腐层

补口是对外防腐层的完善。据调查，45%管道失效是由管道外腐蚀引起的，而补口部位的失效占外腐蚀失效的绝大部分，补口质量的好坏直接影响管线的使用寿命。管道外防腐层补口材料选择应遵循四点原则，即材料相容原则、性能匹配原则、结构及厚度匹配原则，补口防腐材料与主体防腐材料间应有良好的粘接性。管道补口形式一般分两大类，一类是胶带型补口，如收缩带、冷缠带和热熔胶补口等，这种技术通用性强；另外一种是涂覆型补口，如环氧高聚物涂层、聚脲等，涂覆型补口技术可以更好地满足防腐层材料选择的一致性要求。管道主体如果是3PE结构，其补口材料首选3PE热缩补口材料，环氧粉末涂层的补口一般可采用环氧粉末、胶黏带+底漆和3PE热缩补口三种方式。

对小于或等于30mm的损伤，宜采用辐射交联聚乙烯补伤片修补。补伤片的性能应达到对热收缩带（套）的规定，补伤片对聚乙烯的剥离强度应不低于50N/cm。对大于30mm的损伤，应在贴好补伤片后，在修补处包覆一条热收缩带，包覆宽度应比补伤片的两边至少各大于50mm。

（2）弯头等异形件防腐

工厂流水线的弯头、三通等异形件防腐，通常与直管道相同，但现场防腐一般采用热缩缠绕带、热收缩套，或者热收缩带虾米搭接式防腐。热收缩带本身就是聚乙烯防腐结构，和进厂做防腐效果相同。由于异形件的形状及尺寸的特殊性，异形件表面热收缩套也可能出现打褶以及与表面粘贴不严的现象，施工单位应严格预热，保证施工时无空气残留，注重施工质量，以免造成涂层附着力下降，导致渗水甚至开裂。为避免热收缩套的问题，热煨弯头的外防腐也可采用双层熔结环氧粉末外涂层（双层FBE），热煨弯头环氧粉末防腐层弯管和补口有专业的涂装作业工具，底层防腐型和抗机械损伤型面层可一次喷涂成膜完成。

基于"三分材料、七分施工"的认识，防腐工程中不能忽略施工质量的关键作用。国外ISO 21809-3—2008《石油天然气工业管道输送系统用的埋地管道和水下管道的外防腐层补口技术标准》，国内GB 50538—2010《埋地钢质管道防腐保温层技术标准》、GB/T 23257—2017《埋地钢质管道聚乙烯防腐层》等标准明确规定了管道补口的防腐层材料和施工原则。

目前，国内常用的补口材料还有环氧类、黏弹体防腐材料，其性能对比见表8-3。近年来，也涌现出一些新型防腐材料，液态聚氨酯防腐层具有很好的耐磨性能、抗阴极剥离性和优良的化学稳定性，将在补伤、补口及旧防腐层的修复等环节发挥更大的优势，其他还有聚脲弹性体、聚合物网络防腐层（PNC）、ATO超陶防腐防污涂料、复层矿脂防腐材料（PTC）等。

表 8-3　常用弯头、补口技术性能对比

材料类型		材料组成	补口工艺及结构	优点	缺点
环氧类	环氧粉末	环氧粉末、固化剂及助剂	静电喷涂、单层薄涂	补口质量好、与防腐层配合性好	需要专业的喷涂机具、施工要求高，费用高
	溶液型液态环氧	环氧粉末、煤沥青、固化剂等	冷涂/冷涂缠绕、单层或多层	施工方便	固化时间长，施工受环境影响大，环境污染
	无溶剂环氧聚合物	环氧粉末、固体填料及固化剂等	冷涂	对钢铁、FBE、煤焦油磁漆的黏结都强，操作简单，综合性能好	固化时间长，施工受环境影响大
热缩材料类	热收缩	经过辐射交联及预延展的一面敷热熔胶的 PE 片材	包覆管道环焊缝后均匀加热收缩黏结于管体	施工方便，试用范围广	对表面处理要求高，价格较高，对温度控制要求高
	非热收缩	溶剂浸泡的 PE 材料、玛蹄脂带	包覆管道环焊缝，依靠溶剂挥发自然收缩黏结于管体	施工方便，质量容易保证	价格昂贵，补口材料保存要求高，对环境有污染
黏弹体防腐层		黏弹性防腐层（如黏弹性聚烯烃材料）+ 机械外护层（如热缩压敏带、环氧玻璃钢等）	手工缠绕	轻微机械损伤下可自修复，对表面处理要求低	最高使用温度不超过 80℃，施工和采购成本较高

二　阴极保护

　　管道在建设施工及运行过程中，防腐层不可避免地会因机械碰撞或土壤应力出现一些漏点，导致管体与腐蚀性环境接触而受到腐蚀威胁。阴极保护系统则为这些漏点处管体提供附加保护，防止管道发生腐蚀。阴极保护是管道腐蚀控制的第二道防线。

1. 阴极保护原理

　　埋地管道的腐蚀是发生氧化还原反应的电化学过程。对被腐蚀金属施加阴极电流，使被保护金属整体处于电子过剩的状态且表面各点达到同一负电位，这样金属电极电位负移至金属的平衡电位或氧化性较低的电位，从而不易失去电子而变成离子。这种通过对保护金属施加外阴极电流使其由腐蚀态进入热力学稳定态的方法称为阴极保护。

　　阴极保护的电化学原理可用如图 8-15 的极化曲线表示。金属腐蚀体系的阴、阳极开路电位分别为 E_c 和 E_a，腐蚀电位为 E_{corr}，对应腐蚀电流密度为 I_{corr}。当引入外加电流后，整个腐蚀体系的电位将由于阴极极化而负向偏移。当电位负移至 E_1 点时，相应的电流密度

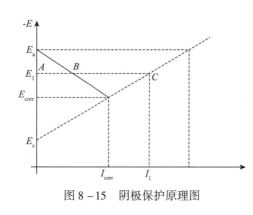

图 8 - 15　阴极保护原理图

$I_1 = I_{AB} + I_{BC}$，其中，I_{AB} 为金属腐蚀电流，I_{BC} 为外加电流，此时腐蚀电流已经减小。当金属继续阴极极化至原腐蚀电池开始时的开路电位 E_a 时，腐蚀电流为零，金属达到完全保护。

2. 阴极保护的参数

根据 GB/T 21448《埋地钢质管道阴极保护技术规范》，阴极保护技术涉及以下重要参数。

（1）保护电流密度。使被保护金属腐蚀停止或达到允许程度时单位面积所需的保护电流密度称为最小保护电流密度，其大小取决于被保护金属的种类、表面情况、绝缘层质量及腐蚀介质的性质、组成和温度等。

（2）最小保护电位。为了使腐蚀过程停止，被保护金属阴极极化所必须达到的绝对值最小的负电位值称为最小保护电位。常用来判断阴极保护是否充分，因此该电位值是监控阴极保护的重要参数。一般认为，金属在电解质溶液中，极化电位达到阳极区的开路电位时，就达到了完全保护。

（3）最负保护电位。阴极保护中，所施加的阴极极化的绝对值最大的负电位值为最负保护电位。阴极保护电位并非越负越好，电位过负，不仅仅造成电能的浪费，更重要的是金属表面析氢导致金属的氢脆和防腐层阴极剥离，因此要对最负电位进行严格限制。最负保护电位取决于腐蚀环境和防腐层两方面因素。

3. 阴极保护标准

GB/T 21448—2017《埋地钢质管道阴极保护技术规范》规定阴极保护的主要判据为：①管道极化电位应负于 −850mV（CSE），但应正于 −1200mV（CSE）；②当上述准则难以达到时，可采用管道阴极极化电位差或去极化电位差至少 100mV 作为判据。值得注意的是，阴极保护电位准则的选取还应考虑管道周围介质电阻率变化的影响，可以参考国标给定的电位值来确定。特殊情况下，如土壤中含有硫酸盐还原菌时，要求极化电位应达到 −950mV（CSE）或更负。此外，对于存在直流干扰和交流干扰下的阴极保护准则，需要结合实际工况参考相应的直流及交流干扰评价标准进行制定。

4. 阴极保护的方法

阴极保护方法包括强制电流法和牺牲阳极法。牺牲阳极法阴极保护电流来源于锌、镁、铝等牺牲阳极；强制电流法阴极保护电流来源于直流电源。长输管道通常采取以强制电流法为主、牺牲阳极法为辅的保护方式。强制电流阴极保护法适用于长距离、大口径、防腐层质量较差或土壤电阻率较高的埋地管道的阴极保护；相反，牺牲阳极法则多用于为短距离、小口径、防腐层质量较好或土壤电阻率较低的埋地管道提供阴极保护。

强制电流阴极保护是将被保护体与外加电源的负极相连，由外加电源通过与其正极相连的辅助阳极地床向被保护结构提供阴极保护电流，如图 8 - 16 所示。通常，外加电源使用恒电位仪，可以根据保护电位目标的设定来控制恒电位仪的电压及电流输出。在强制电流阴极保护回路中，被保护的管道为负极，起着阴极的作用，而辅助阳极接正极，使电路导通；外电路为电子载流，而土壤电解质中为离子载流。

优点：一套强制电流阴极保护系统可保护很大裸露面积的金属结构，其电源装置可以设计一定的电压和电流输出裕量以应对因防腐层老化而增加的电流需求，系统的设计寿命可达 20 年以上，保护效率高。

缺点：对附近其他地下构筑物可能构成干扰；必须具备可用的外部电源；需要按常规电气设备进行维护保养。

牺牲阳极保护则是由活泼的负电性金属或合金与被保护体构成电偶对，如图 8-17 所示，由于二者之间存在电位差，活泼金属或合金作为阳极通过自身的腐蚀消耗向被保护体提供保护电流。当两种不同的金属置于同一种电解质中并用导线连接时，由于电位差的存在，二者之间有电流流动，电位较负的成为阳极，两金属间的电子流动加速了阳极的腐蚀溶解而被消耗牺牲，而电位较正的为阴极，则受到保护。

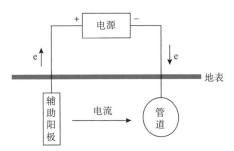
图 8-16　强制电流阴极保护原理图

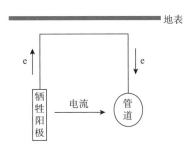
图 8-17　牺牲阳极的阴极保护原理图

优点：不需要外部电源，安装简单；阴极保护干扰危险小；工程量小，较为经济；易达到均匀电流分布，过保护风险低；除常规电位检测及因输出不足或耗尽而更换阳极材料外，维护工作量较少。

缺点：随着防腐层老化，需要补加电流以确保保护效果；在高电阻率电解质中电流输出可能偏低，保护范围较小；保护大型构筑物需要大量的阳极，造成阳极安装和更换的费用很高；当电流输出较大时，阳极需要频繁更换。

三　杂散电流干扰腐蚀控制

1. 直流杂散电流干扰腐蚀控制方法

（1）埋设牺牲阳极。如图 8-18 所示，在被干扰管道的电流排放区连接牺牲阳极，使杂散电流从牺牲阳极处排放，而不是从管道表面排放，从而达到防止管道腐蚀的效果。在排流地床与管道之间应安装极性排流器，防止杂散电流经排流地床回流至管道。

（2）安装绝缘接头。安装绝缘接头能有效增大管道电阻，减少杂散电流的进入，控制干扰范围，从而降低杂散电流在阳极区的排放，减缓管道杂散电流腐蚀。尽管绝缘接头减少了杂散电流的进入，但同时也增加了杂散电流的排放点，这是因为杂散电流从绝缘接头的一侧流向另一侧时，必然会通过管道流出。所以绝缘接头如若使用不当，会使杂散电流干扰腐蚀变得更加复杂。

（3）阴极保护站排流。如图 8 - 19 所示，为减少管道在电流排放区的腐蚀，可在该区域设置一阴极保护站。但是，增设阴极保护站可能会给原干扰源管道或结构物在局部重新造成干扰，因此，选择这种排流方式时，必须对干扰后果进行全面评估。

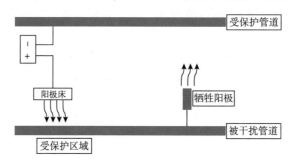

图 8 - 18　牺牲阳极法排流

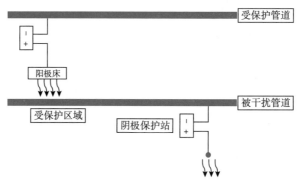

图 8 - 19　阴极保护站排流

总的来讲，杂散电流的主要排流保护方式如表 8 - 4 所示。

表 8 - 4　排流保护方式

方式	直接排流	极性排流	强制排流	接地排流
示意图	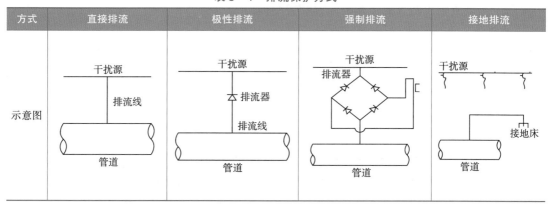			

方式	直接排流	极性排流	强制排流	接地排流
特点及适用范围	适用于具有稳定的阳极区，并且位于干扰源的直流供电所接地体或负回归线附近的被干扰管道。具有简单经济、排流效果好的优点，缺点是应用范围有限	适用于管地电位正负交变，并且位于干扰的直流供电所接地体或负回归线附近的被干扰管道。具有无须电源、安装简单、应用范围广的优点，缺点是管道与铁轨电位差较小时，保护效果差	适用于管轨电位差较小，并且位于干扰源铁轨附近的被干扰管道。可用于其他排流方式不能应用的特殊场合，在干扰源停运时可对管道提供阴极保护，缺点是会加剧铁轨电蚀，对铁轨电位分布影响较大，并且需要电源	适用于不能直接向干扰源排流的被干扰管道。其应用范围广泛，可适应各种情况，对其他设施干扰较小，当采用牺牲阳极作为接地时，可提供部分阴极保护电流，缺点是效果差，并且需要埋设接地床

2. 交流杂散电流干扰腐蚀控制方法

对于埋地管道的交流干扰防护主要可以从设计上远离干扰源、接地排流、电屏蔽等这几个方面进行考虑。

防止交流杂散电流干扰的接地排流方法通常包括直接排流、隔直排流和负电位排流。

（1）直接排流。用导线将被干扰管道和地床相连，地床材料接地电阻应小于管道接地电阻，如图 8 – 20 所示。直接排流排流效果好、简单经济，但易造成管道阴极保护电流漏失。

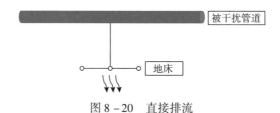

图 8 – 20　直接排流

（2）隔直排流。隔直排流是指在直接排流的基础上加入一隔直流通交流装置（如去耦合器），其目的是避免直接排流对管道阴极保护的影响。

（3）负电位排流。负电位排流是指在被干扰管道上连接一牺牲阳极（如锌、镁），但应注意的是，镁阳极在交流电压的作用下电位会正向偏移，甚至有可能比管道电位更正，称作极性逆转，因此通常的推荐做法是在其间安装单向导通装置。

电屏蔽往往用于电力故障或雷电情况下减轻强电冲击对管道防腐层和管道本体的影响。通过在管道邻近架空输电线路杆塔、变电站或通信铁塔、大型建筑接地体的局部位置处，可沿管道平行敷设一根或多根浅埋地线作屏蔽体。

四　内腐蚀控制

目前，国内针对内腐蚀控制的标准包括 GB/T 23258《钢制管道内腐蚀控制规范》和 SY/T 0087.2《钢质管道及储罐腐蚀评价标准　埋地钢质管道内腐蚀直接评价》。针对管道建设、施工和投产期的内腐蚀防护措施，国内标准没有明确的规定，国外一般采取封闭存放、应用气相缓蚀剂和防锈油等措施。运营期管道内腐蚀控制措施主要包括控制腐蚀介质、油品脱水、加大清管频次、添加缓蚀剂等，但由于国内标准只针对油品本身有质量要求，尚缺乏针对腐蚀介质的控制指标，加上油品脱水的成本高，因此国内一般是采用加大清管频次、提高管道通球扫线用水质量、添加缓蚀剂等内腐蚀控制措施。

1. 加大清管频次

去除成品油管道中的积水是减缓成品油管道内腐蚀的主要方法，目前最有效地去除积水方法就是清管。在清管的过程中，成品油管道内的砂粒及腐蚀产物残渣会影响清管器的通过能力，因此应加强清管质量管理，防止刮伤管道内壁造成二次腐蚀。

除此之外，采用油品自然顶推的方法也可有效地清除成品油管道的积水。

（1）当成品油管道携水能力较差时，在管道沿线低洼处容易产生大量积水。增大油品流速，以增强成品油的携水能力。

（2）采用黏度较高的柴油对成品油管道中的积水进行清除。在管道直径、入口流速都不变的前提下，黏度高的柴油比黏度低的汽油具有更强的携水能力。

2. 提高管道通球扫线的用水质量

扫线用水应尽量选择含盐量、溶氧量及砂石含量较低的清洁淡水，避免酸性离子、氧及砂石进入成品油管道。

3. 添加缓蚀剂

在地形起伏较大的管段，仅靠清管并不能完全清除沉积水等腐蚀介质。由于水环境可以促进氧、酸性离子、微生物的腐蚀，因此在低洼处等积水严重的局部位置，可以投用杀菌剂和缓蚀剂，这也是控制成品油管道内腐蚀的一种有效途径。

为验证内腐蚀控制措施的有效性，可在管道容易积水的低点或添加缓蚀剂的位置安装腐蚀监测设备（如壁厚测量装置），为腐蚀防治措施的制定提供依据。

第三节　腐蚀监检测技术

管道企业如果要了解埋地管道腐蚀发生、发展各个阶段的信息，则需要采取一定的检测与监测方法。检测与监测的结果对于后续防腐方案的制定非常重要，可以提供大量宝贵而关键的数据支持。本节将重点介绍管道外防腐层及阴极保护有效性检测、杂散电流干扰检测和远程监测系统等监检测技术。

埋地管道防腐层非开挖缺陷检测技术应具有高准确性、高检测效率、广泛适用性等特点，主要包括管/地电位测试法、电流衰减法、PEARSON 法、电压梯度检测技术、密间隔电位测试技术等。

1. 管/地电位测量

管/地电位测量主要用于检测阴极保护效果的有效性，被广泛用于对管道防腐层及阴极保护的日常检测及管理。采用万用表测试 $Cu/CuSO_4$ 参比电极与管道金属表面某一点间的电位差，通过电位–里程曲线了解管道沿线电位分布情况，用以区别当前电位与以往电位的差别，还可通过测得的阴极保护电位是否满足标准衡量外防腐层状况。

2. 试片法极化电位测量

该方法主要用于测量被保护管道对地的极化电位。若常规电位检测时，无法利用断路器确保切断回路中所有的电流，则需要采用试片法（图 8 – 21）测量此处管道的极化电位。试片是埋设在被保护管道附近相同土壤环境中的具有一定表面积的金属片，与管道连接，相当于防腐层缺陷点，可以获得阴极保护，专门用于测试阴极保护电位。试片表面积的选择应根据防腐层类型、管道所处环境以及干扰情况等因素而定。

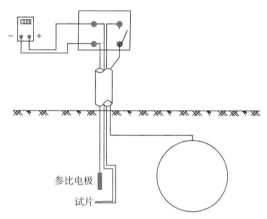

参比电极

试片

图 8 – 21　试片法测试极化电位安装示意图

3. PEARSON 法

PEARSON 法主要用于寻找地下管道外防腐层破损点。该方法需要在管道与大地之间施加 1000Hz 的交流信号，交流电在管道防腐层的破损处流向大地，从而在破损点的上方形成交流电压梯度，其电流密度随着离防腐层破损点距离的增加而减小。该方法能检测单个或多个漏损点，并能确定管道走向、分支、搭接、埋深等。检测时，提供交流信号的发射机信号线需与管道相连。

4. 电流衰减法（ACA）

电流衰减法是一种管内电流检测技术，采用等效电流原理评价防腐层绝缘电阻。该方法可用于探测外防腐层绝缘电阻、破损点，还能测试包括管道埋深、分支位置、搭接、电导系数等信息，也能区别单个异常点与连续的外防腐层破损区域。

检测时由发射机向管道发射某一频率的信号电流，管体、大地和信号发射机形成一个闭合回路，电流流经管道时，在管道周围产生相应的交变磁场。当管道外防腐层完好时，随着管道的延伸，电流较平衡，无电流流失现象或流失较少，其在管道周围产生的磁场比较稳定。当管道外防腐层破损或老化时，在破损处就会有电流衰减现象，随着管道的延伸，其在管道周围磁场的强度就会减弱。

5. 管中电流法检测（PCM）

PCM 即为管中电流法或多频管中电流法，主要是测量管道中的电流衰减梯度。通过测量土壤中交流地电位梯度的变化，便可以对埋地管道防腐层破损点进行查找和准确定位。该检测技术既可作为新竣工管道的检测、验收手段，也可对正在运行的管道进行定期监测，解决了以往埋地管道在非开挖状况下无法检验的难题。

利用发射机向管道施加一个特定的交流电压信号，在信号沿管道传播过程中，当管道的防腐层出现破损点导致管体金属与土壤介质直接连通时，在管道和土壤之间形成了交流电流，并在该破损点附近的土壤中产生了电位梯度。利用一对电极阵列（如 A 字架）和接收器能够测量出破损点处形成的地电位梯度值，用 dBμV 值表示，这种方法即是交流地电位梯度法。

6. 直流电位梯度检测（DCVG）

直流电位梯度检测（图 8 – 22）是采用直流脉冲技术与阴极保护技术相结合的埋地管道外防腐层缺陷检测技术，也是唯一的能够确定出管道防腐层缺陷等效破损面积的方法。对于有阴极保护的埋地管线，当外防腐层出现破损时，阴极保护电流将从外防腐层破损点的周围流向破损处管体。电流流过防腐层破损点周围的土壤，在土壤电阻上产生的电压降，在破损点周围形成一个电位梯度场。管道外防腐层破损点面积越大和越接近破损点，电压梯度会变得越大、越集中，通过测量电位梯度，可以确定防腐层缺陷。

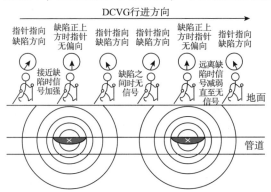

图 8 – 22　DCVG 法检测防腐层缺陷示意图

7. 密间隔电位检测（CIPS）

密间隔电位检测可用于判断外防腐层的状况和阴极保护是否有效。在实际的管道阴极保护电位测量过程中，由于 IR 降的存在，在每个测试桩上所测得的管道对地电位并不是直接施加在破损点管道金属表面与土壤接触界面之间的电位，因而不能准确判断阴极保护对管道保护效果。在消除 IR 降的诸多方法中，同步中断电流法被普遍采用，其过程是在同步中断阴极保护电流后的瞬间（一般是几百毫秒），来分析测量管体与土壤界面之间的极化电位。这个电位才是阴极保护系统对破损处金属所施加的保护电位。CIPS 检测所采用的就是同步中断电流法测量管地电位的技术。

二 杂散电流干扰检测

检测杂散电流的方法因干扰源类型和结构物类型而异。一般来说，常见的检测参量包括电位和电流。对于动态直流杂散电流来说，这些测量值会随时间发生变化，而静态干扰条件下则一般为常数，具体的电位和电流测量项有管道对地电位、轨道与管道间电压、管道中的电流（包括杂散电流）和大地电流等。对于交流杂散电流干扰来说，无论干扰源是高压交流输电线路或是交流电气化铁路（如高铁），主要的检测项包括交流干扰电压和交流干扰电流密度。以下介绍几种用于杂散电流干扰检测的必不可少的测量工具，这些工具在现场用于测试的安装情况如图 8-23 所示。

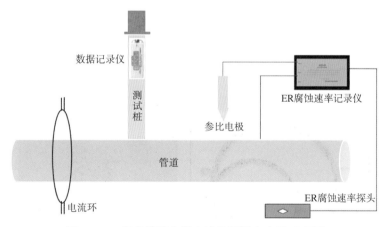

图 8-23　埋地管道杂散电流检测设备布置示意图

1. 数据记录仪

随着埋地管道运行的环境工况变得愈加复杂，特别是存在动态干扰源时，对埋地管道阴极保护有效性分析所需的常规电位测量技术将无法满足需求。这种情况下，为了分析影响埋地管道的杂散电流的大小和方向以及管地电位随时间变化的关系，则需要长时间（24h 或更久）的电压或电流记录来获得这种数据，采用数据记录仪即可达到这个目的。

数据记录仪（图 8-24）可以安装在测试桩内，无须照管便实现对电学参数的测量和自动记录，目前可用的数据记录仪有多种不同类型。数据记录仪一般配有内部电流分流和中断继电器，因而具有高精度的多个测量通路，可以同时测量并记录管道通电电位、试片断电电位、感应交流电压、直流电流密度及交流电流密度等电参数。为了捕捉并量化动态干扰电位的变化和波动，往往需要对电位或电流数据进行密集采集，数据记录仪往往可以达到秒级的测试采样频率；对于高频采集的测量参数，数据记录仪可以存储多达百万条的数据。

数据记录仪的高通量测量功能使其在以下几个方面可以发挥突出的效用：地铁动态直流及高铁动态交流干扰测试、极化/去极化测试、阴极保护地床的电流输出测试、排流地床的过流量测试、铁轨泄漏电流测试以及大地电流监测等。

2. 电流环

对埋地管道中的杂散电流进行间接或直接测量并不是一项容易的任务。传统的电流测试方法，包括万用表直接测量法、分流器测量法以及电流桩测量法等，均具有不同的使用限制条件。基于霍尔效应开发的电流环产品（图8-25），是一种便携的、非接触性的测试工具，可以直接用于测量管道内的电流，其使用方法相对简单，只需将由放大线圈构成的感应装置环绕在待测管道周围进行测量。这种电流测量方式能够有效排除交流干扰，无须在待测回路内加入测量仪表，且无须外加分流器，不会增加回路电阻而影响测量的准确性。

图8-24　多通道高频采集数据记录仪
（左图为仪器安装前；右图为安装在测试桩内）

电流环可用于阴极保护系统的问题排查以及杂散电流干扰的评估测试，例如，对管线的电短路位置进行定位，测试绝缘接头的绝缘性能，对管线受到的外来干扰进行定量检测，对恒电位仪以及阳极输出电流进行定量检测，确定阴极保护系统产生的电流分布，监测动态杂散电流（地电流，轨道交通等）的大小及方向变化等。

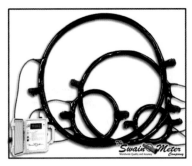

图8-25　电流环
（左图为不同直径的电流环；右图为电流环现场应用）

3. ER腐蚀速率探头

对埋地管道杂散电流干扰的严重程度及腐蚀风险进行评判往往需要对目标位置的腐蚀

速率进行测量。ER 腐蚀速率探头（ER Probe）即是可以替代传统失重试片法的一种测量方法，此方法不需要开挖及称重作业，仅通过电子手段即可评估试片的失重情况。除此之外，ER 腐蚀速率探头还可以测量其他电学参数，包括交流电流（密度）、直流电流（密度）、直流电位以及交流电压等。ER 腐蚀速率探头技术通过测量试片电阻的变化来反映试片的腐蚀情况。如果试片由于腐蚀而导致金属损失，其电阻将增加。由于试片电阻的变化也可能是温度变化导致的，因此该测试技术考虑了温度补偿的方法（图 8-26）。这样，根据电子电路测量的试片电阻变化就可以评估出试片在相应埋设工况下的腐蚀速率。

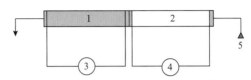

图 8-26　ER 腐蚀速率探头测量原理图
1—参照元件；2—试片元件；3—参照元件两端的电压；
4—试片元件两端的电压；5—激励电流

ER 腐蚀速率探头可同时监测多种参数的特性使其在埋地管道杂散电流干扰评估方面具有无可替代的优势。通过多参数同步测量，可以分析管道在何种电学条件下会发生腐蚀现象，随即对这些工况进行干预或调整，从而确保恢复正确的运行工况并进而维持管道安全运行。除了可以直接用于定期检测或者实时监测腐蚀速率之外，这项技术通常还被用于交流腐蚀风险评估、腐蚀缺陷成因分析以及杂散电流干扰缓解效果评价等。

三　远程监测系统

1. 远程监测技术

传统的阴极保护电位检测方法是由人工手持万用表或电压表等仪表在管道沿线测试桩处逐一进行测量，这种方法费时费力，测试数据不连续、周期长、成本高、难度大、准确性差且不能及时发现问题，尤其无法满足对长时间连续监测的需求。随着地理信息系统及通信技术的发展，阴极保护远程监控技术也得到发展。目前采用基于 GIS 的实时监视控制和数据采集系统作为管理的运行管理平台，已在国内外普遍使用。远程监测系统可实现阴极保护电位的自动检测及预处理、恒电位仪及智能桩的状态查询、确定腐蚀敏感区域的管道位置，能为管道腐蚀提供相关的详细资料及现场证据，这对于实现阴极保护管理水平以及排查杂散电流干扰问题具有重要意义。

2. 远程监测系统的构成

阴极保护数据无线传输和远程监控系统包括图 8-27 所示的三大部分。

（1）智能测试桩。设立于管道路由沿线，其内部安装了数据采集仪（图 8-28）。通过采集仪和埋地极化探头，可以实现对阴极保护电位、交流电压、直流电流、杂散电流、土壤电阻率等相关参数进行采集，经过 A/D 转换器，将模拟量转成数字量，再通过单片机对数字量进行处理，将得到的数据进行临时存储或者通过无线模块发送到远程客户机上。此外，这些数据采集设备还能够根据计算机或其他专用平台软硬件的系统要求实现灵活的、定制化的测量与采集。

（2）数据传输网络。数据传输网络的工作方式是双向的，一方面将采集仪采集得到的数据通过特定方式和固定协议传送给远端服务器系统并进行存储；另一方面可以将客户端发出的指令发送给采集仪，控制采集模块的工作方式。基于 GPRS 的无线传输系统是目前领先的无线数据传输系统。在阴极保护现场，充分利用目前的移动通信网络，通过 GPRS 与远程计算机建立链接，将数据传输给远程主机，在线掌握阴极保护状态。GPRS 的数据传输速率快，通信传输延时较小，监控覆盖范围广阔，通信费用低。通过 GPRS 无线技术，还可以随时监控远程采集终端的工作状态、电池电量的剩余情况等，有效保证智能系统的可靠运行。

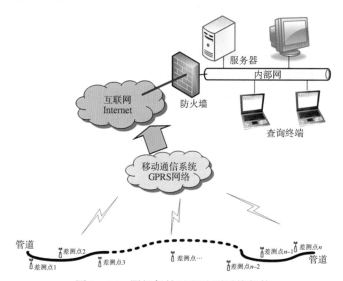

图 8-27　阴极保护远程监测系统架构

图 8-28　电位智能采集仪安装于
专用测试桩内

（3）主站监控服务器。通过接入的有线互联网络，计算机实现对远程数据的接收记录和处理，并对多处远程监测终端进行管理。监控服务器包括服务器计算机和管理软件。管理软件可以视为在线的阴极保护评价工具，能把从远程采集得到的阴极保护各项参数按照国家标准或国际标准进行判定、分析并给出预警。当系统发出预警时，根据当时情况，软件可指明故障原因、时间、地点，并将这些信息写入数据库，方便查阅和存档，为维修工作提供依据。管理软件还可以通过自学习和相关经验数据库的加入，能够实现对阴极保护各种故障的响应并提出合理的解决方案，达到满足阴极保护运行维护需要，降低管道腐蚀风险，保障管道安全运行的目的。另外，管理软件还集成了对采集仪的控制功能，可以远程设定采样频率、控制采集仪的休眠状态等。

3. 远程监控系统在干扰监测中的应用

随着智能管道的建设，阴极保护的远程监控系统将进一步扩大应用。值得一提的是，电位远程监控系统在监测埋地管道受高压直流接地极单极运行的大电流干扰事件方面是无可替代的。监测高压直流干扰时，需要在接地极附近的管道沿线设置多个电位监测点，分别在离接地极最近管道位置和远离接地极的管道位置同时设置，对管道电位进行连续不间断地监测。通过同一条管道多个位置的通电电位同时发生正向或者负向偏移，来判断管道是否受到高压直流输电工程接地极的干扰。如图 8-29 所示，为了监测某接地极对最短垂直距离约 12km 之外的某成品油管道的干扰，在管道沿线设置了多处电位监测点。在 2017 年 6 月 10 日 16 点 02 分至 6 月 11 日 01 点 16 分和 6 月 11 日 07 点 19 分至 08 点 30 分这两个时间段内，其中 4 个电位监测点的电位分别同时发生了显著的正向和负向偏移。由此可以判断这两个时间段内该管道受到两次高压直流输电工程接地极的干扰，且放电极性相反。另外，通过在管道沿线布设的电位远程监控系统还可以对埋地管道的高压直流干扰频次和干扰时长进行长期跟踪。

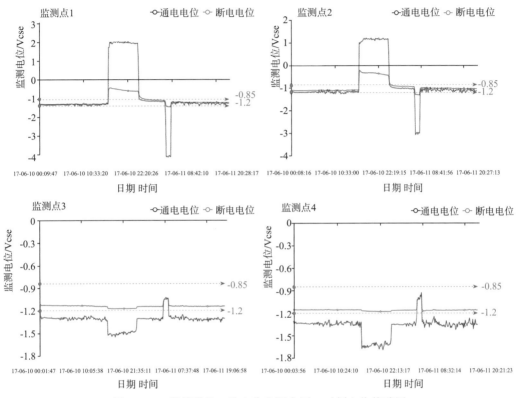

图 8-29　某管道的 4 处电位监测点同一时刻电位偏移图
（显示该管段受高压直流接地极放电干扰）

第四节　腐蚀评价技术

腐蚀评价技术是在腐蚀监检测技术之上基于标准和经验，应用专项技术对管道监检测的数据进行评价，判断埋地金属管道的腐蚀情况，从而制定出合理的管道腐蚀控制计划。本节将重点介绍外腐蚀直接评价技术、杂散电流干扰评价技术和内腐蚀评价技术。

埋地管道的外腐蚀直接评价（ECDA）就是对外防腐层与阴极保护系统的联合作用进行检测与评价。外腐蚀直接评价能得出较为全面、合理的管道维护、维修与监控措施。

1. 外腐蚀评价主要内容

（1）全面检测外防腐层的现状，包括：防腐层老化情况、破损位置及破损程度、破损处管体的腐蚀特性等，评价其完整性情况。

（2）全面评价阴极保护系统的运行情况，对其保护水平（管道是否获得全面、合适的阴极保护，是否存在欠保护及过保护情况）给予评价。

（3）测量杂散电流分布的情况，评价其对管道外腐蚀的影响。

（4）开挖验证和直接无损检测，包括管道壁厚测量、管道防腐层测量。

（5）建立 ECDA 检测数据库。

（6）评价管道的完整性，提出外腐蚀控制的改进建议。

2. 外腐蚀评价重要环节

根据现行的国内及国际标准，外腐蚀评价的重要环节包括以下方面。

（1）管段外防腐情况评价

①外防腐层评价。外防腐层评价是为了准确定位防腐层破损点，按防腐层缺陷严重程度分类，确定防腐层缺陷的修复优先级别，评价其完整性情况。

CIPS/DCVG（密间隔电位测量/直流电位梯度）组合测量技术是埋地管道防腐层和阴极保护双重保护效果直接检测评价的主要方法，其中对阴极保护效果检测评价也是其他方法无法替代的，能够对缺陷点的破损程度进行定量分析与分类，确定缺陷修复优先级。检测结果可以参照 GB T 19285—2014《埋地钢质管道腐蚀防护工程检验》提供的电阻率 R_g 值、电流衰减率 Y 值以及破损点密度 P 值进行分级评价，用于指导防腐层修复的优先级顺序。另外，基于电磁场传播理论的管中电流测试技术结合交流电位梯度（ACVG）测量技术也可以测量管道防腐层的整体状况，其测试结果包括管道埋设深度、防腐层电阻率和传导系数、异常位置及异常类型等，是普遍采用的有效的防腐层检测评价方法。

在役埋地管道防腐层的质量评价通常是以防腐层电阻率的大小来衡量的。NACE TM 0102《埋地管道覆盖层电导率的测量》是常用的方法标准，可用来评价各种类型的防腐层质量。为了更准确地评价防腐层的质量，通过标准方法测量计算得到的防腐层单位面积电导率必须通过特定的土壤电阻率加以修正，比如 $1000\Omega \cdot cm$。

对于 $1000\Omega \cdot cm$ 土壤中防腐层的单位面积电导率，可通过下面的公式大致进行计算：

$$G_n = G_1 \times \frac{\rho_{avg,1}}{1000} \tag{8-3}$$

式中　G_n——$1000\Omega \cdot cm$ 土壤中防腐层的单位面积电导率；

　　　G_1——测量管段的平均单位面积电导率；

$\rho_{avg,1}$——测量管段所处土壤环境的平均电阻率。

将计算值与表8-5列出的工业界推荐的标准值对照，则可以评价出防腐层质量的好坏。

表8-5 1000Ω·cm土壤中防腐层电导率与质量对照

防腐层质量评价	推荐单位面积电导率范围 $G_n/$（μS/m²）	相应的电阻率范围 $(1/G_n)/(\Omega \cdot m^2)$
极好	<100	>10000
很好	101~500	2000~10000
好	501~2000	1996~500
劣	>2000	<500

埋地管道防腐层一般与阴极保护协同使用，所以关于防腐层失效的判定是个较为复杂的综合性技术，至今尚无统一标准，尤其是在阴极保护管道上判定防腐层失效就更加困难。有观点认为当无法经济的维持充分的阴极保护作用时，则可以判定管道防腐层超过了其使用寿命。

②阴极保护系统运行情况评价。通过包括 CIPS 在内的电位检测技术对管道是否获得有效的阴极保护进行评价，并定位欠保护及过保护管段。针对局部保护电位异常的情况，应调查杂散电流干扰的分布情况并评价其对管道外腐蚀的影响（杂散电流的评价方法将在下面详细介绍）；还应测试站场及阀室绝缘接头的绝缘性能并对阀门防腐层的完好性进行检测，以查明保护电流的漏失情况。

③提出阴极保护系统的问题整改建议以及管道防腐层的维修监控管理方案。

（2）极性测量

通过极性测量，判断两测量电极间电流的流向，以确定该区域处于阴极状态或是阳极状态，从而判断该区域是否处于腐蚀状态。

（3）杂散电流与大地电流测量

通过管地电位的分析，可了解杂散电流或大地电流干扰的情况，判定杂散电流的干扰区域，确定杂散电流的流出/流入点，评价杂散电流的干扰强度。在杂散电流或大地电流干扰的区域，通过对数据的处理与分析，还可获得真实的阴极保护电位。

（4）检测评价

①埋地管道外防腐层完整性报告，内容包括：防腐层老化情况、破损位置及破损状况、缺陷尺寸、依缺陷严重程度的分类表、破损处管体的腐蚀电流流向、缺陷的修复优先级别等，并评价防腐层的整体完整性情况。

②阴极保护系统的有效性报告，对其保护水平（管道是否获得全面、合适的阴极保护，是否存在欠保护及过保护情况）给予全面评价。

③杂散电流干扰影响报告，全面评价其对管道外腐蚀的影响，并提供排流建议方案。

④数据库建立。

⑤提出全面、合理、科学的维护、维修管理方案，确保外防腐体系的功能完整性。

1. 直流杂散电流干扰评价

（1）阴极保护系统相互间的干扰

阴极保护系统相互间的干扰现象属于静态干扰，其特点是干扰电流值的大小和电流通路维持相对不变。根据干扰源与埋地金属管线埋设分布分为三大类。

①阳极干扰。当一条外部非保护管道穿越阳极地床周围的电压漏斗时，在其电位梯度的影响下就会发生阳极干扰的杂散电流腐蚀。进入管道的杂散电流在管道中流动，在离阳极床较远的管道表面防腐层缺陷处流出土壤。正是在这些电流排放区将会发生严重的金属阳极溶解，即杂散电流腐蚀，这种腐蚀破坏现象也称为阳极干扰。

②阴极干扰。所谓阴极干扰指埋地外部管道与受阴极保护管道以垂直相交的方式埋设，在其接近区域使外部管道发生杂散电流腐蚀的现象。与阴极保护管道交叉埋设的该外部管道在交叉部位之外的较大范围内汲取电流，在与阴极保护管道相交处流出，进入土壤或进入阴极保护管道。这种杂散电流腐蚀现象称为阴极干扰。如果接受电流的管段电位持续负移，也可能会产生破坏性的过保护作用。

③混合干扰。这是一种阳极干扰和阴极干扰联合作用的情况，称为混合干扰。在外部管道紧靠阳极地床的部位汲取了大量电流，由于杂散电流影响使管地电位显著负移。在紧靠阴极保护管道处区域流出，使此处管地电位正移，杂散电流在此处流出而导致金属阳极溶解腐蚀。这种混合干扰的腐蚀破坏要比单独的阳极干扰或单独的阴极干扰严重得多。

（2）直流干扰判别标准

目前国内对直流杂散电流干扰检测与评价的标准主要参考 GB/T 50991—2014《埋地钢质管道直流干扰防护技术标准》，其中主要评价指标如下：

①在管道设计阶段，当发现管道路由土壤电位梯度大于或等于 2.5mV/m 时，应评价管道敷设后可能受到的直流干扰影响，必要时可预设干扰防护措施；

②管道投运后，在管道已施加阴极保护时，当干扰引起管地电位正于最正保护电位时，管道应及时采取干扰防护措施，对于干扰防护措施引起的管地电位负向偏移量，应力求使管地电位不超过管道所允许的最负保护电位，对于未施加阴极保护的管道，当其任意点上管地电位较自然电位正向偏移大于或等于 100mV 时，管道干扰程度为不可接受，应及时采取干扰防护措施。

（3）地铁动态直流干扰评价

埋地管道受地铁动态直流杂散电流干扰的评价一直是工业界非常关注的热点问题。国内 GB/T 50991—2014《埋地钢质管道直流干扰防护技术标准》、英国/欧洲标准 BS EN 50162—2004《Protection against corrosion by stray current from direct current systems》、澳大利亚标准 AS 2832. 1—2015《Cathodic protection of metals, Part1：Pipes and cables》等标准中，对地铁动态直流干扰评价要求并不一致，而且难以判别其评价结果是否保守。国内常结合国标和澳标进行评价，主要评价指标如下。

①在评价牵引电流的影响时，应记录足够长时间的电位以确保包含最大程度的杂散电流影响。这个时间段包括早晚用电高峰，一般为 20h。如果用数据记录仪监测电位，采样频率应每分钟至少 4 次。受牵引电流影响构筑物的阴极保护电位准则根据构筑物极化时间的不同而异。

②短时间极化的构筑物。防腐层性能良好的构筑物或已证实对杂散电流的响应为快速极化和去极化的构筑物，应遵循以下准则：

a）对钢铁构筑物来说，电位正于 −850mV 的时间不应超过测试时间的 5%；

b）对钢铁构筑物来说，电位正于 −800mV 的时间不应超过测试时间的 2%；

c）对钢铁构筑物来说，电位正于 −750mV 的时间不应超过测试时间的 1%；

d）对钢铁构筑物来说，电位正于 0mV 的时间不应超过测试时间的 0.2%。

③长时间极化的构筑物。对于防腐层性能较差的构筑物或对杂散电流的响应为缓慢极化和去极化的构筑物，其电位正于保护准则的时间不应超过测试时间的 5%。

（4）高压直流干扰评价

目前国内外就高压直流输电系统接地极对管道干扰，尚缺乏针对性的标准规范指导如何进行管道及站内设备安全影响的评价工作。只有电力行业的推荐标准 DL/T 437—2012《高压直流接地极技术导则》中第 4.2.4 节指出："直流接地极选址选择应考虑对周围环境的影响，在预选极址 10km 范围内原则上不宜有地下金属管道、铁道及有效接地的送变电设施。"然而，目前已发现接地极放电期间对管道的干扰电压可高达数百伏，干扰范围达上百千米，而且发现接地极距管道上百千米时，也可能存在较大的干扰。因此，管道安全边界与高压直流输电系统接地极放电参数间的相互关系一直是研究的热点和难点。

埋地管道高压直流干扰的全面评价，不仅需要遵循 GB/T 50991—2014《埋地钢质管道直流干扰防护技术标准》提出的保护电位指标，更需要结合数值模拟计算技术和 ER 腐蚀速率监测技术对受干扰管段的腐蚀风险进行全面评价。如图 8 – 30 所示，评价的步骤包括：

①首先针对受干扰管道以及干扰源进行管道、高压直流、环境等信息收集；

②利用数值仿真计算软件进行三维模型绘制并对模型进行离散网格划分，接着利用边界元法结合相应的边界条件求解电场传导方程，得到各个离散网格的电学参数，如电位、电流密度等；

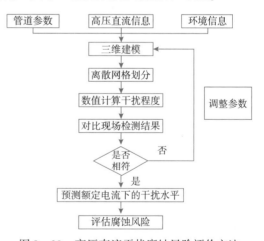

图 8 – 30　高压直流干扰腐蚀风险评价方法

③与现场远程监测的电位数据进行对比，调整并优化仿真计算模型；

④利用腐蚀电化学原理计算管体腐蚀速率，并与现场测试的腐蚀速率对比，最后根据相应的国内或国际标准进行腐蚀评价。

2. 交流干扰评价

（1）我国交流干扰相关标准

国内对于埋地管道交流干扰的评价主要参考 GB/T 50698—2011《埋地钢质管道交流干扰防护技术标准》。该标准中主要考虑到管道腐蚀风险，对埋地管道交流干扰判别作出如下规定：

当管道上的交流干扰电压不高于 4V 时，可不采取交流干扰防护措施；高于 4V 时，应采用交流电流密度进行评价，交流电流密度可按下式计算：

$$J_{AC} = \frac{8V}{\rho \pi d} \tag{8-4}$$

式中　J_{AC}——评价的交流电流密度，A/m^2；

　　　V——交流干扰电压有效值的平均值，V；

　　　ρ——土壤电阻率，$\Omega \cdot m$；

　　　d——破损点直径，m。

注：ρ 值应取交流干扰电压测试时，测试点处与管道埋深相同的土壤电阻率实测值；d 值按发生交流腐蚀最严重考虑，取 0.0113m。

管道受交流干扰的程度可按交流干扰程度的判断指标的规定判定（表 8-6）。

表 8-6　交流干扰程度的判断指标

交流干扰程度	弱	中	强
交流电流密度/（A/m^2）	<30	30~100	>100

同时，标准还规定当交流干扰程度判定为"强"时，应采取交流干扰防护措施；判定为"中"时，宜采取交流干扰防护措施；判定为"弱"时，可不采取交流干扰防护措施。

在交流干扰区域的管道上宜安装腐蚀检查片，以测量交流电流密度和对交流腐蚀及防护效果进行评价，检查片的裸露面积宜为 $100mm^2$。

管道上存在感应交流电压可造成触电风险，因此对交流干扰的评价还应当考虑安全电压的限值。GB/T 3805—2008《特低电压（ELV）限值》给出了在不同环境条件下人身安全时稳态交流电压的限值，可以作为评价交流电压触电风险的评判依据。

（2）国外交流干扰相关标准

①交流电压标准

美国腐蚀工程师协会（NACE）推出的标准 SP0177 规定当交流电压（接触电压，即管道附近土壤与管道的电压差，一般为管道正上方 1m 范围内）小于 15V 时交流干扰可以忽略，当交流电压大于 15V 时交流干扰严重。该标准主要考虑交流干扰对人身安全的威胁。该标准规定交流电压的测量可以采用近地测量，但是如果想要得到更准确的交流电压数值应采取远地测量。

②交流腐蚀风险评价准则

国际标准 ISO 18086—2015 指出，交流腐蚀过程受到防腐层缺陷处的电流密度控制，而电流密度则取决于缺陷处的电压高低和局部接地电阻大小。其中，缺陷处局部接地电阻与局部的土壤电阻率有关。根据经验，交流腐蚀风险的高低与土壤电阻率参数存在如下经验关系：

低于 25Ω·m：非常高的风险；

介于 25Ω·m 和 100Ω·m 之间：高风险；

介于 100Ω·m 和 300Ω·m 之间：中等风险；

高于 300Ω·m：低风险。

另外，该标准还给出了可接受的交流干扰水平。其中第 7 节的内容指出，阴极保护系统的设计、安装、维护应确保交流电压水平不会引起交流腐蚀。但是由于工况多变，并不存在一个通用的阈值用以评价交流干扰，可以按照下面的描述为目标，通过降低管道交流电压和电流密度来实现交流腐蚀控制。

第一步：确保交流电压降低到 $15V_{rms}$ 以下，该电压值取某时段内（例如 24h，下同）测量值的平均值。

第二步：为了有效控制交流腐蚀，在满足 ISO 15589 - 1：2015 表 1 的阴极保护电位要求之外，还应满足如下要求之一：

a）在 $1cm^2$ 试片上测得的代表性时段内的交流电流密度低于 30 A/m^2；

b）如果交流电流密度大于 30 A/m^2，在 $1cm^2$ 试片上测得的代表性时段内的平均直流电流密度低于 1 A/m^2；

c）在代表性时段内交流电流密度（i_{AC}）与直流电流密度（i_{DC}）的比值应低于 5。

③交流干扰下的阴极保护准则

许多交流干扰案例表明，当无 IR 降的瞬时管地电位 $U_{IR-free}$ 正于 – $1200mV_{CSE}$ 时，会有交流腐蚀发生的风险，特别是瞬时管地电位负于 – $850mV_{CSE}$ 的地方，交流腐蚀发生的风险更大。相反，在 $U_{IR-free}$ 值比 – $1200mV_{CSE}$ 更负的地方，一般不会发生交流腐蚀。

对碳钢在土壤中的交流腐蚀进行系统研究得出了如图 8 – 31 的结果。从图中可以看出，腐蚀速率 20 μm/a 和 100 μm/a 将整个区域划分为交流腐蚀低风险区、交流腐蚀高风险区以及交流腐蚀中等风险区三个区域。当交直流电流密度之 i_{AC}/i_{DC} 比大于 600 时，整个区域基本上都在交流腐蚀高风险区和交流腐蚀中等风险区，也就是说此时发生交流腐蚀的风险相当大。但是，当交直流电流密度之比 i_{AC}/i_{DC} 小于 600 时，发生交流腐蚀的风险则与阴保电位有关。根据这一结果提出的交流腐蚀评

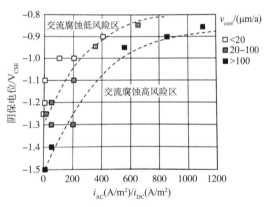

图 8 – 31　碳钢腐蚀速率随交直流电流密度之比和阴保电位变化图

价准则认为，当交直流电流密度之比 i_{AC}/i_{DC} 小于 20 时，阴保电位应该在 – 1.15 ~ – $1.0V_{CSE}$，这样才不会过保护。

过保护现象是非常值得关注的问题。当管道对地电位过负时（如 – $1200mV_{CSE}$），如果此时管道附近为碱性环境，一旦 pH 达到一定的值（如 14），就有发生交流腐蚀的风险。

近年来，埋地成品油管道的杂散电流干扰问题日益加剧，成为影响管道运行安全的主要危害之一。数值模拟仿真技术用于阴极保护效果预测和杂散电流干扰评价已成为该领域的热点方向，其本质是利用数值方法求解计算描述实际问题的数学模型。

1. 直流干扰数值模拟及评价

采用数值模拟技术来获取被保护体表面的电位和电流分布，成为阴极保护领域中十分活跃的一个方面，并已在地下长输管道、海洋构件、近海石油平台等油气设施上得到了较好的应用。

我国阴极保护数值模拟技术的研究始于 20 世纪 90 年代。中国科学院上海冶金研究所用有限元法研究了钢质储罐底板外侧、码头钢管桩以及带状阳极保护下埋地管道的阴极保护电位和电流分布。近年来北京科技大学路民旭教授团队对阴极保护电位分布数值计算模型，带涂层金属构件极化边界条件开展了理论研究和测试方法研究，编写了边界元计算程序，将几何建模、网格划分、边界设置、材料物性设置、计算求解、结果后处理等功能组合为一个整体，开发了国内首套应用于阴极保护数值模拟计算的商业软件——阴极保护数值模拟计算软件（Cathodic Protection Simulation and Optimization Design Software, CPSOD），并于 2011 年 10 月进行了正式发布，成为国内阴极保护数值模拟计算技术发展的一个标识性事件。目前，国际上通用的阴极保护数值模拟计算用 BEASY 等软件来进行。

埋地管道易受相邻的阴极保护系统、高压直流输电系统和地铁轨道交通系统等入地或泄漏直流杂散电流的干扰影响，该影响的程度和范围很难从测量中得到全面的了解，采用数值模拟方法能够很好预测并评价干扰影响的规律及防护措施的效果。

与单独的阴极保护电位分布数值模拟计算相比，在直流干扰的数值模拟中需要增加干扰源的描述方程（基于简化的电路模型和/或电位分布的描述方程），边界条件基于实际工况可为恒电位、恒电流或电位与电流的关系。同时，每个独立的干扰源系统需满足电流平衡条件（即流入、流出电流之和为零）。在实际模拟计算中，直流干扰问题与单一阴极保护系统的不同主要体现在由于本体电位差异导致边界条件处理方法的变化，因此而引入的未知参数可通过现场测量获得或利用快速插值迭代计算的方法得到。

由于阴极保护及直流干扰的实际问题较为复杂，电位分布数值模拟的准确性要受到多个因素的制约，其中最主要有：①几何模型的准确性，所建立的几何模型和实际的埋地构件分布越接近，计算结果越准确；②边界条件的准确性，要准确地给出计算的边界条件，需要弄清楚所有埋地构件表面的涂层状况，并能给出不同表面状况的构件在土壤环境下的极化特性，但是对于某些区域，如埋地管网众多，建设时间不确定，管道表面状况差异较大，如果不能准确地掌握地下构件的分布情况和表面状况，就会影响计算结果的准确性。

2. 交流干扰数值模拟及评价

数值模拟计算方法通过数值模拟计算软件建立管道交流干扰模型，利用电磁学理论方程对其进行计算，可方便地预测管道交流干扰电压的分布及各种缓解措施的缓解效果。

交流干扰数值模拟计算方法始于美国电力研究学院资助的一项研究，这个项目通过数值模拟计算方法预测与高压输电线路并行的埋地管道的交流干扰电压，并将其成功地应用于实际工程中。后来，数值模拟计算方法被引入到管道交流干扰缓解设计中，积极地促进了交流干扰缓解技术的发展。进入 20 世纪 80 年代，预测管道和铁路设施间稳态交流干扰电压的 CORRIDOR 软件和执行故障情况下的交流干扰计算的 ECCAPP 软件相继开发成功。经过 30 多年的发展，CORRIDOR、ECCAPP 等软件可以很好地解决并行和近似并行的"公共走廊"模型，但对于非并行的模型则需要对管道进行复杂的分段处理以确定不同段中管道和高压输电线路的并行程度，准确度和计算效率较低且只能对有限数目的管道和高压输电线路进行建模。进入新世纪，CatProAC 软件的开发成功很好地解决了以上问题，拓宽了数值模拟计算软件的适用范围。特别是，Dawalibi 等对多层土壤结构下的交流干扰、复杂"公共走廊"模型、阻性和感性耦合交互作用型交流干扰及雷电等电涌现象进行了分析研究，在此基础上研发了 CDEGS 集成工程软件包，该软件包已成为目前国内外交流干扰领域的权威工具，其可以计算在稳态、故障和雷击等暂态条件下，由地上或地下任意形状导体所构成的网络周围的电磁场分布及导体、地电位的分布，且不受频率的限制，计算结果更加准确。

利用数值模拟计算技术进行埋地管道交流干扰预测及缓解方案设计已成为国内外主要发展趋势。大量基础数据的准确获取，是保证建模及计算结果准确的关键。同时，目前的研究主要集中于高压交流输电线路引起的交流干扰方面，而对于综合阻性耦合及感应耦合的高速铁路交流干扰模型及计算方法研究较少，尚待系统研究。

四　内腐蚀评价

在服役过程中，成品油管道可能发生内腐蚀的类型包括积水部位腐蚀、砂沉积层下腐蚀以及细菌腐蚀。内腐蚀直接评价方法（ICDA）是一种在管道某一给定管长范围内评价内腐蚀可能性的方法。目前，已经发展出干天然气管道内腐蚀直接评价方法（DG-ICDA）、湿天然气管道内腐蚀直接评价方法（DG-ICDA）、液体石油管道内腐蚀直接评价方法（LP-ICDA）以及多相流体管道内腐蚀直接评价方法（MP-ICDA），并已成为管道腐蚀完整性管理的重要工具之一。

进行腐蚀高风险部位评价的目标是在一定的管段区间内，用流体流动模拟结果预测最可能发生内腐蚀的位置。主要内容包括三个方面：一是绘制管道高程剖面图和倾角分布图；二是使用所收集的数据资料进行多相流计算，确定液体的最大临界倾角；三是对比分析流动模拟计算结果和管道高程剖面和倾角分布图，判断内腐蚀可能出现的位置（图 8－32）。致使液体向后流动的重力和造成液体沿着流动方向向前流动的气体与液体之间的剪应力之间的平衡角定义为液体在管道中聚集的临界角。

成品油管道中含有少量水和铁锈等杂质，且管道内多相流的流动受很多因素的影响，可能导致成品油管道内部存在腐蚀与冲蚀的联合交互作用过程。在这类环境中，气泡、液滴、颗粒都可能会冲击管壁，使表面产生的腐蚀物发生脱落，同时也可直接作用于表面造

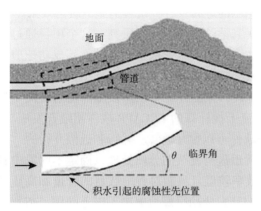

图 8 - 32 由于积水引起的管道内腐蚀风险与
内腐蚀直接评价临界角

成磨损。液体石油管道内腐蚀直接评价方法（LP-ICDA）适用于管道内部所含有的底部沉积物和水量比例少于总输量的 5% 的石油管道。美国腐蚀工程师协会（NACE）针对这种管道的内腐蚀情况进行了研究，综合多种因素的基础上，提出了通用的推荐标准——液体石油管道内腐蚀直接评价标准，这些标准可以分别为腐蚀发生的敏感里程位置和敏感位置腐蚀发展速率的评价提供评价基础。

内腐蚀评价方法用于评定管道内部腐蚀敏感位置的原理在于假设积水的存在是腐蚀的首要条件。多相输送过程中，油相介质中如果含有较少的水，以油包水的形式存在时，由于主要以油浸润金属表面而腐蚀轻微。如果在一定含水率下，流体流速降低，则容易造成油水分层，并使水与管道底部金属接触。特别对于某些起伏比较明显的管道，由于水相在重力和油相流体带动两方面作用下，水相无法被携带走，而积聚于某些位置，导致金属的腐蚀。针对这类情况，采用内腐蚀评价方法推荐的多相流模型，可以通过评价优先积水位置，判断内腐蚀发生的敏感位置。

当含水率较高时，由于管道以油水两相分层，或者呈水包油的状态，管道底部全线均与水相接触，此时在管道里程方向上均有腐蚀风险。如果这种情况出现，管道里程方向上的腐蚀分布仍不是平均一致的，由于管道工艺过程中，入口和出口之间的温度和压力存在差异，温度、压力等工艺参数沿着路由方向也会发生变化，由此也会引起腐蚀介质和腐蚀环境特点的改变，从而改变腐蚀发展的规律。评价管道内腐蚀敏感区间需要根据不同位置处温度、压力、腐蚀介质实际分压等参数，利用腐蚀预测模型或评价模型，确定不同位置的腐蚀速率或局部腐蚀敏感性，从而判断不同位置的腐蚀程度。

第五节 典型实践案例

成品油长输管道在服役过程中发生的腐蚀大多为局部腐蚀，这类腐蚀往往集中在一定区域。如前所述，成品油长输管道主要的几种腐蚀现象为土壤腐蚀、杂散电流干扰腐蚀以及内腐蚀。本节将重点介绍这三种典型腐蚀案例。

某输油站所辖管段约 63.85km，沿线土壤电阻率差异较大，介于 8 ~ 157Ω · m 之间，pH 值 6 ~ 7，土壤的腐蚀性等级评价为中等，阴极保护系统运行正常，测试的保护电位数据均符合标准要求。根据 2014 年外检测结果，共检测出防腐层缺陷点 289 处。

为确定防腐层破损点的原因，输油站先按照防腐层缺陷严重程度分类，确定防腐层缺陷的修复优先级别，评价其完整性情况。再确定开挖样本，检测管道本体的腐蚀情况。然后再对开挖样本进行分析，了解和掌握防腐层破损的基本规律，并对管道进行修复。

1. 防腐层缺陷点分类标准

本案例采用交流地电位梯度法对防腐层缺陷点进行检测，检测间距 1 ~ 3m，检测到防腐层缺陷点后，测试防腐层缺陷点漏电信号强度，并参考阴极保护水平、管地电位偏移及交流电流密度对防腐层缺陷点危害严重程度进行初步评价。防腐层缺陷点分类标准见表 8 - 7。

表 8 - 7   防腐层缺陷点分类标准

缺陷点分类	一类	二类	三类
ACVG 信号强度/dB	≥70	50 ~ 70	<50
阴极保护/mV	≥ - 850		≤ - 850
管地电位正向偏移/mV	200	20 ~ 200	<20
交流电流密度/(A/m²)	>100	30 ~ 100	<30

根据检测结果，缺陷点 dB 值 ≥70 的有 10 处（3.5%），缺陷点 dB 值 50 ~ 70 的有 157 处（54.3%），缺陷点 dB 值 <50 有 122 处（42.2%）。所有 289 处缺陷点通断电电位均低于 - 850mV，满足阴极保护准则。所有缺陷点中直流干扰程度为"强"的有 40 处（13.8%），直流干扰程度为"中"的有 249 处（86.2%），所有缺陷点的交流干扰程度均为"弱"。

综合评价为"一类（重）"的有 10 处，占缺陷点总数的 3.46%；评价结果为"二类（中）"的有 157 处，占缺陷点总数的 54.33%；评价结果为"三类（轻）"的有 122 处，占缺陷点总数的 42.21%。

由防腐层缺陷点在管线里程上的分布密度可知，自出站前 10 ~ 20km 内（测试桩 010# ~ 020#）防腐层缺陷点分布最为密集，平均 9 处/km。均远大于 GB/T 21447—2018《钢质管道外腐蚀控制规范》中 2.5 条的 5 处/10km 规定，需要立即进行修复。一类防腐层缺陷点平均分布在管道沿线。图 8 - 33 和表 8 - 8 的统计结果显示了这些已发现的防腐层缺陷的评价等级。

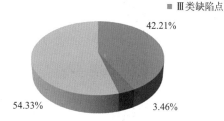

图 8 - 33   防腐层缺陷点分类

根据已发现防腐层缺陷的评价等级及确定的维修类别，根据 NACE SP0502—2010《管道外腐蚀直接评价法》，认为一类缺陷点处管道发生严重腐蚀，应对 10 处一类防腐层缺陷点尽快组织开挖检查并修复，同时应加强管道外防腐层的日常管理，定期进行检漏修补工作。

表 8-8　防腐层缺陷点评价分类

	三类缺陷点	二类缺陷点	一类缺陷点	总　数
缺陷点	122	157	10	289
分布密度/km^{-1}	1.9	2.5	0.2	4.5

2. 腐蚀原因分析

该段管道采用单层 FBE 防腐层，如图 8-34 所示，外观平整度较好，有部分凸起的小麻点。现场调查发现 10 处防腐层破损均是由管道安装时的机械压伤及刮伤所导致的，管体与土壤接触，发生腐蚀。该腐蚀点周围土壤含水率较高，土壤电阻率低，腐蚀面积较大。腐蚀产物主要呈现赤褐色，推测可能含有 FeO(OH)、Fe(OH)$_3$ 和 Fe$_3$O$_4$ 等铁的含氧化合物，对应的阴极反应为吸氧反应。

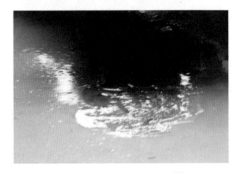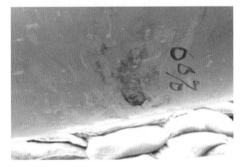

图 8-34　防腐层破损点

3. 现场修复

调查结束后，采用黏弹体对该防腐层缺陷进行了修复，如图 8-35 所示。

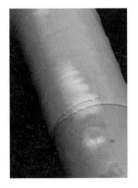

图 8-35　防腐层修复方法

4. 管理措施

针对防腐层破损问题，应按照 GB/T 21447《钢质管道外腐蚀控制规范》执行防腐层施工验收工作。在管道工程建设过程中需要严格落实各项施工工序要求，不允许发生机械压伤和刮伤防腐层的问题。同时对于防腐层修复质量把控方面给出建议。

①以现场质监为主，按工序进行检查。

②将控制关口前移，严把关键工序质量关，包括管道开挖、旧防腐层清除、除锈、涂底漆、新防腐层浇涂、外缠防水层、缠绕防腐胶带、回填土方、恢复地貌等，把质量问题消除在萌芽状态。

③除锈工序质量的好坏是整个工程成败的关键，质监人员对施工过程的控制要严格，检查点数要加密。钢管表面除锈等级要求达到技术标准，对局部出现严重腐蚀的部位要及时进行处理。对于新防腐层施工，质监人员主要检查新防腐层的均匀程度及厚度，采用防腐胶带时主要检查缠绕的紧密与否、层间搭边是否符合要求、胶带接口是否黏结紧密等。以目测法检查防腐层的外观质量，防腐层表面要均匀、平整、无气泡、麻面、皱褶等缺陷，外包塑料膜均匀无皱纹。用高压电火花检漏仪检查防腐层的电绝缘性能，根据防腐等级选择检漏电压；用小刀切口检查防腐层的粘接力，抽查点为每 200m 一个口，检查后做好补口工作。

④工程的质量等级检查、评定工程的质量等级检查应根据工程现场签认和工程质量评定表的评定结果依次进行。工程质量等级分为"合格"和"优良"，对工程质量不合格项目，不予验收，并要求限期返工，返工验收合格后只能认定为合格。

⑤质监人员应结合施工原始记录，认真填写工程质量评定表，按抽查点实得分数规定分值，计算合格率，符合"优良"条件，则评定为优良工程；工程质量等级核查，应根据现场质量评定结果和质量资料核查，对整体工程进行综合审核、评定。

二 杂散电流干扰腐蚀案例

1. 杂散电流检测

仍以上述管段为例，2014 年外检测发现该管段管地电位存在剧烈波动现象，如图 8 - 36、图 8 - 37 的日常检测数据所示，管道受到明显的杂散电流干扰。

为了调查干扰条件下管道的保护情况，利用极化试片法对电位波动较大的管段进行了极化电位测试。极化电位测试结果显示，015#~026#测试桩之间管道的电位波动较大，波动范围介于 - 300 ~ - 2000mV 之间，

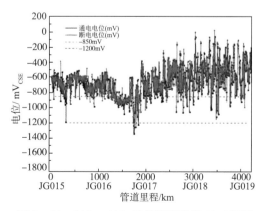

图 8 - 36　015#~019#号桩管道沿线 CIPS 测试

其中020#测试桩处管道电位波动最大，如图8-38所示。

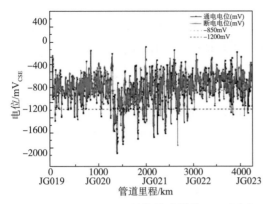

图8-37 019#~023#号桩管道沿线CIPS测试

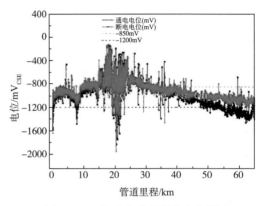

图8-38 管道全线通断电电位测试

为了进一步确定未能达到有效保护的管段以及位置，采用uDL2微型数据记录仪对直流电位变化剧烈的管段进行长时间（24h）电位检测，记录管道的通电电位、试片的断电电位以及试片的直流电流等相关数据。从长时间检测的结果（图8-39）来看，020#测试桩附近管道日间通电电位波动较大，夜间从11：00至次晨05：00之间电位波动恢复正常，这与地铁的运行时刻规律较为一致。经现场考察得知此处管道距离最近的地铁约30km，确定杂散电流干扰源为地铁。对全线的长时间电位检测数据分析可知，受到严重干扰管段的长度约为5km，需要采取额外的保护措施。

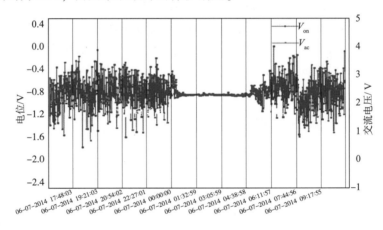

图8-39 020#处7月份测试24h数据

为了制定干扰缓解措施，在020#测试桩处利用临时电源和临时阳极地床进行馈电试验，临时阳极地床设置在距离管道25m处。将007#阴保间恒电位仪输出电流设置为1A，在020#测试桩处分别馈入电流1A、2A、3A、4A、5A和6A，测试结果如图8-40所示，随着020#测试桩处馈入电流的提高，015#~025#测试桩之间管道沿线的通电电位和断电电位逐渐向负方向偏移。

根据馈电试验可知，在020#测试桩处提供4A电流的条件下，干扰严重的管段能够得到有效保护，而且干扰最严重的两个测试桩019#和020#处管道电位的波动情况也可以得到更好地抑制。

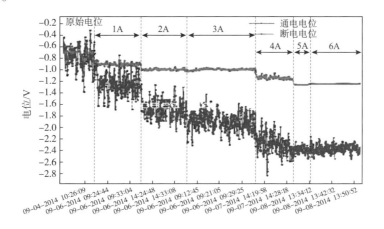

图 8-40   020#测试桩处馈电试验结果

2. 管道内检测与开挖验证

2015 年 9 月，该管段实施了内检测。检测结果报告了该管段有外部金属损失 5567 处，其中深度超过 20% 正常壁厚的金属损失共 63 处。对干扰最严重部位附近的金属损失进行开挖验证，现场检测结果（图 8-41）发现，腐蚀点创面光滑，形状规则，开挖时表面有黑色粉末状腐蚀产物，属于典型的直流干扰腐蚀。腐蚀点位于防腐层划伤处，由于划伤的防腐层容易夹杂有水分和空气，成为杂散电流的理想流出点。内检测验证结果与杂散电流干扰的检测结果相吻合。开挖验证完成后，采用 B 型套筒修复方法对该腐蚀缺陷进行了修复。

图 8-41   开挖后的金属损失点

3. 干扰治理措施

根据现场馈电试验和腐蚀调查的结果，确定了如下的干扰治理措施：首先，在 019# ~ 020# 管段间增加 1 个外加电流阴保站作为强制排流站，强制排流站的阳极地床采用浅埋式高硅铸铁阳极，阳极地床设置在距离管道约 50m 的位置，根据设计参数，该阳极地床的接地电阻约为 1.6Ω，回路电阻确定为 2Ω，因此恒电位仪额定功率选择为 60V/30A；其次，为了确保达到排流效果，同时在该管段其他位置视情采取了极性排流措施，其中镁牺牲阳极的设计寿命选择为 15 年。

上述干扰治理措施在现场施工完成后，启动并调试强制排流站恒电位仪使其投入运行，经检测全段管道达到了保护要求。

三　内腐蚀案例

成品油本身的腐蚀性比较小，纯净的成品油对管道的腐蚀不构成威胁，但由于管道投产前期可能引入 H_2O、微生物等杂质，使得成品油的腐蚀性质发生了变化，使得管道内壁可能发生电化学腐蚀。以某公司一输油站进站前 1.8km 处（管道位置 $ND078+180m$）的管段为例，这段管道的内腐蚀点较为集中，多位于管道时钟方向 5：00～7：00 方位，该管段处于爬坡段起始和顶部位置的腐蚀情况较严重，且起始段发现明显的腐蚀坑。除内腐蚀区域存在锈蚀体结痂外，管体内其他部位较为光洁，如图 8－42 所示。管内运送介质为汽油和柴油，管段相关属性见表 8－9。对管体内壁的腐蚀坑进行除锈处理，处理后测量坑深约 1.18mm。

表 8－9　管段相关属性

管段编号	是否泄漏	管径/mm	壁厚/mm	材　质
直管段	否	457	7.1	X60（L415）

图 8－42　管段内壁除锈前后对比图

1. 检测分析

（1）化学成分分析

该公司选取无特殊形貌的位置进行取样，将试样表面打磨至有金属光泽，然后取适量铁屑进行化学成分检测。检测结果符合 GB/T 9711 的标准值范围，如表 8－10 所示。

表 8－10　化学成分检测结果

检测元素	$C_{max}/\%$	$Mn_{max}/\%$	$P_{max}/\%$	$S_{max}/\%$	$V_{max}/\%$	$Nb_{max}/\%$	$Ti_{max}/\%$
标准值	0.28	1.4	0.03	0.03	a	b	c
测试值	0.073	1.3372	0.01	0.0055	0.03814	0.03792	0.01351

注：$a+b+c \leqslant 0.15\%$。

（2）显微组织分析

该公司在内壁无特殊形貌位置取样（10mm×10mm×壁厚）进行金相组织观察，结果如图8-43所示，该处金相组织为多边形铁素体，显微组织正常。

（3）微观腐蚀形貌分析

选取管段内壁表面多处蚀坑内部区域进行微观分析，使用扫描电镜对蚀坑表面和蚀坑底部的腐蚀形貌和能谱进行测试。蚀坑表面的腐蚀产物形貌和能谱图见图8-44，腐蚀产物中主要含Fe、O、C、S、Ca、Cl等元素，除Fe元素外，O元素含量最高，见表8-11。

图8-43 管段金相组织微观形貌（200×）

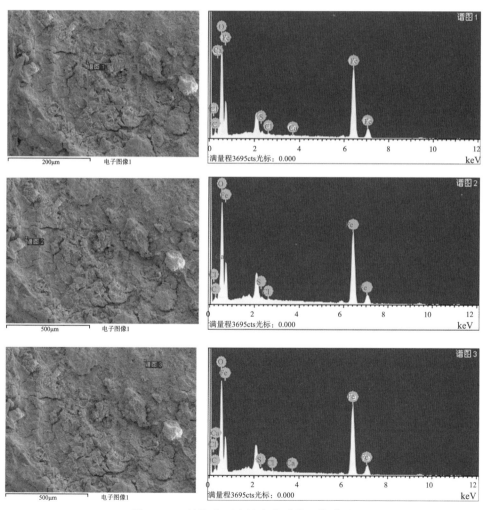

图8-44 蚀坑表面腐蚀产物形貌和能谱图

表 8 – 11 蚀坑表面腐蚀产物 EDS 测试结果

位置名称	元素名称	质量分数/%	原子百分数/%	位置名称	元素名称	质量分数/%	原子百分数/%	位置名称	元素名称	质量分数/%	原子百分数/%
蚀坑表面1处	C	2.44	6.77	蚀坑表面2处	C	2.22	6.11	蚀坑表面3处	C	2.87	7.84
	O	23.38	48.63		O	24.29	50.18		O	23.65	48.57
	S	0.66	0.69		S	0.42	0.43		S	0.53	0.54
	Cl	0.26	0.24		Cl	0.15	0.14		Cl	0.17	0.15
	Ca	0.09	0.07		Fe	72.91	43.14		Ca	0.35	0.29
	Fe	73.16	43.59						Fe	72.44	42.61

蚀坑底部的腐蚀产物形貌和能谱图见图 8 – 45, 底部的腐蚀产物中主要含 Fe、O、C、S、Ca 和 Cl 元素, 见表 8 – 12。

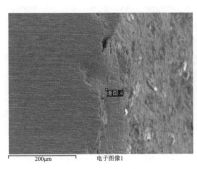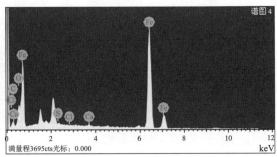

图 8 – 45 蚀坑底部腐蚀产物形貌和能谱图

表 8 – 12 蚀坑底部腐蚀产物 EDS 测试结果

位置名称	元素名称	质量分数/%	原子百分数/%
蚀坑底部	C	3.47	12.83
	O	5.19	14.37
	S	0.31	0.42
	Cl	0.02	0.03
	Ca	0.39	0.43
	Fe	90.62	71.93

（4）腐蚀产物分析

该公司选取管段内壁表面腐蚀形貌有较大差异的 3 个位置进行腐蚀产物检测分析, 测试结果如表 8 – 13 和图 8 – 46 ~ 图 8 – 48 所示。

表 8 – 13 管段腐蚀产物检测

取样编号	管段取样位置	腐蚀产物
1#	管段 6 点钟	$FeOOH$、SiO_2
2#	管段 7 ~ 8 点钟	$FeOOH$、$Fe+3O(OH)$、Fe_2O_3、SiO_2
3#	其他区域	$Fe+3O(OH)$、Fe_2O_3、SiO_2、$CaCO_3$

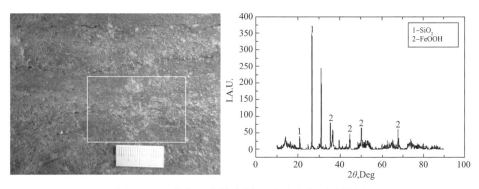

图 8 – 46　管段 6 点钟取样 1#腐蚀产物测试结果

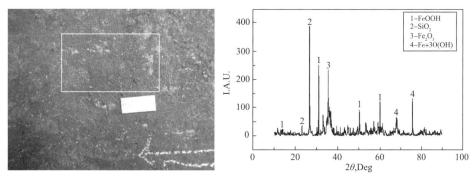

图 8 – 47　管段 7 ~ 8 点钟取样 2#腐蚀产物测试结果

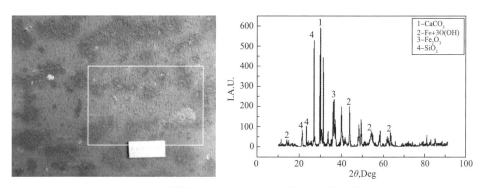

图 8 – 48　管段其他区域取样 3#腐蚀产物测试结果

（5）腐蚀原因分析

由腐蚀产物检测结果可知，管段内壁表面的腐蚀产物主要以铁的氧化物、SiO_2 和 $CaCO_3$ 为主。由于管段切割后并未立即取样，运输过程中暴露在空气中会继续发生腐蚀。因此，表层腐蚀产物可能包含暴露在空气中形成的腐蚀产物。但从试样截面的扫描电镜结果来看，内层腐蚀产物的成分也主要以 Fe、O 元素为主，说明管段在运行过程中发生的腐蚀也以氧腐蚀为主。据此推断，腐蚀可能与氧有关，其机理是一个比较复杂的过程。

由于该输油管线为混合油管线，前期油品检测发现油品中含有一定量的氧元素。管段为缓慢上坡段，因此会增加水积聚的可能性。结合腐蚀产物测试结果，判断这些腐蚀为运行过程中管段积水导致的腐蚀。根据管段投产运行历史推测，积水可能是由水压试验中的水未完全清除的残留水在管道中积聚导致的。

综合分析，由于该管段所处爬坡段使其输送介质底层有水，使与内部接触的油品介质中含有氧元素，成为腐蚀介质，金属－水－腐蚀介质三者的相互作用，形成了一个完整的电化学腐蚀回路，最终使得管内壁发生腐蚀。

2. 整改措施

完善通球清管制度，加大清管频次，并通过提高油品流速等方式排出管道内积水；对于低洼处及内腐蚀缺陷深度较深的位置，应定点投放缓蚀剂；在管道内腐蚀严重管段，安装内腐蚀监测设备。

参考文献

［1］王贵仁，张春燕. 天然气长输管道阴极保护的有效性影响因素［J］. 化学工程与装备，2018（11）：137－138.

［2］Ne. I. S. Key issues related to modelling of internal corrosion of oil and gas pipelines-A review［J］. Corrosion Science, 2007, 49（12）: 0－4338.

［3］刘猛，姜有文，韩朔，等. 成品油管道投产前内腐蚀原因分析［J］. 腐蚀科学与防护技术，2018，30（05）：496－502.

［4］郑京召，郭爱玲. 中国石化华中成品油管道缺陷成因分析及维修维护措施［J］. 石油库与加油站，2018，27（04）：13－16＋5.

［5］刘旭. CIPS 技术在天然气长输管道外检测中的应用［J］. 大众标准化，2018（06）：34－36.

［6］张文毓. 国内外管道腐蚀与防护研究进展［J］. 全面腐蚀控制，2017，31（12）：1－6.

［7］杨农，康云. 成品油长输管道的腐蚀分析及缺陷修复［J］. 管道技术与设备，2017（06）：41－43.

［8］卢兴国，刘刚，王健，等. 成品油金属管道内腐蚀研究分析［J］. 世界有色金属，2017（16）：286－287.

［9］Xu Rongrong. Numerical Model of Cathodic Protection and Its Application in Submarine Pipeline Corrosion［S］. Proceedings of the 2nd International Conference on Automatic Control and Information Engineering（ICACIE 2017）. 2017: 4.

［10］张林. 成品油输油管道腐蚀因素分析［J］. 化工管理，2017（24）：207.

［11］李仁杰，翁兴竹. 成品油管道敷设方式及防腐材料选用［J］. 中国石油和化工标准与质量，2017，37（15）：92－93.

［12］刘刚，赵家良，卢兴国，等. 成品油携水携杂质及管内腐蚀监测系统的研发［J］. 实验室研究与探索，2017，36（07）：59－63＋102.

［13］薛致远，毕武喜，陈振华，等. 油气管道阴极保护技术现状与展望［J］. 油气储运，2014，33（09）：938－944.

［14］乔焕芳. 延—西成品油管线腐蚀现状的分析及防护系统的设计［D］. 西安：西安石油大学，2014.

［15］李自力，孙云峰，刘静，等. 埋地油气管道交流干扰腐蚀及防护研究进展［J］. 腐蚀科学与防护技术，2011，23（05）：376－380.

［16］赵青. 含水成品油管道内腐蚀机理及携水特性研究［D］. 青岛：中国石油大学（华东），2011.

［17］Cui G, Li Z L, Yang C, et al. The influence of DC stray current on pipeline corrosion［J］. Petroleum Science, 2016, 13（1）: 135－145.

［18］Chen X, Li X G, Du C W, et al. Effect of cathodic protection on corrosion of pipeline steel under disbonded coating ［J］. Corrosion Science, 2009, 51 (9)：0 - 2245.

［19］张鑫. 成品油管道携水机理数值模拟研究 ［D］. 青岛：中国石油大学 (华东), 2011.

［20］林新宇, 吴明, 程浩力, 等. 埋地油气管道腐蚀机理研究及防护 ［J］. 当代化工, 2011, 40 (01)：53 - 55 + 59.

［21］孟建勋, 王健, 刘彦成, 等. 油气集输管道的腐蚀机理与防腐技术研究进展 ［J］. 重庆科技学院学报：自然科学版, 2010, 12 (03)：21 - 23.

［22］游泽彬. 兰成渝管线内江—重庆段内腐蚀检测与评价 ［D］. 成都：西南石油大学, 2009.

［23］曹阿林, 朱庆军, 侯保荣, 等. 油气管道的杂散电流腐蚀与防护 ［J］. 煤气与热力, 2009, 29 (03)：6 - 9.

［24］杨赫, 刘彦礼. 近年我国油气管道防腐技术的应用 ［J］. 化学工程师, 2008 (02)：28 - 31.

［25］An electrochemical method for evaluating the resistance to cathodic disbondment of anti-corrosion coatings on buried pipelines ［J］. Journal of University of Science and Technology Beijing, 2007 (05)：414 - 419.

［26］崔斌, 臧国军, 赵锐. 油气集输管道内腐蚀及内防腐技术 ［J］. 石油化工设计, 2007 (01)：51 - 54 + 14.

［27］胡鹏飞, 文九巴, 李全安. 国内外油气管道腐蚀及防护技术研究现状及进展 ［J］. 河南科技大学学报：自然科学版, 2003 (02)：100 - 103 + 110.

［28］何宏, 江秀汉, 李琳. 国外管道内腐蚀检测技术的发展 ［J］. 焊管, 2001 (03)：27 - 31 + 60.

［29］何宏, 江秀汉, 李琳. 国内外管道腐蚀检测技术的现状与发展 ［J］. 油气储运, 2001 (04)：7 - 10 + 55 - 3.

［30］Parker M, Peattie E G. Pipeline Corrosion and Cathodic Protection (Third Edition) ［M］. 1988.

［31］Liu Z Y, Li X G, Cheng Y F. Understand the occurrence of pitting corrosion of pipeline carbon steel under cathodic polarization ［J］. Electrochimica Acta, 2012, 60：259 - 263.

［32］张俊斌. 浅谈长输 (油气) 管道的阴极保护有效性检测性能影响的比对研究 ［J］. 全面腐蚀控制, 2018, 32 (09)：61 - 67.

［33］石磊. 油气储运过程中的管道防腐问题研究与分析 ［J］. 科技创新导报, 2011 (12)：57.

第九章
成品油管道地质灾害防治

　　根据国家自然资源部统计，全国环境地质灾害类型包括12大类48种类，目前我国长输油气管道网络横贯东西，贯穿南北，交织成网，沿线不可避免要经过这些地质灾害易发区域。马惠宁输油管道曾由于沿线多为湿陷性黄土，在雨季到来后，多次发生洪水冲断管道和泵站地基湿陷下沉事故；2006年兰成渝成品油管道泥石流灾害造成管道及伴行路13处被冲毁。面对地质灾害的威胁，如何确保管道安全是一个重大问题。本章将概述我国典型地质灾害的类别和分布，重点介绍典型地质灾害的识别与评价、防治对策、监测方法，最后给出成品油管道典型地质灾害的案例，为地质灾害防治和管理提供参考。

第一节　我国成品油管道常见地质灾害的类型和分布

成品油管道地质灾害是指地球内、外动力作用下，地壳或表层岩土体发生变形、位移和环境异常变化，危害成品油管道安全的地质现象或事件。本节将重点介绍山体滑坡、崩塌、泥石流、地面塌陷、水毁等对管道影响较为突出的地质灾害。

一　成品油管道常见地质灾害类型

1. 滑坡灾害

滑坡是指斜坡上的土体或者岩体，受河流冲刷、地下水活动、雨水浸泡、地震及人工切坡等因素影响，在重力作用下，沿着一定的软弱面或者软弱带，整体地或者分散地顺坡向下滑动的自然现象。运动的岩（土）体称为变位体或滑移体，未移动的下伏岩（土）体称为滑床。成品油管道沿山体斜坡顺坡或横坡敷设时，山体斜坡坡度超过25°，山体坡面为沙土质地质情况时，发生滑坡的可能性较大，而在一些特殊土质山体，如膨胀土斜坡，坡度大于5°时，就有发生滑坡的可能性。

成品油管道受滑坡推力作用产生弯曲变形甚至折断破坏是滑坡对管道的主要危害。在蠕变初期，滑坡作用力相对较小，管道则产生相应的协调弯曲、拉压、剪切等弹性变形；作用力增大时，管道变形将逐渐向塑性变形发展，最后管道出现折断、剪断破坏。

2. 崩塌灾害

崩塌是指较陡斜坡上的岩土体在重力作用下突然脱离母体崩落、滚动，堆积在坡脚（或沟谷）的地质现象。强风化山体坡度大于45°，发生崩塌的可能性较大。

崩塌对成品油管道的主要危害为崩塌块石对管道的冲击作用。当冲击力较大时，崩塌块石直接导致管道受力集中而变形甚至破坏。

3. 泥石流灾害

泥石流是指水体、土体及土体中的极少量空气充分混合后，以重力为主要动力，沿沟道或坡面运动的流体。成品油管道沿山体斜坡顺坡或横坡敷设时，山体斜坡坡度超过30°，山体坡面为沙土质或风化严重的岩石等地质情况时，发生泥石流的可能性较大。泥石流的发生常常由暴雨引起，伴随滑坡的发生。

泥石流对成品油管道的危害主要为直接冲刷、推移管道，造成管道变形或拉裂。

4. 地面塌陷灾害

地面塌陷是指地表岩、土体在自然或人为因素作用下向下陷落，并在地面形成塌陷坑（洞）而造成灾害的现象或者过程。成品油管道敷设经过岩溶区、采空区或黄土地区时，有发生地面塌陷的可能，地面塌陷往往伴随大量的水土流失。

地面塌陷对成品油管道的主要危害是导致成品油管道悬空、失去支撑，大面积的地面塌陷会直接导致成品油管道变形或拉裂。

5. 水毁灾害

水毁灾害是成品油管道沿线发育最频繁的灾害类型之一，山区成品油管道水毁问题是指在气象、水文和地质环境因素以及人类活动的综合作用下，由降雨或洪水等因素诱发，对管道工程所产生的一系列自然破坏的现象和过程。水毁一般分为坡面水毁、河沟道水毁和台田地水毁。

坡面水毁主要分布在坡度大于20°的第四系松散堆积层斜坡部位。水毁方式主要以面蚀为主，局部汇水低洼段形成细沟侵蚀。土体结构松散，极易受地表水侵蚀冲刷，因斜坡坡降较大，集中降雨后在坡面上形成股状洪流，汇流冲刷成品油管道设施，对其造成破坏。坡面水毁是山区斜坡成品油管道比较常见的水毁形式。

河沟道水毁主要分布在成品油管道沿途穿越的第四系松散堆积层分布区的沟（河）道段。成品油管道敷设形式主要为顺沟谷敷设和穿越沟谷敷设2种，沟（河）道分季节性排灌区、山间冲沟及河流3种，水毁的方式主要包括沟（河）道的水流冲刷下切侵蚀和沟（河）道的岸坡侧蚀，侧蚀在凹岸部位最为显著。

台田地水毁多发育在坡度小于20°的平缓地段。成品油管道穿越梯田土坎上覆土层松散、相对汇水区域，易受地表水的侵蚀冲刷出现土坎坍塌，一般高度大于1.5m的较高土坎坍塌可能会引发露管，高度小于1.0m的土坎破坏对管道的危害较小。

水毁灾害对成品油管道的危害方式，主要表现在成品油管道盖层变薄、露管以及成品油管道悬空等灾害。

二　成品油管道地质灾害区域分布

成品油管道地质灾害的发育分布及其危害程度与地质环境背景条件（包括地形地貌、地质构造格局和新构造运动的强度与方式、岩土体工程地质类型、水文地质条件等）、气象水文、成品油管道敷设情况及植被条件、人类经济工程活动及其强度等有着极为密切的关系。

由于自然地理、地质环境和人类活动的差异，不同地区地质灾害的类型、组合特征和发育、危害程度各不相同，具有较明显的地域特征和区域变化规律。我国主要地质灾害分布如图9-1所示，大体上以辽西山地、冀北山地、华北太行山、陕西华山、四川龙门山和云南乌蒙山一线为界。该线以西的华北山地、黄土高原、川滇山地和西藏高原东南部山地，是我国崩塌、滑坡、泥石流、水毁灾害的主要发育地区，灾害多呈带状或片状分布；

此线以东的辽东、华东、中南山地以及台湾和海南岛等山地，灾害呈零星分布。我国岩溶地面塌陷分布广泛，除天津、上海、甘肃、宁夏的 26 个省（区）中都有发生，其中以广西、湖南、贵州、湖北、江西、广东、云南、四川、河北、辽宁等省（区）最为发育。

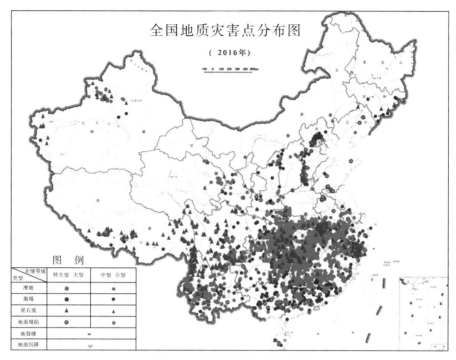

图 9 - 1　全国地质灾害分布图

三　成品油管道地质灾害形成条件

各种条件对成品油管道地质灾害活动的作用不同，可概括为两种类型：地质灾害活动的基础条件、地质灾害活动的动力条件或激发因素。例如，地貌、岩土体性质与结构、成品油管道敷设情况是崩塌、滑坡、泥石流、水毁等灾害形成的主要基础条件；强烈的地质构造活动（地震）和暴雨、洪水以及采矿等是其形成的激发因素。

不同类型成品油管道地质灾害的形成条件和主要控制因素不同：崩塌、滑坡、泥石流属于外动力地质灾害，主要受地形地貌、地质构造、岩土、气候、水文、植被、成品油管道敷设情况等条件控制，其次受耕植、采矿、工程建设以及破坏植被等人为活动影响。

1. 地形条件

地形是指地表高低起伏状况、山坡陡缓程度与沟谷宽窄及形态特征等，地貌则说明地形形成的原因、过程、时代和管道敷设后管沟恢复情况。地形起伏、土层厚薄和基岩出露情况、地下水埋藏特征、地表地质作用现象、管道敷设形式及地貌恢复情况都具有不同的特征，这些因素都影响着成品油管道地质灾害发育情况。

滑坡和水毁多发生于山地丘陵区，斜坡的高度、坡度、形态和成因与斜坡的稳定性有着密切的关系。山地的缓坡地段，由于地表水流动缓慢，易渗入地下，因而有利于滑坡的形成和发展。山区河流的凹岸易被流水冲刷和掏蚀，黄土地区高阶地前缘坡脚被地表水侵蚀和地下水浸润，这些地段也易发生滑坡。基岩沿构造面滑动，地形坡度需20°，松散层沿层面滑动，地形坡度需大于20°，下陡中缓上陡、环状的坡形是产生滑坡的有利地形；此外滑坡还取决于坡上坡下的相对高度，比高越大，滑坡规模越大，比高过小，即使具有较大的地形坡度也不会产生滑坡；此外滑坡也取决于管道敷设后管沟回填后的恢复情况，管沟恢复良好且排水沟建设合理，即使地形坡度大，发生滑坡的可能性也较低，反之则发生滑坡的可能性较高。

对于泥石流而言，地形条件是使水、固体物质混合而流动的场地条件。泥石流区的地形通常是山高沟深、地势陡峻、沟床纵坡降大，为泥石流发生、发展提供了充足的位能，同时流域的形状也便于松散物质与水的汇集。典型泥石流可划分为上游形成区、中游流通区和下游堆积区3个区段。形成区地形多为三面环山、一面出口的宽阔地段，周围山高坡陡，地形坡度多在30°~60°，沟床纵坡降可达30°以上。这种地形有利于大量水流和固体物质迅速聚积，为泥石流提供动力条件。流通区地形多为狭窄陡深的峡谷，谷底纵坡降大，便于泥石流迅猛通过。堆积区地形多为开阔的山前平原或河谷阶地，能使泥石流停止流动并堆积固体物质。

地形陡峭、悬崖峭壁是发生崩塌的重要条件，特别是陡峭的山壁岩层出露凹凸不平时，最易发生崩塌，在平缓地区则不会发生。我国西南地区许多地段坡陡谷深，地表高差较大，故崩塌现象较为普遍。

2. 地层岩性条件

地层的岩性是最基本的工程地质因素，包括它们的成因、时代、岩性、产状、成岩作用特点、变质程度、风化特征、软弱夹层和接触带以及物理力学性质等，是地质灾害发育的重要影响因素之一。

地层岩性是滑坡产生的物质基础。虽然不同地质时代、不同岩性的地层中都可能形成滑坡，但滑坡产生的数量和规模与岩性有密切关系。容易发生滑动的地层和岩层组合有第四系黏性土、黄土及各种成因的细粒沉积物，新近系、古近系、白垩系及侏罗系的砂岩与页岩、泥岩的互层，煤系地层，泥灰岩与页岩、泥岩的互层，泥质岩的变质岩系，质软或易风化的凝灰岩等。这些地层岩性软弱，在水和其他外营力作用下因强度降低易形成滑动带，从而具备了产生滑坡的基本条件，这些地层称为易滑地层。易滑地层分布区滑坡多，反之则少。

岩性软弱、结构松散、易于风化的岩层，或软硬相间成层易遭受破坏的岩层，都是为泥石流发育提供物源的良好母体。泥岩、片岩、千枚岩、板岩、泥灰岩等软弱岩层是最常见的泥石流形成区岩层。

发生崩塌的地层岩性往往较坚硬，这是因为坚硬岩层因抗风化能力较强，往往形成陡峭边坡，特别是在软硬岩层相间分布地层或当坚硬岩层下有软弱岩层时，因风化的差异常形成凹形崖腔，最易发生崩塌。

3. 坡体结构条件

坡体结构是指地质体受成岩作用或者是受构造活动影响，岩体（岩层）形成具有一定的沉积形式、界面、产状、排列方式、发育有节理和裂隙的坡体形态或形式。

坡体结构条件是指坡体中发育的岩层界面、节理、裂隙等结构面（界面），使岩体的整体性被分割，形成控制坡体变形破坏的结构形式。有利于形成滑面的坡体结构面类型有：坡体中顺坡向的岩层层面、覆盖层与岩层的界面、顺坡向缓倾角裂面等，是控制坡体变形破坏的主要条件之一。

（1）常见的结构面类型

坡体中常见的结构面有：地层层面、岩性层面、构造节理、裂隙、软弱面等。结构面的存在，使坡体的整体性被破坏，形成不利于坡体稳定的结构形式，并发育成控制坡体变形的滑动面，控制滑坡的发生。由于坡体结构面是受成岩作用或构造活动影响形成。因此，结构面在坡体中普遍分布，特别是地质构造活动性强烈的地区，岩体中的结构面就发育，其结果是使得岩体破碎，坡体的稳定性差，结构面易于形成控制滑坡发生的滑面。在华南管网所在的西南地区，受川滇构造带、喜马拉雅山构造带的影响，岩体中结构面发育，影响和控制了崩塌、滑坡的发生。

（2）坡体破坏的主要结构类型

在沉积岩构成的斜坡中，根据坡体中结构面的产状和与坡面的组合关系，坡体结构主要可分为顺向坡结构、逆向坡结构和水平结构。一般而言，具顺向坡结构的坡体，结构面极易发育成滑面，形成滑坡，是一种极不稳定的坡体结构形式。具逆向坡结构的坡体，结构面不利于发育成滑面，一般不太可能形成滑坡。当逆向坡结构面密集发育时，岩体破碎，坡体则可能发生滚石或小规模崩塌。水平结构坡体，发生滑坡可能性较小，坡体破坏以表层滑动为主。在强降雨作用下水平结构坡体也具有发生滑坡的可能性。

在岩浆岩构成的斜坡中，由构造活动形成的节理、裂隙、劈理、软弱夹层等结构面，当其组合形成的趋势结构面具有顺向坡结构时，岩体结构就构成顺向坡的特点，形成不稳定的坡体结构形式，控制滑坡的形成。如组合形成的趋势结构面具有逆向坡结构时，岩体的稳定性较好，不利于滑坡的发生。

4. 诱发条件

（1）地震

地震是诱发大面积灾害的主要因素之一。特别是震级大的强烈地震，往往诱发群发滑坡和崩塌。再加上震后常有暴雨、大雨，会进一步诱发泥石流和滑坡灾害。

（2）降雨

滑坡、崩塌、泥石流、地面塌陷和水毁都与降雨有着直接的联系，从地质灾害发生时间的分布来看，绝大多数地质灾害均发生于雨季。

（3）人类工程经济活动

人类工程活动主要包括农业耕作、采矿、道路交通工程建设和水利水电工程建设等。这些人类工程活动常常破坏植被，改变斜坡结构，并诱发斜坡变形形成不稳定斜坡，或者形成滑坡、崩塌，这些崩滑的物质在降雨作用下也可能转换形成泥石流。

第二节　成品油管道地质灾害的识别

　　成品油管道地质灾害的识别主要以野外识别为主，有野外调查、勘察、物探等传统方式或无人机巡查等新方法，对管道沿线潜在的各类地质灾害进行调查判识，掌握灾害活动迹象及活动特征、灾害发生历史及灾害后果等基本信息，确定受影响范围内管道的准确位置以及成品油管道与灾害体的空间位置关系、成品油管道敷设方式和埋深、管沟土体性质、水工保护措施等因素，初步判断灾害发生后影响到成品油管道的可能性及影响程度，从而为后续的地质灾害风险评价和工程治理工作提供基础依据。

　　成品油管道地质灾害识别有以下两种形式。

　　（1）巡护人员日常巡检

　　巡线人员进行日常巡检工作时对管道沿线地质灾害初步识别并上报，由地质灾害专业人员现场识别确认。

　　（2）专业人员现场调查

　　地质灾害识别应以现场工作为主，专业人员也可根据无人机视频、地形地貌信息、地质信息、物探信息等在室内初步识别灾害后，再到现场调查确认。

一　滑坡灾害的野外识别

　　在野外，从宏观角度观察滑坡体，可以根据地形地貌和滑坡的形态特征进行识别。

　　（1）地貌地物标志

　　滑坡在斜坡上常呈圈椅状、马蹄状地形，滑动区斜坡常有异常台坎分布，斜坡坡脚挤占正常河床呈"凸"形等，如图9-2所示。滑动体上常有鼻状鼓丘、多级错落平台，两侧双沟同源，如图9-3所示。在滑坡体上有时还可见到积水洼地、地面开裂、醉汉林、马刀树、建筑物倾斜或开裂、管道或公路工程变形等。

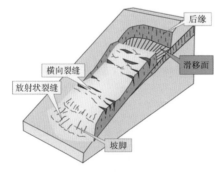

图9-2　滑坡示意图

图9-3　滑坡案例

（2）岩土结构标志

在滑坡体前缘常可见到岩土体松散扰动，以及岩土层位、产状与周围岩土体不连续现象。

（3）滑坡边界标志

在滑坡后缘，即不动体一侧常呈陡壁，陡壁上有顺坡向擦痕；滑体两侧多以沟谷或裂缝为界；前缘多见舌状凸起。

（4）水文地质标志

由于滑坡的活动，使滑体与滑床之间原有的水力联系破坏，造成地下水在滑体前缘成片状或股状溢出。正在滑动的滑坡，其溢出的地下水多为混浊状；已停止滑动的滑坡，其溢出的地下水多为清水，但溢流点下游多有泥沙沉积，有时还有湿地或沼泽形成。

二 崩塌灾害的野外识别

崩塌和滑坡一样均为斜坡上的岩土体遭受破坏而失稳向坡脚方向的运动，常在与滑坡相同或相近的地质环境下伴生，如图9-4所示。但是崩塌有其独特的形态要素。

（1）临空面

崩塌需要有运动空间，即要有临空面，包括一面临空、两面临空、三面临空，甚至四面临空，即完全孤立。

（2）结构面

崩塌由结构面切割，脱离或局部脱离母体，结构面类型包括构造节理、卸荷节理、岩层面等，有的发育成宽大裂缝，贯通、透风、透光。

（3）岩腔

危岩体基脚往往存在由于差异风化、应力释放、片状剥蚀等原因形成的岩腔，呈"大头"状、凹形坡形。特别是软硬互层的斜坡，更容易出现岩腔。

（4）坡脚崩塌堆积物

坡脚崩塌堆积物是由历史崩塌下的块石在坡脚堆积形成的，崩塌堆积物也是判别崩塌的一个重要标志，如图9-5所示。

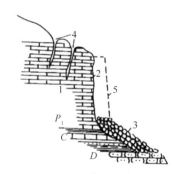

图9-4　崩塌示意图
1—母体；2—破裂壁；3—锥形堆积体；
4—拉裂缝；5—原地形

图9-5　崩塌案例

三　泥石流灾害的野外识别

泥石流野外调查识别首先是要识别出泥石流沟（路径），再针对泥石流沟的地貌、地质、气候、水文等形成条件和泥石流特征再进行调查分析。

（1）泥石流的形成条件

①松散物质：上游区处于破碎带地区，或覆盖植被不发育，基岩全风化、强风化，水土流失严重，斜坡有大量崩塌滑坡。

②水源：有较大的汇水面积，暴雨频发期；源头有冰雪，气温上升时期；上游有水库，可能溃坝；有丰富的地下水，泉眼较多。

③地形：流域上游多三面环山，漏斗状，利于集中水流，形成洪水；河道坡降大，一般大于13°；坡面陡峻，一般为30°～60°，提供足够势能，如图9-6所示。

（2）泥石流发生的充分条件（即活动遗迹）

①沟口、坡脚有大量洪积物，洪积扇有垅岗状、舌状、岛状堆积物，堆积物分选性差，如图9-7所示；

②河漫滩、支沟的农田、构筑物的掩埋迹象；

③有抛高和超高堆积；

④沟壁、基岩有擦痕。

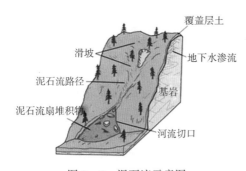

图9-6　泥石流示意图

图9-7　泥石流案例

四　地面塌陷灾害野外识别

地面塌陷的野外识别主要靠现场查看，如周边井、泉的突然干涸或浑浊翻沙，水位骤然降低，如图9-8所示，地面产生地鼓，小型垮塌，地面出现环形开裂或沉降，微微听到地下土层的垮落声，开裂地面积水出现冒气泡、水泡、漩流，动物惊慌等。

五 水毁灾害野外识别

水毁灾害野外识别主要靠现场查看，如成品油管道走向与斜坡走向、河沟道主流方向、台田坎走向的关系，成品油管道受影响的长度、埋深、管沟土体性质，如图9-9所示。

图9-8 地面塌陷案例

图9-9 水毁案例

第三节 成品油管道地质灾害的评价

成品油管道地质灾害评价方法大体分为3类：定性评价，如风险矩阵法；半定量评价，如风险指数法；定量评价，如概率评估法。通过野外调查、遥感解译、实地量测等手段，获取对地质灾害形成发育及危险性等起重要作用的影响因素指标，采用定性或半定量的方法对地质灾害的易发程度进行评价，是最常用的成品油管道地质灾害评价方法。下面将介绍最为成熟的三种管道地质灾害评价模型，即滑坡、泥石流、地面塌陷的评价方法。

一 滑坡易发性评价方法

1. 判识指标

针对常见的管道土质滑坡、岩质滑坡和岩土混合质滑坡，分别建立三种类型滑坡的判识指标。三类滑坡的易发性判识指标及各指标分级详细描述分别如表9-1、表9-2、表9-3所示。

表 9 - 1　土质滑坡的易发性判识指标

判识指标	判识指标分级描述
坡面平均坡度	①小于等于 20°；②20°～45°；③45°～60°
坡高	①小于 20m；②20～50m；③大于 50m
岩性组构	①上部土质颗粒细小，下部块碎石； ②块碎石土均匀分布； ③上部土质含块碎石，下部颗粒细小
密实度	①密实、胶结；②中密、局部胶结；③松散无胶结
滑面倾角	①小于等于 20°；②20°～45°；③大于 45°
滑面特性	①贯通性：局部贯通、一半贯通、完全贯通； ②形态：起伏粗糙、平直粗糙、平直光滑； ③泥质夹层：无黏土、局部黏土、含碎屑黏土
变形现状	①无变形； ②局部变形，坡体后缘见拉裂缝； ③变形明显，滑坡后缘、两侧均见裂缝； ④后缘、两侧裂缝连通，前缘出现剪出口； ⑤前缘出现坍滑、鼓出
诱发失稳现象	①剪出口地下水渗出； ②后缘裂缝与积水洼地相连

表 9 - 2　岩质滑坡的易发性判识指标

判识指标	判识指标分级描述
斜坡坡度	①小于等于 20°；②20°～45°；③45°～65°
斜坡高度	①小于 20m；②20～50m；③大于 50m
斜坡结构	①逆向坡斜坡；②切层斜坡；③顺向坡斜坡
岩体结构	①完整或嵌合块状；②嵌合块状夹软弱层；③软硬互层
岩体风化程度	①未风化；②弱风化；③全强风化
岩体完整性	①岩体完整，呈块状或中厚层状； ②岩体中薄层状，节理发育，连通性差； ③岩体破碎，具一组顺坡结构面
滑面特性	①贯通性：局部贯通、一半贯通、完全贯通； ②形态：起伏粗糙、平直粗糙、平直光滑； ③泥质夹层：无黏土、局部黏土、含碎屑黏土
变形现状	①无变形； ②局部变形，坡体后缘见拉裂缝； ③变形明显，滑坡后缘、两侧均见裂缝； ④后缘、两侧裂缝连通，前缘出现剪出口； ⑤前缘出现坍滑、鼓出
诱发失稳现象	①剪出口地下水渗出； ②后缘裂缝与积水洼地相连

表 9 – 3　岩土混合质滑坡的易发性判识指标

判识指标	判识指标分级描述
斜坡坡度	①小于等于20°；②20°~45°；③45°~65°
斜坡高度	①小于20m；②20~50m；③大于50m
滑面倾角	①小于等于20°；②20°~35°；③35°~45°
滑面形成部位	①差异风化界面；②基岩与风化界面；③风化层中界面
滑面特性	①贯通性：局部贯通、一半贯通、完全贯通； ②形态：起伏粗糙、平直粗糙、平直光滑； ③泥质夹层：无黏土、局部黏土、含碎屑黏土
表层土体易滑性	①极易滑；②易滑；③偶滑
变形现状	①无变形； ②局部变形，坡体后缘见拉裂缝； ③变形明显，滑坡后缘、两侧均见裂缝； ④后缘、两侧裂缝连通，前缘出现剪出口； ⑤前缘出现坍滑、鼓出
失稳现象	①剪出口地下水渗出； ②后缘裂缝与积水洼地相连

2. 判识方法

对表 9 – 1、表 9 – 2、表 9 – 3 中判识指标进行打分，结合判识指标的计算公式，最终可以得到滑坡的易发程度。判识打分标准具体如表 9 – 4、表 9 – 5 和表 9 – 6 所示。

表 9 – 4　土质滑坡的易发性判识打分标准

指　　标				得分（$E \times e$）
名称	总分值（E）	分级描述	分级得分率（e）	
坡度	10	□小于等于20°	0.382	3.82
		□45°~60°	0.618	6.18
		□20°~45°	1	10
坡高	10	□小于20m	0.382	3.82
		□20~50m	0.618	6.18
		□大于50m	1	10
岩性组构	10	□上部土质颗粒细小，下部块碎石	0.382	3.82
		□块碎石土均匀分布	0.618	6.18
		□上部土质含块碎石，下部颗粒细小	1	10
密实度	10	□密实、胶结	0.382	3.82
		□中密、局部胶结	0.618	6.18
		□松散无胶结	1	10

指标				得分（$E \times e$）
名称	总分值（E）	分级描述	分级得分率（e）	
滑面倾角	10	□小于等于20°	0.382	3.82
		□20°～45°	0.618	6.18
		□大于45°	1	10
滑面贯通性	10	□局部贯通	0.382	3.82
		□一半贯通	0.618	6.18
		□完全贯通	1	10
滑面形态	10	□起伏粗糙	0.382	3.82
		□平直粗糙	0.618	6.18
		□平直光滑	1	10
滑面泥质夹层	10	□无黏土	0.382	3.82
		□局部黏土含碎屑	0.618	6.18
		□黏土	1	10
变形现状	10	□无变形	0	0
		□坡体后缘出现拉裂缝	0.382	3.82
		□坡体后缘或两侧均见裂缝	0.618	6.18
		□后缘、两侧裂缝连通，前缘出现鼓胀裂缝	1	10
诱发失稳现象	10	□剪出口地下水渗出	0.5	5
		□后缘裂缝与积水洼地相连	0.5	5

表9-5 岩质滑坡的易发性判识打分标准

指标				得分（$E \times e$）
名称	总分值（E）	分级描述	分级得分率（e）	
坡度	10	□小于等于20°	0.382	3.82
		□45°～65°	0.618	6.18
		□20°～45°	1	10
坡高	10	□小于20m	0.382	3.82
		□20～50m	0.618	6.18
		□大于50m	1	10
斜坡结构	10	□逆向坡斜坡	0.382	3.82
		□切层斜坡	0.618	6.18
		□顺向坡斜坡	1	10
岩体结构	10	□完整或嵌合块状	0.382	3.82
		□嵌合块状夹软弱层	0.618	6.18
		□软硬互层	1	10

指　　标				得分（$E \times e$）
名称	总分值（E）	分级描述	分级得分率（e）	
岩体风化程度	10	□未风化	0.382	3.82
		□弱风化	0.618	6.18
		□全强风化	1	10
岩体完整性	10	□岩体完整，呈块状或中厚层状	0.382	3.82
		□岩体中薄层状，节理发育，连通性差	0.618	6.18
		□岩体破碎，具一组顺坡结构面	1	10
滑面贯通性	10	□局部贯通	0.382	3.82
		□一半贯通	0.618	6.18
		□完全贯通	1	10
滑面形态	10	□起伏粗糙	0.382	3.82
		□平直粗糙	0.618	6.18
		□平直光滑	1	10
滑面泥质夹层	10	□无黏土	0.382	3.82
		□局部黏土含碎屑	0.618	6.18
		□黏土	1	10
变形现状	10	□无变形	0	0
		□坡体后缘出现拉裂缝	0.382	3.82
		□坡体后缘或两侧均见裂缝	0.618	6.18
		□后缘、两侧裂缝连通，前缘出现鼓胀裂缝	1	10
诱发失稳现象	10	□剪出口地下水渗出	0.5	5
		□后缘裂缝与积水洼地相连	0.5	5

表 9 - 6　岩土混合质滑坡的易发性判识打分标准

指　　标				得分（$E \times e$）
名称	总分值（E）	分级描述	分级得分率（e）	
坡度	10	□小于等于20°	0.382	3.82
		□45°~65°	0.618	6.18
		□20°~45°	1	10
坡高	10	□小于20m	0.382	3.82
		□20~50m	0.618	6.18
		□大于50m	1	10

名称	总分值（E）	分级描述	分级得分率（e）	得分（$E \times e$）
			指 标	
滑面倾角	10	□小于等于 20°	0.382	3.82
		□20°~35°	0.618	6.18
		□35°~45°	1	10
滑面形成部位	10	□差异风化界面	0.382	3.82
		□基岩与风化界面	0.618	6.18
		□风化层中界面	1	10
表层土体易滑性	10	□极易滑	1	10
		□易滑	0.618	6.18
		□偶滑	0.382	3.82
滑面贯通性	10	□局部贯通	0.382	3.82
		□一半贯通	0.618	6.18
		□完全贯通	1	10
滑面形态	10	□起伏粗糙	0.382	3.82
		□平直粗糙	0.618	6.18
		□平直光滑	1	10
滑面泥质夹层	10	□无黏土	0.382	3.82
		□局部黏土含碎屑	0.618	6.18
		□黏土	1	10
变形现状	10	□无变形	0	0
		□坡体后缘出现拉裂缝	0.382	3.82
		□坡体后缘或两侧均见裂缝	0.618	6.18
		□后缘、两侧裂缝连通，前缘出现鼓胀裂缝	1	10
诱发失稳现象	10	□剪出口地下水渗出	0.5	5
		□后缘裂缝与积水洼地相连	0.5	5

滑坡易发性判识指标的计算公式如下：

$$S_i = \sum_{i=1}^{n} X_i \qquad (9-1)$$

式中　S_i——滑坡易发性判识指数；

　　　n——二级指标（打分项）个数；

　　　X_i——第 i 个二级指标（打分项）的得分值。

滑坡判识的易发性分级标准可参照表 9-7。

表 9-7　滑坡判识的易发性分级标准

易发性分级	极不易发	不易发	存在易发可能性	易发
判识标准	0~20	20~40	40~80	80~100

二　泥石流易发性评价方法

泥石流易发性的评价方法与滑坡类似，具体的量化评分标准如表 9-8 所示。采用公式 9-1 对泥石流易发性判识指标的综合得分进行计算，根据计算结果和表 9-9 得到泥石流的发育程度等级。

表 9-8　泥石流易发程度量化评分及评判等级标准

序号	影响因素	量级划分							
		强发育（A）	得分	中等发育（B）	得分	弱发育（C）	得分	不发育（D）	得分
1	崩塌、滑坡及水土流失（自然和人为活动的）严重程度	崩塌、滑坡等重力侵蚀严重，多层滑坡和大型崩塌，表土疏松，冲沟十分发育	21	崩塌、滑坡发育，多层滑坡和中小型崩塌，有零星植被覆盖，冲沟发育	16	有零星崩塌、滑坡和冲沟存在	12	无崩塌、滑坡、冲沟或发育轻微	1
2	泥沙沿程补给长度比	≥60%	16	30%~<60%	12	10%~<30%	8	<10%	1
3	沟口泥石堆积活动程度	主河河形弯曲或堵塞，主流受挤压偏移	14	主河河形无较大变化，仅主流受迫偏移	11	主河河形变化，主流在高水位时偏移，低水位时不偏	7	主河无河形变化，主流不偏	1
4	河沟纵比降	≥21.3%	12	<10.5%~21.3%	9	5.2%~<10.5%	6	<5.2%	1
5	区域构造影响程度	强抬升区，6级以上地震区，断层破碎带	9	抬升区，4~6级地震区，有中小支断层	7	相对稳定区，4级以下地震区，有小断层	5	沉降区，构造影响小或无影响	1
6	流域植被覆盖率	<10%	9	10%~<30%	7	30%~<60%	5	≥60%	1
7	河沟近期一次变幅	≥2.0m	8	<1.0~2.0m	6	0.2~<1.0m	4	<0.2m	1
8	岩性影响	软岩、黄土	6	软硬相间	5	风化强烈和节理发育的硬岩	4	硬岩	1

| 序号 | 影响因素 | 量级划分 | | | | | | |
		强发育（A）	得分	中等发育（B）	得分	弱发育（C）	得分	不发育（D）	得分
9	沿沟松散物储量/（$10^4 m^3$/km^2）	≥10	6	5～<10	5	1～<5	4	<1	1
10	沟岸山坡坡度	≥32°	6	25°～<32°	5	15°～<25°	4	<15°	1
11	产沙区沟槽横断面	V形谷、U形谷、谷中谷	5	宽U形谷	4	复式断面	3	平坦型	1
12	产沙区松散物平均度	≥10m	5	5～<10m	4	1～<5m	3	<1m	1
13	流域面积	0.2～<5km²	5	5～<10km²	4	<0.2km² 以下 10～<100km²	3	≥100km²	1
14	流域相对高差	≥500m	4	300～<500m	3	100～<300mm	2	<100m	1
15	河沟堵塞程度	严重	4	中等	3	轻微	2	无	1

表9-9 泥石流判识的易发性分级标准

评判等级标准	综合得分	116～130	87～115	≤86
	发育程度等级	强发育	中等发育	弱发育

三 地面塌陷易发性评价方法

地面塌陷的易发性可直接根据表9-10进行评价。

表9-10 地面塌陷易发程度分级表

发育程度	发育特征
强	①质纯厚层灰岩为主，地下存在中大型溶洞、土洞或有地下暗河通过； ②地面多处下陷、开裂，塌陷严重； ③地表建（构）筑物变形开裂明显； ④上覆松散层厚度小于30m； ⑤地下水位变幅大
中等	①以次纯灰岩为主，地下存在小型溶洞、土洞等； ②地面塌陷、开裂明显； ③地表建（构）筑物变形，有开裂现象； ④上覆松散层厚度30～80m； ⑤地下水位变幅不大

发育程度	发育特征
弱	①灰岩质地不纯，地下溶洞、土洞等不发育； ②地面塌陷、开裂不明显； ③地表建（构）筑物无变形、开裂现象； ④上覆松散层厚度大于80m； ⑤地下水位变幅小

第四节　成品油管道地质灾害的防治对策

成品油管道地质灾害应从成品油管道地质灾害的特点，结合成品油管道地质灾害易发性、管道易损性和后果严重程度进行分级，从而确定防治对策。

一　一般规定

成品油管道地质灾害防治设计应遵循预防为主，防治结合的原则，并应符合环境保护的要求，采取合理的综合治理方案和有效的治理工程措施。

1. 成品油管道地质灾害的防治原则及类型

成品油管道地质灾害的防治应体现以防为主和以管道保护为核心的原则，分为主动防治和被动防治两个类型。主动防治通常包括三种情况。一是建设期的改线避让。即在管道项目可研阶段开展地质灾害评价工作，查清管道经过的区域是否有地质灾害发生或有潜在的灾害体存在，尤其是对那些治理难度大、治理费用高的巨型滑坡、不稳定边坡、大型危岩体、大面积的地面塌陷等灾害，应尽量采取避让的方法。二是运营期的改线避让。一般是在山地区域，由于第三方工程扰动或极端天气等因素而诱发滑坡或泥石流等地质灾害，对于这一类的地质灾害治理应进行详细的技术及经济论证，如果治理的投资大于改线的投资或经过治理后仍无法彻底消除隐患，应采取改线措施对地质灾害体进行避让。改线分为停输封堵改线和不停输封堵改线两种，具体实施应根据现场实际情况决定，如市场保供压力大，则采取不停输封堵改线，反之则采取停输封堵改线。对于滑坡、崩塌、泥石流这三种最为常见的成品油管道地质灾害，滑坡区避让为主、穿越为辅；崩塌体（区）宜前缘通过，不宜后缘穿越；泥石流沟宜扇缘沟口通过，切勿从堆积体穿越。三是运营期的主动治理。很多灾害在发生前或在一定的区域均有前兆，根据对常见的成品油管道地质灾害的易发性进行评价，在灾害尚未发生或处于萌芽阶段时就进行及时治理，成品油管道安全风险是可控的。

被动防治是对成品油管道及其附属设施采取防护，消除或减轻地质灾害发生后对成品油管道的影响，使成品油管道地质灾害风险可控。成品油管道分布广阔，经常不可避免地穿越地形地质条件复杂的地区。这些地区常常会发育各类地质灾害，而且随着时间的推移，这些灾害的规模、数量、形态也在不断地发育、变化，因此，可采取适当的工程措施对成品油管道及其附属设施进行被动防治，如设置水工保护措施、套管、堆砌沙袋、建造管道防护拱、改变管道埋深、开挖管道释放应力等。

2. 成品油管道地质灾害防治设计要求

成品油管道地质灾害防治工程设计应符合下列要求：
（1）在各种设计荷载组合下，防治措施结构应满足稳定性、强度和耐久性要求；
（2）防治工程设计应合理选择岩土的物理力学参数；
（3）防治工程的抗震设计应符合现行标准 GB 50191《构筑物抗震设计规范》的有关规定；
（4）防治工程的排水措施应与当地排水措施、设施相协调。

3. 成品油管道地质灾害防治等级划分

（1）易发性、危险性
成品油管道地质灾害危险性可从地质灾害的易发性和对管道的危害性两方面综合判断，如表 9-11、表 9-12、表 9-13 所示。

表 9-11　地质灾害易发性分级

地质灾害易发性判别依据	易发性分级
①滑坡不稳定，正在变形中，两年内出现拉裂、沉降、前缘鼓突或剪出等明显变形。 ②危岩（崩塌）主控裂隙拉开明显，后缘拉张裂隙与基脚软弱、发育岩腔构成不利的危岩体结构。有小规模崩塌事件或预计近期要发生灾害，崩塌破坏强大。 ③泥石流形成条件充分。泥石流沟的发育阶段处于发展期或旺盛期，近年来发生过泥石流事件，沟道或坡面侵蚀严重，两年内地貌改变明显，发生过坍塌、堤岸后退等水毁现象，且具备一定规模，河沟槽摆动明显，河床掏空成下切深度达 1m 以上	A
①滑坡处于欠稳定状态，变形迹象不明显或局部有轻微变形，但从地貌及地质结构判断有发生滑动的趋势。 ②危岩主控裂隙拉开明显或有基脚软弱、发育岩腔，具有崩塌的趋势，崩塌岩块破坏强度较大。 ③泥石流形成条件较充分。泥石流沟的发育阶段处于较旺盛期，沟道与坡面发生侵蚀，近年来地貌有改变，有坍塌、堤岸后退等水毁现象	B
①基本稳定，一般条件下，不会发生地质灾害，但在地震或特大暴雨、长时间持续降雨条件下可能出现崩塌、滑坡或泥石流。 ②有发生水毁可能性，但表现不明显	C

表 9 – 12　地质灾害对管道的危害性分级

地质灾害对管道的危害性判别依据	危害性分级
①危害性大，如管道破裂或断裂，将发生泄漏，甚至严重扭曲变形造成输油中断。 ②管道处在以下情况时可判定为危险性大： 　a）管道在滑坡体内部； 　b）崩塌落石块体可能直接冲击的区域； 　c）管道在泥石流流通区； 　d）管道发生悬空、漂浮、流水或石块冲击管道	大
①危害性较大，如管道裸露、悬空、变形或损伤等，可能引起少量泄漏，可在线补焊和处理的事故。 ②管道处在以下情况时可判定为此级：管道处在滑坡、崩塌影响区；泥石流形成区、堆积区；管道发生露管或埋深严重不足	中
不构成明显危害，地质灾害影响到管道的可能性小	小

表 9 – 13　地质灾害危险性等级

危险性等级		灾害对管道危害性		
		1 – 小	2 – 中	3 – 大
易发性	A – 小	1A	2A	3A
	B – 中	1B	2B	3B
	C – 大	1C	2C	3C

（2）环境的影响分级

成品油管道地质灾害防治工程等级基于地质灾害危险性，结合地质灾害对环境的影响等级进行调整，地质灾害环境影响分级和地质灾害防治工程等级如表 9 – 14 和表 9 – 15所示。

表 9 – 14　成品油管道地质灾害环境影响分级

地质灾害对环境影响程度	影响等级
影响大，灾害点附近有城镇、重要交通干线、河流、自然保护区	严重
影响较大，灾害点附近有村镇、居民点、溪流等	中等
灾害点附近有少量零星居民	轻微

表 9 – 15　成品油管道地质灾害防治工程等级及措施

防治工程等级	危害性等级	环境影响分级	防治工程措施
Ⅰ	Ⅰ（2C，3B，3A）	轻微 – 严重	应避绕，如无法避绕应立即防治或改线，并采取监测措施
	Ⅱ（1C，3B，3A）	严重	
Ⅱ	Ⅱ（1C，2B，3A）	轻微 – 中等	宜避绕，如无法避绕应立即防治，并采取适当的防范、监控措施
	Ⅲ（2C，1B，2A）	严重	
Ⅲ	Ⅲ（1C，1B，2A）	轻微 – 中等	可避绕，无须防治，应作为风险点，加强日常巡视、管理

成品油管道滑坡防治工程防治措施的确定，必须在掌握了滑坡或将要发生滑坡的坡体及其周边的地形、地质和水文条件，明确了滑坡的类型及其发展的阶段，正确分析了影响滑坡形成的主要、次要因素及彼此的联系，评价了滑坡的易发性等基础上，再结合工程的重要程度、施工条件及其他各种情况进行综合考虑。从治理要求上讲，以防为主，防治结合。

1. 防治设计安全系数

（1）滑坡防治工程设计中应针对施工条件和运营条件进行稳定性分析，滑坡稳定性分析应符合 DZ/T 0219—2006《滑坡防治工程设计与施工技术规范》的规定，施工条件和运营工况应进行稳定性校核，其稳定性系数不应小于相应防治工程等级的安全系数。

（2）滑坡防治设计应分为以下 3 种工况，应按工况 Ⅰ 和工况 Ⅱ 中的不利工况设计，按工况 Ⅲ 校核。

工况 Ⅰ：自重；工况 Ⅱ：自重 + 暴雨；工况 Ⅲ：自重 + 地震。

（3）滑坡防治设计安全系数应按表 9 – 16 取值，支护结构设计还应满足相关支护结构设计安全系数要求。

表 9 – 16　滑坡防治工程设计安全系数

防治工程等级	设计工况	安全系数 FSI
Ⅰ级	工况 Ⅰ	1.30 ~ 1.35
	工况 Ⅱ	1.15 ~ 1.20
	工况 Ⅲ	1.10 ~ 1.20
Ⅱ级	工况 Ⅰ	1.25 ~ 1.30
	工况 Ⅱ	1.10 ~ 1.15
	工况 Ⅲ	1.05 ~ 1.10
Ⅲ级	工况 Ⅰ	1.20 ~ 1.25
	工况 Ⅱ	1.05 ~ 1.10
	工况 Ⅲ	1.02 ~ 1.05

2. 典型防治对策

（1）排水

水在滑坡的形成和演化当中扮演着重要的角色。由于地表和地下水的渗入，岩土交界或土体薄弱面逐渐松软，达到中塑或软塑程度即可形成滑带而引起滑坡的滑动。因此，排水既是预防滑坡的有力手段，也是滑坡发生后的应急治理措施。排水分为地表排水与地下排水。地表排水可以采用填堵地表裂缝、修建截排水沟、疏通自然沟等方法。地下排水包括修建盲沟、集水孔、集水井、排水隧洞等。

（2）减重

减重即通常所说的削方减载，通过铲去滑坡体后部岩土体以达到卸载的目的。减重多应用于滑坡后缘倾角较陡且滑坡厚度较大的斜坡，削方产生的弃土又可堆积于滑坡前沿进一步对滑体进行支挡，再配合坡面排水等措施，可获得良好的治理效果。在治理工程方案论证阶段，应全力做好滑坡的勘察工作，避免因坡体所受应力产生变化，使地应力重新不良分布，造成二次灾害。成品油管道沿线滑坡可能会处于有农田分布的丘陵地区，如实施减重方法，可能会对农田造成影响，带来一定的经济与社会问题。因此，在管道保护工程实际操作中，也应视具体情况进行综合分析后做出是否采用减重方法的决策。

（3）抗滑

抗滑措施是采用一系列的支挡手段，增大抗滑力以稳定滑坡。主要措施有：反压、抗滑挡墙、抗滑桩等。

反压是指在滑坡体的前缘抗滑段及以外填筑土石增加抗滑力，也叫作压脚。反压作用原理明确、效果明显，经常作为滑坡治理的主要手段。实施反压时应注意清除填土基底的软弱土层，压密填土增大抗滑能力，填土的高度也应进行滑坡推力验算，以滑体不能从其顶部剪出为原则。

抗滑挡墙指在滑坡前缘修建的墙式支挡结构，一般依靠自身重量与地基的摩擦阻力抵抗滑坡下滑力。抗滑挡墙应修建在与滑坡主滑方向垂直的方向上，基础设于滑带以下一定深度的稳定地层，并进行挡墙强度校核。该结构形式常作为中小型管道滑坡治理的主体工程，配以一定的排水处理后能够起到良好的抗滑稳定作用。

抗滑桩是穿过滑坡体深入滑床的柱状构筑物，起着平衡下滑力、稳定边坡的作用。可根据施工条件选用木桩、钢桩、混凝土及钢筋混凝土桩，以一定的桩间距进行布置。对于下滑推力较大的滑坡还可采用多排抗滑桩方案。抗滑桩适用于滑坡规模大、滑坡厚度大、滑坡推力大、坡体变形明显的管道滑坡治理，具有抗滑能力强、对滑体稳定性扰动较小等优点。在油气管道滑坡治理中，抗滑桩的位置应根据管道在斜坡中的位置、滑坡的类型等条件确定。管道埋设在滑坡前缘时，抗滑桩应布置在管道内侧（管道靠近滑坡后缘为内侧，反之为外侧）离开管道一定距离处。管道埋设在滑坡后缘时，抗滑桩应布置在管道外侧离开管道一定距离处。管道埋设在滑坡中部时，对于牵引式滑坡应将抗滑桩布置在合适位置以抵抗坡体下部的首先滑动，对于推移式滑坡应将抗滑桩布置在管道内侧以抵抗来自坡体上部巨大的滑坡推力。抗滑桩治理费用较高，因此，应针对滑坡具体情况，在预计其他治理方案效果欠佳时使用。

（4）成品油管道自身保护

处于滑坡区域的成品油管道受到来自土体移动的影响，极容易产生弯曲变形、管壁屈曲、破裂、防腐层剥离等损坏。因此，对成品油管道自身进行保护也是成品油管道滑坡灾害防治的手段之一。对于主滑方向与成品油管道走向平行的滑坡，土体与成品油管道外壁的相对移动会产生很大的摩擦力，使外防腐层发生破坏。对于此类情况，可在成品油管道外加装一层手工织物或木板等制成的保护套以降低管土间的摩擦。对于主滑方向与成品油管道走向垂直的滑坡，管道处于滑坡前缘时，由于上部滑体的挤压，成品油管道会承受较大的载荷而产生附加应力。对此可以将成品油管道开挖暴露以释放管道应力，也可以在成品油管道承受推力一侧开挖一条与成品油管道平行的应力释放沟以降低成品油管道受力。

三　崩塌防治对策

崩塌落石灾害具有运动速度高、冲击能量大、多发、在特定区域发生的时间和地点随机、难以预测性及运动过程复杂等特征。因此，发生在成品油管道沿线的崩塌落石，常会导致管体受损甚至破裂，对成品油管道的安全运营构成极大的威胁。

崩塌地质灾害的治理措施可分为主动防治和被动防治，主动防治分为4类。一是清除危岩。清除成品油管道上方基岩坡面上受节理裂隙切割所形成的危岩和各类搬运作用在坡面上形成的孤石和浮石，主要的清除方式为人工或机械方法。二是支顶与嵌补。利用支顶结构的支撑作用来平衡危岩的坠落、错落或倾倒趋势，提高危岩的稳定性。常见的结构形式包括由石块砌筑或型钢构成的墩式结构或框架式结构两类，按与危岩下部坡面关系，可分为与坡面无接触的直立墩式结构和直接依附坡面的扶壁式结构两类。嵌补是对外悬或坡面凹腔形成的危岩采用浆砌片石，混凝土或水泥砂浆填筑，以提高危岩稳定性的一种方法，嵌补结构必须要有稳定的基础，必须与坡面紧密结合。三是排水。排水的主要目的在于提高边坡的稳定性，特别是对侵蚀作用比较敏感的边坡，其效果尤为明显。因此，在各类崩塌防护工程中，通常应作为一种辅助措施予以考虑，但它并不能完全取代其他工程措施的作用。四是锚固。锚固是崩塌治理中一种常见的手段，对可确定的危岩加固是一种较好的选择，技术成熟，结构简单，不明显改变环境。

被动防治分为3类。一是落石槽。当坡脚场地宽阔，即成品油管道距离坡脚有足够距离时，可在坡脚开挖坑槽，以拦截崩塌落石，达到保护管道的目的。由于无须采用太多的辅助工程措施，这种方法或许是最为简单有效且经济的崩塌防治措施。二是浆砌石拦石墙。修建于崩塌路径上成品油管道上部的浆砌石拦挡结构，有时为提高抗冲击能力，常在墙背面回填砂石等缓冲材料。三是遮挡工程。在危岩下方的成品油管道采取遮拦防护，一般采取砼拱架措施。

四　泥石流防治对策

泥石流的治理措施有生物措施、工程措施和综合治理。

1. 生物措施

生物措施包括恢复或培育植被、合理耕牧、维持较优化的生态平衡。

通过它可使流域坡面得到保护，免遭冲刷，以控制泥石流发生。植被包括草被和森林两种，它们是生物措施中不可分割的两个方面。植被可调节径流，削弱山洪的动力；可保护山坡，抑制剥蚀、侵蚀和风蚀，减缓岩石的风化速度，控制固体物质的供给。因此在流域内（特别是中、上游地段）应加强封山育林，严禁毁林开荒。为使此项措施切实有效地发挥作用，还需注意造林方法和树种选择。此外，要合理耕牧，甚至停耕还林，在崩滑地段禁止耕作。

2. 工程措施

（1）水体控制工程

水体控制工程包括排水、截水、蓄水坝等。管道工程建设区内，水体控制工程的作用是拦截部分或大部分洪水，削减洪峰，以控制暴发泥石流的水动力条件。工程措施包括：修建排水渠（沟），修建稳固而矮小的截流坝，避免经过松散堆积物地段，注意防止渗漏、溃决和失排等。

（2）支挡工程

支挡工程包括挡土墙、护坡等。在形成区内崩塌、滑坡严重地段，可在坡脚处修建挡墙和护坡，以保护坡面及坡脚，稳定斜坡。此外，当流域内某段因山体不稳，树木难以固坡时，应先辅以支挡建筑物稳定山体，生物措施才能奏效。

（3）拦挡工程

拦挡工程多布置在流通区内，修建拦挡泥石流的坝体，也称谷坊坝。它的作用主要是拦泥滞流和护床固坡。目前国内外挡坝的种类繁多，从结构来看，可分为实体坝和格栅坝；从坝高和保护对象的作用来看，可分为低矮的挡坝群和单独高坝。挡坝群是国内外广泛采用的防治工程，沿沟修筑一系列高 5~10m 的低坝或石墙，坝（墙）身上应留有水孔以宣泄水流，坝顶留有溢流口可宣泄洪水。

（4）排导工程

排导工程包括排导沟、渡槽、急流槽、导流堤等，多数建在流通区和堆积区。最常见的排导工程是设有导流堤的排导沟（泄洪道），它们的作用是调整流向、防止漫流，以保护附近的居民点、工矿点和交通线路。

（5）储淤工程

储淤工程包括拦淤库和储淤场。前者设置于流通区内，就是修筑拦挡坝，形成泥石流库，后者一般设置于堆积区的后沿，工程通常由导流堤、拦淤堤和溢流堰组成。储淤工程的主要作用是在一定期限内、一定程度上将泥石流物质在指定地段停淤，从而削减下泄的固体物质总量及洪峰流量。

3. 综合治理

在泥石流防治中，最好采用生物防治和工程措施相结合的办法。这样既可以做到很快见效，又可在较短时间内防止泥石流的发生。

五 地面塌陷防治对策

在地面塌陷的治理设计中，首先必须查明塌陷区地表形态，如出露的形态及其大小、洞穴及其充填物的情况、地面斜度、径流切割深度、覆盖层的厚度、河谷阶地情况及其水面的高度等。其次必须查明空洞的地下形态，如洞穴的走向、断面、长度、纵坡变化及顶板厚度等。还应查明降雨量，地表径流，落水洞的位置，地下水的补给、渗流、出水口的位置，人工降低地下水及成品油管道埋深、管径等情况。地面塌陷综合治理通常采用以下手段。

1. 清除填堵法

常用于塌坑较浅或浅埋的土洞，首先清除其中的松土，填入块石、碎石，做成反滤层，然后上覆黏土夯实。

2. 跨越法

对于回填困难的深大塌坑，可采用坚实稳固的跨越结构，使塌坑上的成品油管道荷载通过跨越结构作用在可靠的土体或岩体上，其优点是把比较复杂的地下工程变成较易处理的地面工程。

3. 灌注法

通过钻孔或溶洞口灌注浆液，强化土层和洞隙充填物，以达到拦截地下水源和加固建筑物基础的目的。灌浆材料主要是水泥、碎料（沙、矿渣等）和速凝剂（水玻璃、氯化钙）。据已治理工程经验，水泥标号应大于450号，灌注方式可采用低压间歇定量式，形成水平帷幕，以截断地下水垂直径流联系。

4. 深基础法

对于一些深度较大、跨越结构又无能为力的塌陷坑，加强成品油管道稳定的深基基础是一种较理想的方法。通常采用打入基桩、钻孔灌注桩、沉井和墩式基础等把成品油管道的基础设于基岩上。旋喷桩是桩基础应用中较新的方法，其施工迅速，工艺较简单，对洞穴堆积物的加固具有良好效果。

5. 疏、排、围、改结合治理法

塌陷区内的塌坑往往成为地表水下灌的进口，因此，应采用疏、排方式把地表水引至塌区外。在易产生洪泛的地段要采取分洪措施，并把塌坑四周围起，当塌陷在河道两侧或河床内大量出现时应考虑河流改道绕行，覆盖层较薄地段的河床，即使塌陷少量出现，也应进行清基铺底，防止渗漏和河水灌入。

6. 平衡地下水、气压力法

对于岩溶山区水库库底的塌陷，在查明地下岩溶通道的情况下，设置各种岩溶管道通气装置，平衡地下水气压力，可起到消除水、气压力的作用，达到防治塌陷的目的。

7. 综合治理法

对于规模大、塌陷数量多的塌陷区，采用单一方法难以得到理想的治理效果，应该进行综合治理，即根据不同情况，采用两种以上的方法，消除或减弱致塌主要原因，则可达到较好的效果。

六 水毁防治对策

水工保护措施是成品油管道地质灾害防治的重要组成部分，它与工程防治措施一起构成综合防治体系。

1. 护坡

护坡工程是指为稳定斜坡岩土体和保护坡面免受冲刷侵蚀而采取的防护性工程设施。主要采用的护坡工程有：浆砌石护坡、格构护坡、生物措施护坡、格构与生物措施综合护坡等。在护坡工程设计时，既要保证工程措施对斜坡的防护功能，也要考虑到与周围景观的协调，有利于植被的恢复。

2. 截水挡土墙

在坡面敷设成品油管道时，为了减小斜坡上部地表水对成品油管道的影响，需在成品油管道上方布设截水挡土墙，以截断水流，减轻冲刷，有效地减少水土流失。截水挡土墙是基本平行等高线布设，采用 M7.5 浆砌石或 C15 毛石混凝土建造。

3. 截、排水沟

依据 GB/T 16453《水土保持综合治理技术规范》和 GB/T 50600《渠道防渗工程技术规范》，截、排水沟的工程标准为 20 年一遇 24h 大降雨量，一般采用梯形断面或矩形断面，截排水沟沟体结构主要采用 M7.5 浆砌石或 C15 毛石混凝土建造。

4. 植物生态恢复

（1）成品油管道作业带边缘乔木种植
以不缺漏方式进行种植，密度不做要求，根据原林地特点，补种相应乔木。
（2）灌木种植
在平整土地后，纵、行距 3m×3m，在雨季前 4~5 月份种植较为适宜。
（3）草本植物种植
根据不同草本植物特点，草本植物主要采取种植方式，在雨季前 5 月份种植较为适宜。种草是利用草籽进行种植，分为撒播和条播。播种时，应平整土地，然后采用撒播、条播两种方式进行种植。草籽埋深不宜太深，一般为 0.3~0.5cm 左右。

第五节　成品油管道地质灾害的监测

完整的成品油管道地质灾害监测预警系统由两部分组成：现场监测部分和数据采集处理部分。现场监测部分由设置在灾害体和成品油管道本体上的各类监测仪器组成；数据采集处理部分由现场监测数据的自动采集与传输、室内的数据处理与预警预报系统组成。

一　监测方法概述

监测方法按监测参数的类型分为四大类，即变形、物理与化学场、地下水和诱发因素，如表 9 – 17 所示。

表 9 – 17　主要地质灾害监测方法一览表

类　型		适用性
变形监测	宏观地质调查	各种地质灾害的实地宏观地质巡查
	地表位移监测	崩塌、滑坡、泥石流等地质灾害的地表整体和裂缝位移变形监测
	深部位移监测	具有明显深部滑移特征的崩滑灾害深部位移监测
物理与化学场监测	应力场监测	崩塌、滑坡、泥石流地质灾害体特殊部位或整体应力场变化监测
	地声监测	岩质崩塌、滑坡，以及泥石流地质灾害活动过程中的声发射事件特征监测
	电磁场监测	灾害体演化过程中的电场、电磁场的变化信息监测
	温度监测	滑坡、泥石流等地质灾害在活动过程中的灾体温度变化信息监测
	放射性测量监测	裂缝、塌陷等灾害体特殊部位的氡气异常监测
	汞气测量监测	裂缝、塌陷等灾害体特殊部位的汞气异常监测
地下水监测	地下水动态监测	滑坡、泥石流、地面塌陷等地质灾害的地下水位的动态变化监测
	孔隙水压力监测	滑坡、泥石流地质灾害体内孔隙水压力监测
	地下水质监测	滑坡、泥石流、地面塌陷、海水入侵等地质灾害的地下水质的动态变化监测

类　型		适用性
诱发因素监测	气象监测	明显受大气降水影响的地质灾害诱发因素监测，如：崩塌、滑坡、泥石流、地面塌陷、地裂缝等
	地震监测	明显受地震影响的地质灾害诱发因素监测，如：崩塌、滑坡、泥石流、地面塌陷等
	人工活动监测	人类工程活动对地质灾害的形成、发展过程中影响监测

1. 变形监测

岩土类灾害一般表现为岩土体的移动，因此岩土体的位移形变信息的监测是地质灾害监测的重要内容。由于其获得的是灾害体位移形变的直观信息，特别是位移形变信息，往往成为预测预报的主要依据之一。

变形监测包括地表变形监测和深部变形监测两大类。

（1）地表变形监测

地表变形监测以地表位移监测为主，根据监测方式又分为绝对位移监测、相对位移监测和地表倾斜监测。绝对位移监测是监测变形区岩土体相对外围稳定岩土体的位移，是变形区的绝对位移；相对位移监测是监测变形区局部岩土体或构件相对于另一部位岩土体或构件（该部位可能也在变形）的变形；地表倾斜监测测定监测点的地面角度变化，得到地表倾斜变形的特征与趋势。这种监测获得的是相对位移，应用较多的是裂缝监测，如滑坡地表裂缝、危岩体裂缝和水工保护设施等构筑物的裂缝。地表位移监测是最常规的监测内容，应用十分广泛。

（2）地下深部变形监测

地下深部变形监测以深部位移监测为主，对深部位移进行监测以获取岩土体深部的位移形变信息。深部位移监测主要用来监测变形区岩土体相对于深部稳定岩土层的变形，也用来监测不同岩土层的相对变形。深部位移监测也是地质灾害监测的重要内容。常用的监测方法有应变计测量法和测斜仪法。

2. 物理和化学场监测

在岩土体稳定状况发生变化时，灾害区的物理场和化学场会发生变化，而且这些信息往往先于明显位移表现出来，具有超前性。这些信息可以间接反映地质灾害的活动状态，因此对这些信息进行监测具有重要意义。物理与化学场监测包括应力监测、地声监测、温度监测、放射性元素测量、地球化学方法以及地脉动测量等。

3. 地下水监测

大部分地质灾害的形成、发展均与灾害体内部或周围的地下水活动关系密切，同时在灾害生成的过程中，地下水的本身特征也相应发生变化。地下水监测也是地质灾害监测的重要内容之一，主要针对地质灾害变形区或一定范围内地下水活动、富含特征、水质特征进行监测，如地下水位（或地下水压力）监测、孔隙水压力监测和地下水水质监测等。

4. 诱发因素监测

地质灾害的发生受内在因素和外在因素共同影响，外在因素又可称为诱发因素，内在因素是灾害形成的基本条件，而诱发因素则是灾害发生的触发条件，对诱发因素进行监测可以预测灾害的活动。诱发因素监测包括气象监测、地下水动态监测、地震监测、人类工程活动监测等。降水、地下水活动是地质灾害的主要诱发因素，降水量大小、时空分布特征是评价区域性地质灾害（特别是滑坡、崩塌、泥石流三大地质灾害）的主要判别指标之一。人类工程活动是现代地质灾害的主要诱发因素之一。因此地质灾害诱发因素监测是地质灾害监测技术的重要组成部分。

二 常见成品油管道地质灾害监测方法

1. 滑坡监测方法

（1）地表位移监测

成品油管道滑坡变形监测一般在滑坡处于蠕滑阶段采用地表位移监测方法，在滑坡地表和成品油管道边缘设置地表测点，测定地表测点随时间而发生水平位移的位置、位移量和位移方向，通过定期测定的测点发生的位移计算，判断滑坡的发生变化趋势。

（2）降雨监测

滑坡降雨监测主要是通过设立气象站对降雨进行观测，实时监测降雨量。滑坡降雨监测点布置于滑坡后缘区域。

（3）成品油管道本体应力应变监测

成品油管道本体应力应变监测一般包括地下传感部分和地表采集传输部分：地下的成品油管道轴向应力监测截面用于监测成品油管道本体的应力应变；地上的成品油管道地质灾害野外监测桩用于数据的野外采集与传输。在使用成品油管道本体应力应变监测方法时，为便于长期测取选定受控管段的轴向最大拉伸应力、最大压缩应力、最大弯曲应力及其角度等关键校核指标，最大限度地减小管周土体对应变形的推移作用，一般采用体积小、量程大、精度高的传感器。

成品油管道本体应力应变监测最大的技术难题为成品油管道本体初始应力测算，目前常用的测算方法有两种：一是通过有限元模拟分析成品油管道位移变化测算初始应力；二是通过残余应力分析仪测算初始应力。

2. 泥石流监测方法

（1）降雨监测

泥石流降雨监测主要是通过设立气象站对降雨进行观测，同时兼顾对气温、风向、风速等的监测，实时监测泥石流形成和活动相关的降雨量及降雨过程。泥石流降雨监测点布置于泥石流的形成区内，监测点应覆盖全流域。

（2）泥石流流体及运动特征监测

流体监测包括泥石流泥位、流速和重度监测，通过在沟道中设置一个或多个监测断面实现。断面应根据沟道的宽度、比降分段设置，断面布置在平直的流通区沟道。

泥位监测宜使用非接触式仪器，测量出仪器所在位置与泥石流表面及事先测得的仪器与沟床之间的垂直距离，根据二者高度差计算出泥石流的泥位，监测数据应包括泥位和时刻，并能够在线实时传输，测量误差不宜大于实际泥位的1/10。钢索检知器和触网式泥石流报警器，都是通过泥石流撞击布置于监测断面不同高度处的钢索或触网判断泥石流的泥位。使用钢索检知器、触网式泥石流报警器等仪器时，测量精度可降低为不大于实际泥位的1/4。泥位监测也可使用水尺监测法：在监测断面处设置标尺，直接用测量仪或目测确定泥位高度值。

流速监测宜使用非接触式流速仪或上下断面时间差法，也可使用浮标法。使用非接触式流速仪测量流速时应选用适宜于测量泥石流流速的仪器，并对仪器进行标定，测量误差不应超过8%。上下断面时间差法测量流速时，可使用钢索检知器、触网式警报器、非接触式泥位计等设备，安装于已知距离的上、下断面处，上、下两个监测断面之间的距离不宜小于50m，根据监测到的泥石流信息时间差计算泥石流的流速。计算方法如式（9-2）：

$$V = L/t \qquad\qquad (9-2)$$

式中 V——流速，m/s；

L——上、下游断面间距离，m；

t——泥石流从上断面流动到下断面的历时，s。

流速测量采用浮标法。在沟道中较为顺直、冲淤基本平衡、沟床较为稳定的沟段设置两个以上监测断面，当泥石流流经监测沟段时，在最上游的断面投放浮标并分别记录浮标达到各监测断面的时间，根据事先测量出断面间距离和浮标通过相应断面间距离所需的时间，利用式（9-2）计算泥石流流速。

泥石流泥位监测。可先在需要监测沟道岸坡上设置监测标尺，同时，安装摄像头，通过视频对泥石流开展实时监测。泥石流视频监测应使用红外摄像机等具有夜视功能、分辨率不低于480P的摄像设备。通过拍摄水尺监测泥位及在沟道中的上、下至少两个断面处布设的摄像头监测到的泥石流到达的时间差计算流速。

泥石流重度监测。可事先准备已知体积的容器，采样后立即称重并计算泥石流重度。泥石流采样必须确保采样人员的安全。

可用地声或次声监测仪器获得泥石流暴发和运动的信息。地声监测传感器的安装地点宜选择在泥石流沟道边的基岩内，埋深1~2m，以土或其他隔音材料覆盖，测试信号经前置放大后用电缆线直接输入计算机采集数据。泥石流次声监测仪应放置在泥石流流域的中、下游，离泥石流通过地点的距离在200~1000m之间为宜，声音接收装置应朝向上游方向。

3. 崩塌监测方法

（1）变形监测

崩塌体的变形监测方法主要有：应用大地形变观测、GPS定位观测、地面倾斜观测、激光全息摄影等方法。

（2）岩石（体）变形破坏的物理监测

物理监测有声发射监测、电测、地应力测量、地温测量等方法，可用于监测崩塌危岩体内部滑动变形、裂缝扩张、地应力场变化、地温场变化情况。

（3）诱发因素监测

主要是监测可能导致崩塌发生的动力条件与环境变化。监测的内容有降雨、震动，以及采挖等工程活动。

4. 地表塌陷监测方法

地表塌陷监测主要是对即将产生地面塌陷或者有可能产生地面塌陷的地方进行沉降监测。可通过传统卫星定位系统（GPS）和布设水准测网，定期进行高精度水准测量，监测地面高程变化情况；也可以采用 InSAR 进行地面沉降监测，利用差分干涉测量技术，监测地球表面厘米级甚至毫米级的形变。

5. 水毁监测方法

水毁主要与降雨和管道位移、屈曲、蠕变等应力有关，可通过简易雨量计或雨量传感器对降雨量进行监测，通过三维激光扫描、无人机监测地表变形，通过土压力盒或应力分析仪检测管道应力应变。

三　滑坡监测示范

1. 滑坡背景

某管道经过的重庆市娄家庄一带，先后发生了两处滑坡，分别是：2012 年管道建设初期的滑坡和 2015 年管道建设后期发生的滑坡，两滑坡相距 200m。

据实地调查分析，娄家庄一带斜坡，坡度为 30°左右，地质剖面结构呈上陡下缓的形态，围墙以上坡体较陡，坡度为 35°左右，围墙以下至江边平均坡度为 25°左右。

娄家庄一带地层：表层为第四系紫红色坡积层，岩性以含碎石粉土、沙土为主，厚 1.5～4.0m 不等。下部为侏罗系含泥质砂岩、粉砂岩，夹薄层泥岩。在管道作业带附近未见基岩出露。这种岩性在水作用下，极易产生变形，发生蠕变。区域内降雨夏秋季集中，加上地处长江右岸，是主河道岸坡的组成部分，江水对坡脚的长期浸泡、冲刷对坡体稳定性产生一定影响。因此，该段斜坡为典型的库岸滑坡易发区域。

鉴于此两处滑坡对管道的影响，为确保管道后续运行安全，该段管道采取定向钻穿越的方式从两处滑坡下部穿越。由于管道位于长江岸坡，防止因长江水位变化引起滑坡变形扩大，保证管道安全，对滑坡进行观测十分必要。

2. 滑坡观测目的

滑坡观测主要基于以下两个目的：

（1）确定管道所处的岸坡稳定状态，掌握滑坡变形的速率和变形范围；

（2）确定滑坡变形的主要相关因素，为滑坡防治和管道安全提供技术支撑。

根据两处滑坡观测目的，结合不同观测技术方法的特点，该滑坡观测应以控制性动态观测为主。观测技术手段以 GPS 静态控制观测为主，掌握滑坡整体变形的特征，建立滑坡变形本底数据。同时结合对地表裂缝的地质巡视观测，掌握滑坡的变形特点和变形速率。

根据两处滑坡的观测目的，观测手段采用地表简易观测和 GPS 静态观测。地表简易观测采用排桩法，通过人工现场观测，优点是观测可靠，仪器维护少。若滑坡变形加剧，必须进行滑坡实时连续观测，并同时将滑坡观测升级为自动实时观测。

3. 滑坡观测网的建立

（1）地表简易观测

①第一处滑坡地表排桩观测。地表排桩观测是通过在滑坡裂缝两侧埋设观测木桩，以掌握滑坡裂缝的变形和滑坡周边范围的变化，详情如图 9 – 10 所示。

图 9 – 10　滑坡观测网布置示意图

观测桩一般跨滑坡裂缝布设，共设 2 个剖面（$J_1 – J_1'$，$J_2 – J_2'$），每个剖面 4 个观测桩，图 9 – 11 为 $J_1 – J_1'$ 剖面滑坡地表排桩观测布置图。若滑坡裂缝处出现多条裂缝，距离大于 10m 或形起伏大，可在剖面上增加观测桩。

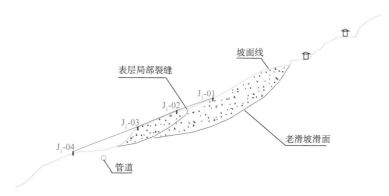

图 9 – 11　滑坡地表排桩观测布置图（$J_1 – J_1'$ 剖面）

观测桩埋设要求首桩在滑坡后部稳定岩土体上，其余观测桩从滑坡后缘向前缘埋设，桩与桩之间的间距在 10~15m 为宜。

②第二处滑坡地表排桩观测。地表排桩观测是通过在滑坡裂缝两侧埋设观测桩，以掌握滑坡裂缝的变形和滑坡周边范围的变化，如图 9-12 所示。

图 9-12 滑坡观测网布置示意图

观测桩一般跨滑坡裂缝布设，共设两个剖面（$J_1 - J_1'$，$J_2 - J_2'$），每个剖面的观测桩分别为 6、5 个，图 9-13 为 $J_1 - J_1'$ 剖面滑坡排桩布置图。若滑坡裂缝处出现多条裂缝，距离大于 10m 或形起伏大，可在剖面上增加观测桩。

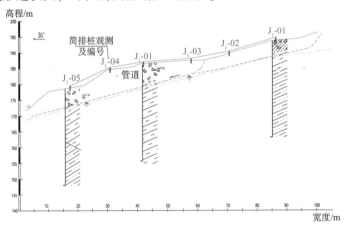

图 9-13 滑坡排桩布置示意图（$J_1 - J_1'$ 剖面）

观测桩埋设要求首桩在滑坡后部稳定岩土体上，其余观测桩从滑坡后缘向前缘埋设，桩与桩之间的间距在 10~15m 为宜。

（2）GPS 观测

①第一处滑坡观测。娄家庄滑坡观测网由 2 个控制点和 7 个位移观测点构成，位移观测点组成 2 个观测剖面。观测控制点在滑坡后部和两侧，平面上成三角形。位移观测点布设于滑坡轴线方向和前缘平行等高线方向，各观测点可与 2 个控制点构成闭合的三角网，

实现对滑坡位移的精确控制。剖面 1 由 G01 ~ G04 号观测点组成,剖面 2 由 G05 ~ G07 号观测点组成。

位移观测点布设在滑坡或不稳定斜坡上,沿轴线方向和前缘平行等高线方向布置,平面上形成滑坡纵向与横向两个观测剖面。

图 9 – 14 为纵向观测剖面平行滑坡轴线布置图,图中共设 4 个观测点(G01、G02、G03、G04)。

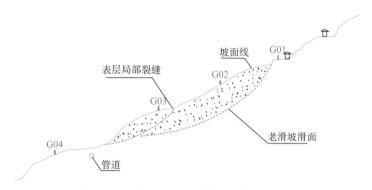

图 9 – 14 滑坡 GPS 观测纵向剖面布置图

横向观测剖面设置 4 个观测点(G05、G03、G06、G07),其中 G03 观测点与纵向观测剖面共用,布设于滑坡前缘的管道上部平行等高线方向。观测控制点布设在滑坡后部和两侧稳定岩体或坡体上。

经过观测,若滑坡前缘变形范围扩大,可增加观测点。

②第二处滑坡观测。滑坡 GPS 观测网由 2 个控制点和 7 个位移观测点构成。控制点位于滑坡后部两侧,在平面上与位移观测点组成三角形。

由于斜坡宽度较大,GPS 位移观测点布置成两个观测剖面,平行滑坡轴线方向,两个观测剖面相距约 40m。剖面 1 由 G01、G02、G03、G04 观测点组成,如图 9 – 15 所示,位于滑坡轴线附近。剖面 2 由 G05、G06、G07 观测点组成,位于剖面 1 南侧约 40m。

经过观测,若滑坡前缘变形范围扩大,可增加观测点。

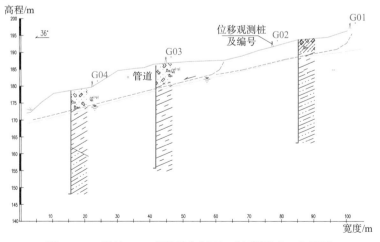

图 9 – 15 滑坡 GPS 观测纵向剖面(轴线附近)布置图

4. 滑坡观测桩埋设

（1）观测桩选址

观测桩址应选在基础稳定，无变形岩体或坡体上，应避开断层破碎带，易于发生滑坡、沉陷等局部变形的地点，有利于观测控制桩的长期保存运行，并有利于安全作业。桩址周围大功率无线电发射源（如电视台、电台、微波站、通信基站、变电所等）的距离应大于200m；与高压输电线、微波通道的距离应大于100m；桩址附近不应有强烈干扰接收卫星信号的物体，如大型建筑物、玻璃幕墙及大面积水域等；附近有可供接入的可靠的电力供应，有较强的公共通信网络覆盖，以利于观测手段的技术升级。

（2）观测桩埋设与要求

滑坡观测桩一般为钢筋混凝土结构，分为观测控制桩和观测位移桩。

①观测控制桩必须浇注在稳定基岩或坡体上，位置要比较开阔，场地整平，面积不小于$2m^2$。桩体基础成正方形，宽0.7m。埋设深度：基岩中不少于0.4m；稳定土层中不少于0.6m。控制桩体成正立方梯形，顶宽0.25m，底宽0.5m，高0.8m，桩体轴线垂直。控制桩顶部埋设强制对中板，便于仪器安装。控制桩埋设采用现浇钢筋混凝土施工，推荐强度C20。施工完成后，桩体应喷漆，注明相关标识，做到美观耐用。

②观测位移桩采用现场浇注的施工方式，位置要比较开阔，埋设面积不小于$1.5m^2$。位移桩基础成正方形，宽0.4m，埋设深度不少于0.5m。桩体成正立方梯形，顶宽0.2m，底宽0.3m，高0.5m，桩体轴线垂直。位移桩顶部埋设强制对中板，强制对中板应严格整平，便于仪器安装。位移桩埋设采用现浇钢筋混凝土施工，推荐强度C30。施工完成后，桩体应喷漆，注明相关标识，便于观测。

第六节　成品油管道地质灾害防治典型案例分析

近年来，由于极端气象事件和建设扰动管道的事件增多，管道地质灾害的发生整体呈增加的趋势，严重影响了成品油管道的安全。在众多的管道地质灾害事件中，以降雨诱发和工程扰动引发地质灾害的问题尤为突出。下面就以这两种成因的地质灾害为例，详细分析降雨、工程扰动诱发地质灾害的成灾特点与规律。

一　降雨诱发成品油管道滑坡灾害案例分析

本节以某成品油管段为例，进行案例分析。2016年6月30日该段管道周边山体发生滑坡，由于管道位于该滑坡体中下部，滑坡导致管道破坏。

1. 自然环境特点

受损管道段位于斜坡上，沿等高线方向从坡体中下部土路内侧敷设，如图9-16所示。

（1）区域地貌

受损管道埋设段一带属低山丘陵地貌区，整体上地形呈西高东低，最高点位于西侧山顶，高程约247.50m，最低点位于坡脚沟道，高程约191.68m，相对高差55.82m，斜坡平均坡度约20°。坡面植被主要为灌木，植被发育程度一般。南北侧均为基岩出露区，南侧与靠近滑坡处为岩质陡坎，北侧为零星出露的基岩。滑坡发生处斜坡上部成凹形，形成侵蚀洼地和沟道，有利于地表水汇集，如图9-17所示。

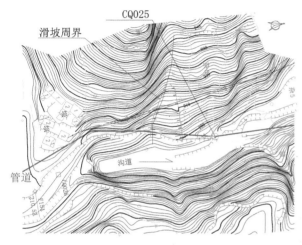

图9-16　管道附近平面图

图9-17　滑坡后部洼地

（2）地层岩性

受损管道附近一带地层由第四系素填土（Q_4ml）、滑坡堆积层（Q_4del）、残坡积粉质黏土（Q_4el+dl）、侏罗系中统新田沟组页岩（J_2x-sh）组成。

素填土（Q_4ml）：由黏土夹碎块石组成，碎石含量30%~60%，粒径1~8cm，结构松散，稍湿。分布于乡村道路沿线，厚度0.50~1.00m，为乡村道路修建时填成。

堆积层（Q_4del）：分布于斜坡中下部，由碎石、块石、粉质黏土组成，呈黄褐色。其中碎块石粒径4~25cm，呈棱角状，含量约占40%~70%。根据钻探揭露，堆积层厚度1.80~10.70m。堆积层中夹杂有较大块石，块径达1.5m（重约4t）。堆积层具有较好的吸水性、渗透性，富水条件下抗剪强度低。

侏罗系中统新田沟组页岩（J_2x-sh）：浅黄灰色，由黏土矿物组成，发布在堆积层下部。该页岩具泥质结构，薄层状构造。页岩强风化后呈土状，质软，强度较低。

（3）坡体结构

滑坡发育处斜坡岩层为单斜坡体结构，岩层产状为127°∠26°，与斜坡坡向基本一致，为顺向坡斜坡。由于斜坡页岩结构密实，是很好的隔水层，在降雨的过程中上覆堆积层地下水富集，影响坡体的稳定性。

2. 滑坡发育特点

滑坡分布在斜坡中下部，为浅层土质滑坡。2014年7月2日当晚经历了一次降雨过程，该滑坡变形明显向上牵引，滑坡范围有所扩大。

滑坡总体规模为：长约70m，平均宽约30m，平均厚度约5m，总体积为10500m³。根据滑坡过程与变形滑动特点，滑坡从下至上可分为两级，如图9-18所示，特征如下。

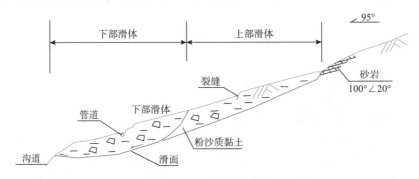

图9-18 滑坡剖面图

（1）下部滑体位于斜坡中下部。滑坡体的上部出现多组裂缝，滑坡左右两侧滑坎明显，如图9-19、图9-20所示。滑体前缘出现多组鼓胀裂缝，缝宽最大为10cm。下部滑体长约36m，体积约为6400m³，为浅层土质滑坡。

图9-19 滑坡左侧滑坎图

图9-20 滑坡右侧滑坎图

（2）上部滑体位于斜坡上部。下部滑坡体滑动后，牵引上部坡体进一步发生变形滑动。据实地调查，坡体上部的坡体的后缘陡壁和滑坡侧壁清晰，且滑动后下伏基岩出露，岩性为砂岩。产状为100°∠20°。后缘最大滑距约8m。据初步量测，上部滑体长约34m，体积约为4100m³。

3. 滑坡成因及成灾分析

（1）有利于滑坡发生岩性条件

该管段的岩性表层有粉沙质黏土堆积层。该部分土质干湿效应明显，吸水时土体软化，强度下降，易于发生滑坡或发生坡体变形。

从坡体结构分析，该斜坡表层为堆积层，结构松散—稍密，大孔隙发育，为雨水的下渗提供了通道。下伏基岩为页岩，中风化页岩为隔水层。因此，降雨过程中地表水极易入渗，并在页岩隔水层上部富集，降低了堆积层抗剪强度。

（2）上部凹地形有利于地表水汇集入渗

由于坡体上部呈两边高中间低的凹槽地形，极容易汇水，而管道正好沿坡体中部平行等高线敷设，大量地表水在此汇集、入渗，导致坡体粉沙质黏土遇水强度降低。

需指出的是，位于管道上部土体，结构松散，易于地表水的入渗。上部已有水沟破坏后，径流状态的改变，使坡体岩土体含水量增加，重力增加，强度降低，边坡土体自然力学平衡状态被破坏。

（3）强降雨是滑坡的主要诱因

据气象局发布的 2016 年 6 月雨量数据，当地暴雨日数较常年同期偏多，全市平均降雨量达到了 326.9mm，创下 1951 年以来历史同期最大值。特别是 6 月 24～30 日的大暴雨，累计最大降雨量达到 251mm，强降雨使坡体岩土的含水量快速达到饱和，沙质黏土强度降低，导致该滑坡发生。

（4）滑体块石对管道的直接碰撞

坡体滑动过程中，滑体中夹杂的大块石顶撞管道，导致管道局部受力集中，造成管道破坏。

据滑坡稳定性计算的结果，滑坡在暴雨工况下的剩余下滑力为 55.4kN/m。顶撞管道的大块石直径 1.5m，作用的块石剩余下滑力可达 83.1kN。如果大块石以一角（点）顶撞在管道上，管道受到的作用力将大于其允许附加压应力 183.975MPa，块石对管道的直接碰撞必然导致管道破坏。

4. 滑坡稳定性计算

根据滑坡发生后现状，对其堆积体的稳定性进行计算。

（1）计算方法

根据滑坡的变形特点，其滑面为堆积土内部软弱面及基岩界面，滑动面为折线型。稳定性计算采用极限平衡法计算其稳定性与剩余下滑推力。具体计算公式如下：

$$K = \frac{\sum\limits_{i=1}^{n-1} \left(R_i \prod\limits_{j=i}^{n-1} \psi_j \right) + R_n}{\sum\limits_{i=1}^{n-1} \left(T_i \prod\limits_{j=i}^{n-1} \psi_j \right) + T_n} \qquad (9-3)$$

式中　K——稳定系数；

　　　T——滑动面上的滑动分力，kN/m；

　　　R——滑动面上的抗滑力，kN/m；

　　　T_i——作用于第 i 块段滑动面上的下滑力分力，kN/m，出现与滑动方向相反的滑动分力时，T_i 应取负值；

　　　ψ_j——第 i 块段剩余下滑动力传递至 $i+1$ 块段时的传递系数（$j=i$）。

滑坡剩余下滑力计算公式：$P_i = P_i - 1 \times \psi + F_{st} \times T_i - R_i$

（2）计算工况与参数

滑坡稳定性计算剖面为滑坡主轴剖面，采用天然状态与暴雨状态两种工况进行计算。

根据勘察资料，稳定性岩土强度参数取值如表9-18所示。

表9-18 滑坡滑面土强度参数取值

岩土重度/（kN/m³）		黏聚力/kPa		内摩擦角/（°）		滑面摩擦系数 μ
天然	饱水	天然	饱水	天然	饱水	
18.88	19.68	17.0	11.2	16.7	9.8	0.22

（3）稳定性计算结果与评价

由稳定性计算结果（表9-19）知：滑坡稳定系数天然状态下为1.41，处于稳定状态，暴雨状态下为1.02，处于极限平衡或不稳定状态。计算结果与滑坡的现状一致。

表9-19 滑体稳定性计算成果表

工况一（天然状态）		工况二（暴雨状态）	
稳定系数	剩余下滑力/（kN/m）	稳定系数	剩余下滑力/（kN/m）
1.41	—	1.02	55.4

滑坡发生后，滑坡所处斜坡的地质、地貌环境基本未发生大改变，滑坡在降雨条件下存在继续滑动的可能，威胁到坡脚成品油管道。因此，必须对滑坡进行治理。

5. 滑坡治理设计

塌滑区有重要的建筑物，破坏后果较严重，根据 DB50/5029—2004《地质灾害防治工程设计规范》，防治等级为二级。安全稳定系数取1.15。

（1）工程设计

滑坡治理采用抗滑桩、截水沟等工程措施。抗滑桩布置在滑坡坡脚垂直主滑方向，共12根桩，其布置如图9-21所示。桩截面采用1.2m×1.8m，桩间距为5m，最大悬臂段长度为8m，锚固段长度为6~8m。采用C25钢筋混凝土修建。截水沟布置在滑坡周边，截断坡面流入坡体的地表水。截水沟断面为梯形，顶宽0.7m，底宽0.4m，深0.35m。采用C15毛石混凝土修建。

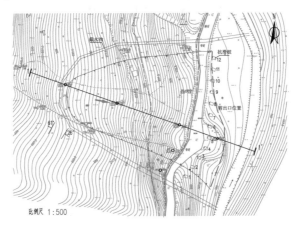

图9-21 滑坡抗滑桩布置图

（2）抗滑桩内力验算

根据滑坡治理工程抗滑桩的埋深、桩体截面惯性矩、地基系数，内力验算按"m"法进行计算。

①桩前土压力计算。若被动土压力小于滑坡剩余抗滑力时，桩的阻滑力按被动土压力考虑。被动土压力计算公式如下：

$$E_p = \frac{1}{2}\gamma_1 \times h_1^2 \times \tan^2(45 + \phi_1/2) \tag{9-4}$$

式中　E_p——被动土压力，kN/m；

　　　γ_1——桩前岩土体的容重，kN/m³；

　　　ϕ_1——桩前岩土体内摩擦角，°；

　　　h_1——抗滑桩受荷段长度，m。

②受荷段桩体内力。根据滑坡推力和阻力与嵌固段桩身内力、滑面处弯矩和剪力，按地基弹性的抗力地基系数进行计算。

$$K = m(y + y_0)^n \tag{9-5}$$

式中　m——地基系数随深度变化的比例系数；

　　　y——嵌固段距滑带深度，m；

　　　y_0——与岩土类别有关的常数，m；

　　　n——随岩土类别变化的常数。

③抗滑桩的稳定性。根据滑坡防治工程抗滑桩的嵌固段长度、桩间距、桩截面宽度，以及滑床岩土体强度，采用围岩允许侧压力公式进行计算：

$$\sigma_{max} \leqslant \rho_1 \times R \tag{9-6}$$

式中，σ_{max}——嵌固段围岩（土）最大侧向压力值，kPa；

　　　ρ_1——折减系数，取决于岩土体裂隙、风化及软化程度，沿水平方向的差异性等，一般为 0.1~0.5；

　　　R——岩土单轴抗压极限强度，kPa。

13m 抗滑桩的计算表明：折减系数 ρ_1 取为 0.3；桩基深入滑面下密实碎石土层和中风化页岩层，其岩土单轴抗压极限强度 $R = 11000$kPa；围岩对桩身的侧压应力 $\sigma_{max} = 390$kPa。因此，13m 抗滑桩的稳定性符合要求。

二　降雨诱发成品油管道泥石流灾害防治案例分析

本节以某管道被侵蚀溃决型坡面泥石流损伤为例，进行案例分析。强降雨致使沙朗乡南侧水节箐沟右岸山顶洼地水坑溃决，大量的水体顺坡而下，在水节箐沟右岸斜坡上形成坡面泥石流，并造成埋设于斜坡坡脚的受损管道处光缆冲断，管道受损。

受损管道处侵蚀溃决型坡面泥石流发育在水节箐沟右岸斜坡上，泥石流沟长约 400m，沟源高程约 2100m，沟口高程 1850m，相对高差 250m，沟道纵比降约 300‰。泥石流沟源为水节箐沟右岸斜坡坡顶，地势平缓，有一采石场形成一积水洼地，在平台边缘堆积有大量松散弃渣。当积水洼地汇水进一步增加，大量水体顺泥石流沟而下，必将导致坡面泥石流再次发生，危及管道安全。因此，必须对泥石流沟进行工程防治。

1. 泥石流发育的区域环境条件

（1）地貌

受损管道处坡面泥石流沟位于沙朗乡南侧水节箐沟右岸斜坡上。水节箐沟两侧山地最高海拔2460m，最低海拔1780m，平均海拔1860m。地势东高西低，山间呈宽谷状。水节箐为沙朗河支沟，河床坡降平缓，支沟不发育，地势南高北低。泥石流沟沟床坡降约300‰。局部沟床坡度大于50°，形成陡崖地貌。沟源位于山顶，地形较为平缓，有一个采石场和驾校位于山顶顶部。沟口泥石流堆积物沿水节箐呈长条形展布，长约970m，宽约40m，地形坡度约5°。水节箐沟两岸斜坡植被发育，多为低矮灌木、灌草。沟下游流域大多为耕地，主要种植玉米和核桃。

（2）气象与水文

属低纬度高原气候特征，立体气候明显。年平均气温在13.5~15℃之间，降雨量900~1100mm。四季不明显，干、湿季分明。受东南及西南两股暖湿气流的影响，降雨主要集中在5~9月，形成夏秋湿热雨多、冬春干旱少雨的特点。区内气温具有日温差大、年温差小、冬无严寒、夏无酷暑、四季如春的特点。多年平均蒸发量为2086mm，年最大为4月份276mm，最小为11月份111mm。区域内主要河流为沙朗河，在天生桥溶洞与支流汇合经龙庆谷地注入螳螂川，是昆明市引水工程的水源地之一。水节箐沟属沙朗河支沟，无常年流水，为季节性沟道。水节箐坡面泥石流的水源主要为降雨和山顶洼地积水。

（3）地质条件

①地层岩性。区域内出露的地层主要有第四系人工堆积层（Q_4ml）、泥石流堆积层（Q_4sef）、残坡积层（Q_4el+dl）、二叠系、石炭系、泥盆系和寒武系等地层。就坡面泥石流发育的斜坡而言，出露地层为第四系和二叠系下统。

第四系（Q_4）包含：a）第四系坡残积层（Q_4el+dl）：岩性主要为棕红色、褐红色、褐黄色黏土、含角砾黏土，为硬塑、局部可塑状，分布于斜坡上部和山顶平缓部位，为泥石流形成的主要物源之一。b）人工堆积层（Q_4ml）：以素填土为主，为碎石土，其土体结构松散。主要分布在山顶水坑外侧和原采石场周边，一般厚2~5m，局部弃土弃渣集中堆积区厚度可达8m，是泥石流发生物源之一。c）泥石流堆积层（Q_4sef）：岩性以沙砾、砾石、碎块石土，松散，褐黄、灰白色，主要分布于水节箐沟内，厚1~5m。

二叠系下统（P_1）包含：a）阳新组（P_1y）：分布于山顶部位，为泥石流沟中上游部位沟床基岩，为灰色厚层至块状泥晶灰岩、细晶白云岩。b）倒石头组（P_1d）：分布于水节箐沟两岸，为泥石流沟沟床基岩，为灰黄、灰绿、紫红色铝土岩、沙质泥岩，是泥石流运动过程中冲刷裹挟的主要物源。

②区域地质构造及活动性。管道YC031-06处所处的沙朗乡位于昆明-建水褶断区（I_2^1）西缘。普渡河-西山断裂顺西山呈南北向纵贯。此断裂为界，西区以宽缓褶皱为主，主要构造线近东西向，属武定-易门隆褶区（I_2^2）断褶区。东区依次以南北向、东西向、北东向的褶皱和断裂为主的构造，属昆明-建水褶断区（I_2^1）断褶区。受多期次的构造运动的重叠变形的影响，形成褶皱类型复杂、断裂相互切割的区域构造特征。

水节箐沟右岸泥石流沟为单斜构造，岩层整体倾向东，产状187°∠31°，为反倾斜坡。

基岩节理较发育，节理的发育对斜坡稳定性有一定的影响，局部受节理面影响，岩体破碎，为泥石流及滑坡提供了物源条件。

2. 泥石流发育特点

（1）坡面侵蚀沟道

受损管道处泥石流发育在水节箐沟右岸斜坡上，地势东高西低，坡顶平台高程约2100m，坡脚沟口高程1850m，相对高差250m，河床整体坡降约300‰，局部为陡崖，坡降可达约700‰，斜坡坡度为40°～50°。由于侵蚀作用，在坡面形成小的侵蚀沟道，主沟长约400m，溃决型坡面泥石流就是在侵蚀沟的基础上发展而成。

（2）水源条件

水节箐坡面泥石流沟源为右岸斜坡坡顶台地（高2100m），地势平缓，坡度约5°。平台原为采石场（已停采），采石导致坡顶形成长63m，宽45m的洼地，在降雨过程中最高水位时水深约1.6m，蓄水量约3800m³，是坡面泥石流形成的主要水源。

（3）物源条件

据调查，水节箐坡面泥石流物源主要有三个方面：一是坡顶台地边缘和洼地周边堆积有大量的采石弃渣，体积约2400m³；二是在高程2030～2100m的斜坡坡面，堆积了厚约5～7m的黏土，体积约3000m³；三是在泥石流流通过程中，坡面的全风化沙质泥岩，分布在高程1850～2030m的斜坡坡面，流体在流通过程中补给，坡面的范围长约180m，体积约6000m³。

3. 泥石流发育过程

（1）启动与形成

8到9点小时雨量43.3mm。强降雨导致斜坡坡顶台地的地表水迅速向洼地汇集，洼地中水量增加。当洼地的水位上升至最高水位时，台地边缘堆积而成弃渣、土坎、块石溢流，并形成侵蚀。随着侵蚀加剧，弃渣土坎缺口加大，最终使得土坎溃决，形成平均宽7m，深3.5m的缺口，洼地中约3800m³水体快速流出，顺着坡面的侵蚀沟道快速下泻，形成泥石流，如图9－22所示。据调查，溃决口水流的流速约为2.2m/s，以溃决口最大断面计算，流量可达53.9m³/s。强水流使堆积在坡顶台地边缘和斜坡上部弃渣、黏土迅速混入水流，形成泥石流流体，导致坡面泥石流形成。

水节箐沟坡面泥石流启动过程可归纳为：降雨使洼地水位上升—水体溢流侵蚀—土坎溃决—强水流冲击侵蚀形成泥石流。

（2）流通与侵蚀

受损管道处坡面泥石流流通区分布在高程1850～2050m斜坡坡面，泥石流沟谷多呈"1"字形，沟底宽一般1～3m，沟缘宽10～20m，两岸地形坡度约40°～50°，沟床纵坡降为550‰。泥石流运动过程中，流体沙质冲刷、侵蚀堆积在坡面的全风化沙质泥岩，使侵蚀沟加宽、加深，沙质泥岩被流体裹挟，形成坡面泥石流，如图9－23所示。

图 9 – 22　积水洼地及弃渣　　　　　　　图 9 – 23　沟源黏土

（3）堆积与冲击

受损管道处坡面泥石流堆积区面积约 0.12km²，呈长条状展布，分布于水节箐沟内，长约 400m、宽约 30m 的堆积区。堆积区泥石流冲刷痕迹较为新鲜，为新近泥石流堆积而成，堆积区为耕地，主要种植玉米和核桃等经济作物。泥石流堆积体物质主要为碎块石土，碎块石次棱角状，成分主要为灰岩和白云岩，堆积体中最大块石直径可达约 3m，如图 9 – 24 所示。泥石流的冲击作用导致位于堆积区的管道 YC031 – 06 段受损，如图 9 – 25 所示。

图 9 – 24　堆积区地貌与堆积　　　　　　图 9 – 25　受损管道

4. 泥石流治理工程方案设计

（1）防护等级与安全系数

根据受灾对象、受灾程度、施工难度和工程投资等因素，确定管道 YC031 – 06 处水节箐坡面泥石流治理工程的防治等级为二级。

受损管道处坡面泥石流防治的目的：一是防止管道段坡面泥石流进一步发展；二是保护管道不受泥石流的危害，保障管道安全。

参考 DZ/T 0239—2004《泥石流灾害防治工程设计规范》，二级防治工程荷载强度标准仅考虑暴雨因素。暴雨强度荷载标准按 50 年暴雨强度重现期设计，按照 100 年暴雨强度重现期校核。泥石流拦挡工程设计采用的安全系数如下：

①拦挡坝抗滑安全系数，降雨状态，$K_s = 1.2$；

②拦挡坝抗倾安全系数，降雨状态，$K_s = 1.5$。

（2）泥石流治理工程设计

泥石流治理工程设计包括治理工程措施和泥石流拦挡工程结构稳定性验算。

①治理工程措施。管道 YC031 - 06 处坡水节箐面泥石流防治主要采用坡脚护坡挡土墙、沟道中下部谷坊拦挡、上部沟缘洼地回填平整和中上部沟道截水排水等工程措施。通过这些措施达到控制沟道的侵蚀，保护管道的目的。

a）护坡挡土墙设计。抗滑挡土墙采取重力式墙体结构，采用 C15 毛石混凝土建造。挡土墙后回填压实，恢复成斜坡。抗滑挡土墙分为 3 段，其中 A 段长 12m，B 段长 4m，C 段长 6.5m。墙体高 4m，墙顶持平，两端嵌入坡体。抗滑挡土墙距地表 0.5m 处开始设排水孔，水平间距 2m，直间距 1.5m。

b）谷坊设计。谷坊坝址一般选在沟道中海拔高程 1857m 处，谷坊基础位于沟底地表以下。谷坊为重力式拦挡坝结构形式，采用 C15 毛石混凝土建造。谷坊顶部设溢流口，设计成开敞式梯形断面，中心线与沟底主流线一致。谷坊排水孔是为了减少坝前的水压力，增加调节输送泥沙和碎屑的功能。排水孔一般布置在沟道坝段，排水孔高度 0.5m，宽度 0.2m，横向等间距排列。

c）排水与洼地填埋设计。在斜坡的中上部建排水沟，因势利导地将斜坡上部地表水排出，避免进入下部沟道。排水沟长度为 100m。排水沟采用 C15 毛石混凝土建造。坡度较陡的地段，排水沟应在沟底增加消能坎，间距和坎高根据坡比设置。斜坡顶部洼地采用挖高补低的方式填埋，表明整平，形成倾向坡外的斜坡，坡比 10%，填埋范围长 63m，宽 45m，洼地填埋土尽量采用原采石场的弃渣，填埋时采取分层回填，压密，单层厚 0.4m，密实度大于 93%。

②泥石流拦挡工程结构稳定性验算

a）护坡挡土墙工程稳定性验算。抗滑挡土墙的稳定性系数 K_s 按式（9-7）计算：

$$K_s = \frac{\sum Q \cdot f}{\sum E_x} \qquad (9-7)$$

护坡挡土墙抗倾覆稳定性系数 K_o 按式（9-8）计算：

$$K_o = \frac{\sum M_y}{\sum M_o} \qquad (9-8)$$

管道 YC031 - 06 处坡面泥石流下部护坡挡土墙稳定性安全系数取值与验算结果见表 9 - 20。验算表明，泥石流沟下部护坡挡土墙的抗滑、抗倾覆稳定性验算合格。

表 9 - 20　护坡挡土墙的稳定性验算

验算类型	安全取值	稳定性系数 K_s	稳定程度评价
抗滑稳定性	1.2	1.36	稳定
抗倾覆稳定性	1.4	1.57	稳定

b）谷坊的稳定性验算方法与参数。作用于谷坊上的基本荷载有：坝体自重、停淤土体及溢流流体自重、土压力。谷坊坝体自重 W_d 取决于坝体体积 V_b 和筑坝材料容重 γ_b。计算式为：

$$W_d = gV_d\gamma_b \qquad\qquad (9-9)$$

土体重 W_s 和溢流重 W_f 土体重是指拦沙坝流面以下，垂直作用于坝斜面上的泥石流重量或堆积物重量。溢流流体重 W_f 是含沙水流过坝时作用于坝体上的重量。

侧压力作用于拦沙坝迎水面上的水平压力 F，计算式为：

$$F = \frac{1}{2}\gamma_c K H_c^2 \mathrm{tg}^2\left(45° - \frac{\varphi_a}{2}\right) \qquad\qquad (9-10)$$

式中　γ_c——堆积泥沙的容重，kN/m^3；

　　　H_c——泥深，m；

　　　φ_a——泥沙的内摩擦角。

计算取值为：浆砌石材料容重 γ_s 取 23 kN/m^3；水的容重 γ_0 取 10kN/m^3；过渡性含沙水流的容重 γ_c 取 13 kN/m^3；过渡性泥石流内摩擦角 θ 取 4°；坝底与地基土壤间的摩擦系数 f 取 0.5；地基允许应力 σ 取 350kPa；根据规范与谷坊工程的特点，谷坊的抗滑稳定性系数 K_c 取 1.2，抗倾覆稳定性系数 K_0 取 1.5。并按式（9-11）计算：

$$K_c = \frac{f\sum G}{\sum H} \qquad\qquad (9-11)$$

式中　K_c——抗滑稳定性系数；

　　　$\sum G$——垂直方向作用力的总和，kN；

　　　$\sum H$——水平方向作用力的总和，kN。

谷坊抗滑稳定性由式（9-12）进行验算：

$$K_0 = \frac{\sum M_V}{\sum M_H} \qquad\qquad (9-12)$$

式中　K_0——抗倾覆稳定性系数；

　　　$\sum M_V$——抗倾覆力矩总和，$kN\cdot m$；

　　　$\sum M_H$——倾覆力矩总和，$kN\cdot m$。

管道 YC031-06 处坡面泥石流谷坊稳定性安全系数取值与验算结果如表 9-21 所示。验算表明，泥石流沟谷坊抗滑、抗倾覆稳定性验算合格。

表 9-21　泥石流沟谷坊稳定性验算

验算类型	安全取值	稳定性系数	稳定程度评价
抗滑稳定性	1.2	2.70	稳定
抗倾覆稳定性	1.5	2.51	稳定

三　成品油管道水毁灾害案例分析

2014 年 7 月突降暴雨，某河 DG21～DG24 段管道通过河道或顺河埋设，水流对管道

（管沟）的冲蚀作用形成水毁。降雨后因河道水量陡增，加之部分河道因道路修建被挤占变窄，水位抬升，致使 DG21～DG24 段 4km 管道沿线的两侧岸坡出现严重侧蚀破坏，如图 9-26、图 9-27 所示，原水工保护工程出现淤埋、破损或毁坏，如图 9-28、图 9-29 所示。

图 9-26　护岸基础被冲毁

图 9-27　护岸墙后被掏空

图 9-28　护岸墙体破损

图 9-29　挡墙被淤埋

　　为防止 DG21～DG24 段沟道岸坡进一步侧向侵蚀滑塌，保证管道安全，对破损的护岸挡墙工程进行加固和重建，对沟床下切侵蚀段采取分段多级加固床坝进行防治。

参考文献

[1] 张俊云，周德培，李绍才. 岩石边坡生态护坡研究简介 [J]. 水土保持通报，2000，20（4）：36-38.

[2] 王沪毅. 输气管道在地质灾害中的力学行为 [D]. 西安：西北工业大学，2003：19-40.

[3] 孔纪名，邱洪志，张引. 西南地区成品油管道山地灾害发育特点与防治 [J]. 自然杂志，2014，36（5）：346-351.

[4] 王成华，孔纪名，马清文. 滑坡灾害及减灾技术 [M]. 成都：四川科学技术出版社，2008：132-150.

[5] 孔纪名，韩培锋，张引. 基于地球多传感器网络信息的潜在滑坡判识模型 [J]. 地球科学与环境学

报, 2013, 35 (1): 97 – 102.

[6] 孔纪名, 蔡强, 张引, 等. 单排微型桩加固碎石土滑坡物理模型试验 [J]. 山地学报, 2013, 31 (4): 399 – 405.

[7] 田述军, 孔纪名, 陈泽富, 等. 基于公路功能的边坡灾害易损性评价 [J]. 地球科学与环境学报, 2013, 35 (3): 119 – 126.

[8] 王恭先. 滑坡防治中的关键技术及其处理方法 [J]. 岩石力学与工程学报, 2005, 24 (21): 20 – 29.

[9] 朱颖彦, 崔鹏, 陈晓清. 泥石流堆积体边坡失稳机理的试验与稳定性分析 [J]. 岩石力学与工程学报, 2005, 24 (21): 129 – 136.

[10] 田述军, 孔纪名. 基于斜坡单元和公路功能的滑坡风险评价 [J]. 山地学报, 2013, 31 (5): 580 – 587.

[11] 田述军, 孔纪名. 基于区域降雨分布的震后地质灾害降雨阈值研究——以绵竹市清平乡为例 [J]. 水土保持研究, 2013, 20 (5): 1 – 5.

[12] 倪振强, 孔纪名, 阿发友, 等. 碎石土古滑坡的开挖扰动效应及稳定性研究 [J]. 工程勘察, 2012, 40 (5): 5 – 9.

[13] 李秀珍. 潜在滑波的早期稳定性快速判识方法研究 [D]. 成都: 西南交通大学, 2010.

[14] 邵铁全, 彭建兵, 刘云焕, 等. 滑坡灾害超前预判技术研究 [J]. 工程地质学报, 2007, 15 (4): 564 – 568.

[15] 刘龙武, 郑健龙, 缪伟. 膨胀土开挖边坡坡体变形特征的跟踪观测 [J]. 中国公路学报, 2008, 21 (3): 6 – 12.

[16] 唐亚明, 张茂省, 薛强, 等. 滑坡监测预警国内外研究现状及评述 [J]. 地质论评, 2012, 58 (3): 533 – 541.

[17] 周平根. 滑坡监测的指标体系与技术方法 [J]. 地质力学学报, 2004, 10 (1): 19 – 26.

[18] 李秀珍, 许强. 滑坡预报模型和预报判据 [J]. 灾害学, 2003, 18 (4): 71 – 78.

[19] 徐峰, 汪洋, 杜娟, 等. 基于时间序列分析的滑坡位移预测模型研究 [J]. 岩石力学与工程学报, 2011, 30 (4): 746 – 751.

[20] 崔云, 孔纪名, 田述军, 等. 强降雨在山地灾害链成灾演化中的关键控制作用 [J]. 山地学报, 2011, 29 (1): 87 – 94.

[21] 钟卫, 杨涛, 孔纪名. 复杂岩质高边坡半确定性块体三维稳定性研究 [J]. 岩土力学, 2011, 32 (5): 1485 – 1490.

[22] Zhang S Z, Li S Y, Chen S N, et al. Stress analysis on large-diameter buried gas pipelines under catastrophic landslides [J]. 石油科学: 英文版, 2017 (14): 585.

[23] Alvarado-Franco J P, Castro D, Estrada N, et al. Quantitative-mechanistic model for assessing landslide probability and pipeline failure probability due to landslides [J]. Engineering Geology, 2017: S0013795217305562.

[24] Bezuglova E V, Matsii S I. Stability Express-Assessment of Landslide Prone Slopes During Pre-Design Development Work on Engineering Protection for Gas Pipeline and Power Transmission Line Routes [J]. Soil Mechanics and Foundation Engineering, 2017, 54 (2): 122 – 127.

[25] Mechanical Behavior Analysis of the Buried Steel Pipeline Crossing Landslide Area. JOURNAL OF PRESSURE VESSEL TECHNOLOGY-TRANSACTIONS OF THE ASME. 2016.

[26] Borfecchia F, Canio G, Cecco L, et al. Mapping the earthquake-induced landslide hazard around the main oil pipeline network of the Agri Valley (Basilicata, southern Italy) by means of two GIS-based modelling approaches [J]. Natural Hazards: Journal of the International Society for the Prevention and Mitigation of

Natural Hazards, 2016, 81.

[27] Zhang L, Xie Y, Yan X, et al. An elastoplastic semi-analytical method to analyze the plastic mechanical be-
havior of buried pipelines under landslides considering operating loads [J]. Journal of Natural Gas Science
and Engineering, 2016, 28: 121 – 131.

[28] Large-scale field trial to explore landslide and pipeline interaction [J]. Soils and Foundations, 2015, 55
(6): 1466 – 1473.

[29] Study on Failure Probability Model of LanChengYu Pipeline under Landslide Geological Disaster. INFOR-
MATION-AN INTERNATIONAL INTERDISCIPLINARY JOURNAL. 2012.

[30] Hearn G, Wise D, Hart A, et al. Assessing the potential for future first-time slope failures to impact the oil
and gas pipeline corridor through the Makarov Mountains, Sakhalin Island, Russia [J]. QUARTERLY
JOURNAL OF ENGINEERING GEOLOGY AND HYDROGEOLOGY, 2012, 45 (1): 79 – 88.

第
十
章

成
品
油
管
道
HSSE
管
理

　　HSSE管理体系是国际上石油石化行业普遍认可并推行的一套科学的、系统的管理体系，管理工作包括健康（H）、安全（S）、公共安全（S）和环境（E）四个方面，是事前识别危害与评价风险、过程中控制风险和消减风险的科学管理方法，实践证明能够在降低风险、保障员工健康和保护环境方面发挥有效作用。本章结合各类风险因素所导致的主要事故类型和事故后果，介绍成品油管道HSSE管理体系与安全生产标准化、作业安全管理、隐患排查与治理、应急管理以及环保、职业卫生、公共安全管理等方面的方法和应用。

第一节　成品油管道 HSSE 管理体系与安全生产标准化

HSSE 管理体系就是按照戴明模式建立的一种持续循环和不断改变的结构，即"计划（P）—实施（D）—检查（C）—持续改进（A）"的结构。也是事前识别危害与评价风险、控制风险和削减风险的科学管理方法，实践证明能够在降低风险、保障员工健康、保护环境和维护公共安全方面发挥巨大作用。下面以中国石化 HSSE 管理体系为例进行具体介绍。

一　HSSE 管理体系架构

通过对石油行业建立、运行 HSSE 管理体系多年经验的总结，中国石化于 2018 年发布了最新的 HSSE 管理体系标准，如图 10 – 1 所示，主要分为 5 部分、30 个要素。这些要素相互联系、相互作用、形成整体，明确了系统化管理的方法，它是以领导承诺为核心，以事故预防为目的，以风险控制为主线，通过制定方针和目标，策划并落实各层次、各部门的职责，策划并实施各项工作任务的做法、程序和过程。

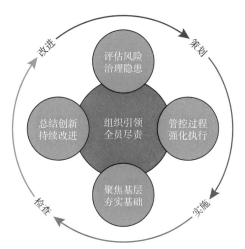

图 10 – 1　中国石化 HSSE 管理体系

1. 组织引领，全员尽责

领导是 HSSE 工作的核心推动力，各级领导应带头履行 HSSE 职责，建立健全 HSSE 组织和制度，建设卓越的 HSSE 文化，积极履行社会责任。分为领导引领力、HSSE 组织、HSSE责任、HSSE 投入、社会责任 5 个要素。

2. 评估风险，治理隐患

坚持基于风险的策略，识别大风险、消除大隐患、杜绝大事故，建立风险分级管控和隐患排查治理预防机制。分为依法合规、风险识别与评估、重大危险源、隐患排查治理 4个要素。

3. 管控过程，强化执行

将风险管控贯穿于企业生产经营全过程，建立管理标准和流程，落实业务、属地和岗位责任，实施过程风险管控。分为培训管理、建设项目管理、生产运行管理、危险化学品储运管理、设备设施管理、施工作业管理、承包商管理、变更管理、员工健康管理、公共安全管理、污染防治与生态保护、应急管理、HSSE 信息管理 13 个要素。

4. 聚焦基层，夯实基础

HSSE 工作的重心在基层，应建立健全基层 HSSE 组织和运行机制，确保岗位操作规范、异常及时发现、初期应急处置得当。分为基层 HSSE 组织建设、纪律和行为、现场 HSSE 管理、基层安全活动 4 个要素。

5. 总结创新，持续改进

开展 HSSE 检查、体系审核和绩效考核，重视事故教训汲取和经验分享，不断总结 HSSE 管理工作，持续提升 HSSE 绩效。分为检查与审核、事故事件管理、绩效考核、持续改进 4 个要素。

二　HSSE 责任分解与落实

1. 成品油管道企业组织架构体系

成品油管道企业宜成立 HSSE 委员会，委员会办公室宜设在安全环保监管部门。HSSE 委员会可下设生产、设备、外管道、工程、经营、后勤、信息、环保等专业 HSSE 分委会，设置专职 HSSE 总监，如图 10 − 2 所示。企业下属的二级单位可设置专职 HSSE 总监与安全环保监管机构。具备条件的企业可设置公司层面的安全环保督查大队与二级单位层面的安全环保督查队。

图 10 − 2　成品油管道企业 HSSE 委员会

2. HSSE 责任分解

HSSE 委员会是企业 HSSE 工作的最高决策机构。负责贯彻执行国家 HSSE 方针政策、法律法规、标准规范和上级有关规章制度，并通过企业各职能部门组织实施；听取企业各专业 HSSE 分委会的工作汇报，研究、决策重要 HSSE 事项，决定年度 HSSE 工作部署，保证 HSSE 资金投入，决策 HSSE 工作奖惩；至少每季度召开 1 次 HSSE 委员会会议，督促、检查 HSSE 工作完成情况；检查、监督各部门（单位）HSSE 职责履行情况等。

（1）HSSE 主体责任

根据"谁主管，谁负责"的原则，各职能部门、各二级/基层单位对所管辖业务、区域的 HSSE 负责。

专业 HSSE 分委会：①负责专业分委会管辖业务线条的 HSSE 管理；②贯彻落实 HSSE 生产委员会决策事项和工作部署，做好"五同时"（同时计划、同时布置、同时检查、同时总结、同时评比）工作；③贯彻落实国家 HSSE 法律、法规和企业各项 HSSE 制度，组织制定、完善专业 HSSE 相关规章制度、操作规程，确保符合 HSSE 管理要求，并做好监督落实；④至少每月开展 1 次专业 HSSE 检查与考核工作，对分委会管辖业务线条下的各单位 HSSE 管理工作的执行进行监督；⑤至少每季度召开 1 次专业分委会会议，对分委会管辖业务线条的 HSSE 管理工作开展情况进行总结分析，并向企业 HSSE 委员会进行专项汇报；⑥接受企业 HSSE 委员会的监督、考核。

二级/基层单位：①负责区域范围内的生产经营日常 HSSE 管理；②负责区域范围内的作业活动的 HSSE 管理；③负责区域范围内的风险、隐患与应急管理；④负责区域范围内的消防设备设施的管理；⑤负责对 HSSE 规程、方案和管理制度的执行。

（2）HSSE 监管责任

公司 HSSE 总监：①负责健全企业 HSSE 责任制，督促 HSSE 责任落实到位；②对企业 HSSE 管理体系的完整性负责。

安全环保监管部门：①负责 HSSE 管理体系的推进实施；②对 HSSE 综合监管的有效性负责。

安全环保督查大队：①负责编制督查工作方案、计划和检查标准；②负责对生产经营和施工现场实施全覆盖、全天候的 HSSE 督查；③独立行使检查监督和考核权，有权对发现问题进行处罚，直至责令停工，有权对现场 HSSE 先进典型和做法进行奖励；④负责对督查问题的整改跟踪验证，实现闭环管理；⑤负责每周通报安全环保质量督查情况，每月进行督查情况专题分析，对公司现行 HSSE 制度、规定等提出改进和完善建议、意见。

（3）岗位 HSSE 责任

按照"党政同责，一岗双责，齐抓共管，失职追责""谁的岗位谁负责"的原则，各岗位对职责范围内的 HSSE 负责，对定点承包单位的 HSSE 负连带责任。

3. HSSE 责任落实

抓严、抓细、抓实，让 HSSE 责任制到岗到人、落地生根，是确保成品油管道安全运行的重要抓手、基础和保证。

（1）分解 HSSE 责任

理清部门 HSSE 主体责任，结合企业实际，将安全制度、安全培训、应急管理、环保管理等方面分解为具体的 HSSE 工作，每一项明确主管和协管部门。本着全面覆盖、适度精简、突出重点的原则，及时修订部门（单位）和岗位的 HSSE 责任制，每个岗位 HSSE 职责均落实到具体人员。逐级签订 HSSE 责任书，保证岗岗有责、人人知责、无一遗漏。

（2）建立有效的 HSSE 督查考核制度

①充分发挥 HSSE 督查作用。a）为切实发挥检查对 HSSE 管理的促进提升作用，采取

企业、二级单位、基层单位分别开展 HSSE 检查的方式，实现了检查全覆盖。b）通过督查、自查、互查等多种检查形式相结合，有效促进各单位间的相互学习、共同提高。及时通报督查情况，定期进行督查专题分析，利用视频监控等手段，采取阶梯考核、闭环管理等方式，有效防范事故事件的发生。c）除内部督查外，企业还应定期组织外部专家对企业安全管理现状进行评审，不断提高安全管理水平。

②健全 HSSE 责任考核追究机制。a）开展 HSSE 管理考核。制定 HSSE 管理考核办法，实行过程考核与结果考核相结合；以安全管理信息系统、环境保护信息系统、HSSE 管理能力评价、HSSE 督查等为抓手，开展月度、季度和年度考核，通过扣分或扣绩效奖金等形式予以体现，正式发文通报，且 HSSE 考核、绩效奖励与评先评优挂钩。b）加大 HSSE 奖励力度。制定 HSSE 奖励办法，完善过程控制激励机制。对在日常工作中 HSSE 成绩突出，对为企业 HSSE 管理积极献计献策并改善、提升 HSSE 管理水平，及时发现重大险情并有效处置，避免事故事件发生或事态扩大的单位和个人进行日常奖励；根据各单位年度 HSSE 责任指标完成情况进行年度奖励。c）严格 HSSE 事故事件管理。制定 HSSE 事故事件管理办法，实行安全生产"一票否决"制。按照"四不放过"原则，针对发生的安全事故和环保事件，由企业 HSSE 委员会对责任单位、专业主管部门及安全环保监管部门进行责任追究和硬考核。

三　HSSE 教育培训

HSSE 教育培训的目的在于提高全员的风险意识、健康意识、安全意识和环保意识，强化"安全第一，预防为主"的安全方针，严格执行安全生产制度，防范在生产过程中发生各类事故，避免职业病危害的产生，确保安全生产。

1. HSSE 教育培训原则

（1）依法培训
企业主要负责人必须依法履行 HSSE 培训职责，组织制定并实施本单位 HSSE 教育培训计划。
（2）全员培训
全体员工、承包商员工必须接受相应的 HSSE 培训，未经考核合格不得上岗。
（3）专业培训与普及培训并重
通过普及型培训提高全员健康意识、安全意识和环保意识，通过专业培训提高全员安全技能，两者缺一不可。
（4）实操培训与理论培训相结合
管理层培训以理论培训为主，强化责任意识；操作层培训以实操培训为主，提高员工安全技能。
（5）在线培训与线下培训相结合
理论培训采取在线培训与线下集中培训相结合的方式，实操培训采取线下集中培训和岗位实操辅导相结合的方式，提升培训效率与效果。

2. HSSE 培训内容

（1）制定切实可行的 HSSE 教育培训计划

①制定全年的 HSSE 教育培训计划，明确工作思路，提出工作目标，指导全年的 HSSE 教育培训工作；②结合安全生产形势，制定阶段性工作重点、工作内容及阶段总体安排；③根据培训对象、内容、重点的不同，制定每月的培训计划，将事故事件案例和《班组安全》等分章节纳入班组每月 HSSE 活动学习内容，下发针对性考试题库，并定期组织考试。

（2）紧紧围绕"以人为本"的 HSSE 教育培训

根据伤亡事故分析，90% 以上的事故都是人的不安全行为造成的。安全工作的好坏取决于每一位员工的安全意识和技能水平，因此，HSSE 教育培训工作重点应做到"以人为本"，坚持结合实际、精心计划，具体从员工的 HSSE 意识、职责范围和操作技能上下功夫。结合岗位要求的特点，从初、中、高级技术所应具备的专业知识和实际技能水平等进行教育培训，提高其安全防范意识和操作技能水平。①通过教育，使"安全第一、预防为主"的安全生产方针深入人心，从而提高职工的安全防范意识；②通过操作技能的培训，提高职工的操作技能，以提高劳动者素质，确保安全。

（3）规范新入职人员 HSSE 教育培训内容

新入职人员在上岗前应接受一、二、三级 HSSE 教育培训，培训时间分别不少于 24、32、16 学时。

①一级培训。a）国家有关安全生产方针、法规，劳动安全卫生法律、法规；b）企业安全生产一般状况、性质、特点及特殊危险部位的介绍；c）通用安全技术、环境保护和职业卫生基本知识；d）压力管道巡检维护基本知识；e）企业安全生产规章制度和五项纪律（劳动、操作、工艺、施工和工作纪律）；f）应急常识和典型事故案例，事故预防的基本知识。

②二级培训。a）工作环境及危险有害因素的识别；b）所从事工作可能遭受的职业病危害及伤亡事故；c）所从事工作的安全职责、操作技能及强制性标准；d）自救互救、急救方法、疏散和现场紧急情况的处理；e）安全设施、个人防护用品的使用和维护；f）本单位安全状况及相关的规章制度；g）预防事故、环境污染和职业病危害的措施及应注意事项；h）有关的安全、环境事故案例的分析。

③三级培训。a）班组、岗位的安全生产概况，本岗位的生产工艺流程及特点和注意事项；b）本班组和有关岗位的危害因素、安全注意事项、本岗位安全生产职责；c）本岗位职责范围，应知应会、安全操作规程等；d）本岗位需预防的事故、灾害以及应急处理措施。

（4）加强对一线班组长的 HSSE 教育培训

一线班组长作为基层安全生产管理人员，在日常管理中发挥着极其重要的作用，因此，加强班组长的 HSSE 教育培训，提高其安全防范意识和操作技能水平，是具有重要意义的。应每年集中对班组长进行 HSSE 教育培训，主要讲授有关班组长安全生产管理，安全技术操作，事故案例分析，《安全生产法》等法律、法规，以提高班组长的安全素质，同时班组长把班组 HSSE 教育培训融入日常的工作中，有意识地向职工灌输各种安全思想，潜移默化地提高他们的 HSSE 意识和知识水平，实现班组 HSSE 教育经常化。

（5）切实抓好承包商 HSSE 教育培训

石化行业承包商事故占比达到70%以上，抓好承包商管理是管控重点。教育培训是提高承包商队伍素质的最有效途径。承包商 HSSE 管理重心在基层，重点在现场，关键在岗位，核心在执行。承包商 HSSE 教育培训要严格做到：未完成 HSSE 培训不准开工；培训考试不合格不准开工；HSSE 培训没有针对性不准开工；未设立专职安全监护不准开工。承包商安全管理水平是衡量企业安全管理水平高低的一个重要因素，必须抓好承包商安全管理，杜绝发生承包商施工安全事故，确保公司健康平稳发展。

（6）创新 HSSE 教育培训形式

除了传统的方式，应积极探索新的路子和办法，创新 HSSE 教育培训形式，拓宽 HSSE 教育培训范围，改善培训效果。①大力推广虚拟仿真培训系统，利用先进的声、光、电及虚拟现实等先进技术手段，通过实操设备设施、虚拟现实及仿真、人机交互、3D 动画课件的联合应用，切合实际地进行培训、考试以及实际操作训练，达到降低成本、提高可复用性、增强培训效率及效果的目的。②走出教室深入基层一线班组进行 HSSE 教育，让员工实际体会生产过程中各种可能造成人身伤害的外在环境条件、不安全行为，从而形成高度戒备和警觉的心理状态，防止事故的发生。

四 安全生产标准化

目前国家相关法律法规已经对安全生产标准化工作的开展提出了明确要求。《安全生产法》中第四条指出，"生产经营单位必须遵守本法和其他有关安全生产的法律、法规，加强安全生产管理，建立、健全安全生产责任制和安全生产规章制度，改善安全生产条件，推进安全生产标准化建设，提高安全生产水平，确保安全生产。"《中共中央国务院关于推进安全生产领域改革发展的意见》中第二十一条也指出，"大力推进企业安全生产标准化建设，实现安全管理、操作行为、设备设施和作业环境的标准化。"安全生产标准化即企业通过落实企业安全生产主体责任，通过全员全过程参与，建立并保持安全生产管理体系，全面管控生产经营活动各环节的安全生产与职业卫生工作，实现安全健康管理系统化、岗位操作行为规范化、设备设施本质安全化、作业环境器具定置化，并持续改进。成品油管道企业应参照《石油行业管道储运安全生产标准化评分办法》开展安全标准化建设工作。满足下列要求的成品油管道企业方可参加安全生产标准化等级评审：

（1）依法取得安全生产许可证；

（2）在评审年度（申请之日起前 1 年）内未发生人员死亡的生产安全事故；

（3）建立并推行健康、安全、环保（HSE）管理体系。

成品油管道企业安全生产标准化系统由 7 个一级要素（表 10 - 1）、28 个二级要素及若干要求组成。

标准化评审得分总分为 1000 分，最终标准化得分换算成百分制。换算公式如下：

$$标准化得分（百分制）= 标准化评审得分 ÷ 标准中的赋分 × 100$$

式中：标准中的赋分是指成品油管道企业经营范围内的标准要求项的赋分之和（即 1000 - 不参与评审项赋分之和）；标准化评审得分是指对应标准中的赋分项评定的得分之和。

评分办法中累积扣分的，均为该评审内容分数扣完为止，不出现负分。

安全生产标准化等级分为一级、二级、三级，一级为最高。标准化等级最终由标准化得分和安全绩效两个指标共同确定，取其中较低的等级确定最后等级。等级划分标准如表10-2所示。

表10-1 一级要素分值明细表

要　素	分　值
①领导责任和承诺	30
②健康、安全、安保与环境（HSSE）方针	20
③策划	150
④组织机构、资源和文件	200
⑤实施和运行	400
⑥检查	150
⑦管理评审	50
总　分	1000

表10-2 安全生产标准化等级划分表

评定等级	标准化得分	安全绩效
一级	≥90	
二级	≥75	评审年度内未发生人员死亡的生产安全事故
三级	≥60	

安全生产标准化等级有效期为3年。在有效期内发生人员死亡的生产安全事故或具有重大影响的事件，取消其安全标准化等级，经整改合格后，可重新进行评审。

成品油管道企业在推进安全生产标准化过程中，应制定安全生产标准化建设工作实施细则，通过落实责任，全员全过程参与，建立并保持安全生产管理体系，全面管控生产经营活动各环节的安全生产与职业卫生工作，具体实施过程如图10-3所示。

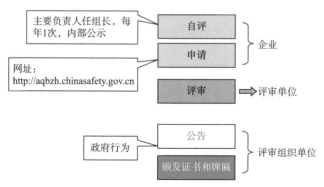

图10-3 安全生产标准化推进与实施过程

第二节 成品油管道作业安全管理

成品油管道企业日常工作中存在各类施工、改造、检维修作业，如外管道改线、换管，站内工艺设备改造，油罐清罐大修等。这些作业过程中涉及各种具体的作业类型，其中，安全风险较大的是用火、进入受限空间、高处、动土、起重、盲板抽堵、临时用电、进入易燃易爆区域等作业。

一 作业安全管理基本概念与通用要求

1. 基本概念

（1）用火作业：指在具有火灾爆炸危险场所内进行的涉火施工作业。

（2）进入受限空间作业：指进出口受限，通风不良，可能存在易燃易爆、有毒有害物质或缺氧，对进入或探入人员的身体健康和生命安全构成威胁的封闭、半封闭设施及场所。

（3）高处作业：在距离坠落高度基准面2m以上（含2m）有坠落可能的位置进行的作业，包括上下攀援等空中移动过程。

（4）动土作业：指在输油站辖区内的生产运行区域（含该区域内生产生活区域），地下管道、电缆、电信、隐蔽设施等影响范围内，以及在交通道路、消防通道上进行的挖土、打桩、钻探、坑探地锚入土深度在0.5m以上的作业；使用推土机、压路机等施工机械进行填土或平整场地等可能对地下隐蔽设施产生影响的作业。

（5）起重作业：指采用桥式起重机、门式起重机、装卸桥、缆索起重机、汽车起重机、轮胎起重机、履带起重机、铁路起重机、塔式起重机、门座起重机、桅杆起重机、液压提升装置、升降机、电葫芦及简易起重设备和辅助用具（如吊篮）等作业，不包括浮式起重机、矿山井下提升设备、载人起重设备和石油钻井提升设备。

（6）盲板抽堵作业：指在设备抢修、检修及设备开停工过程中，设备、管道内可能存有物料（气、液、固态）及一定温度、压力情况时的盲板抽堵，或设备、管道内物料经吹扫、置换、清洗后的盲板抽堵。

（7）临时用电作业：在正式运行电源上所接的一切非永久性用电。

（8）易燃易爆区域：指带有油气的码头泊位油轮（船）停泊期间油轮（船）边缘及储罐、设备、工艺管线及附属设施边缘起30m以内的区域。输油站易燃易爆区域包括但不限于以下区域：油罐区、工艺区（含泵区、分输区、收发球筒区、计量区、装卸作业区等）、蒸馏装置区、污水处理设施（15m 范围内）、电缆沟、消防泵房、配电间、发电机房、化验室（留样间）、润滑油和油漆仓库、灌装及储存油品的库房。外线包括：带有油气的防爆区域（限定为阀室为中心 30m 半径范围内和管道沿线两侧 10m 以内的区域）、油气泄漏点现场 30m 半径范围内的区域。

2. 作业安全管理通用要求

（1）作业所在基层单位负责核查确认作业单位持有《工程项目承包商 HSSE 资格确认书》、身份证明、作业资格证、健康证明等证件，对作业人员进行针对性安全培训并考试合格，资料存档要齐全。设备、机具的安全状况实施严格检查，验收合格后贴合格标签方可使用，禁止带病设备、机具入厂（场）。不符合条件者，不得进入现场作业或使用。

（2）在作业前应将作业具体内容、作业风险及防范具体措施、作业中止和完工验收要求向作业人员交底，并填写《施工作业安全交底书》。

（3）在完成针对性风险识别与分析、安全措施落实、视频监控有效等情况下，审批人在现场签发。

（4）生产设备进行的不停产检修、维修及直接作业，输油站应制定边生产、边直接作业的应急措施或应急预案，并纳入交底内容。

（5）凡与作业项目相关的工艺管线、含油污水系统等，应采取有效的隔离措施或方案；有毒有害及可燃介质的工艺管线必须经工艺处理合格并加装盲板进行隔离；通往排水系统的沟、井、漏斗等必须严密封堵。作业管理部门（单位）负责审批施工单位编制的隔离方案。

（6）作业隔离区内凡与作业有关的工艺设备、阀门、管线等，均应有明显的禁动标志。严禁触动正在运行的阀门、电线和设备等；严禁使用生产设备、管道、构架及生产性构筑物做起重吊装锚点。

（7）在直接作业现场，不得就地排放易燃易爆物品，作业临时用水不得使用消防栓供水；正常采样、脱水、装车等可能造成油气挥发的操作应预先通知作业单位暂停施工，遇油品泄漏等异常情况，应立即停止一切直接作业。

（8）作业机具和材料摆放须整齐有序，不得堵塞消防通道和影响生产设施、人员的操作与巡回检查。

（9）作业废料应按指定地点分类堆放，严禁乱扔乱堆，应做到工完、料净、场地清。

（10）作业人员不得随意改变作业范围和作业内容，作业范围和内容发生变化后需重新申请作业许可。

（11）原则上不允许交叉作业，如必须多种作业同时进行，应独立进行作业许可和管理，应同时办理多个作业许可证，其中任何一项许可证不符合要求，则须停止全部作业。当多种直接作业同时在一个作业空间内进行，经分析风险不可控，需重新制定方案。

二 用火作业安全管理

成品油管道企业用火作业主要危险在于火灾、爆炸风险，用火作业的主要类型有：

①气焊、电焊、铅焊、锡焊、塑料焊、铝热焊等各种焊接作业及气割、等离子切割、砂轮机切割、磨光机切割等各种金属切割作业；②使用喷灯、液化气炉、火炉、电炉等明火作业；③烧（烤、煨）管线、熬沥青、炒砂子、铁锤击（产生火花）物件、喷砂和产生火花的其他作业；④生产装置和罐区联（连）接临时电源并使用非防爆电器设备和电动工具；⑤使用雷管、炸药等进行爆破作业。

1. 用火等级划分

成品油管道企业用火作业较为频繁，为确保风险管控资源合理分配，通常对用火作业进行分级管理，分级情况参见表 10 – 3。

表 10 – 3　成品油管道企业用火作业分级

用火作业等级	成品油管道企业用火作业范围		
	管道（或其他带油设备）本体	非管道（或其他带油设备）本体	
		易燃易爆区域内	易燃易爆区域外
特级	①带有油气的储罐、设备、工艺管线本体上的用火作业，大修和喷砂防腐作业；②正在作业的汽车罐车装卸区、长输管道输油站泵棚、长输管道阀室区域内设备设施本体上的用火作业；③在运行的压缩机房区域内设备设施本体上的用火作业；④隔油池、污水处理区的设备设施本体上的用火作业；⑤其他特殊危险场所、特殊容器进行的本体上用火作业；⑥工艺管线及设备上含有汽油介质，使用工具进行的打磨作业	①所有构成四级及以上重大危险源的带油气罐区防火堤内动火作业；②使用雷管炸药等进行爆破作业；③油气泄漏事故事件现场30m 范围内的用火作业；④其他特殊危险场所、特殊容器进行的非本体上用火作业	使用雷管炸药等进行爆破作业
一级	①经清洗、处理、化验分析合格，并与系统采取有效隔离、不再释放可燃气体的、不构成重大危险源的油罐内大修和喷砂防腐作业的用火作业；②工艺管线及设备上含有汽油介质，使用液压扳手，开盖清洗过滤器和进行输油站阀门拆卸和安装的作业，检查工具接地合格且油气浓度检测合格；③工艺管线及设备上含有纯柴油介质，管线内充满纯柴油介质，无空气，使用工具进行的打磨作业	①带油气罐区（非重大危险源）、泵房、装卸油作业区、站场等的非本体及防火间距以外区域的用火作业；②停止作业的汽车罐车装卸区、长输管道输油站泵棚、长输管道阀室30m 范围内非本体的用火作业；③停止作业的压缩机房区域30m 内的非本体用火作业；④发电机房、化验室、桶装油品仓库、润滑油收发区等火灾危险区域的用火作业	①发电机房、化验室、润滑油储罐、桶装油品仓库、润滑油收发区等火灾危险区域的用火作业；②配电房及变压器房内用火作业；③使用临时用电和非防爆工具

用火作业等级	成品油管道企业用火作业范围		
	管道（或其他带油设备）本体	非管道（或其他带油设备）本体	
		易燃易爆区域内	易燃易爆区域外
二级	①油库、站内处特级、一级用火作业外的其他类临时用火作业；②工艺管线及设备内含有纯柴油介质，使用液压扳手，开盖清洗过滤器和进行输油站阀门拆卸和安装的作业，检查工具接地合格且油气浓度检测合格	①除特级、一级用火作业外的其他非重要油气区生产用火；②机动车辆（除消防车）未装设有效防火罩，进入易燃易爆区域内	①从油罐区、工艺区、蒸馏装置区等拆除的设备、容器、管线、附件已运到安全地点，且经过水冲洗处理并检测合格的设备和管线用火作业；②操作室、变配电间、办公室、通信机房内的用火作业；③油库、站内除特级、一级用火作业外的其他类临时用火作业

2. 用火作业安全管理程序要求

（1）现场安全条件确认。凡涉及用火的直接作业，均应按作业性质和分级情况安排人员进行现场安全条件确认。

（2）用火作业单位的申请人，应对照对应的施工任务单（或检维修作业票），办理用火许可证。

（3）用火作业许可证实行一处（一个用火地点）、一证（用火作业许可证），不能用一张许可证进行多处用火。用火作业实行"三不用火"原则，即无用火作业许可证不用火、用火监护人不在现场不用火、防护措施不落实不用火。

（4）根据实际用火作业特点，将补充安全措施写入主要安全措施的"其他补充安全措施"栏。

（5）进入生产区域内的机动车辆（不含消防车）佩戴有效防火罩（排气火花熄灭器），无须办理用火作业许可证。非防爆电瓶车，不准进入生产区域（工艺区、罐区）。

（6）用火作业许可分特级、一级、二级。用火作业升级管理：特殊时期（如党和国家重大会议、法定节假日等）和20：00至次日8：00的夜间用火，应进行升级管理，主要在上述特殊时期的用火作业，须在原用火等级基础上升一级进行审批管理。

（7）雨雪、五级风以上（含五级）天气，原则上严禁露天用火作业。因生产确需用火的，用火作业应升级管理。

（8）特级、一级用火前，要告知上一级的业务主管责任部门和安全监督管理部门。

（9）在正常运行生产区域内，凡可动、可不动的用火一律不动，凡能拆下来的设备、管线都应拆下来移到安全地方用火，严格控制特级用火。凡在长输管线上的用火，应尽量避免在汽油段用火。

（10）在盛装或输送可燃气体、可燃液体、有毒有害介质或其他重要的运行设备、容器、管线上进行焊接作业时，业务主管部门必须对施工方案进行确认，对设备、容器、管线进行测厚，并在用火作业许可证上签字。

（11）用火作业前必须召开用火作业交底会，用火申请单位组织施工人员、监护人员、工艺相关人员进行用火前的安全技术、安全措施、现场环境交底。

（12）用火作业过程的安全监督。在发现违反用火管理制度或危险用火作业时，有权收回用火作业许可证，停止用火，并根据违章情节，由各单位安全监督管理部门对违章者进行严肃处理。

（13）用火作业过程中，如果作业条件或环境发生变化时，必须立即停止作业，用火作业许可证同时废止。符合作业条件恢复用火时，必须重新办理用火作业许可证。

（14）用火作业所在单位应预先通知调度、抢险等职能部门，做好异常情况下应急准备。

3. 用火作业安全技术措施要求

（1）凡在输油站生产、储存、输送可燃物料的设备、容器及管道上用火，应首先切断油品来源并加好盲板，进行可靠封堵隔离；经彻底吹扫、清洗、置换后，打开人孔，通风换气，打开人孔时，应自上而下依次打开，并经气体检测分析合格，方可用火。若间隔时间超过 1h 继续用火，应再次进行用火分析或在管线、容器中充满水后，方可用火。

（2）用火作业施工区域应设置警戒线，与用火作业无关人员及设备不应进入用火区域；用火作业人员应在用火点的上风向作业，并避开介质和封堵物可能射出的方向。

（3）在用火前应清除现场一切可燃物，并准备好消防器材，必要时消防车现场监护。用火作业现场进行油品装卸或油品工艺处理时，严禁一切明火作业。用火期间，距用火点30m 内严禁排放各类可燃气体，15m 内严禁排放各类可燃液体，10m 范围内及用火点下方不应同时进行可燃溶剂清洗和喷漆等交叉施工。

（4）针对高风险的特级用火作业，应符合以下规定：

①应在正压条件下进行作业，并保持作业现场通排风良好；

②在生产不稳定的情况下，不应进行带压不置换用火作业；

③应预先制定作业方案，落实安全防火措施，必要时安排消防现场监护。

（5）使用黄油墙作为油品切断的，应保证钙基黄油和滑石粉的比例，确保墙体软硬适度。应按照条形块层层压缝、垒严、捣实砌筑，该方法只适用于常压截断。使用黄油墙还应注意时间不能过长，不得敲击、振动管道等问题。

（6）高空用火要根据环境情况用纤维布等挡住火花，采取防止向外飞溅、散落的措施，遇有五级及以上大风时必须停止用火。高空用火点垂直地面点周围 30m 内可燃气体检测合格。

（7）施工电源应接在指定地点开关上，电源线和地线必须绝缘良好，并应避开下水井、油沟等危险区域，电焊地线应固定在焊件本体上，不得将裸露地线搭接在装置、设备的框架上；在易燃易爆区域用火所使用的电源线和地线不得为塑料铝线，要求使用胶皮铜线。

（8）氧气瓶、乙炔瓶应离用火点 10m 以上，氧气瓶与乙炔瓶的距离应保持 5m 以上。氧气瓶与乙炔瓶要防止曝晒或高温烘烤，严禁沾油污，乙炔瓶严禁平放或倒置使用，乙炔胶管严禁用氧气吹扫。气瓶安全管理要求按照国家《气瓶安全监察规定》（2015 年 8 月 25 日国家质量监督检验检疫总局令第 166 号）执行。储存气瓶的仓库等建筑，应符合

GB 50016《建筑设计防火规范》相关要求。

（9）在油罐区施工用火时，生产单位必须加强所在罐组内油罐的动态检查监测，防止超装引起冒罐、跑油、火灾、爆炸等事故。在油罐区施工用火时，电焊机、电源开关等施工机具应按照检修器具摆放图的要求放在防火堤外安全位置。在甲、乙类油品罐区用火时，用火相邻罐不得进油，其呼吸阀、检尺孔、消防泡沫管口等应先用完好无损的塑料布包扎、再用湿纤维布包扎好，罐顶上喷淋水。本罐组防火堤内油罐不得脱水和检尺作业。

（10）用火点周围或其下方地面如有可燃物、空洞、窖井、地沟、水封等，应进行检查分析并采取清除、封堵等措施。铁路沿线 25m 以内的用火作业，如遇装有危险化学品的火车通过或停留时，应立即停止作业。

（11）输油站内用火作业时不得进行收发球作业。

（12）用火作业完毕或下班前，用火人必须将焊枪等工具拿至罐、塔、容器等设备外，关闭电源，熄灭一切余火，并经用火监护人认真检查确认安全后才能离开现场。

（13）在受限空间内用火，除遵守上述安全措施外，还要执行以下规定：

①在受限空间内进行用火作业、临时用电作业时，不允许同时进行刷漆、喷漆或使用可燃溶剂清洗等其他可能散发易燃气体、易燃液体的作业；

②在受限空间内进行刷漆、喷漆作业或使用可燃溶剂清洗等其他可能散发易燃气体、易燃液体的作业时，使用的电气设备、照明设备等必须符合防爆要求，同时必须进行强制通风；

③监护人佩戴便携式可燃气体报警仪，随时进行监测，当可燃气体报警仪报警时，不得迟疑或怀疑，必须立即先组织作业人员撤离，再查明原因。

（14）装置停工吹扫期间，严禁一切明火作业；装置全面停工检修和工程施工用火实行区域用火监护。

（15）应急情况下的用火作业，现场制定用火安全措施并确认合格后，由现场总指挥下达命令，方可实施用火作业。

（16）当生产装置或作业现场出现异常，可能危及作业人员安全时，应立即停止作业，组织作业人员迅速撤离，查明原因并采取补救措施。

4. 气体检测与分析

由于成品油的易燃易爆以及易挥发等特性，气体检测对成品油管道企业具有重要意义。

（1）所有用火作业在开始作业前均需进行气体检测与分析。

①分析结果应填入"用火作业许可证"中，并注明分析人姓名，以备存查；

②气体分析和检测时间要求填写到日、时、分；

③凡需要用火的塔、罐、容器等设备和管线，均应进行内部和环境气体检测分析，并将数据填入用火作业许可证；

④设备管线内部气体分析结果或检测结果和环境可燃气体检测结果要分开填写；

⑤用火部位存在有毒有害介质的，应对其浓度做检测分析。若含量超过作业场所空气中有害物质最高容许浓度时，应采取相应的安全措施，并在"用火作业许可证"上注明。

（2）气体分析的标准。当可燃气体爆炸下限大于4%时（如柴油），分析检测数据小于0.5%为合格；当可燃气体爆炸下限小于4%时（如汽油），分析检测数据小于0.2%为合格。在生产、使用、储存氧气的设备上进行用火作业，设备内氧含量不应超过23.5%。对采用惰性气体置换的系统检测分析，不得采用触媒燃烧式检测仪直接进行检测。

（3）气体检测分析办理程序。气体检测分析应在办理"用火作业许可证"前30min内进行，即用火分析与用火作业时间间隔不超过30min，如现场条件不允许，间隔时间可适当放宽，但不应超过60min；连续用火期间，每1h进行1次监控分析；若中断作业超过1h后继续用火，监护人、用火人和现场负责人应重新确认分析。特级用火作业期间应随时进行监测，监护人佩戴便携式可燃气体报警仪进行全程监护。

（4）其他分析要求：

①设备、容器与工艺系统已有效隔离，内部不会再释放有毒、有害和可燃气体的，首次采样分析合格后，分析数据长期有效；

②当设备、容器内有夹套、填料、衬里、密封圈等，有可能释放有毒、有害、可燃气体的，采样分析合格后超过1h用火的，须重新检测分析合格后方可用火；

③停工大修装置在彻底撤料、吹扫、置换、化验分析合格后，工艺系统采取有效隔离措施。设备、容器、管道首次用火，须采样分析；

④设备外部用火，应在不小于用火点10m范围内对大气环境进行检测分析。

5. 典型事故案例及原因简要分析

2013年11月22日10时25分，位于山东省青岛经济技术开发区的东黄输油管道泄漏原油进入市政排水暗渠，在形成密闭空间的暗渠内油气积聚遇火花发生爆炸，造成62人死亡、136人受伤，直接经济损失75172万元。事故直接原因：输油管道与排水暗渠交汇处管道腐蚀减薄、管道破裂、原油泄漏，流入排水暗渠及反冲到路面。原油泄漏后，现场处置人员采用液压破碎锤在暗渠盖板上打孔破碎，产生撞击火花，引发暗渠内油气爆炸，造成重大人员伤亡事故。

三　进入受限空间作业安全管理

成品油管道企业进入受限空间主要是生产区域内各类油罐、炉膛、管道以及地下室、烟道、下水道、隧道、沟、坑（池）、涵洞等。成品油管道企业进入受限空间作业主要危险在于人员窒息、中毒以及受限空间内火灾爆炸事故。

1. 进入受限空间作业等级划分

成品油管道企业一般根据进入受限空间作业等级来设定作业审批权限。

一级进入受限空间作业范围主要是：各类储罐清罐作业及油罐拆密封胶囊作业，罐内刷漆、喷涂（产生可燃可爆气体或雾）作业，蒸馏装置局部检修进罐作业，外管道基坑内作业。

二级进入受限空间作业范围主要是：除一级进入受限空间作业以外的，进入受限空间的作业，如清洗过滤器作业（不进入过滤器的清洗作业除外）。

2. 进入受限空间作业安全管理程序要求

（1）进入受限空间作业必须办理"进入受限空间作业许可证"；受限空间作业要实行"三不进入"，即无进入受限空间作业许可证不进入、监护人不在场不进入、安全措施不落实不进入。

（2）进入受限空间作业许可证管理。"进入受限空间作业许可证"的有效期为24h。当作业中断1h以上再次作业前，应重新对环境条件和安全措施予以确认；当作业内容和环境条件变更时，须重新办理许可证。

3. 进入受限空间作业安全技术措施要求

（1）进入受限空间作业前，输油站会同施工单位针对作业内容，开展风险识别与分析，分析受限空间内是否存在缺氧、富氧、易燃易爆、有毒有害、高温、负压等危害因素，确认相应作业程序正确，制定每一作业步骤的安全防范和应急措施要在许可证中进行落实签字确认。

（2）输油站及施工单位现场安全负责人对监护人和作业人员进行必要的安全教育，至少包括有关安全规章制度，可能存在的危险、危害因素及应采取的安全措施，个体防护器具的使用方法及注意事项，事故或事件的预防和自救知识，相关事故或事件的经验和教训。

（3）制定安全应急预案或安全措施。其内容包括作业人员紧急状况下的逃生路线和救护方法、监护人与作业人员约定联络信号、现场应配备的救生设施和灭火器材等。现场人员应熟知应急预案内容，在受限空间外的现场配备符合规定的应急救护器具（包括空气呼吸器、供风式防护面具、救生绳等）和灭火器材，出入口内外不得有障碍物，保证其畅通无阻，便于人员出入和抢救、疏散。

（4）当受限空间状况改变时，作业人员应立即撤出现场，同时为防止人员误入，在受限空间入口处应设置安全警示牌或封闭措施。经处理后重新具备进入条件的，需重新办理"进入受限空间作业许可证"后，方可进入。

（5）在进入受限空间作业前，应切实做好工艺处理，对受限空间进行吹扫、蒸煮、置换并分析合格；所有与其相连且可能存在可燃可爆、有毒有害物料的管线、阀门必须加装盲板隔离，不得以关闭阀门代替盲板，盲板应挂牌标识。

（6）为保证受限空间内空气流通和人员呼吸需要，可采用自然通风，必要时采取强制通风，管道送风前应对风源进行分析确认，严禁向内充氧气。进入受限空间内的作业人员每次工作时间不宜过长，应安排轮换作业或休息。

（7）带有搅拌器等转动部件的设备，必须在停机后切断电源，摘除保险或挂接地线，并在开关上挂"有人工作，严禁合闸"警示牌并设专人监护。

（8）在特殊情况下，作业人员可佩戴长管式防毒面具、空气呼吸器，进入受限空间作业时，必须仔细检查其气密性，佩戴长管式防毒面具时应防止长管被挤压，吸气口应置于新鲜空气处，并安排专人监护，必要时应拴带救生绳等。

（9）进入受限空间作业，不得使用卷扬机、吊车等运送作业人员；作业人员及其所带的工具、材料须登记（设立白板），由监护人对进入受限空间人员进出情况进行核查和登记，作业前后应清点，防止遗留在受限空间内。禁止与作业无关的人员和物品工具进入受限空间。

（10）对盛装过产生自聚物的设备容器，作业前应进行工艺处理，采取蒸煮、置换等方法，并作聚合物加热等试验。

（11）出现有人中毒、窒息的紧急情况，现场人员应立即报警，抢救人员必须佩戴隔离式防护面具进入受限空间，严禁无防护救援，并至少应有一人在外部负责联络工作。

（12）作业停工期间，应防止人员误进，在受限空间的出入口处应设置"危险！严禁入内"警告牌或其他封闭措施。作业结束后，应对受限空间进行全面检查，清点人数和工具，确认无误后，施工单位和输油站双方签字验收，出入口立即封闭。

（13）所有打开的人孔分析合格之前及非作业期间必须要用人孔封闭器进行封闭并挂严禁进入警示牌，严禁私自进入。

（14）作业期间作业条件发生变化时，应立即停止作业，查明原因，经处理并达到安全作业条件后，需重新办理作业许可证，方可继续作业。

（15）进入受限空间作业期间，严禁同时进行各类与该受限空间有关的试车、试压或试验。

（16）进入受限空间作业应使用安全电压和安全行灯。

①进入金属容器（炉、塔、釜、罐等）和特别潮湿场所、工作场地狭窄的非金属容器内，照明电压不大于12V。

②潮湿环境作业时，作业人员应站在绝缘板上，同时保证金属容器接地可靠。

③照明电压大于12V时（但不允许大于36V）或需要使用电动工具时，应按规定安装漏电保护器，其接线箱（板）严禁带入容器内使用。作业环境原来盛装爆炸性液体、气体等介质的，则应使用防爆电筒或电压不大于12V的防爆安全行灯，行灯变压器不应放在容器内或容器上。

（17）作业人员应穿戴防静电服装，使用防爆工具。严禁携带手机等非防爆通信工具和其他非防爆器材。

4. 气体分析

气体分析在成品油管道企业受限空间作业安全管理中具有突出的重要性。除了在动火作业中气体分析要求外，进入受限空间作业还应注意几点。

（1）气体分析标准。监测结果如有一项不合格，应立即停止作业：

①有毒有害物质不得超过国家规定的"车间空气中有毒物质最高容许浓度"的指标（H_2S最高允许浓度不得大于$10mg/m^3$）；

②氧含量19.5%~23.5%为合格；

③当可燃气体爆炸下限大于4%时，其被测浓度不大于0.5%为合格；当可燃气体爆炸下限小于4%时，其被测浓度不大于0.2%为合格。

（2）分析取样要求。取样分析要有代表性、全面性，受限空间容积较大时要对上、中、下各部位取样分析，应保证受限空间内部任何部位的可燃气体浓度和含氧量合格。

（3）分析时间要求。作业前30min内，应根据受限空间设备的工艺条件对受限空间进行有毒有害、可燃气体、氧含量分析（气体分析和检测时间要求填写到日、时、分），分析合格后方可进入。分析结果报出后，样品至少保留4h。作业中断时间超过1h时，应重新检测分析合格后方可作业。

（4）动态监测。作业人员进入受限空间要佩戴便携式气体报警仪，作业中应定时监测，至少每2h监测1次，如监测分析结果有明显变化，则应加大监测频率。

（5）连续监测。对可能释放有害物质的受限空间，应连续监测，情况异常时应立即停止作业，撤离人员，对现场进行处理，分析合格后方可恢复作业。

（6）分析仪器应在校验有效期内，使用前应保证其处于正常工作状态。

5. 典型事故案例及原因简要分析

2018年5月12日15时33分左右，某公司在进入苯罐受限空间进行检维修作业时发生闪爆事故，造成6名现场作业人员死亡。事故直接原因：一是苯罐受限空间内残留苯具有易燃易爆特性，从而使得苯罐受限空间内存在爆炸风险；二是施工方案规定使用防爆器具和铜质工具，但现场作业人员使用钢制扳手和非防爆电钻；三是受限空间作业中对可燃气体含量的检测不具有代表性，仅在人孔处进行了检测。

四 高处作业安全管理

成品油管道企业常见高处作业有油罐建设、清罐脚手架、管廊、深基坑等。其主要危险在于坍塌、人员高处坠落、高空抛物砸伤人员等方面。

1. 高处作业等级划分

高处作业分为4个等级：
Ⅰ级（2m≤作业距离水平面高度≤5m）；
Ⅱ级（5m＜作业距离水平面高度≤15m）；
Ⅲ级（15m＜作业距离水平面高度≤30m）；
Ⅳ级（作业距离水平面高度＞30m）。
经过危害分析，由于作业环境的危害因素导致风险度增加时，高处作业应进行升级管理。Ⅱ级以上高处作业时，由施工单位负责人持施工任务单，到作业所在输油站办理"高处作业许可证"。凡经高处作业特殊培训的岗位人员（如供电线路外线工等）在进行正常岗位作业时，以及在正式巡检路线进行正常高处检查的人员不需办理高处作业许可证。

2. 高处作业安全管理程序要求

（1）凡患未控制的高血压、恐高症、晕厥及眩晕症、器质性心脏病或各种心律失常、四肢骨关节及运动功能障碍疾病，以及其他不适合高处作业疾患的人员，不得从事高处作业。高处作业人员进行作业前需提供有效的体检报告（持有效的高处作业特种作业人员操作证不需要提供）。Ⅲ级高处作业，提供半年之内的体检报告；Ⅳ级及以上高处作业，提供一个月之内的体检报告，体检报告附高处作业许可证后。

（2）参与高处作业的人员应熟悉高处作业有关的安全知识、意外情况处理、救护方法等，掌握操作技能。

（3）输油站内的高处作业，由输油站站长对作业程序和安全措施进行确认后，签发"高处作业许可证"。外线路的高处作业，输油站的现场安全负责人和二级单位业务分管领导对作业程序和安全措施进行确认后，由二级单位业务分管领导签发"高处作业许可证"。当作业中断，再次作业前，应重新对环境条件和安全措施予以确认；当作业内容和环境条件变更时，需要重新办理"高处作业许可证"。

3. 高处作业安全技术措施要求

（1）输油站与施工单位现场安全负责人应对作业人员进行必要的安全教育，内容应包括所从事作业的安全知识、作业中可能遇到意外时的处理和救护方法等。

（2）应制定高处作业应急预案，内容包括：作业人员紧急状况时的逃生路线和救护方法，现场应配备的救生设施和灭火器材等。现场人员应熟知应急预案的内容。

（3）高处作业人员应正确佩戴符合国家标准的安全带，安全带应系挂在直接作业处上方的牢固构件上，不得系挂在有尖锐棱角的部位或可能转动的部位。安全带系挂点下方应有足够的净空。安全带应高挂（系）低用，在不具备安全带系挂条件时，应增设生命绳、安全网等安全设施，确保高处作业安全。在进行高处移动作业时，应设置便于移动作业人员系挂安全带的安全绳。

（4）劳动保护服装应符合高处作业的要求。作业人员应戴安全帽进行高处作业，并系好安全帽带。禁止穿硬底和带钉易滑的鞋进行高处作业。

（5）高处作业严禁向下投掷工具、材料和杂物等。所用材料应堆放平稳，必要时应设安全警戒区，并派专人监护。工具在使用时应系有安全绳，不用时应将工具放入工具套（袋）内。在同一坠落方向上，一般不得进行上下交叉作业，如需进行交叉作业，中间应设置安全防护层，坠落高度超过24m的交叉作业，应设双层安全防护。同一垂直方向交叉作业时，应采取"错时错位硬隔离"的技术措施。

（6）高处作业人员不得站在不牢固的结构物上进行作业。脚手架的搭设必须符合国家有关规程和标准，并经过验收、挂合格标示牌后方可使用。高处作业应使用符合安全要求的吊笼、梯子、防护围栏、挡脚板和安全带等，跳板必须符合要求，两端必须捆绑牢固。作业前，应仔细检查所用的安全设施是否坚固、牢靠。作业场所光线不足时，应对作业环境设置照明设备，确保作业需要的能见度。高处进行带压堵漏等特殊情况作业时，应设置逃生通道。

（7）供高处作业人员上下用的梯道、电梯、吊笼等应完好；高处作业人员上下时手中不得持物。

（8）在邻近地区设有排放有毒、有害气体及粉尘超出允许浓度的烟囱及设备的场合，严禁进行高处作业。如在允许浓度范围内，也应采取有效的防护措施，并为作业人员配备必要的且符合相关标准的防护器具（如空气呼吸器、过滤式防毒面具或口罩等）。雨、雪天作业时应采取防滑、防寒措施；遇有不适宜高处作业的恶劣气象（如五级以上强风、雷电、暴雨、大雾等）条件时，严禁露天高处作业；暴风雪、台风、暴雨后，应对作业安全设施进行检查，发现问题立即处理，如脚手架上的脚手板做防滑措施，既防止人在板上滑动，又防止板在脚手架上滑动，待防"双滑"措施落实、检查到位后，方可作业。

（9）高处作业场所离架空高压电线要符合国家规定的安全距离。在瓦楞板等轻型材料上方作业时，必须铺设牢固的脚手板，并加以固定。

（10）因作业需要，临时拆除或变更安全防护技术措施或设前，须经高处作业许可证审批人员同意，并采取相应的防护措施，作业后立即恢复原方案技术措施要求，并重新组织脚手架等工器具的共同验收。

（11）在气温高于35℃（含35℃）或低于5℃（含5℃）条件下进行高处作业时，应采取防暑、防寒措施；当气温高于40℃时，必须停止高处作业。

4. 典型事故案例及原因简要分析

某公司承包商发生一起高处作业人身伤害事故，造成1人死亡、1人左跟骨骨折。事故直接原因：作业过程中，因图省事，未将升降机作业平台放置在平整坚固的地面上，而是将升降机平台放置在小货车车厢底板上，在起升过程中失稳，重心偏移后倾倒。

五　动土作业安全管理

成品油管道企业动土作业主要危险在于坍塌以及破坏地下设施，如管线、电力及通信电缆、阳极床等。

1. 动土作业安全管理程序要求

（1）动土作业许可证审批权限。输油站内的动土作业，由输油站组织施工单位进行现场交底，落实安全措施后，办理"动土作业许可证"，经输油站站长审批后实施。如输油站内的动土作业涉及其他单位辖区，由输油站站长签署意见，二级单位相关专业科室确认会签后，项目负责部门负责人到现场对作业程序和安全措施确认后，审查并签发。按照《中华人民共和国石油天然气管道保护法》第30条规定，禁止管道中心线两侧各5m地域范围内使用机械工具进行挖掘施工。外管道中心线两侧5m范围内的动土作业，由施工单位根据工作任务、交底情况及施工要求，制定施工方案，落实安全施工措施，进行不动用机械、完全用人力开挖的外线动土作业。

（2）动土作业许可证管理。严禁转借动土作业许可证，不得擅自变更动土作业内容、扩大作业范围或转移作业地点。

（3）建设项目的主管部门根据情况，组织电力、电信、生产、公安、消防、安全等有关部门、动土施工区域所属单位和地下设施的主管单位联合进行现场地下情况交底，根据施工区域地质、水文、地下供排水管线、埋地燃气（含液化气）管道、埋地电缆、埋地电信、测量用的永久性标桩、地质和地震部门设置的长期观测孔、不明物、沙巷等情况向施工单位提出具体要求。

2. 动土作业安全技术措施要求

（1）动土前，施工单位应按照施工方案，划定动土作业范围，逐条落实安全措施，做好地面和地下排水，严防地面水渗入到作业层面造成塌方。对所有作业人员进行安全教育和安全技术交底。动土作业过程中施工单位应设专人监护。

（2）动土开挖时，应防止邻近建（构）筑物、道路、管道等下沉和变形，必要时采取防护措施，加强观测，防止位移和沉降。挖掘动土时要由上至下逐层挖掘，严禁采用挖空底脚和挖洞的方法。使用的材料、挖出的泥土应堆放在距坑、槽、井、沟边沿至少0.8m处，堆土高度不得大于1.5m。挖出的泥土不应堵塞下水道和窨井，在动土开挖过程中应采取防止滑坡和塌方的措施。

（3）作业人员在作业中应按规定着装和佩戴劳动保护用品。不应在坑、槽、井、沟内休息。在沟、槽、坑下作业人员，当深度大于2m时，应设置应急逃生通道或快速逃离措施。

（4）在施工过程中，有下列情形之一的，应报告输油站和项目主管部门，采取有效措施后方可继续进行作业：需要占用规划批准范围以外的场地；可能损坏道路、管线、电力、邮电通信等公共设施；需要临时停水、停电、中断道路交通；需要进行爆破。

（5）在道路上（含居民区）及生产区域内施工，应在施工现场设围栏及警告牌，夜间应设警示灯。在地下通道施工或进行顶管作业，当影响地上安全或地面活动影响地下施工安全时，应设围栏、警示牌、警示灯。在人口聚集地周边施工时，开挖后不能立即回填的，应在作业坑周边拉设警戒线。

（6）在施工过程中，如发现不能辨认的物体时，不得敲击、移动，应立即停止作业，报输油站和项目主管部门，查清情况并采取有效措施后，方可继续施工。使用电动工具应安装漏电保护器。

（7）在雨期的土方工程作业时，应及时检查土方边坡，当发现边坡有裂纹或不断落土及支撑松动、变形、折断等情况应立即停止作业，落实可靠措施后，方可继续施工。

（8）在动土开挖过程中，出现滑坡、塌方或其他险情时，应做到：立即停止作业；先撤出作业人员及设备；设置明显标志的警告牌，夜间设警示灯；划出警戒区，设置警戒人员，日夜值勤；通知设计、建设和安全等有关部门，共同对险情进行调查处理。

（9）在消防主干道上的动土作业，必须分步施工，确保消防车可顺利通行。如影响消防通道，必须向上级主管部门与消防主管部门报告。

3. 典型事故案例及原因简要分析

2017年9月17日16时许，广西隆安县丁当镇污水处理厂配套管网一期工程发生坍塌事故，3名工人在基坑内清理浮土时，边坡突然坍塌，造成3人被埋，经抢救无效死亡。事故直接原因：施工单位在进行土方开挖时未按要求对边坡进行放坡和支护，导致事故发生。

成品油管道企业起重作业主要危险在于挤压、撞击、钩挂、坠落、出轨、倒塌、倾翻、折断、触电等。

1. 起重作业安全等级划分

起重作业按起吊工件重量和长度划分为 3 个等级：

一级：100t 及以上或长度 60m 及以上；

二级：40t 至 100t；

三级：40t 以下。

一级起重作业前，作业项目负责人组织公司有关技术部门和安全部门对作业方案、作业安全措施和应急预案进行风险评估和审查。

2. 起重作业安全管理程序要求

（1）起重作业许可证审批权限。起重作业需办理"起重作业许可证"，一级由二级单位业务分管领导审批，二、三级由输油站站长负责审批。

（2）起重作业的基本要求。起重重量大于 40t 的重物，或不足 40t，但形状复杂、刚度小、长径比大、精密贵重、作业条件特殊的物件，起重作业前，须由施工单位负责编制起重作业方案，明确和落实安全措施。起重指挥人员、司索人员（起重工）和起重机械操作人员，应持有国家或当地政府相关部门颁发的、有效的"特种作业人员操作证"，方可从事指挥和操作。防止发生设备倾倒，吊物坠落、伤人的事故。

（3）起重设备的范围及管理要求。新购置的起重机械，生产厂家应是政府主管部门颁发具有资质的专业制造厂，其安全、防护装置必须齐全、完备，具有产品合格证和安全使用、维护、保养说明书。设计、制造、改制、维修、安装、拆除起重机械（包括临时、小型起重机械），需由取得政府部门或其授权机构颁发许可证的单位进行。改造、安装后的起重装备，应取得当地政府相关部门颁发的使用许可证后，方可使用。各类起重机械，应由设备管理部门负责建立各类起重机械台账，使用单位建立技术档案。

（4）自制、改造和修复的吊具、索具等简易起重设备，必须有设计资料（包括图纸、计算书等），并应有存档资料。此类设备应严格按照图纸执行，并经具有检验资质的机构检验合格后方可使用。

（5）使用单位应按照国家标准规定对起重机械进行日检、月检和年检。发现问题的起重设备，应及时进行检修处理，并保存检修档案。

3. 起重作业安全技术措施要求

（1）起重作业前

①对从事指挥和操作的人员进行资格确认，检查地方政府部门颁发的《特种作业人员操作证》。

②对起重机械和吊具进行安全检查确认，确保处于完好状态。

③对安全措施落实情况进行确认。

④对吊装区域内的安全状况进行检查（包括吊装区域的划定、标识、障碍）。

⑤核实天气情况。

（2）起重作业中

①必须明确指挥人员，指挥人员应佩戴明显的标志。

②起重指挥必须按规定的指挥信号进行指挥，其他作业人员应清楚吊装方案和指挥信号。

③起重指挥应严格执行吊装方案，发现问题应及时与方案编制人协商解决。

④正式起吊前应进行试吊，试吊中检查全部机具、地锚受力情况，发现问题应先将工件放回地面，待故障排除后重新试吊，确认一切正常，方可正式吊装。

⑤吊装过程中，出现故障，应立即向指挥者报告，没有指挥令，任何人不得擅自离开岗位。

⑥起吊重物就位前，不许解开吊装索具。

⑦起重作业现场必须设置警示牌或在作业半径范围内拉警戒线，并指定安全监护人。

⑧不得使用在用工艺管道作为起重支撑或起吊支点。

（3）起重作业后

①将吊钩和起重臂放到规定的稳妥位置，所有控制手柄均应放到零位，对使用电气控制的起重机械，应将总电源开关断开。

②对在轨道上工作的起重机，应将起重机有效锚定。

③将吊索、吊具收回放置于规定的地方，并对其进行检查、维护、保养。

④对接替人员，应告知设备、设施存在的异常情况及尚未消除的故障。

⑤对起重机械进行维护保养时，切断主电源并挂上标志牌或加锁。

4. 典型事故案例及原因简要分析

2008 年 6 月 18 日，某石化公司炼油检修分公司管焊一班拉运钢管去炼油厂石蜡成型车间进行暖气改造。卸车过程中，吊运管线晃动，车辆向右侧翻，随车吊大梁及吊臂部分变形。事故直接原因：吊车支腿尚未拉出来支护，司机吊运前未检查，有人提醒也未重视，单凭个人经验盲目开始吊装作业。

七　盲板抽堵作业安全管理

成品油管道企业盲板抽堵作业一般发生在工艺设备改造、检维修作业时对工艺管道、设施进行隔离，其主要危险在于未有效开展盲板抽堵而引发火灾、爆炸、中毒、窒息、混油等事故。

1. 盲板抽堵作业安全管理程序要求

（1）盲板抽堵作业工作要求。盲板抽堵作业涉及其他特殊作业，应办理相应作业许可证。由输油站申请许可证，绘制盲板位置图，对盲板统一编号，进行管理；设备岗位负责，工艺岗位配合，对每块盲板设标识牌，标牌编号与盲板图上的盲板编号必须一致，并负责组织实施；输油站负责安排专人监护，拆装全过程不得离开现场，盲板抽堵作业结束后由生产工艺岗位人员负责进行现场确认。

（2）针对系统复杂、识别出危险性大的盲板抽堵作业，输油站编制专项应急预案，由输油站站长统一指挥，防止发生事故；作业过程，现场须与控制室保持通信联系，危及作业人员生命安全、健康时，应立即停止盲板作业，现场人员立即引导作业人撤离至安全区域。

（3）盲板抽堵作业要办理"盲板抽堵作业许可证"，作业许可证签发前，输油站须开展风险识别与分析，并组织对作业人员、监护人员进行作业内容、作业程序及要求、作业风险与对策措施、应急方案等内容的书面交底。之后，由输油站站长审批签发。一块盲板、一次作业、办理一张许可证，装置停工大修期间的盲板拆装除外。许可证由输油站生产管理岗位人员负责办理。

（4）作业许可证的人员、内容、地点、范围等发生变更时，须重新办理。

2. 盲板抽堵作业安全技术措施要求

（1）在盲板抽堵作业点流程的上下游应有阀门等有效隔断；盲板应加在有物料来源阀门的另一侧（阀门无物料来源的一侧），盲板的两侧都要安装合格垫片，所有螺栓须紧固到位。

（2）在有毒介质的管道、设备上进行盲板抽堵作业，应尽可能降低系统压力，作业点应为常压。通风不良作业场所要采取强制通风等措施，防止可燃气体积聚。

（3）作业人员个人防护用品应符合 GB/T 11651—2008《个体防护装备选用规范》的要求，进入易燃易爆场所进行盲板抽堵作业的，应穿防静电工作服、工作鞋；在介质温度较高或较低时，应采取防烫或防冻措施。

（4）作业人员在介质为有毒有害（硫化氢、氨、苯等高毒及含氰剧毒品等）、强腐蚀性的情况下作业时，禁止带压操作，且须佩戴便携式气体检测仪，佩戴空气呼吸器等。作业现场应备用一套或以上符合要求且性能完好的空气呼吸器等防护用品。

（5）易燃易爆区域内作业，禁止使用黑色金属工具与非防爆灯具；有可燃气体挥发时，应采取水雾喷淋等措施，消除静电，降低可燃气体危害。

（6）作业人员须在作业点的上风向，不得近距离正面对法兰缝隙；拆除螺栓过程，应按对称、夹花拆除，拆最后两条对称螺栓前，现场负责人应再次确认管道设备内无压力。如需拆卸的法兰距离管道支架较远，则应在作业前加临时支架或吊架（稳固），防止拆螺栓后，法兰、管线等下垂伤人。

（7）作业期间，距作业点 30m 内，禁止用火、采样、放空、排放等其他作业。

（8）同一管道一次只允许进行一点的盲板抽堵作业。

（9）必须做盲板图，每块盲板必须按盲板图编号，现场挂对应标识牌，与盲板图一致。

（10）对审批手续不全、交底不清、安全措施不落实、监护人不在现场、作业环境不符合安全要求的，作业人员有权拒绝作业。

3. 盲板及附件选用要求

（1）为避免失效，选材应平整、光滑，无裂纹/裂缝和孔洞。

（2）根据隔离介质的温度、压力、法兰密封面等特性选择相应材质、厚度、口径和符合设计、制造要求的盲板、垫片及螺栓。高压盲板使用前应探伤合格，符合 JB/T 450—2008《锻造角式高压阀门　技术条件》中的要求；盲板应有一个或两个手柄，便于加拆、辨识及挂牌。

（3）需要长时间盲断的，在选用盲板、螺栓和垫片等材料时，应考虑物料介质、环境和其他潜在因素可能造成的腐蚀，以满足正常生产运行需要。

（4）装置停工大检修及装置开工的盲板抽堵，应组织专项风险识别，如 HAZOP 等，制定和落实专项安全措施。

4. 典型事故案例及原因简要分析

2006 年 6 月 16～17 日，某公司分厂机修班正在中间体车间丙烯腈计量槽旁进行动火作业，改装车间的自来水和蒸汽管道。在进行动火作业前，对放空管和溢流管分别插装盲板。改装作业结束后，从分厂丙烯腈储槽往中间体车间丙烯腈计量槽打丙烯腈进行计量。由于插装在计量槽放空管和溢流管上的盲板没有拆除，导致槽内压力不断升高。16 时 55 分左右，一声巨响，计量槽顶盖被槽内高压顶裂成两片。一片掉落地面，另一片掉落在旁边的苯胺计量槽顶盖上，所幸未造成人员伤害。

事故直接原因：在检查、维修前，虽对相关设备采取加装盲板隔绝的安全措施，但管理混乱，没有加装盲板流程图，没有明显标志，没有指定专人统一登记管理，导致该拆除的盲板未及时拆除。

八　临时用电安全管理

成品油管道企业临时用电作业主要危险在于触电、漏电以及触电造成人员高处坠落、漏电引发火灾爆炸等事故。

1. 临时用电作业安全管理程序要求

（1）在正式运行的电源上所接的一切临时用电，应提前办理纸质的《临时用电作业许可证》。

（2）临时用电设备在 3 台及以上或设备总容量在 20kVA 及以上者，应编制临时用电实施方案，办理审批，方案中应包含以下几个方面的内容：确定电源接入点、用电设备位置及线路走向，负荷计、电器、导线或电缆的选择，接地装置设计，绘制配电装置布置图、配电系统接线图和接地装置设计图。

（3）380V 电压等级以上（含直接从 380V 母线引接）临时用电需由二级单位审核后再报公司审批。

（4）在开展临时用电作业前施工单位应进行风险识别与分析，制定相应的作业程序及安全措施。每次作业执行的安全措施须填入许可证。

（5）施工单位负责人应向施工作业人员进行施工交底。

（6）临时用电的漏电保护器每天使用前必须进行漏电保护试验，严禁在试验不正常的情况下使用。

（7）每次送电前，输油站和施工单位应共同对临时用电线路、电气元件进行检查确认，满足送电要求后，方可送电。

（8）每天作业结束前，由施工单位通知输油站停电。

（9）临时用电作业完工后，施工单位应及时通知输油站停电。确认停电后，施工单位负责拆除临时用电线路，并由施工单位、输油站共同检查验收签字。

（10）临时用电单位应严格遵守临时用电规定，不应变更地点和工作内容，禁止任意增加用电负荷，严禁私自向其他单位转供电。

（11）在临时用电有效期内，如遇施工过程中停工、人员离开时，临时用电单位应从受电端向供电端逐次切断临时用电开关；待重新施工时，对线路、设备进行检查确认后，方可送电。

2. 临时用电作业安全技术措施要求

（1）有自备电源的施工和检修队伍，自备电源不得接入公用电网。

（2）安装临时用电线路的电气作业人员，应持有电工作业证。严禁擅自接用电源，对擅自接用的按严重违章和窃电处理。

（3）临时用电工程专用的电源中性点直接接地的（220V/380V）三相四线制低压电力系统，必须符合 JGJ 46《施工现场临时用电安全技术规范》规定。

（4）临时用电设备和线路应按供电电压等级和容量正确使用，所用的电气元件应符合国家规范标准要求，临时用电电源施工、安装应严格执行电气施工安装规范，并接地良好。

（5）在防爆场所使用的临时电源，电气元件和线路应达到相应的防爆等级要求，并采取相应的防爆安全措施。

（6）临时用电的电气设备的接地和保护安装应符合规范的要求，保护零线（PE 线）采用绝缘导线，最小截面积符合要求，严禁装设开关或熔断器；工作零线（N 线）必须通过漏电保护器，通过漏电保护器的工作零线与保护零线之间不得再作电气连接。

（7）临时用电线路及设备的绝缘应良好。

（8）临时用电架空导线应采用绝缘铜线。架空线最大弧垂与地面距离，在施工现场不低于 2.5m，穿越机动车道不低于 5m。架空线应架设在专用电杆上，严禁架设在树木和脚手架上。防爆区域内严禁使用架空导线。

（9）对埋地敷设的电缆线路应设有走向标志和安全标志。电缆埋深不应小于 0.7m，穿越公路、墙体时应加设防护套管。

（10）对现场临时用电配电盘、箱应有编号，应有防雨措施，离地距离不少于 30cm，盘、箱门应能牢靠关闭。

（11）行灯电压不应超过 36V，在特别潮湿的场所或塔、釜、槽、罐等金属设备作业装设的临时照明行灯电压不应超过 12V。

（12）临时用电线路的漏电保护器的选型和安装必须符合 GB 6829—2017《剩余电流动作保护电器（RCD）的一般要求》和 GB 13955—92《漏电保护器安装和运行》的规定。临时用电设施应做到"一机一闸一保护"，对开关箱、移动工具、手持式电动工具应安装符合规范要求的漏电保护器。

3. 典型事故案例及原因简要分析

某输油站连日下雨，站场大量积水，站长决定在场地打孔安装潜水泵排水。民工王某等人使用外借的电镐进行打孔作业，裴某手扶电镐赤脚站立积水中。王某到配电箱送电。手扶电镐的裴某当即触电倒地，后经抢救无效死亡。事故直接原因：一是作业人员违规在潮湿环境中使用电镐（根据规定 I 类手持电动工具不能在潮湿环境中使用）；二是裴某在自身未穿绝缘靴、未戴绝缘手套的情况下，手持电镐赤脚站在水里；三是电镐存在安全隐患。在现场勘察时专家对事故使用的电镐进行了技术鉴定，检测发现电镐内相线与零线错位连接，接地线路短路，无漏电保护功能。通电后接错的零线与金属外壳导通，造成电镐金属外壳带电。

第三节　成品油管道隐患排查与治理

隐患是指生产经营单位违反安全生产法律、法规、规章、标准、规程和安全生产管理制度的规定，或者因其他因素在生产经营活动中存在可能导致事故发生的物的危险状态、人的不安全行为和管理上的缺陷。成品油管道企业的隐患主要包括输油线路隐患（指输油站围墙以外的成品油管道存在的隐患）和输油站库隐患（主要指输油站围墙以内的各类设备设施、消防系统、输油工艺等存在的隐患），本节主要论述隐患的分类分级、成因、治理措施和程序等内容。

1. 输油线路隐患

输油线路隐患分类分级主要依据 2014 年 5 月 23 日国家安全监管总局办公厅印发的《油气输送管道安全隐患分级参考标准》，分为重大、较大和一般 3 个等级和占压、安全距离不足、交叉（穿跨越）3 大类，具体如表 10-4 所示。

2. 输油站库隐患

主要依据《中华人民共和国安全生产法》、《安全生产事故隐患排查治理暂行规定》（国家安全生产监督管理总局令第 16 号）、《危险化学品企业隐患排查治理实施导则》、GB 50074—2014《石油库设计规范》、GB 50253—2014《输油管道工程设计规范》等，可将输油站内隐患分为应急消防类、设备设施类、安全设施类和安全距离类 4 大类（具体见附录 C）。

表 10-4　输油站库隐患分类

管道隐患分级方式		重大隐患（存在重大风险的隐患）	较大隐患（存在较大风险的隐患）	一般隐患（存在一般风险的隐患）
占压	人员密集程度	存在 10 人以上经常滞留的场所、建（构）筑物，占压Ⅰ类管道	存在 10 人以下经常滞留的场所、建（构）筑物，占压Ⅰ类管道	无人员经常滞留的建（构）筑物，占压Ⅰ类管道
		存在 30 人以上经常滞留的场所、建（构）筑物，占压Ⅱ类管道	存在 10 人以上 30 人以下经常滞留的场所、建（构）筑物，占压Ⅱ类管道	存在 10 人以下经常滞留的场所、建（构）筑物，占压Ⅱ类管道
	管道建设年限	占压建设年限 20 年以上的管道	占压建设年限 10 年以上 20 年以下的管道	占压建设年限 10 年以下的管道
安全距离不足	人员密集程度	与Ⅰ类管道安全距离不足且存在 30 人以上经常滞留的场所、建（构）筑物	与Ⅰ类管道安全距离不足且存在 10 人以上 30 人以下经常滞留的场所、建（构）筑物	与Ⅰ类管道安全距离不足且存在 10 人以下经常滞留的场所、建（构）筑物
		与Ⅱ类管道安全距离不足且存在 50 人以上经常滞留的场所、建（构）筑物	与Ⅱ类管道安全距离不足且存在 30 人以上 50 人以下经常滞留的场所、建（构）筑物	与Ⅱ类管道安全距离不足且存在 30 人以下经常滞留的场所、建（构）筑物
	管道建设年限	与建设年限 20 年以上的管道安全距离不足	与建设年限 10 年以上 20 年以下的管道安全距离不足	与建设年限 10 年以下的管道安全距离不足

管道隐患 分级方式		重大隐患 （存在重大风险的隐患）	较大隐患 （存在较大风险的隐患）	一般隐患 （存在一般风险的隐患）
交叉、 穿跨越	管线 交叉	Ⅰ、Ⅱ类管道直接与城镇雨（污）水管涵、热力、电力、通信管涵交叉且没有采取保护措施的	与市政及民用管道交叉净距小于0.3m且未设置坚固绝缘隔离物或者与非金属管道最小净距小于0.05m的	与线缆交叉净距小于0.5m
			与输送腐蚀性介质管道交叉或者穿越有工业废水和腐蚀性的土壤	
	公路 铁路	建设年限30年以上的油气管道，且无法检测，难以维修的	建设年限20年以上30年以下的油气管道，且无法检测，难以维修的	建设年限10年以上20年以下的油气管道，且无法检测，难以维修的
			直接穿越时，管道顶部与铁路距离小于1.6m，与公路路面小于1.2m。或者有套管穿越铁路，套管顶部最小覆盖层自铁路路肩以下小于1.7m，距自然地面或边沟以下小于1.0m	距公路和铁路的路边低洼处管线埋深小于0.9m
	河流、 水源 地等	阴极保护失效的	穿越铁路或二级以上公路时，未采用在套管或涵洞内敷设的	受交直流干扰，且没有采取排流措施的，或采取措施后仍没有达标的
		建设年限30年以上的油气管道，且无法检测，难以维修的	建设年限20年以上30年以下的油气管道，且无法检测，难以维修的	建设年限10年以上20年以下的油气管道，且无法检测，难以维修的
		穿越水域管段与港口、码头、水下建筑物或引水建筑物等之间的距离小于200m	穿越水域的输油气管段，敷设在水下的铁路隧道和公路隧道内的	埋深不符合设计要求，各种支护、水工保护破损，架空段腐蚀严重的
	城镇	穿越风景名胜区、自然保护区、生活水源保护地的输油气管段存在的隐患	穿越生活水源保护地、大型水域，输油管道两岸未设置截断阀室	
		穿越城镇规划区、非城镇规划区并形成密闭空间的长输油气管线		

说明：①本标准所称的"以上"包括本数，"以下"不包括本数；②管道类型根据管道输送介质将管道划分为Ⅰ类管道和Ⅱ类管道。Ⅰ类管道包括输送天然气、液化气、煤制气及其他可燃性气体的管道；输送汽油、煤油等高挥发性轻质油品的管道；输送易燃、易爆、有毒有害气体和甲类闪点的液体危险化学品的管道。Ⅱ类管道包括输送柴油、航空煤油、原油等非轻质油品的管道；输送除易燃、易爆、有毒有害气体和甲类闪点的液体危险化学品以外的管道；③连续占压或安全距离不足情况按1处隐患统计，并将隐患合并情况单独说明；④因地质灾害导致山体出现滑坡，水土流失等也应列为企业隐患进行整改。

二 隐患成因

1. 输油线路隐患成因

（1）管道建设时期产生的隐患：建设前期规划、设计不合理，导致管道先天不足。建设单位在施工期间不按图施工等埋下安全隐患。例如路由规划穿越人口密集区、管道焊接质量不合格等。

（2）城市发展占用管道安全用地产生的隐患：随着城镇化进程的加快，管道上方土地被重新规划成经济用地或居住用地，产生隐患。

（3）第三方施工形成的隐患：第三方在管道附近违规施工，对管道保护不足，作业过程可能会导致管道发生破坏。

（4）管道自身产生的隐患：鉴于成品油管道输送介质及所埋设环境的多样性和特殊性，可能会引起防腐层破损，管道本体及焊缝处腐蚀，影响管道安全。

（5）潜在自然灾害产生的隐患：成品油管道穿越的地形地貌复杂，可能会遭受地震、滑坡以及泥石流等自然灾害。

（6）企业管理问题产生的隐患：主要是法律法规、制度规范执行不到位，设备设施更新改造不及时，巡线不到位等造成隐患。

2. 输油站内隐患成因

（1）设计缺陷：在设计阶段因设计深度不足，设计漏项等留下的隐患。

（2）标准提升：因国家企业的标准规范随着时间不断提升和更新，部分引用老设计、老规范的输油站会因标准提升产生不符合现行标准规范的隐患。

（3）设备老化：随着设备投入使用的年限不断增加，设备出现老化，故障发生率会大幅增加，隐患也随之产生。

（4）管理失控：主要是安全管理制度不健全或执行不到位、设备设施维护保养不到位、隐患治理资金无法保障、员工的技能水平不高等造成的隐患。

三 隐患治理程序

隐患治理需要各企业根据实际情况确定，要引入有资质的单位进行设计、施工和监理，也可通过建立隐患项目管理规定的方式，将有关事宜通过制度予以明确。本小节主要对涉及工程施工类的隐患和涉及清理占压类的隐患治理程序进行介绍。

1. 涉及工程施工类的隐患治理程序

（1）需要开展招投标项目治理程序：项目立项→委托设计→设计方案审查→招投标→签订合同→施工方案审批→施工→过程监控→验收→结算审计→结算→销项。

（2）不需招投标项目治理程序：项目立项→委托设计→设计方案审查→直接委托施工单位（需按权限审批或组织询比价）→施工方案审批→审计施工预算→签订合同→施工→过程监控→验收→结算→销项。

（3）施工过程中需要进行设计方案变更的项目的实施程序：设计单位出具设计变更单→相关单位签字确认→按变更方案施工→验收。相关单位签字确认的工程量核定单、验收单→送审计→按审计结果签订补充合同→结算。

2. 涉及清理占压类的隐患治理程序

（1）企业主导清理占压的项目：项目立项→企业与业主协商赔偿事宜→企业、政府与业主三方谈定赔偿金额，并签订三方协议→企业付款给业主－业主自行拆除或由企业拆除占压物－企业、政府与业主三方验收，并签订管道保护协议→项目完成→资料归档→项目销项。

（2）政府主导清理占压的项目：项目立项→报政府备案→企业与政府签订委托清理占压物协议→由政府与业主谈定赔偿金额→企业付款给政府→政府组织人员拆除或业主自行拆除→资料归档→项目销项。

（3）当遇到拒不配合拆除占压物业主的项目时，由企业发函请求政府给予支持，由政府组织拆除，企业付款给政府或按政府要求直接付款给业主→资料归档→项目销项。

四　隐患治理实例

隐患治理要把握好以下几个关键环节：首先，结合法律、法规、标准、规范和制度，编制隐患排查标准，逐级开展排查；其次，落实责任，定方案、定资金、定期限、定责任人、定应急预案；再次，建立严格奖惩机制，构建全员主动"发现身边隐患"良好氛围，对因管理不到位导致新增隐患或隐患治理不彻底的，要严格追责；然后，积极依托政府，及时上报困难和问题，协同解决；最后，建立"一隐患一档案"，包括整治前、中、后照片、设计、施工方案，招投标记录，施工过程记录，工程量核定单，隐蔽工程记录、验收单，审计报告，结算报告，销项报告等，且长期保存。

 案例1　清理占压类的隐患治理实例及方法

图 10 - 4　厂房占压成品油管道

（1）项目概况

一座商铺直接占压某企业成品油管道（输送汽油、柴油），长度约 30m，周边经常滞留的人口约 15 人。现场隐患如图 10 - 4 所示。

（2）隐患定级

依据《成品油管道隐患分类分级参考标准》，此处管道存在 10 人以上经常滞留的场所、建（构）筑物，占压Ⅰ类管道（输送汽油的管道属于Ⅰ类管道），属于重大隐患。

（3）治理过程

①明确属地的基层单位和二级单位主要负责人为隐患治理责任人，企业主要负责人定点承包此隐患，并立即编制了隐患档案和现场应急预案，明确项目整改资金、整改期限、整改初步方案。

②上报给市级、省级等相关部门备案，进行立项。

③立项后：a）经过组织专家比选方案，改线方案成本高，实施难度大，拆迁方案易实施，且成本相对较低，选定拆迁方案；b）拆迁方案报政府批准；c）企业委托政府全权负责拆迁工作，与政府签订委托协议；d）政府与业主经过谈判协商（企业参与），采用合法手段，参照合力依据，确定赔偿金额，签订三方赔偿协议；e）拆除房屋（拆除后如图 10-5 所示）；f）企业初步验收后，由政府组织验收；g）通过政府验收后，企业将此隐患报政府进行销项；h）建立隐患整治档案。

图 10-5　占压物拆除后现场图

案例 2　工程施工类的成品油管道隐患治理实例及方法

（1）项目概况

某企业一处成品油管道（输送汽油、柴油）定向钻穿某家具厂（面积约 13500m²）以及某村的 6 栋房子（面积约 1100m²），周围人口约 500 人，现场隐患如图 10-6 所示。

（2）隐患定级

依据《油气输送管道安全隐患分级参考标准》，此处管道存在 10 人以上经常滞留的场所、建（构）筑物，占压 Ⅰ 类管道（输送汽油的管道属于 Ⅰ 类管道），属于重大隐患。

（3）治理过程

①按案例 1 方法落实隐患整改责任。

②经过组织专家比选方案，拆迁涉及的厂房、民房多，赔偿金额大，且不能彻底消除隐患，政府能够提供改线路由，改线成本相对较低，因此采用案例 1 的方法，改线 5.4km 的治理方案，如图 10-7 所示。

图 10-6　管道穿越人口密集区

图 10-7　管道管线治理方案图

③新路由上仍存在构建筑物安全距离不足问题，按照案例1的方法和程序进行治理。

第四节　成品油管道应急管理

成品油管道在运行过程中，可能会发生火灾爆炸、油品泄漏、自控系统瘫痪、电力系统中断、通信中断、自然灾害、打孔盗油等突发事件，造成人身伤亡、设备损毁、环境污染等损失。为将成品油管道运营过程的风险水平降低至可接受范围内，管道企业必须抓好日常应急管理和突发事件的应急处置。成品油管道企业应急管理可分为3部分，主要包括：应急预案、应急演练与应急物资储备。

一　应急预案

应急预案是针对可能发生的突发事件及其后果严重程度，为应急准备与应急响应的不同方面预先做出详细安排，是确保应急救援工作及时、有序开展的行动指南，它明确了在突发事件发生之前、发生过程中以及结束后，谁负责做什么、何时做以及相应的应急策略与应急资源准备。

1. 应急预案的分类

根据《生产安全事故应急预案管理办法》（应急管理部第20次部务会议），应急预案分为综合应急预案、专项应急预案和现场处置方案（应急处置卡）。

（1）综合应急预案是应对事故事件的总体工作程序，应包括应急组织机构及其职责、应急预案体系、事故风险描述、预警及信息报告、应急响应、保障措施、预案管理等内容。

（2）专项应急预案是为应对某一种或者多种类型生产安全事故，或者针对重要生产设施、重大危险源、重大活动而制定的专项性工作方案。应包括应急指挥机构与职责、处置程序和措施等内容。

（3）现场处置方案是根据不同事故事件类型，针对具体场所、装置或者设施所制定的应急处置措施。可使用"应急处置卡"模式，卡片内容要包括重点岗位、人员的应急处置程序和措施，以及相关联络人员和联系方式等内容。

2. 应急预案的编制与组织体系

为保障所编制的应急预案能够有效降低成品油管道突发事件风险，预案编制过程应遵循以下4点原则：

（1）编制过程重点参考国家《生产经营单位生产安全事故应急预案编制导则》《突发事件应急预案管理办法》《企业事业单位突发环境事件应急预案备案管理办法（试行）》，同时应符合地方有关法律、法规及公司规章和标准的规定，在此基础上结合企业实际情况进行编制；

（2）在编制应急预案前，编制单位自行开展或委托有资质单位开展风险评估和应急资源调查，并编制报告作为应急预案的附件；

（3）应急预案应包含明确、具体的应急程序、处置措施和应急保障措施，并与企业应急能力相适应；

（4）应急预案内容要与政府、联动单位等相关应急预案相互衔接。

鉴于事故发生后影响范围与所需应急资源的不同，应急预案应分为企业、二级单位和基层单位三级进行编制。

企业与二级单位需编制综合预案和专项预案，基层单位需编制综合预案和应急处置卡。考虑成品油管道实际情况，专项预案和应急处置卡编制范围至少包括：油罐火灾、爆炸，油罐泄漏（冒罐），工艺区火灾、爆炸，工艺区泄漏，外管道火灾、爆炸，外管道泄漏，外供电故障，自控系统故障，通信系统故障，变电所火灾，中毒，阀室的阀门异常关闭，外管道洪汛灾害，地质灾害，关键装置火灾、爆炸，关键装置泄漏，恐怖袭击，打孔盗油等。对新建、改建、扩建、维修、抢修项目及高风险作业也应编制专项应急预案或应急处置卡。

由于生产调整、周围环境变化、人员变动、物资调配等原因，应急预案应至少每3年修订1次，应急程序、资源发生重大变更的，或者地方政府有要求的，应立即组织修订。

成品油管道企业应急组织机构由应急指挥中心、应急工作组、现场指挥部及应急管理办公室构成，其中，应急工作组一般分为生产调度组、应急联络组、舆情控制组、通信保障组、后勤保障组、应急物资保障组及完整性组。应急组织机构体系如图10-8所示。

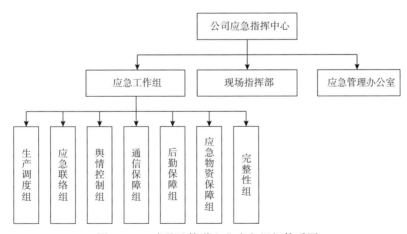

图10-8　成品油管道企业应急组织体系图

应急指挥中心为企业应急管理的领导机构，统一领导企业的应急管理工作，企业主要负责人为应急管理的第一责任人；企业安全管理部门是应急管理的综合监督管理部门，负责公司应急体系建设，负责对各单位应急管理工作进行监督管理；抢险部门负责建立健全公司的应急抢险体系、装备和物资，保障应急抢险能力，按要求开展企业级应急演练；成品油管道的各业务主管部门负责主管业务模块的应急管理工作；各二级单位、基层单位是应急管理的责任主体，全面负责本单位的应急管理工作。

3. 应急处置程序

成品油管道企业应根据突发事件的性质、严重程度和造成的影响范围，将突发事件划分为企业级、二级单位级和基层单位级 3 类。应急预案按其实施主体相应划分为企业级（Ⅰ级）、二级单位级（Ⅱ级）和基层单位级（Ⅲ级）。应急处置程序如图 10-9 所示。

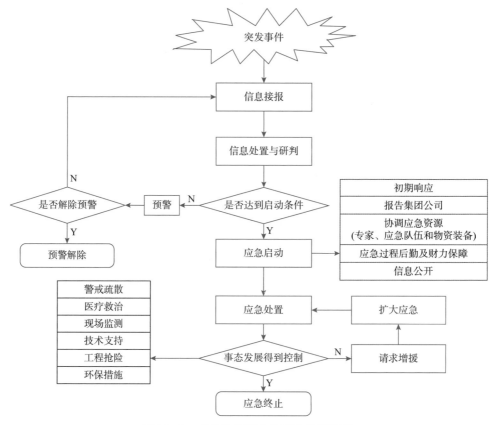

图 10-9　成品油管道企业应急处置程序

（1）应急响应

接到事故报警后，按照工作程序对警情作出判断，初步确定响应级别。如果突发事件不足以启动应急救援体系的最低响应级别，响应关闭。

（2）启动预案

各级预案的启动顺序是：Ⅲ级预案首先启动，根据突发事件级别或事态发展依次启动Ⅱ级预案、Ⅰ级预案。实行梯级预警机制，即低一级预案启动时高一级应急预案的指挥机构要处于临战待命状态，保证高一级应急预案能随时启动，由单位主要负责人或受委托人启动。

（3）应急处置

①事发基层单位是应对事故先期处置的责任主体，在应急处置初期，基层单位值班领

导、班组长和调度人员有直接处置权和指挥权，在判断人员安全受到威胁时，可立即下达撤离命令，组织现场人员及时、有序撤离到安全地点，避免人员伤亡。

②突发事件发生后，事发单位应立即启动应急响应，由事发现场最高职位者担任现场总指挥，在确保安全的前提下采取有效措施抢救遇险人员并疏散周边人员，同时进行可燃气体检测、封锁危险区域、实施交通管制，防止事态扩大。

③当事态超出本级应急能力或无法得到有效控制时，应立即向上级单位请求实施更高级别的应急救援，听从上级单位安排。

④在上级单位领导赶到现场后，事发单位应将指挥权移交现场最高行政职务者；在政府应急指挥机构领导赶到现场后，现场指挥权应移交政府，服从政府现场应急指挥部的指挥。

⑤应急工作组到达现场后，接管事发单位现场指挥权，根据现场应急处置工作需要，开展警戒疏散、医疗救治、现场检测、技术支持、工程抢险和环保措施等方面的工作，并及时向企业应急指挥中心汇报应急处置情况。

⑥应急办公室成员（单位）参加制定现场应急处置指导方案，配合现场应急处置工作，协调组织应急资源，并根据现场事态发展随时指导修订应急处置方案。

（4）应急终止

应急处置结束后，经现场应急指挥部确认满足应急预案终止条件的，现场总指挥负责下达应急预案终止指令，按照程序恢复生产及施工。

二 应急演练

鉴于成品油管道事故后果的严重性，为在事故真正发生前暴露出应急预案与程序存在的缺陷，找出应急资源的不足之处，改善和提高各应急部门、机构、人员之间应急联动与整体协调的能力，增强企业应急人员应对突发重大事故的信心与应急意识，提高应急人员的应急处置熟练程度与救援水平，检验企业面对突发事故的快速响应和应急联动水平，保障事故发生后应急处置过程的快速、有效及安全性，成品油管道企业应定期组织应急演练。

企业级演练每年不少于 2 次。二级单位级演练每季度不少于 1 次。基层单位级演练每月不少于 1 次。每次演练结束后要对演练效果进行评估，根据评估情况，进一步修订、完善应急预案。评估内容一般包括指挥、报警程序、工艺处置程序、初期火灾扑救、固定消防设施启动、移动消防车启动、警戒疏散及防护、排水、演练结束后续工作等。企业应急演练评估的具体实施过程应基于演练程序对上述内容进行适当增减。鉴于成品油管道事故现场经常存在浓烟密布、有毒缺氧以及易燃易爆等环境，在应急演练中尝试应用新技术、新装备，借助消防机器人、侦察机器人以及无人机等新型设备能够深入险区，提高应急处置效率；借助应急演练的过程提高人员对于新技术装备的使用熟练程度，为真实事故状态下的应急过程打下坚实的基础。新技术及应急演练图片如图 10-10 所示。

某成品油管道企业联合政府在某地开展区域企地联动大型综合应急演练。事故模拟的是管道第三方施工取土导致管道穿孔，发生油品泄漏，油品流入附近湖泊，该企业联合当地公安、消防、安监、环境、医疗、水务等政府部门全力抢险。同时，组织附近分公司迅速支援，组织铁路、公路运输保障成品油市场供应，并及时向社会公布抢险进展情况。

(a)无人机侦查   (b)消防机器人灭火

(c)水面溢油回收   (d)外管道泄漏着火演练

图 10 - 10   应急演练现场图

整个演练过程共包括以下 13 个步骤。

（1）应急报告及响应：事故发生后，管道泄漏监测系统、光缆监控系统报警，管道所属企业及泄漏所在地人民政府分别逐级启动应急响应。

（2）工艺应急处置：管线紧急停输，上下游站场启动大流量泄放流程泄压，关闭泄漏点上下游阀室。

（3）泄漏点定位：利用泄漏监测系统定位、无人机巡航定位、人员现场确认等方式确定泄漏点位置。

（4）应急疏散及警戒：疏散事故点附近无关人员，设置警戒区域，做好交通管制。

（5）消防警戒：消防车、消防机器人到达后进行消防灭火警戒，做好灭火抢险准备。

（6）管道应急堵漏：抢险人员到达后第一时间采用沙袋压盖泄漏点进行临时堵漏，后续抢险人员到达后安装管夹进行堵漏。

（7）地面油品拦截与回收：抢险人员到达后开挖引流沟和集油坑，后续抢险队伍到达后进行油品回收。

（8）水面油品拦截与回收：抢险人员到达后驾驶冲锋舟拉设围油栏回收水面油品。

（9）职业卫生演练：油品回收过程中发生人员中毒，医疗人员对中毒人员实施救护。

（10）火灾扑救：地面油品回收过程中闪燃着火，消防水车、消防机器人和消防泡沫车联合扑灭火灾。

（11）封堵换管：经现场专家研判，决定封堵换管。抢险人员封堵受损管道、冷切割断管、更换管段和连头焊接。

（12）环境监测：管道所属企业进行油气浓度监测，政府气象局进行气象监测，环保局进行环保监测。

（13）解除应急响应：抢险结束后，确认环境监测合格，符合应急预案终止条件。现场总指挥宣布解除应急响应，参演人员列队集合。

三 应急物资储备

建立健全应急资源档案是应急物资配备最重要的步骤之一。应急资源档案包括事故发生企业、联防区域内企业、周边可利用的社会资源的应急救援队伍情况，应急装备、物资种类、名称、数量，以及重要应急物资生产企业信息。

应急物资是指用于突发事件处置等活动的各类资源，按照资源存在形式可以分为人力资源、财力资源与物力资源。对于成品油管道企业来讲，区域应急物资按六大类进行配置，第一类：车辆类；第二类：动力机具（含封堵设备）；第三类：溢油处理物资；第四类：辅助装备；第五类：救生救援物资；第六类：一般物资。关于车辆类配置，企业应与具有大型功能车辆（油罐车、挖掘机、大型吊装机等）的单位建立联系机制或签署协议；对常用、有保质期且需求量较大的应急物资（如吸油毡、消油剂等）应与相关的供应商建立供给联系或签署协议；油库和站场消防器材配置按消防规范要求配置，应急物资仓库适量配置部分移动式消防器材。企业抢维修队伍按照相关的标准配置日常抢维修机具、备品备件和抢维修材料；消防队按照消防配备的标准配备相应的物资。

成品油管道企业应将应急经费纳入年度财务预算中，实行严格的审批制度，建立健全应急资金拨付制度，确保应急管理工作能够切实有效开展。对已有的应急物资应指派专人进行管理并建立相应的应急物资储备台账。物资存放要分类、分架、定位摆放并配备相应的使用说明书，做到标记鲜明，材质清晰，名实相符，数量准确。应急物资的出入库需进行登记，做到账实相符。应急主体应定期组织对现有应急物资进行检查，及时发现并解决存在的问题。结合生产事故实际情况，组织对应急人员进行应急物资的使用方法培训。定期开展岗位练兵和应急演练，提高劳动者使用应急装备和物资的能力。认真落实应急物资管理使用的相关规定，执行应急物资的更新、检修、停用（临时停用）、报废申报程序，严禁擅自拆除、停用（临时停用）应急装备。

第五节　成品油管道环保管理

管道泄漏是最主要的环境事件类型，一旦发生泄漏事故，可能对沿线生态环境、居民人口等影响严重。成品油管道生命周期中，可能产生的环境污染有生态环境破坏、水污染、大气污染、噪声污染、固体废物污染以及意外事故事件下泄漏油品引起土壤、水体、大气污染，火灾、爆炸等安全事故引发的次生环境事件造成污染等。近年来，环保形势严峻，国家不断完善环境保护法律法规、规章制度、标准规范，建立新时代生态文明建设思想。2014年修订的《环境保护法》，提出对企业违法排放污染物可按日计罚、对企业发生严重环境违法行为处以行政拘留、承担环境连带责任等规定，进一步提高了环境破坏违法成本。2016年，最高人民法院、最高人民检察院对《中华人民共和国刑法》《中华人民共和国刑事诉讼法》环境污染罪做出补充规定，取消原"重大环境污染事故罪"罪名，改为"污染环境罪"，进一步降低环境犯罪获罪门槛，提高、强化了对环境违法犯罪行为的打击力度。2018年施行的《环境保护税法》，对排放的应税大气、水、固体废物、噪声污染物开征环保税，明确企业环保税主动申报责任，对排放的应税污染物进行按月计算，按季度申报缴纳。国家环保法律、政策法规的改变，与成品油管道企业息息相关，企业环境保护的义务和权利更加清晰，是压力也是责任。当前，成品油管道企业应坚持"预防为主，防治结合"方针，并严格遵循"谁主管，谁负责"原则，实施环保管理。成品油管道环保管理内容主要包括以下几个方面。

一　管道建设项目设计阶段环保管理

新、改、扩建管道建设项目，必须遵守污染物排放的国家标准和地方标准。改建、扩建项目和技术改造项目必须结合原有环境污染和生态破坏情况，制定措施，开展污染治理。建设项目开工前，必须开展环境影响评价，建设项目的环境影响评价实行分类管理，根据环境影响程度，分别编制环境影响报告书、报告表和登记表。环境影响登记表实行备案制。需编制环境影响报告书、报告表的建设项目，并且在开工建设前将环境影响报告书、环境影响报告表报有审批权的环境保护行政主管部门审批；未依法取得批准的，不得开工建设。按照环境影响评价文件要求，建设项目需配套建设的环境保护设施，必须与主体工程同时设计、同时施工、同时投入使用。由于管道穿跨越自然环境复杂，区域广阔，在项目设计阶段要全面开展生态红线区、各类自然保护区排查，在设计初期避让生态红线区和各类环境敏感区。

二　管道建设阶段环保管理

管道建设阶段要严格落实环境影响报告书中提出的环保措施。管道建设阶段主要产生的环境污染有：生态环境破坏、水污染、大气污染、噪声污染、固体废物污染。

1. 防治生态环境破坏

生态破坏主要是管道规划位置开挖造成植被、土壤、森林、河流、野生动物生存环境破坏等。环保管理措施包括：施工中采取了表土剥离堆存，可用于后期恢复绿化；施工期挖沟多选择在旱季，雨季采取临时拦挡措施；施工中对残存较好的森林群落应尽量避让，施工临时占地应尽量避开植被保存较好的地方；作业带限定在工程红线范围内；对施工中发现的野生动物注意保护，施工中破坏洞穴的动物进行放生；施工中要杜绝对溪流水体的污染，禁止废土方进入河流和溪流，以保证两栖类动物的栖息地不受或少受影响；加强施工人员对野生动物和生态环境的保护意识教育。

2. 水污染管理

水污染主要是施工队伍产生的生活污水外排外界环境，管道穿跨越河流时，施工涉及的泥浆、钻屑、油料等流入河流中造成的水污染。环保管理措施包括：下穿河道施工设置泥浆收集和沉淀池，避免泥浆随意进入水体；河流、沟渠大开挖穿越段工程尽量选在枯水期施工，避免在汛期、丰水期进行开挖作业；尽可能避开雨天施工；工程材料堆放场地尽可能远离地表水体，水泥、油料等有害物质堆放场地应设篷盖，以免有害物质随雨水冲入水体，造成水环境污染。

3. 大气污染管理

大气污染主要是施工产生的扬尘、机动车辆产生的尾气排放等。环保措施包括：施工期配备专用洒水车，每日降尘 1 次，敏感区段可适当增加频次；对运输渣土的机动车辆定期清洗车轮和车体，用帆布覆盖易起扬尘的物料；对施工人员实行劳动保护，在必要时配戴口罩等防尘用品；车辆定期检测，维护保养，确保尾气达标排放。

4. 噪声污染管理

噪声污染主要是施工期混凝土搅拌机、机泵等各类机械设备运行期间机械振动。环保措施包括：避免高噪音、高振动的设备在休息时间作业；尽量选用低噪声或带隔声、消声装置的机械设备。

5. 固体废物污染管理

固体废物污染主要是施工人员的生活垃圾、管线施工过程产生的弃渣土和防腐废弃物、穿越工程产生的干化泥浆（定向钻法）、工艺站场施工产生的弃渣土和建筑垃圾。环保管理措施：生活垃圾统一管理、堆放，及时由环卫部门清运；弃渣土基本调配平衡，临时堆存土集中堆存，泥浆做干化处理。

三　管道试压冲洗阶段环保管理

管道敷设完成后需要采用清洁水为介质进行分段试压，管道试运行阶段主要产生的环境污染为水污染。环保管理措施：按照国家相关管理规定，在沿线经过的水源保护区内不允许设置排污口，工程可采取适当增长或减短试压管道长度的方式，将废水沉淀后排入附近农田或将沉淀水用于林灌，沉淀生产的废渣等收集处置。

管道正式投入运行后，采用密闭、承压输送方式，运行过程中主要产生的环境污染为：水污染、固体废物污染、噪声污染。

1. 水污染管理

成品油管输企业废水较少，主要包括含油污水和生活污水等。含油污水主要包括油库油罐清洗水，油品脱水，工艺区、罐区的初期雨水，设备及地面冲洗水和事故废水等。按照清污分流、污污分流原则，按标准、规范要求建立废水、雨水收集系统，设置废水处理设施对收集的含油废水进行集中处理，实现总量控制、达标排放，严禁通过暗管、渗井、渗坑、灌注或者篡改、伪造检测数据等手段进行违规排放。排放废水的输油站应按照国家和地方政府要求办理排污许可证，严格执行排污申报、登记等制度。

2. 固废污染管理

成品油管输企业产生的固体废物主要包括危险废物和生活垃圾，生活垃圾由产生单位收集存放，委托当地环卫部门进行处理。成品油管输企业产生的危险废物包括清罐油泥、清管污泥、滤芯、吸油毡、废矿物油、含油垃圾等，主要属 HW08、HW49 类危险废物。危险废物必须委托给具有危险废物经营许可资质的单位进行处置，严格按照国家《危险废物转移联单管理办法》及地方环境保护主管部门相关要求执行。企业还应建立危险废物管理档案，包括危险废物申报登记资料、危险废物处理处置单位资质、危险废物转移联单等。

3. 噪声污染管理

成品油管输企业的噪声污染主要来源于生产区输油泵运行过程产生的声音。噪声污染防治常采取的措施包括：一是选择合适的、低噪声的生产设备，实现源头控制；二是对生产设备进行减震、避震措施，如采用钢弹簧、橡胶类或树脂胶合玻璃纤维纸、软木、毡板类隔震材料或阻尼减震器等；三是加强个人防护，根据现场噪声的性质和强度的不同，佩戴耳塞、防护罩等。

4. 环境监测

根据国家和地方环保部门要求，成品油管道企业应与环保监测部门签订委托服务协议，负责对环境质量进行定点、定期监测，包括废水监测、废气监测、噪声监测以及土壤环境监测。定期组织对外管线、输油站的环境质量进行评价。

5. 环保设施

成品油管道企业须保证环境污染防治设备设施正常运转，确保排放的各种污染物达到国家和地方规定的排放标准，环保治理设施应纳入生产设备管理范围，加强维护保养，不得任意拆除。企业须建立健全环保设施（备）台账、环保设施岗位操作原始记录以及巡检记录，同时应积极配合地方环保部门的检查和调查，特别是对环保治理设施使用情况进行的检查，对查出的问题及时进行整改，完善管理。

6. 风险管控

为进一步保证环保风险可控，降低突发环境事件发生的概率，避免突发环境事件带来的生态环境污染，应采取以下措施：一是建立运行环境管理体系，形成一套与国际接轨的一体化环境管理体系，并有效运行；二是完善企业环境风险防控体系，明确环境风险管控责任，结合国家突发环境事件风险分级办法，制定成品油管道企业环境风险评估指南，定期全范围开展环境风险评估，识别环境风险清单，分级落实环境风险管控措施；三是建立环保隐患排查机制，全方位、全天候、不留死角开展环保隐患排查，查出环保隐患立即开展治理。

五　事故状态下环保管理

成品油管道企业发生的环境事件主要为一旦发生油品泄漏，可能造成大气、水、土壤的污染。大气污染主要是成品油泄漏至外界环境，有机物质挥发至空气中，或者发生爆炸、火灾，成品油燃烧排放废气至空气中，引起污染。水环境污染主要是泄漏成品油或者固体废物排放入水体，环保设施故障导致外排废水污染物超标，造成对水质污染。土壤污染主要是成品油泄漏渗入土壤中，造成土壤污染。一旦发生突发环境事件，第一时间启动突发环境事件应急预案，组织开展相关人员疏散和控制污染源头。发生空气污染事件时，人员疏散要注意沿主风向两侧向上风向转移的原则，选择人员疏散路径，使被疏散人员尽快远离污染空气区域。发生水、土壤环境污染时，为避免污染时事态的扩大，要尽快切断污染源，同时开展外排污染源拦截和回收。突发环境事件造成环境污染的，企业要结合污染情况，对污染的水、土壤等开展事后修复治理。

第六节　成品油管道职业卫生管理

职业卫生管理是成品油管道企业 HSSE 管理的重要组成部分，成品油管道企业负责人按照《中华人民共和国职业病防治法》《用人单位职业健康监护监督管理办法》《工作场所职业卫生监督管理规定》等法律法规要求，对本单位的职业卫生工作全面负责，组织建立包括职业病防治责任体系、职业病防治管理责任制、职业病防治计划与实施方案、职业病防治规章制度、职业病防治经费的保障机制，以及工会民主监督的职业卫生管理体系。

规范各部门和全体劳动者职业安全健康行为，并提供必要的人、财、物支持，消除职业病危害，改善劳动条件，保护劳动者身心健康。

一　成品油管道职业病危害因素及防治

1. 生产过程中产生的职业病危害因素

职业病危害因素是指职业活动中存在的各种有害的化学、物理、生物因素以及在作业过程中产生的其他职业有害因素。成品油管道企业的职业病危害因素与成品油输送过程中所使用设备，物料的种类、特性及生产工艺技术有关，涉及粉尘、化学因素、物理因素三类。按照国家发布《职业病危害因素分类目录》的划分，成品油管道企业职业病危害因素主要包括电焊烟尘、汽油、柴油和噪声，主要存在于操作人员的日常操作监护、保养、巡检过程中输油泵、减压阀运行噪声以及汽油挥发物质的影响。

2. 职业病危害与防治

（1）电焊烟尘

焊接过程产生大量的烟尘弥漫于作业环境中，极易被吸入肺内，长期吸入则会造成尘肺，而且常伴随锰中毒、氟中毒和金属烟雾热等并发病。主要表现为胸闷、胸痛、气短、咳嗽等症状，并伴有头痛、全身无力等病症，肺通气功能损伤。可能导致的职业病为电焊工尘肺病。

防治主要包括以下几方面：提高焊接技术，使用先进的焊接工艺和材料，减少电焊作业对人体的危害；改善工作场所的通风，降低空气中电焊烟尘、有毒气体浓度；加强个人防护，工作人员必须使用相应的防护眼镜、面罩、口罩、手套，防护服、绝缘鞋等。

（2）汽油和柴油

汽油成分为 $C_4 \sim C_{12}$ 脂肪烃和环烃类，并含少量芳香烃化合物，主要致病成分为苯系物，侵入人体途径为呼吸道、皮肤、消化道。急性中毒包括：液体吸入呼吸道可引起吸入性肺炎；皮肤接触致急性接触性皮炎，甚至灼伤；吞咽引起急性胃肠炎，重者可引起肝、肾损害。慢性中毒包括：神经衰弱综合征、自主神经功能症状类似精神分裂症以及皮肤损害。可能导致的职业病包括职业性急性溶剂汽油中毒、职业性慢性溶剂汽油中毒、汽油致职业性皮肤病。

柴油成分为 $C_9 \sim C_{18}$ 链烃和环烃类，并含少量芳香烃化合物，主要致病成分为苯系物，侵入人体途径为呼吸道、皮肤、消化道。皮肤接触为主要吸收途径，可致急性肾脏损害，可引起接触性皮炎、油性痤疮；雾滴吸入或液体呛入可引起吸入性肺炎，能经胎盘进入胎儿血中。可能导致的职业病为接触性皮炎。

汽油、柴油所导致职业病防治主要包括以下几方面：保持通风，避免挥发油气的聚集；加强设备管理，避免跑冒滴漏造成的油气泄漏与挥发；空气中浓度超标时，佩戴自吸过滤式防毒面具（半面罩），紧急事态抢救或撤离时，应该佩戴空气呼吸器；加强应急培训及演练，保证作业人员在生产过程及紧急情况下能做好个人防护。

（3）噪声

长期接触一定强度的噪声，可对人体产生不良影响，主要引起听觉系统以及非听觉系统损伤。噪声引起听觉器官的损伤，一般经历由生理变化到病理改变的过程，即先出现暂时性听阈位移，经过一定时间逐渐成为永久性听阈位移，严重者可致噪声性耳聋；噪声对非听觉系统的影响，包括对神经系统、心血管系统、内分泌及免疫系统、消化系统、代谢功能、生殖机能及胚胎发育、工作效率等的影响。可能导致的职业病为职业性听力损伤。

防治主要包括以下几方面：定期进行设备维护保养，并根据实际情况，设置防噪设施，做好隔离降噪；对于噪声强度（8h等效声级）超过80dB（A）的岗位，根据作业人员的需求为其配备符合职业卫生标准的防噪耳塞；对于噪声强度在85 dB（A）以上的作业场所，作业人员进入该区域时应提前做好个人防护。

二 职业卫生管理工作

1. 从源头上控制职业病危害

新建、改建、扩建建设项目在可行性论证阶段，应委托具有评价资质的单位进行职业病危害与评价，并向卫生行政部门提交职业病危害与评价报告，经过卫生审查批准；定期委托有资质的职业卫生技术服务机构对工作场所进行职业病危害因素检测与评价。

2. 如实申报职业病危害项目

参照《职业病危害因素分类目录》所列的职业病危害因素内容，结合成品油管道企业生产运行特点，确定作业场所存在或者产生的职业病危害因素为电焊烟尘、汽油、柴油、噪声，根据企业性质，在所在地县级或设区的市级人民政府安全生产监督管理部门申报职业病危害项目。申报内容包括：基本情况，危害因素种类、浓度或强度，产生危害因素的生产技术、工艺和材料，危害的防护、应急救援设施。

3. 规范用工管理

按照GBZ 188《职业健康监护技术规范》中的要求，组织接害岗位劳动者进行上岗前、在岗期间、离岗后的职业健康检查，及时发现职业病患者，并落实治疗处理。

不得安排未成年工从事接触职业病危害的作业；不得安排孕期、哺乳期的女劳动者从事对本人和胎儿、婴儿有危害的作业；不得使用童工；不得安排有职业禁忌证的劳动者从事接触职业病危害的作业。

4. 严格材料和设备管理

优先采用新技术、新工艺和新材料，不生产、经营、进口和使用国家明令禁止使用的可能产生职业病危害的设备和材料；主导原材料的供应商应符合《职业病防治法》的要求，不隐瞒生产技术、工艺和材料中的职业病危害；当使用、生产、经营可能产生职业病危害的化学品，或使用放射性同位素和含有放射性物质的材料时，要有中文说明书；有毒物品的包装上、可能产生职业病危害的设备上均应标有警示标识和中文警示说明。

5. 工作场所符合职业卫生要求

生产布局合理：作业场所与生活场所分开；有害作业与无害作业分开；有毒、有害工作场所设置警示线。

职业病危害因素的强度或浓度应符合国家职业卫生标准。可能发生急性职业损伤的有毒、有害工作场所，应设置或配置预警、报警装置，现场急救用品，冲洗设备；应设置应急撤离通道及必要的泄险区。工作场所应配套更衣间、洗浴间、孕妇休息间等职业卫生设施。

6. 切实履行危害告知义务

签订劳动合同时，在合同中载明可能产生的职业病危害及其后果以及职业病防护措施和待遇，在作业岗位醒目位置设置公告栏，公布有关职业病防治的规章制度、操作规程、职业病危害事故应急救援措施、工作场所职业病危害因素检测结果；按规定设置职业病危害警示标识；如实告知劳动者作业场所检测和职业健康体检结果。

7. 加强作业职业防护

职业病防护设施配备应合理、有效。按标准配备符合防治职业病要求的个体防护用品；制定个体职业病防护用品计划，并组织实施；对发放的个体职业病防护用品做好登记，及时维护、定期检测个体职业病防护设备；定期维护、检测应急救援设施；职业病防护设施台账齐全；对从事接触职业病危害的作业劳动者，给予适当岗位津贴。

8. 严格履行事故报告

发生职业病危害事故时，成品油管道企业应当立即采取应急救援和控制措施，并及时报告所在地卫生行政部门和有关部门。报告的内容应当包括事故发生的地点、时间、发病情况、死亡人数、可能的发生原因、已采取措施和发展趋势等。积极配合事故调查组的现场调查和取证工作，如实提供证据或资料。

第七节　成品油管道公共安全管理

成品油管道公共安全保护工作仅靠企业自身力量难以做好，在做好企业自身工作的基础上，必须紧紧依靠地方政府、当地群众等多方力量，从治安环境、政策法规、综合治理等方面着手，全力构建平安管道。

1.《中华人民共和国反恐怖主义法》（主席令第三十六号）

《中华人民共和国反恐怖主义法》中要求重点目标的管理单位应当履行下列职责：

（1）制定防范和应对处置恐怖活动的预案、措施，定期进行培训和演练；

（2）建立反恐怖主义工作专项经费保障制度，配备、更新防范和处置设备、设施；

（3）指定相关机构或者落实责任人员，明确岗位职责；

（4）实行风险评估，实时监测安全威胁，完善内部安全管理；

（5）定期向公安机关和有关部门报告防范措施落实情况。

重点目标的管理单位应当根据城乡规划、相关标准和实际需要，对重点目标同步设计、同步建设、同步运行符合《中华人民共和国反恐怖主义法》规定的技防、物防设备、设施。

重点目标的管理单位应当建立公共安全视频图像信息系统值班监看、信息保存使用、运行维护等管理制度，保障相关系统正常运行。采集的视频图像信息保存期限不得少于90日。

重点目标的管理单位应当对重要岗位人员进行安全背景审查。对有不适合情形的人员，应当调整工作岗位，并将有关情况通报公安机关。

2. GA 1166—2014《石油天然气管道系统治安风险等级和安全防范要求》

企业应依据 GA 1166—2014《石油天然气管道系统治安风险等级和安全防范要求》确定所属管道系统部位的治安风险等级，治安风险等级由高到低划分为一级、二级和三级。管道系统部位的安全防范级别应与该部位治安风险等级相适应，即一级风险部位应满足一级安全防范要求；二级风险部位应不低于二级安全防范要求；三级风险部位应不低于三级安全防范要求。

安全防范基本要求主要为人力防范、实体防范、技术防范3个方面，其中人力防范方面企业应配备专、兼职治安保卫人员，并为其配备必要的防护器具、交通工具、通信器材等装备，制定值班、监控和巡查、巡护等安全防范工作制度，在岗值班、巡查巡护人员应详细记录有关情况，及时处理发现的隐患和问题，在公安机关指导下制定完善治安突发事件处置预案，并组织开展培训和定期演练，积极宣传管道安全与保护知识。

实体防范主要是在油气调控中心、各类储油（气）库及管道站场、阀室等的周界建立实体防范设施（金属栅栏或砖、石、混凝土围墙等），并在其上方设置防攀爬、防翻越障碍物，在管道沿线设置里程桩、标志桩、警示牌。

技术防范主要是安全防范工程程序，应符合 GA/T 75《安全防范工程程序与要求》的规定，视频监控系统设计应符合 GB 50395《视频安防监控系统工程设计规范》的规定，视频监控系统应能有效地采集、显示、记录与回放现场图像，图像存储时间大于等于30天，入侵报警系统设计应符合 GB 50394《入侵报警系统工程设计规范》的规定，入侵报警系统应能有效地探测各种入侵行为，报警响应时间小于等于2s，入侵报警系统与视频监控系统联动，联动时间小于等于4s，非法入侵时的联动图像应长期保存。

3. 《企业事业单位内部治安保卫条例》（国务院第421号令）

（1）根据国务院《企业事业单位内部治安保卫条例》对单位内部治安保卫工作的要求：

①有适应单位具体情况的内部治安保卫制度、措施和必要的治安防范设施；

②单位范围内的治安保卫情况有人检查，重要部位得到重点保护，治安隐患及时得到排查；

③单位范围内的治安隐患和问题及时得到处理，发生治安案件、涉嫌刑事犯罪的案件及时得到处置。

（2）单位内部治安保卫机构、治安保卫人员应当履行下列职责：

①开展治安防范宣传教育，并落实本单位的内部治安保卫制度和治安防范措施；

②根据需要，检查进入本单位人员的证件，登记出入的物品和车辆；

③在单位范围内进行治安防范巡逻和检查，建立巡逻、检查和治安隐患整改记录；

④维护单位内部的治安秩序，制止发生在本单位的违法行为，对难以制止的违法行为以及发生的治安案件、涉嫌刑事犯罪案件应当立即报警，并采取措施保护现场，配合公安机关的侦查、处置工作；

⑤督促落实单位内部治安防范设施的建设和维护。

二 公共安全管理模式

成品油管道企业按照国家及地方的法律法规，通过建立健全公共安全体系、联防联治、提升"三防"水平等一系列措施，主要以配合打击涉油气犯罪、预先防范暴力恐怖袭击、开展安全保卫等工作。

1. 企地联防

鉴于第三方破坏与打孔盗油是公共安全管理的主要威胁，成品油管道企业应与地方政府各级职能部门紧密配合，形成行之有效的机制和办法。

（1）政企联防

①成品油管道企业应主动协调、配合政府自上而下建立油气安全保护工作组织机构，构建省、市、县、乡、村的五级联防体系，使管道保护工作由原来单一的公安承担向政府各部门拓展，明确各部门的管道保护工作职责。协调配合公安部门加强社会闲杂人员、解除劳教人员等重点人口和流动人口管理，加强巡逻防范，加强对废旧物资收购点的监控和管理，从基础工作入手，扎实做好成品油管道治安保卫防范工作。

②为提高各级地方管道管理人员的保护意识，成品油管道企业可以组织开展油气管道保护专业知识培训，参加培训人员涵盖省、市、县（区）、乡（镇）以及管道企业管理人员，提高各级人员对管道保护的安全意识和业务水平。

③长输成品油管道属于线性工程，点多面广，将成品油管道纳入地方规划是十分重要的管控方式。管道企业要积极主动协调政府城乡规划主管部门，把好"选线－定线"这一关，尽可能保持与其他设施的安全距离，从源头上较少互相干扰。成品油管道企业除了要向涉及的县级以上地方人民政府城乡规划主管部门进行报备外，还应向沿线乡镇部门报备，依法纳入当地城乡规划。管道建设的选线应当避开地震活动断层和容易发生洪灾、地质灾害的区域，与建筑物、构筑物、铁路、公路、航道、港口、市政设施、军事设施、电缆、光缆等保持规定的安全保护距离。

④通过定期联系政府主管部门，了解当地基础设施规划建设信息，及时主动与规划、设计、建设部门协调合对接，准确掌握第一手资料和信息，发挥巡线承揽人本乡土"地主"的优势，要求巡线承揽人在日常巡线过程中注重观察和了解周围的情况，掌握辖区新建项目设计勘察、用地补偿等动态信息，初步确认对管道的影响程度。

⑤长输成品油管道一旦发生油品泄漏，对人身和环境的危害巨大。管道企业应协调管道沿线省区政府应急办陆续将油气管道的应急救援纳入政府管理范畴，按期把正式版的各类应急预案报送应急管理部备案，定期联合开展演练，不断修订和完善预案内容和程序。同时，建议信息互动平台，提高应急响应速度，由政府部门指导管道企业有效开展管道应急救援工作。

（2）警企联防

①严密治安防控，将成品油管道违规第三方施工、反打孔盗油纳入公安部门治安管理，联合开展管道巡查、应急联动，建立企地之间涉恐、反打孔盗油信息、救援力量、技术装备等区域共享和应急工作机制，形成公安部门上下一体的成品油治安管理联动体系。

②加强公安部门联合巡查。通过与县、乡两级公安部门定期检查成品油管道第三方施工点，不定期与省、市两级公安部门组成专项督察组对现场问题进行督导的方式，保持对第三方违规施工的高压态势，对成品油管道存在的难题进行现场督导，依法查处危害管道安全的违法行为，解决企业棘手问题，把问题消灭在萌芽状态，真正实现从源头控制。

③发动管道沿线村民对所掌握或了解的第三方施工信息及时汇报输油站或当地派出所，对提供信息的村民给予一定的奖励。建立与派出所的日常联系机制，做到信息互通，通过控制辖区炸药的使用审批来监视第三方施工动态。

2. 管道保护宣传

（1）物权人宣传

成品油管道经过的土地物权人是管道企业宣传的重点对象。成品油管道企业应对沿线物权人信息进行梳理，绘制出管道经过土地地形，建立沟通联系机制。可借助视频网络等制作宣传礼品，通过多种手段实现对物权人的更新统计和日常宣传，实现了每一位物权人都是输油管道的安全卫士的目标。同时，可以施行举报破坏成品油管道行为奖励，鼓励社会公众积极举报破坏成品油管道行为，及时发现、控制和消除管道安全隐患，严厉打击破坏成品油管道违法犯罪行为，保障成品油管道安全运行。

（2）企业宣传

针对管道沿线公路、电力、光缆、水利等基础设施建设项目与管道干扰点多、面广、事故事件突发、易发的情况，管道企业应积极开展管道沿线企、事业单位管道保护宣传，通过发放告知书、签订合作管控协议等方式，做好施工预控宣传，有效地从源头上控制住第三方施工点交叉干扰，同时做到基础建设项目能够提前与管道企业做好对接的良好效果。

（3）地方宣传

除了物权人宣传与企业宣传外，管道企业还应积极探索开展多样的管道地方保护宣传活动。例如利用管道沿线水保墙开展管道保护宣传工作，在人员密集区域的水保设施上喷刷固定的管道保护宣传标语；通过电视媒体、高速公路广告位等开展宣传工作；在管道沿线派出所的办公区域设置涉油法制宣传专栏，把《中华人民共和国石油天然气管道保护法》和2007年1月15日最高人民法院、最高人民检察院联合发布的《关于办理盗窃油气、破坏油气设备等刑事案件具体应用法律若干问题的解释》《治安处罚法》等法律法规主要条文和典型涉油案件图片上墙宣传，以增强民警保护管道安全的意识；利用管道沿线中小学校收放假的时机或学校上法制课的时机，与乡镇法制人员、派出所民警一起给学生进行形势宣传和安全教育，形成管道保护良好氛围，以一个人带动一个家庭、以家庭促进社会共同关注管道安全保护工作。

3. 治安风险防控

成品油管道企业应做好管道沿线治安风险识别，并采取相对应的人防、物防、技防措施，人防、物防与技防措施主要包括以下方面。

（1）人防方面

依法设立安全保卫机构，配备专兼职安全保卫人员，负责企业内部日常安全保卫（含反恐）管理；在常规巡查基础上，加密对阀室、Ⅲ级高后果区等重点防控区域的巡查，切实防范涉油案件的发生；安排管理人员上线巡查，确保及时发现和处置问题。安排专业巡护人员进行夜巡，形成严防严打的态势，有效防止打孔盗油案件的发生；严格输油站人员、车辆、物品的进出登记管理，严防火种、爆炸危险品及其他可疑人员和物品进入生产区域。开展管道保护宣传，宣传管道安全保护知识；联合公安机关开展安全保卫、反恐知识培训，提高劳动者应急处置能力。

（2）物防方面

设置成品油站库门禁设施，包括大门和门卫室防冲撞设施；门窗坚固，通信设备、消防器材、安保器材保持完好；阀室设置围栏、门并保持完好；输油站围墙、跨越设施、山体隧道防攀爬、防投掷等保持完好；独立管道设施门口设置路障（钉刺），且大门处于全关闭状态，防止不明人员、车辆强行进入输油站；制定安保器材配备标准，为安保人员配备必要的安保器材，切实防范公共安全事件；在管道重点管段，加密增设标志桩、警示牌。物防设施如图10-11所示。

（3）技防方面

建立治安动态视频监控系统，对易打孔盗油点等重点要害部位不间断监控，不留盲区，提早布防布控；推广无人机等新型管道巡线技术，在极端天气或存在地质灾害风险，对人员难以到达的区域实施无人机"定速、定高、定航线"辅助巡线，提高管道保护精准度与巡线频次；输油站站场设置周界报警系统，有效探测各种入侵行为，提前防范公共安全事件；设置管道泄漏报警系统，实时监控管道输送压力，一旦管道发生打孔盗油、穿孔泄漏或断管泄漏，及时报警，并为抢险迅速准确地判断出泄漏位置，使突发事件得到及时处理，把损失降到最低限度；安装阀室监控系统，有效探测阀室进出人员图像，防止不明人员进入阀室破坏阀室内设备设施；利用网络通信等多种渠道发布管道保护相关信息，及时了解管道安全保护动态。技防系统设施如图 10-12 所示。

(a)路障

(b)安保器材

图 10-11　成品油管道企业物防设施

(a)视频监控系统

(b)无人机巡线

图 10-12　成品油管道企业技防系统设施

参考文献

[1] 郑洪龙，王婷 . 国内外油气管道事故统计分析 [EB/OL]. 管道保护，（2017-07-07）[2017-10-14].

[2] List of pipeline accidents in the United States in the 21st century [EB/OL]. [2017-10-14].

[3] List of pipeline accidents [EB/OL]. [2017-10-14]. https://en. wikipedia. org/wiki/List of pipeline accidents.

[4] Concawe Oil Pipelines Management Group's Special Task Force. European cross-country oil pipelines [EB/OL]. （2017-07-03）[2017-10-14]. https://www. concawe. eu/wp-content/uploads/2017/

09/CONCAWE – Review – 25 – 1_web. 4. pdf.

［5］ Concawe Oil Pipelines Management Group's Special Task Force. Performance of European cross-country oil pipelines. Statistical summary of reported spillages in 2015 and since 1971 ［EB/OL］. （2017 – 07 – 03） ［2017 – 10 – 14］. https：//www. concawe. eu/wp-content/uploads/2017/07/Rpt_17 – 7. pdf.

［6］ EGIG. GAS PIPELINE INCIDENTS：9th Report of the European Gas Pipeline Incident Data Group （period 1970 – 2013） ［EB/OL］. （2015 – 02 – 01） ［2017 – 10 – 14］. https：//www. egig. eu/reports.

［7］ Bubbico R, Carbone F, Ramírez-Camacho J G, et al. Conditional probabilities of post-release events for hazardous materials pipelines ［J］. Process Safety & Environmental Protection, 2016, 104：95 – 110.

［8］ 吉建立. 国外油气管道安全管理经验及启示 ［J］. 中国特种设备安全, 2014 (5)：1 – 5.

［9］ Rausand M. 风险评估理论, 方法与应用 ［M］. 2013.

［10］ 郑达顺, 张莉. 安全生产隐患及环境风险安全排查方法浅析 ［J］. 科技与企业, 2015 (6)：37 – 37.

［11］ 张宇栋, 吕淑然, 杨凯. 城市管道系统风险分析及闭环管理研究 ［J］. 中国安全生产科学技术, 2017, 13 (2)：181 – 187.

［12］ 张超. 北京成品油管道昌平段风险评价研究 ［D］. 北京：清华大学, 2015.

［13］ 曹国正. 城市周边成品油管道安全运行管理初探 ［J］. 石油库与加油站, 2014 (6)：17 – 19.

［14］ 张圣柱. 油气长输管道事故风险分析与选线方法研究 ［D］. 北京：中国矿业大学 （北京）, 2012.

第十一章 成品油管道智能化

　　管道智能化是物联网、自动控制、大数据、人工智能和行业专业技术在油气管道上应用的智能集合，通常以管道安全经济高效运营为目的，以数据管理为基础，以智能控制、一体化运营管理、大数据分析决策和人工智能等技术为手段，依托工业化和信息化（以下简称"两化"）融合，最终实现管网全面数字化、全管网智能运行以及智能监测预警。现阶段我国正经受能源革命和工业革命两大变革，驱动油气管网与人工智能深度融合，并伴随着国家油气管道公司的组建运行，油气管道产业有望进入一个全新的时代——智能化时代。

第一节　成品油管道智能化发展历程

国内外先进管道企业在管道智能化方面做了大量的探索，包括壳牌公司、雪佛龙公司、恩桥管道公司、科洛尼尔管道公司、挪威国家石油公司、中国石油天然气集团有限公司（中国石油）、中国石油化工集团有限公司（中国石化）、中国海洋石油集团有限公司（中国海油）等，这些企业普遍以运行控制、风险管理为重点，以完整性管理体系为支撑，以实现高度自动化、数字化和决策智能化为目标，在长输油气管道的智能化发展上均做出了有益尝试。

一　国外油气管道智能化发展历程

国外管道智能化发展经历了自动化、数字化两个阶段，目前正在向智能化阶段发展。1977 年美国建成阿拉斯加原油管道并应用了 SCADA 控制系统；20 世纪 90 年代美国首先提出"数字化管道"概念，基于地理信息平台实现了管道数字化；2008 年 IBM 提出了"智慧地球"概念，大数据、移动应用、射频识别等技术相继应用到管道行业，促进了管道的智能化发展。

1. 美国

美国休斯敦的管道控制中心控制着全美近 1/2 的天然气业务，实现了实时模拟（RTM）、预测模拟（PM）、优化压缩机站运行方案（CSO）、自动优化压缩机性能（RTCT）、预测气体负荷（LF）等智能化应用。CDP 管道公司制定了物联网技术在智能管道领域的全面应用方案，建立了智能人员生命安全装备系统（ALSS），可持续监测有害气体，追踪人员位置状态，同时通过传感器监测管道变形和泄漏等异常情况，通过移动终端进行现场维修维护数据与工单处理及视频通话，实现无人机对管道路由的监测与预警。GE 公司开发的声学入侵探测系统 ThreatScan（图 11 – 1）可对管道进行监控预警，传感器直接与卫星通信，将数据中继到 GE 的监控设施进行分析，通过入侵信号到达不同传感器的时间差来定位，并借助 Google 地图进行联动定位。雪佛龙公司建立了专家支持系统，可辅助开展危害与可操作性分析（HAZOP）、保护层分析（LOPA）、量化风险评价（QRA）、基于风险的检验（RBI）和以可靠性为核心的维护（RCM）以及安全等级评价（SIL）等工作，可及时全面掌握管道运行风险，提升了管道安全管控水平。

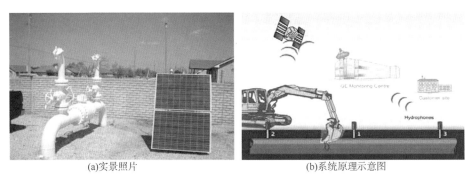

(a)实景照片　　　　　　　　　(b)系统原理示意图

图 11 – 1　ThreatScan 卫星中继声学入侵探测系统示意图

2. 欧洲

挪威国家石油公司建立了管道管理平台（图 11 – 2），集成了管道经营、维护、腐蚀检测等相关专业数据，实现了对管道设计、运行和维护全过程的管理，降低了管理难度，有效提高了管理效率。英国陆上石油天然气尝试应用云计算、物联网、移动应用等新技术研发了无人机检查系统，这个系统可以持续监测管道、管架和通风口等关键部件，及时发现异常，帮助企业大幅缩减了设备的维护周期和预算。英国 BP 公司利用带有高清晰度摄像头及热力传感器等检测设备的无人机，对复杂自然环境中的管道进行泄漏检测与安全监控，开发了基于大数据分析的物联网腐蚀管理系统，将腐蚀无线监测传感器安装在管道重点部位，形成物联网组网监测，获得大量实时数据并进行统一管理和分析。

图 11 – 2　挪威国家石油公司管理系统

3. 加拿大

加拿大恩桥公司利用物联网技术，通过智能移动终端，实时收集设备运行数据，现场维修维护数据，管道巡线数据，环境、健康、火灾、安全检查数据以及合规性检查资料等各类数据资料。加拿大横加公司采用完整性管理技术，每年进行 1 次风险评价，对每段管道列出各种风险因素，给出每种风险因素的控制方式，并采用内检测等科学方法确保管道安全。

4. 俄罗斯

俄罗斯早期开发出配有 9 个驱动的并联机器人"月球号"，该机器人采用并联传动机构，摄像头翻转可进行多角度的拍摄，利用自身的设备对管道进行检测、维修作业。随着电子技术、人工智能算法、图像视频识别、传感器技术和控制理论的发展，俄罗斯相继研究出一系列适用于油气管道的机器人产品，有效提升了管道智能化程度。俄罗斯国家石油管道运输公司采用大规模 SCADA 系统监控了俄罗斯所有的长输管线系统及其他石油生产设施，包括 400 座泵站的生产设施和设备、101 个储油基地的 1000 多个储油罐及其附属设施、35 座炼油厂的生产及运输，调度中心可以及时发现油品泄漏等事件，并制定修复方案和指导修复工作，避免酿成事故，降低经济损失。

二　国内油气管道智能化发展历程

国内管道智能化历程与国外基本相同，1990 年在东营—黄岛复线原油输送管道成功投运 SCADA 系统，标志着我国管道自动化阶段的开启；2004 年我国首条数字化管道工程——西气东输冀宁支线开始建设，标志着管道数字化阶段的开启；2009 年，国务院做出建立"感知中国"指示，油气管道公司开始积极尝试采用物联网、云计算等新一代信息技术，标志着国内油气管道开始向智能化阶段发展。国内三大石油公司在管道智能化建设方面均开展了积极的探索。

国内数字化管道是中国石油最早提出的，并陆续将数字化技术应用于油气管道行业的勘察设计和施工阶段。2004 年首先应用于西气东输冀宁管道支线，2008 年在西气东输二线、中缅油气管道等工程建设中利用卫星遥感技术、全球定位技术、地理信息系统（GIS）成图技术在勘察设计和施工阶段帮助优化路由，同时利用实时数据采集和管网运行监控等技术实现集中监控和运行调度，在数字化管道方面缩小了与欧美发达国家的差距。中国石油一直以来持续开展数字管道建设，对已建或拟建工程中的互联网技术、GIS、GPS 的应用进行统一规划部署，并与 SCADA 等自动化管理技术有机结合，开发了完整性管理系统（PIS），为所辖油气田和管道的在线检漏、优化运行、完整性管理提供数据平台。目前，建成了以 SCADA、气象与地质灾害预警平台、管道 ERP、管道生产管理、管道工程建设管理（PCM）、PIS 等信息系统为支撑的总体信息化系统，全面支持资产和物流两条主线的业务工作。

中国石化建设了以企业资源管理系统（ERP）为核心的经营管理平台、以生产执行系统（MES）为核心的生产运营平台、基础设施和运维平台等三大平台，全面提升了人财物等重要资源集约化管理水平，提高了上下游各板块的生产质量和效率。为提升管道管理专业水平，自 2007 年开始数字化管道建设工作，分别在榆济管道和川气东送管道建设了基于 GIS 地理信息平台的二、三维管道数据管理系统，对工程建设全过程数据进行收集和整合。在这之后，中国石化进一步建设了涵盖炼化厂际管线、油田集输管线、长输管线等全产业链的智能化管线管理平台，管理资料由分散、纸质化到集中数字化，管道生产运行管理信息由相对独立到共享协同，相关信息系统将逐步由孤立分散到集中集成，辅助企业向智能化运营管理方向发展。

中海油气电集团有限责任公司完成了生产调度及应急指挥中心、贸易平台、LNG 汽车加气运营管理平台、资金平台、槽车远程监控系统、应急指挥系统等的构建及深化应用，构成了信息化的主体框架，形成了集团级生产运营系统的全信息化"基础平台"，同时生产数据采集与展示平台融合各公司的 GIS 数据、数字化管道数据、DCS/SCADA 等生产经营数据，成为统一的"数据仓库"。目前正在构建智慧气电，建设全面覆盖、高度集成的先进信息网，用以快速、全面、正确地获取、理解、判断集团全产业链业务运营状态，并作出智能化决策。

2014 年 6 月，国务院办公厅印发《关于加强城市地下管道建设管理的指导意见》，要求开展城市地下管道普查，建立综合管理信息系统，实现信息的即时交换、共建共享、动态更新，推进管道综合管理信息平台与数字化城市、智慧城市相融合。2014 年 10 月，国务院安全生产委员会印发《关于深入开展油气输送管道隐患整治攻坚战的通知》，要求加快油气输送管道隐患整治进度，加快建立国家层面数字化、可视化、立体化的全国油气输送管道地理系统，满足国家和地方政府监管和社会监督的需要。2017 年国务院发布了《新一代人工智能发展规划》明确构筑我国人工智能发展的先发优势，加强建设创新型国家和世界科技强国。

近年来，建设"智能管道"成为热点并得到快速发展，管道行业对管道智能化建设的必要性、紧迫性、艰巨性认识一致。智能化管道建设的方向、重点、路径、方法多集中在管道数字化上，实现管道全面数字化是支撑企业智能化应用的基础，而实现智能化运行和智能监测预警是管道智能化的内涵。

第二节　成品油管道智能化的主要内容

长输成品油管道普遍具有点多、线长、受沿途经济社会环境影响大等特点，同时设备和人员等生产要素分散，集中管控难度较大。全面快速掌握管道实时运行状态，实现设备分散管理、集中控制是管道高效运行管理的基本要求，同时油气管道不仅自身运行风险高，而且所输送介质属于危险化学品，任何一点发生泄漏都将造成环境风险。长输成品油管道连接着炼厂和油品供应市场，其安全运行直接关乎经济社会发展和民生问题。加强管道运行管理，提升监测预警能力是管道企业的本质需求，也是智能化管道的建设目标。管道智能化的主要内容是实现全面数字化，并通过对数据的高效应用，实现智能化运行和智能监测预警。

全面数字化是对管道的基本信息、生产运行和管理信息、影响管道运行的相关要素进行分析，建立规范统一的数据标准、结构一致的数据模型和关系清晰、使用安全的数据结构，建立"采、存、管、用"的数据服务，使数据能高效交换、共享、更新和维护，形成集中安全的企业管道数据中心，同时借助物联网新一代通信技术实现数据的自动采集与收集，实现数据管理由分散、纸质化向集中、数字化转变，为管道后续运行的优化管理和智能监测预警奠定基础。

1. 数据标准

数据标准建设涵盖管线全生命周期管理的各方面数据，通过建立业务数据标准结构、地理信息数据标准、移动数据标准、文档资料等非结构化数据的存储标准等，提高数据存储的科学性、合理性，为数据应用和信息系统建设提供统一规范的要求。数据标准建设应注意：

①以"提供随时随地的、唯一源头的数据资源共享服务"为目标，实现"统一数据源头及流向、统一主数据分发"，保证数据口径一致性；

②实现各主要信息代码的在线管理维护，提供主数据维护的唯一数据源；

③规范管线数据库建设，能够支撑企业内部系统集成及企业深化应用对数据的需求；

④通过数据指标"申请－审核－发布－应用"等标准管理流程，提升数据管控能力，杜绝数据管理"无标可采、个性化盛行"的问题。

2. 数据模型

数据模型用来确定数据信息的存储方式、数据间的关联以及数据管理要求。数据模型应涵盖管道本体及附属设施、周边环境及地理信息、管道运行与管理、设备设施管理、风险分析与削减、应急资源与预案等方面。目前国际上广泛应用的管道工业数据模型有 ARC GIS Pipeline Data Model（APDM）、Pipeline Open Data Standard（PODS）、Integrated Spatial Analysis Technique（ISAT）等，国内基于 PODS、APDM 数据模型，形成了如管道完整性数据模型、中国管道数据模型、中国石化管道数据模型等。这些管道数据模型均以地理数据库技术为设计基础，定位核心要素控制点和站列作为线性参考基准，管道沿线所衍生的各个要素作为在该里程值上发生的事件，数据形式分为需要利用矢量数据进行线性定位的要素类和只具有属性信息的对象类，结合长输管道的运行特点，对数据结构进行扩充，调整归类方式，对模板进行细化和删减，使得模型满足不同的数据管理需求，全面适用于各类长输管道。管道数据模型应具有以下特点：

①模型数据项内容拓展至管道建设、运营、检测、评价等各个时期产生的数据类，并制定详细的数据字典进行存储，提升管道智能化管理所需数据的全面性和精确度；

②空间数据库技术的应用使管道基础数据和空间数据实现集成管理，属性验证和全局属性域的设定使数据录入和编辑更加准确，减少误操作；

③使用拓扑的空间表达，在定义环境要素、管道要素和事件要素特征的同时，定义要素

间的关联关系，使要素可以根据指定要素的变化做出相应反应，实现管道信息动态级联；

④完善管理整体流程中数据采集分类和层次承接关系，增强数据收集的目的性和评价过程的合理性，有助于数据入库、专题数据提取和完整性数据库的建设；

⑤具有可拓展性，满足企业管理的长期应用需要。

3. 数据结构

（1）建库原则

借助地理空间数据存储可以将地理特征的空间数据和属性数据统一集成在关系型数据库管理系统（RDBMS）中，充分利用 RDBMS 数据管理的功能，利用 SQL 语言对空间域非空间数据进行操作，同时可以利用关系数据库的海量数据管理、事务处理、记录锁定、并发控制、数据仓库等功能，使空间数据与非空间数据一体化集成并提供高效率操作的数据库服务，如图 11-3 所示。

①标准化原则

统一各类信息的分类编码、数据交换格式、数据内容与组织形式。

②数据共享原则

各行政职能部门互通互联、资源共享、信息互补。

③可扩展性

空间数据库及管理系统的功能具有可持续维护和发展能力。

④先进性原则

充分利用遥感、三维地理信息系统、全球定位系统、数据库技术、虚拟现实技术、全球广域网技术和分布式技术等高新技术的最新发展成果。

⑤实用性原则

在满足当前工作需要为前提，科学论证、有序推进、分步实施。

⑥安全性原则

充分考虑了各种数据和资料的保密与安全，防止数据的非正常损坏和丢失。

图 11-3　建库原则

（2）结构设计

数据结构设计包括两部分内容，空间数据基本属性设计和空间数据应用属性设计。将对要素分层之后的每一类要素进行数据结构设计。

①空间数据基本属性设计

空间数据基本属性将保存在空间数据的属性表中，主要是空间要素基本特征信息。为保证数据存储和应用之间的松耦合性，将数据的存储从逻辑上分为空间对象基本特征和空间对象应用特征两类。将对象基本属性信息存储在空间对象的基本属性中，而对象的应用信息则保存在应用属性中。

另一方面，空间对象的空间信息，采用最小空间单元进行存储和管理，以河流为例，将河流依据行政边界、水功能分界点、流域边界等分为河段，存储每个河段的空间信息和基本属性信息，而不再存储整条河流作为单一对象的空间信息。

②空间数据应用属性设计

空间数据的应用属性，主要是空间要素的针对某一特定应用的属性信息，比如水闸的用途是控制取水，还是挡水，这些都属于空间数据的应用类属性。

在设计中，将在业务应用调研和空间成果数据属性的基础上，对每一层空间数据的每一个属性进行分析，确定是否属于应用类属性信息。

（3）安全设计

①安全技术

包括网络安全和系统安全。在网络运行和应用系统中，信息安全是重点，在信息安全上采用的技术涉及信息传输安全、信息存储安全、数据库安全等。

②安全管理

技术不能解决所有问题，必须遵循安全管理原则，建立合理有效的安全管理制度，并组织培训相关人员。

③访问控制

必须具备用户认证的访问控制功能，防止入侵者越过应用系统的控制直接访问数据库。数据库管理系统应具有自主访问控制、验证、授权、审计等能力。

4. 数据服务

建立数据服务平台，形成完整的数据"采、存、管、用"的流程和规范，实现数据的提取、转换、装载和集成，并为业务应用提供数据处理、存储、共享与分发服务，实现标准化数据"共享服务"，如图 11-4 所示。

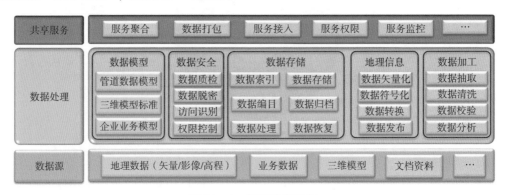

图 11-4　数据共享服务

根据数据模型和数据标准对数据进行处理、入库和归档，最后对数据资源进行发布。同时面向特定服务及应用需要对服务进行聚合、接入、权限控制、服务监控等加工处理，对服务资源进行编目归类处理，方便服务资源的检索和维护。

另外，实现全面数字化还须重点解决数据对齐问题，通过优化整合各阶段管道数据，实现建设期与运营期数据对齐整合、检测评价数据对齐整合、管道业务数据与管道基础数据对齐整合，并最终实现基于坐标、内检测焊缝数据的管道数据管理。此过程中重点工作包括：

①优化整合管道建设期与运营期数据实现比对分析，以竣工资料或内检测数据提供的各管节信息为基准，将管道施工数据、管道运营管理数据、内检测数据、阴极保护数据、地质灾害监测及 GIS 空间数据等关联起来，使各类数据均可以对应到各环焊缝信息，形成统一的数据模型和数据库，实现基于管节焊缝的所有数据信息关联查询，并可以将其全要素信息对应到管道走向图上进行展示；

②研究竣工资料评判技术手段与评判标准，实现竣工资料中坐标、管节、焊缝等关键信息自动评判，缩短数据整改周期，提高竣工资料数据准确率；

③实现多次内检测数据比对分析，由于检测设备中的里程轮可能存在打滑问题，因此同一管道同一缺陷点，其每次的检测里程或不同检测服务商的检测器的检测里程基本都不相同，仅仅依靠这些信息，不能为后期维修维护提供非常准确的定位坐标，因此需要对同一管道多次内检测数据自动比对分析，在两次检测数据比对匹配成功后，可以得到检测数据的数据集对比结果，并可以通过对比软件或匹配后的对应里程进行两次检测信号的对比；

④实现环焊缝射线探伤数据识别，目前在国内，管道环焊缝无损检测结果数字化处理程度不高，为了更加科学有效地开展管道焊缝评价与管理，需要对焊缝数据进行收集、归纳与整理，对传统无损检测片进行数字化处理，通过计算机系统自动筛选缺陷特征，如裂纹、未焊透、未熔合、气孔、球状夹渣以及条状夹渣等，及早发现评片过程中忽略的缺陷，从而提升管道安全水平。

二 智能化运行

成品油管道工艺复杂、操作频繁，且 24h 不间断地连续生产，这决定了自动控制对于该行业的重要性。自动控制相比人工更能保证操作和监测的实时性，包括连续操作的安全性和对意外情况的即时反应，以及监测数据的即时一致。通过生产操作的自动化、运行管理的信息化、经营决策的智能化，实现成品油管道运行全过程的智能化管理。目前成品油管道的智能化运行应遵循控制层、执行层和决策层三层结构框架，建立起管控一体化的信息平台（图 11-5）。

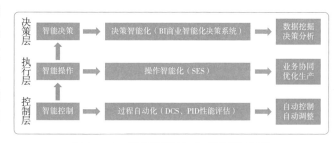

图 11-5　智能管道的"三层面"建设

1. 控制层

通过分散管理、集中控制方式对管道设备（泵、阀门）实行远程控制，提升管道自动化水平。管道上采用的 SCADA 自动控制系统是生产数据采集及监控系统，实时采集并存储现场运行数据，实现设备远程控制功能，是生产运行的核心系统，成品油管道管理应基于 SCADA 系统实现管道生产运行的自动控制和统一调度。在此基础上建立管道实时数据库，SCADA 系统采集的数据通过 OPC 接口传送到实时数据库中，对输油站压力监控点、温度监控点、流量监控点等实时数据进行综合统计显示查询。采用通过封装统一服务，联通实时数据库系统，采集管道运行参数数据，将运行参数应用到管道系统的业务功能模块中，作为展示和监控数据源，建设联锁和水击超限保护逻辑，提升控制的安全性。

2. 执行层

执行层是以生产综合指标为目标的生产过程优化控制、生产运行优化操作与优化管理，主要面向运行管理、管道管理和能耗管理。

（1）运行管理

通过整合生产实时数据和各类生产信息，进行综合分析决策，实现对生产全过程、全天候、全方位优化管理。为操作人员和管理人员提供运行参数监控、异常报警分析、生产统计、输送计划配置等所有生产运行和分析决策信息，全面管控生产过程。在 SCADA 系统的基础上，融合视频、语音、专业管理等多源业务数据，让生产管控向自主化、精细化转变，既将企业业务计划的指令传达到生产现场，又将生产现场的信息及时收集、上传和处理，帮助调度指挥人员充分实时地掌握全管道动态运营信息，降低操作的复杂性，提高调度预警、异常分析及相应执行能力，从而实现生产调度精细化，保障管道安全平稳运行；同时实现业务高效协同，让计划执行过程精准快捷，通过对不同油源的流向进行一体化配置，优化调度排产，实现油品输送的经济高效。智能化运行管理的主要内容如图 11 - 6 所示，可实现运行参数控制、异常报警分析、输油计划、生产统计、管网调度优化以及管网仿真模拟，使管道最大限度地服务和保供市场。

图 11 - 6　生产运行管理内容

（2）管道管理

对全管网实行全覆盖、全天候、全生命周期的监控和管理，提升管道安全防护水平。一方面，实现管道和输油站巡检监控功能。输油站内现阶段应用智能巡检终端和智能巡检机器人等巡检技术，通过人工结合智能的方式实现输油站内巡检的半自动化；站外长输管道巡检现阶段应用 GPS 管道巡线系统，通过人工结合无人机技术实现长输管道巡检的半自动化；未来随着机器人和无人机技术的进一步研发和应用，智能巡检终将替代人工巡检。另一方面，对管道沿线重点区域或站场等进行监控。安装高清视频监控，实时获取现场画面，通过完善的数据和系统功能支撑，可实现突发应急状况下，对事故点周边视频监控的调取，了解事故点实时状况和周边物体信息，同时可查询事故点周边可利用的应急资源信息，从而减小事故影响并及时处置事故相关人员；再者，可通过光纤预警系统对管道沿线进行实时监测，实现地质灾害及打孔盗油等危害的有效预防。

（3）能耗管理

在保障管道本体和运行安全的同时，还应对管道输送过程中的能耗进行严格考核。能耗管理包括管道油品输送过程中的能耗统计，能耗在线监测和分析，能耗预测以及能耗评价。通过对产、输、转、耗等全过程跟踪、分析、核算、评价，实现闭环管理，对输油泵、管网、混油掺混进行优化、节约能源、提高能效、减少排放。在管道实际运行中，须实时监控管道上的耗能设备（主输泵、节流阀）的运行状态，推行主输泵效率和管道节流状况实时监测并进行优化。通过能源计划、能源监控、能源统计、能源消费分析、重点能耗设备管理、新能源推广以及能源计量设备管理等多种手段，大力推进节能和储能新技术应用，使企业管理者准确掌握企业的能源成本比重和发展趋势，并将企业的能源消费计划任务分解到各个生产部门，使节能工作责任明确，促进企业高质量发展。

3. 决策层

在实现数字化和自动化以后，还应实现系统的智能决策功能，主要包括大数据决策支持、物流决策支持、应急决策支持以及移动应用、设备全生命周期管理等。

（1）大数据决策支持

基于大数据的相关性、非因果性分析理论，管道系统大数据的来源包括实施数据、历史数据、系统数据、网络数据等，类别包括管道腐蚀数据、管道建设数据、管道地理数据、资产设备数据、检测监测数据、运营数据、市场数据等。未来管网系统大数据通过互联网、云计算、物联网实现信息系统集成，将各类数据统一整合，通过建立大数据分析模型，解决管道当前的泄漏、腐蚀、地质灾害、第三方破坏等数据的有效应用问题，获得腐蚀控制、能耗控制、效能管理、灾害管理、市场发展、运营控制等综合性、全局性的分析结论，指导管道企业的发展。

（2）物流全过程一体化、透明化

通过完善硬件设施建设，实现物流数据自动采集，建立统一标准的物流数据中心。实现对炼厂发运设备设施、库容能力、管输能力、各下载点油库库容能力和库存结构，省市油库库容结构、发货能力和接卸能力，港口码头接卸能力，各网点间距离及运输通道能力限制等与物流运行相关设备设施统一管理。通过对油品库存、运输、物流费用等信息进行综合分析，实现物流一体化优化、物流数据分析"智能化"、物流过程统筹优化、物流业务高效协同，提升物流运行质量，为经营创效提供支撑保障。

①构建三级物流优化模型，按照总成本最优原则，辅助制定物流资源计划。

②构建管输与物流运行联动优化模型，辅助调度人员进行分析与比对，指导管道工艺改进方案的制定。

③构建仓储布局优化模型，指导接卸能力改进，为仓储布局调整决策提供科学依据。

企业 ERP 是以财务分析、决策为核心的企业整体资源优化技术，是对企业资源进行有效的、综合的计划与管理，在 ERP 的基础上，把企业的生产过程、库存系统、经营等信息集成为一个有机体，将最大限度地缩短工作周期，提高工作效率，有机利用资源，创造更大价值。

（3）移动应用

随着 4G、5G 网络环境的形成，移动应用成为管道管理发展的重要组成部分。移动应用使管理者与系统紧密结合，保证第一时间内开展突发事件处理、文件处理、在线管理，及时了解管道运行动态，最大限度地保障管道安全运营。通过各专业线条业务流程的梳理，将输油生产、安全管理有效融合，结合移动应用、电子工单、异常事件，打造为一线员工量身定制的移动协同工作环境，提升应急能力。

（4）应急决策支持

发挥智能管网系统应急指挥和应急决策支持的作用，满足应急指挥决策的需求，主要是实现应急情况下对管道基础数据和管道周边环境的及时调取，并自动计算疏散范围、安全半径，自动输出应急预案、应急处置方案等，通过抢修物资与抢修队伍的路由优化，实现一键式应急处置方案文档输出，输出数据包括：管道基本信息、事故影响范围、应急设施、人口分布、最佳路由、应急处理方案等。

（5）设备全生命周期管理

设备全生命周期管理通常要贯穿控制层、执行层和决策层，控制层注重设备监控，执行层注重设备管理，决策层注重设备维护计划、备品备件、设备资产管理等。目前石化企业流行的设备管理系统，除少数是自成体系外，均为利用 SCADA 的平台实现设备档案和当前状态的可视化，有的 SCADA 系统把设备管理或资产管理作为一个可选的软件包，是 SCADA 系统的一部分，有的采用专用操作站（这里所说的设备目前仅限于现场自动化设备，如温度变送器、压力变送器、电气阀的定位器等）。设备全生命周期管理已在预测性维护、消除多余和错误的维护、减少非计划停输及大修时间、延长大修间隔等方面发挥作用，使三层结构的功能得到实现。

三 智能监测预警

通过对管道本体和管道运行过程进行持续性地实时在线监测，不断分析识别出管道或设备面临的各种风险（腐蚀、泄漏等），并给出优化方案、应急响应方案以及风险管控等措施。例如，通过内外检测发现管道本体缺陷并预测管道剩余寿命；通过光纤监测、负压波等泄漏预警技术发现运行过程中的泄漏；通过识别各类安全影响因素，评估风险并分级管控；借助无人机、光纤预警等技术进行监控，同时提升应急效率，实现风险可控事故受控。

1. 管道本体缺陷智能检测与寿命预测

应用内检测技术借助于流体压差使检测器在管内运动，检测管道缺陷（内外壁腐蚀、损伤、变形、裂纹等）、管道中心线位置和管道结构特征（焊缝、三通、弯头等）。并对管道缺陷进行评估，确定其可接受度。缺陷评价应确定管道在规定的安全极限范围内是否有足够的结构强度承载运行过程中的载荷。对于报告的管道缺陷，应调查其性质、范围和原因，应评价缺陷是否可以接受，确定当前安全运行压力。

2. 站场设备的监测预警

随着微电子技术的进步，设备设施及仪器仪表产品进一步与微处理器、PC 技术融合，数字化、智能化水平不断提高，已经基本具备了自诊断功能，其带有精密的数据记录器，可捕捉综合全面的数据。对于阀门，可以捕捉阀门力矩档案，运行次数档案，运行、振动及温度趋势日志，事件日志等信息，同时可以将捕捉的信息进行提取与存档，用于定期维护和操作运行，以实现最佳的预防性维护。

随着新一代电液执行机构的出现，国外已经开发了智能电液执行机构与阀门一体化的工艺包，可以通过记录阀门运行全过程的声音等信息，对阀门的运行状态进行实时地动态监测。我国对智能化电液执行机构的研究已取得突破，与阀门一体化的工艺包也已开展研究；动设备故障远程智能诊断系统在华南成品油管网已经投用。这将使管道设备的维修状态从目前发生故障后的被动式维修向预测性的主动维修转变，大大降低了事故风险。

3. 罐区的监测预警

罐区是成品油管道系统的重要主要部分，也是主要风险点之一。通过分析储罐运行特征，建立故障诊断机制和预警机制，帮助提高罐区生产管理水平，促进信息化技术在传统工业的深化应用。采用雷达卫星永久散射体干涉测量技术，针对罐区及管线沿线地质沉降进行周期监测，当地形沉降达到临界值时，启动预警机制，通过对地表沉降的分析，对地下管线的位移形变进行动态评估。例如，通过地质检测雷达对罐区进行近 10 个月的持续检测，将所拍摄的多组数据进行分析对比，对试点位置地质沉降情况进行可视化呈现，发现较大的地形形变位置，识别滑坡风险。另外，还应对罐体和罐内液位进行监测预警，可以采用视频监测技术，应用定点热成像仪同时对多个储罐进行监测；也可在罐体上设置液位自动计量仪，对罐体液位进行实时监测报警，并对报警设置相应的联锁保护逻辑。此外，储罐的内外壁由于长时间接触腐蚀性介质，会发生不同程度的腐蚀，很有必要定期对储罐进行在线检测，常用的检测方法有超声波测厚、罐底声发射检测、漏磁检测等。

4. 地质灾害监测预警

在不良的地质条件下，管道的安全面临严峻的挑战，滑坡、地震及冻土等地质灾害威胁着管道的安全。管道一旦处于极端的载荷条件，将导致管道发生屈曲或断裂失效，造成严重的后果。可通过建立油气管道地质环境风险性图形库系统，实现管道、地质灾害及地质环境的直观化显示、可视化操作，达到各类信息的多源整合、及时分析、实时发布、共享利用，为油气管道地质灾害的风险管控提供辅助决策。另外，将卫星定位技术、短信息技术和地理信息技术紧密集成，可形成地质灾害实时采集与监测预警系统，实时监测油气管道地质灾害风险点变化情况，发现异常时及时预警，提前采取措施，避免事故发生。

5. 泄漏检测与预警

开发的泄漏检测软件，可通过实时数据库采集输油站进、出站压力信息，分析计算泄漏点位置（管路里程数据），并及时报警；同时可连接 SCADA 系统读取设备运行信息，对计算的泄漏点进行筛选，提高报警准确性。当泄漏报警软件发现管道泄漏后，将信息及时推送到智能化管线管理平台，并启动泄漏测算模型，同时相关位置和泄漏信息在 GIS 系地图中进行标注和显示，并支持在线和离线模拟上下游截断阀室关闭，同时计算油品从泄漏点自流的最大泄漏量，如图 11 – 7 所示。

图 11 – 7　管道泄漏监控系统

6. "端 + 云" 快速应急响应

"端 + 云"的方式作为应急响应过程中的支撑工具，用于辅助应急处置过程中的各个环节，帮助应急指挥人员快速调阅相关资料、制定应急策略，以便迅速控制应急事态发展，从而减少人员财产损失，降低社会影响。应急响应功能架构如图 11 – 8 所示。

非应急时期，系统可作为应急演练工具，协助指挥人员、现场处置队伍快速协配，掌握应急处置流程；紧急状态下，可主动推送周围应急资源，迅速了解事故周边环境，推演事故影响范围；突发事件发生时，可快速查询出事故区域内的应急物资、应急救援力量、医院、重要交通枢纽、阀室等详细信息，为应急指挥提供决策支持（图 11 – 9）。

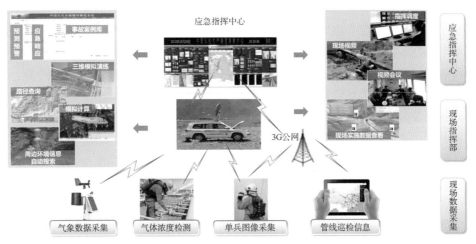

图 11 - 8　应急响应工具功能架构图

图 11 - 9　应急响应工具功能架构图

第三节　成品油管道智能化数据管理

管道智能化管理以管道数据为基础，数据的准确性及完整度直接影响管道智能化运行水平与全方位的预测预警和风险防控效果，但成品油管道数据存在数量庞大、高度分散、来源多、对齐困难、结构复杂等问题。如何有效开展数据管理成为必须解决的问题。

一　数据管理的难点

长输管道距离长、跨度广，数据资源的多样性和变化性，使管道数据管理成为一项艰巨且繁重的工作任务。管理者除了要掌握管道本体及附属设施数据信息外，还必须掌握管道运行压力、流量、密度、温度等管道运行数据，以及管道沿线人口密集区、建筑物、环境敏感区等周边环境信息。因此，成品油管道数据管理难点主要表现在：

（1）数据的记录形式多样，且保存形式分散，难以保证数据更新与保存同步，缺乏标准统一的数据库及综合信息管理平台；

（2）各环节数据在不同的部门保存管理，格式、数据不完全统一，形成多方面数据分散和数据孤岛，缺乏有效的数据交互与共享；

（3）数据采集控制管理程序不明确，各类管道数据质量难以保证；

（4）缺乏统一的数据标准和模型，特别是检测、维护和开挖验证等管道运行类数据；

（5）管道建设期数据与运营期数据未能自动进行校准、对齐、整合，人工对齐整理费时费力，部分管道竣工资料数据需人工整理纸质档案，需要关联展示的数据项还未明确，焊缝信息与竣工资料需要进行比对分析，竣工资料存在管节数据缺失、管节长度异常等问题，在对管道进行展示和完整性分析评价时缺少统一的基准，数据一致性和调用存在问题。

二　数据采集

对各类数据进行统一梳理归类，可以将数据类型划分成为管道本体及附属设施、管道周边环境、管道运行、站场设备设施等 4 大类。由于输油站边界、里程桩、转角桩等在管道建成后相对固定，可利用统一的坐标参考系，即以首站作坐标系基点，根据管道点的坐标，计算出各点相对于基点的绝对里程，进而准确得到管道上任意一点的相对里程和绝对里程。将所有数据按里程排序，经过对比，剔除无效或重复信息，补充不完整资料，确定可用数据，按数据结构确定关联性后进行数据保存及入库。

1. 数据采集类型

基础数据采集主要包括空间信息和属性信息的采集。管道中心线及管道设施等地理位置信息需要专业的测绘部门进行测量，而其他数据相关的属性数据需要从各种相关施工资料、竣工资料中整理和提取。管道基础数据的采集应至少包括以下几个方面。

（1）管道本体属性数据。例如：起始、结束里程、壁厚、设计温度、设计压力、弯管类型、控制点高程、压力试验、管材、管径、三通、弯头、焊口、防腐层、补口材料、缺陷记录和管道本体的其他数据信息等。

（2）管道施工数据。如管材制造商、制造日期、施工单位、施工日期、连接方式、管道纵断面图、埋深等。

（3）管道沿线环境与人文数据。例如：行政区划、地理位置、水工保护、附近人口密度、建筑、三桩、海拔高度、交通便道、环保绿化、穿跨越、管道支撑、道路交叉、水文地质、航拍和卫星遥感图像等数据信息。

（4）管道周边的社会服务、应急资源等信息。例如：政府机构公安、消防、医院等数据信息。

（5）管道运行与业务管理数据。包括输送介质，操作压力，最大最小操作压力，操作温度，最大最小操作温度，防腐层状况，管道检测报告，内外壁腐蚀监控，阴极保护数据，维护维修、检测数据，失效记录，第三方破坏相关信息等。

2. 数据采集时间

管道数据采集一直贯穿管道从设计、建设、投产直到运行的整个过程，不同时期针对不同的数据，采集侧重点不同，具体如表 11 - 1 所示。

表 11 - 1　数据采集最佳时间

数据采集内容	设计期	建设期	投产期	运行维护期
管道中心线		●	▲	★
管道附属设施	●	★	★	★
内检测				●
外检测			●	★
周边环境	●	★	▲	▲
阴极保护				●
事故、失效数据			●	★

注：●最佳采集时间；▲可以采集，但比较麻烦；★需要数据更新采集。

3. 数据等级划分

经过对管道管理业务分析，确定从如下 3 个方面综合对数据进行等级划分。

第一级：不敏感，是指数据价值低，不敏感的数据。

第二级：比较敏感，主要是具有一定敏感度或有一定的商业价值的数据，一旦泄漏，会对石化业务安全运行造成不良影响的数据。

第三级：敏感，主要是敏感或商业价值较高的数据，一旦泄漏，会对企业管理安全运行造成较大不良影响的数据。

4. 历史数据恢复

管道从工程设计到施工，再到运营，直至报废处理，每个过程都会产生大量的数据，但由于过去依靠手工操作，没有统一的数据标准，致使保存下来的各种历史管道资料缺失严重、精度不高、格式不统一，尤其是没有保留管道的空间位置信息，所以在开展管道智能化管理工作之前，需进行一次大规模的数据恢复。管道数据恢复工作包括：管道中心成果点及附属设施测量、周边环境调绘、档案资料数字化及管道两边一定范围内影像数据处理。各类数据主要来源于各个部门、各个时期的管道资料，记录方式有纸质文件、电子文档、数据库、CAD、GPS 等。除此之外，还必须对数据的真实性和有效性进行核实。

建立涵盖数据验收范围、验收流程、检验方法、采集要求等方面的数据验收标准，以及适用于数据采集模板中管道中心线、附属设施、管道本体及周边环境采集数据的检查验收依据。

1. 数据要求

针对每一类数据，明确字段名称、字段解释、数据格式、必填项、选填项等要求，对每一类数据的每个字段进行摸排，找出对应的数据源，确保数据准确有效。明确数据管理流程，如图11-10所示，针对数据管理过程中的重要环节提出明确要求。

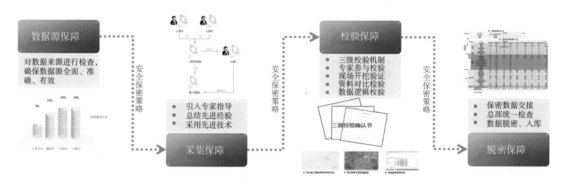

图11-10　数据管理流程

（1）完整性要求

数据模板表格内容要填写完整，表格之间的信息关联要完整，例如钢管与焊缝两张表格具有一定的联系，钢管的信息要在焊缝表格中有体现，焊缝中的钢管信息也要能在管道表中找到，数据之间要能体现对应关系，确保表格之间的信息统一和完整。

（2）准确性要求

表格内容要真实可靠，所填写的数据必须来源于资料及相关管理性文件，不得对数据源进行更改和杜撰，保证数据的准确性。

（3）规范性要求

每张表格对填写内容有格式要求，限制非法输入，保证数据统一，不得更改表格的格式、日期格式、下拉选择、数字等都应按模板要求填写。

（4）编码要求

如果无法从竣工资料获取编码，如钢管编码、焊口编号等，需要通过标准化信息平台进行申请或重新编码。

2. 探测数据校验

对于探测数据验收标准，应依据国家和行业标准，并与企业运营实际结合制定。在此以华南管网为例讲解，如表11-2所示。

表 11 -2　华南管网数据验收标准实例

名　目	GB 32167—2015《油气输送管道完整性管理规范》	CJJ61—2017《城市地下管道探测技术规程》	华南管网数据验收标准
测量精度	管道中心线测量坐标精度应达到亚米级精度	平面位置限差 δ_{ts}: 0.10h；埋深限差 δ_{th}: 0.15h。（式中 h 为地下管道的中心埋深，单位为 cm，当 h < 100cm 时则以 100cm 代入计算）	平面位置限差 δ_{ts}: 0.10h；埋深限差 δ_{th}: 0.15h。（式中 h 为地下管道的中心埋深，单位为 cm，当 h < 100cm 时则以 100cm 代入计算）
开挖验证	对采用管道探测仪或探地雷达不能确定位置的管段，应采用开挖确认、走访调查、资料分析或其他有效方法确定其中心线位置	随机抽取不应少于隐蔽管道点总数的 1% 且不少于 3 个点进行开挖验证	按探测点 1% 进行开挖验证（2km 1 个开挖点）
验收范围	未要求	每一个工区必须在隐蔽管道点和明显管道点中分别抽取不少于各自总点数的 5%，通过重复探查进行质量检查	管道中心线、埋深按管道长度 10% 进行抽查；穿跨越、三桩一牌按全部数量的 10% 抽查，定向钻抽查 50%；里程桩 100% 复核

3. 附属设施和周边环境数据对齐校验

附属设施和周边环境数据应基于环焊缝信息或其他拥有唯一地理空间坐标的实体信息进行对齐，对齐的基准以精度较高的数据为准。

施工阶段和运行阶段的数据中心线对齐宜遵循如下原则：管道中心线对齐应以测绘数据或内检测提供的环焊缝信息为基准；若进行了内检测，中心线对齐以内检测环焊缝编号为基准；若没有进行过内检测，中心线对齐应基于测绘数据；测绘数据精度不能满足要求时，宜根据外检测和补充测绘结果更新中心线坐标；当测绘数据与内检测数据均出现偏差时，应进行开挖测量校准。

4. 数据更新

建立数据更新机制，通过管理手段，结合数据管理流程，明确业务流程的数据审核和更新职责，确保成品油管道数据的时效性，如图 11 - 11 所示。

四　数据入库

1. 数据校验

在数据入库前还须开展数据质量检查，符合质量要求的数据才能入库。数据校验内容主要包括以下方面。

（1）模板模式一致性检查。数据模板有相应的格式要求，填写数据的格式是否与模板

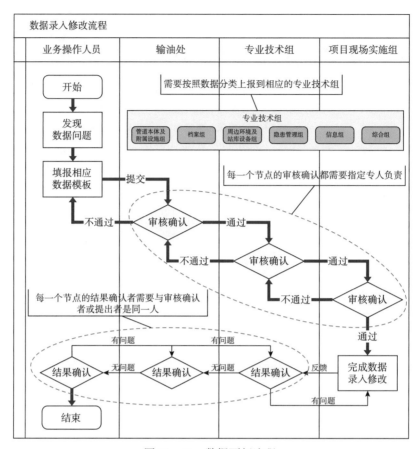

图 11-11 数据更新流程

要求的一致，只有满足要求格式的数据才可以大批量导入系统（如日期，模板要求的是 2014/2/12，而实际填写的是 2014.2.12，则有可能无法录入系统）。

（2）属性规范值一致性检查。有下拉选择项按钮的，需要检查填写的数据是否与下拉列表中的内容一致。

（3）图形数据定位信息检查。对于空间图形数据，必须检查模板中绝对里程，经纬度是否填写完整，桩距管道垂直距离不能超过 100m，经纬度坐标必须满足小数点后八位等。

（4）图形数据节点的排序检查。线面数据需检查节点的顺序，避免出现自相交情况、中心成果点排序问题。

（5）标准化信息质量检查。参考数据字典、属性规范值元数据规范、分类与编码规范、数据编码、数据采集模板等一系列标准，验证数据的字段类型、属性规范值、各种编码等信息的正确性。

（6）其他检查。穿跨越、占压、高后果区重叠检查；必要字段不能为空，根据数据库字段是否为空判断等。

2. 保密数据库的建立

保密数据库是用于智能化管线管理平台的主要数据库，在应用上需要加强以下几部分的管理。

（1）区分非保密数据与保密数据部分，以方便进行加密数据的更新；

（2）区分测绘更新数据与应用更新数据；

（3）加密数据的更新入库；

（4）加密处理模块。

通过对测绘院登记使用的保密插件进行二次开发，在增量数据入库前通过加密工具实现其加密处理，实现增量数据与地图数据的一致性。

3. 数据库数据更新原则

数据库数据的更新应遵循下列原则。

（1）及时性原则：根据实际需求或发展需要及时更新数据及数据库，保证数据库的现势性。

（2）一致性原则：更新数据应保证与数据库数据在空间关系、属性结构、分类代码等方面一致。

（3）安全性原则：数据库的更新不应降低数据库系统安全保密等级。

4. 数据库数据更新方法

根据数据建库模式的不同，数据库更新方法可采用分区（或图幅）更新方式和分要素更新方式。分区（或图幅）更新方法以区（或图幅）为单位将原数据库中的相应数据进行数据更新。分要素更新方法以要素为单位将原数据库中相应数据进行数据更新。

五　数据安全

根据国家和企业有关保密规定，石油管道的点位坐标数据涉及国家秘密和企业核心商业秘密，必须经过脱密后方可上载系统运行。为确保管理系统安全上线运行，方便数据调用、灾备，进一步落实管理责任，杜绝失泄密事故发生，提升管理系统数据合理利用和保密工作水平，有关数据均需委托国家基础地理信息中心负责管理系统涉密数据（空间数据和影像数据）几何匹配工作。针对数据安全管理，在秘密载体、涉密成果上交与存档、涉密人员、涉密数据交接与保存、成果泄密事件报告及补救措施等方面必须严格要求，制定详细的数据安全管理工作实施方法。

1. 数据采集安全

系统架构采用分层次的结构，即缓存服务器/主服务器结构。各储备库的生产实时数据由各个缓存服务器负责采集，整个管道公司 – 商储分公司的实时数据在主服务器上汇总。数据采集的准确性和连续性只需落实到各个实时数据采集的缓存接口机上，即使总部主服务器出现短暂故障或者网络断联，数据依然在缓存服务器上，不会造成数据采集信息的丢失。

2. 数据备份安全

系统的数据主要保存在数据库中，对其进行保护主要是数据库的备份，当计算机的软硬件发生故障时，利用备份进行数据库恢复，以恢复破坏的数据库文件、控制文件或其他文件。数据备份主要包括两方面的内容：一是关系数据库的备份；二是实时数据库的备份。根据所选数据库的产品所提供的备份功能进行操作。

3. 数据访问安全

主要通过特定的数据访问适配器对数据库的访问进行控制，以保证对数据访问的安全性，通过对用户角色授权，可以管理各级用户访问数据的权限与方式，可以防止生产机密信息的泄漏和非法访问。

第四节　成品油管道智能化关键技术

目前国内外管道企业都以各项业务活动流程为主线，以提升智能运行和智能监测预警为目标，通过建设"标准统一、数据集成、安全可靠"的数据中心和共享服务，借助信息感知、数据存储和处理、数据分析及平台搭建技术，不断提升管道智能化水平。

一　信息感知

感知是指对客观事物的信息直接获取并进行认知和理解的过程。智能感知是智能管道建设的重要基础和密不可分的组成部分，是开展智能化系列应用的前提条件和重要保障。

1. 传感器

传感器技术是感知技术的核心，是未来实现万物互联的基础，是物联网获取相关信息的来源，是实现自动检测和自动控制的首要环节。具体来说，传感器是一种能够对当前状态进行识别的元器件，当特定的状态发生变化时，传感器能够立即察觉出来，并能将检测到的信息，按一定规律变换为电信号或其他形式的信号输出，以满足信息的传输、处理、存储、显示、记录和控制等要求。

传感器的分类方法较多，如按被测参量、工作机理、能量转换、使用材料、输出信号等进行分类。随着物联网技术的发展，以是否具有信息处理功能为分类依据显得越发重要，按照这种分类方式，传感器可分为一般传感器和智能传感器。一般传感器采集的信息需要计算机进行处理；智能传感器带有微处理器，其本身具有采集、处理、交换信息的能力，具备数据精度高、可靠性与稳定性高、自适应性强、性价比高等特点。长输成品油管道常用的传感器包括温度传感器、压力传感器、流量传感器、振动传感器、密度传感器等。

2. 坐标定位

卫星空间定位作为一种全新的现代定位方法，已逐渐在众多领域取代了常规光学和电子仪器。20 世纪 80 年代以来，GPS 卫星定位和导航技术与现代通信技术相结合，在空间定位技术方面引起了革命性的变化。这门技术的发展为地理信息的获取和地理信息平台的建设创造了条件。

GPS 定位的基本原理是将高速运动的卫星瞬间位置作为已知的起算数据，采用空间距离后方交会的方法，确定待测点的位置，其绝对和相对精度扩展到米级、厘米级乃至亚毫米级。目前，GPS 技术已广泛用于长输成品油管道，该技术与电子地图相结合，可以提供管道沿线地图、地理、交通等信息，提高野外作业工作效率，实现协同运作；同时也可以建立一套完整的包括管道数据库在内的三维电子地图，能直观反映出管道的坐标、埋深、管道周边的地形形貌、管材信息、焊口信息、管道拐点坐标、管道阀室位置、沿线水工保护位置等信息。GPS 技术与泄漏监测系统结合，还可以为管道线路泄漏点进行精准定位。

3. 图像识别技术

图像识别技术是人工智能研究的一个重要分支，是以图像为基础，利用计算机对图像进行处理、分析和理解，以识别不同模式的对象的技术。传统图像识别技术主要由图像处理、特征提取、分类器设计等步骤构成。近年来随着人工智能领域数据挖掘、深度学习等技术的发展，大大提高了图像识别的准确率。

目前图像识别技术的应用十分广泛，在安全领域，有人脸识别、指纹识别等；在军事领域，有地形勘察、飞行物识别等；在交通领域，有交通标志识别、车牌号识别等。图像识别技术的研究是更高级的图像理解、机器人、无人驾驶等技术的重要基础。随着无人机巡线、机器人巡检技术、视频监控技术在成品油管道行业的深化应用，将产生大量的图像和视频信息，图像识别技术的发展将有利于提高图像特征信息的处理效率，提升管道管理水平。

4. 通信技术

广义的通信指信息的交流，最初是人与人之间的信息交流，一直发展到如今的人与机器及机器与机器间的交流。狭义的通信指电通信，即围绕电信号进行的通信。通信技术是实现物联网的核心，各类传感器是它的触角，它能够使物体间形成更加广泛的互联，实现大规模的网络覆盖和系统集成，并在设备与系统间起到承上启下的作用。成品油管道通信传输一般是以有线光纤通信技术为主，以其他无线通信技术为辅。关于成品油管道通信系统详见本书第五章。

数据存储是指数据以某种格式记录在存储介质上，数据处理包含对数据的采集、检索、加工、变换和传输，如图 11 - 12 所示，数据存储与处理过程可将从外界感知到的信息进行转化与存储，并为后期的数据分析与系统平台搭建提供基础，在智能化管线建设过程中起到承上启下的作用。

1. 数据存储

企业数据存储主要涉及结构化存储、非结构化存储、半结构化存储及其他存储，具体内容如下：

（1）结构化（模式驱动）存储包括关系数据库、列式数据存储、在线分析处理及时间序列数据库；

（2）非结构化（无模式）存储包括文件系统、文档数据库和键 - 值存储；

（3）半结构化存储文件系统、文档数据库、对象关系数据库、图数据库、键 - 值存储和宽列数据存储；

（4）其他储存包括内存缓存、缓存搜索引擎和归档数据存储。

2. 数据处理

（1）数据采集

数据采集是指利用数据库等方式接收发自客户端（Web、App 或传感器等）的数据。数据采集包括以下 3 种方式：系统日志采集、网络数据采集、数据库采集。

（2）数据预处理

数据预处理就是对采集到的数据进行清洗、填补、平滑、合并、规格化，以及检查一致性等处理，并对数据的多种属性进行初步组织，从而为数据的存储、分析和挖掘做好准备。通常数据预处理包含 3 个部分：数据清理、数据集成与变换以及数据规约。

（3）检索与分析

数据检索可以通过数据库实时检索和实时搜索引擎实现，并通过数据分析揭示出隐含的、先前未知且有潜在价值的信息。

（4）呈现与应用

数据的呈现方式与应用密切相关，可以通过数据可视化提供清晰直观的数据感知，将错综复杂的数据和数据之间的关系，通过图片、映射关系或表格等，以简单、友好、易用的图形化、智能化形式呈现给用户，供其分析使用。

3. 相关技术

（1）操作数据存储技术

操作数据存储技术（ODS）是数据仓库体系结构的一部分，它具备数据仓库的部分特征和 OLTP 的部分特征。ODS 是一个面向主题的、集成的、可变的、当前的细节数据集

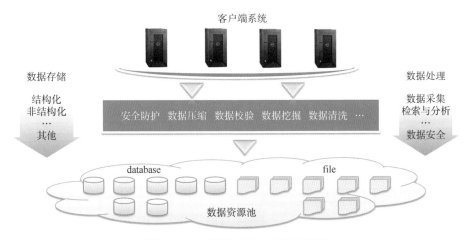

图 11 - 12　数据存储与处理示意图

合，用于支持企业对于即时性的、操作性的、集成的全局信息的需求，常常被作为数据仓库的过渡。作为一个中间层次，它既不是联机事务处理，也算不上高层决策分析，是不同于 DB 的一种新的数据环境，是数据仓库扩展后得到的一个混合形式，如图 11 - 13 所示。

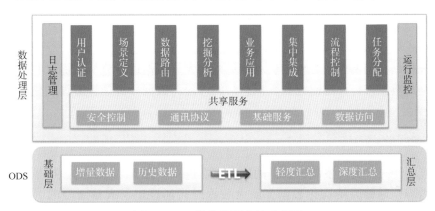

图 11 - 13　操作数据存储示意图

（2）数据库技术

数据库为电子化的档案柜，是储存电子档案的处所，使用者可以对档案中的资料执行新增、提取、更新、删除等操作。所谓"资料库"是以一定方式储存在一起、能与多个用户共享、具有尽可能小的冗余度、与应用程序彼此独立的数据集合。一个数据库由多个表空间构成。

（3）地理信息数据匹配

参照相关国家数据保密规定，需要通过国家基础地理信息中心对相关数据进行匹配等处理，在不改变所提供的数据源类型、格式、属性、数量等因素的前提下，统一匹配为 CGCS2000 坐标系的数据。

（4）灾难备份

灾难备份的主要目标是保护数据和系统的完整性，尽量减少业务数据的损失，企业可通过建立数据灾备中心来实现对数据的保护。硬件方面配置 SAN 存储，同时部署异步存储复制软件，生产中心和灾备中心部署相同的数据库，生产中心为主数据库，灾备中心为备用数据库，灾备中心服务器创建多分区资源，数据通过存储复制软件实时备份到灾备中心存储中，如图11-14所示。

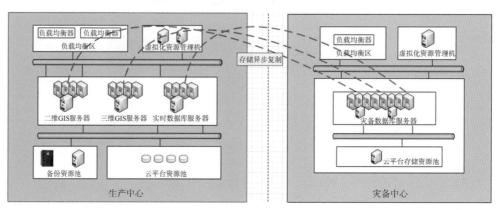

图11-14 灾难备份示意图

数据分析是指用适当的分析方法对收集来的大量数据进行分析，提取有用的信息，形成结论，是对数据进行详细研究和概括总结的过程。数据分析是管道智能化建设过程中的关键步骤。

1. 大数据挖掘

随着互联网时代的大发展，数据的概念也在进一步拓宽。传统的数据是指用数字或文字描述的内容，通称为结构化数据，而大数据时代涌现出了大量新型的、非结构化的数据。例如数据之间的关联关系，移动设备发射的 GPS 位置，无人机与巡检机器人拍摄的图像、视频，传感器采集的设备振动信号等。大数据挖掘就是对大量不确定、具有模糊性、随意性的数据进行加工处理，从分析和整合的数据中发掘有用的信息和有价值的数据。数据挖掘的方式主要有遗传算法、粗集方法、决策树方法和神经网络方法。大数据包含大量潜在的信息，对其进行挖掘具有重大意义，在各个领域都发挥着重要作用。

目前，大数据挖掘技术广泛应用于互联网领域、金融领域、电信领域及设备管理，而油气管道行业大数据挖掘技术应用相对滞后。国内已拥有管道建设中制管、铺管和运行中外检测、内检测、风险评价、完整性评价等大量数据，但没有建立适用的大数据分析模型，数据价值没有有效挖掘。若建立和使用管道系统大数据辅助决策分析模型，对海量数据进行挖掘，可以为焊缝开挖检测计划、管道内检测计划、管道本体缺陷修复计划、管道防腐修复计划优化、地灾风险控制方案、管道巡护方案、应急抢修等提供决策支持。

比如选取管道腐蚀数据进行大数据挖掘，对影响金属管道内腐蚀或外腐蚀的相关指标、影响因素进行分析，通过对相关海量数据的分割、任务分解与结果汇总，判断金属管道腐蚀倾向，从而采取措施减少因腐蚀穿孔引起的泄漏事故。再比如基于打孔盗油历史事件数据，结合周边时间、交通、人文、地理、经济等社会数据建立事件发生的时空预测模型，对打孔盗油事件的发生的位置进行预测。通过对内部、外部结构化数据（打孔盗油数据）及非结构化数据的深入挖掘，直观地呈现打孔盗油事件敏感位置并预测打孔盗油事件高发区域和时段。分析打孔盗油事件发生概率，指导企业采取措施预防打孔盗油事件的发生，减少损失。

2. 专家系统

专家系统是一个具有专门知识与经验的程序系统，它应用人工智能技术和计算机技术，根据某领域一个或多个专家提供的知识和经验，进行推理和判断，模拟人类专家的决策过程，以便解决那些需要人类专家处理的复杂问题。专家系统具有专家水平的专门知识，能有效地推理，具有获取知识的能力。按所完成的任务性质和特征，专家系统可分为解释专家系统、监测专家系统、预测专家系统、诊断专家系统、决策专家系统等。

专家系统通常由人机交互界面、知识库、推理机、解释器、综合数据库、知识获取等6个部分构成，其中知识库和推理机是专家系统的核心部分。知识库用来存储专家提供的知识，专家系统的问题求解过程是通过知识库中的知识来模拟专家的思维方式的，因此，知识库中知识的质量和数量决定了专家系统的准确性；而推理机的作用是针对当前问题的条件或已知信息，反复匹配知识库中的规则，获得新的结论，以得到问题的求解结果，知识库的价值需要通过推理机来实现。

专家系统已广泛应用于医疗诊断、地质勘探、石油化工、生物、气象等众多的领域中。如监测专家系统，可用于完成对输油站场的泵、阀门、仪表等设备的实时监测任务，采集这些设备的振动、温度、压力、噪声等信息，及时发现工艺、设备的异常状态。诊断专家系统则能够根据采集的信息，在一定工作环境下查明导致设备某种功能失调的原因或性质，判断劣化发生的部位或部件。预测专家系统能够根据设备过去和现在的情况，推断出其未来的发展趋势，可用于剩余寿命、阀门可靠性、流量计准确性等的预测。

随着知识种类和数量的增多，知识获取逐渐成为传统专家系统的瓶颈，一方面很难用准确的规则描述专家的知识经验；另一方面获取知识的工作量巨大。随着人工智能技术的发展，不断涌现出机器学习、数据挖掘等新技术，其中，机器学习是解决专家系统知识获取的主要途径；其目标是让专家系统自身达到获取知识的能力，使其在实际问题中不断总结经验，完善知识库。当专家系统具备自学习的能力时，通过不断采集新信息，不断学习新知识，其准确性得以逐步提高，进而实现专家系统的智能诊断、智能决策等功能。

四　系统平台

企业私有云平台可实现硬件平台与软件系统管理一体化、IT 管理与 IT 服务一体化、IT 运营与 IT 运维一体化、业务管控与 IT 管控一体化，实现对计算资源、存储资源、网络资源、安全资源和配套设施实现按需申请，实现数据统一、信息集中与共享、数据可视。系统平台的搭建为管道智能化建设提供了有力支撑。

1. 云架构部署

系统在云架构中的多个层级实现分步管理和应用，主要包括基础设施层（IaaS）、平台层（PaaS）、应用层（SaaS）3部分，如图11-15所示。

图11-15　云架构部署示意图

（1）基础设施层（IaaS）

基础设施层是底层的硬件设施，为系统提供基础的计算能力、通信网络以及存储能力。根据企业业务需求分析，为信息化系统提供包括CPU、内存、存储、网络和其他基本的云平台资源，包括操作系统和应用程序。

（2）平台层（PaaS）

平台层基于IaaS进行建设，分为核心基础服务层和业务支撑服务层进行设计。PaaS能将现有各种业务能力进行整合，具体可以归类为应用服务器、业务能力接入、业务引擎、业务开放平台，向下根据业务能力需要测算基础服务能力，向上提供业务调度中心服务，实时监控平台的各种资源。

（3）应用层（SAAS）

系统提供多个业务应用，满足各级企业对管线业务功能需求。主要包括：管线、设备、运行、巡线等。同时SAAS具备了典型互联网技术特点，可以实现在统一标准下开展企业信息化建设，降低企业购买、构建和维护基础设施和应用程序的成本，具有良好的拓展性及维护性。

2. 数据中心

数据中心是系统平台搭建的基础，应建立"标准统一、数据集成、安全可靠"的管网数据中心，如图11-16所示，覆盖油气管道建设、生产、经营全过程的数据，实现数据的采集、存储、管理、应用，提升容灾、备份、挖掘、分析能力，为企业的管网运行管理提供数据支持。

3. 共享服务

（1）地理信息公共服务

提供地理信息应用开发所需的数据服务、应用服务、开发模板以及示例代码，方便用户能够快捷创建基于浏览器的Web应用或移动端应用，同时支持多样化服务类型及服务注册管理。Web 应用服务器集群采用静态调度轮转算法，依次将用户请求分发到集群内不同的服务器上，使得各个服务器平均分担用户的连接请求，如图 11 – 17 所示。

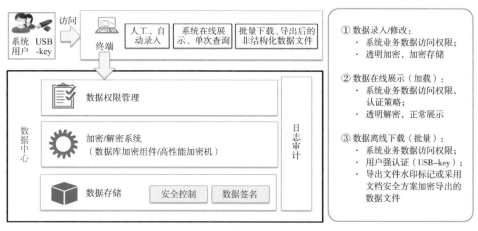

图 11 – 16　数据中心示意图

图 11 – 17　地理信息公共服务示意图

（2）统一数据服务

采用微服务的设计理念，按照管线业务对服务进行分类和归集，使得系统开发得以并行进行。同时尽可能地保证服务和数据资源复用。系统按管线业务将数据分类并实现数据分发服务化，在保证系统整体稳定运行的同时，实现系统功能的可按需分布式部署，如图 11 – 18 所示。

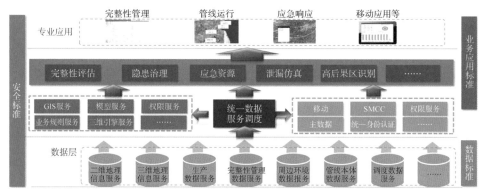

图 11 – 18　统一数据服务调度示意图

4. 信息安全

为避免计算机硬件、软件和数据因偶然和恶意的原因遭到破坏、更改和泄露，需要从应用安全、基础安全、安全标准3个方面入手，为信息化系统制定信息安全防护框架，如图11-19所示。

（1）应用安全

根据系统信息安全等级保护要求，结合系统中的数据、业务风险分析及安全要求，对应用系统进行安全设计，加强应用层面的安全设计，从认证安全、访问权限管理、数据安全、日志审计等方面进行安全设计，注重系统本身内部的安全防护能力。

（2）基础安全

根据系统信息安全等级保护要求对应用系统进行安全设计，完善外部的环境安全，为信息系统提供安全、可靠的基础运行环境。

（3）安全标准

依据GB/T 22239—2008《信息安全技术信息系统等级保护基本要求》和行业、企业相关要求，制定系统的信息安全标准，以指导企业科学、合理地进行信息安全建设。

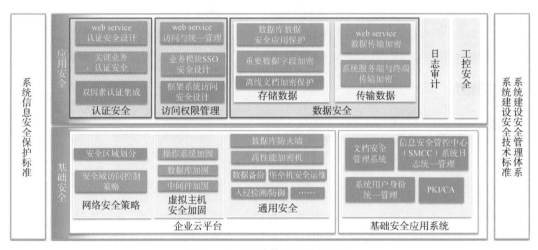

图11-19　系统信息安全架构图

5. 相关技术

（1）多形态服务集成技术

面向企业众多异构平台（消息协议、数据格式、通信方式等），以管道数据模型为基础，采用ETL（Extract Transform Load）、Web Service等接口方式，形成集中、高效、便利的多形态（数据集成、服务集成、功能集成）系统集成方式，如图11-20所示。

（2）多源数据融合技术

利用多维数据适配、自适应解析、多源映射等数据整合技术，实现管道数据、二三维GIS的数据同源同构；实现二三维功能的无缝切换与双向同步；实现管线的基础数据、运行数据、图像数据、高清影像动态映射到三维场景中；实现一体化融合显示，形成所见即所得的各区域实景画面，如图11-21所示。

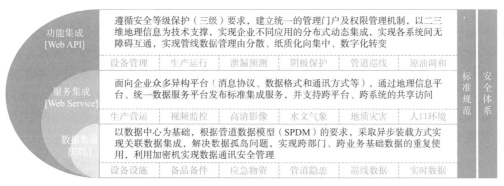

图 11－20　多形态服务集成示意图

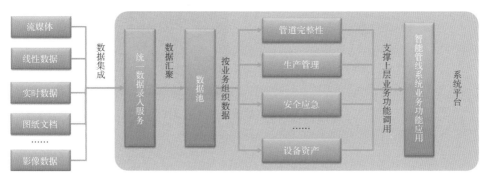

图 11－21　多源数据融合示意图

（3）空间数据聚合技术

按照遮挡避让原则，依据不同的可视距离，系统匹配对应的各类显示内容，使信息系统运行更加流畅，数据显示层次分明。在高空中显示数据数量，近距离时则显示数据分布位置。如系统中的管道数据，按照不同的可视距离显示对应的地理信息数据，在高空中显示宏观影像，近距离时可获取管道周边坐标数据、管道本体数据、站场等相关信息。

（4）空间立体渲染技术

根据场景要求将前置遮挡的物体进行半透虚化显示，可提供泵房虚化，观看内部泵的分布及相对位置；通过增加光照、阴影等特效，可提升真三维场景的效果；根据光照角度渲染阴影，可区分三维场景中，储罐在不同的光照角度下的明亮程度，如图 11－22 所示。

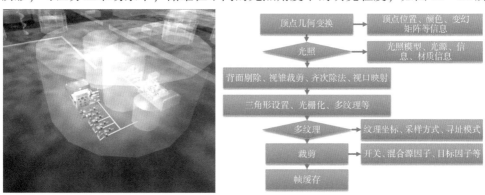

图 11－22　空间立体渲染示意图

（5）三维地理信息技术

利用三维地理信息平台将复杂的三维场景与业务数据进行统一管理与业务应用。平台采用综合影像金字塔模型、模型加载网格优化、可见性裁剪、自适应渲染等技术，并采用动态加载、分层次细节（LOD）等优化机制，构建三维可视化场景。三维应用可以支撑大范围宏观管理的业务与复杂精细的业务，采用地理坐标与虚拟现实坐标的转换匹配技术、多精度地景影像无缝融合技术，实现了宏观地理信息与微观精细三维设备设施模型无缝融合，实现了大场景下细节的真实、精细在线显示，如图 11-23 所示。

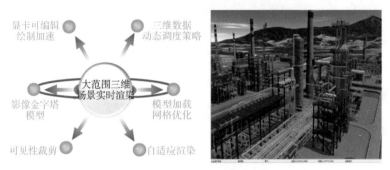

图 11-23　三维地理信息示意图

第五节　成品油管道智能化平台建设实例

中石化销售华南成品油管网已经实现了自动控制，并建有智能阴保系统、泄漏监测系统、GPS 巡线系统等多个信息系统，在此基础上搭建了智能化管线管理平台，初步打造了一个互联互通、关系清晰、安全运行的一体化管理平台，实现了管道资料由分散、纸质化向集中、数字化、可视化转变，安全管控模式由被动向主动转变，管道生产运行管理由相对独立向共享协同转变，资源调配由局部优化向整体优化转变，管理信息系统由孤立分散向集中集成转变，全面支撑企业智能化运行和智能监测预警的目标。

一　平台与数据架构

1. 平台架构

架构模式采用面向服务的技术架构（SOA）来实现子系统的整合及新应用的扩展，采用信息模型来完成应用服务和功能之间的连接，采用数据模型来完成功能和数据存储之间的连接。技术架构包括：数据层、服务层、应用层以及信息安全防护系统、信息化标准系统。总体结构如图 11-24 所示。

（1）数据层

主要涵盖管道设计期、施工期、竣工期、运营期、报废期等各个阶段的业务数据。按照统一的标准建立管道完整性数据库和业务转换模型，形成空间数据的统一规范、统一建库、统一存储、统一维护等多种处理存储方式，实现数据的集中存储与管理。涉及空间数据主要包括基础地理数据、遥感影像数据、业务专题数据、三维模型数据等。

（2）服务层

采用企业服务总线提供的事件驱动和文档导向的处理模式，以及分布式的运行管理机制、复杂数据的传输能力和标准接口支持智能化管道管理应用的需要，提供一系列的服务，供上层业务应用调用。

（3）应用层

依托以上技术架构，利用二三维一体化地理信息为技术支撑，同时集成 SCADA 系统、智能阴保系统、泄漏监测系统、GPS 巡线系统等多个管道业务系统，建立了智能化管理平台，主要包括管道数字化管理、管道完整性管理、管道运行管理、管道应急响应、隐患治理、综合管理、设备管理和一体化物流等 8 大应用，基本覆盖管道建设运维的全生命周期。

（4）信息安全防护

建立了完善的信息安全支撑体系，包括网络划分、主机安全加固、网络监控、攻击防护、日志审计等；建立了统一的安全基础设施，从而保障数据中心的环境和设施的安全，从多个层级建立终端安全、网络安全、主机安全、应用安全等若干个安全机制；同时建立了安全管理中心，统一进行安全监控、安全测评、漏洞扫描、日志审计等安全工作，从以往单系统安全建设向整体平台级安全防护演进，有统一的架构和运维体系。为有效地管理系统内的用户和数字资源，保护应用系统和数据，以统一身份管理、统一日志审核，实现统一认证、审计、单点登录、关键业务数字签名等基础安全服务，建立了全局的应用安全管理视图，提高了业务系统的整体安全性。智能化管线管理平台安全架构如图 11-25 所示。

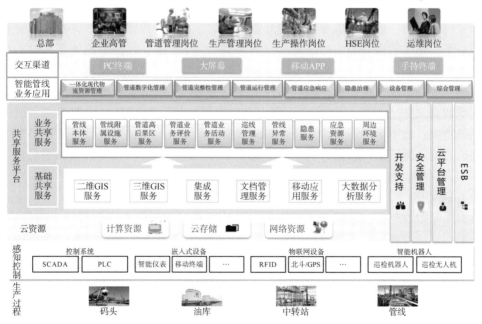

图 11-24　智能化管线管理平台架构图

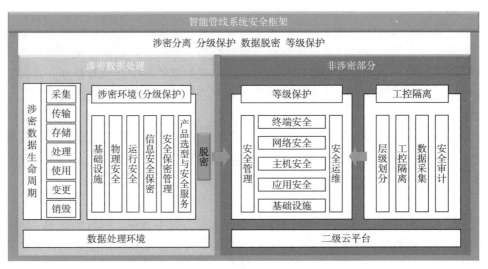

图 11 - 25　智能化管线管理平台安全架构图

（5）信息资源管理基础标准

所谓"信息资源管理基础标准"，是指那些决定信息系统质量的标准，因而也是进行信息资源管理的最基本的标准，主要包括建立信息管理基础标准、需求分析以及系统建模。经过对有关文献的研究以及实践的探索，我们总结的信息资源管理基础标准，也就是数据管理标准，主要有：数据元素标准、信息分类编码标准、用户视图标准、概念视图标准、概念数据库标准和逻辑数据库标准。

2. 数据架构

数据架构模式按照"采、存、管、用"的流程，分为采集层、元数据层、存储层、模型层、服务层和应用层，并建立标准规范和信息安全保障体系，如图 11 - 26 所示。参照相关国家行业标准，根据管道业务流程及业务活动建立平台数据模型，并对数据进行科学合理的分类，形成数据分类的标准规范（含新建管道）。建立数据编码体系，包括组织机构、业务实体、附录代码等在内的主数据编码规则，为全平台的数据统一、规范使用建立基础。建立业务数据采集模板，以数据模型标准为基础，结合企业已有信息系统的数据结构，规范数据采集、上报、发布的流程。建立空间数据采集规范，采用卫星、航拍、测绘、电子地图、数字高程等方式，通过坐标转换、图属匹配等技术处理，获得管道基础数据及周边环境资源数据。数据分类标准覆盖业务、空间、实时和视频数据，满足日常业务信息采集、存储、管理和应用的需要。

（1）采集层

数据采集内容包括：管网的工程资料，设计、竣工测量数据，管道周边的影像数据，高程数据，通过业务数据采集模板采集的数据，管道终端仪表采集的数据，企业的文档报表，各专业应用子系统的专业数据等。

（2）元数据层

将采集的不同格式和介质的信息通过适配器进行数据校验、清洗、转换、入库等一系列数字化操作，获得勘察设计、工程施工、竣工验收、管道运行、管道维护、地理数据等各类元数据。

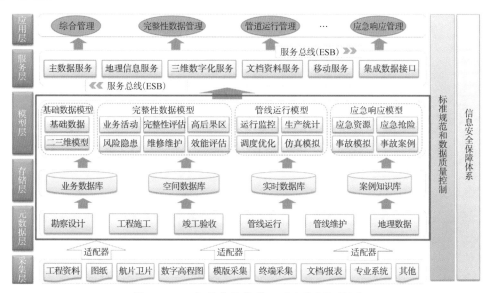

图 11 - 26　智能化管线管理平台数据架构图

（3）存储层

建立业务数据库、空间数据库、实时数据库、案例知识库等数据库，根据元数据所属范畴，将其分门别类地存储在上述数据库中。

（4）模型层

根据管道业务流程和业务活动，建立智能化管线管理平台的数据模型，包括基础数据模型（基础数据、二三维模型）、完整性数据模型（业务活动、完整性评估、高后果区、风险隐患、维修维护、效能评估）、管道运行模型（运行监控、生产统计、调度优化、仿真模拟）、应急响应模型（应急资源、应急抢险、事故模拟、事故案例）等。

（5）服务层

服务层基于 ESB 即企业服务总线，提供了事件驱动和文档导向的处理模式，以及分布式的运行管理机制，它支持基于内容的路由和过滤，具备了复杂数据的传输能力，并可以提供一系列的标准接口服务，包括管道主数据服务、地理数据服务、三维数据化服务、文档资料服务、移动服务、集成数据接口等。

（6）应用层

应用层基于管道数据模型和管道服务，搭建各类应用子系统，包括综合管理子系统、完整性数据管理子系统、管道运行管理子系统、应急响应管理子系统等。

二　主要功能

管线管理平台主要包括安全预防管理类、管线运行类和应急指挥类共 3 大类核心功能和 1 套标准规范，同时配备安全可靠的支持环境，满足企业对管道安全运行管理的需求，平台功能架构如图 11 - 27 所示。

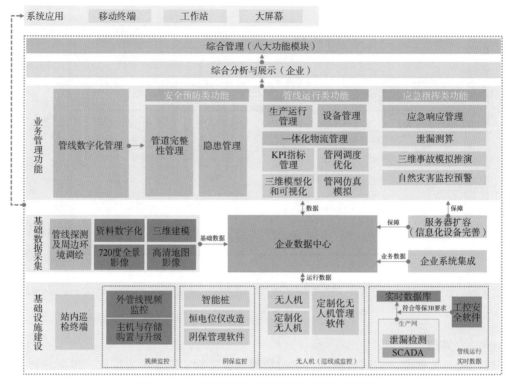

图 11 – 27　智能化管线管理平台功能架构图

1. 安全预防类功能

安全预防类功能可支撑企业全面辨识、管控成品油管道运行过程中的安全风险和隐患，实现对安全风险、危害因素以及重大危险源的超前辨识、分析评估、分级管控，构建风险分级管控与隐患排查治理双重预防机制。

（1）管道完整性管理

可实现管道活动、高后果区管理、风险评价、完整性评价、维修维护、效能评估等 6 大关键环节的数据管理、地图展示和业务审批功能，进而实现智能化分析决策功能，为管道的精细化管理和风险管控提供科学的数据分析依据，使管道运行风险控制更加经济合理。如图 11 – 28 所示。

利用分级结果，结合公司现行安全承包管理制度，可形成覆盖全公司三级管理的风险分级承包管理机制，实现风险全过程、全覆盖动态管理。风险分级管控如图 11 – 29 所示。

（2）隐患治理

可通过隐患排查、隐患立项、隐患整治、隐患评估 4 部分，实现对隐患的全程跟踪，运用多种先进技术，实现隐患全方位的排查与整治；具备管道隐患报警功能，通过隐患治理子系统可及时了解管道隐患现场状况，动态掌握隐患管理状态，实时对管道面临的风险进行报警处理，抑制隐患的积累扩大，最大限度地减少损失；通过对各管段隐患趋势分析，可清晰掌握各管段隐患情况、形成特点和治理难点，并为后续工作明确了管理重点。管道隐患治理功能效果如图 11 – 30 所示。

图 11 – 28　管道完整性管理功能架构图

图 11 – 29　风险分级管控图

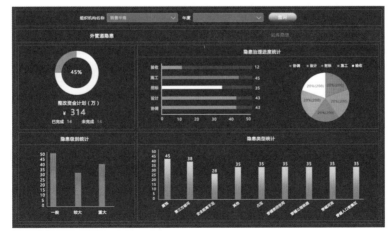

图 11 – 30　管道隐患治理功能效果图

在隐患综合统计分析方面，子系统按管线、企业、隐患类型等不同维度，可以实现对隐患不同条件的综合统计分析，包括按不同管线类型查看隐患分布。按隐患等级（国家级、集团公司级、企业级）进行分级统计；按隐患类型（占压、安全距离不足、穿跨越等）进行分类统计；按隐患治理的状态（未治理、治理中、已完成）进行动态统计，及时反映治理的完成率。对隐患发现时间、认定依据、采取的措施、消除风险的过程进行全过程监管，对于发现较长但仍未采取措施的风险，给予提示。

2. 管线运行类功能

管线运行类功能可支撑企业加强与优化管道运输管理，降低油品运输成本，增强企业盈利能力；采用视频监控、三维模型等技术，实现对管道、设备及其附属设施全方位、立体化、实时监控，保证管道运行安稳常满优。

（1）一体化现代物流资源管理子系统

子系统通过共享物流设施、物流调运计划、计划完成、库存等信息，优化协同铁路请车、大区计划调运、库存管理等业务流程，实现区域一体化应用。将原来需要大量经验判断、线下传递的内容和流程，全部优化到线上应用操作中来，优化铁路请车流程，减少不必要的传递环节，同时实现"数出一门"，数据通过集成的方式在不同系统间流转的一体化理念，实现管输批次计划在不同系统间的实时获取和同步。一体化现代物流资源管理子系统功能架构如图 11 - 31 所示。

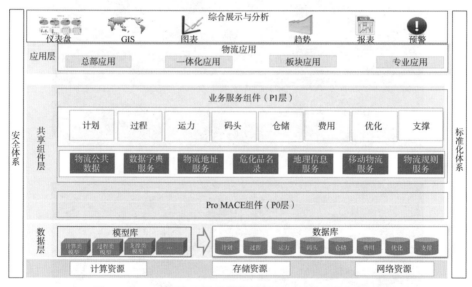

图 11 - 31　一体化现代物流资源管理子系统功能架构图

该子系统还可将调度计划在广东、广西、云南、贵州、海南、四川、重庆等七省市，大区，茂石化、广石化、东兴炼化、海南炼化等炼厂三方间形成更紧密的联系，极大地提高了调度计划传递的时效性、准确度。根据铁路运力需求及当期铁路运输计划，在物流系统中进行铁路原提、追加计划的创建、审核，通过完成供应链物流平台与生产企业系统的集成，实现铁路请车、批车及剩余车数等情况的及时反馈，作为铁路调运计划创建的依据，从而提升企业间沟通效率。一体化现代物流资源管理子系统集成如图 11 - 32 所示。

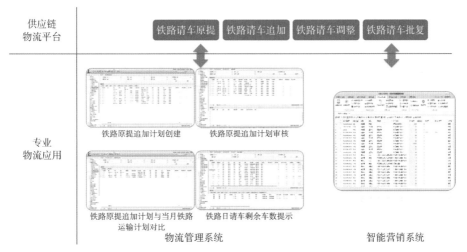

图 11 - 32 一体化现代物流资源管理子系统集成

（2）生产运行管理

可实现对成品油管道运行过程中的温度、压力、流量、密度、介质等基础参数进行实时监控，针对异常数据实现报警统计功能；通过集成管道输油计划和工艺调整方案，自动生成日常运行统计台账、运行日报、运行月报等分析报告，建立管道调度优化和仿真模拟模型，实现华南管网3条管线独立运行与组网运行等不同工况下的调度排产优化和管线运行模拟演练功能。

智能化管线管理平台中管道运行功能包括管线运行配置、管线运行监控及巡线管理3部分，其中管线运行配置可实现对720°全景影像、视频监控及运行数据的配置和管理功能；管线运行监控可实现基于矢量地图、影像地图、三维地图定位展示720°全景影像、视频监控、实时数据等可视化管理功能；巡线管理可实现基于矢量地图、影像地图、三维地图实时定位、展示和管理各企业巡线人员的巡线情况。生产运行模块功能架构如图11-33所示。

（3）信息查询

可实现管道基础信息的查询和筛选，包括管道本体信息、属性信息、附属设施及周边环境信息、第三方管道信息和文档资料信息等。同时可利用二、三维可视化方式，直观、快捷地展示管道沿线隧道、第三方管道交叉关系等隐蔽工程基础信息。

（4）KPI指标管理

可实现外管道管理、隐患管理、生产运行、能耗管理、设备管理等方面的管理指标的看板式展示和穿透查询，如图11-34所示。

（5）三维模型化和可视化

可实现可视化操作，包括750处复杂交叉交汇处的管道线路（如管廊带、地下管道、管道附属设施及第三方管道交叉）和58座输油站内的重要设备设施（如输油泵、罐、仪器仪表、各类监控设备、构筑物），三维模型效果图如图11-35所示。

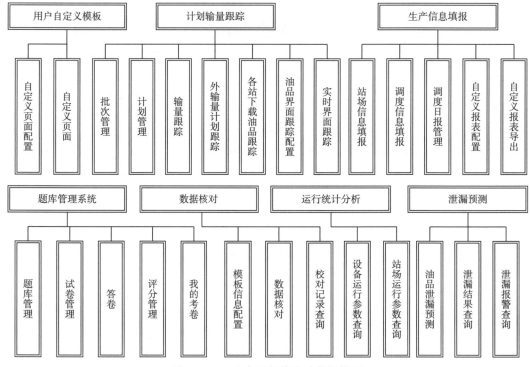

图 11 - 33　生产运行模块功能架构图

图 11 - 34　生产经营关键指标模块 KPI 指标管理功能效果图

图 11-35　管道三维模型效果图

（6）路径规划查询

基于采集的道路信息数据，可实现起点到目标地点的路径快速标注与高亮显示，同时计算路程和预计到达时间，为快速应急响应提供决策支持，如图 11-36 所示。

（7）视频监控

实现输油站关键位置（例如大门、罐区、生产区域等）、阀室、大型河流穿跨越、人口密集区、高后果区等重点部位全方位视频监控。

图 11-36　路径查询结果页面

管道线路上的视频信号可通过无线注册服务器接入，并将所有视频信号发送给调控中心。重点部位可应用具有视频监控和入侵报警功能的移动监控系统和监控设备，实现对重点部位、高风险区域内出现的可能增加风险发生概率的事件和第三方施工活动，进行全程视频监控，有效提升风险防范能力。

智能化管线管理平台还可实时采集现场传输回来的视频信号，并结合地理信息系统对视频信号进行定位处理，应用地图结合视频实时监控从而实现多维度的监控预警。

（8）全方位巡线监控

管道巡线管理主要包括人员实时监控、人员历史轨迹、人员监控聚合展示等功能。可结合管线地图，应用 GPS 移动终端设备实时上传的坐标数据，实现对巡线人员的位置实时定位查看、历史轨迹回放，辅助管理人员对巡线人员工作情况进行监控。在发生突发事件时，亦可查看事故点周边巡线人员，指挥其第一时间到达现场，汇报事故动态信息。

相对于人工巡检，无人机巡检监控具有更广泛和灵活的优势。目前，智能化管线管理平台已经完成了无人机可视系统的集成，通过无人机巡线不同时期拍摄的影像对比，如图 11-37 所示，更加高效快捷地排查管道隐患，实现全管网，全覆盖自主巡线。

（9）管网调度优化

以成品油管网为基础，在考虑管网的站场操作约束和混油等约束的基础上，综合考虑满足现场管网调度计划所需的约束条件，探索出适用于成品油管网的优化算法，建设调度计划自动编制软件，实现全管网调度计划的快速编制。管理者通过输入管网初始状态、首站输油计划及分输站需求信息，系统可以自动进行计算，生成合适的批次调度计划，优化生产运行，如图 11-38 所示。

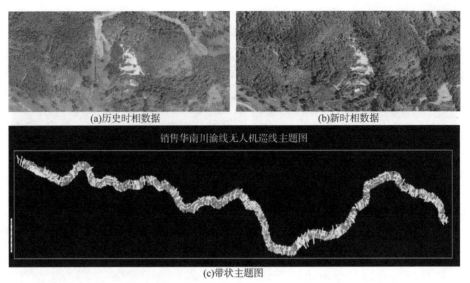

(a)历史时相数据　　　　　　　　　(b)新时相数据

(c)带状主题图

图 11-37　无人机巡线的影像对比效果图

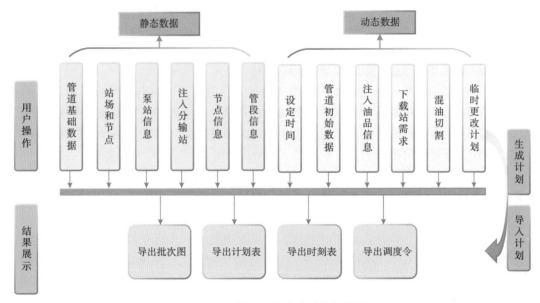

图 11-38　管网调度优化功能架构图

（10）管道模拟仿真

管道仿真培训系统是针对不熟悉管道全线流程以及站场控制流程的调度人员或技术人员，以水利仿真系统为基础，以上位机界面为操作界面，安全、快速、有效地熟悉整条管道的基本参数、运营方式和站控方式，基于水力学原理建立管网仿真模型，真实再现管道运行过程及控制过程；利用模型进行水力/热力核算、运行方案制定、培训考核、事故模拟/演练以及油品界面跟踪等应用，提高调度人员综合操控水平及应急处置能力。

该系统可以作为训练调度人员处理紧急事故的训练平台，管理员可以利用培训系统模拟触发事故工况，然后调度人员可以通过操作界面了解工况参数，通过对相关设备的动作和相关处理流程，处理此类事故，从而达到训练的目的。模拟仿真培训平台如图 11 – 39 所示，其对管道的安全运行和员工素质的提高具有重要价值。目前已建立了覆盖全部管网的模拟培训系统，并建立了配套的考评管理办法，实现调度技能定期评估，有效管控着操作风险。

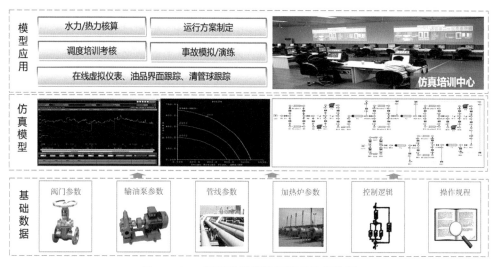

图 11 – 39　模拟仿真培训系统总体架构图

（11）设备全生命周期管理

设备管理功能是以设备全生命周期为横向主线，以设备的专业技术为纵向主线贯穿始终，通过应用设备管理功能全面管理设备各阶段业务，掌握全过程数据，实现设备的科学评价管理，减少过度维修，降低设备宕机率、故障率，延长设备运行寿命，提高企业运行利润的运行目标，如图 11 – 40 所示。设备全生命周期管理子系统主要建设内容包括设备档案、运行管理、预防性维护保养、维修管理、设备报表、特种设备、设备管理 7 大模块。子系统已在全部 58 座输油站推广应用，实现了"现场一页纸、业务一条线、专业一套表"，让基层员工从填表理数中解放出来，让业务流程更简洁清晰，让专业管理更集中高效。

图 11 – 40　设备全生命周期管理过程

3. 应急指挥类功能

应急指挥类功能可支撑企业充分掌握管道沿线应急资源情况，实现集中、高效的应急响应；在出现泄漏事故时，实现泄漏量估算；采用模拟推演、大数据、GIS等技术，实现对事故与自然灾害的监测预警及事故后果的预测分析。已在中山站外线泄漏演练、茂名露天矿管线泄漏、云南通海地震预警抢险等工作中得到应用，为现场提供了有效的应急数据支持、实现了现场与指挥中心间的及时互动，为决策提供了数据支撑。

（1）应急响应

应急响应是指在出现紧急情况时的一系列应对行动的总称，包括：了解事情基本信息、发展态势、应对预案，制定应急处置方案（疏散方案、救援方案、抢险方案等），制定善后方案等。应急响应功能模块作为应急响应过程中的支持工具，可用于辅助应急处置过程中的各个环节，帮助应急指挥人员快速调阅相关资料、制定应急策略，以便迅速控制应急事态发展，从而减少人员财产损失，降低社会影响，其功能架构如图11-41所示。

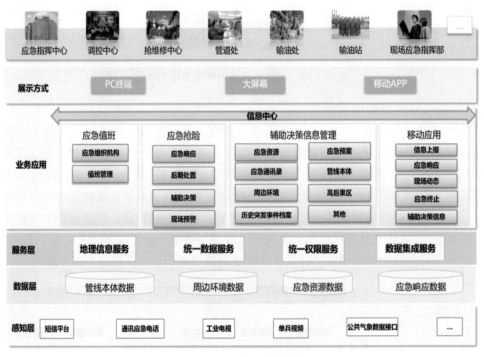

图11-41　应急响应模块

紧急状态下，可应用应急响应功能，迅速定位事故现场，主动推送周围应急资源，迅速了解事故周边环境，推演事故影响范围。同时可以实现各级应急指挥中心与事故现场之间音频、视频和数据的互联互通，使各级指挥中心全面、及时了解事故现场情况，实时跟踪事故处置进展情况。信息联动如图11-42所示。

在非应急时期，该功能还可作为应急演练工具，协助指挥人员、现场处置队伍快速协配、掌握应急处置流程，防患于未然，为真正的应急事件处置提供强有力的保障。基于地理信息平台，将管线应急资源分布、敏感区域、重要保护目标、敏感环境、重大危险源等信息在三维地图进行了标注，并可在正常状态下进行三维事故模拟。

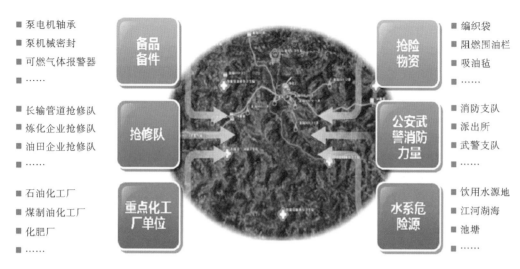

图 11 - 42　信息联动

（2）泄漏测算

系统在线泄漏测算功能可根据从实时数据库中获取的管道运行参数和输入的泄漏位置与模拟时间段，自动测算该时段内的泄漏累积量；也可以采用离线泄漏测算，通过 EXCEL 表格导入离线运行参数，根据离线参数，实现泄漏量的累计计算。同时系统在地图中显示泄漏位置，并以趋势图的形式显示泄漏点的计算结果。泄漏量测算程序和孔径预测程序拆分为两个独立模块，在泄漏孔径预测计算结束之后将孔径预测结果予以显示，可根据历史数据对泄漏孔径的预测结果进行修正，由操作人员决定采用泄漏孔径预测值或是手动输入泄漏孔径，继而进行下一步的泄漏量估算。管道泄漏测算系统功能架构如图 11 - 43 所示。

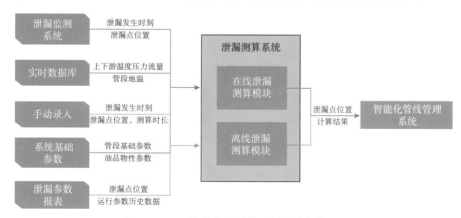

图 11 - 43　管道泄漏测算系统功能架构图

（3）三维事故模拟推演

在三维模型化和可视化功能的基础上，实现三维事故模拟推演功能，结合虚拟现实技术、3D 驱动引擎技术、物理模拟技术、互动技术、网络等技术，设计管道的三维数字化模型、搭建基于现实世界的突发事件环境，模拟真实环境下的应急响应过程，并能够针对某个事故进行多次循环演练，及时发现应急预案中存在的问题，进而不断完善预案，实现应急响应闭环管理，有效提高员工的应急处置能力。

可在三维场景中设置火灾和泄漏事故场景，按照预案设定的演练脚本，对事故的起因、发展及应急救援过程进行可视化展示，并根据物料特性、运行参数和气象数据等技术参数分析油品扩散影响范围、扩散趋势和热辐射范围，最终实现自动计算安全距离和爆炸极限半径功能，为应急救援人员的站位、应急疏散等提供支持。

（4）自然灾害监控预警

自然灾害监控预警子系统可提供管线周围气象、水文及实时火点数据，为智能化管线管理平台提供数据服务。同时平台应具备自然灾害预警功能，预警内容包括：台风灾害预警、滑坡泥石流灾害预警、河流洪水超标灾害预警、水库塘坝洪水溃决灾害预警、森林火灾预警，使管道管理技术人员实时掌握管道周边自然灾害信息，达到监控预警的目的，其功能架构如图 11-44 所示。

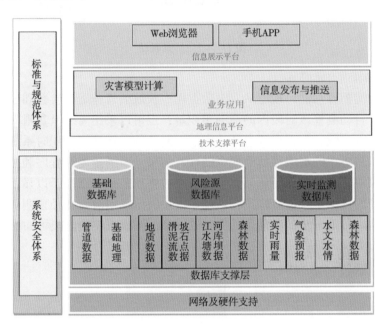

图 11-44　自然灾害监控预警平台总体功能架构图

三　应用成效

1. 管网数字化水平全面提升

系统应用前，管道的数据基本分散在各个部门或各个系统中，且数据格式不同；大部分管道的基础信息都是纸质存放，没有电子化和结构化，很难进行统计和分析；老旧管道的数据严重缺失，不能完全满足管道高后果区识别和隐患管理的要求。

系统应用后，按照统一标准，对管道数据进行集中"采集、存储、管理、应用"，保证管道数据的一致性和唯一性；对纸质资料进行电子化，实现综合查询和对比分析，支撑管道完整性评估和应急决策；通过勘察测绘，补齐缺失数据，满足高后果区识别、隐患管理、应急和日常维护的需求。实现了影像地图、竣工图纸及外业测绘中心线数据的关联匹配，利用坐标信息实现了多源数据资料的整合对齐，帮助企业全面摸清数据家底，极大提高了企业各类数据资料的使用水平。

2. 管网信息集成与共享程度显著增强

系统应用前，对于管理层，信息集成度与数据粒度精细度不够，无法有效进行主动预警；对于专业管理部门，不同专业间的数据源不统一，很难协同共享信息。对于基层单位，不同专业系统间信息集成度不高，数据自动采集率低，缺少事件关联分析与预测预警。

系统应用后，对于管理层，信息集中可视，数据完整，具备灵活的可组合性，在对数据进行关联分析后，可实现预测预警；对于专业管理部门，建立了专业数据视图，对数据进行组织，并采用快照的方式自动推送给不同的业务应用，此外，通过数据流的规范与标准，可保持数据的一致性。对于基层单位，实现了数据自动采集和实时传输，减轻了一线员工的劳动强度，借助对综合生产数据的关联分析，提高了生产管控水平。

3. 管网资源配置不断优化

系统应用前，应急资源由各生产单位自行配置，缺少对社会各种应急资源的了解；各单位对所管辖的管道及站库的设备设施情况较为清楚，而对整个管网的设备设施运行了解较少；调度运行方案依靠人工经验安排，缺少调度优化。

系统应用后，在应急过程中，可以及时准确掌握应急资源的整体分布，快速优化应急资源调配，提高应急资源调配效率；建立了公司级或区域级的应急资源库，对应急资源按照不同等级进行统一配置；建立了管网调度优化模型，全面优化管网的调度方案，有效提高了管道、储罐的利用率，优化了生产运行。管网调度优化如图 11-45 所示。

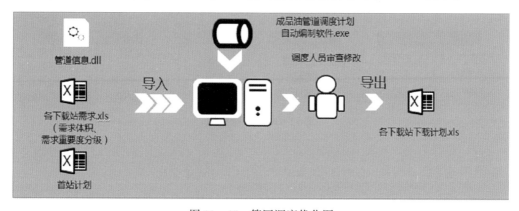

图 11-45　管网调度优化图

4. 管网风险管控能力持续加强

系统应用前，管道管理者缺乏对管道安全运行的整体评估，无法准确预估管道风险，仅能事后对风险结果进行分析；没有对管道高后果区进行综合分析和评估，缺少统一的管理及维护，不能有效采取预防性保护。

系统应用后，可采用管道风险评估模型，对管道的安全运行进行模拟和预测，及时采取预防性维护和维修，节约维护成本，避免事故发生；按照管道高后果区评估分类，对管道进行分级监控和预防性管理；在应急抢险中，可及时准确了解管道本体及周边的信息，提前采取应急预案，降低事故损失，有效防止次生灾害；建立了管道管理知识案例库，为应急处置提供辅助决策依据。同时可全面实现完整性管理6个环节的持续循环过程，有效提升管道管理水平。

5. 管网应急响应与联动效率大幅提高

系统应用前，事故现场信息收集手段单一，无法实时、全面地掌握事故相关信息；应急指挥中心对事故点周围的应急资源了解较少，较难合理地规划人员和应急物资的调配路径；应急过程中普遍采用通用的应急预案，很难结合现场情况快速制定具有针对性的应急预案；对于泄漏事故，缺少评估方法，应急联动效率低。

系统应用后，可实现应急全流程快速响应。应急指挥中心可在线实时掌握应急响应信息，包括事故点运行参数、管体基本数据、周边环境信息、交通信息、现场可视化图像、影响范围预测、应急资源、应急预案、应急实施进展等，如图11-46所示。现场可借助移动终端设备与应急指挥中心实现互联互通，共享信息，并科学确定应急处置方案，提升应急抢险效率。对于油品泄漏事故，还可实现泄漏过程联动分析功能，在事故发生后快速估算油品泄漏量。

图11-46 应急指挥

参考文献

[1] Isham M F, Leong M S, Lim M H, et al. Intelligent wind turbine gearbox diagnosis using VMDEA and ELM [J]. Wind Energy, 2019.

[2] Chhotaray G, Kulshreshtha A. Defect Detection in Oil and Gas Pipeline：A Machine Learning Application [M] //Data Management, Analytics and Innovation. Springer, Singapore. 2019：177-184.

[3] Liu H, Liu Z, Taylor B, et al. Matching pipeline In-line inspection data for corrosion characterization [J].

NDT & E International，2019，101：44－52.

［4］ Amaya-Gómez R, Riascos-Ochoa J, Muñoz F, et al. Modeling of pipeline corrosion degradation mechanism with a Lévy Process based on ILI（In-Line）inspections［J］. International Journal of Pressure Vessels and Piping，2019.

［5］ Zhong R Y, Xu X, Klotz E, et al. Intelligent manufacturing in the context of industry 4.0：a review［J］. Engineering，2017，3（5）：616－630.

［6］ Ahmed E, Yaqoob I, Hashem I A T, et al. The role of big data analytics in Internet of Things［J］. Computer Networks，2017，129：459－471.

［7］ Yankovskaya A, Travkov A. Bases of intelligent system construction of the pipeline technical condition diagnostics［C］//Journal of Physics：Conference Series. IOP Publishing，2019，1145（1）：012009.

［8］ Idroas M, Aziz M A F A, Zakaria Z, et al. Imaging of pipeline irregularities using a PIG system based on reflection mode ultrasonic sensors［J］. International Journal of Oil, Gas and Coal Technology，2019，20（2）：212－223.

［9］ Miao L, Lei C, Li X, et al. Research on the Development of Intelligent Industrial Control［C］//International Conference on Intelligent and Interactive Systems and Applications. Springer, Cham. 2018：88－94.

［10］ Zhang H, Ma D, Feng J, et al. Intelligent adaptive system and method for monitoring leakage of oil pipeline networks based on big data：U. S. Patent Application 14/692502［P］. 2015－10－29.

［11］ Wan M. Big data research and application in oil pipeline inspection［C］//2015 4th International Conference on Sustainable Energy and Environmental Engineering. Atlantis Press，2016.

［12］ Liu Z, Yuan X, Fu M, et al. Detection and Maintenance Technology for Oil and Gas Pipeline Based on Robot［C］//International Conference on Mechatronics and Intelligent Robotics. Springer, Cham. 2017：581－588.

［13］ 冯庆善. 管道完整性管理实践与思考［J］. 油气储运，2014，33（3）：229－232.

［14］ 杨祖佩，王维斌. 我国油气管道完整性管理体系发展与建议［J］. 油气储运，2006，25（9）：1－9.

［15］ 王晓霖，帅健，左尚志. 长输管道完整性数据管理及数据库的建立［J］. 油气田地面工程，2008，27（11）：45－47.

［16］ 周利剑，贾韶辉. 管道完整性管理信息化研究进展与发展方向［J］. 油气储运，2014，23（6）：571－574.

［17］ 张铁，胡北，甘荣成. 基于 APDM 的西南油气田天然气管道数据模型的设计与实现［J］. 测绘，2011，34（2）：54－56.

［18］ 陈辉，张文广，张学峰，等. PODS 管道数据模型及其应用［J］. 天然气与石油，2008，26（6）：23－26.

［19］ 程仲元，李翠云，郭朝元. 中国管道数据模型［J］. 中国勘察设计，2006（10）：46－48.

［20］ 贾庆雷，王强，万庆，等. 长输管道完整性管理 GIS 数据模型研究［J］. 地理信息科学，2008，10（5）：593－597.

［21］ 刘毓. 数字化管道数据模型研究［J］. 数字技术与应用，2013，5（1）：112－114.

［22］ 王金柱，王泽根，段林林，等. 在役管道数字化建设的数据与模型［J］. 油气储运，2010，29（8）：571－574.

［23］ 唐建刚. 建设期数字化管道竣工测量数据的采集［J］. 油气储运，2013，32（2）：226－228.

［24］ 李长俊，刘恩斌，邬云龙，等. 数字化管理技术在气田集输中的应用探讨［J］. 重庆建筑大学学报，2007，29（6）：94－96.

［25］ 王瑞萍，谭志强，刘虎. "数字管道" 技术研究与发展概述［J］. 测绘与空间地理信息，2011，34

（1）：1 - 4.

［26］王伟涛，王海，钟鸣．数字管道技术应用现状分析与发展前景探讨［J］．中国石油和化工标准与质量，2012，32（4）：118.

［27］李超．数字化管道技术及其在西部管道工程中的应用研究［D］．重庆：重庆大学，2008：11 - 14.

［28］孙晓利，文斌，妥贯民．天然气长输管道数字化建设的相关问题［J］．油气储运，2010，29（8）：579 - 581，588.

［29］周利剑，李振宇．管道完整性数据技术发展与展望［J］．油气储运，2016，35（7）：691 - 697.

［30］董绍华．管道完整性管理技术与实践［M］．北京：中国石化出版社，2015：19 - 31.

［31］周永涛，董绍华，董秦龙，等．基于完整性管理的应急决策支持系统［J］．油气储运，2015，34（12）：1280 - 1283.

［32］董绍华，张河苇．基于大数据的全生命周期智能管网解决方案［J］．油气储运，2017，36（1）：28 - 36.

第十二章 成品油管道未来发展与展望

在借鉴国外成品油管道建设、运营等先进技术的基础上，我国改革开放以来成品油管道总体建设规模、运行管理技术水平得到了快速发展，但与美欧等发达国家整体上依然存在一定的差距。目前，成品油管道的发展正面临重大战略机遇和挑战，未来一个时期将是我国向高质量发展全面迈进的关键阶段，尤其是随着国家管网公司的组建，管输与销售分开，能源安全保障水平必将进一步提高。成品油管道今后一段时间内将以互联互通为纽带，全面推行完整性管理、智能化与智慧化管理，并将持续推进关键重大设备国产化、新技术研发与应用，进一步向世界一流迈进。

国外主要国家成品油管网布局呈现出明显的跨国、跨区域、网络化特征。各国家或地区均根据自身国情开展成品油管网建设，例如美国主要立足于国内，实现国内成品油管道对炼厂和目标市场的连通，并建设诸多支线管网，提高成品油管道输送比例；欧洲发达国家主要发挥区域经济一体化优势，加大区域内各国成品油管网系统的互联互通；俄罗斯则由于历史原因，以及与欧洲的能源供求关系，呈现出部分跨国、跨区域的布局特征。

借鉴国外成品油跨国、跨区域、网络化特征及中国原油、天然气管道跨国、跨区域互联互通战略的实践，我国政府正在积极推动中国成品油管网输配格局的形成。国家能源局在 2014 年 2 月印发《油气管网设施公平开放监管办法（试行）》（国能监管［2014］84 号文件），要求油气管网设施向第三方市场主体平等开放，提供输送、储存等服务。随着成品油管道输送业务的公平开放和市场竞争的深化，以成品油管道为主体，统筹铁路、水路、公路等其他运输方式，建立分工合理、协调发展的成品油联合运输网，结合我国成品油"供给东移、需求西移"的变化趋势，推动成品油跨区调配和串换，实现全国成品油供需整体平衡，最终形成资源多元化、管道网络化、跨区域化、用户多样化的国家成品油管网输配格局。国家发改委、国家能源局在 2017 年 5 月 19 日发布了《中长期油气管网规划》，到 2020 年我国成品油管道里程将达到 33000km，2025 年将达到 40000km，网络覆盖进一步扩大，结构更加优化，储运能力大幅提升，全国省区市成品油主干管网全部连通，同时以主干管道和炼化基地为中心，建设周边辐射、广泛覆盖的区域性成品油支线管道，实现 100 万人口以上的城市成品油管道基本接入，国内成品油管网的互联互通将成为现实。随着成品油管网覆盖城镇持续增加，跨区管道运输体系不断完善，基本形成"北油南运、沿海内送"的成品油运输通道布局。中央、国务院在 2017 年 5 月 21 日印发了《关于深化石油天然气体制改革的若干意见》，该意见中明确指出要改革油气管道运营机制，提升集约输送和公平服务能力。中共十九大报告明确指出"加强水利、铁路、公路、水运、航空、管道、电网、信息、物流等基础设施网络建设"。这是首次在中国共产党全国代表大会报告中提到管道建设，尤其是 2018 年底召开的中央经济工作会议上决定组建国家管网公司，推动管输与销售分开，实现公平接入。这一重大改革必将推动我国成品油管道运输产业进入更快、更高增长的新时代，必将有益于我国成品油管网输配格局的形成。成品油管道的互联互通输配格局将成为我国成品油管道未来的发展趋势。

但同时也应该注意到，要快速打造互联互通成品油管网输配格局还存在诸多困难，应该在成品油管道管理主体之间尽快达成一致，着眼全局，在全国油气管网规划实现一盘棋的基础之上避免重复建设和清除输送瓶颈，不断提升科学决策水平。

为更为有效地改善管道运行"浴盆曲线"，降低管道运行风险，应更为全面地在国内管道上推行完整性管理理念。在国内近 20 年完整性管理工作的基础上，国家于 2016 年 3 月出台了我国首部完整性管理规范——GB 32167—2015《油气输送管道完整性管理规范》。该规范规定了油气输送管道完整性管理的内容、方法和要求，包括数据采集与整合、高后果区识别、风险评价、完整性评价、风险消减与维修维护、效能评价等内容，并要求强制实施。同时，为加快完整性管理的部署和应用，2016 年 10 月，国务院五部委发布了关于全面推行完整性管理的 2197 号文件，文件要求油气管道企业全面推行油气输送管道全生命周期完整性管理工作，提出建立完善工作体系、加强组织领导、落实企业主体责任、建立长效管理机制等具体工作要求。2017 年 8 月，国家能源局进一步明确了完整性管理实施阶段及进度安排，组织了完整性管理企业推先工作，在全国共推选出中国石油、中国石化、中国海油旗下 8 家企业，以及陕西、安徽、浙江、江西、广东 5 省 6 家省属企业，共计 14 家推先企业，并最终将推广应用到全国油气输送管道上。国家层面这一系列的推动举措必将对中国油气管道企业深化完整性管理应用产生重大、深远的影响，也将进一步促进完整性管理在国内全面深化应用。

国内油气管道企业虽然日益重视完整性管理工作，大多数油气管道企业都初步建立了完整性管理体系，取得了初步成效，但我国的完整性管理体系的建设及实践应用还存在一些不足，迄今仍未全面形成能为管道运营企业高度认可、接受并掌握的成熟管理模式，亦尚未在实践层面上形成中国特色的完整性管理模式。我国管道建设正处于跨越式发展时期，管道安全管理面临空前挑战，传统被动应对的安全管理模式无法适应新的要求。这虽然为我国实施完整性管理提供了强大动力，但也存在部分单位简单复制国外经验、急于求成，缺乏自身特点和创新。同时，在这样一个跨越式发展时期，各种管理新问题、技术新问题涌现，实施完整性管理的环境异常复杂。因此，要在如此低起点和复杂环境中实现管道安全管理模式跨越，必须在实践路线、实践模式上开拓创新，创造性地启动企业自主性非常关键。

三 实现成品油管道智能化、智慧化管理

世界工业发展经历了机械化、电气化、自动化阶段，正在进入智能化、智慧化阶段。作为世界五大运输方式之一的管道运输，也必须加快向智能化、智慧化方向发展。相比于传统的管理方式，智能化、智慧化将实现管理模式的变革，变被动管理为主动预防、变人工协调为系统自动化、变独立模块分析为专家系统管理分析以及变数据采集为自动数据采集识别并调整状态。管道智能化、智慧化管理的实现，将很大程度上提高油气管道行业的管理效率，同时也能极大提升油气管道的安全性。我国的成品油管网建设还将长期处于快速发展和完善之中，相对于国外成品油管道的成熟经验，我国更宜发挥后发优势，充分借鉴国外先进经验和技术，利用云计算、物联网、新一代移动通信等信息技术、人工智能等热点技术，结合国内成品油管道公平开放、互联互通等趋势特征，经自主创新并充分融合，发展适应自身特点的成品油管道智能管理技术，大力推行智能化、智慧化管道。

人工智能的概念是在 1956 年被正式提出的，标志着人工智能学科的诞生，其发展目标是赋予机器类人的感知、学习、思考、决策和行动等能力。人工智能经过 60 多年的发

展，理论、技术和应用都取得了重要突破，已成为推动新一轮科技和产业革命的驱动力，深刻影响世界经济、政治、军事和社会发展，日益得到各国政府、产业界和学术界的高度关注。从技术维度来看，人工智能技术突破集中在专用智能，但是通用智能发展水平仍处于起步阶段；从产业维度来看，人工智能创新创业如火如荼，技术和商业生态已见雏形；从社会维度来看，世界主要国家纷纷将人工智能上升为国家战略，无论德国的"工业4.0"、美国的"工业互联网"、日本的"超智能社会"、还是我国的"中国制造2025"等重大国家战略，人工智能都是其中的核心关键技术。

但目前，智能化、智慧化相关技术载体尚未成熟，人工智能等新技术在成品油管道上应用的成功案例不多，可借鉴、可复制的智能化、智慧化管理经验也很有限，还存在诸多需要研究、革新的技术。在未来的一段时期内，应该把握人工智能等新技术发展的新机遇，推进智能图谱、大数据挖掘、智能决策以及更大范围的通用人工智能新技术在成品油管道上的深度应用，这将对管道行业发展产生深刻影响。2019年7月，由中国石化销售华南分公司、中国石油大学等单位共同组建的广东华南智慧管道研究院经广东省民政厅批准正式成立，业务主管单位为广东省科学技术厅，聚焦成品油管道智能化、智慧化系列新技术研究，这必将推动我国成品油管道进入高质量发展新阶段。

四　推进成品油管道关键设备国产化

随着我国成品油管道建设的快速发展，对成品油管道系列关键设备的需求急剧增加。目前，仍有多种关键设备由国外企业垄断，完全依赖进口，"卡脖子"问题依然存在，导致订货周期长、管道建设成本高、检维修极不方便，不利于国内配套产业的发展。为此，仍需持续支持和推动关键设备国产化工作，以降低国际采购风险，提高保障能力，同时带动相关产业的发展。党和国家历来重视国产化工作，为推动装备制造业发展出台了一系列规划纲要和措施性文件，并在油气管道建设项目批复文件中明确提出逐步实现管线钢管、输油泵机组、压缩机组、大口径阀门等设备国产化的要求。早在 1983 年，国务院就下发了《关于抓紧研制重大技术装备的决定》（国发〔1983〕110 号）的文件，提出加速实现我国能源、交通、原材料等重点建设工程所需重大成套装备的国产化。2006 年，国务院发布《关于加快振兴装备制造业的若干意见》（国发〔2006〕8 号）文件，提出以重点工程为依托，推进重大技术装备自主制造，以装备制造业振兴为契机，带动相关产业协调发展。2011 年，国家能源局发布《国家能源科技"十二五规划"》，明确要求"加强攻关，增强科技自主创新能力，提高能源装备自主化发展水平"。

近年来，在国家的支持下，中国石化和中国石油在关键设备国产化方面做了大量工作，已经成功实现了输油泵、关键阀门、执行机构等主要设备和成品油管道 SCADA 系统软硬件的国产化，拥有了自主知识产权，增强了自主可控能力，但在流量计、密度计等高精度仪表方面与国外著名品牌还存在一定差距。随着国家 2025 智能制造战略的实施，今后我国大型管道建设的推进，关键技术、材料及装备国产化必将大有可为。中共十九大报告明确指出"加快建设制造强国，加快发展先进制造业"，同时也指出"着力加快建设实体经济、科技创新、现代金融、人力资源协同发展的产业体系"。结合科技创新大环境，先进制造业发展的新时代已经到来，我国应全面发挥产学研用各自优势，聚焦自主可控，持续推进补齐成品油管道涉及的关键设备制造的短板，加快国产化建设进程，为我国成品油管道企业的发展提供有力支持，促使我国成品油管道企业运行水平早日达到世界一流。

五　加大具有自主知识产权的成品油管道新技术研发与应用力度

日益增长的油气需求使管道向大口径、高压力、网络化方向发展，信息技术的进步促使管道更加智能化。与此同时，对成品油管道安全环保、高效运行、新技术研发应用也提出了更高的要求。"中兴禁售令"等一系列事件已经警示我们，"缺核少芯"是制约企业高质量发展的重要瓶颈，核心技术、核心竞争力是买不来的，真正的核心竞争力需要培育和创新。党的十九大将"管道"列为增强我国经济质量优势的九大基础设施网络建设之一，对国家能源安全、生态环保和民生保障具有重大意义。为此，在今后的一段时间内，成品油管道企业应更加重视具有自主知识产权的新技术研发与应用，加大资金投入和技术创新激励力度。

虽然，长期以来国内主要油气公司都很支持新技术研发等工作，在管道建设、管道运行、管道安全管理等方面均取得了一些重要的技术突破，但与国外先进油气管道企业相比仍存在不小的差距，还需要在以下方面集中精兵强将，加大研究力度：

成品油管道建设方面：我国油气管道工程建设需要在管道设计理论及方法、高效制管及应用、高效施工技术及应用、管道或管网的本质安全、管道用大型设备的国产化、管道建设的数字化及智能化等方面进行深入的研究并实践。

成品油管道运行方面：未来应重点关注智能调控优化技术、管道仿真与优化技术、成品油管网集中调控技术、管网系统可靠性、管网节能技术、管道大数据技术等方面。

成品油管道安全方面：未来应在完整性管理、管道安全检测与评价、安全监测与预警、风险评价与管控、维抢修与事故应急等方面加大研究力度，为我国油气输送管道安全的整体水平达到或超过国际先进水平、安全管理模式由被动抢险转变为基于完整性管理的主动预防，建立起安全保障的长效机制，提升本质安全水平。

附录 A   管道完整性管理效能评价内容和评分标准

表 A-1 为完整性单项管理评分细则，表 A-2 为完整性事件事故管理评分细则，表 A-3 为完整性管理效果评分细则。若年度内发生过管道事故或事件，根据事故或事件严重程度对效能评价分值进行相应比例的扣减调整后，计算得到最终分值，调整系数如表 A-4 所示。

表 A-1   完整性单项管理评分细则

评分项	评分细则	满分
完整性管理方案	年初是否按照相关文件要求制定完备的年度完整性管理方案？	10
	完整性管理方案制定是否考虑管道生产运行状况？	10
	完整性管理方案制定是否考虑上一年管道管理效果或存在问题？	10
	完整性管理方案的制定是否综合各部门或相关人员意见？	10
	完整性管理方案是否明确年度工作目标、任务？	5
	完整性管理方案是否给出各项工作具体指标要求？	5
	完整性管理方案是否明确各业务环节责任主体及计划安排？	10
	完整性管理方案发布前是否进行讨论和评审？	5
	各业务部门是否针对公司完整性管理方案制定具体实施计划？	10
	完整性管理方案的实施落实是否安排专门人员或业务部门进行跟踪和监督？	10
	完整性管理方案是否按需及时修订或变更？	5
	每年年底是否对完整性管理方案内容进行评价与总结？	10
数据收集与管理	是否规定了基于完整性管理的数据采集格式要求？	10
	是否制定了适合本公司的管道完整性数据模型并建立数据库？	10
	建立的数据库是否具有良好的可扩展性？	5
	是否制定了本年度所有完整性相关数据的采集或更新计划？	5
	是否按计划完成本年度数据采集或更新任务？	10
	所有数据是否都是按照源头采集原则进行采集？	5
	采集的数据精度是否满足完整性管理要求？	5
	是否建立了完整的管道中心线？	10
	采集的数据是否按照统一的线性参考体系进行对齐？	10
	相关数据的移交是否及时合规？	5

评分项	评分细则	满　分
数据收集与管理	采集的数据是否进行了真实性、有效性、现势性校验？	5
	涉密数据是否按照国家或公司要求进行脱密处理或制定了数据保密相关程序？	10
	完整性管理过程中产生的数据是否及时录入数据库？	5
	日常数据收集填报后是否进行数据审核？	5
高后果区识别管理	是否按照完整性管理方案要求制定高后果区识别管理工作方案与计划？	10
	是否对管道全线进行高后果区识别或复核？	10
	是否对高后果区进行准确定位（桩号＋偏移量)？	5
	高后果区信息描述是否准确全面（包括类型、地区等级、特征物类型及与管道距离、相对位置等)？	5
	是否对高后果区信息进行审核并汇总上报？	5
	高后果区管段是否设立安全警示牌并符合通视要求？	8
	高后果区管段是否进行定期巡线并加强管理力度？	8
	是否针对高后果区开展公共安全教育与宣传？	8
	是否与高后果区周边地方政府、企事业单位等建立沟通机制？	8
	高后果区是否按规定建立"一点一案"进行专项管理？	8
	高后果区识别及管理信息是否记录并存档？	5
	是否定期开展高后果区识别？	10
	发现高后果区信息有重大变更的，是否将变化及时上报并通知相关方？	5
	高后果区信息变化时，相关工作是否进行适当调整，如风险评价、检测评价等？	5
风险评价与管理	是否按照完整性管理方案要求制定风险评价管理工作方案与计划？	10
	是否按计划完成风险评价任务？	10
	是否对所有高后果区内管道都进行了风险评价？	10
	采用的风险评价方法是否经过论证并得到广泛认可？	5
	风险评价前是否对管道危害因素进行了辨识？	5
	风险评价时是否对管道进行合理分段？	5
	风险评价中涉及的基础数据是否真实准确？	10
	是否对风险评价结果进行分级并排序？	5
	是否设置管道风险可接受水平？	5
	是否对风险评价结果进行审核？	5
	是否将风险评价结果应用于管道管理中？	5
	风险减缓措施实施后是否进行风险再评价？	5
	管道日常巡护、高后果区管理、检测评价、运行维护是否根据风险评价结果进行优化？	5
	风险评价过程及结果是否及时记录并汇总上报？	5
	当管道或周边环境发生变更时，是否及时修正风险评价结果？	5
	是否定期开展风险评价？	5

评分项	评分细则	满　分
完整性检测与评价	是否按照完整性管理方案要求制定管道检测工作方案与计划？	10
	完整性评价计划是否依据高后果区识别和风险评价结果进行了优化？	5
	完整性评价是否按计划完成？	10
	公司是否按照失效历史和风险评价结果选择了适用的检测和评价方法？	5
	公司向检测单位提供的相关管道信息是否准确齐全？	5
	开展内检测前是否进行了牵拉试验？	5
	检测作业前是否明确了现场潜在危险源、环境因素及控制措施，并做好应急预案？	5
	内检测结束后是否按照相关标准或公司文件要求进行开挖验证？	5
	检测单位是否按时提交检测评价报告？	5
	压力试验方法是否符合相关标准及公司要求？	5
	压力试验是否制定风险防控措施和应急预案？	5
	外腐蚀检测评价是否按照相关标准制定计划并实施？	5
	内腐蚀直接评价是否按照相关标准制定计划并实施？	5
	是否利用完整性检测数据开展第三方评价，并给出缺陷维修维护及再检测建议？	5
	是否将检测数据与管道基础数据、以往检测数据进行对齐？	5
	检测相关涉密数据是否按照公司要求进行了脱密处理？	5
	完整性检测评价过程及结果是否及时记录并汇总上报？	5
	是否按《中华人民共和国特种设备安全法》相关规定对管道进行定期检验？	5
维修维护	是否根据完整性检测评价结果制定详细的维修响应计划？	10
	缺陷维修响应计划制定是否考虑高后果区的影响？	5
	缺陷维修响应计划制定是否考虑风险评价结果的影响？	5
	缺陷修复方法是否经过审核或专家论证？	5
	对于所有应立即维修的异常点，是否有降压运行或关停的应急措施？	5
	对于所有应计划维修的异常点，是否按计划进行处理？	5
	无法按计划完成维修活动时，是否进行了原因及后果分析？	5
	对逾期未完成修复的管段是否采取措施以保证管道安全性？	10
	逾期未完成修复且无法采取临时降压或其他措施时，是否向有关部门报告？	5
	对于所有列为"监控使用"的异常点，是否采取监测手段持续跟踪其发展趋势？	5
	针对发现的异常点，在实施维修之前是否采取预防性维护措施？	5
	缺陷点维修之前是否制定详细的维修作业方案？	5
	是否针对维修作业方案进行了风险评估并制定现场处置方案？	5
	维修作业完成后是否进行缺陷维修工程的验收？	5
	是否对修复措施的有效性进行了跟踪验证？	5
	是否采取措施保证阴保系统、防腐系统等腐蚀防护措施的有效性？	5
	是否采取措施保证水工保护工程完好有效性？	5
	维修维护过程及结果是否及时记录并汇总上报？	5
总　分		600

表 A－2　完整性事件事故管理评分细则

评分项	评分细则	满　分
应急体系建设	是否建立完备的应急预案体系，包括公司级综合应急预案、专项应急预案、现场处置方案？	5
	应急预案是否明确规定相关部门职责及工作流程？	3
	应急预案中的处置程序、方法、措施是否经过专家论证？	3
	应急预案是否明确预案启动条件和对应的工作程序？	3
	是否与地方政府及企事业单位建立应急联动机制？	3
	应急资源是否能够得到有效保障（包括公司内部和社会资源）？	5
	是否定期对预案进行评审、修订并记录？	3
	公司是否定期组织培训并进行应急演练？	2
	基层处置单位是否具有"一点一案"/专项处置方案？	3
应急响应能力	公司是否有专门的应急队伍或与有关应急单位建立合作机制？	5
	公司应急相关人员是否具备应急抢险能力？	5
	应急机具是否齐全？	5
	是否定期组织应急人员进行应急水平培训？	5
	是否与应急抢险协议机构或单位进行定期联络与关注？	5
事件事故报告及处理	是否有事故/事件报告和调查程序，以规范事件事故报告与管理？	5
	事故发生时现场人员是否及时采取措施以控制事故蔓延？	5
	发生事故事件时相关人员或部门是否及时上报并如实汇报？	3
	事故事件发生后是否及时启动相应应急预案并按正确方法和流程进行处置？	5
	管道泄漏时，是否在现场设置警戒线和疏散区，并告知周边居民和当地政府？	5
	事故事件处置完毕后是否展开调查并追究相关人员责任？	2
	事故报告原始资料是否妥善留存？	5
事件事故跟踪与学习	公司是否建立事故上报、统计、分析等管理机制？	3
	是否对发生的事故事件进行登记、统计上报并归档？	3
	是否组织员工进行事故事件的学习与教育？	3
	是否利用分析的结果评价管道完整性管理体系的适宜性和有效性？	3
	公司是否建立管道失效数据库和案例库？	3
总　　分		100

表 A-3　完整性管理效果评分细则

评分项	评分细则		满　分
完整性状况	管道计划外停输（非生产运行需要）次数（次/a）		10
	管道泄漏频率 [次/ (10^3 km·a)]		10
	本年度内管道泄漏最严重后果		10
	管道及附属设施损坏频率 [次/ (10^3 km·a)]		10
	管道计划外停输、泄漏、损坏较往年改善情况		10
风险控制情况	风险较往年改善情况	由第三方施工、农耕破坏等引起的断裂、泄漏、爆炸次数及维修次数	5
		由地质灾害、极端气候导致的破裂、泄漏、爆炸及维修次数	5
		由内腐蚀、外腐蚀、应力腐蚀开裂、氢致开裂造成的水压试验失效次数、泄漏次数，由内腐蚀导致的维修次数	5
		由管材及焊缝缺陷、设计不当、材料失效、施工损伤/安装不当等导致的破裂、泄漏、爆炸及维修次数	5
		由设备失效、控制系统失效、误操作及维修不当等导致的泄漏及维修次数	5
		由打孔偷盗、违章占压、恐怖活动及其他未知原因导致的泄漏、爆炸及维修次数	5
	监测系统泄漏发现率（监测到的泄漏/实际泄漏）		5
	一年内报告的与事故/安全相关的法律纠纷		5
	发现并有效控制的事故前兆数量		10
总　分			100

表 A-4　完整性管理效能评价分值调整系数

事故/事件等级	判定条件（满足条件之一）							调整系数
	安全						环境	
总部级	事故后果达到《中国石化安全事故管理规定》（中国石化安〔2011〕789 号）相关规定						环境事件后果超过公司重大事故规定，且达到《中国石油化工集团公司环境事件领导干部处分办法》（中国石化能〔2014〕287 号）关于一般环境事件的规定	20%
公司重大事故	轻伤（含急性中毒，下同）≥5 人	5 万元≤直接经济损失<10 万元	跑油量≥30t，且净损失量≥5t	10 人≤中毒<50 人	100 人≤疏散、转移群众<1000 人	50 万元≤直接经济损失<500 万元	行政村集中式饮用水水源地取水中断	40%
公司较大事故	3 人≤轻伤<5 人	3 万元≤直接经济损失<5 万元	5t≤跑油量<30t，且2t≤净损失量<5t	3 人≤中毒<10 人	10 人≤疏散、转移群众<100 人	10 万元≤直接经济损失<50 万元	自然村集中式饮用水水源地取水中断	50%

事故/事件等级	判定条件（满足条件之一）						调整系数
	安全			环境			
公司一般事故	1人≤轻伤<3人	1万元≤直接经济损失<3万元	1t≤跑油量<5t，且0.5t≤净损失量<2t	1人≤中毒<3人	疏散、转移群众<10人	5万元≤直接经济损失<10万元	60%
责任事件	轻伤但不影响正常工作	2000元≤直接经济损失<1万元	跑油量<1t，且0.1t<净损失量≤0.5t	2000元≤直接经济损失<5万元			80%
	（1）8h<管道非计划停输≤24h； （2）在非应急状态下，管道压力超过设定值； （3）外管道光缆被第三方挖断（距管道5m范围内）； （4）管道母材或防腐受外力损伤； （5）外管道新增建构筑物占压； （6）符合事故事件定义但未构成等级事故的其他异常情况						

附录 B　输油站内部分设备检测内容和检测周期

机械设备、仪表设备、电气设备、登高安全工具、自控设备等的检测内容和检测周期见表 B–1 至表 B–5。

表 B–1　仪表设备检测标准

序　号	仪表类型	周检形式	周　期
1	压力表	强制检定	6 个月
2	双金属温度计、热电阻、热电偶	强制检定或校验	1 年
3	可燃气体探头	强制检定	1 年
4	贸易交接用质量流量计	强制检定	1 年
5	超声波流量计	定期校验	3 年
6	压力变送器	定期校验	1 年
7	压力开关	定期校验	1 年
8	振动探头	定期校验	1 年
9	联锁回路或系统（含联锁仪表）	定期校验	2 年
10	流量开关	定期测试	1 年
11	储罐液位开关	定期测试	1 年
12	主输泵机械密封报警液位开关	定期测试	3 个月
13	可燃气体探头	定期测试	6 个月
14	火灾报警系统	定期测试	1 月
15	氧化锆分析仪（蒸馏装置）	定期测试	6 个月

表 B–2　机械设备检测标准

序号	设备名称	工作内容	周期	质量标准
1	安全阀	定压检测	1 年	按泄放压力定压
2	水击泄放阀	定压检测	1 年	按工艺确定的泄放压力参数定压
3	储罐	检查储罐的防雷防静电接地是否完好	每年 3 月和 9 月	测量接地电阻在规定范围内
		外部检查，壁厚检测，管理处测量基础沉降量	1 年	数据准确并做好记录
		清罐并全面检验	5 年	数据准确并做好记录
4	工艺管线	定点测厚	1 年	数据准确并做好记录

表 B-3　电气设备及工器具检测标准

序号	设备名称	工作内容	周期	质量标准
1	电机	电动机预防性试验	3 年	符合"DL/T 596—1996 电力设备预防性试验规程"规定
2	变压器（电抗器）	变压器绝缘油交流耐压试验	1 年	符合"DL/T 596—1996 电力设备预防性试验规程"规定
		预防性试验	3 年	符合"DL/T 596—1996 电力设备预防性试验规程"规定
3	SF6 开关柜	GIS SF6 气体的补充	3 年	SF6 气体压力在规定范围之内
		SF6 气体的微水试验	3 年	符合"DL/T 596—1996 电力设备预防性试验规程"规定
		对操动机构维修检查、处理漏油、漏气或某些缺陷、更换某些零部件	3 年	手动和电动分、合正常，无卡涩、无漏油、无漏气、液压油位或氮气罐压力及弹簧储能工作正常
		维修检查辅助回路	3 年	线路完好、线号清晰、开关接点无烧损、无变色、动作准确、可靠
		液压油泵和加热器自动投运定值校验	3 年	线路完好、线号清晰、开关接点无烧损、无变色、动作准确、可靠
		检查传动部件及齿轮等磨损情况，对转动部件添加润滑剂	3 年	润滑良好，无锈蚀，传动时无杂音
		检查各种外露连杆的紧固情况	3 年	螺丝连接紧固，无松脱
		检查接地装置	3 年	连接良好，接地电阻不大于4Ω
		检查绝缘电阻	3 年	主回路绝缘电阻大于 5000MΩ（用 2500V 兆欧表）低压回路绝缘电阻大于 1MΩ（用 500V 兆欧表）
		油漆或补漆工作	3 年	油漆完好，无锈蚀，色标清晰、正确
		清扫外壳，对压缩空气系统排污	3 年	1. 设备见本色 2. 压缩空气系统无阻塞、无冷凝水
		必要时进行回路电阻测量	3 年	主回路电阻不得大于制造厂提供值的120%
4	开关柜	清扫柜内设备的灰尘，污物及防鼠设施	3 年	柜内无灰尘，无杂物，防鼠设施完好
		检查各接触部位螺栓紧固情况，有无过热、放电痕迹	3 年	柜本体及柜内设备各部件安装牢固，电气连接部分连接可靠，接触良好
		检查主回路元器件，继电器，保护模块，测量仪表及二次回路的完好情况	3 年	各部分完好

序号	设备名称	工作内容	周期	质量标准
4	开关柜	检查防误联锁装置的性能和动作情况	3 年	防误闭锁装置应动作正确可靠
		检查抽屉式配电柜和手车式配电柜的抽屉，手车动作情况	3 年	手车、抽屉推拉应轻便灵活，无卡阻碰撞现象
		断路器手车预防性试验	3 年	符合"DL/T 596—1996 电力设备预防性试验规程"规定
		CT、PT 预防性试验	3 年	符合"DL/T 596—1996 电力设备预防性试验规程"规定
		电流表、电压表和电能表检定	3 年	电压表、电流表等表计的校验，应符合表计校验规程
		检查照明装置的完好情况	3 年	柜内照明装置齐全好用
		检查接地装置的完好情况	3 年	接地应牢固良好，装有电器可开闭的门，应以软导线与接地的金属构架可靠的连接；
		检查柜内各支持绝缘子的完好情况	3 年	绝缘子完好，无放电痕迹
		测量各配出回路和二次回路绝缘情况	3 年	端子板应无损坏，固定可靠，绝缘良好
5	直流电源	清扫装置，清除灰尘	3 年	外观应清洁，盘面应无脱漆、锈蚀现象；盘面和元器件的各种标志应齐全、正确
		检查所有接线有无过热、紧固所有螺栓	3 年	所有接线应无过热，且线号清晰、正确，元件、插件的固定螺栓应无松动和锈蚀现象
		检查交、直流侧电源开关、接触器及控制开关的触点有无烧伤和不良现象	3 年	触点无烧伤和不良现象
		检查所有开关动作是否灵活	3 年	所有开关、接触器应完整无缺陷，且动作灵活、可靠
		校验电压表、电流表等表计	3 年	电压表、电流表等表计的校验，应符合表计校验规程
		检查过电压、过电流及短路等保护电路中的元器件有无损伤，并复核保护回路中的继电器定值	3 年	过电压、过电流及短路等保护回路中的元器件，应齐全无损，其性能参数符合要求，继电器的整定值准确
		检查清扫信号回路中的元器件有无松动、损坏	3 年	无松动和损伤现象
		蓄电池放电测试	6 个月	容量、电压、内阻等在正常范围内
		蓄电池在线测试	3 个月	容量、电压、内阻等在正常范围内

序号	设备名称	工作内容	周期	质量标准
6	UPS、蓄电池	蓄电池放电测试	6个月	容量、电压、内阻等在正常范围内
		蓄电池在线测试	3个月	容量、电压、内阻等在正常范围内
7	电力电缆	高压电力电缆预防性试验	3年	符合"DL/T 596—1996 电力设备预防性试验规程"规定
8	架空线路	避雷器绝缘电阻检测及直流泄漏试验	1年	符合"DL/T 596—1996 电力设备预防性试验规程"规定
		线路上开关、隔离刀闸及附属操作机构	1年	a. 无锈蚀、无变形及严重磨损痕迹。 b. 操作机构灵活不卡涩
		接地电阻检测	1年	接地线良好，接地电阻在允许范围内
		电力电缆绝缘电阻检测	1年	符合"DL/T 596—1996 电力设备预防性试验规程"规定
9	变频器	检测绝缘电阻（停用时间较长，投用前检测）	1年	检测主回路绝缘电阻，不低于标准值，否则应进行干燥
		清扫柜内外设备的灰尘，污物及防鼠设施	3年	柜内无灰尘，无杂物，防鼠设施完好
		检查各接触部位螺栓紧固情况，有无过热、放电痕迹	3年	柜本体及柜内设备各部件安装牢固，电气连接部分连接可靠，接触良好
		移相变压器预防性试验（绝缘电阻和直流电阻检测）	1年	符合"DL/T 596—1996 电力设备预防性试验规程"规定
		检查主回路元器件、继电器、测量仪表及二次回路的完好情况	3年	各部分完好
		检查接地装置的完好情况	3年	接地应牢固良好，装有电器可开闭的门，应以软导线与接地的金属构架可靠的连接
10	水电阻软启动器	检测传动机构	3个月	机构灵活，无卡阻现象
		检测设备绝缘	1年	绝缘值符合要求
		加注电解液	3个月	液位处于正常位置
		定期清除柜内灰尘	1年	柜内无灰尘，无杂物，没有锈蚀情况
11	磁控软启动器	定期检修设备的绝缘情况	1年	绝缘值符合要求
		检查接地装置的完好情况	1年	接地连接良好，接地电阻符合要求
		定期清除柜内灰尘	1年	柜内无灰尘，无杂物，没有锈蚀情况
12	可控硅软启动器	定期检修设备的绝缘情况	1年	绝缘值符合要求
		检查接地装置的完好情况	1年	接地连接良好，接地电阻符合要求
		定期清除柜内灰尘	1年	柜内无灰尘，无杂物，没有锈蚀情况
		检测绝缘电阻	1年	符合相应电压等级标准

序号	设备名称	工作内容	周期	质量标准
13	电力电容器	清洁保养	3 个月	没有灰尘等杂物
		检测电容器容值	3 个月	电容器容值在规定范围内
		清洁、干燥的抹布或漆刷清除开关表面及各连接处灰尘	1 年	没有灰尘等杂物
		电力电容器预防性试验	3 年	符合"DL/T 596—1996 电力设备预防性试验规程"规定
14	自动空气开关	检查灭弧室的触头系统	3 年	触头应完整，位置准确，镀银层应完好，灭弧室内应清扫干净
		储能机构	3 年	手动、自动储能正常
		绝缘测试	3 年	绝缘电阻应不小于 1MΩ
		所有摩擦、移动部件	3 年	按制造厂要求按期润滑，无卡阻现象
15	接触器	检查辅助触头	3 年	动作应正确可靠，接触良好
		检查接触器接线	3 年	接线无松动、断折，绝缘损坏情况
		绝缘测试	3 年	绝缘电阻应不小于 1MΩ
16	接地装置	检查接地装置的埋地引线	3 年	无腐蚀情况
		测量接地装置的接地电阻（外委）	6 个月	接地电阻值符合规定
		测量接地装置的接地电阻（管理处）	6 个月	春秋两季雷雨季节来临前（4 月和 9 月）完成对接地点进行复测，接地电阻值符合规定
		检查测试点	6 个月	除自然引下线外，每根引下与接地装置的连接处应设断接卡，断接卡的连接采用螺栓连接
		接地极开挖检查	3 年	检查接地极腐蚀情况
		检查避雷线（网）	3 个月	没有损伤或闪络烧伤痕迹，没有严重锈蚀，避雷线的金夹具应无锈蚀、过热，螺栓、垫圈、销子等零件应齐全，无松动，脱出现象
17	过电压保护装置	检查避雷器、过电压保护器、浪涌保护器的外观、检测绝缘电阻并清洁保养	1 年	瓷瓶无裂纹、损伤，表面清洁，绝缘电阻合格
		绝缘电阻检测及交流工频放电试验	1 年	符合"DL/T 596—1996 电力设备预防性试验规程"规定
		避雷器绝缘电阻检测及直流泄漏试验	1 年	符合"DL/T 596—1996 电力设备预防性试验规程"规定
18	微机综合保护装置	微机综合保护装置预防性试验	3 年	符合"DL/T 596—1996 电力设备预防性试验规程"规定

表 B−4 电气绝缘工具试验标准

序号	名称	电压等级/kV	周期	交流耐压/kV	时间/min	泄漏电流/mA	附注
1	绝缘棒	6~10	1 年	44	5		
		35~154		四倍相电压			
		220		三倍相电压			
2	绝缘挡板	6~10	1 年	30	5		
		35					
		(20~44)		80	5		
3	绝缘罩	35(20~44)	1 年	80	5		
4	绝缘夹钳	35 及以下	1 年	三倍线电压	5		
		110		260			
		220		400			
5	验电笔（电容型验电器）	6~10	1 年	40	5		发光电压不高于额定电压的25%
		20~35		105			
6	绝缘手套	高压		8	1	≤9	
		低压	6 个月	2.5		≤2.5	
7	橡胶绝缘靴	高压	6 个月	15	1	≤7.5	
8	核相期	6	1 年	6	1	1.7~2.4	
		10		10		1.4~1.7	
9	电阻管	6	6 个月	6	1	1.7~2.4	
		10		10		1.4~1.7	
10	绝缘绳	高压	6 个月	105/0.5 米	5		
11	绝缘胶垫	高压	1 年	15	1		无击穿
		低压		3.5	1		无击穿

表 B−5 登高安全工具试验标准表

名 称	试验静拉力/kgf	周期	外表检查周期	试验时间/min	附 注
大皮带、安全带	225	6 个月	1 个月	5	
小皮带	150				
安全绳	225	6 个月	1 个月	5	
升降板	225	6 个月	1 个月	5	外线
脚扣	100	6 个月	1 个月	5	外线
竹（木）梯		6 个月	1 个月	5	试验负重100公斤

附录 C　输油站内隐患分类

输油站内隐患分为应急消防类、设备设施类、安全设施类和安全距离类四大类，每个大类又细分为若干小类，详见表 C－1。

表 C－1　输油站库隐患分类

隐患分类	隐患小类	隐患描述	对应规范条款	隐患分级
应急消防类	消防道路	无消防道路或通道	GB 50074—2014 第 5.2.1 条：石油库储罐区应设环行消防车道。在受地形条件限制时，位于山区或丘陵地带设置环形消防道路有困难的覆土油罐区、储罐单排布置且储罐组内储罐单罐容积不超 5000m³ 的储罐组，以及四、五级石油库储罐区可设尽头式消防车道。 GB 50074—2014 第 5.2.2 条：地上储罐组消防车道的设置，应符合下列规定。 1. 储罐总容量大于或等于 $12 \times 10^4 m^3$ 的单个罐组应设环行消防车道； 2. 多个罐组共用 1 个环行消防车道时，环行消防车道内的罐组储罐总容量不应大于 $12 \times 10^4 m^3$； 3. 同一个环行消防车道内相邻罐组防火堤外堤脚线之间应留有宽度不小于 7m 的消防空地； 4. 总容量大于或等于 $12 \times 10^4 m^3$ 的罐组，至少应有 2 个路口能使消防车辆进入环形消防车道，并宜设置在不同的方位上	重大
		储罐中心距离最近消防道路距离偏大	GB 50074—2014 第 5.2.3 条：除丙B类液体储罐和单罐容量小于或等于 100m³ 的储罐外，储罐至少临近 1 条消防车道。储罐中心与至少 2 条消防车道的距离均不应大于 120m；当条件受限时，储罐中心与最近 1 条消防车道之间的距离不应大于 80m	较大
		消防道路宽度不足	GB 50074—2014 第 5.2.8 条：一级石油库的储罐区和装卸区消防车道的宽度不应小于 9m，其中路面宽度不小于 7m；覆土立式油罐和其他级别石油库的储罐区、装卸区消防车道的宽度不应小于 6m，其中路面宽度不应小于 4m；单罐容积大于或等于 $10 \times 10^4 m^3$ 的储罐区消防车道的宽度应按照 GB 50737 的有关规定执行	较大
		消防道路净空高度不足	GB 50074—2014 第 5.2.9 条：消防车道的净空高度不应小于 5m	较大
		消防道路转弯半径不足	GB 50074—2014 第 5.2.9 条：消防车道转弯半径不宜小于 12m	较大
		消防道路无回车场	GB 50074—2014 第 5.2.10 条：2 个路口间的消防道路长度大于 300m 时，该消防道路中段应设置供火灾施救时用的回车场地，回车场不宜小于 18m×18m（含道路）	较大

隐患分类	隐患小类	隐患描述	对应规范条款	隐患分级
应急消防类	消防水系统	未设消防水系统	GB 50074—2014 第12.2.1条：一、二、三、四级石油库应设独立消防给水系统。 GB 50074—2014 第12.2.2条：五级石油库的消防给水可与生产、生活给水系统合并设置。 GB 50074—2014 第12.1.5条：五级石油库的立式储罐采用烟雾灭火或超细干粉等灭火设施时，可不设消防给水系统	重大
		应设固定式冷却水系统而未设	GB 50074—2014 第12.1.5条：容量大于或等于3000m³或罐壁高度大于或等于15m的地上立式储罐，应设固定式消防冷却水系统	较大
		罐区消防水管网有缺陷（如缩颈、泄漏、消防栓泄漏等）	GB 50074—2014 第12.2.5条：一、二、三级石油库储罐区的消防给水管道应环状敷设；覆土油罐区和四、五级石油库储罐区的消防给水管道可枝状敷设；山区石油库的单罐容量小于或等于5000m³且储罐单排布置的储罐区，其消防给水管道可枝状敷设。一、二、三级石油库地上储罐区的环形管道的进水管道不应少于2条，每条管道应能通过全部的消防用水量	较大
		特级石油库消防水量不足	GB 50074—2014 第12.2.6条：特级石油库的储罐总容量大于或等于240×10⁴m³时，消防用水量应为同时扑救消防设置要求最高的一个原油储罐和扑救消防设置要求最高的一个非原油储罐所配置泡沫用水量和冷却储罐最大用水量的总和	较大
		消防冷却水供水范围不足或部分喷头损坏导致罐壁面有冷却盲区	GB 50074—2014 第12.2.7条：油罐区消防水冷却范围应符合下列规定。 1. 着火的地上固定顶油罐及距着火油罐罐壁1.5倍直径范围内的相邻地上油罐，应同时冷却；当相邻地上油罐超过3座时，可按3座较大的相邻油罐计算消防冷却水用量。 2. 着火的浮顶罐、内浮顶罐应冷却，其相邻油罐可不冷却。当着火的内浮顶储罐浮盘用易熔材料制作时，其相邻储罐也应冷却。 3. 着火的地上卧式油罐及距着火油罐直径与长度之和的一半范围内的相邻油罐应冷却	较大
		消防冷却水供水强度不足	GB 50074—2014 第12.2.8条：油罐的消防冷却水供给范围和供给强度应符合下列规定。 1. 地上立式油罐消防冷却水供给范围和供给强度不应小于GB 50074—2014 表12.2.8的规定。 2. 着火的地上卧式油罐冷却水供给强度不应小于6.0L/min·m²，相邻油罐冷却水供给强度不应小于3.0L/min·m²。冷却面积应按油罐投影面积计算。 3. 设置固定式消防冷却水系统时，相邻罐的冷却面积可按实际需要冷却部位的面积计算，但不得小于罐壁表面积的1/2。油罐消防冷却水供给强度应根据设计所选的设备进行校核	较大
		最小供给时间不足	GB 50074—2014 第12.2.11条：直径大于20m的地上固定顶油罐和直径大于20m的浮盘用易熔材料制作的内浮顶油罐不应少于9h，其他地上立式油罐不应少于6h。地上卧式油罐不应少于2h	较大

隐患分类	隐患小类	隐患描述	对应规范条款	隐患分级
应急消防类	灭火系统	未设灭火系统	GB 50074—2014 第12.1.2条：设置泡沫灭火系统有困难，且无消防协作条件的四、五级石油库，当立式储罐不多于5座，甲$_B$、乙$_A$类液体储罐单罐容量不大于700m³，乙$_B$、丙类液体储罐单罐容量不大于2000m³时，可采用烟雾灭火方式。当甲$_B$、乙$_A$类液体储罐单罐容量不大于500m³，乙$_B$、丙类液体储罐单罐容量不大于1000m³时，也可采用超细干粉等灭火方式。其他易燃和可燃液体储罐应设置泡沫灭火系统。GB 50074—2014 第12.1.3条：地上式固定顶储罐、内浮顶储罐应设低倍数泡沫灭火系统或中倍数泡沫灭火系统。外浮顶储罐、存储甲$_B$、乙和丙$_A$类油品的覆土立式油罐应设低倍数泡沫灭火系统	较大
		应设而未设固定式泡沫灭火系统	GB 50074—2014 第12.1.4条：容量大于500m³的水溶性液体储罐和容量大于1000m³的其他甲$_B$、乙和丙$_A$类液体立式储罐应采用固定式泡沫灭火系统。容量小于500m³的水溶性液体储罐和容量小于1000m³的其他甲$_B$、乙和丙$_A$类液体地上立式储罐可采用半固定式泡沫灭火系统	较大
		浮顶及内浮顶储罐泡沫产生器保护周长大于规范要求	GB 50151—2010 第4.3.2条：泡沫喷射口设置于罐壁顶部、密封或挡雨板上方，一次密封为机械密封且堰板高度小于0.6m时最大保护周长为12m，其他为24m；泡沫喷射口设置于金属挡雨板下部，且堰板高度小于0.6m时最大保护周长为18m，其他为24m。GB 50151—2010 第4.4.2条：内浮顶储罐单个泡沫产生器保护周长不应大于24m	较大
		泡沫混合液供应强度及连续供给时间不足	应满足 GB 50151—2010 4.2.2条、4.3.2条及4.4.2条相关要求	较大
		泡沫液储备量不足	GB 50074—2014 第12.3.7条：泡沫液储备量应在计算的基础上增加不少于100%的富余量	较大
		管道材质不符合	GB 50151—2010 第3.7.3条：低倍数泡沫灭火系统的水与泡沫混合液及泡沫管道应采用钢管，且管道外壁应进行防腐处理。GB 50151—2010 第3.7.4条：中倍数泡沫灭火系统的干式管道宜采用钢管，湿式管道宜采用不锈钢管或内、外部进行防腐处理的钢管	较大
	消防动力源	大型浮顶原油储罐消防泵未采用柴油泵	《中国石化大型浮顶储罐安全设计、施工、运行管理规定》第5.4.2条、5.4.3条、5.4.4条：单罐容量大于或等于5×10⁴m³的大型浮顶原油储罐，其消防给水泵、泡沫消防给水泵及泡沫液泵均应采用电动泵，备用泵均应采用柴油泵。且消防给水泵、泡沫消防给水泵应考虑100%流量备用	较大
	防火堤	未设防火堤或防护墙	GB 50074—2014 第6.5.1条：地上油罐组应设防火堤	重大
		防火堤高度不足或过高	GB 50351—2014 第6.5.3条：地上储罐组的防火堤实高应高于计算高度0.2m。防火堤高于堤内设计地坪不应小于1.0m，高于堤外设计地坪或消防车道路面（按较低者计）不应大于3.2m。地上卧式储罐的防火堤应高于堤内设计地坪不小于0.5m	较大

隐患分类	隐患小类	隐患描述	对应规范条款	隐患分级
应急消防类	防火堤	防火堤或防护墙材料不满足	GB 50351—2014 第3.1.2条：防火堤、防护墙应采用不燃烧材料建造。 GB 50351—2014 第4.1.1条：防火堤宜选用土筑防火堤，也可采用钢筋混凝土防火堤、砌体防火堤、夹芯式防火堤，不宜采用浆砌毛石防火堤；在用地紧张和抗震设防烈度8度及以上地区宜选用钢筋混凝土防火堤。 GB 50351—2014 第4.1.2条：防护墙宜采用砌体结构	较大
		防火堤不密封或不闭合	GB 50351—2014 第3.1.2条：防火堤、防护墙必须密实、闭合、不泄漏。 GB 50351—2014 第3.1.4条：进出储罐组的各类管线、电缆应从防火堤、防护墙顶部跨越或从地面以下穿过。当必须穿过防火堤、防护墙时，应设置套管并应采用不燃烧材料严密封闭，或采用固定短管且两端采用软管密封连接的形式	较大
	事故污水收集	未设事故污水收集或容量不足	GB 50074—2014 第13.4.1条：库区内应设置漏油及事故污水收集系统。 GB 50074—2014 第13.4.2条：一、二、三、四级石油库的漏油及事故污水收集池容量，分别不应小于 $1000m^3$、$750m^3$、$500m^3$、$300m^3$。五级石油库可不设漏油及事故污水收集池	重大
	应急广播	未设置应急广播	GB 17681—1999 第6.3.4条：易燃易爆罐区应配备灾害事故广播设施	一般
	火灾报警	未设置火灾报警按钮	GB 17681—1999 第6.2.5条：易燃易爆罐区应设置手动报警按钮	较大
		火灾报警按钮位置设置不当	GB 17681—1999 第6.2.5条：手动报警按钮应设置在明显和便于操作的部位，且应有明显的标志	一般
		未设置火灾自动报警系统	GB 50074—2014 第12.6.4条：容量大于或等于 $5×10^4m^3$ 的外浮顶储罐，应设置火灾自动报警系统	较大
		火灾探测器选型不当	GB 50116—2013 第12.2.1条：外浮顶油罐宜采用线型光纤感温火灾探测器，且每只线型光纤感温火灾探测器应只能保护一个油罐。 GB 50116—2013 第12.2.2条：除浮顶和卧式油罐外的其他油罐宜采用火焰探测器	较大
		火灾报警与视频监控不联动	GB 50116—2013 第12.2.5条：火灾报警信号宜联动报警区域内的工业视频装置确认火灾	较大
	视频监控系统	未设置视频监控系统	AQ 3036—2010 第10.1.1条：罐区应设置音视频监控报警系统，监视突发的危险因素或初期的火灾报警等情况	较大
		摄像头数量或位置不合理	AQ 3036—2010 第10.1.2条：摄像头的设置个数和位置，应根据罐区现场的实际情况而定，既要覆盖全面，也要重点考虑危险性较大的区域	一般
		摄像头安装高度不合理	AQ 3036—2010 第10.1.5条：摄像头的安装高度应确保可以有效监控到储罐顶部	一般

隐患分类	隐患小类	隐患描述	对应规范条款	隐患分级
应急消防类	视频监控系统	摄像头不防爆	AQ 3036—2010 第10.1.4条：有防爆要求的应使用防爆摄像机或采取防爆措施	一般
		摄像头不能与危险参数监控报警联动	AQ 3036—2010 第10.1.3条：摄像视频监控报警系统应可实现与危险参数监控报警的联动	一般
设备设施类	基础沉降	储罐基础发生平面倾斜、非平面倾斜或锥面沉降过大	按照 Q/SH0566.2—2014、SY/T 5921—2011、SHS01012—2004 进行修复处理，如处理后仍达不到效果，则对场地进行岩土工程勘察后，委托有资质设计单位、施工单位进行地基处理，处理后的不均匀沉降量不应大于 GB 50473—2008 表6.1.3 的规定，且沉降稳定后锥面坡度不应小于 8‰	较大
	柔性连接	储罐与工艺接管未采用柔性连接	GB 50074—2014 第12.6.4条：与储罐连接的管道，应使其管系具有足够的柔性，并应满足设备管口的允许受力要求	一般
		储罐与泡沫管线未采用柔性连接	GB 50151—2010 第4.2.7条：防火堤内的地上泡沫混合液或泡沫水平管道应敷设在管墩或管架上，与罐壁上的泡沫混合液立管之间宜用金属软管连接；防火堤内的埋地泡沫混合液管道或泡沫管道距离地面的深度应大于0.3m，与罐壁上的泡沫混合液立管之间应用金属软管或金属转向接头连接	一般
		金属软管、膨胀节、挠性接头不完好或未定期检验	应按照 TSG D0001—2009 第六章的要求定期检验	一般
	密闭采样系统	储存Ⅰ级和Ⅱ级毒性液体的储罐未采用密闭采样器	GB 50074—2014 第6.4.11条，SH/T 3007—2014 第5.1.12条：储存Ⅰ级和Ⅱ级毒性液体的储罐，应采用密闭采样器	较大
	储罐气相联通	气相连通管线未设阻火器	《中国石油化工股份有限公司炼油轻质油储罐安全运行指导意见（试行）》：每个储罐的气相联通管道均应设置管道阻火器，阻火器应选用安全性能满足要求的产品	一般
		罐顶呼吸阀未设阻火器	GB 50074—2014 第6.4.7条：下列储罐的通气管上必须安装阻火器。储存甲$_B$、乙、丙$_A$类液体的固定顶储罐和地上卧式储罐；储存甲$_B$、乙类液体的覆土卧式储罐；储存甲$_B$、乙、丙$_A$类液体并采用氮气密封保护的内浮顶储罐	一般
		未设置事故泄压设备	GB 50074—2014 第6.4.6条：采用氮气或其他惰性气体密封保护系统的储罐应设事故泄压设备	重大

隐患分类	隐患小类	隐患描述	对应规范条款	隐患分级
设备设施类	水封隔离系统	雨水出防火堤未设可靠的截油排水措施	GB 50351—2014 第 3.2.9 条：防火堤内应设置集水设施，连接集水设施的雨水排放管道应从防火堤内设计地面以下通出堤外，并应采取安全可靠的截油排水措施。 GB 50351—2014 第 3.3.6 条：防火堤、防护墙内场地应设置集水设施，并应设置可控制开闭的排水设施。 GB 50074—2014 第 13.2.3 条：含油污水排水管应在防火堤的出口处设置水封井	一般
		出油库围墙未设水封井	GB 50074—2014 第 13.2.4 条：石油库的通往库外的排水管道及明沟，应在石油库围墙内侧设置水封井和截断装置。水封井与围墙之间的排水管道应为暗沟或暗管	一般
	静电消除系统	防火堤外人行踏步及储罐扶梯入口处未设置消除人体静电装置	GB 50074—2014 第 14.3.14 条：甲、乙、丙_A 类液体作业场所入口处，应设消除人体静电装置。 GB 13348—2009 第 3.7.3 条：油罐的上罐扶梯入口与采样口处应设人体静电消除装置	一般
		采样口处未设置人体静电消除装置	GB 13348—2009 第 3.7.3 条：油罐的上罐扶梯入口与采样口处应设人体静电消除装置。 GB 50074—2014 第 14.3.3 条：油罐浮顶上取样口的两侧 1.5m 之外应各设一组消除人体静电设施，取样绳索、检尺等工具应与该设施连接。该设施应与罐体做电气连接	一般
		金属附件未做等电位连接	Q/SH0461—2012 第 7.3.4 条：原油储罐的阻火器、呼吸阀、量油孔、人孔、切水管、透光孔等金属附件应等电位连接。 GB 15599—2009 第 4.1.4 条：金属储罐的阻火器、呼吸阀、量油孔、人孔、切水管、透光孔等金属附件应等电位连接。 GB 50341—2014 第 8.1.4 条、9.1.5 条：浮顶、内浮顶的所有金属部件之间均应互相电气连接，浮顶上带开口附件的活动盖板应与浮顶电气连接。 GB 50074—2014 第 14.3.3 条：外浮顶油罐应按下列规定采取防静电措施。 1. 油罐的自动通气阀、呼吸阀、阻火器、量油孔应与浮顶做电气连接； 2. 油罐采用钢滑板式机械密封时，钢滑板与浮顶之间应做电气连接，沿圆周的间距不宜大于 3m； 3. 二次密封采用 I 型橡胶刮板时，每个导电片均应与浮顶做电气连接； 4. 电气连接的导线应选用 1 根横截面不小于 10mm² 镀锡软铜复绞线。 GB 50074—2014 第 14.2.3 条：浮顶应与罐体做电气连接	一般
		浮盘与罐壁未作电气连接或电气连接线截面积过小	GB 50074—2014 第 14.2.3 条：浮顶罐、内浮顶罐应将浮顶与罐体用 2 根导线做电气连接。外浮顶罐连接导线应选用截面积不小于 50mm² 的扁平镀锡软铜复绞线或绝缘阻燃护套软铜复绞线。对于内浮顶罐应选用直径不小于 5mm 不锈钢钢丝绳。 《中国石化大型浮顶储罐安全设计、施工、运行管理规定》第 3.2.5 条：单罐容量大于或等于 5×10⁴ m³ 的大型浮顶原油储罐，应利用浮顶排水管线将罐体与浮顶做电气连接，每条排水管线的跨接导线应采用 1 根横截面不小于 50mm² 扁平镀锡软铜复绞线。第 3.2.4 条：浮顶油罐转动浮梯两侧与罐体和浮顶各 2 处应做电气连接。第 3.2.3 条：浮盘与罐体应做 2 处电气连接	一般

隐患分类	隐患小类	隐患描述	对应规范条款	隐患分级
设备设施类	静电消除系统	储罐顶部喷溅式进料	GB 12158—2006 第6.3.3 条：油品储罐进液管宜从罐体下部接入，若必须从上部接入，应延伸至距罐底200mm处。 GB 50074—2014 第6.4.8 条：储罐进液不得采用喷溅方式。甲B、乙、丙A类液体储罐的进料管从储罐上部接入时，进液管应延伸至储罐的底部。 Q/SH0700—2008 SDEP-SPT-ST2010—2008 第5.4.14条：储罐的进料管，应从罐体下部接入；若必须从上部接入，甲B、乙、丙A类液体延伸至距罐底200mm处；丙B类液体的进料管应将液体导向罐壁	一般
		防火堤内泡沫混合液管道未采取静电消除措施	GB 50151—2010 第3.7.10 条：对于设置在防爆区内的地上或管沟敷设的干式管道，应采取防静电接地措施	一般
	接地	管道系统未接地或者不符合	GB 13348—2009 第4.7.1 条：管道系统的所有金属件，包括护套的金属包覆层均应接地。管路两端、分支处和每隔 200～300m 处，应有一处接地。当平行管路相距 100mm 以内时，每隔 20m 应加连接。当管路交叉间距小于 100mm 时，应相连接地	一般
		储罐未接地或接地不符合	GB 13348—2009 第4.1.1 条：储罐应做接地，沿油罐外围均匀布置，其间距不应大于 30m	一般
		仪表系统未接地或电气连接	GB 50074—2014 第14.2.5 条：装于地上钢储罐上的仪表及控制系统装置配线电缆应采用屏蔽电缆，并应穿镀锌钢管保护管，保护管两端应与罐体做电气连接	一般
	不完好	储罐发生变形、腐蚀、损害、泄漏或者超检验周期	按照、SHS 01034—2004、SHS01012—2004 等要求进行修复处理，保持完好。如处理后仍达不到效果，则委托设计单位提出整修方案	一般
安全设施类	氮封	未设置氮封	GB 50074—2014 第6.1.2 条：储存沸点低于45℃或37.8℃的饱和蒸汽压大于88kPa的甲B类液体，当采用低温常压储罐时应设置氮封。 GB 50074—2014 第6.1.3 条：用采用容量小于或等于 $1 \times 10^4 m^3$ 的固定顶储罐、低压储罐或容量不大于100m³的卧式储罐储存沸点不低于45℃或在37.8℃时的饱和蒸汽压不大于88kPa的甲B、乙A类液体化工品和轻石脑油时，应设置氮封。 GB 50074—2014 第6.1.8 条：储存Ⅰ、Ⅱ级毒性的甲B、乙A类液体储罐不应大于5000m³，且应设置氮气密封保护系统	一般

隐患分类	隐患小类	隐患描述	对应规范条款	隐患分级
安全设施类	氮封	氮封系统不完善	GB 50074—2014 第 6.1.2 条：储存沸点低于 45℃ 或 37.8℃ 的饱和蒸汽压大于 88kPa 的甲B类液体，当采用低温常压储罐时，应采取下列措施之一。1. 选用内浮顶储罐，应设置氮气密封保护系统，并应控制储存温度使液体蒸气压不大于 88kPa；2. 选用固定顶储罐，应设置氮气密封保护系统，并应控制储存温度低于液体闪点 5℃ 及以下。GB 50074—2014 第 6.1.3 条：当采用容量小于或等于 $1 \times 10^4 m^3$ 的固定顶储罐、低压储罐或容量不大于 $100m^3$ 的卧式储罐储存沸点不低于 45℃ 或在 37.8℃ 时的饱和蒸汽压不大于 88kPa 的甲B、乙A类液体化工品和轻石脑油时，应采取下列措施之一。1. 应设置氮气密封保护系统，并应密闭回收处理罐内排出的气体；2. 应设置氮气密封保护系统，并应控制储存温度低于液体闪点 5℃ 及以下。GB 50074—2014 第 6.4.6 条：采用氮气或其他惰性气体密封保护系统的储罐应设事故泄压设备	一般
	呼吸阀	未设置呼吸阀	GB 50074—2014 第 6.4.4 条：下列储罐通向大气的通气管上应设呼吸阀。储存甲B、乙类液体的固定顶储罐和地上卧式储罐；储存甲B类液体的覆土卧式储罐；采用氮气密封保护的储罐	一般
		设置的呼吸阀不符合规定	GB 50074—2014 第 6.4.5 条：呼吸阀的排气压力应小于储罐的设计正压力，呼吸阀的进气压力应高于储罐的设计负压力。当呼吸阀所处的环境温度可能小于或等于 0℃ 时，应选用全天候式呼吸阀	一般
	阻火器	未设置阻火器	GB 50074—2014 第 6.4.7 条：下列储罐的通气管上必须安装阻火器。储存甲B、乙、丙A类液体的固定顶储罐和地上卧式储罐；储存甲B、乙类液体的覆土卧式储罐；储存甲B、乙、丙A类液体并采用氮气密封保护的内浮顶储罐	一般
	独立的SIS	未配置独立的安全仪表系统	《危险化学品重大危险源监督管理暂行规定》（国家安监总局令第 40 号）第 13 条：涉及毒性气体、液化气体、剧毒液体的一级或者二级重大危险源，配备独立的安全仪表系统（SIS）	一般
		不具备紧急停车功能	《危险化学品重大危险源监督管理暂行规定》（国家安监总局令第 40 号）第 13 条：一级或者二级重大危险源，装备紧急停车系统，具备紧急停车功能	重大
	低低液位报警及联锁	储罐未设置低低液位报警及联锁	GB 50074—2014 第 15.1.3 条：容量大于或等于 $5 \times 10^4 m^3$ 的外浮顶储罐和内浮顶储罐应设低低液位报警。低低液位报警设定高度（距罐底板）不应低于浮顶落底高度，低低液位报警应能同时联锁停泵。GB 17681—1999 第 5.5 条：储存易燃易爆介质的储罐，应配备高、低液位报警回路，必要时还应配有液位与相关工艺参数之间的联锁系统。AQ 3036—2010 第 5.1 条：可根据实际情况设置储罐的液位联锁自动控制装备，包括物料的自动切断或转移等	较大
		报警信号未单独设置	GB 50074—2014 第 15.1.4 条：用于储罐高高、低低液位报警信号的液位测量仪表应采用单独的液位连续测量仪表或液位开关，并应在自动控制系统中设置报警及联锁	一般
		联锁系统不完善，未考虑对上下游的影响，或无延迟执行功能	AQ 3036—2010 第 5.2 条：紧急切换装置应同时考虑对上下游装置安全生产的影响，并实现与上下游装置的报警通信、延迟执行功能。必要时，应同时设置紧急泄压或物料回收设施	一般

隐患分类	隐患小类	隐患描述	对应规范条款	隐患分级
设备设施类	高高液位报警及联锁	储罐未设置高高液位报警及联锁	AQ 3036—2010 第5.1条：可根据实际情况设置储罐的液位联锁自动控制装备，包括物料的自动切断或转移等。 AQ 3036—2010 第6.3.7条：5000m³ 以上可燃液体储罐、400m³ 以上的危险化学品压力储罐，应另设高高液位监测报警及联锁控制系统。 GB 17681—1999 第5.5条：储存易燃易爆介质的储罐，应配备高、低液位报警回路，必要时还应配有液位与相关工艺参数之间的联锁系统。 GB 50074—2014 第15.1.2条：下列储罐应设高高液位报警及联锁，高高液位报警应能同时联锁关闭储罐进口管道控制阀。1. 年周转次数大于6次，且容量大于或等于 $1 \times 10^4 \, m^3$ 的甲$_B$、乙类液体储罐；2. 年周转次数小于或等于6次，且容量大于 $2 \times 10^4 \, m^3$ 的甲$_B$、乙类液体储罐；3. 储存Ⅰ、Ⅱ级毒性液体的储罐	一般
		联锁系统不完善，未考虑对上下游的影响，或无延迟执行功能	AQ 3036—2010 第5.2条：紧急切换装置应同时考虑对上下游装置安全生产的影响，并实现与上下游装置的报警通信、延迟执行功能。必要时，应同时设置紧急泄压或物料回收设施	一般
		报警信号未单独设置	GB 50074—2014 第15.1.4条：用于储罐高高、低低液位报警信号的液位测量仪表应采用单独的液位连续测量仪表或液位开关，并应在自动控制系统中设置报警及联锁	一般
	紧急切断装置	未设置紧急切断装置	《危险化学品重大危险源监督管理暂行规定》（国家安监总局令第40号）第13条：一级或者二级重大危险源，具备紧急停车功能，装备紧急停车系统。对重大危险源中的毒性气体、剧毒液体和易燃气体等重点设施，设置紧急切断装置	重大
	可燃、有毒气体报警系统	未设置可燃、有毒气体报警系统	GB 50493—2009 第3.0.1条：在生产或使用可燃气体及有毒气体的储运设施的区域内，对可能发生可燃气体和有毒气体的泄漏进行检测时，应按下列规定设置可燃气体检（探）测器和有毒气体检（探）测器。 1. 具有可燃气体释放源，且释放时空气中可燃气体的浓度有可能达到 25% LEL 的场所，应设置相关的可燃气体监测报警仪。 2. 具有有毒气体释放源，且释放时空气中有毒气体浓度可达到最高容许值且有人员活动的场所，应设置有毒气体监测报警仪。 3. 可燃气体和有毒气体释放源同时存在的场所，应同时设置可燃气体和有毒气体监测报警仪。 4. 可燃的有毒气体释放源存在的场所，可只设置有毒气体监测报警仪	重大

隐患分类	隐患小类	隐患描述	对应规范条款	隐患分级
设备设施类	可燃、有毒气体报警系统	设置数量不足（保护范围过大）	GB 50493—2009 第4.3条：产生可燃气体的液体储罐的防火堤内，应设检（探）测器，并符合下列规定。 1. 当检（探）测点位于释放源的全年最小频率风向的上风侧时，可燃气体检（探）测点与释放源的距离不宜大于15m，有毒气体检（探）测点与释放源的距离不宜大于2m； 2. 当检（探）测点位于释放源的全年最小频率风向的下风侧时，可燃气体检（探）测点与释放源的距离不宜大于5m，有毒气体检（探）测点与释放源的距离不宜大于1m。 GB 50116—2013 第8.2.4条：线型可燃气体探测器的保护区域长度不宜大于60m	较大
		安装高度不满足规范要求	GB 50493—2009 第6.1.1条：检测比重大于空气的可燃气体检（探）测器，其安装高度应距地坪（或平台）0.3～0.6m。检测比重大于空气的有毒气体的检（探）测器，应靠近泄漏点，其安装高度应距地坪（或平台）0.3～0.6m。 GB 50493—2009 第6.1.2条：检测比重小于空气的可燃气体或有毒气体的检（探）测器，其安装高度应高出释放源0.5～2m	一般
		声光报警不满足	GB 50116—2013 第8.1.5条：可燃气体报警控制器发出报警信号时，应能启动保护区域的火灾声光警报器。 GB 50116—2013 第8.1.4条：可燃气体报警控制器的报警信息和故障信息，应在消防控制室图形显示装置或起集中控制功能的火灾报警控制器上显示，但该类信息与火灾报警信息的显示应有区别。 GB 50493—2009 第5.3.1条：在下列情况下，指示报警设备应能发出与可燃气体或有毒气体浓度报警信号有明显区别的声、光故障报警信号。1. 指示报警设备与检（探）测器之间连线断路；2. 检（探）测器内部元件失效；3. 指示报警设备主电源欠压；4. 指示报警设备与电源之间连接线路的短路与断路	一般
安全距离类	与居民区	与100人或30户以上的居住区、村镇、公共福利设施防火间距不足	GB 50074—2014 第4.0.10条：一、二、三、四、五级石油库的甲B、乙类液体地上罐组、甲B、乙类液体覆土式油罐与100人或30户以上的居住区、村镇、公共福利设施之间的防火间距分别不应小于100m、90m、80m、70m、50m；丙类液体地上罐组、丙类覆土式油罐则分别不应小于75m、68m、60m、53m、38m	重大
		与100人或30户以下的散居房屋防火间距不足	GB 50074—2014 第4.0.10条：一、二、三、四、五级石油库的甲B、乙类液体地上罐组、甲B、乙类液体覆土式油罐与100人或30户以下的散居房屋之间的防火间距分别不应小于75m、45m、40m、35m、35m；丙类液体地上罐组、丙类覆土式油罐则分别不应小于50m、45m、40m、35m、35m	较大

隐患分类	隐患小类	隐患描述	对应规范条款	隐患分级
安全距离类	与的工矿企业	与除石化、石油库、油气田及输油管道站库以外工矿企业防火间距不足	GB 50074—2014 第4.0.10条：一、二、三、四、五级石油库的甲$_B$、乙类液体地上罐组、甲$_B$、乙类液体覆土立式油罐与相邻工矿企业之间的防火间距分别不应小于60m、50m、40m、35m、30m；丙类液体地上罐组、丙类覆土立式油罐则分别不应小于45m、38m、30m、26m、23m	重大
		相邻石油库间距不足	GB 50074—2014 第4.0.15条：当两个石油库的相邻储罐中较大罐直径大于53m时，两个石油库的相邻储罐之间的安全距离不应小于相邻储罐中较大罐直径，且不应小于80m。当两个石油库的相邻储罐直径小于或等于53m时，两个石油库的任意两个储罐之间的安全距离不应小于其中较大罐直径的1.5倍，对覆土罐不应小于60m，对存储Ⅰ、Ⅱ级毒性液体储罐且不应小于50m，对存储其他可燃、易燃液体储罐且不应小于30m。两个石油库除储罐之外的建（构）筑物之间的安全距离应按内部防火间距的规定增加50%	重大
		与石化、石油库、油气田及输油管道站库防火间距不足	GB 50074—2014 第4.0.14条：石油库与石油化工企业之间的距离，应符合 GB 50160《石油化工企业设计防火规范》的有关规定。石油库与石油储备库之间的距离，应符合 GB 50737《石油储备库设计规范》的有关规定。石油库与石油天然气站场、长距离输油管道站场之间的距离，应符合 GB 50183《石油天然气工程设计防火规范》的有关规定	重大
	与国家铁路线	与国家铁路线防火间距不足	GB 50074—2014 第4.0.10条：一、二、三、四、五级石油库的甲$_B$、乙类液体地上罐组、甲$_B$、乙类液体覆土立式油罐与国家铁路线之间的防火间距分别不应小于60m、55m、50m、50m、50m；丙类液体地上罐组、丙类覆土立式油罐则分别不应小于45m、40m、38m、38m、38m	重大
	与企业铁路线	与企业铁路线防火间距不足	GB 50074—2014 第4.0.10条：一、二、三、四、五级石油库的甲$_B$、乙类液体地上罐组、甲$_B$、乙类液体覆土立式油罐与企业铁路线之间的防火间距分别不应小于35m、30m、25m、25m、25m；丙类液体地上罐组、丙类覆土立式油罐则分别不应小于26m、23m、20m、20m、20m	较大
	与道路	与道路防火间距不足	GB 50074—2014 第4.0.10条：一、二、三、四、五级石油库的甲$_B$、乙类液体地上罐组、甲$_B$、乙类液体覆土立式油罐与公路、城市道路之间的防火间距分别不应小于25m、20m、15m、15m、15m；丙类液体地上罐组、丙类覆土立式油罐则分别不应小于20m、15m、15m、15m、15m	较大
	与架空通信线路、电力线	与架空通信线路和通信发射塔防火间距不足	GB 50074—2014 第4.0.11条：一、二、三、四、五级石油库油罐与国家架空通信线路和通信发射塔之间的防火间距均不应小于1.5倍杆（塔）高	一般
		与架空电力线防火间距不足	GB 50074—2014 第4.0.11条：一、二、三、四、五级石油库油罐与架空电力线之间的防火间距均不应小于1.5倍杆（塔）高	一般

隐患分类	隐患小类	隐患描述	对应规范条款	隐患分级
安全距离类	与爆炸作业场所	石油天然气站场与爆炸作业场所（如采石场）防火间距不足	GB 50074—2014 第4.0.12条：一、二、三、四、五级石油库围墙与爆炸作业场所（如采石场）防火间距均不应小于300m	重大
	罐区与操作室、建构筑物距离	罐区与办公用房、中心控制室、宿舍、食堂等人员集中场所的防火间距不足	GB 50074—2014 第5.1.3条：罐区与办公用房、中心控制室、宿舍、食堂等人员集中场所的防火间距不应小于表5.1.3中关于办公用房、中心控制室、宿舍、食堂等人员集中场所的距离要求。罐组专用变配电间和机柜间与其他设施的间距不应小于易燃可可燃液体泵房的间距要求	重大
		罐区内储罐与泡沫泵站的防火间距不足	GB 50151—2010 第8.1.1条：泡沫消防泵站距离被保护的甲、乙、丙类液体储罐的距离不宜小于30m	重大
		罐区内储罐与泡沫站的防火间距不足	GB 50151—2010 第8.1.6条：当泡沫站靠近防火堤设置时，其与各甲、乙、丙类液体储罐罐壁的间距应大于20m，且应具备远程控制功能	重大
		库区内储罐与其他辅助生产厂房及辅助生产设施的防火间距不足	GB 50074—2014 第5.1.3条：储罐与其他辅助生产厂房及辅助生产设施的防火间距不应小于表5.1.3中关于相关辅助生产厂房及辅助生产设施的距离要求	重大
	罐间距	罐组内固定顶油罐之间的防火间距不足	GB 50074—2014 第6.1.15条：1000m^3以上甲$_B$、乙类油品固定顶油罐之间的防火间距不应小于0.6D；1000m^3及以下固定顶油罐之间的防火间距不应小于0.75D。丙$_A$类油品储罐不应小于0.4D。大于1000m^3但小于5000m^3的丙$_B$类油品储罐不应小于5m；小于等于1000m^3丙$_B$类油品储罐不应小于2m，大于等于5000m^3的丙$_B$类油品储罐不应小于0.4D。注：D为相邻较大罐的直径	重大
		罐组内浮顶油罐之间的防火间距不足	GB 50074—2014 第6.1.15条：浮顶、内浮顶油罐之间的防火间距不应小于0.4D（D为相邻较大罐的直径）。丙$_B$类油品储罐之间的防火距离按0.4D计算大于15m时取15m	重大
		罐组内卧式油罐间距不足	GB 50074—2014 第6.1.15条：卧式油罐间距不应小于0.8m	较大

隐患分类	隐患小类	隐患描述	对应规范条款	隐患分级
安全距离类	罐间距	罐组内不同油品、不同型式油罐之间的防火间距不足	GB 50074—2014 第6.1.15条：储存不同油品的油罐、不同型式的油罐之间的防火间距，应采用较大值	较大
		同一罐区内相邻油罐组相邻油罐之间的防火间距不足	GB 50074—2014 第5.1.8条：同一储罐区内相邻储罐组储罐之间的间距应符合如下规定。1. 存储甲$_B$、乙类液体的固定顶储罐和浮盘采用易熔材料制作的内浮顶储罐与其他罐组相邻储罐之间的防火距离不应小于相邻储罐中较大罐直径的1.0倍；2. 外浮顶储罐、采用钢质浮盘的内浮顶储罐、存储丙类液体的固定顶储罐与其他罐组相邻储罐之间的防火间距不应小于相邻储罐中较大罐直径的0.8倍	较大
		相邻油罐区相邻油罐之间的防火间距不足	GB 50074—2014 第5.1.6条：相邻储罐区储罐之间的间距应符合如下规定。1. 地上储罐、覆土储罐应分别设置储罐区，且两者储罐之间的距离不应小于60m；2. 存储Ⅰ、Ⅱ级毒性液体储罐与其他相邻储罐之间的防火间距不应小于相邻储罐中较大罐直径的1.5倍且不应小于50m；3. 其他可燃、易燃液体储罐区相邻储罐之间的防火距离，不应小于1.0D，且不应小于30m	较大

为了全面梳理和总结我国成品油管道运营中的成熟经验和技术，中国石化销售华南分公司联合中国石油大学（北京）组成编写组，经过两年多的努力编著了此书，本书编写过程中参阅了大量资料，得到了许多教授、专家和同行的关心和支持。编写组先后在贵阳、北京、广州等地召开了五次审稿会和两次专题研讨会。

2019年2月，针对书中第二章"成品油管道工艺设计与优化"部分召开了工艺设计方面的专题研讨会，中国石油管道局工程有限公司王怀义、朱坤峰、李超，中国石化洛阳工程有限公司赵晓刚、郭全，中国石化石油工程设计有限公司杨金章、张春兰、王振刚、张华东，中国石化华东管道设计研究院有限公司李秀兰、王平化、李昌岑等专家参加了会议；2019年5月又结合第七章"成品油管道站场完整性管理"部分召开了设备管理方面的专题研讨会，成稿后征求了中国石化集团公司徐钢、孙鸽、邓彦、康宝惠等专家的宝贵意见。

书稿审阅过程中，中国石油大学（北京）张劲军，中国石油大学（华东）张国忠、李玉星、李自力、刘刚，辽宁石油化工大学吴明，西安石油大学王寿喜，中国地质大学邓清禄，中国科学院海洋研究所李言涛，北京化工大学赵景茂，中国石油和化学工业联合会姚伟，甘肃省管道保护协会朱行之，中国特种设备检测研究院何仁洋，中国石油北京天然气管道有限公司葛艾天，中国石化大连石油化工研究院王晓霖，中国石化集团公司科技部龚宏等专家给予了大力支持，贡献了智慧。尤其是得到了中国石油大学（北京）严大凡教授的悉心指导，她对本书第一章、第二章、第三章、第四章、第六章、第七章提出了许多宝贵的修改意见，严教授严谨的治学态度值得我们新一代油气储运人学习。

在此，对严教授等各位专家的悉心指导和帮助表示感谢！

本书也得到了中国石化出版社潘向阳的大力支持，在此表示衷心感谢！

本书力求将成品油管道相关知识、经验及先进技术全面系统的呈现给大家，但因编者水平有限，书中难免有不当之处，恳请读者予以指正。